S. 798.
I. J.

11228

DICTIONNAIRE
RAISONNÉ
UNIVERSEL
D'HISTOIRE NATURELLE;
CONTENANT
L'HISTOIRE DES ANIMAUX,
DES VÉGÉTAUX ET DES MINÉRAUX,

Et celle des Corps célestes, des Météores, & des autres principaux Phénomenes de la Nature;

AVEC
L'HISTOIRE ET LA DESCRIPTION
DES DROGUES SIMPLES TIRÉES DES TROIS REGNES;

Et le détail de leurs usages dans la Médecine, dans l'Économie domestique & champêtre, & dans les Arts & Métiers:

PLUS, une Table concordante des Noms Latins, & le renvoi aux objets mentionnés dans cet Ouvrage.

Par M. VALMONT DE BOMARE, Démonstrateur d'Histoire Naturelle avoué du Gouvernement; Censeur Royal; Directeur des Cabinets d'Histoire Naturelle, de Physique, &c. de S. A. S. Monseigneur le PRINCE DE CONDÉ; Honoraire de la Société Économique de Berne; Membre des Académies Impériale des Curieux de la Nature, Impériale & Royale des Sciences de Bruxelles; Associé Regnicole de l'Académie des Sciences, Belles-Lettres & Beaux-Arts de Rouen; des Sociétés Royales des Sciences de Montpellier, Littéraires de Caen, de la Rochelle, &c. d'Agriculture de Paris; Maître en Pharmacie.

Nouvelle Édition, revue & considérablement augmentée par l'Auteur.

TOME QUATRIEME.

A PARIS,

Chez BRUNET, Libraire, rue des Écrivains, vis-à-vis Saint Jacques de la Boucherie.

M. DCC. LXXV.
AVEC APPROBATION, ET PRIVILEGE DU ROI.

DICTIONNAIRE

RAISONNÉ

D'HISTOIRE NATURELLE.

G

GAAR. Poisson de l'île de Tabago, & qui est le même que l'*aiguille*. Voyez ce mot. Selon la grandeur de ce poisson, les Espagnols le nomment *grand-gaar*.

GABIRA. Espece de singe cercopitheque ou à queue, noir, de la grandeur d'un renard. *Voyez* SINGE.

GABOT ou JAVOT. Poisson saxatile, assez commun sur nos côtes de l'Océan, & que les Anciens ont nommé *exocetus*, parce qu'il se met à sec parmi les pierres pour dormir; ou *adonis*, parce qu'il semble avoir pour amies la mer & la terre. Ce poisson est long d'un pied & demi, de couleur d'or en quelques endroits, rouge en d'autres. Depuis les ouïes jusqu'à la queue il a une ligne blanche : ses ouïes sont petites; c'est ce qui fait qu'il reste long-temps à sec, parce qu'il respire très-peu d'air, & qu'il n'en est pas suffoqué : il se trouve dans des trous, sous les rochers, avec les *orties de mer*, où il se plaît beaucoup. Les Pêcheurs, avant le flux de la mer, vont remuer les pierres pour en prendre & en garnir les hameçons dont ils se servent à la pêche des congres & des chiens de mer. Quelquefois les Pêcheurs trouvent le gabot dormant fort tranquillement; mais ils ne le prennent pas imprudemment avec la main, car il a des dents fort aiguës & qui font beaucoup de mal. Sur les côtes de Marseille, on voit une espece de gabot crêté qui a la figure d'un goujon : sa couleur est tannée, marbrée; il est glissant comme une anguille & de la grosseur du doigt index ; les nageoires des côtés sont à l'envers, celles du ventre sont des especes de filets : il peut rester trois ou quatre jours hors de l'eau; il se nourrit de *cames* & d'*orties de mer*. Voyez ces mots.

Les Ichtyologues font mention d'autres especes de ces poissons qui ne varient que par les couleurs ou par la grandeur.

GACHET, Nom donné à l'*hirondelle de mer* à tête noire. *Voyez ce mot*.

GAGOU. Grand arbre de la Guiane, que les habitans regardent comme une espece de cédre. *Voyez ce mot*. Son bois ressemble pour la couleur à la pierre à fusil : il est difficile à fendre, & l'on s'en sert pour faire des canots.

GAIGAMADOU. Les Indiens prétendent que c'est une espece différente de l'*arbre à suif* ou de l'*ougrouchi*. Voyez ces deux mots. A Cayenne on les confond.

GAINIER. *Voyez* Arbre de Judée.

GALACTIT, *galaxias*, est une sorte d'argile blanchâtre, endurcie, remplie de veines rouges, & qui a la propriété de rendre l'eau un peu mousseuse & savoneuse. En quelques contrées de l'Allemagne on s'en sert pour les ulceres & les fluxions des yeux : elle conviendroit mieux pour dégraisser les étoffes. Le galactit est la même terre ou pierre si fameuse chez les anciens

Égyptiens, sous les noms de *galaricide* & *galaricle*, dont on se servoit pour produire des enchantemens, &c. *Voyez* Hill, *Hist. nat. des Fossiles*, & Boece de Boot. Le galactit est le *pietra di sarti* des Italiens.

GALANGA, ou GRENOUILLE PÊCHEUSE, ou PÊ-CHEUR MARIN, *rana piscatrix*. C'est un poisson cartilagineux, appellé des Italiens *diavolo di mare*; on le nomme à Marseille *baudroie*, & à Montpellier *pescheteau*. Il a une sorte de ressemblance avec la grenouille de marais; il semble n'être que tête & queue. Quand ce poisson est caché dans le sable ou dans l'eau troublée, il dève ses barbillons pour attirer les petits poissons qui les touchent & les mordent, les prenant pour une proie de leur compétence; mais aussi-tôt le galanga rusé & vorace courbe ses barbillons très-près de la bouche, alors il s'élance sur eux & les dévore. *Voy.* DIABLE DE MER.

GALANGA. Sous ce nom on trouve dans les boutiques deux espèces de racines qui viennent sèches de l'Inde, & qui different beaucoup par la grosseur: on les distingue en grande & en petite espèce.

LE GROS OU GRAND GALANGA, *galanga major*, est une racine tubéreuse, noueuse, genouillée, tortue, repliée & recourbée comme par articulation de distance en distance, divisée en branches, entourée comme par des bandes circulaires, inégale, dure, solide, de la grosseur d'un pouce, d'une odeur aromatique, d'un goût âcre de poivre & un peu amer, d'un brun rougeâtre en dehors & pâle en dedans: on nous l'apporte de l'île de Java & des côtes de Malabar, où il vient de lui-même; on le cultive aussi en Chine: la plante dont on tire cette racine se nomme *bangula*.

LE PETIT GALANGA, *galanga minor*, *aut galanga sinensis*, est d'une forme semblable au précédent, mais en morceaux beaucoup plus menus & plus courts; il est également genouillé, brun en dehors, rougeâtre en dedans; il est d'un goût & d'une odeur bien plus vifs & plus aromatiques que le gros galanga: sa saveur piquante tient du poivre & du gingembre. Le petit galanga vient d'une plante que les Indiens nomment *lagundi* : cette plante est composée de feuilles graminées comme le gingembre : ses fleurs sont blanches & comme en casque : le fruit a trois loges pleines de petites graines arrondies. Le lagundi vient avec ou sans culture en Chine & dans les grandes Indes, où ces racines se nomment *lavandou*. On nous apporte ces racines par morceaux desséchés : on s'en sert pour fortifier l'estomac lorsqu'il est relâché. Le galanga est un puissant carminatif ; il provoque les regles & facilite la digestion. Les Indiens en assaisonnent leurs alimens. Les Vinaigriers l'emploient dans la confection du vinaigre, au moins pour en augmenter la force.

L'huile pure des fleurs de galanga, qu'on tire aux Indes Orientales, est aussi rare que précieuse. M. *Tronchin* en reçut en 1749 du Gouverneur de Batavia une très-petite quantité, mais d'une qualité si parfaite, qu'une goutte suffit pour embaumer admirablement deux livres de thé.

GALARICIDE & GALARICTE. *V.* GALACTIT.

GALAXIE. Nom que quelques Naturalistes ont donné au *galactit*, ou à la *pierre de lait*, ou au *lait de lune* : voyez ces mots. Les Astronomes se sont long-temps servi du mot *galaxie*, pour désigner cette longue trace blanche & lumineuse qui occupe une grande partie du ciel, & qui se remarque aisément dans une nuit claire & sereine, sur-tout quand il ne fait point de lune : c'est ce que nous nommons aujourd'hui la *voie lactée*. Voyez ce mot.

GALBANUM. Gomme-résine dont on nous apporte deux especes dans le commerce : l'une est en larmes pures, & l'autre en pains visqueux remplis d'impuretés. C'est une substance grasse, d'une consistance de cire, peu transparente, brillante, demi-inflammable, & demi-soluble dans l'eau froide, totalement dissoluble dans le vin, dans le vinaigre, & à peu de chose près dans l'eau chaude, mais difficilement dans l'huile

& dans l'esprit-de-vin : elle blanchit la salive. Sa couleur est jaunâtre extérieurement, blanchâtre dans l'intérieur, quelquefois brunâtre ou roussâtre, selon qu'elle est plus ou moins récente & pure ; d'un goût amer, âcre, d'une odeur forte & puante.

Le galbanum nous vient de Syrie, de la Perse & de quelques autres endroits du levant par la voie de Marseille, où il en arrive quelquefois 30 ou 40 quintaux pour l'usage de l'Europe. Cette gomme-résine découle avec ou sans incision du métopion, plante férulacée ombellifère, connue sous le nom latin *ferula Africana galbanifera, aut oreoselinum Africanum galbaniferum frutescens anisi folio*, TOURNEF. laquelle croît en Afrique, & sur-tout dans la Mauritanie : on la trouve aussi dans les grandes Indes. La quantité de gomme-résine qui découle des jeunes tiges est modique ; il faut que les tiges aient quatre ans pour en produire beaucoup. Si l'on ne fait pas d'incision, le suc découle de lui-même des nœuds des tiges ; mais pour en accélérer l'écoulement, on a coutume de couper la tige à deux ou trois travers de doigt de la racine, & le suc découle goutte à goutte. Quelques heures après il s'épaissit, se durcit & on le recueille.

La racine du *galbanifère* est grosse, ligneuse & fibreuse ; ses tiges sont de la grosseur du pouce ; elles s'élèvent à la hauteur de cinq pieds ; elles sont fongueuses en dedans, rondes, genouillées & partagées en quelques rameaux : chaque espace qui est entre les nœuds est couvert d'un feuillet membraneux d'où sortent les feuilles qui sont semblables à celles de l'anis ou à celles du persil, mais plus grandes & plus découpées, verdâtres, d'une saveur & odeur âcres : les tiges, les rameaux & les feuilles sont couvertes d'une liqueur de la couleur de la plante : ses fleurs naissent en ombelles ou parasols de couleur jaune. Lorsque la fleur est passée le calice devient un fruit composé de deux semences aplaties, d'un brun roussâtre, cannelées & bordées d'une aile mince & membraneuse, telles qu'on en peut voir dans les masses du *galbanum* qui en contiennent toujours beaucoup. Telle est la description du galbanifere que quelques Curieux sont croître dans des serres, & qui a réussi durant quelques années dans le Jardin Royal de Paris.

Toute cette plante abonde en un suc visqueux, laiteux, clair, qui se condense en une larme semblable à tous égards au *galbanum*, & que les Arabes ont appellé *chéné*.

Le galbanum, pris intérieurement, dissout la pituite qui est tenace, c'est pourquoi il est utile pour l'asthme & la toux invétérée : il dissipe les vents & purge les lochies, il soulage les maladies hystériques qui viennent d'obstructions de la matrice ; on le recommande aussi contre les poisons coagulans ; sa fumigation est utile dans la suffocation de la matrice & dans les redoublemens épileptiques ; appliqué extérieurement il amollit & fait mûrir les bubons & les tumeurs squirreuses : étendu sur une peau de chamois apprêtée & appliquée ensuite sur l'ombilic, il adoucit les mouvemens spasmodiques & les convulsions des membres. On emploie du galbanum dans plusieurs onguens & emplâtres & dans la grande thériaque : cette substance étoit autrefois employée pour tant de maux, qu'il arrivoit souvent que le succès ne répondoit pas à l'attente ; c'est de là qu'est venu le proverbe, *donner du galbanum*, pour signifier, amuser par des paroles peu effectives.

Malgré la puanteur qu'exhale le galbanum, cette gomme-résine entroit dans la composition du parfum qui devoit être brûlé sur l'autel d'or. *Exod. ch.* XXX. *vers.* 34. Ce parfum ne déplairoit point aujourd'hui à nos femmes hystériques & à nos hommes hypocondriaques ; peut-être ne seroit-il pas difficile de trouver les mêmes causes analogiques qui le rendoient autrefois agréable ou nécessaire au peuple Juif par son influence : mais cette discussion nous meneroit trop loin.

GAL

La réflexion de ce paragraphe est de M. le Chevalier *de Jaucourt*.

GALBULES. Nom donné à la tête ou noix de cyprès. *Voyez* CYPRÈS.

GALE ou GALÉ. *Voyez à l'article* MYRTHE BÂTARD, *& le mot* ARBRE DE CIRE.

GALEGA. Plante dont il est parlé sous le nom de *Rue de chevre*. Voyez ce mot.

GALENE, *galena plumbi*. C'est la mine de plomb la plus commune & la plus brillante: elle est en cubes, & toujours minéralisée par le soufre. *Voyez* GALENE à *l'article* PLOMB.

GALENE DE FER. Espece de wolfram. Voyez ce mot & *l'article* FER.

GALÉOTE. *Voyez* GALIOTE.

GALERA. *Voyez* TAYRA.

GALERE. C'est une espece de zoophyte ou de mollusque qu'il est utile de connoître. Il est ovale; sa grosseur égale quelquefois celle d'un œuf d'oie: il paroît sur la surface de la mer comme un amas d'écume transparente, remplie de vent, ou comme une vessie peinte de vives couleurs, où le blanc, le rouge, & le violet ou le bleu argenté d'un brillant de talc dominent. C'est un animal dont le corps est composé de membranes cartilagineuses, & d'une peau très-mince, élastique & remplie d'air qui le soutient sur l'eau, & le fait flotter perpétuellement au gré du vent & des lames, qui le jettent souvent sur le rivage, où il demeure échoué sans se pouvoir remuer, jusqu'à ce qu'une autre onde le reporte dans l'eau: il a huit especes de jambes faites comme des lanieres, dont quatre lui servent de jambes pour nager ou ramer, & les quatre autres de vergues à voiles, qu'il eleve & tend en l'air pour prendre le vent & se soutenir mieux sur l'eau: c'est ce qui lui a fait donner le nom de *galere*. Ce zoophyte ne s'enfonce jamais dans l'eau, même en le frappant; mais il s'attache à ce qu'il rencontre par le moyen de ses jambes qui sont comme gluantes. On a de la peine à observer de près les mouvemens de cet animal, si on le touche, il cesse de remuer, & embrasse fortement le corps sur lequel il est posé, de manière qu'il faut faire effort pour l'en arracher: peut-être que cette adhérence est due en partie à l'humeur gluante dont ses jambes paroissent être entièrement couvertes. Si d'on vient à marcher dessus, lorsqu'il est à terre, il se creve & rend un bruit semblable à celui d'une vessie de carpe qu'on écrase d'un coup de pied. On n'y peut distinguer ni bouche, ni aucune autre ouverture. Quels sont les canaux par où coule le suc nourricier, comment cet animal se multiplie-t-il?

On trouve des galères sur toutes les côtes des îles de l'Amérique, & particulièrement dans le golfe du Méxique, après les coups de vents & les grosses marées. On l'appelle *vélette* ou *vessie de mer* sur la Méditerranée; & *mouclea* au Brésil; on l'appelle aussi *frégate*. Son apparition vers les côtes est un présage infaillible d'une prochaine tempête.

On prétend que cet animal porte un poison si subtil, si caustique, si violent, que s'il touche la chair de quelqu'autre animal, il y cause une chaleur extraordinaire, avec une inflammation & une douleur aussi pénétrante, que si cette partie avoit été arrosée d'huile bouillante. On ajoute que la douleur que cause son attouchement, croît à mesure que le soleil monte sur l'horizon, & elle diminue à mesure qu'il descend; en sorte qu'elle cesse tout-à-fait un instant après qu'il est couché. Ce phénomène est des plus singuliers. Au reste, pour dissiper ces douleurs, on se sert d'eau-de-vie battue avec un peu d'huile d'acajou. Ce qu'il y a encore de surprenant dans cet animal, c'est qu'il corrompt & empoisonne la chair des poissons qui en ont avalé, sans cependant les faire mourir.

M. J. P. *Dana*, Piémontois, a donné une Dissertation sur la galère, qu'il place dans un genre connu sous le nom d'*armenistaire*.

GALERES. Nom qu'on donne aux *éphémères*, especes de mouches aquatiques, & à une espece de crustacée marin qui a quantité de rames.

GALERUQUE, *galeruca*. Ce genre d'insecte se distingue de la chrysomele proprement dite, parce que les antennes de la chrysomele vont en grossissant vers de bout, au lieu que celles de la galeruque sont par tout d'une égale grosseur; le corps de la chrysomele est sphérique, au lieu que celui de la galeruque est plus alongé. On trouve les larves de cet insecte sur les feuilles de l'orme, du bouleau, & de plusieurs autres arbres; mais une espece très-singuliere est la galeruque aquatique, qui vit au fond de l'eau sur les feuilles du potamogeton (épi d'eau), & les dévorent. Ces larves tirées hors de l'eau ne paroissent point du tout mouillées. Il paroît qu'il transpire de leur corps quelque matiere grasse, qui ne permet pas à l'eau de s'y attacher; de même que les plumes des canards & des autres oiseaux aquatiques sont enduites d'une espece d'huile, qui les empêche d'être mouillées par l'eau dans laquelle ces oiseaux vivent ordinairement.

GALET, *silliculus*. On donne ce nom à des pierrailles ovales, ou aplaties, ou arrondies, & de différentes couleurs, qu'on trouve au fond des rivieres & sur la greve des mers & des fleuves, sur-tout dans les ports & havres, & souvent en si grande abondance, qu'ils les gâtent & les comblent, à cause que la mer les pousse d'un côté & le courant de l'autre. Ces sortes de pierres varient beaucoup pour la composition, étant ou de quartz ou de marbre, ou de jaspe, ou de granite, ou d'autres cailloux, tels que les pierres à fusil, en un mot, selon les especes de masses pierreuses qui bordent ou servent de sol aux eaux, les galets n'en sont que les débris. Il est aisé de comprendre que la figure & le poli des galets leur viennent d'avoir été long-temps battus, agités par les flots & par les coups de vent, & usés les uns contre les autres. A l'égard des galets qu'on trouve dans les terres, les vallées & les montagnes, il faut soupçonner qu'ils y ont été portés de main d'hommes, ou déposés lors d'une alluvion très-considérable, qui a baigné de tels endroits, soit par les eaux de la mer qui ont pu y séjourner autrefois. Quand un *galet* de rivieres ou de mer a une sorte d'écorce, l'on peut dire qu'il est encore dans son état naturel ou primitif; mais plus un galet est lisse, sans écorce & petit, plus il a roulé, c'est-à-dire, qu'il a souffert un frottement long & violent.

GALINE. En Languedoc, on donne ce nom à la torpede. *Voyez* TORPILLE.

GALIOTE ou GALEOTE. C'est un lézard d'Arabie, de différentes couleurs, & qui court comme les chats dans les maisons & sur les toits; c'est un domestique fidele & familier, qui se nourrit d'araignées & de rats. Cet animal, qui se trouve aussi dans les Indes, a le dessus du corps varié magnifiquement de roux & de jaune foncé, le ventre d'un cendre jaune, la tête plate & couverte de petites écailles pointues, d'un jaune pâle, qui regnent aussi le long du cou jusqu'à l'extrémité de la queue.

GALIPOT ou BARRAS. Espece de résine. *Voyez aux articles* PIN *&* SAPIN, *&c.*

GALIPOT D'AMÉRIQUE. Nom donné à la résine chibou, dont il est parlé à l'article *Gommier d'Amérique*. Voyez ce mot.

GALLE, *galla*. On a donné le nom de *galle* à ces excroissances singulieres, à ces tubérosités qui s'élevent sur les différentes parties des plantes, des arbres, & qui doivent leur naissance à des vers d'insectes qui ont crû dans l'intérieur, ou à des insectes qui y logent leurs œufs. Elles imitent si bien les productions naturelles des plantes, qu'au premier coup d'œil on est porté à en prendre plusieurs pour leurs fruits, & d'autres pour leurs fleurs. Mais ces fruits apparens ont pour noyau ou pour amande un insecte, & au-dessous de ces especes de fleurs on trouve également un insecte au lieu de graines.

Ces galles nous font voir une prodigieuse variété de

formes, de couleurs & de consistances, variété qui est due en partie aux différentes espèces d'insectes qui ont occasionné leur formation. Une mere insecte qui, pour l'ordinaire, est une mouche à quatre ailes, ou quelquefois une mouche à deux ailes, un papillon, un scarabée, en un mot une mouche ichneumone, un cincips, a été pourvue d'un instrument propre à percer, ou à entailler le bois, l'écorce ou les feuilles ; elle le porte au derriere ; c'est une tariere ou un aiguillon : ceux des meres de différentes classes sont ordinairement faits sur différens modeles. Nous ne pouvons pas distinguer à la vûe tout ce qu'il y a dans la structure de ces instrumens, mais nous en appercevons assez pour l'admirer. (on peut voir au mot MOUCHE A SCIE, la description d'une de ces tarieres d'une structure tout-à-fait étonnante).

Dans des insectes très petits, tels que sont les différentes espèces de mouche à quatre ailes qui font naître les différentes espèces de galles du chêne, l'aiguillon est très-grand par rapport à la grandeur de l'insecte ; la Nature a cependant trouvé moyen de le loger dans le corps même ; il y est recourbé & contourné. Quand la mouche veut, elle fait sortir cet instrument de son corps ; avec la pointe elle perce tantôt une feuille, tantôt un bourgeon, tantôt un jet d'arbre, & elle dépose un œuf dans le trou qu'elle a formé. Quelquefois la même mouche perce ainsi plusieurs trous les uns après les autres, dans chacun desquels elle laisse un œuf. Chaque cellule sert de logement à chaque individu.

Les endroits de l'arbre qui ont été blessés, ou ce qui est la même chose, ceux à qui un ou plusieurs œufs ont été confiés, végetent plus vigoureusement que le reste, parce que la seve se porte plus abondamment en cet endroit ; elle s'y accumule, la plaie se ferme très-vîte, & l'endroit où elle est se gonfle. Il y paroît bientôt une nouvelle production, qui n'est autre chose que la galle dont nous parlons ; elle devient le domicile du ver qui y trouve le vivre & le couvert. De ces galles les unes sont à-peu-près sphériques, petites, de la grosseur d'un grain de groseille, d'autres deviennent grosses comme des noix, & d'autres comme de petites pommes : quelques-unes sont colorées comme les plus beaux fruits, & l'œil les prend même pour de vrais fruits ; les unes sont lisses, les autres sont épineuses ; les unes ont une chevelure bien surprenante, telle que le bedeguar qui se trouve sur le rosier ; d'autres semblent de petits artichauts, d'autres pourroient être prises pour des fleurs. La substance de quelques-unes est spongieuse. Il y en a même certaines qu'on mange en quelques pays, & qu'on porte au marché. Les Voyageurs nous rapportent qu'à Constantinople on vend au marché des galles ou pommes de sauge : voyez aussi *Baisonge* à l'article *Puperona*. Sans aller chercher des exemples si loin, des paysans des environs du bois de Saint Maur, près de Paris, se sont avisés de manger de ces galles en pommes, prises sur le lierre terrestre : ils les ont trouvées très bonnes : leur saveur est aromatique. Il faut les cueillir de bonne heure avant qu'elles soient trop sèches & trop filamenteuses ; cependant il n'y a pas lieu de penser qu'elles parviennent jamais à être mises au rang des bons mets : d'autres sont plus dures que le bois. Enfin parmi les galles, il y en a plusieurs dont les Arts font un grand usage ; telles sont les *noix de galle d'Alep*. *Voyez* ce mot.

L'œuf qui a été enfermé dans une galle naissante, y croît lui-même ; & ce n'est qu'après que cet œuf a pris un assez grand accroissement, que l'insecte en sort, ordinairement sous la forme de ver. Ce ver, par la suite, se métamorphose, soit en une mouche à deux ailes, soit en une mouche à quatre ailes, soit en un scarabée, selon l'espece dont il est lui-même. Après avoir subi sa derniere transformation, il quitte ce logement, où il a été si bien défendu contre toutes les intempérances de l'air, & qui lui a donné à vivre.

Il y a quelques insectes de galles, qui sont des fausses chenilles, & des vers de scarabées, qui sortent de leurs galles, lorsqu'ils sont prêts à se transformer pour la premiere fois.

Dans l'institution de la Nature, ces insectes eux-mêmes doivent servir à nourrir d'autres insectes. Des mouches carnassieres, & qui donnent naissance à des vers carnassiers, sont munies de tarieres qui valent bien celles des mouches qui font naître les galles. La mouche carnassiere va percer une galle, elle dépose un œuf dans sa cavité; il en naît un ver qui mange celui qui sembloit devoir être en sûreté dans un logement environné de murs solides & épais.

La quantité de vers étrangers, introduits dans les galles, les variétés de leurs especes & des belles mouches qu'ils donnent, sont encore de véritables merveilles. Il sort des galles plus de mouches qui doivent leur naissance aux vers étrangers, qu'il n'en sort de celles qui la doivent aux habitans naturels. *Voyez* CINIPS & ICHNEUMONES (mouches).

Entre ces diverses especes de galles, les unes ne nous offrent qu'une grande cavité, dans laquelle plusieurs insectes vivent & croissent ensemble; ou diverses cavités plus petites, entre lesquelles il y a des communications. L'intérieur de quelques autres est rempli de plusieurs cellules, quelquefois au nombre de plus de cent, & quelquefois seulement au nombre de trois ou quatre, qui toutes sont séparées les unes des autres par une cloison. Enfin d'autres, quoiqu'assez grosses, ne sont occupées, dans leur cavité, que par un seul insecte. On reconnoît qu'une galle sur l'arbre est encore habitée par les insectes, lorsqu'on ne voit point qu'elle soit percée nulle part. Les insectes de certaines galles sont si petits, qu'on ne peut les appercevoir qu'avec une loupe.

GALLES DE CHÊNE OU FAUSSES GALLES. Les pommes de chêne & les raisins de chêne, sont, selon les Naturalistes, des excroissances produites par la piqûre de certains moucherons qui y déposent leurs œufs & qui y produisent des vers: ces excroissances sont astringentes. *Voyez* NOIX DE GALLES.

GALLES DE LA GERMANDRÉE. M. de Réaumur a observé que tandis que les *galles* des autres plantes sont produites sur les feuilles, celles de la germandrée le sont sur la fleur; & pour surcroît de singularité, par une punaise, le seul insecte connu de sa classe, qui se forme & croît dans ces sortes de tubercules monstrueux. Cet insecte est niché en naissant dans la fleur toute jaune du *chamædris* (germandrée), & il la suce avec sa trompe. La fleur sucée croît beaucoup sans pouvoir s'ouvrir; parce que la lèvre qui devroit se dégager du calice fait par les autres pétales, y reste retenue à cause qu'elle a pris trop de volume, & la petite nymphe de punaise y conserve son logement clos. *Voyez* GERMANDRÉE & PUNAISE.

GALLE RÉSINEUSE DU PIN. Cette galle se rencontre sur les jeunes branches du pin dans toutes les saisons de l'année. Elle a une forme ovale, & est longue d'un pouce environ, d'une couleur blanchâtre sale; elle devient brune en vieillissant. Cette galle est de substance résineuse, car elle est dissoluble dans l'esprit de vin. On trouve dans son intérieur, une petite chenille qui fait sa nourriture de la substance résineuse de la partie de la branche renfermée sous la galle. Elle s'accommode de cette résine, & résiste à l'odeur de l'huile essentielle qu'on en retire; tandis que toute autre chenille en périt au bout de deux ou trois minutes. Ces observations sont de M. Géer, & sont insérées dans le Tome II des Mémoires présentés à l'Académie.

Cet article fournit un exemple que plusieurs insectes trouvent la vie & le couvert sur de certaines plantes. C'est au soin qu'ils prennent d'y loger leurs petits, que nous devons l'invention ou la matière des plus belles couleurs, rouges, noires, &c. que l'on emploie tant en peinture qu'en teinture: notre reconnoissance, ni notre admiration n'égalent pas le service de ces insectes.

GALLINACÉ. Voyez PIERRE DE GALLINACÉ.

GALLINASSE ou GALLINAZA. Nom que les Espagnols donnent à un oiseau noir de la grosseur d'une dinde; il se trouve au Pérou. *Garcilasso Inca* dit que les habitans du pays le nomment *suyuntu* (qu'il faut prononcer *souyontou*). Cet oiseau, qui est d'une odeur désagréable, est très-goulu, très-carnassier, il vit de charognes comme les corbeaux, & enleve les immondices des chemins.

Le gallinaza, (les Espagnols prononcent *gallinaça*) se rencontre aussi dans le Mexique, où il y est appelé *aura* & *tropillot*. Voyez le mot AURA.

GALLINE. Voyez à l'article ROUGET.

GALLINSECTES. Les Naturalistes modernes donnent ce nom à des insectes qui ressemblent fort à des galles, mais qui n'ont de commun avec elles que la ressemblance extérieure. C'est sur les arbres, sur les arbrisseaux, & communément sur des plantes qui passent l'hiver, que naissent & croissent les gallinsectes: il faut à ces sortes d'animaux, une plante qui les nourrisse près d'un an, terme auquel est fixée la durée de leur vie.

Il y a peu d'arbres & d'arbustes, dans notre pays, qui n'en nourrissent différentes especes: on les y reconnoît à leur figure & à leur couleur. Elles naissent toutes d'assez petits animaux. Après leur accroissement, les unes semblent être de petites boules attachées, contre une branche par une très-petite partie de leur circonférence: elles sont ordinairement grosses comme un grain de poivre; d'autres sont comme sphériques, excepté la partie plate par où elles sont attachées à l'arbre. Il y en a qui ont la figure d'un rein ou d'un bateau renversé; & elles sont toutes appliquées aux petites branches par la partie la plus échancrée ou enfoncée de leur corps. Les couleurs des gallinsectes n'ont rien de bien frappant; communément elles en ont une qui tire plus ou moins sur le marron: il y en a aussi de rougeâtres, de violettes, & d'un beau noir; d'autres dont le fond est jaune, avec des ondes brunes. M. *de Réaumur* en a trouvé de brunes veinées de blanc.

Les pêchers & les orangers ont des gallinsectes faites en bateau renversé; & ce sont de tous les arbres ceux desquels on est plus attentif à les ôter. Les Jardiniers les appellent improprement *punaises d'orangers*: ces gallinsectes sont les plus communes, & celles sur lesquelles on a fait des observations dont on peut faire l'application aux autres espèces.

Les gallinsectes sont presque toujours nuisibles aux arbres: il y en a cependant de très-utiles, & dont on desire la multiplication: telle est celle du kermès, appellée *cocus* ou *graine d'écarlate*. Voyez KERMÈS.

Ces sortes d'animaux parviennent à leur dernier terme d'accroissement à la fin de Mai & au commencement de Juin. Il faut observer les gallinsectes dans tous les temps pour les bien connoître; sans cette exactitude, on les prend aisément pour des coques où divers insectes renferment leurs œufs. L'insecte a six jambes, qu'il tient appliquées contre son corps: il y en a quatre plus aisées à distinguer que les autres. La derniere paire de celles-ci est immédiatement au dessus du premier des cinq anneaux. Au-dessus de la premiere paire de jambes on apperçoit une espece de petit mamelon, qui est la partie par le moyen de laquelle l'insecte se nourrit. La gallinsecte couvre ses œufs de son corps, qui leur tient lieu d'une coque bien close. La ponte étant finie, l'insecte meurt bientôt, & à la même place où il s'étoit fixé depuis long-temps: son corps se desséche, & ce cadavre qui semble transformé en une espece de coque, sert de berceau à sa famille. Selon M. *de Réaumur*, les petites gallinsectes sont douze jours à éclorre, & ne prennent l'essor que plusieurs jours après leur naissance: il y a des Auteurs qui ont compté depuis mille jusqu'à deux mille œufs sous certaines especes de gallinsectes. Celles qui sont nouvellement nées

sur

sur les pêchers, commencent à sortir de dessous le squelette de leur mere au commencement de Juin. Les fourmis qui, comme nous l'avons dit, indiquent les pucerons, indiquent aussi les gallinsectes des pêchers. Ces insectes tirent des feuilles sous lesquels ils se fixent la substance propre à leur nourriture & à leur accroissement : ils ne rongent point les feuilles ; ils en pompent le suc avec leur trompe, qui ne se laisse distinguer que dans les grosses gallinsectes.

L'expérience a appris aux Jardiniers fleuristes à nettoyer de leur mieux leurs arbres fruitiers des gallinsectes, & sur-tout les orangers & les pêchers ; sans quoi elles épuisent, en quelque sorte, la seve de ces arbres ; ce qui les fait languir, & même périr.

Les gallinsectes tombent en automne avec les feuilles sur lesquelles elles sont attachées ; mais elles regagnent bientôt l'arbre, & s'y fixent. C'est en Avril qu'elles se défont de leur vieille peau ; après quoi elles croissent très-vîte, & prennent la figure de galles : arrivées au dernier terme d'accroissement, (en Mai) elles sont en état de pondre.

De petites mouches fort jolies, à deux aîles, dont la tête, le corps, le corselet, & les six jambes sont d'un rouge foncé, sont les mâles qui fécondent les gallinsectes : la fin d'Avril est la saison de leurs plaisirs. Ces mâles ont une forme bien différente de leur femelle, & une grandeur bien disproportionnée. Autant les femelles sont immobiles, autant on voit un même mâle actif, léger, aller successivement sur plusieurs femelles, les parcourir chacune d'un bout à l'autre, d'un côté à l'autre, tenant toujours la partie en forme d'aiguillon inclinée vers leur corps. Parcourant ainsi son sérail, & passant en revue ses femelles, enfin il s'arrête, il se fixe ; & quand il s'est placé sur la partie sexuelle d'une femelle toute prête à le recevoir, il introduit la partie qui fait la fonction nécessaire à la reproduction.

Différentes especes de nos chênes fournissent aussi des gallinsectes, arrondies, grosses comme de petits pois, qui y tiennent par une base circulaire assez étroite, & qui ressemblent beaucoup au kermès. La charmille, l'épine, la vigne, font aussi voir des gallinsectes, dont les œufs paroissent être dans une coque de soie. Enfin, M. *de Réaumur* cite une espece de gallinsecte brunâtre, lisse & semblable à une valve de la moule de mer.

Pro-Gallinsectes.

On donne ce nom à de petits animaux qui tiennent beaucoup des caracteres des gallinsectes, mais qui en ont pourtant qui leur sont particuliers. Les pro-gallinsectes passent une grande partie de leur vie attachées contre l'écorce des arbres, sans changer de place & sans se donner de mouvemens sensibles; cependant on les reconnoît en tout temps pour des animaux; si on les regarde avec la loupe, on distingue toujours leurs anneaux: on a étudié encore peu cette espece d'animaux. La cochenille est peut-être la pro-gallinsecte la plus importante à examiner. *Voyez* COCHENILLE.

On connoît une pro-gallinsecte qui se tient volontiers sur l'orme: elle est petite & peu allante; on la trouve dans les bifurcations des petites branches qui n'ont qu'un an ou deux; on en trouve quelquefois contre les branches & les petites tiges. Leur dernier terme d'accroissement est fait en Juillet. La vue ne peut néanmoins distinguer qu'une petite masse ovale & convexe, d'un assez mauvais rouge-brun, entourée d'un cordon blanc & cotonneux. La partie ovale est le dessus du corps de l'insecte; on y reconnoît, avec la loupe, des anneaux; du reste l'animal est parfaitement immobile: il ne montre ni tête ni jambes, tout est caché par un bourrelet cotonneux, qui ne laisse à découvert que la partie ovale. Cette matiere cotonneuse fait une espece de nid, en forme de corbeille & comme goudronné, dans lequel l'insecte est logé en grande partie. Son ventre, qui pose sur le fond de ce nid, se trouve séparé de l'arbre par une couche de coton. Ce nid est non-seulement destiné à mettre le corps de l'insecte plus à son aise, mais aussi à recevoir les petits qui doivent naître en Juin ou en Juillet. En retirant alors la pro-gallinsecte de son nid, on trouve dans le fond & dans les inégalités des côtés un grand nombre de petits, vivans, dont la couleur est d'un blanc jaunâtre. Ils portent devant eux deux petites antennes ; leur corps est assez semblable à celui des gallinsectes nouvellement nées. Ils marchent sur six jambes, assez courtes : on a de la peine à reconnoître leur trompe ou suçoir. Quand la mere pro-gallinsecte met ses petits au jour, ils sortent par l'anus, ou par une ouverture qui en est proche ; ils passent sous le corps de la mere, qui s'aplatit à mesure qu'elle se vide. L'enfantement fini, la mere périt : elle se desséche, & par la suite elle tombe du nid. On est encore incertain si les mâles des pro-gallinsectes sont ailés.

La *graine de Pologne*, dont nous avons parlé à l'article *cochenille du Nord*, est encore une pro-gallinsecte ou un ver à six jambes, qui porte également sur la tête deux antennes, & qui a d'ailleurs une ressemblance générale avec la gallinsecte & la pro-gallinsecte. Ce ver du Nord pond des œufs ; de très-petites mouches à deux ailes blanches & bordées de rouge, qui sortent de la graine d'écarlate, en sont les mâles. *Voyez* du mot COCHENILLE DU NORD.

GALLIOTE ou GALIOT. *Voyez* BÉNOITE.

GAMAICU. Nom que les Indiens donnent tantôt à un morceau de madrépore fossile, tantôt à une concrétion pierreuse, ronde, protubérancée, semblable aux *stalagmites* ou *oolites*. Voyez ces différens mots. Les Indiens attribuent au gamaïcu des vertus merveilleuses.

GAMMA DORÉ, *gamma aureum*. On donne ce nom à un phalène ou papillon nocturne, dont les ailes sont agréablement variées & d'un brun nébuleux. On distingue sur chaque aile supérieure le *gamma* ou *lambda* des Grecs bien marqué de couleur d'or, quelquefois blanchâtre. Sa chenille est, dit M. *Deleuze*, une arpenteuse verte à douze jambes. Ce papillon se trouve sur la matricaire, sur la bourrache & sur la laitue. Le gamma qui n'est point doré, est le *double C*, ou le *gamma vulgaire*. Voyez Double C.

GAMMAROLITES ou CRABITES, *gammarolitus*. Les Lithologistes donnent ce nom aux fossiles congéneres, aux *astacolites* & aux *cancrites*, c'est-à-dire, à des crustacées ensevelis dans la terre, & qui y sont devenus très-durs, ou qui y ont changé de nature : tels sont les crabes. On voit dans les cabinets des Curieux, des crabes pétrifiés ou fossiles, que l'on trouve abondamment sur les côtes de Coromandel, de Malabar & de Schepy, île Angloise. *Voyez* CRABE.

GANDOLA. *Voyez* BASELLE.

GANTS DE NOTRE-DAME. Quelques-uns donnent ce nom à la *digitale*, à la *gantelée* & à l'*ancolie*. Voyez ces mots.

GANGA. Cet oiseau qu'on nomme vulgairement *gélinote des Pyrenées*, est de la grosseur d'une perdrix grise; elle a le tour des yeux noir, & point de flammes ou sourcils rouges au-dessus des yeux; son bec est presque droit; l'ouverture des narines est à la base du bec supérieur, & joignant les plumes du front; le devant des pieds couvert de plumes jusqu'à l'origine des doigts; les ailes assez longues, la tige des grandes plumes des ailes noire, les deux pennes du milieu de la queue une fois plus longues que les autres, & fort étroites dans la partie excédante; les pennes latérales vont toujours en s'accourcissant de part & d'autre jusqu'à la derniere. La femelle est de la même grosseur que le mâle; mais elle en differe par son plumage, dont les couleurs sont moins belles, & par les filets de sa queue qui sont moins longs. On trouve cette espece d'oiseau dans la plupart des pays chauds de l'ancien continent, en Espagne, dans les parties méridionales de la France, en Italie, en Syrie, en Turquie, en Arabie, en Barbarie & même au Sénégal.

GANGUE, *matrix mineralium & metallorum.* Ce nom qui est allemand, & qui signifie en cette langue *filon* ou *veine métallique*, se donne à des terres endurcies ou à des pierres de roches qui contiennent ou renferment des matières minérales & métalliques. Ces pierres étrangeres à la nature des minéraux mêmes, sont tantôt du quartz, tantôt du spath ou du schiste, &c. Elles se réduisent en scories dans la fusion des métaux ou demi-métaux.

GANTELÉE ou GANTS DE NOTRE-DAME. *Voyez* CAMPANULE.

GARAGAY. Oiseau de proie de l'Amérique : il est de la grandeur & grosseur du milan ; sa tête est blanche, de même que les extrémités de ses ailes : sa nourriture consiste en œufs de crocodiles & de tortues, qu'il fait découvrir aux bords des rivieres, sous les sables où ils sont cachés. Les oiseaux *aura* & *gallinasses* poursuivent les garagays pour leur enlever leur proie. *Voy.* GALLINASSE & AURA.

GARANCE, *rubia.* Il y a plusieurs especes de garance, qui toutes fournissent de la teinture. L'azala ou izari de Smyrne, que l'on emploie à Darnétal & à Aubenas pour faire les belles teintures incarnates à la façon d'Andrinople, est une vraie garance. Il en croît naturellement quelques especes dans les haies, dans les bois, & dans les joints des pierres de murailles des jardins, dont les racines, lorsqu'elles sont séchées avec précaution, fournissent d'aussi belle teinture que l'azala de Smyrne. M. *Dambournay*, des Académies des Sciences & d'Agriculture de Rouen, a cultivé une espece de garance qui s'est trouvée sur le rochers d'Oizel en Normandie : les racines de cette plante lui ont donné une aussi belle teinture que l'azala. Suivant les expériences de M. *Guettard*, on peut tirer aussi une couleur rouge des caille-laits.

Le grand Colbert qui ne négligeoit rien de tout ce qui pouvoit faire valoir les avantages naturels du Royaume, regrettant les sommes immenses qui en sortoient tous les ans pour le commerce de cette racine, est le premier Ministre qui soit entré dans le détail de tout ce qui regarde la culture & la préparation de la garance. *Voyez l'instruction générale pour les teintures, du mois de Mars 1671.*

L'espece de garance que l'on cultive le plus ordinairement pour la teinture, est le *rubia tinctorum sativa*. Cette plante pousse des tiges qui se soutiennent assez droites, longues de trois ou quatre pieds, quarrées, noueuses, rudes au toucher; chaque nœud est garni de cinq ou six feuilles qui font l'anneau autour de la tige. Ces feuilles sont longues, étroites, garnies à leurs bords de dents fines & dures qui s'attachent aux habits. Les fleurs sont d'un jaune verdâtre; elles naissent vers les extrémités des branches, & sont d'une seule piece en godet. Il leur succede un fruit composé de deux baies attachées ensemble, d'abord verdâtres, puis rouges, enfin noirâtres quand elles sont tout-à-fait mûres. Chaque baie contient une semence presque ronde. Les racines de cette plante sont longues, rampantes, de la grosseur d'un tuyau de plume, ligneuses, rougeâtres, & elles ont un goût astringent.

C'est cette même espece de garance, dont on fait des plantations en Zélande, & aux environs de Lille. On la desseche, on la pulvérise, & on l'envoie vendre en France sous le nom de *garance, grappes de Hollande*. Il n'est pas possible de faire un aussi bel incarnat sur le coton avec cette garance, qu'avec l'*azala* de Smyrne. Au reste, il n'y a pas lieu de penser que cette différence provienne de la plante: car la graine tirée du Levant sous le nom d'*azala*, a produit au Jardin du Roi la même espece de garance, que celle de Lille. Ces différences proviendroient-elles du degré de maturité ou de l'exsiccation de la plante, ou de la main-d'œuvre, ou de la nature du sol, &c. M. *Bertin*, Secrétaire d'État, vient de faire venir de Smyrne une quantité de graine d'*azala* ou *ifari* ; ce Ministre toujours occupé de tous les moyens qui peuvent tendre à l'avancement & aux progrès de l'agriculture, fait distribuer gratuitement cette graine à tous ceux qui veulent en faire la culture. Quant à la garance d'Oizel, elle pousse plutôt au printemps, que celle de Lille ; ses tiges menues se penchent jusqu'à terre ; ses racines sont moins grosses, moins vives en couleur, moins garnies de nœuds & de chevelu, que celles de la garance de Lille. La garance d'Auvergne, celles des dehors de Carcassonne & des environs des étangs de Montpellier, donnent des couleurs aussi vives, que celle que fournit la garance des Indes. Selon M. *Haller*, la garance de Suisse est beaucoup plus rude que celle de Zélande ; les racines sont d'un rouge plus vif, & n'ont point à l'axe un point noir, qui ôte à la garance de Zélande une partie de sa belle couleur.

Culture & propriétés de la Garance.

La garance subsiste dans toutes sortes de terres, mais elle ne pousse point par-tout d'aussi belles racines : elle aime les terres fortes, douces, humides en dessous ; cependant elle périt quand elle est submergée. Les garancieres ou les terrains les plus favorables pour la garance, sont les marais desséchés, bien exposés au soleil, & dont le terrain est un peu salé.

On peut multiplier la garance de trois manieres différentes, soit par la graine, soit par les racines, soit en la provignant. La premiere maniere est la plus longue, mais cependant nécessaire lorsqu'on est éloigné des garancieres. On doit semer la graine de garance depuis Mars jusqu'en Mai, & le plant qui en provient n'est bon à transplanter dans les champs qu'après la seconde année. La garanciere est bien plutôt formée, lorsqu'on plante des racines. Quand on arrache des racines de garance pour les livrer aux Teinturiers, on peut se procurer beaucoup de plant, qui ne diminue que très-peu le produit de la vente : car il est d'expérience, qu'un bout ou tronçon de racines, pourvu qu'il soit garni d'un bouton, ou d'un peu de chevelu, produira un pied de garance. On peut aussi avoir recours aux provins, en couchant les tiges de garance, qui prennent racine, & que l'on replante ensuite. Il faut un certain temps, pour que ces branches converties en racines, puissent être aussi abondantes en couleur, que les vraies racines ; on doit avoir grand soin d'arracher les mauvaises herbes, de donner des labours à la garanciere, & de recouvrir les racines de terre, afin qu'elles deviennent plus belles.

Dans le mois de Septembre, on peut faucher l'herbe de la garance. Cette herbe fournit un excellent fourrage pour les vaches ; l'usage de cette nourriture leur procure beaucoup de lait, qui est d'une couleur tirant un peu sur le rouge, & dont le beurre est jaune & de bon goût.

La récolte des racines se fait en Octobre & en Novembre. L'état le plus favorable où elles puissent être pour la teinture, c'est lorsqu'elles sont de la grosseur d'un tuyau de grosses plumes. Si on les laisse trop vieillir, elles donnent moins de teinture ; si on les arrache trop menues, elles ne font point de profit.

A mesure que les racines sont arrachées, on les étend sur le pré pour les faire sécher. Il faut éviter de les laver pour les débarrasser de la terre qui leur reste attachée ; car on apperçoit bien à la couleur que l'eau contracte, qu'elle a un peu dissous la partie colorante. La racine de garance est difficile à faire sécher; son suc est visqueux, & elle perd à l'étuve sept huitiemes de son poids. En Flandre, on fait dessécher la garance dans une étuve, dont la chaleur est bien ménagée. Quelques essais faits en petit donnent lieu de croire que la qualité de la garance seroit meilleure, si on pouvoit la dessécher au soleil, ou même à l'ombre, & par la seule action du vent, comme on prétend qu'on le fait à Smyrne, où l'air est bien plus sec qu'en Flandre. Pour cet effet il seroit avantageux d'arracher les racines au printemps, & non point en automne, comme on le fait.

Il ne suffit pas que la garance soit assez séche pour ne se point gâter, il faut encore qu'elle puisse se pulvériser, ou comme l'on dit se grapper. On reconnoît que la garance est suffisamment desséchée, lorsqu'elle se rompt en la pliant. On bat les racines de garance à petits coups de fléau, pour les débarrasser du chevelu, d'une partie de l'épiderme, & d'une portion de terre fine, que l'action de l'étuve a fait dessécher; toutes ces matieres pourroient rendre la teinture moins belle. Les plus petites racines ainsi préparées portent le nom de *billons*.

Pour avoir une belle teinture de garance, suivant les épreuves qu'en a faites M. *Pagne* de Darnétal, il faut tirer les bonnes racines séchées & épluchées, les mettre dans un grand sac de toile rude, les secouer violemment; le frottement du sac & celui des racines les unes contre les autres, détachent presqu'entiérement l'épiderme, qui acheve aisément de se séparer au moyen du van. On a, dit-il, par cette méthode, de belles racines de garance robée, dont l'effet prévaut sur l'azala, autant que celle-ci a d'avantage sur la plus belle garance de Hollande, mais cette garance devient nécessairement plus chere.

Les terres substancielles & légeres donnent de meilleures racines que les terrains fort gras & marécageux; mais ces derniers en donnent en plus grande abondance. On ne peut guere compter que sur quarante-cinq ou quarante-six milliers de garance verte par arpent : huit milliers de racines vertes ne donnent au sortir de l'étuve, qu'un millier de racines séches. On fait passer la garance séchée sous les pilons ou sous la meule. On voit dans les *Élémens d'Agriculture de M. Duhamel*, dont nous avons tiré une partie de cet article, la description de l'étuve & du moulin à grapper la garance qui sont à Lille en Flandre, ainsi que celle du moulin à pulvériser la garance, qui a été construit à Corbeil.

M. *Dambournay* a fait sur la garance une découverte d'autant plus importante, qu'elle tend singuliérement à l'économie. L'expérience lui a appris que quatre livres de garance fraîche, font le même effet dans un bain de teinture, qu'une livre de garance séche & réduite en poudre. D'où il est aisé de conclure qu'en employant la garance en verr, on épargne une moitié de racine, puisque huit livres de vertes n'en donnent qu'une livre de séches. On peut encore consulter un *Mémoire sur la culture de la garance*, par le *Sieur Althen* dans le *Journal d'Histoire Naturelle*, Mai 1772.

Les racines de garance, pour être bonnes, doivent avoir une odeur forte, tirant un peu sur celle de la réglisse; l'écorce, qu'il faut bien distinguer de l'épiderme, doit être unie & adhérente à la partie ligneuse: c'est la partie la plus utile; car c'est dans l'écorce que l'on apperçoit, à l'aide du microscope, des molécules rouges: on remarque aussi une substance ligneuse de couleur fauve, qui probablement altere, ainsi que l'épiderme, la couleur rouge. M. *de Tourniere* croit que les lessives & l'avivage ne donnent de l'éclat à la teinture de garance, que parce qu'elles emportent ce fauve. Ce seroit une découverte bien utile, que de trouver le moyen d'extraire la partie rouge, sans aucun alliage de la partie jaune ou fauve; je crois, dit M. *Duhamel*, que ces tentatives devroient être faites sur des racines vertes, afin que la partie rouge, qui est en dissolution, fût plus aisée à extraire. De nouvelles expériences ont fait connoître que l'écorce donne à la vérité une couleur plus foncée, & le bois une couleur plus pâle, mais que l'épiderme étant enlevée, l'une & l'autre font bien ensemble.

La garance en poudre doit être onctueuse, se peloter lorsqu'on la manie entre les doigts. Lorsqu'elle est vieille, elle perd son onctuosité, & produit une poudre séche.

La racine de garance est un des meilleurs ingrédiens qu'on puisse employer pour la teinture des laines; elle donne un rouge, à la vérité peu éclatant, mais qui résiste sans altération à l'action de l'air, du soleil, & à l'épreuve des ingrédiens qu'on emploie pour éprouver la ténacité des couleurs; elle contribue aussi à procurer de la solidité à plusieurs autres couleurs composées: on s'en sert pour fixer les couleurs déjà employées sur les toiles de coton. Enfin il y a un grand nombre de cas où le succès des opérations demande qu'on fasse le *garancage*. On appelle sa teinture *rouge de garance*. On vante beaucoup le rouge de bourre ou *nacarat* qu'on en prépare.

La meilleure maniere de connoître la qualité de la garance, est d'en faire des essais sur des morceaux d'étoffe que l'on a fait tremper dans un bain d'alun, & prendre pour objet de comparaison, de l'étoffe teinte avec de la belle garance de Zélande, ou avec de l'azala. M. *Haller* observe que la garance de Zélande a de l'avantage par l'exactitude avec laquelle elle est séchée chez un peuple qui ne néglige aucune précaution. D'ailleurs sa couleur est moins vive que celle de la garance de Smyrne ou même de Suisse. La garance appellée *mulle* dans le Commerce, est la moindre de toutes.

Les tiges & les feuilles de la garance sont très-bonnes pour nettoyer la vaisselle d'étain, à laquelle elles donnent le plus beau lustre. Les vaches mangent avidement les feuilles, qui sont pour elles une nourriture excellente. La racine de la garance est mise au rang des cinq petites racines apéritives, (qui sont celles de l'arrête-bœuf, de caprier, de garance, de chiendent, & de chardon-roland). Elle résout puissamment les humeurs épaisses: on lui attribue aussi la vertu de dissoudre le sang coagulé; elle donne aux urines une couleur rouge;

elle est d'un usage familier en Hollande, (sous le nom de *krapp*.) étant cuite dans le vin, l'eau & la biere, & prise intérieurement, pour les chûtes considérables. Elle convient dans l'hydropisie naissante, dans la jaunisse & dans les obstructions du bas-ventre. Quelques Médecins du Nord s'en servent pour procurer les regles aux femmes. M. *Duhamel* a aussi reconnu (d'après *Belchier*) dans cette plante la propriété de teindre en rouge les os des animaux qui en ont été nourris quelque temps. Trois jours suffisent pour un pigeon : il est digne de remarque que ni tous les os dans un même animal, ni les mêmes os en différens animaux, ne prennent pas la même nuance. Les cartilages qui doivent s'ossifier, ne se teignent qu'en s'ossifiant. (M. *Haller* ajoûte que le cal ne se colore qu'à mesure qu'il devient osseux.) Si on cesse de donner en nourriture les particules de garance, les os perdront peu-à-peu leur teinture. Les os les plus durs, soit qu'ils soient formés par la Nature, ou qu'ils soient l'ouvrage d'une maladie, se coloreront le mieux, ils soutiendront l'épreuve des débouillis : ils ne sont cependant pas tout-à-fait intacts à l'action de l'air; les plus rouges y perdent de leur couleur. La moëlle de ces os teints, & toutes les autres parties molles de l'animal, conservent leur couleur naturelle. Une autre remarque, c'est que la garance que prend la volaille agit aussi sur leur jabot & sur leurs intestins; ils en sont colorés pour peu qu'on les tienne à ces alimens, ils tombent en langueur & meurent; on leur trouve, quand ils sont morts, les os les plus gros plus moëlleux, plus spongieux & plus cassans. Mais pourquoi les parties colorantes ne se portent-elles qu'aux os ? Ne seroit-il pas sage de présumer, d'après les expériences précédentes, que l'usage de la garance est tout au moins mal-sain. On voit dans le *Recueil de l'Académie des Sciences*, année 1746, qu'elle n'est pas la seule plante qui ait la propriété de teindre en rouge; mais on a fait de vains efforts, ainsi que l'observe M. *Haller*, pour teindre les os en bleu, en jaune, en vert.

GARANCE PETITE, *rubeola*. Cette plante, que l'on appelle auſſi *herbe à l'eſquinancie*, reſſemble à un petit plant de garance. Ses fleurs ſont rouges, quelquefois blanches & d'une odeur de jaſmin. Ses tiges ſe couchent la plupart à terre. Cette petite garance porte auſſi le nom de *cinanchine*, & ſes racines teignent très-bien en rouge. Elles ſont d'un grand uſage dans les îles de la Mer Baltique. L'Académie de Stockholm a fait des eſſais ſur ces racines.

GARDE-ROBE. *Voyez à l'article* Aurone.

GARDON, *leuciſcus*. Petit poiſſon d'eau douce, qui eſt au rang des poiſſons blancs, & peu eſtimé; il eſt ſemblable au meunier par la figure des écailles, par le nombre & par la figure des nageoires; il a le corps large, le dos bleu, la tête verdâtre, le ventre blanc, & les yeux grands: ſa chair eſt ſemblable à celle du *dard*: *voyez* ce mot. On l'appelle *gardon*, parce qu'il ſe garde plus long-temps que les autres poiſſons dans un vaſe plein d'eau: il peuple beaucoup.

GARENNE. Nom donné à une eſpace de terrain, rarement cultivé; mais toujours peuplé d'une grande quantité de *lapins*. Voyez ce mot.

GARGOULETTE DU MOGOL. *Voyez à l'article* Bols.

GARIGUE. Nom donné par nos Naturels de l'Acadie à une eſpece de champignon qui naît ſur le ſommet du pin blanc de ces contrées. Les Sauvages du pays s'en ſervent avec ſuccès contre les maux de gorge, de poitrine, & même dans la dyſſenterie.

GAROU. *Voyez* Bois gentil.

GAROUPE. *Voyez* Camelée.

GAROUTTE. *Voyez* Laureole.

GARROT. C'eſt le canard de mer que les Indiens appellent quattro-ochi (*clangula*) voyez à l'article Canard.

GARSOTTE. C'eſt la *cercelle*. Voyez ce mot.

GARUM. Etoit chez les Anciens une eſpece de ſaumure fort délicate, qu'ils faiſoient avec les entrailles d'un petit poisson saxatile nommé *garrus*. Cette saumure friande est encore autant en usage chez les Turcs, que le vinaigre parmi les Aubergistes à Constantinople pour conserver plusieurs poissons, &c. *Voyez aux mots* PICAREL & ANCHOIS.

Plusieurs personnes recommandent le garum pour nettoyer les vieux ulceres, pour la morsure du chien enragé, & pour résister à la gangréne. On en fomente les parties malades; on en mêle aussi dans les lavemens pour l'hydropisie.

GAS. Nom donné à des exhalaisons plus ou moins visibles, & produites dans des souterrains profonds, comme les galeries des mines: quelquefois elles sortent de certains creux, grottes, ou fentes de la terre: il y en a qui sont accompagnées d'une odeur forte & suffocante. Le prétendu esprit des eaux minérales est une sorte de *gas*: Vanhelmont donne aussi ce nom aux vapeurs invisibles & incoërcibles qui s'élevent des corps doux actuellement en fermentation, du charbon embrasé, du soufre brûlant, &c. Aujourd'hui on donne aussi le nom de gas à toute espece de vapeurs invisibles qui sont capables de détruire l'élasticité de l'air, qui alterent la respiration des animaux au point même de les suffoquer quelquefois, qui éteignent la flamme; qui se décelent d'ailleurs par une odeur plus ou moins fétide, & souvent en irritant les yeux jusqu'à en arracher des larmes: toutes les vapeurs qui résultent des substances végétales & animales en combustion, celles des corps pourrissans & des latrines, sont encore des especes de *gas*. Voyez l'article EXHALAISON.

GASCANEL. Est le *maquereau bâtard* de Rondelet. Voyez SIEUREL.

GATEAU DE MIEL & DE CIRE. *Voyez au mot* ABEILLE.

GATEAU FEUILLETÉ. Coquille bivalve de la famille des huîtres. Il y en a de différentes couleurs, blanches, lilas, rouges, jaunes. Sa forme est arrondie & bombée. Les deux valves sont couvertes de feuilles circulaires profondément découpées. La charniere de chaque valve est une double moulure, dont la plus grande est garnie de petites dents qui s'engrainent dans les cavités correspondantes des deux valves; cette charniere est la même dans toutes les *huîtres* appellées e *uilletées*.

GAUDE ou HERBE A JAUNIR, *luteola herba salicis folio*. On cultive cette plante avec soin en Espagne & en France pour la teinture. Elle croît naturellement dans presque toutes les Provinces du Royaume; mais la gaude cultivée lui est bien supérieure pour la teinture.

La racine de cette plante est ligneuse, & pousse des tiges qui s'élevent à la hauteur de trois ou quatre pieds: elles sont garnies de feuilles longues, étroites, douces au toucher; le haut des rameaux porte en Mai de longs épis de petites fleurs jaunes qui sont formées par des pétales de grandeur inégale; le fruit est une capsule qui contient de petites semences sphériques, noirâtres, & mûrissent en Juin & en Juillet.

Cette plante, qui est le *reseda foliis simplicibus lanceolatis integris* de *Linnæus*, vient parfaitement bien dans les terrains propres au chanvre. Sa culture est la même que celle du *chanvre*. Voyez ce mot.

On seme la gaude en Mars; & comme la graine de cette plante est extrêmement fine, pour la semer plus également, il faut la mêler avec de la cendre. Dans le mois de Juillet ou d'Août on arrache la gaude; on la bat pour recueillir la graine, & on la met en botte; la plante est alors d'un jaune verdâtre. Dans les pays chauds, comme en Languedoc, elle est souvent assez seche lorsqu'on la recueille; mais dans les pays tempérés, comme la Normandie, la Picardie, &c. il est essentiel de la faire sécher exactement. Il faut encore observer de ne la point couper qu'elle ne soit mûre, & d'empêcher qu'elle ne se mouille quand elle est cueillie: en la cueillant il faut la couper à fleur de terre.

Les Teinturiers regardent la gaude la plus menue

& la plus roussette comme la meilleure; ils la font bouillir, pour teindre les laines & les étoffes en couleur jaune, couleur de chamois, & en couleur verte; savoir, les blanches en jaune d'un bon teint, & en vert les étoffes qui ont été préalablement mises au bleu. Suivant les réglemens de France, les céladons, vert de pomme, vert de mer, vert naissant & vert gai, doivent être *alunés*, ensuite *gaudés*, & puis passés sur la cuve d'inde: *voyez* INDE & INDIGO. La gaude est estimée en Médecine pour résister au venin. Sa racine est apéritive prise en décoction: on l'applique aux bras des fébricitans pendant le paroxisme, pour chasser la fièvre.

GAUDRON ou GOUDRAN. *Voyez à l'article* PIN.

GAYAC ou BOIS SAINT, *gayacum, aut guajacum, seu lignum sanctum*. Arbre qui donne un bois très-compacte & très-dur, & qui croît naturellement à la Jamaïque, dans presque toutes les îles des Antilles, & généralement dans la partie de l'Amérique qui est située sous la zone torride. Il y a deux espèces de gayac, l'un à *fleurs bleues*, l'autre à *fleurs blanches dentelées*. La première espèce de gayac devient un arbre très-grand, lorsqu'il est dans un bon terrain. Le tronc de cet arbre a peu d'aubier, qui est pâle; le cœur est de couleur verte d'olive foncée & brune; son bois est très-solide, huileux, pesant, d'une odeur qui n'est pas désagréable, d'un goût amer & un peu âcre. Ses branches ont beaucoup de nœuds, ainsi que les petits rameaux qui en partent. Ses feuilles sont compactes, d'un vert pâle, & ont en dessous cinq petites nervures: elles n'ont point de queue, si ce n'est la côte commune, sur laquelle elles sont arrangées. Ses fleurs bleues sont en rose: il leur succède un fruit charnu, de la grandeur de l'ongle, qui a la figure d'un cœur, un peu creusé en manière de cuiller, & qui est de couleur de vermillon. Ce fruit contient une seule graine de la forme d'une olive.

L'arbre

L'arbre du gayac à fleurs blanches croît moins haut que le précédent ; son bois est aussi solide, mais de couleur de buis. Les fruits de cet arbre sont quadrangulaires, comme ceux de notre fusain, & de couleur de cire. Cette seconde espece de gayac est très-fréquente dans l'île de Saint-Domingue aux environs du Port de Paix.

Le gayac à fleurs bleues & le gayac à fleurs blanches, fleurissent au mois d'Avril, & donnent des fruits mûrs au mois de Juin. On ne peut les élever que dans nos serres, encore faut-il que la graine ait été semée dans leur pays natal, & qu'on transporte ici le jeune plant. Le gayac ne croît qu'avec une extrême lenteur, même dans son pays natal : il ne donne point de résine dans nos climats. Ses racines sont jaunes & sortent beaucoup hors de terre.

Le gayac a été connu en Europe à-peu-près dans le même-temps que la maladie vénérienne, par les secours qu'on en tira contre cette maladie, avant qu'on eût trouvé le secret de la traiter plus efficacement par le mercure. On assure que dans l'Amérique Méridionale, le gayac est un spécifique aussi éprouvé contre la vérole, que le mercure l'est dans nos climats. Nous ne nous servons de la décoction du bois ou de l'écorce de gayac rapé, que dans le traitement des maladies vénériennes légeres, qui sont censées n'avoir point infecté la masse entiere des humeurs, ou du moins n'y avoir répandu qu'une petite quantité de virus qui peut être évacué par les couloirs de la peau ; alors ce remede est un sudorifique très-actif : il convient aussi dans les traitemens de diverses maladies chroniques, comme dartres, humeurs froides, œdêmes, fleurs blanches, rhumatisme, vieux ulceres humides & farineux. M. *Bourgeois* observe qu'en général ce remede ne convient pas aux personnes maigres, séches & exténuées.

Le bois de gayac est très-résineux, & contient une petite quantité d'extrait proprement dit, que l'on peut retirer par décoction; ce qui rend ce bois un excellent sudorifique. L'extrait qu'il donne est en petite quantité, en comparaison de la résine qu'il contient; car à l'aide de l'esprit-de-vin, on peut retirer deux onces de résine par livre, au lieu qu'il ne donne qu'un ou deux gros d'extrait.

La résine que l'on retire ainsi par le moyen de l'esprit-de-vin, est toute semblable à celle qui découle naturellement ou par incision de cet arbre dans le pays, & que l'on nomme improprement *gomme de gayac*. Cette résine doit être luisante, transparente, brune en dehors, blanchâtre en dedans; tantôt roussâtre, tantôt verdâtre; d'une odeur agréable quand on la brûle, d'un goût âcre; elle excite puissamment la transpiration insensible, & est très-utile dans les maladies de la peau.

Le bois de gayac réduit en copeaux & distillé à feu nu, donne beaucoup d'air, qui briseroit le récipient, si l'on n'avoit soin de lui donner issue; par cette opération on obtient une huile empyreumatique, devenue fameuse comme étant une des premieres qu'on ait enflammée par le moyen de l'esprit de nitre. Cette huile, qui est aussi fort âcre, est recherchée pour faciliter l'exfoliation des os cariés. *Voyez l'analyse du gayac dans le Dictionnaire de Chymie.*

GAZELLE, Antilope ou Animal porte-musc, en latin *gazella*. C'est un joli quadrupede à pied fourchu, d'une taille fine, bien prise, & des plus légers à la course. Il se trouve communément en Afrique, en Asie & aux Indes Orientales. Il y en a de plusieurs especes, qui ont des différences entr'elles. Il y a des gazelles d'Afrique qui approchent du chevreuil pour la taille & pour la figure. Ces gazelles ont les oreilles grandes & pelées en dedans, où la peau est noire & polie comme de l'ébene. Leurs cornes sont noires, canelées en travers, creuses jusqu'à la moitié de leur longueur: elles se rapprochent par le bout comme les branches d'une lyre. Les cornes des femelles sont rondes, mais un peu aplaties dans les mâles, & plus recourbées en arriere : l'intérieur ou le dedans de cet étui comme écailleux, est rempli d'une corne osseuse. On rémarque à l'origine de ces cornes une touffe de poil plus long que celui du reste du corps ; qui est court & de couleur fauve. Les antilopes ont à leurs sabots ou cornes des pieds, des espeçes de verrues comme les chévres. Les Arabes donnent à ces animaux le nom de *chévre*.

Les gazelles vivent en société & ruminent ; elles n'ont point de dents incisives à la mâchoire supérieure; elles n'ont que deux mamelles. En général ces animaux ont les yeux noirs, grands, très-vifs & en même-temps si tendres, que les Orientaux en ont fait un proverbe, en comparant les beaux yeux d'une femme à ceux de la gazelle. Les jambes antérieures de cet animal sont moins longues que celles de derriere, ce qui lui donne, comme au liévre, plus de facilité pour courir en montant qu'en descendant. La plupart sont fauves sur le dos, blanches sous le ventre, avec une bande brune qui sépare ces deux couleurs au bas des flancs ; leur queue est plus ou moins grande, & toujours garnie de poils assez longs & noirâtres. On va à la chasse de ces animaux avec une gazelle mâle & apprivoisée, qu'on mene dans les lieux où il y a des gazelles sauvages ; on lui entrelace dans les cornes une corde lâche, dont les bouts sont attachés sous le ventre ; aussi-tôt que cet animal approche d'un troupeau de gazelles, le mâle, quoique d'un naturel timide, s'avance avec agilité pour faire face à ce rival ; il présente ses cornes pour l'attaquer tête contre tête ; mais dans les divers mouvemens qu'il fait il ne manque pas de prendre ses cornes dans les cordes, dont la tête de son rival est garnie ; le Chasseur qui s'est mis en embuscade, arrive à l'instant & s'en saisit sans peine. On prend à peu-près de même les gazelles femelles.

On voit au Sénégal & sur la Gambra de grands troupeaux de gazelles. Ce sont, dit *Bosman*, les plus charmantes créatures du monde : elles ne font guere plus grandes qu'un lapin ; les Négres les appellent les *petits rois des cerfs* : leurs jambes font de la groffeur d'un tuyau de pipe ; leurs cornes font auffi très-petites & d'un noir luifant : elles font fi légeres, qu'elles paroiffent voltiger au milieu des buiffons ; cependant les Négres en prennent quelquefois pour en manger la chair qu'ils trouvent affez bonne. Ces animaux qui ne font que des chevrotains, font trop délicats pour pouvoir être tranfportés dans ce pays-ci : lorfqu'on veut les faire venir, on les couvre avec du coton ; mais ordinairement à peine ont-ils paffé la ligne qu'ils meurent ; on dit cependant qu'il y en a eu deux vivans au Palais Royal à Paris, il y a quelques années. *Voyez* Chevrotain.

La gazelle des Indes, celle qui donne le bézoard, eft de la grandeur de la chévre domeftique, ou, fuivant d'autres Auteurs, de la grandeur du cerf : fon poil eft court, & d'un gris mêlé de roux : elle a une barbe fous le menton comme notre chévre : fes cornes font rondes, affez longues, droites, comme garnies d'anneaux prefque du haut en bas, excepté le bout qui eft liffe. Les femelles ont les cornes beaucoup plus courtes que les mâles. On trouve ces gazelles dans la Province de Laar en Perfe. Quant à la nature des bézoards que l'on retire de ces animaux, *voyez* Bézoard.

Selon M. *de Buffon*, il paroît que l'animal du mufc, dont M. *de la Peyronie* a parlé dans les *Mémoires de l'Académie Royale des Sciences, année 1731*, eft une efpece de *zibet* ou *civette*. Voyez ce mot.

M. le Docteur *Pallas* dit, dans fes Mélanges zoologiques, qu'il ne faut pas confondre le genre des antilopes avec celui des chévres ; que la différence eft plus confidérable que celle de la brebis à la chévre, dont on fait à tort, dit-il, deux genres différens. Les antilopes tiennent le milieu entre les cerfs & les chévres. Ils ont l'air du cerf ; leur taille eft plus élégante : l'Amérique eft une contrée qui paroît plus favorable à ces animaux que nos climats. M. *Pallas* divise les especes d'antilopes d'après les caracteres tirés de la disposition des cornes : 1°. En *curvi-cornes*. 2°. En *lyri-cornes*. 3°. En *recti-cornes*. 4°. En *contorti-cornes*. 5°. Et en *spiri-cornes*.

Parmi les *curvi-cornes*, il y en a dont les cornes se recourbent vers le front, & les autres en ont qui se recourbent sur le dos : tels sont l'*antilope leucophæa*, l'*antilope rupicapra*, l'*antilope dama* de Pline, ou le Nanguer ; l'*antilope reversa*, ou le Nagor ; & l'*antilope trago-camalus*.

Les *lyri-cornes* ont leurs cornes doucement recourbées en deux sous la forme d'une lyre antique : tels sont l'*antilope saiga* ; l'*antilope dorcas*, ou le Szeinan de M. *de Buffon* ; l'*antilope gazelle* ; l'*antilope kevel* ; l'*antilope corine* ; l'*antilope buselaphus*, ou le Bubale.

Dans les *recti-cornes* M. *Pallas* ne reconnoît que deux especes bien distinctes : savoir, l'*antilope bezoartica*, ou le Pasan, & l'*antilope grimme*.

Les *contorti-cornes* ont leurs cornes singulierement contournées : tels sont le *guib* & le *condous* (*antilope orix*) décrits par M. *de Buffon*.

Les *spiri-cornes* ont leurs cornes roulées en spirale : tels sont l'*antilope strepsiceros*, ou Condoma ; l'*antilope cervi-capra*, ou Antilope de M. *de Buffon*.

L'animal qui donne le *musc*, & qui a été regardé encore improprement par plusieurs personnes comme une *gazelle*, a des caracteres qui lui sont particuliers. Cet animal a le poil rude & long, le museau pointu & des défenses à-peu-près comme le cochon ; mais ce qui le distingue de tous ces animaux, c'est une espece de petite bourse placée près du nombril, & qui contient la substance appelée *musc*. Cette bourse a près de trois pouces de long & deux pouces de largeur, & s'éleve au-dessus du ventre d'environ un pouce : elle est garnie de poils extérieurement, & intérieurement d'une pellicule qui renferme le musc, & qui est garnie de glandes, qui, selon les apparences, servent à faire la sécrétion: chaque vessie pese depuis deux gros jusqu'à quatre gros.

M. *Daubenton* dit, dans un Mémoire lu à l'Académie des Sciences le 14 Novembre 1713, que l'animal avec lequel le *porte-musc* auroit plus de rapport, est le *chevrotain*. Les caracteres extérieurs de l'animal *porte-musc*, qui indiquent ses rapports avec les autres quadrupedes, sont deux pieds fourchus, deux longues dents canines, & huit dents incisives à la mâchoire de dessus, & il n'y en a point à la mâchoire de dessous. Par ces caractere le *porte-musc* ressemble plus au chevrotain qu'à aucun autre animal. Il en differe cependant en ce qu'il est beaucoup plus grand, car il a plus d'un pied & demi de hauteur, prise depuis le bas des pieds de devant jusqu'au-dessus des épaules; tandis que le chevrotain n'a guere plus d'un demi-pied. Les dents molaires du *porte-musc* sont au nombre de six de chaque côté de chacune des mâchoires; le chevrotain n'en a que quatre. Il y a aussi de grandes différences entre ces deux animaux pour la forme des dents molaires & les couleurs du poil. La poche du musc fait un caractere qui n'appartient qu'au musc mâle; la femelle n'a ni poche de musc, ni dents canines, suivant les observations de M. *Gmelin*.

Si ce fait est constant, l'on a donc tort de dire que le meilleur musc est celui que donnent les mâles, & que les femelles ont aussi une poche semblable près du nombril, mais que l'humeur qui s'y filtre, n'a pas la même odeur; il paroît de plus que cette tumeur du mâle ne se remplit de musc que dans le temps du rut; dans les autres temps la quantité de cette humeur est moindre, & l'odeur en est beaucoup plus foible.

Le musc le plus pur & le plus estimé par les Chinois est celui que l'animal laisse couler sous une forme grenelée & onctueuse sur les pierres ou les troncs d'arbres contre lesquels il se frotte, lorsque cette matiere devient irritante ou trop abondante dans la bourse où elle se forme. Le musc qui se trouve dans la poche même, est rarement aussi bon, parce qu'il n'est pas encore mûr, ou bien parce que ce n'est que dans la saison du rut qu'il acquiert toute sa force & toute son odeur, & que dans cette même saison l'animal cherche à se débarrasser de cette matiere trop exaltée, qui lui cause alors des picotemens & des démangeaisons.

Le musc nous vient des Indes Orientales, & principalement du Tonkin: on le trouve, dans le commerce, ou séparé de son enveloppe, ou renfermé dedans. Cette drogue est sujette à être falsifiée par les Indiens. Celle qui est sans enveloppe, doit être séche, d'une odeur très-forte, d'une couleur tannée, d'un goût amer; étant mise sur le feu, elle doit se consumer entierement si elle n'est point falsifiée avec de la terre.

L'enveloppe qui contient le musc, doit être couverte d'un poil brun; c'est la peau de l'animal même. Lorsque le poil est blanc, il indique que c'est du musc de Bengale, qui est inférieur en qualité à celui de Tonkin. Lorsque les Chasseurs ne trouvent pas cette vessie bien pleine, ils pressent le ventre de l'animal pour en tirer du sang dont ils la remplissent: les Marchands du pays y mêlent ensuite des matieres propres à en augmenter le poids. Les Orientaux savent distinguer cette falsification par le poids sans ouvrir la vessie, car l'expérience leur a fait connoître combien doit peser une vessie non altérée; ils en jugent ensuite au goût, & leur derniere épreuve est de prendre un fil trempé dans du suc d'ail & de le faire passer au travers de la vessie avec une aiguille; si l'odeur d'ail se perd, le musc est bon; si le fil la conserve, il est altéré.

Le musc est un parfum extrêmement fort, mais peu agréable s'il n'est tempéré par un mélange d'autres parfums, ou de poudre de sucre & d'un peu d'ambre. Sa couleur est roussâtre: il est d'un goût amer. Les Parfumeurs, les Distillateurs & les Confiseurs s'en servoient beaucoup plus autrefois qu'à présent. En Médecine, on emploie le musc pour fortifier le cœur & le cerveau; pour rétablir les forces abattues: on l'estime aussi alexipharmaque & prolifique. La dose en est depuis demi-grain jusqu'à quatre grains.

GAZON, *cespes*, est une motte ou une pelouse, plus ou moins considérable, de terre fraîche, molle, garnie d'une herbe courte & touffue. Le gazon est un des objets de la campagne le plus agréable aux yeux ; c'est aussi l'un des plus grands ornemens des parterres & des jardins de propreté. Il naît de lui-même dans un terrain favorable, ou bien il vient par culture qui se fait de graine ou de placage. Parlons de ces deux manieres de culture.

On sait que le beau gazon vient des graines de bas pré, & que la graine qui vient d'Angleterre est la plus estimée, parce qu'elle provient d'herbes fines & peu mélangées. Le petit trefle de Hollande, l'herbe à chat & autres petites herbes fines, sont après la graine de bas pré, les plus propres à former un beau gazon. Le trefle, le sain-foin, la luzerne, servent aussi à avoir du gazon ordinaire. Avant de semer les graines à gazon, on doit ôter toutes les mottes & pierres, labourer le terrain avec un fer de bêche, le niveller, passer la terre au rateau fin, & répandre uniment sur la surface un ou deux pouces de bonne terre ou terreau pour faciliter encore mieux la levée du gazon ; ensuite on seme la graine fort dru en automne, par un temps couvert & calme, & on la recouvre avec le rateau. Heureux quand après la semaison la pluie vient à tomber, parce qu'elle épargne la peine des arrosemens ; de plus elle plombe la terre, & fait lever la graine beaucoup plutôt : aussi choisit-on pour semer le gazon, les mois de Mars & de Septembre, avant & après les grandes chaleurs de l'été. On doit faucher le gazon quatre fois l'année & même plus, & le tondre de près, afin que l'herbe soit toujours épaisse, rase, pure & d'un beau vert : il faut aussi avoir soin d'y semer tous les ans de bonnes graines pour le renouveller, le rafraîchir & l'épaissir, sur-tout dans les endroits où il est trop clair. Il faut en outre l'arroser dans les temps de sécheresse, le battre quand il s'éleve trop & faire passer dessus un rouleau de pierre ou de fer, ou de bois, à défaut d'autres, afin d'affaisser l'herbe & d'empêcher qu'un brin ne passe l'autre.

L'autre maniere de gazonner est plus coûteuse à la vérité, mais beaucoup plus agréable, & elle peut être mise en pratique avec un succès tout-à-fait surprenant. Voici en quoi consiste cet art de faire le *gazon plaqué*.

On choisit pour cela dans certains endroits de la campagne, comme sont les bords des chemins, & les paturages, même dans certaines prairies, les plus belles pelouses de gazon le plus fin & le plus ras : on le leve à la bêche, en le coupant par quarrés, de deux à trois pouces d'épaisseur, d'un pied & demi de longueur, sur un pied de largeur, & on enleve la même épaisseur de terre sur le terrain où on veut les mettre : on arrange au cordeau ces quarrés, en les serrant l'un contre l'autre ; ensuite des Plaqueurs applatissent uniment le placage avec des battes, & on l'arrose amplement.

Tous ces moyens font que le gazon s'attache inébranlablement à la nouvelle terre, s'incorpore avec elle, y jette ses racines de toutes parts, & s'en nourrit. Il ne s'agit plus pour la conservation d'un tel gazon que de le tondre, y passer le rouleau, & l'entretenir avec soin & intelligence. C'est ainsi que les Anglois gazonnent non-seulement des bordures, des rampes, des talus, des glacis, mais des boulingrins, des parterres, des allées, des promenades entieres ; c'est un spectacle enchanteur que ces beaux tapis ras & unis de verdure, qu'on voit dans toutes leurs campagnes. On en construit aussi les bords extérieurs des étangs qui servent à arroser les prés. Le gazon sert encore à soutenir & affermir les bords des grands chemins élevés au-dessus du terrain. On en fait des bancs, des sophas ; dans les jardins, des marches en forme d'escalier. Il y a des pays où l'on en garnit les basses-cours pour donner de la verdure ordinaire à la volaille qui s'en nourrit.

GAZON D'OLYMPE ou D'ESPAGNE ou DE MONTAGNE. *Voyez* STATICE.

GEAI, *gracculus aut garrulus*, est un bel oiseau, fort connu dans tous les pays, & qui est du genre des pies: on en distingue de plusieurs espèces.

Le geai diffère de la pie, en ce qu'il est plus petit, & par la diversité de son plumage: des taches bleues traversent ses ailes. L'ouverture de son gosier est si ample, qu'il avale des glands tout entiers, ce qui l'a fait appeler *pica glandaria*: c'est la nourriture qu'il prend l'automne & l'hiver, car il en fait provision: le printemps & l'été, il va chercher les pois verts, les groseilles, les fruits de la ronce, & les cerises qu'il aime beaucoup. On prétend que le geai qui fréquente nos forêts est carnassier, & qu'il se nourrit de petits levreaux & de perdreaux, &c. On lui fait la guerre. Le geai commun a le bec noir, fort & robuste, long de deux doigts; les yeux bleus. Le champ de son plumage est diversifié; il a le derriere de la tête composé de roux & couleur de perse; le dos plus pâle, & tirant sur le cendré; les plumes proche du croupion sont blanchâtres; & sa queue tiquetée de blanc, est beaucoup plus courte que celle de la pie: il a la poitrine & le ventre d'un cendré pâle, ainsi que les pieds & les doigts; les ongles sont noirs & un peu crochus.

Le *geai mâle* est un peu plus gros que la femelle: les plumes de sa tête sont plus noires, & celles de ses ailes d'un plus beau bleu. On dit que cet oiseau est sujet au mal caduc. Elevé en cage, il apprend à parler, à siffler. Il contrefait plusieurs sortes d'oiseaux, & se rend fort familier, mais pour cela il le faut prendre niais. Sa femelle pond quatre ou cinq œufs cendrés avec des taches plus apparentes, & va faire son nid sur les chênes & autres arbres; elle prend soin de ses petits. Cet oiseau est aussi voleur que la pie; il se plaît à dérober, & à chercher les lieux les plus secrets pour cacher ce qu'il a pris.

Le *geai blanc* n'a de coloré que l'iris des yeux qui est rougeâtre ; car le bec, les pieds & les ongles sont ainsi que le plumage, parfaitement blancs : on en a tué un dans la forêt de Chantilly ; on le voit dans le Cabinet de S. A. S. Mgr. le Prince de Condé.

Le *geai d'Alsace* ou de *Strasbourg*, *galgulus Argentoratensis*, est le *rollier* de M. Brisson : cet oiseau a le plumage varié de jaunâtre, de bleu, de vert, de noir & de violet. Il est de la grosseur de notre geai vulgaire. Il se nourrit, dans le temps de la moisson, de grains & d'insectes qui se trouvent dans les champs, il aime sur-tout les scarabées. Ses couleurs sont si vives & si agréables, qu'elles lui ont mérité le nom de *corneille bleue*, ou de *perroquet d'Allemagne*. Après la moisson, il nourrit ses petits de fruits d'arbres sauvages, & de différentes sortes d'insectes. Cet oiseau se trouve aussi à Malte.

Le *geai de Bengale* est plus grand que le *geai commun* ; le dessus de sa tête est tout bleu ; le dessous de son ventre & de ses cuisses est violet ou aurore ; le dos & le croupion sont d'un vert obscur ; la queue est noire & bleue ; les pieds fauves & les ongles noirs. C'est encore une espèce de *rollier*.

Le *geai de Bohême* est un oiseau de passage, & qui fréquente les lieux limitrophes de la Bohême. Il y en a aussi beaucoup en Italie, où on en voit par centaines voler ensemble autour de Plaisance & de Modène. Klein croit que c'est une espèce de grive. Il est de la grandeur d'un merle. Sa tête est ornée d'une huppe fauve qui se renverse en arrière : ses yeux sont d'un beau rouge & environnés de noir : cet oiseau est très-friand de raisin.

Le *geai du Cap de Bonne-Espérance* a le bec long & rouge ; d'ailleurs il ressemble au geai de l'Europe : il aime beaucoup les amandes sauvages ; il apprend facilement à parler. On le trouve perché sur le haut des rochers ou dans des arbres de haute futaie.

Le *geai de la Chine*. Cet oiseau qui a été envoyé de Canton vers la fin de 1772, est à peu près de la grosseur du geai commun ou du geai d'Europe. Les plumes du sommet de la tête, celles qui entourent la base du bec & du cou jusqu'au pli de l'aile, la gorge, sont d'un noir foncé. Les noires sont terminées par des taches d'un gris cendré; ce qui fait que cette partie paroît mouchetée: les plumes du dessus du cou jusqu'au sommet du dos, sont d'un gris clair; les plumes du dos sont d'un bleu pâle, teint de violet. Le mélange de ces deux couleurs forme des reflets, & l'oiseau est de couleur changeante, suivant les aspects dans lesquels il se trouve posé. Les ailes sont du même bleu que le dos, mais chaque plume est terminée par une ligne blanche, qui est d'autant plus large que les plumes sont moins longues. Cette ligne est à peine sensible dans les dernieres, & les plus longues plumes de l'aile; celles de la queue sont marquées par trois larges bandes, une supérieure qui est bleuâtre, une moyenne qui est noire, & une qui est à l'extrémité de la queue, & qui est blanche. Le ventre est d'un gris perlé tirant sur le blanc; le bec & les pieds sont rouges. Cet oiseau est un de ceux qu'on voit le plus souvent dessinés sur les papiers de la Chine, & qu'il sera facile d'y reconnoître d'après cette description.

Le *geai de Caïenne* a le dos vert, les ailes aurore, & le ventre jaune. On trouve en Canada des geais ou bruns ou bleus.

Le *geai de montagne* est le *casse-noisette*. Voyez ce mot.

On donne aussi le nom de *geai à pieds plats* au petit *corbeau d'eau*, espece de plongeon. Voyez PETIT CORMORAN, à l'article *Cormoran*.

GÉANT, *gigantus*. On entend par ce mot un homme d'une grandeur excessive.

La question de l'existence des géants a été souvent

agitée : toute l'antiquité fait mention de plusieurs hommes d'une taille démesurée qui ont paru en divers temps, & tous les Écrivains, tant sacrés que profanes, même les Navigateurs, s'accordent à en dire des choses étonnantes. Des Modernes, pour donner du poids à cette opinion, rapportent des découvertes de squelettes ou d'ossemens si monstrueux, qu'il a fallu que les hommes auxquels ils ont appartenu, ayent été de vrais colosses. Cependant quand on vient à examiner de près tous ces témoignages ; à prendre dans leur signification la plus naturelle les paroles du texte sacré ; à réduire les exagérations orientales ou poétiques à un sens raisonnable ; à peser le mérite des Auteurs ; à ramener les Voyageurs d'un certain ordre, aux choses qu'ils ont vues eux-mêmes, ou apprises de témoins non suspects ; à considérer les prétendus ossemens de squelettes humains ; à apprécier l'autorité des Navigateurs dont il s'agit ici, & à suivre la sage analogie de la nature, le problème en question ne paroît plus si difficile à résoudre. M. le Chevalier de *Jaucourt* a discuté tous ces faits dans l'*Encyclopédie* : il fait voir que ces sortes de narrations sont pleines de contradictions & d'anachronismes ; en un mot, qu'elles se trouvent détruites par les seules circonstances dont les Auteurs les ont accompagnées. Plusieurs nous disent que d'abord qu'on s'est approché des cadavres de ces géants, ils sont tombés en poussière, & ils le devoient, pour prévenir la curiosité de ceux qui auroient voulu s'en éclaircir : ailleurs on voit que la simplicité d'un Auteur a pris pour vrai un conte forgé dans un siecle d'ignorance : ici c'est un défaut de traduction ou d'interprétation, qui rend un mot par un autre, dont le sens n'est pas le même, &c.

Pour ce qui regarde la découverte des dents, des vertebres, des côtes, de fémurs, d'omoplates, qu'on donne, attendu leur grandeur & leur grosseur, pour des os de géants, que tant de Villes conservent encore, & montrent comme tels, les Naturalistes ont prouvé que c'étoient de véritables ossemens d'éléphant, de vraies parties de squelettes d'animaux terrestres, ou de veaux marins, de baleines & d'autres animaux cétacées, enterrés par hazard & par accident dans les différens lieux de la terre où on les trouve. Ces os, par exemple, qu'on montroit à Paris en 1613, & qui furent ensuite promenés en Flandres & en Angleterre, comme s'ils eussent été de Teutolochus dont parle l'Histoire Romaine, se trouvèrent des os d'éléphans. Cette fourberie n'est pas nouvelle : Suétone remarque dans la vie d'Auguste, que dès ce temps-là l'on avoit imaginé de faire passer des ossemens de grands animaux terrestres pour des os de géants ou des reliques de Héros. Tout concouroit à tromper le peuple à ces deux égards. Il est donc contre toute vraisemblance qu'il existe dans le monde une race d'hommes composée de géants ; ceux qui, comme les Patagons (habitans du Chili vers les terres Magellaniques), ont une taille gigantesque, n'excédent point six pieds & demi de hauteur. La plus haute taille de l'homme ne paroît pas, dit M. *Haller*, avoir atteint neuf pieds. Les géants nés de temps en temps en Europe, & ceux de la Patagonie, varient de sept à huit pieds du Rhin. Ainsi les géants, de même que les nains, doivent être regardés comme des variétés très rares, individuelles & accidentelles. Au reste, le Lecteur peut consulter l'excellente *Gigantologie physique* du Chevalier *Hans-Sloane*, insérée dans les *Transactions philosophiques*, n° 404 ; ainsi que la récente & futile *Gigantologie* (1756) du P. *Joseph Tarrubia*, Espagnol.

GEHUPH. C'est un arbre très-estimé dans l'Inde; son écorce est jaune, safranée ; ses branches sont courtes ; ses feuilles petites ; son fruit est rond & gros comme une balle de jeu de paume : les Indiens de l'île de Sumatra appellent ce fruit *pêche de Trapobana*. Il contient une noix, dont le dedans est fort amer & a le goût de la racine d'angélique : on en tire de l'huile qui a de grands usages dans le pays ; elle appaise la soif, guérit les maladies d'obstruction, &c. Il découle encore de cet arbre une gomme qui a les mêmes propriétés que l'huile.

GEIRAN. *Voyez* AHU.

GEKKO. C'est le *Cordyle*. Voyez ce mot.

GELÉE. Se dit du froid qui congele l'huile grasse, qui convertit naturellement l'eau & les liqueurs aqueuses en glace, dans un certain canton, ou dans toute une région déterminée ; en un mot, qui augmente la solidité de la croûte de notre globe. La gelée est opposée au *dégel*. Voyez ce mot. On sait que la gelée a un rapport marqué à la température de l'air & à la constitution de l'atmosphere, c'est-à-dire, que l'eau se gele par-tout au même degré de froid, & qu'elle ne se convertit naturellement en glace, que quand la température du milieu quelconque qui l'environne est parvenue à ce degré. On a observé que lorsqu'il gele très-fortement, le soleil paroît un peu pâle, l'évaporation des liquides est considérable, l'air est médiocrement agité ; cependant il est moins serein que dans certains jours d'hiver, où l'on n'a que des gelées médiocres. Les effets de la gelée sur les végétaux méritent une attention particuliere : plus leurs racines abondent en seve, & mieux ils résistent au froid. Une forte gelée ne produit jamais de plus funestes effets sur les plantes & sur les arbres, que quand elle succede tout-à-coup à un dégel, à de longues pluies, à une fonte de neige. *Voyez les articles* ARBRE *&* PLANTE. Les fruits se durcissent par la gelée : dans cet état ils perdent ordinairement tout leur goût ; & lorsque le dégel arrive, on les voit le plus souvent tomber en pourriture. On observe quelque chose de semblable sur les animaux qui habitent les pays froids ; il n'est pas rare d'y voir des gens qui ont perdu le nez ou les oreilles, pour avoir été exposés à une forte gelée. *Voyez* les autres effets de la gelée sur le corps humain & en général dans l'économie animale à l'article FROID. Il ne gele jamais sous la Zone torride, ni aux extrémités des Zones tempérées voisines des Tropiques; mais dans les Zones glaciales la gelée dure pendant presque toute l'année. Les Zones tempérées ont des vicissitudes de gelées & de dégels presque régulieres. Dans la Nature, dit à ce sujet M. *de Mairan*, tout tend à une espece d'équilibre & d'uniformité, & on ne peut douter que l'inconstance même n'y ait ses lois. *Voyez l'article* Glace.

GELÉE BLANCHE, *pruina autumnalis*. C'est une espece de rosée qui tombe le matin vers la fin de l'automne, dans le commencement & à la fin de l'hiver, & quelquefois même dans le printemps, & qui a la propriété de s'attacher étroitement aux feuilles des végétaux ou à d'autres corps, & de s'y congeler. Les Physiciens expliquent d'une maniere différente la formation de cette gelée blanche contre les vîtres des édifices. *Voyez leurs Ouvrages sur cette matiere, & les mots* Givre *&* Frimat *de ce Dictionnaire*.

GELÉE DE MER. *Voyez à l'article* Ortie de Mer.

GELÉE MINÉRALE. Nous donnons ce nom à une espece de *guhr* rougeâtre, luisant, très-tendre ou comme gélatineux, que l'on trouve adossé sur les parois des puits de mines, ou près des bures métalliques. On en rencontre assez souvent dans les mines de plomb, de cuivre, mais notamment dans celles d'or & d'argent. On fera mention à l'article *Zéolite* d'une *gelée minérale* particuliere, qui analysée, paroît différer peu de la *pierre écumante*, qui est une espece de *zéolite*. Voyez ces mots.

GELFT ou GILFT. *Voyez à l'article* Or.

GELINE, *gallina junior*. C'est une jeune poule engraissée dans une basse-cour: on l'appelle aussi *gélinote*. Voyez le mot Poule à l'article Coq.

GÉLINOTE, *gallina rustica aut Bonasa*. Cet oiseau, très-estimé des premiers Romains, est moins gros que le francolin: il a les jambes garnies de plumes, & les pieds faits comme ceux de la perdrix grise: les plumes

du

du dos sont comme celles de la bécasse ; celles du ventre & de l'estomac sont noires, tiquetées de blanc ; celles du cou sont semblables à celles de la faisande : sa tête & son bec sont de même que ceux de la perdrix ; les grosses pennes des ailes sont madrées comme celles du hibou : c'est ce qu'on appelle en terme de Fauconnerie *pennage chathuanné*. *Belon* dit très-bien, que ceux qui s'imagineront voir une perdrix métive, qui tiendroit le milieu entre la perdrix rouge & la grise, & qui auroit quelque chose des plumes du faisan, pourront se figurer la gélinote des bois : telle est aussi celle du Sénégal : l'espece mâle est un peu noirâtre.

Cet oiseau fréquente les lieux où il y a beaucoup de coudriers & d'épines. On en voit en hiver dans la Lorraine, dans la forêt des Ardennes, dans les montagnes du Forez & du Dauphiné, aux pieds des Alpes : celles de la Laponie sont friandes des fleurs & des fruits du *bouleau nain*. Il y a dans la mer de Genes une île, nommée l'*île des Gélinotes*, parce qu'on y trouve une grande quantité de ces oiseaux. Les gélinotes font deux petits, l'un mâle & l'autre femelle. Quand ces petits sont un peu grands & élevés, le pere & la mere les menent hors de leur pays natal, s'évadent ensuite, & leur laissent le soin de pourvoir à leurs besoins. On les prend en Mars & en automne, avec un appeau qui sert à contrefaire leur chant, & on leur tend des filets, des lacets, ou des collets. Leur chair, qui devient blanche par la cuisson, est plus délicate & plus saine que celle de la perdrix. La rareté de cet oiseau fait aussi qu'il est très-recherché. On a fait, par ordre de Louis XIV, des essais pour multiplier & naturaliser les gélinotes dans ce pays-ci, comme les faisans ; mais on n'a pu y réussir. Les gélinotes du Nord & du Mexique sont différentes des nôtres, & sont, dit-on, ou des faisans, ou des poules. La *gélinote blanche*, (*lagopus*) est la *perdrix blanche* : voyez ce mot & *Arbenne*. La *gélinote des Pyrénées* est la *perdrix de Damas* : voyez ce mot. On connoît encore la *gélinote d'Écosse* ; celle de la *Baye*

Tome IV.   D

d'*Hudson* est une sorte de coq de bruyere. La *gélinote huppée, attagen*, habite les hautes montagnes de l'Europe & de l'Amérique.

La Gélinote du Canada. D'après l'examen & la comparaison faite par M. *de Buffon*, des oiseaux connus sous les noms de *coq de bruyere à fraise, coq des bois d'Amérique, grosse gélinote de Canada*, il regarde ces oiseaux comme une seule & même espece. Cette grosse gélinote de Canada est un peu plus grosse que la gélinote ordinaire; elle lui ressemble par ses ailes courtes, & en ce que les plumes qui couvrent ses pieds ne descendent pas jusqu'aux doigts : elle n'a ni sourcils rouges, ni cercles de cette couleur autour des yeux; ce qui la caractérise, ce sont deux touffes de plumes plus longues que les autres & recourbées en bas, qu'elle a au haut de la poitrine une de chaque côté; les plumes de ces touffes sont d'un beau noir, ayant sur leurs bords des reflets brillans, qui jouent entre la couleur d'or & le vert : l'oiseau peut relever quand il veut ces especes de fausses ailes, qui lorsqu'elles sont pliées, tombent de part & d'autre sur la partie supérieure des ailes véritables. Le bec, les doigts, les ongles sont d'un brun rougeâtre; cet oiseau est connu en Pensylvanie, dans le Maryland sous le nom de *faisan* : il a sur sa tête & autour du cou de longues plumes, dont il peut en les redressant à son gré, se former une huppe & une sorte de fraise; ce qu'il fait principalement lorsqu'il est en amour; il releve en même-temps les plumes de sa queue en faisant la roue, gonflant son jabot, traînant les ailes, & accompagnant son action d'un bruit sourd & d'un bourdonnement semblable à celui d'un coq d'Inde; & il a de plus, dit M. *de Buffon*, pour rappeller ses femelles, un battement d'ailes très-singulier, & assez fort pour se faire entendre à un demi-mille de distance par un temps calme; il se plaît à cet exercice au printemps & en automne, qui sont le temps de sa chaleur, & il le répéte tous les jours à des heures réglées; savoir à neuf heures du matin, & sur les quatre heures du soir, mais toujours étant posé sur un tronc sec. Lorsqu'il commence, il met d'abord un intervalle d'environ deux secondes entre chaque battement, puis accélérant la vîtesse par degrés, les coups se succédent à la fin avec tant de rapidité, qu'ils ne font plus qu'un petit bruit continu, semblable à celui d'un tambour, d'autres disent d'un tonnerre éloigné ; ce bruit dure environ une minute, & recommence par les mêmes gradations après sept ou huit minutes de repos ; tout ce bruit n'est qu'une invitation d'amour que le mâle adresse à ses femelles, que celles-ci entendent de loin, & qui devient l'annonce d'une génération nouvelle ; mais qui ne devient aussi que trop souvent un signal de destruction, car les Chasseurs, avertis par ce bruit qui n'est pas pour eux, s'approchent de l'oiseau sans être apperçus, & saisissent le moment de cette convulsion pour le tirer à coup sûr. Les femelles couvent deux fois l'année, au printemps & en automne, qui sont les deux saisons où le mâle bat des ailes ; la ponte est de douze ou seize œufs ; la couvée forme une compagnie qui ne se divise qu'au printemps de l'année suivante. Ces oiseaux sont fort sauvages, & on ne peut les apprivoiser : leur chair est blanche, très-bonne à manger. Ils se nourrissent de grains, de fruits, de raisins, & ce qui est très-remarquable, de baies de lierre, qui sont un poison pour plusieurs autres animaux.

La GÉLINOTE DES PYRÉNÉES. Voyez *Ganga*.

GEMARS. *Voyez* JUMART. *Voyez aussi les articles* ANE & MULET.

GENEPI, *genipi Sabaudorum*. Petite absinthe dont les habitans des montagnes de Savoie se servent comme d'un bon sudorifique dans la pleurésie. C'est pour eux un spécifique dans les maladies inflammatoires de poitrine, & une panacée dans la plupart de leurs autres maladies. On distingue trois sortes de genepi, quoiqu'aucune d'elles, suivant M. *Háller*, ne mérite ce nom qui est dû à une espece d'*achillea*. Le genepi blanc est plus aromatique qu'amer. *Voyez* ABSINTHE.

GÉNÉRATION, *generatio*. La génération des corps en général, est un mystere dont la Nature s'est réservé le secret. Par *génération* nous entendons la faculté de se reproduire qui est attachée aux êtres organisés, qui leur est affectée, & qui est par conséquent un des principaux caracteres, par lequel les animaux & les végétaux sont distingués des corps appellés *minéraux*: c'est donc par le moyen de la génération que se forme la chaîne d'existences successives d'individus qui constitue l'existence non interrompue des différentes especes d'êtres.

Les opérations méchaniques qui disposent & servent à la reproduction des végétaux & des animaux sont de différente espece, par rapport à ces deux genres d'êtres, & à chacun d'eux en particulier. Généralement les animaux ont deux sortes d'organisations, essentiellement distinctes, destinées à l'ouvrage dont il est question. Cette organisation constitue ce qu'on appelle les *sexes*: c'est par l'union des deux sexes que les animaux se multiplient le plus communément; au lieu qu'il n'y a aucune sorte d'accouplement sensible des individus générateurs, dans le genre végétal. *Voyez les mots* PLANTE, ARBRE, BOTANIQUE, FLEUR. Nous venons de dire que l'union des sexes dans les animaux est le moyen le plus commun par lequel se fait la multiplication des individus; ce qui suppose qu'il n'est par conséquent pas l'unique. En effet, il y a des animaux qui se reproduisent comme les plantes & de la même maniere. *Voyez à l'article* ANIMAL.

La génération de l'homme entre tous les animaux, étant celle qui nous intéresse le plus, est par conséquent celle qui doit nous servir d'exemple; & c'est un objet dont nous rendrons compte à l'article HOMME, d'autant plus que ce qui peut être dit sur ce sujet par rapport à l'espece humaine, convient presqu'entierement à toutes les autres especes d'animaux, pour la reproduction desquels il est nécessaire que se fasse le concours de deux individus; c'est-à-dire, qu'un mâle

& une femelle exercent ensemble la faculté qu'ils ont d'en produire un troisieme, qui a constamment l'un ou l'autre des deux sexes. Le Lecteur doit présumer qu'en traitant une matiere si difficile & si délicate, on s'est borné à faire un exposé simple des moyens extérieurs que la Nature a voulu employer pour préparer ce travail secret. Au reste, on peut consulter la *Vénus physique* de Maupertuis, les Observations d'*Harvey*, de *Wullisnieri* & de *Malpighi* sur les *premiers faits de la génération*; l'*Histoire Naturelle générale & particuliere* de M. de Buffon; la *Physiologie* de M. Sénac; l'*Anatomie* d'*Heister*; l'Ouvrage intitulé, *Idée de l'Homme physique & moral*; les *Institutions médicales* de *Boerhaave*, avec leur Commentaire, & les Notes savantes de M. de Haller; voyez encore le *Recueil* d'une bonne partie des *systèmes sur la génération*, & de ce qui y a rapport, dans la *Bibliothèque anatomique* de *Manget*; les ouvrages de M. *Bonnet*; enfin les Œuvres fort détaillées de *Schutigius*, sur le même sujet. *Voyez aussi les articles* ANIMALCULES, MOLÉCULES ORGANIQUES, *& celui de* SEMENCE *dans ce Dictionnaire.*

GENESTROLE ou HERBE AUX TEINTURES, *genista tinctoria*. Le port de cette plante herbeuse est le même que celui du genêt, dont elle est la plus petite espece. La genestrole devient beaucoup moins haute: ses feuilles, ses fleurs & ses gousses sont aussi plus petites.

Cette plante croît naturellement & sans culture, ce qui la fait nommer aussi *herbe de pâturage*. Elle a l'odeur fétide du sureau. Les Teinturiers en font usage pour teindre en jaune les choses de peu de conséquence, c'est pourquoi on l'a appellé le *genêt des Teinturiers*. On ne peut conserver cette herbe que lorsqu'elle a été cueillie dans son état de maturité. On peut s'en servir dans son état de verdure. Le petit genêt tinctorifere des Canaries s'appelle *orisel & fereque*.

GENÊT, *genista*. Il y a plusieurs especes de plantes appellées *genêts*, dont quelques-unes sont remarquables par leur usage, par l'admirable odeur de leurs fleurs, ou par quelqu'autre propriété. On va réunir ici sous le nom de *genêt* des plantes que les Botanistes modernes rangent sous différens genres. Celui auquel les plus célébres Méthodistes, dit M. *Deleuze*, conservent la dénomination de *genêt*, a le calice à deux lévres, dont la supérieure a deux dentelures, l'inférieure trois : l'étendard de la fleur renversé en arriere ; la carene plus courte que les ailes, obtuse & formée de deux pieces réunies sur le devant.

Les fleurs de genêt sont légumineuses, de couleur jaune ; il leur succede des siliques longues & applaties, ou un peu renflées, & où l'on trouve plusieurs semences qui ont la forme de reins. Les branches des genêts sont vertes, flexibles & peu garnies de feuilles, qui sont posées alternativement. Leurs racines sont profondes.

Le GENÊT COMMUN, *genista vulgaris*. C'est le *spartium scoparium*, LINN. M. *Deleuze* dit, qu'il est d'un genre qu'on distingue de celui du genêt, principalement parce que le calice est coloré, divisé en deux lévres, dont la supérieure a trois dentelures, & l'inférieure deux, & la carene est composée de deux pétales séparés. Cet arbrisseau, qui s'éleve quelquefois à la hauteur d'un homme, croît par-tout dans les bois, en Italie, en Espagne, en Portugal & en France : on le cultive aux environs de Paris, parce que ses tiges flexibles sont d'un grand débit pour faire des balais. Ses feuilles inférieures naissent trois à trois : les supérieures sont simples. Quelques-uns ont l'art de tirer de ses fleurs une belle laque jaune, qui est recherchée des Peintres & des Enlumineurs.

On lit dans le Journal économique, du mois de Novembre 1758, que cette plante est employée d'une maniere bien plus utile dans le territoire de Pise. On recueille dans ce pays cette espece de genêt : on le fait sécher au soleil, on le met rouir ensuite pendant trois ou quatre jours dans l'eau d'une source chaude, située dans le lieu appellé *Bagno ad aqua*, & dont la chaleur fait monter le thermometre de M. *de Réaumur* à huit degrés. Lorsque le genêt a été roui dans cette fontaine, on sépare la partie ligneuse d'avec les étoupes : la poudre cotonneuse qui tombe, sert à rembourrer les chaises, parce qu'elle a un peu d'élasticité : on file l'étoupe, qui donne un fil aussi beau que celui du chanvre, & qui prend bien la teinture. Ce travail paroît exiger des eaux naturellement chaudes. Dans le mois de Juin 1763, on a fait voir, à l'Académie Royale des Sciences, de la toile faite avec le genêt : cette toile a paru bonne, mais grossiere. M. *Deleuze* observe qu'on a aussi employé avec succès cette plante pour la préparation des cuirs.

Le GENÊT CYTISE, *cytiso-genista*. Cette plante differe du genêt & du cytise, en ce qu'elle a des feuilles seules, & d'autres qui sont trois ensemble. Cette plante est la même que la précédente.

Le GENÊT D'ESPAGNE, *genista juncea*, *aut spartium junceum*, LINN. s'éleve en un buisson de huit & même de douze à quatorze pieds de haut. Sa grandeur le distingue des autres genêts, ainsi que l'odeur suave de ses fleurs, qui sont aussi très-agréables au goût.

Ce genêt croît naturellement en Italie, en Espagne, en Portugal, en Languedoc. Il a de particulier, que ses branches sont très-remplies d'une moëlle fongueuse, & que ses feuilles ne sont point posées au nombre de trois sur une même queue, comme dans les autres genêts. Cet arbuste est un de ceux qui ont le plus de peine à reprendre lorsqu'on les transplante. Déjà parvenu à une certaine grosseur, il produit tous les ans une grande quantité de fleurs, qui ont une qualité purgative. Ses graines ont une saveur de pois. Il résiste aux froids d'Angleterre, & y perfectionne sa graine. Consultez *Miller*.

Tous les genêts s'élevent aisément de semence, & ils peuvent se greffer les uns sur les autres, par approche & en écusson ; c'est la seule façon de multiplier le genêt à fleurs doubles, qui ne porte point de graines, & qui fait un joli effet dans les bosquets printaniers. Les fleurs de toutes ces sortes de genêts peuvent, ainsi que celles de la geneſtrole, fournir une teinture jaune.

On confit au vinaigre les boutons de genêt comme les câpres, mais ils n'ont point un goût auſſi relevé.

Le genêt eſt eſtimé apéritif. En faiſant brûler de jeunes branches de genêt ſur une aſſiette, il en découle, dit-on, une huile cauſtique, bonne pour les dartres.

On dit que ſi on arroſe les plantes dévorées par les chenilles, avec une eau dans laquelle on a mis du genêt, cette eau fait périr ces inſectes, ſans faire aucun tort aux arbres. La leſſive des cendres de genêt, ſur-tout de la geneſtrole, s'emploie dans certains cas contre les différentes eſpèces d'hydropiſie, avec beaucoup de ſuccès. Les Médecins de Montpellier s'en ſervent beaucoup, ſur-tout contre l'hydropiſie de poitrine qui réſiſte le plus ſouvent à tous les autres remèdes. On préfère l'infuſion de ſes cendres au poids d'une livre, faites dans une pinte de vin blanc un peu acide. On en boit un petit verre matin & ſoir, une heure avant le repas. On peut encore faire uſage des fleurs en théiforme.

GENÊT ÉPINEUX, *geniſta ſpinoſa, ulex Europæus,* LINN. Le genêt épineux eſt connu auſſi ſous les noms de *jonc marin* ou *d'ajonc*; il porte le nom de *landes* en Bretagne, & le nom de *bruſque* en Provence. Cet arbriſſeau eſt toujours vert, & donne des fleurs jaunes, légumineuſes. Il diffère du genêt par ſes épines, & par ſes gouſſes, qui ſont plus courtes. Les tiges de ce genêt ſont garnies de petites feuilles ovales, velues, & de longues épines vertes, d'où il en part d'autres plus petites, qui ſont encore garnies de plus petites épines.

Le grand & le petit genêt épineux ſont communs dans les landes, les montagnes & bruyères d'Angleterre, & l'on en voit de cultivés dans leurs jardins, qui y font une belle figure, & qui ne le cèdent point aux meilleurs arbriſſeaux toujours verts. On les tond comme l'if, mais ils le ſurpaſſent à tous égards; car ils fleuriſſent dans toutes les ſaiſons de l'année; & gardent long-temps toutes leurs fleurs. Quand ils ſont bien taillés & ſoignés, ils forment des haies impénétrables. Leur culture eſt la même que celle du genêt d'Eſpagne; ils ſe plaiſent dans une terre ſéche & ſablonneuſe; on les multiplie de graine.

En Normandie, dans une partie du Poitou & en Bretagne, on en ſeme des champs entiers, parce que dans ces lieux, où les bois ſont rares, on en fait des fagots pour chauffer les fours & cuire la chaux. En Provence on s'en ſert pour caréner les bâtimens de mer. On le ſeme avec de l'avoine & du blé de Mars, & l'on prétend que cet arbriſſeau n'épuiſe point la terre. On fait uſage de ce genêt, dans les pays où il croît naturellement, pour nourrir le bétail, quand les autres fourrages ſont rares: pour cet effet on bat le genêt pour en rompre les épines, & les beſtiaux le mangent très-bien. En Bretagne, on le fait pourrir, & il en réſulte d'excellens fumiers: ou bien on diſtribue ce genêt deſſéché, par poignée continue ſur les champs; on y met le feu, & il en réſulte une cendre ſaline qui produit de très-bons effets dans le ſol où l'on fait cette préparation, & qu'on mélange avec la terre au moyen des labours.

GENÊT DES TEINTURIERS. *Voyez* GENESTROLE.

GENÊT. On donne ce nom à une eſpece de petit cheval, qui vient d'Eſpagne, & dont la taille eſt bien proportionnée. *Voyez* CHEVAL.

GENETTE. *Voyez au mot* CIVETTE.

GENÉVRIER, *juniperus*. Cet arbriſſeau, qui quelquefois s'éleve à la hauteur d'un arbre, eſt connu de tout le monde, parce qu'il croît dans toute l'Europe, dans les pays Septentrionaux & dans ceux du Midi, dans les forêts, dans les bruyeres & ſur les montagnes. Il eſt ſauvage ou cultivé, plus grand ou plus petit, ſtérile ou portant des fruits, domeſtique ou étranger.

Entre les espèces de genévriers que comptent nos Botanistes, il y en a deux générales & principales; le *genévrier commun en arbrisseau*, & le *genévrier commun qui s'élève en arbre*; mais suivant Mrs. *Deleuze & Haller*, ce ne sont que des variétés.

Le Genévrier arbrisseau, *juniperus vulgaris fruticosa*, se trouve par-tout: son tronc s'élève quelquefois à la hauteur de cinq ou six pieds; son écorce est rougeâtre; son bois est tendre, léger; lorsqu'il est bien sec, il est d'un rouge-clair, il donne une odeur agréable de résine. Les Ebénistes en font quantité de jolis ouvrages. Ses feuilles sont pointues, étroites, roides, piquantes, toujours vertes, placées le plus souvent trois à trois autour de chaque nœud: on reconnoît aisément cet arbrisseau à l'odeur de ses feuilles écrasées dans les doigts. Les fleurs mâles & les fleurs femelles viennent sur des individus différens: on voit sur les uns de petits chatons au mois d'Avril & de Mai: les fleurs femelles, formées d'un calice sans étamines, s'observent sur d'autres pieds; il leur succede des baies sphériques, contenant une pulpe huileuse, aromatique, d'un goût résineux. Ces baies portent le nom de *genievre*. Cette espece de genévrier peut réussir même dans les endroits les plus arides.

Les Allemands emploient fréquemment dans leur cuisine les baies de genievre comme un assaisonnement; nous n'en faisons guere usage qu'à titre de médicament. Les vertus du genievre les plus évidentes, sont une qualité stomachique, carminative & diurétique; il donne à l'urine une odeur de violette. Quelques-uns ont appellé l'extrait des baies de genievre, *la thériaque des gens de la campagne*, à cause de sa vertu alexipharmaque. D'autres remplissent un petit baril de baies de genievre & de pruneaux, l'un & l'autre écrasés, & ils prétendent que l'eau que l'on tire de cette espece de râpé, est très-propre à soulager les asthmatiques.

On peut faire avec le genievre, une boisson très-salutaire & très-peu coûteuse; c'est le vin de genievre; on pourroit l'appeller le *vin des pauvres*, & il pourroit être un bon médicament pour les riches; il seroit bon pour les animaux. Il se fait avec six boisseaux de graines de genievre concassées, & trois ou quatre poignées d'absinthe: on laisse infuser & fermenter le tout durant un mois dans cent pintes d'eau de fontaine; on tire ensuite la liqueur à clair; cette espece de vin est d'autant plus agréable qu'il est vieux. Il est très-estimé pour les coliques venteuses, pour fortifier l'estomac & pour arrêter les diarrhées opiniâtres. Il débatrasse les reins des matieres visqueuses qui empêchent le passage des urines. Cette liqueur spiritueuse déjà connue sous le nom de *genevrette*, seroit, je crois, bien meilleure, dit M. *Duhamel*, si l'on y ajoutoit de la mélasse, & si on la traitoit comme on fait l'épinette en Canada. *Voyez* ÉPINETTE ou SAPINETTE DU CANADA, & *l'article* SAPIN.

Le ratafia préparé par l'infusion des baies de genievre dans l'eau-de-vie, est un excellent cordial stomachique.

On brûle dans les hôpitaux & dans les chambres des malades, le bois & les baies de genievre pour en chasser le mauvais air.

La décoction légere du bois de genievre se prend pour fortifier l'estomac: on l'emploie aussi comme celle du sassafras pour exciter les sueurs & purifier le sang; quelquefois on y mêle de l'antimoine crud pour guérir les maladies vénériennes où il paroît des pustules ulcérées sur le visage. On brûle la plante en entier dans un four pour préparer la cendre qu'on fait infuser dans le vin blanc, à la dose d'une livre sur une pinte de vin. Cette liqueur dont on boit un petit verre matin & soir, est aussi efficace dans l'hydropisie que celle préparée avec la cendre de genêt.

Le GENÉVRIER EN ARBRE, *juniperus vulgaris arbor, aut celsior*, differe de celui dont nous venons de parler, par sa hauteur, qui d'ailleurs varie beaucoup suivant les lieux où il croît. Nous avons dit que ce genévrier n'est qu'une variété du précédent. Il s'élève à trente pieds dans les menus bois, où d'autres plantes moins heureusement placées restent tapies contre terre. On dit qu'en Afrique il égale en hauteur les arbres les plus élevés : son bois, dur & compacte, est employé pour les bâtimens. On distingue cet arbre d'avec le cedre, non-seulement par son fruit, mais encore par les feuilles, qui sont simples & plates ; au lieu que les feuilles du cedre ressemblent davantage à celles du cyprès.

Le Genévrier d'Asie a gros fruits bleus.

On cultive le grand genévrier dans les pays chauds, comme en Italie, en Espagne, en Afrique. Il en découle naturellement, ou par des incisions faites au tronc pendant la chaleur, une résine que l'on nomme *vernix* ou la *sandaraque des Arabes*. Toutes les especes de genévriers ne donnent pas une résine aussi belle : la plus estimée est celle qui est en larmes claires, luisantes, diaphanes, blanches & nettes ; en la faisant dissoudre dans de bon esprit-de-vin, ou dans de l'huile de lin, elle donne un vernis. Ce vernis est très-blanc & brillant ; mais il est fort tendre & s'égratigne aisément. Pour lui donner plus de corps, on y mêle de la laque & un peu de résine appellée *gomme élémi*; le vernis est alors plus solide, mais il perd une partie de sa blancheur. La sandaraque en poudre sert aussi à vernir le papier, à lui donner plus de consistance & à l'empêcher de boire, sur-tout dans les endroits où on a été obligé de grater pour enlever l'écriture.

Il y a une espece de genévrier commun en Languedoc, qui porte des baies rougeâtres, & d'un goût peu savoureux : *juniperus major baccâ rubescente*. (M. *Haller* dit que cette espece est différente du genévrier). On distille son bois dans la cornue, & on en retire une huile fétide, que les Maréchaux emploient pour la gale & les ulceres des chevaux. On la nomme *huile de cade ; cedraleum*. Cette sorte d'huile essentielle est usitée dans plusieurs de nos Provinces méridionales pour les maladies extérieures des bestiaux, & sur-tout dans la maladie éruptive des moutons, appellée *petite vérole ou picote*. Voyez CADE & CEDRIA. Cette huile est véritablement caustique ; si l'on en touche l'intérieur d'une dent creuse, elle cautérise le nerf & calme la douleur ; mais si l'on continue à l'appliquer, elle fait bientôt tomber la dent en pieces. Quelques-uns ont osé la donner intérieurement, contre la colique & les vers ; mais on ne peut avoir recours à ce remede sans témérité.

Le Genévrier d'Asie a grosses baies, *juniperus Asiatica latifolia, arborea, cerasi fructu*, n'est qu'une variété du genévrier précédent.

On cultive avec succès en Angleterre, les genévriers de Virginie & des Bermudes : ils s'élevent jusqu'à vingt-cinq pieds de haut, & croissent fort vîte, lorsque les quatre premieres années sont passées, & qu'on en a pris bien soin. Ces arbres résistent au plus grand froid de ce climat. On les multiplie de graine qu'on retire de la Caroline. Les bois de ces especes de genévriers tire sur le rouge, & abonde en résine d'une odeur exquise.

On honore communément le bois de genévrier, sur-tout celui des Bermudes, du nom de *bois de cedre*, quoiqu'il y ait dans la Grande-Bretagne d'autres bois de ce même nom, qui viennent d'arbres bien différens & originaires des Indes occidentales ; cependant c'est du bois de ces especes de genévriers, qu'on fait en Angleterre des boiseries, des escaliers, des lambris, des commodes & autres meubles. La durée de ce bois l'emporte sur tous les autres, ce qu'il faut peut-être attribuer à l'extrême amertume de sa résine, qui le défend contre l'attaque des vers. On l'emploie en Amérique à la construction des vaisseaux marchands ; c'est dommage qu'il ne convienne pas à la bâtisse des vaisseaux de guerre ; il est si cassant, qu'il se fendroit au premier coup de canon.

GENICE ou GÉNISSE, *juvenca*. Eſt la petite & jeune vache, qu'on appelle ainſi juſqu'à deux ou trois ans, ou juſqu'à ce qu'elle ſoit livrée au taureau. *Voy. ſon article au mot* TAUREAU.

GENIEVRE. *Voyez* GENÉVRIER.

GENIEVRE DOUX, eſt une eſpece de *camarigne*. *Voyez ce mot.*

GENIPANIER. *Voyez* JANIPABA.

GENISTELE, *geniſtella*. Plante qui differe du genêt en ce que ſes tiges naiſſent l'une de l'autre, & ſont comme articulées enſemble & feuilletées ou applaties de maniere que chaque partie compriſe entre deux nœuds reſſemble à une feuille étroite & alongée : les feuilles, proprement dites, ſont un peu oblongues, pointues & naiſſent une à une à chaque articulation. Les fleurs en ſont jaunes. *Voyez* SPARGELLE.

GENOUILLET. Voyez à l'article *Sceau de Salomon*.

GENS-ENG, ou GINS-ENG, ou GING-SENG. Les Naturaliſtes & les Botaniſtes n'ont point encore décidé, ſi le gens-eng & le ninzin ſont deux plantes différentes ou une ſeule & la même : peu des Voyageurs qui ont été en Chine & au Canada, où ces plantes croiſſent, ſe trouvent d'accord entr'eux. M. *Geoffroi*, dans ſa Matiere Médicale, *Tome II, page 192*, dit que ces plantes ſont de différent genre, & qu'elles ne ſe reſſemblent que pour la figure & les vertus. Il dit auſſi que les Médecins de l'Europe font peu d'uſage de ces plantes, & que la racine du gens-eng coûte beaucoup plus que celle du ninzin. Nous avons conſulté tout ce qu'on a écrit à ce ſujet, & nous préſenterons au Lecteur l'extrait de ce qu'on lit dans les *Lettres édifiantes & curieuſes, Tom X, pag. 172*; dans le petit *Ouvrage du P. Lafiteau*, adreſſé au Régent de France en 1718; & dans la *Theſe de Médecine de M. Vandermonde*, ſoutenue dans les Ecoles de la Faculté de Paris en *1736*. Nous joindrons donc à la ſuite du gens-eng, la deſcription du ninzin, afin que le Lecteur puisse les comparer & en porter son jugement. Nous y ajouterons la maniere d'en préparer les racines, les lieux où elles croissent, l'ordre & la méthode qu'observent ceux qui vont les ramasser.

Description du Gens-Eng.

Cette plante, que les Chinois nomment *pet-si*, & les Iroquois *garentoguen* (ces mots signifient dans les deux Langues *cuisses d'homme*), est connue en France depuis que les Ambassadeurs de Siam en apporterent à Louis XIV. Le *gens-eng* a une racine de deux pouces de longueur & à-peu-près de la grosseur du petit doigt, un peu raboteuse, brillante, & comme demi-transparente, le plus souvent partagée en deux branches, quelquefois en un plus grand nombre, fibreuse vers la base, roussâtre en dehors & jaunâtre en dedans; d'un goût légérement âcre, un peu amer & aromatique; d'une odeur d'aromate, qui n'est pas désagréable. Le collet de la racine est un tissu tortueux de nœuds où sont imprimés obliquement & alternativement, tantôt d'un côté & tantôt de l'autre, les vestiges des différentes tiges qu'elle a poussées chaque année. La tige du gens-eng est haute d'un pied : elle est unie, & d'un rouge noirâtre. Au sommet de la tige naissent trois ou quatre queues creusées en gouttiere, & disposées en rayons; chargées chacune de cinq feuilles inégales & dentelées; la côte qui partage chaque feuille, jete des nervures qui s'entrelacent. Du lieu où les feuilles prennent naissance, s'éleve un pédicule simple, nu, d'environ cinq à six pouces de long, terminé par un bouquet de petites fleurs jaunes, dont le calice est très-petit; les pétales & les étamines sont au nombre de cinq; le style de la fleur est surmonté d'un stigmate, & posé sur un embrion arrondi, qui en mûrissant devient une baie sphérique, cannelée, couronnée & partagée en trois ou quatre loges, qui contiennent chacune une semence applatie & en forme de rein.

Si l'on en croit l'Ouvrage Chinois intitulé, *Pen-Sau-Kam-Mou-Li-Tchi-Sin*, les vertus de la racine du gens-eng sont admirables : les Asiaques croient qu'elle est une panacée souveraine ; & les Chinois y ont recours dans toutes leurs maladies, comme à la derniere ressource : leurs Médecins ont écrit des volumes entiers sur ce spécifique, qu'ils décorent du titre de *Simple spiritueux*, d'*Esprit pur de la terre*, & de *Recette d'immortalité*. Mais citons quelques-unes des propriétés de cette racine : point de diarrhée, de foiblesse d'estomac, de dérangement d'intestins, d'engourdissemens, de paralysie, de convulsions qui ne cedent au gens-eng : cette racine, selon eux, est merveilleuse pour réparer d'une maniere surprenante les forces affoiblies, augmenter la respiration, ranimer les vieillards, & même les agonisans, retarder la mort, affermir la moëlle des os & tous les membres, enfin pour réparer dans un instant la perte que procurent les plaisirs de l'amour, & les faire renaître aussi-tôt, pourvu qu'on mange & boive sobrement : cette restriction nous paroît assez judicieuse & être de tous les pays. Il est étonnant qu'on n'ait pas aussi ajouté à ce panégyrique du gens-eng la propriété de guérir les maladies vénériennes. Les Médecins Hollandois le recommandent dans les convulsions, la syncope, les vertiges, & pour fortifier la mémoire : mais il faut prendre garde d'en faire trop d'usage, car il allume le sang ; c'est pourquoi on l'interdit aux jeunes gens & à ceux qui sont d'une constitution chaude : au reste la cherté & la rareté de cette racine font qu'on en use peu.

Description du Ninzin.

Le ninzin differe du gens-eng en ce qu'il naît au Japon & dans la Corée, qu'il est plus épais, plus mou, creux en dedans, & beaucoup inférieur en propriétés.

Kampfer désigne ainsi cette plante : *Sisarum montanum*

tanum Corœense, radice non tuberosa; il dit que la plante du ninzin étant encore jeune, n'a qu'une petite racine simple, semblable à celle du panais, de trois pouces de long, de la grosseur du petit doigt, garnie de quelques fibres chevelues, charnue, blanchâtre, entrecoupée de petits anneaux, & partagée quelquefois en deux branches, d'où lui est venu le nom de *nin-zin*, qui signifie plante dont la racine a dans la terre la figure des cuisses d'un homme: cette racine a le goût du chervi & l'odeur du panais. Cette plante devenue plus forte, est haute d'un pied, sa racine est souvent double, bien nourrie: du collet de ses racines naissent des bourgeons qui par la suite deviennent des tiges & des tubercules qui se changent en racines: la tige s'élève à la hauteur de deux pieds ou environ, & est presque grosse comme le petit doigt, cannelée, géniculée & pointillée tout autour comme dans le roseau; de chacun de ses nœuds il sort des rameaux. Cette tige est solide dans sa base; mais elle est creuse dans le reste, ainsi que ses rameaux: les feuilles qui embrassent les nœuds sont légèrement cannelées & creusées en gouttiere, fort semblables à celles de la berle & du chervi: dans le dernier accroissement de la plante, elles sont découpées en trois lobes. Les bouquets de fleurs qui terminent les rameaux sont garnis à leur base de petites feuilles étroites & disposées en parasol. A chaque fleur succede un fruit qui en tombant se partage en deux graines cannelées, aplaties d'un côté, nues, semblables à celles de l'anis, d'un roux foncé dans leur maturité, ayant le goût de la racine, avec une foible chaleur. Dans les aisselles des rameaux naissent des bourgeons arrondis, de la grosseur d'un pois, verdâtres, charnus, d'un goût fade & douceâtre, lesquels lorsqu'on les plante ou qu'ils tombent d'eux mêmes sur la terre, produisent une plante de leur genre, & qui est ombellifere, dit M. Haller.

 Le ninzin est, après le gens-eng & le thé, la plus

célebre de toutes les plantes de l'Orient, à cause de sa racine qui a beaucoup d'utilité. La plante ninzin, qu'on a apportée de Corée dans le Japon, & que l'on cultive dans les jardins de la ville de Méaco, y vient mieux que dans sa propre patrie, mais elle est presque sans vertu : il en est à peu près de même du gens-eng. Le ninzin qui naît dans les montagnes de Kataja (dans la Province de Siamsai) & dans celle de Corée, où l'air est plus froid, dure plus long-temps; sa racine est vivace, mais les feuilles tombent en automne : dans le Japon elle produit plutôt des tiges chargées de graines, & elle meurt le plus souvent en un an. Dans le Canada où elle est appellée *garent-ogen*, elle est assez nourrie. Les Japonois & les Chinois, prétendent que les principales vertus de la racine ninzin sont de fortifier & d'engraisser; ils en font entrer dans tous les remedes au défaut du gens-eng, principalement dans tous les cordiaux, mais avant que d'en faire usage, on le prépare comme le gens-eng.

Récolte du Gens-Eng, & son débit en Chine, &c.

On ramasse le ninzin & le gens-eng au commencement de l'hiver. Lorsque ce temps approche, on met des gardes dans toute l'entrée de la Province de Siamsai, pour empêcher les voleurs d'en prendre.

Les lieux où croissent les racines du gens-eng sont entre le trente-neuvieme & le quarante-septieme degré de latitude septentrionale, & entre le dixieme & le vingtieme degré de longitude orientale, en comptant depuis le méridien de Pékin : c'est dans ce vaste intervalle qu'on découvre une longue suite de montagnes, que d'épaisses forêts dont elles sont couvertes & environnées, rendent comme impénétrables; c'est sur le penchant de ces montagnes, & dans ces épaisses forêts, sur le bord des rivieres, autour des rochers, au pied des arbres, & au milieu de toutes sortes d'herbes, que se trouve la plante de gens-eng.

Cette plante est ennemie de la chaleur & croît toujours à l'ombre. Il n'est pas étonnant qu'on en trouve en Canada, dont les forêts & les montagnes sont assez semblables à celles de la Chine, principalement vers le cinquante-septieme degré. Les endroits où croît le gens-eng sont tout-à-fait séparés de la province de Canton, appelée Leao-tong dans les anciennes cartes Chinoises, par une barriere de pieux de bois qui renferme toute cette Province, & aux environs de laquelle des gardes rodent continuellement pour empêcher les Chinois d'en sortir & d'aller chercher cette racine. Cependant quelque vigilance qu'on y apporte, l'avidité du gain rend aveugle sur les dangers. Cet appât fait trouver à des Chinois le secret de se glisser dans ces déserts, quelquefois jusqu'au nombre de deux ou trois mille, au risque de perdre la liberté & le fruit de leurs peines s'ils sont surpris en sortant de la Province ou en y rentrant. Dix mille Tartares sont commandés pour faire la récolte du gens-eng, & après que cette armée d'Herboristes s'est partagée le terrain sous divers étendards, chaque troupe, au nombre de cent ou deux cents, s'étend sur une même ligne, jusqu'au point marqué, en gardant de dix en dix une certaine distance ; ils cherchent ensuite avec soin, & à travers les buissons & les épines, la plante dont il s'agit, en s'avançant insensiblement sur un même rhombe, & de cette maniere ils parcourent pendant un certain nombre de jours l'espace qu'on leur a marqué. Dès que le terme est expiré, les Mandarins placés avec leurs tentes dans les lieux propres à faire paître leurs chevaux, envoient visiter chaque troupe pour lui intimer leurs ordres, & pour s'informer si le nombre est complet : en cas que quelqu'un manque, comme il arrive assez souvent, ou pour s'être égaré dans ces affreux déserts, ou pour avoir été dévoré par les bêtes, on le cherche un jour ou deux ; après quoi on recommence de même qu'auparavant. Ces Tartares éprouvent de rudes fatigues dans cette expédition; ils ne portent ni tentes, ni lits, chacun d'eux étant assez chargé de sa provision de millet rôti au four, dont il se doit nourrir tout le temps du voyage. Ainsi ils sont contraints de prendre leur sommeil sous quelques arbres, se couvrant de branches ou de quelques écorces qu'ils trouvent. Les Mandarins leur envoient de temps en temps quelques pieces de bœuf ou de gibier qu'ils dévorent après les avoir exposé un moment au feu. C'est ainsi que ces dix mille hommes passent six mois de l'année, depuis le commencement de l'automne jusqu'à la fin du printemps, pour la recherche d'une racine dont la principale vertu est vraisemblablement de produire un grand revenu à l'Empereur de la Chine. On conserve pour ce Prince celui qui a été ramassé sur les montagnes de *Tsu-Toang-Seng*, comme le meilleur. Quelques tentatives qu'on ait faites chez nous pour faire venir le gens-eng de graine, l'on n'a pu y réussir.

Tout le gens-eng qu'on ramasse en Tartarie chaque année, & dont le montant nous est inconnu, doit être porté à la douane de l'Empereur de la Chine, qui en préleve deux onces pour les droits de capitation de chaque Tartare employé à cette récolte: ensuite l'Empereur paie le surplus une certaine valeur, & fait revendre tout ce qu'il ne veut pas à un prix beaucoup plus haut dans son Empire, où il ne se débite qu'en son nom, & ce débit est toujours assuré: c'est par ce moyen que les Nations Européennes trafiquantes à la Chine, s'en pourvoient, & en particulier la Compagnie Hollandoise des Indes Orientales, qui vend presque tout le gens-eng qui se consomme en Europe.

Le prix du gens-eng est tel chez les Chinois, qu'ils en vendent une livre de poids trois livres pesant d'argent. Les Hollandois en vendent aussi au poids de l'or, qu'ils distribuent aux Européens sous le nom de *ging-geng*, & aux Japonois sous celui de *nisi*; c'est pourquoi le gens-eng est toujours si rare. Celui des Marchands de l'Europe est souvent mêlé de ninzin, qui est plus commun, ce qui produit alors un gain plus considérable & un débit plus sûr. On prétend que les Hollandois en ont planté au Cap de Bonne-Espérance. Parlons maintenant de sa préparation.

Préparation du Gens-Eng.

Les Tartares appellent le GENS-ENG, *orotha*, ce qui signifie la *premiere des plantes*. Pour en conserver la racine, ils enterrent dans un même endroit tout ce qu'ils peuvent en amasser durant dix, douze & quinze jours : ils ratissent & nettoient soigneusement ces racines, dès qu'elles sont tirées de terre, avec un couteau fait de bambou, car ils évitent religieusement de les toucher avec le fer; quelquefois ils en retirent la terre avec une brosse : ils les trempent ensuite dans une légere décoction presque bouillante de graines de millet & de riz, puis ils les font sécher avec soin à la fumée d'une espece de millet jaune qui est renfermé dans un vase avec un peu d'eau ; les racines sont alors couchées sur de petites traverses de bois au-dessus du vase, & se séchent peu-à-peu sous un linge ou sous un autre vase qui les couvre. Quelquefois on fait sécher ces racines en les suspendant à la vapeur d'une chaudiere couverte & placée sur le feu, laquelle contient de l'eau de millet jaune & de riz. Par ces procédés les racines acquierent en se séchant une couleur jaune ou rousse, avec une sorte de dureté, & elles paroissent comme résineuses & demi-transparentes. Après avoir bien séché ces racines, on en retranche les fibres, & lorsque le vent du nord souffle, on a soin de les placer à sec dans des vases de cuivre très-propres & qui ferment bien : on fait un extrait des plus petites racines, & on conserve les feuilles de la plante pour en faire usage comme du thé.

GENTIANE, *gentiana*, est une plante qui croît par-tout, mais principalement sur les montagnes des Alpes, des Pyrenées & de l'Auvergne: on en distingue de plusieurs sortes sous le nom générique de *gentianelle* ; nous parlerons d'abord de celle qui est la plus en usage, & qui est la *grande gentiane vulgaire*.

Sa racine est grosse comme le poignet, & longue de plus d'un pied, rameuse, fongueuse, brune en dehors, d'un jaune roussâtre en dedans, d'un goût fort amer : elle pousse plusieurs tiges droites, fermes, hautes de deux à trois pieds : ses feuilles sont semblables à celles de l'hellebore blanc, lisses, de couleur verte-pâle, ayant cinq nervures comme celles du plantain ; les unes naissent en grand nombre près des racines, les autres sont placées vis-à-vis l'une de l'autre à chaque nœud des tiges qu'elles embrassent en se réunissant par leur base. Les tiges portent des fleurs verticillées ou rangées par anneaux & par étages dans les aisselles, & qui sont de couleur jaune : chacune de ces fleurs est une cloche fort évasée, découpée en cinq quartiers. Il leur succede un fruit membraneux, ovale, qui s'ouvre en deux panneaux, & qui contient des semences aplaties, comme feuilletées & de couleur rougeâtre. On peut consulter la charmante description poétique de la gentiane, par M. *de Haller*.

Nous ne pouvons nous dispenser de dire un mot sur la *petite gentiane d'Amérique à fleur bleue*, dont les capsules servent d'étui pour garantir ses graines des injures de l'air & de la terre, jusqu'à l'approche du temps le plus propre à les faire sortir. Alors, dès que la moindre humidité touche le bout des capsules, il se fait une explosion des graines qui vont çà & là se semer naturellement. Cette observation est du Chevalier *Hans-sloane*, qui la fit pendant son séjour à la Jamaïque : observation qui se trouve vérifiée par d'autres exemples semblables.

Il y a aussi la *gentiane croisette*, *gentiana cruciata*,

dont la vertu est également fébrifuge; elle est haute d'environ un pied; ses fleurs sont bleues, verticillées, faites en entonnoir, dit M. *Deleuze*, découpées ordinairement en quatre lobes, sans franges à l'embouchure, mais seulement une petite languette à chaque angle rentrant des découpures.

La racine de la grande gentiane est la seule partie de cette plante en usage dans la Médecine; elle est vulnéraire, fébrifuge, très-stomachique & d'un très-grand secours dans la morsure des chiens enragés: elle leve les obstructions, elle provoque les menstrues, chasse les vers, excite l'appétit & facilite la digestion comme les autres amers: non-seulement elle résiste aux poisons, mais encore à la gangrene & même à la peste: dans l'usage extérieur elle mondifie les plaies; c'est un fort bon dilatant pour aggrandir un ulcere fistuleux & en entretenir l'ouverture. Elle détruit les chairs fongueuses & calleuses. Elle est la base de la poudre cordiale des Maréchaux. On en tire une eau spiritueuse, qui, selon M. *Haller*, est fort en usage dans l'Est de la Suisse.

GÉODES, *lithotomi cavernosi*. On donne ce nom à des pierres de différentes figures, soit sphériques, soit triangulaires, intérieurement caverneuses, & qui contiennent dans leur cavité centrale ou une cristallisation, ou de la terre, ou du sable, en un mot un noyau communément mobile, même une matiere fluide comme de l'eau. *Voyez* ENHYDRE; substances qu'on n'apperçoit pas à l'extérieur, mais qu'on reconnoît lorsqu'en agitant la pierre fortement, on entend du bruit ou un son sourd ou creux. Les géodes les plus communes sont celles qui tiennent de la nature des mines de fer, & qu'on appelle *pierres d'aigles* ou *étites*. Voy. ce dernier mot. On connoît les *agates géodes* à cristallisation intérieure du Duché de Deux-Ponts. On voit dans les Cabinets, de ces globes lapidifiques & creux, tapissés intérieurement de l'améthyste de couleur vineuse. Le prix des géodes augmente à raison de leur matiere & de celle des cristaux. Il y a aussi des géodes de spath & de quartz cristallisés & graveleux des environs de Soissons. On nomme ces dernieres *salieres*. Leur cristallisation intérieure ressemble en effet à du sel pelotonné.

GÉOGRAPHIE. On appelle *Carte de Géographie* une coquille univalve qui est une espece de *porcelaine*, & *Table de Géographie* une espece de *rouleau*. Voyez ces mots.

GERANIUM ou GERANION. Nom latin qu'on donne vulgairement avec une épithete au *bec de grue*, à *l'herbe à Robert* ou *pied de pigeon*. Voyez BEC DE GRUE.

GERBOISE. Petit quadrupede singulier pour la forme & dont il y a plusieurs variétés sous les noms de *tarsier*, de *gerbo*, d'*alagtaga*, de *daman Israël*, ou *agneau d'Israël*. Ces animaux n'ont guere les pattes de devant plus grandes que les mains de la *taupe*, & celles de derriere, qui sont fort longues, ressemblent en quelque sorte aux pieds d'un oiseau. Ces quadrupedes ont la tête faite à-peu-près comme celle du *lapin*; ils ont les dents construites de la même maniere. Leurs pieds de derriere n'ont que trois doigts; celui du milieu est un peu plus long que les deux autres, & tous trois sont pourvus d'ongles; le talon semble garni d'une ou de deux especes d'ergots. Leur queue est trois fois plus longue que leur corps, & couverte de poils rudes; l'extrémité est fort touffue. On voit de ces animaux en Egypte, en Arabie, en Barbarie, en Tartarie & jusqu'en Sibérie. Ils se servent de leurs pattes de devant comme de mains pour porter à leur bouche ce qu'ils veulent manger; ils se soutiennent droits sur leurs pieds de derriere, & cachent ordinairement ceux de devant dans leurs poils, en sorte qu'ils ne paroissent pas en avoir: lorsqu'ils veulent aller d'un lieu à un autre, au lieu de marcher, ils sautent légérement & très-vîte; toujours debout comme les oiseaux, ils avancent à chaque saut de trois ou quatre pieds de distance. Lorsqu'ils se reposent ils s'asseient sur leurs genoux, ils ne dorment que le jour & jamais la nuit : leur nourriture est le grain & les herbes ; ils se creusent des terriers comme les lapins, & ils ont la prévoyance d'y faire provision d'herbes pour passer l'hiver. La gerboise ne seroit-elle pas le *gerbuah* des Arabes, qu'on appelle le *rat sauteur* de montagne ?

GERBUAH. *Voyez ci-dessus à la fin de l'article* GERBOISE.

GERCE, *teredo*, est la petite vermine qui ronge les habits & les meubles. *Voyez* TEIGNE.

GERFAUT, *gyrofalco*. Oiseau de proie & de leurre, qui tient du vautour, & qui sert à la volerie. *Voyez* FAUCON, GERFAUT.

GERMANDRÉE ou PETIT CHÊNE, *chamædrys officinarum*. Cette plante croît aux lieux incultes, pierreux, montagneux & dans les bois. Ses racines sont ligneuses, fibrées, fort traçantes, & jettent de tous côtés des tiges couchées sur terre, quadrangulaires, branchues, hautes environ d'un demi-pied, grêles, rougeâtres & lanugineuses. Ses feuilles naissent deux à deux, opposées ; elles sont d'un vert gai, fermes, velues, dentelées comme celles du chêne, longues d'un demi-pouce, d'un goût amer, un peu âcre & aromatique : ses fleurs naissent dans les aisselles des feuilles le long des tiges, elles sont de couleur purpurine, & d'une odeur agréable ; chacune d'elles est un tuyau évasé par le haut en forme de gueule, dont la lévre supérieure manque ; les étamines en occupent la place : la lévre inférieure a de chaque côté deux petites languettes ou ailerons pointus, & se termine par une piece en cueilleron. A cette fleur succedent quatre graines arrondies & formées de la base du pistil.

Les Botanistes comptent une vingtaine d'especes de germandrées : on en cultive en Angleterre quelques-unes. *Voyez ce qu'en dit Miller ; voyez aussi à l'article* GALLE *de ce Dictionnaire*, le siége bizarre des galles de germandrée.

Les feuilles & les fleurs de la germandrée sont d'usage en Médecine, & sont rangées dans la classe des amers aromatiques; elles sont incisives, fortifient le ton des parties relâchées, provoquent les urines, les menstrues & les sueurs, levent les obstructions des viscères, & sont bonnes contre les premieres attaques de l'hydropisie, du scorbut & de la goutte. Bien des personnes en Égypte en font une espece de thé, dont elles se servent avec succès dans les maladies scrophuleuses & les différentes fiévres.

GERMANDRÉE D'EAU, ou CHAMARRAS, ou VRAI SCORDIUM, *scordium offic*. Plante qui croît aux lieux humides & marécageux, le long des fossés remplis d'eau. Sa racine est rampante, fibrée & vivace; elle pousse plusieurs tiges hautes d'un pied ou environ, carrées, velues, rameuses & serpentantes. Ses feuilles sont oblongues, ridées, dentelées, velues, opposées, d'une odeur d'ail & d'un goût amer. Ses fleurs sont petites & formées en gueule; elles naissent en Juin & Juillet dans les aisselles des feuilles le long des tiges & des branches, ordinairement deux à deux: il leur succede quatre semences menues & arrondies.

Le scordium est amer, aromatique, rougit un peu le papier bleu: il est estimé vulnéraire, alexipharmaque, détersif, vermifuge & diurétique: on en fait usage en infusion théiforme pour procurer les sueurs, pour guérir les fiévres continues, sur-tout pour les ulceres internes, pour résister à la gangrene & rendre la vie aux parties demi-mortes.

On donne aussi le nom de *faux scordium* ou de *chamarras* à la sauge sauvage ou des bois, (*chamædris fruticosa, sylvestris, melissa folio*) dont l'odeur tire également sur celle de l'ail, mais avec moins de force: on la distingue principalement par la disposition de ses fleurs, toutes placées du même côté sur de longs épis. Elle est stomachique, & convient en topique dans les ulceres gangreneux. La *germandrée en arbre* est une espece de *teucrium*.

GERME. *Voyez aux articles* PLANTE & HOMME.
GEROFLE. *Voyez* GIROFLE.
GEROFLIER. *Voyez* GIROFLIER.
GESSE, *lathyrus*. Plante qu'on cultive dans quelques jardins. Sa racine est menue & fibrée ; elle pousse plusieurs tiges rampantes, comme relevées d'une côte en dos d'âne, & qui se subdivisent en plusieurs rameaux. Ses feuilles naissent deux à deux ; elles sont oblongues, étroites & pointues. Ses fleurs sont légumineuses, blanches, tachées au milieu d'une couleur de pourpre brun, (c'est l'étendard) & soutenues chacune par un calice formé en godet dentelé, dont les deux dents supérieures sont plus courtes que les trois autres & rapprochées : le pistil se termine par un stigmate plat, oblong, & un peu velu : l'étendard est fort grand & perpendiculaire à la longueur de la fleur ; il succede à chaque fleur une gousse courte & large, blanche, composée de deux cosses qui renferment des semences anguleuses, blanches en dehors, jaunes en dedans.

Dans les pays méridionaux on mange ces semences comme les pois, les féves & autres légumes ; elles sont fort nourrissantes & très-prolifiques : le bouillon en est un peu relâchant & apéritif.

Il y a une autre espece de gesse qu'on appelle *gesse d'Espagne*, & qui est plus feuillée. Les branches de l'une & l'autre espece sont terminées par des filamens ou vrilles qui s'accrochent & s'entortillent autour des plantes voisines ou des rames posées exprès. Le genre du *lathyrus* comprend un grand nombre d'autres especes. On mange les racines charnues de l'espece de gesse appellée *makoise* ou *macjon* : on multiplie les gesses de graine ou de racine : elles sont très-propres à être plantées contre des haies mortes, qu'elles couvriront, si l'on veut, dans un été ; elles donneront quantité de fleurs & subsisteront plusieurs années : la petite *gesse* à grande fleur orne très-bien un jardin, parce qu'elle ne s'éleve pas au-dessus de cinq pieds, & qu'elle produit des bouquets de larges fleurs & d'un beau rouge foncé. Mais la *gesse* que les Anglois appellent *the sweetsenter pease*, mérite le plus d'être cultivée à cause de la beauté & de l'agréable odeur de ses fleurs pourpres: au reste pour bonifier toutes les variétés de *gesse*, il faut les semer au mois d'Août près d'un mur ou d'une haie exposée au midi; alors elles poussent en automne, subsistent en hiver, commencent à fleurir en Mai, & continuent jusqu'à la fin de Juin : par cette méthode elles produisent une très-grande quantité de fleurs & d'excellentes graines.

GESTATION, *gestatio*. Se dit de la durée de la grossesse, du temps que les femelles des vivipares portent leur fœtus dans la matrice.

GEUM ou SANICLE DE MONTAGNE, *geum rotundi-folium majus*. Plante qui, selon M. *Haller*, est une espece de saxifrage qu'il ne faut pas confondre avec les *geums* de M. *Linnæus* ; elle croît aux lieux montagneux & ombrageux : sa racine est écailleuse en haut & grosse, mais garnie de fibres blanchâtres dans le reste; ses tiges sont hautes d'un pied, tortues, velues & rameuses. Ses feuilles sont larges, arrondies & dentelées, renfoncées à l'insertion des pédicules ; ses fleurs sont composées de cinq pétales oblongs, disposés en rose, blancs, tiquetés de plusieurs points rouges : elles ont dix étamines & deux pistils. A ces fleurs succedent des capsules membraneuses remplies de semences menues, & terminées par deux cornes qui sont les restes des pistils. Cette plante est un bon vulnéraire.

GHIAMAIA. Est un grand animal qui se retire particulierement à l'Est de Bambuck dans les cantons de Gadda & de Jaka : on prétend qu'il est plus haut de la moitié que l'éléphant, mais il n'approche pas de sa grosseur ; il a beaucoup plus de ressemblance avec le chameau par la tête & par le cou : il a deux bosses sur le dos comme le dromadaire : ses jambes qui sont d'une longueur extraordinaire, contribuent beaucoup à le faire paroître encore plus haut; il n'est jamais fort gras; il se nourrit comme les chameaux de ronces & de bruyeres: les Négres en aiment assez la chair.

Cet animal pourroit devenir propre à porter les fardeaux les plus lourds, si les Négres étoient capables de l'apprivoiser, car sa marche se soutient long-temps & est très-prompte; mais il est extrêmement féroce. On dit qu'il a sept cornes fort droites, longues chacune d'environ deux pieds; la corne de son pied est noire & semblable à celle du bœuf. M. *Haller* dit que cet animal paroît être une caricature de la *giraffe*. Voyez ce mot.

GIACOTIN. C'est le faisan de l'île de Sainte-Catherine; sa chair est bien moins délicate que celle de nos *faisans*. Voyez ce mot.

GIAM-BO. Arbre des Indes Orientales, dont le Voyageur *Boin* a donné la figure & la description dans sa *Flora Sinensis*. On distingue deux espèces de *giam-bo*. La première porte des fleurs pourpres: ses feuilles sont lisses, longues de huit pouces & larges de trois: son fruit est moitié rouge & moitié blanc, gros comme nos petites pommes de reinette, & contenant une pulpe à-peu-près du même goût; on en fait dans le pays d'excellentes conserves. Ce fruit est mûr au commencement de Décembre: il n'a point de pepins, mais un noyau rond, dont l'amande est verte & coriacée: l'arbre qui le donne, offre en même-temps à la vue des fleurs, des fruits verts & des fruits mûrs. L'autre espece de *giam-bo* croît à Malaca, à Macao, & dans l'île de Hiam-Xam: ses fleurs sont jaunâtres: son fruit qui sent fort la rose, est jaune, & a une couronne comme la grenade: il mûrit en Mars & en Juillet: son noyau est séparé en deux, mais sa chair est aussi douce que celle de la premiere espece de *giam-bo* est acide.

GIARENDE, GERENDE ou GORENDE. C'est un magnifique serpent, dont on distingue trois especes.

La premiere est un serpent tortueux qui se met en

divers plis & replis; sa peau est très agréablement maculée; elle est couverte de petites écailles minces, jaunâtres, entremêlées de très jolis rubans, comme brodées, d'un roux enfumé; sa tête est oblongue, cendrée, couverte d'écailles en chaînons; les bords des lèvres sont tournés en dehors & plissés; ses dents sont petites, ses yeux brillants & ses narines larges. Cette espece de serpens est fort honorée des Samagetes & des Japonois, parce qu'ils nuisent aux hommes. Les habitans de Calecut lui portent aussi beaucoup de respect, & s'imaginent que l'Être tout-puissant n'a créé ces animaux que pour punir les hommes; cependant ils ne font aucun mal à l'homme, si on ne les irrite point; mais ils attaquent constamment les loirs, les rats, les pigeons, & les poules : ils se cachent sous les toits des maisons pour guetter ces animaux.

Le second *serpent gerende* se trouve en Afrique; il est d'une grandeur prodigieuse : les habitans idolâtres lui rendent aussi un culte divin. On en a apporté de la côte de Mozambique en Afrique; le tiqueté de sa peau est jaune, cendré & noir, mais moins agréable que le premier; sa langue est fourchue, rougeâtre, & sa queue pointue.

Le troisiéme *serpent gerende* est appellé *jaucá acanga* par les Brasiliens : ce nom signifie *serpent qui porte un habit à fleurs*. Les Portugais le nomment *fedagoso* : les Hollandois établis au Brésil l'appellent *serpent chasseur*, parce qu'il court avec une vitesse incroyable sur les chemins de côté & d'autre, à la maniere d'un chien de chasse. Lorsque ce serpent se met à la poursuite d'un homme, le meilleur parti qu'il ait à prendre, est de le caresser, le flatter, & l'adoucir en lui donnant quelque chose à manger. Les Brasiliens lui donnent gracieusement l'hospitalité dans leurs maisons & sous leurs toits : par ce moyen, loin d'en être maltraités, ils se trouvent délivrés d'autres petits animaux incommodes dont il se nourrit. Ce serpent est paré superbement; sa tête est oblongue, ses yeux grands; ses écailles sont d'un beau blanc, ombrées de rouge & marbrées d'un jaune doré : sa gueule est liserée d'une jolie bordure : ses deux mâchoires sont garnies de dents crochues ; sa langue est rouge & fendue. Voyez *Seba Thes. tome II. tab. 102. n. 1.*

GIBBON ou GIBBO. Nom donné à des singes sans queue, dont on distingue deux especes. Ils different un peu pour la grandeur & pour la couleur. Ceux de la plus grande espece peuvent avoir quatre pieds de haut. Il paroît qu'on doit rapporter à cette premiere espece de *gibbon*, le singe du Royaume de Gannaure, frontiere de la Chine, que quelques Voyageurs ont indiqué sous le nom de *fefé*. Les dents canines sont à proportion plus grandes que celles de l'homme ; les oreilles sont nues, noires & arrondies ; un cercle de poils gris qui entoure sa face, la fait paroître comme environnée d'un cadre rond, ce qui donne à ce singe un air très-extraordinaire. Ces quadrupedes habitent les Indes Orientales, les îles Moluques, le Royaume de Malaca, la côte de Coromandel : leurs fesses sont pelées, avec de légeres callosités. Mais le caractere qui les distingue d'une maniere très-précise de tous les autres singes, est d'avoir les bras aussi longs que le corps & les jambes pris ensemble, en sorte que l'animal étant debout sur ses pieds de derriere, ses mains touchent encore terre. Ils marchent ordinairement debout, leur corps dans une attitude assez droite lors même qu'ils marchent à quatre pattes. On observe qu'après l'*orang-outang* & le *pitheque*, c'est l'espece de singe qui ressembleroit le plus à l'homme, si à sa figure hideuse ne se joignoit cette longueur excessive & difforme des bras. Au reste, les gibbons n'en sont pas moins adroits, légers ; ils sont d'un naturel tranquille, de mœurs ou d'un caractere doux, pleins d'affection : ils témoignent leur attachement en sautant au cou & en embrassant tendrement leur maître. Leurs mouvemens ne sont ni trop brusques, ni trop précipités ; ils prennent doucement ce qu'on leur présente à manger.

On les nourrit de fruits, ils aiment les amandes & le pain; mais délicats par nature, ils ont de la peine à vivre long-temps hors de leur pays natal, & par conséquent ne peuvent guere résister au froid & à l'humidité de notre climat.

GIBECIERE ou BOURSE. Nom donné à une coquille du genre des peignes à oreilles peu inégales. Ses valves sont blanches, un peu nuancées de jaune ou d'orange: ses côtes sont longitudinales comme le *manteau ducal*. Voyez ce mot.

GIBIER. Nom donné généralement à tout ce qui est la proie du Chasseur; ainsi les renards & les loups sont gibier pour ceux qui les chassent; les buzes, les corneilles sont gibier dans la Fauconnerie. Cependant on appelle plus particulierement du nom de *gibier* les animaux sauvages qui servent à la nourriture de l'homme. Une terre *giboyeuse* abonde en *liévres*, *lapins*, *perdrix*, *cailles*, &c. Dans une forêt bien peuplée de gibier, il se trouve beaucoup de *cerfs*, de *daims*, de *chevreuils*, de *sangliers*, &c. Voyez ces mots.

GIBOULÉE. On appelle ainsi une ondée de pluie froide, & très-agitée. Communément ces ondées donnent de la neige, & de la grêle. *Voyez* PLUIE, NEIGE & GRÊLE.

GIBOYA. C'est le plus grand de tous les serpens du Brésil; il a jusqu'à vingt pieds de longueur, & est fort beau: il a sous le ventre & sous la queue des bandes écailleuses, la tête couverte de petites écailles, & la queue sans appendices: ce serpent est si grand & si vorace, qu'on lui a vu engloutir d'assez gros animaux entiers; ses dents sont fort petites, eu égard à la grandeur de son corps. Lorsqu'il veut surprendre des bêtes sauvages, il se tient à l'affut près des sentiers, puis se jetant sur celles qui passent, il les entortille de maniere qu'il leur casse les os; après quoi, à force de les mâcher, il les amollit assez pour pouvoir avaler l'animal tout entier. Ce serpent n'est point venimeux. On soupçonne que ce serpent differe peu du *hoiguacu* de Marcgrave,

Marcgrave, du *conftrictor* ou *étouffeur* de Kæmpfer, du *jaboya* de Laët, & peut-être du *pimperah* de Séba, & même de ceux défignés fous les noms de *reine des ferpens*, d'*anacandaia* & de *ferpent ftupide*.

GIFT-MEHL. Nom que les Mineurs Allemands donnent à la *farine empoifonnée* (fubftance arfenicale), qui fe dégage du cobalt, lorfqu'on le grille pour en faire du fafre. *Voyez* ARSENIC *&* COBALT.

GINGEMBRE, *gingiber*. Dans le commerce de l'épicerie, on donne ce nom à une racine féche que les Indiens appellent *zingibel*, & qui eft tuberculeufe, noueufe, branchue, un peu applatie, longue & large comme le petit doigt ; la fubftance en eft réfineufe, un peu fibrée, recouverte d'une écorce grife, jaunâtre ; la chair de la racine eft roufsâtre, brune, d'un goût très-âcre, brûlant, aromatique, comme le poivre, d'une odeur forte, affez agréable. On nous l'apporte féche des îles Antilles en Amérique, où elle eft préfentement cultivée ; mais elle eft originaire de la Chine, du Malabar, & de l'île de Ceylan : le gingembre de la Chine paffe pour le meilleur.

La plante que cette racine porte, a, felon le P. *Plumier*, une efpece de rapport avec le rofeau ; elle pouffe trois ou quatre petites tiges rondes & groffes comme le petit doigt d'un enfant, renflées & rouges à leur bafe, verdâtres dans le refte de la longueur. Parmi ces tiges, les unes font garnies de feuilles, les autres fe terminent en une maffe écailleufe ; celles qui font feuillées ont environ deux pieds de hauteur, & ne font formées que par la partie des feuilles qui s'embraffent : les feuilles font en grand nombre, alternes, épanouies en tous fens, & femblables à celles du rofeau, mais plus petites. Les petites tiges qui fe terminent en maffe, ont à peine un pied de hauteur : elles font entourées & couvertes de petites feuilles verdâtres, & rougeâtres à leur pointe. La maffe qui termine chaque tige, eft d'une grande beauté ; car elle eft toute composée d'écailles membraneuses, d'un rouge doré, ou verdâtres & blanchâtres; de l'aisselle de ces écailles, sortent des fleurs qui s'ouvrent en six pieces aiguës, en partie pâles, & en partie d'un rouge foncé & tacheté de jaune : les fleurs durent à peine un jour, & s'épanouissent successivement l'une après l'autre. Le pistil, qui s'éleve du milieu, se termine en massue, ce qui a donné lieu à quelques Botanistes d'appeller la plante du gingembre, *petit roseau à fleur de massue*. La base du pistil devient un fruit coriace, oblong, triangulaire, & à trois loges remplies de plusieurs graines.

Les masses ont une vive odeur. Cette plante ne vient en Europe, que dans les jardins où on la cultive. Elle naît également par la culture dans les deux Indes. Nous avons déjà dit qu'elle n'est point naturelle à l'Amérique ; elle a été apportée des Indes orientales ou des îles Philippines dans la Nouvelle Espagne & dans le Brésil : ceux qui la cultivent en laissent toujours quelques rejetons, afin qu'elle multiplie de nouveau ; au défaut de ces rejetons ou pattes, on en seme la graine dans une terre grasse, humide & bien cultivée.

On ramasse tous les ans une immense quantité de racines de gingembre, sur lesquelles les fleurs ont séché ; où quatre mois après qu'on a planté des morceaux de sa racine, on en enleve l'écorce extérieure, on les jete dans une saumure, pour y macérer pendant une ou deux heures (on les fait bouillir dans les environs de Caïenne) : on les retire de cette lessive, & on les expose autant de temps à l'air & à l'abri du soleil ; ensuite on les place à couvert sur une natte, jusqu'à ce que toute l'humidité soit dissipée ; quelquefois on les met à l'étuve.

Les Indiens râpent la racine de gingembre dans leurs bouillons, leurs ragoûts & leurs salades : ils en font une pâte pour le scorbut. Les Madagascariens, les Hottentots & les Philippiniens en mangent en salade les racines vertes, coupées par petits morceaux, avec d'autres herbes assaisonnées de sel, d'huile & de vinaigre. A Caïenne, ces racines fraîchement cueillies, se servent sur table comme des raves: il n'y a d'autre apprêt que de les bien laver. Les Brasiliens en usent en masticatoire, comme d'un puissant prolifique: ils ont aussi coutume de les confire avec du sucre, lorsqu'elles sont fraîches, pour les servir au dessert, & sur-tout pour réveiller l'appétit aux convalescens. On en fait aujourd'hui des marmelades & des pâtes. On nous en envoie en Europe de préparées ainsi; leur couleur est jaune, & le goût en est assez agréable. Cette confiture est d'usage sur mer. M. *Bourgeois* dit que le gingembre infusé dans le vinaigre en relève beaucoup le goût & le rend agréable dans les salades; on y joint ordinairement le poivre d'Espagne ou *poivron*, le poivre long & la pirètre.

Les Indiens regardent le gingembre récent, comme un spécifique pour les coliques, la lienterie, les vieilles diarrhées, les vents, les tranchées & les autres maux de cette nature: ils en mâchent pour faciliter le crachement, quand les rhumes sont opiniâtres. Il est reconnu que cette racine réchauffe les vieillards, donne ce que les Médecins appellent pudiquement la *magnanimité*, fortifie l'estomac, aide la digestion, & qu'elle fortifie la mémoire & le cerveau. C'est un bon carminatif & alexipharmaque, qui excite puissamment à l'amour; mais il en faut modérer l'usage, lorsqu'on a le sang trop bouillonnant; car il allume plutôt le sang que de l'appaiser.

Le gingembre sec est la base des épices: on dit que plusieurs Epiciers s'en servent pour falsifier le poivre. On donne le nom de *gingembre sauvage* à la *zédoaire*. Voyez ce mot.

En général, les plantes de la famille des gingembres, telles que le *costus*, le *curcuma*, le *pacoceroca*, le *katatas*, l'*ananas*, le *musa*, &c. sont toutes, commes les palmiers, étrangeres à l'Europe, & particulieres aux climats les plus chauds: elles sont vivaces seulement par leurs racines, qui font charnues, traçantes, fibreuses, comme géniculées ou annelées. Les jeunes pousses forment aux extrémités des racines une espece de tubercule conique, couvert d'écailles imbriquées, & qui ne sont, comme dans les palmiers & les gramens, que des appendices de feuilles imparfaites. Leur tige est ordinairement simple & sans ramifications, leurs feuilles sans dentelures. Leurs fleurs sont hermaphrodites, disposées en ombelle ou en épi, ou en panicule, portées sur un pédicule écailleux, accompagnées d'écailles fort différentes de la spathe ou graine des palmiers. Leur poussiere fécondante est composée de globules assez gros, blanchâtres & luisans.

GINGLIME. *Voyez à la suite de l'article* COQUILLE.
GINOUS. Voyez à l'article *Singe du Sénégal*.
GINS-ENG. *Voyez* GENS-ENG.
GIRAFFE, *giraffa*. La plupart des Auteurs ont donné ce nom au *caméléopard* & à la *panthere*. Voyez ce que nous en disons à l'un & à l'autre articles.

GIRANDOLE D'EAU ou LUSTRE, *chara*. Nom donné par M. *Vaillant* à un genre de plante dont les especes avoient été rangées avant lui parmi les prêles à cause de la même disposition de leurs branches. *Voyez Mémoires de l'Acad. des Sciences*, ann. 1719.

GIRARD-ROUSSIN. *Voyez* CABARET.

GIRASOL, *solis gemma*. C'est une pierre précieuse, demi-transparente, toujours laiteuse ou calcédonieuse, plus ou moins resplendissante, donnant un éclat foible de bleu & de jaune, ou des couleurs de l'arc-en-ciel, ou de jaune doré; réfléchissant, lorsqu'elle est taillée en globe ou demi-globe, les rayons de la lumiere de quelque côté qu'on la tourne, mais plus foiblement que l'opale. On est incertain si la pierre girasol est une espece de *cristal laiteux*, ou une espece d'*opale*, ou une espece de *chalcédoine*. Voyez ces mots.

Les pierres de girasol varient par la dureté & par la beauté des couleurs qu'elles chatoient. Les plus belles, dont la teinte est d'un blanc laiteux, mêlé de bleu &

de jaune bien diftribués, font réputées Orientales : elles font auffi plus dures que l'opale. Celles qui font tendres, inégales & foibles en couleur, font Occidentales. Ces fortes de pierres précieufes fe trouvent en Chypre, dans la Galatie, dans la Hongrie & dans la Bohême. On les trouve quelquefois, avec les opales, dans une pierre tendre, rouffâtre & tachetée de noir. On a nommé cette pierre *girafol*, des mots Italiens *girare* (porter) & *fol* (foleil), comme qui diroit pierre qui porte les rayons du foleil. La pierre du foleil des Turcs (*gufguneche*), eft une efpece d'œil de chat, chatoyant d'une couleur verdâtre & foncée. *Voyez* ŒIL DE CHAT.

GIRAUMONT. *Voyez* CALALOU.

GIRAUPIAGARA ou AVALEUR D'ŒUFS. On donne ce nom à un ferpent des Indes Occidentales, noir, long, & dont la poitrine eft jaune : il faute très-leftement fur les arbres, & y dépeuple les nids des oifeaux.

GIRELLA ou POISSON DEMOISELLE, ou JULIS, *julia*. On le nomme auffi *poiffon gourmand*. C'eft un poiffon faxatile, qui vit en troupe, & dont il eft parlé à l'article DONZELLE. *Voyez ce mot.*

GIROFLADE DE MER. *Rondelet* dit que c'eft une efpece de zoophyte, qui vient dans les rochers ; il eft d'une fubftance dure, fa peau eft rouge, trouée comme un crible, & imitant les feuilles frifées de la laitue pommée. *Gefner* penfe que c'eft une *efcare*.

GIROFLE ou GÉROFLE, ou CLOU DE GIROFLE, *cariophyllus aromaticus*. Ce font de petits fruits aromatiques de l'Inde, ou plutôt ce font les embryons des fleurs deffechées du giroflier avec le calice & le germe. Ces efpeces de fruits font longs de fix à huit lignes, prefque quadrangulaires, ridés, d'un brun noirâtre, ayant la figure d'un clou ; leur fommet eft garni de quatre petites pointes en forme d'étoiles, ou repréfentant une efpece de couronne à l'antique : il s'éleve au milieu de ces pointes, une tête de la groffeur d'un très-petit pois ; cette tête est formée de petites feuilles appliquées les unes sur les autres en maniere d'écailles, qui, étant écartées & ouvertes, laissent voir plusieurs fibres roussâtres, au centre desquelles il s'éleve dans une cavité quadrangulaire un style droit, de même couleur, qui n'est pas toujours garni de sa petite tête, parce qu'elle se détache souvent lorsqu'on transporte les clous de girofle : c'est ce bouton que quelques-uns appellent le *fust du clou de girofle*. On apperçoit facilement toutes ces particularités en laissant macérer pendant quelques heures un clou de girofle dans de l'eau tiede ; alors on reconnoît que les clous de girofle sont tout à la fois le calice, le bouton des fleurs, & les embryons des fruits.

Les clous de girofle sont pesans, gras, d'une odeur excellente, & d'une saveur si mordicante, qu'elle brûle les papilles nerveuses & la gorge. Si on les met en presse, il en sort une humidité huileuse.

L'arbre qui porte les clous de girofle, s'appelle *giroflier des Moluques*, *cariophyllus aromaticus fructu oblongo*. Cet arbre qui croît dans les îles Moluques, situées près de l'Equateur, est de la forme & de la grandeur du laurier ; son tronc a un pied & demi d'épaisseur ; il est dur, branchu & revêtu d'une écorce, comme celle de l'olivier ; ses branches, qui s'étendent fort au large, sont d'une couleur rousse-claire, & garnies de beaucoup de feuilles alternes, semblables à celles du laurier, & pleines de nervures, avec des bords un peu ondés : les feuilles sont portées sur une queue longue d'un pouce : les fleurs naissent en bouquet à l'extrémité des rameaux ; elles sont en roses à quatre petales bleus, & ont une odeur très-pénétrante. Le milieu de ces fleurs est occupé par un grand nombre d'étamines purpurines, garnies de leurs sommets : le calice des fleurs est cylindrique, partagé en quatre parties en son sommet, de couleur de suie, d'un goût fort aromatique, lequel après que la fleur est séchée, se change en un fruit ovoïde ou de la forme d'une olive, creusé en nombril, n'ayant qu'une capsule, de couleur verte, blanchâtre d'abord, puis roussâtre, ensuite brun-noirâtre, contenant une amande oblongue, dure, noirâtre, creusée d'un sillon dans sa longueur.

Dans les boutiques, ou chez les Droguistes, on appelle ce fruit mûr, *antofle de girofle*, *antophyllus* : les Indiens le nomment *mere des fruits*, & les Européens l'appellent *clou matrice*. Comme on le laisse sur l'arbre, il ne tombe de lui-même que l'année suivante ; & quoique sa vertu aromatique soit foible, il est dans l'état requis pour servir à la plantation ; car étant semé, il germe, & dans l'espace de huit à neuf ans, il forme un grand arbre qui porte du fruit. Les Hollandois ont coutume de confire sur le lieu même ces clous matrices récens, avec du sucre ; & dans les voyages sur mer, ils en mangent après le repas, pour rendre la digestion meilleure & pour prévenir le scorbut.

Récolte & débit du Girofle.

On cueille les clous de girofle avant que leurs fleurs s'épanouissent ; la saison est depuis le mois d'Octobre jusqu'en Février. La cueillette s'en fait en partie avec les mains ; on fait tomber le reste avec de longs roseaux ou verges ; on reçoit ces especes de fruits sur des linges que l'on étend sous les arbres ; quelquefois on les laisse tomber sur la terre, dont on a coutume de couper toute l'herbe avec un grand soin dans le temps de cette récolte. Dans ces premiers instans, les clous de girofle sont roussâtres ; mais ils deviennent noirâtres en se séchant & par la fumée ; car on prétend qu'on les expose pendant quelques jours à la fumée sur des claies, & qu'ensuite on les fait bien sécher au soleil. Personne n'est plus instruit sur cette matiere, que les Hollandois établis à Ternate & à Amboine ; ce sont eux seuls qui cultivent, récoltent & préparent avec soin les clous de girofle, & qui les portent par toute la terre. (On en a planté tout récemment à l'île de France plusieurs milliers de pieds qui viennent très-bien, ainsi qu'un grand nombre de muscadiers). Le girofle, la cannelle & la muscade sont pour eux un objet des plus importans; leurs magasins Orientaux de girofle sont à Amboine, dans le Fort de la Victoire : c'est-là que les habitans portent leur récolte dont on a fixé le prix à soixante réales de huit la barre, qui est de 550 livres de poids. Les habitans sont obligés de planter un certain nombre de girofliers par an; ce qui les a multipliés au point qu'on l'a desiré pour le débit annuel qu'il n'est guere possible d'évaluer sans être dans le secret. Il suffira de dire que la France seule en acheté cinq ou six cents quintaux par année. Il est incroyable combien tous les clous de girofle contiennent d'huile quand on les rapporte des Indes & qu'on vient à les débaler : pour peu qu'on y touche, les mains en sont teintes. Par quelle singularité en trouve-t-on dans ceux qu'ils nous distribuent, si peu qui aient leur première qualité : j'ai cru remarquer que dans seize onces de girofle il y en a près de trois onces de fort sec, noirâtre, presque sans goût, & qu'il n'a d'odeur que celle que lui communiquent les treize autres onces avec lesquelles il se trouve mêlé. *Voyez la réflexion qui est à la fin de l'article* MUSCADE.

Usage du Girofle.

Les clous de girofle récens donnent par expression une huile épaisse, roussâtre & odorante; mais dans la distillation il sort beaucoup d'huile essentielle aromatique, qui est d'abord claire, légere & jaunâtre; ensuite roussâtre, pesante, & qui va au fond de l'eau; enfin une huile empyreumatique, épaisse, avec une liqueur acide. Souvent on tire l'huile du girofle *per descensum* : mais l'huile de girofle qui se débite dans le commerce, n'est pas toujours pure. Combien y en a-t-il de mêlée avec l'huile de *coulilawan* ! Voyez ce mot. La bonne huile de girofle récente est d'un blanc doré, elle rougit en vieillissant.

On fait principalement ufage des clous de girofle dans les cuifines : il n'y a point de ragoût, point de fauce, point de mets, peu de liqueurs fpiritueufes, ni de boiffons aromatiques, où l'on n'en mette. Aux Indes on méprife prefque toutes les nourritures qui font fans cette épicerie : on l'emploie auffi parmi les odeurs.

Bien des Médecins difent que le girofle a la vertu d'échauffer & de deffécher : on le recommande contre le vertige, la pâmoifon, la foibleffe d'eftomac & de cœur, l'impuiffance, la fuppreffion du flux menftruel & les maladies hyftériques : on en ufe en mafticatoire ou en fumigation, pour fe préferver de la contagion de l'air : il excite utilement la falive dans la paralyfie de la langue & le mal de dents. On fait avec le girofle une poudre, dont on remplit de petits facs, que l'on plonge dans du vin de Canaries, & qu'on porte enfuite en amulette fur l'eftomac pour le fcorbut & la pefte. Quelquefois on y joint de l'angélique féche, de la noix mufcade, de l'iris & des fleurs de lavande, avec du ftorax & de l'encens oliban, & on en met une quantité entre deux pièces de coton, qu'on enveloppe enfuite d'une étoffe de foie piquée, & on s'en fait une efpece de bonnet, utile dans les maladies de la tête, qui viennent de vieilles douleurs catharreufes.

L'huile de girofle fi en ufage parmi les Parfumeurs, eft excellente pour la carie des os & le mal de dents ; il fuffit d'en imbiber un peu de coton, & de l'appliquer adroitement fur la partie affligée : dans l'apoplexie, on en frotte le haut & le bas de la tête. Elle convient auffi dans les maladies froides & pituiteufes, dans la ftupidité accidentelle & les affections foporeufes. Diffoute dans l'efprit-de-vin bien rectifié, c'eft un excellent topique pour arrêter les progrès de la gangrene. Le grand fecret des Charlatans & Arracheurs de dents confifte à diffoudre un peu de camphre & d'opium dans l'huile éthérée du girofle, mais l'abus de ce remede a quelquefois caufé la furdité.

GIROFLE ou CLOU MATRICE. *Voyez l'article* GIROFLE.

GIROFLE ROND. C'est l'amome ou graine de girofle; on donne aussi ce nom au *piment* ou *poivre de la Jamaïque*. Voyez ces mots.

GIROFLE ROYAL, *caryophillus regius ramosus vel dentatus*. Les Auteurs font mention d'une autre espece de clous de girofle, que celle dont nous avons parlé ci-dessus. Ce clou de girofle royal, qu'on ne trouve point dans le commerce, est effectivement très-rare & très-précieux ; c'est une espece de petit fruit qui imite la couleur, l'odeur & le goût du clou de girofle ordinaire, mais il est bien plus petit, il n'est pas étoilé, il n'a point de tête ; il est comme partagé depuis le bas jusqu'en haut en plusieurs panicules ou écailles, & il se termine en pointe.

Les Hollandois disent que les Rois & les Grands des îles Moluques l'estiment jusqu'à la superstition, non pas tant pour son goût & sa bonne odeur, que pour sa figure singuliere, ou plutôt parce qu'il est infiniment rare : car ils soutiennent qu'on n'en a trouvé jusqu'à présent qu'un seul arbre, & dans la seule île de Makian. Ils prétendent encore que le Roi de cette île fait garder cet arbre à vue par ses soldats, de peur que quelqu'autre que lui n'en recueille le fruit. Les Naturels du pays disent que quand l'arbre est chargé de ce petit fruit, les autres arbres voisins s'inclinent devant lui, comme pour lui rendre leurs hommages ; mais nos Voyageurs sont-ils la dupe de tels contes ? Les Indiens nomment le girofle royal *tinca* ou *tshinka-popona*. Ils ont coutume de passer un fil dans la longueur de ces clous, afin de les porter à leurs bras pour en sentir souvent la bonne odeur : c'est un talisman parfumé que les Princes des Moluques consacrent à leurs Divinités. Il faut être chez eux une *courtisane à prétention*, pour avoir le plaisir d'en respirer l'odeur de près : il faut être un *Wouli-Haga* (Chef-Ministre), pour avoir l'honneur d'en porter deux attachés & pendans ou aux oreilles, ou aux narines, ou aux lévres, ou au menton, ou au bras; de forte que l'on dit en ce pays-là un *Wouli-Haga à deux tshinka* (girofles), comme l'on dit en Turquie un *Bacha à deux queues*. On voit par-là que chaque Nation a des étiquettes qui lui sont particulieres. Au reste le nombre de ces clous marque les degrés de distinction. Tous les ans on présente un de ces girofles au Fétiche ou Dieu du pays, afin de se le rendre propice, soit à la pêche, soit dans d'autres expéditions.

GIROFLIER ou VIOLIER JAUNE, *leucoium luteum*. C'est une plante fort commune qui vient assez ordinairement sur les vieilles murailles, sur les décombres, sur les rochers, & qu'on cultive aussi dans les jardins, le long des murs. Ses racines sont nombreuses, blanchâtres, ligneuses; ses tiges sont hautes d'un pied & demi; elles poussent beaucoup de rameaux pareillement ligneux & blanchâtres; ses feuilles sont nombreuses, oblongues, pointues, d'un vert blanchâtre, & d'un goût un peu âcre, herbeux, amer; leur suc rougit le papier bleu; ses fleurs qui paroissent en Avril & Mai sont jaunes, d'une bonne odeur, mais d'un saveur peu gracieuse, disposées en croix, agréables à la vue: on les appelle *giroflées*: il leur succede des siliques longues & applaties, qui se divisent en deux loges remplies de semences larges, roussâtres, d'un goût âcre & amer.

L'on compte trente-quatre especes de girofliers connues des Curieux. Leur fleur est seule l'objet qui engage les amateurs à cultiver les plantes qui la donnent; elle leur a même enlevé leur nom dans la plupart des langues modernes; le *giroflier* ne se dit plus en François que de celui des masures: les Anglois ne l'appellent également que *wallflower*, tandis que celui de leurs jardins se nomme par excellence la *fleur de Juillet* (stock July flower). Enfin les Flamands laissant à la plante sauvage la dénomination de violier,

violier-boomtje-je, caractérisent celle des jardins par le nom de *nagel-bloem*.

Ceux qui s'occupent de la culture des fleurs, savent qu'il y a des giroflées doubles & de simples de toutes couleurs, blanches, bleues, violettes & jaunes, pourpres, écarlates, marbrées, tachetées, jaspées. Les doubles sont les plus recherchées, elles viennent de graine, excepté la jaune. On la seme sur couche au mois de Mars & à claire voie : on couvre les plants pendant les froids ; elles commencent à marquer à la fin de Septembre : on met celles qu'on a remarqué être doubles, dans des pots où des caisses remplies moitié de terreau, moitié de terre à potager, pour les garantir du froid pendant l'hiver ; ensuite on peut les transporter dans les plates-bandes d'un parterre : on peut aussi les semer en pleine terre. Les giroflées doubles & simples se multiplient par marcottes : on en choisit les plus beaux brins qu'on couche en terre en les y assujettissant avec de petits crochets de bois : on les arrose pour faciliter la reprise, & on les plante en plates-bandes. On présume qu'une giroflée sera double (& c'est ce qu'on cherche) par son bouton gros & camard qui pointe. On marcotte la giroflée quand la fleur est passée, ce qui arrive au plus tard dans l'été.

Dans le nombre des giroflées doubles, il y en a qui sont principalement recherchées des amateurs : telle est la grande giroflée de couleur d'écarlate, nommée à Londres la *giroflée de Brompton* ; les Fleuristes l'aiment beaucoup à cause de sa grandeur & de son éclat : elle a cependant le désavantage de produire rarement plus d'un jet de fleurs. En échange la giroflée des Alpes, à feuilles étroites & à doubles fleurs, d'un jaune pâle, est très-curieuse par le touffu de ses jets de fleurs, qui néanmoins sont étroites & d'une foible odeur. Il semble que la grande giroflée double, jaune en dedans, rougeâtre en dehors, que les Anglois nomment *the double ravenal flower*, l'emporte sur toutes par le contraste des deux couleurs opposés, la grandeur des fleurs & leur odeur admirable. M. *Bourgeois* observe que les Fleuristes cultivent une autre espece de giroflée jaune & double, qui a le même port que celle-ci, mais qui paroît beaucoup plus belle, parce qu'elle est panachée de raies rouges en dedans & en dehors de ses feuilles ; car la grande giroflée qui est jaune en dedans & rouge en dehors, perd la plus grande partie de sa beauté, lorsqu'elle est entierement épanouie en devenant toute jaune.

La juliane porte aussi le nom de *giroflée musquée*. Voyez *Juliane*.

La plupart des Fleuristes prétendent que la plus sure méthode pour multiplier les giroflées doubles, est de le faire par marcottes ou par boutures ; & cela est très-vrai ; mais les giroflées doubles qui s'élevent de marcotte, sont toujours moins apparentes que celles de graine, & ne produisent jamais ni de si belles ni de si grandes fleurs ; (cela dépend peut-être de la terre dans laquelle on les plante & du soin qu'on y donne). Il vaut donc mieux en semer chaque année de nouvelles, & troquer en même-temps ses graines avec celles d'un autre amateur qui cultive ailleurs de semblables giroflées. Cette découverte due au hazard, & dont on a long-temps douté, est actuellement reconnue de tout le monde.

Les fleurs du violier jaune appaisent les douleurs : elles excitent les regles & chassent le fœtus & l'arrierefaix ; on en fait une conserve dont le sucre constitue le plus grand mérite, un sirop plus vanté pour sa bonne odeur que pour ses vertus. On prétend que la graine, prise intérieurement en grande dose, facilite beaucoup l'accouchement, mais aussi qu'elle tue quelquefois le fœtus. Les Auteurs de l'*Herbier d'Embrun* disent à-peu-près la même chose du suc de cette plante, & ils avertissent prudemment qu'il ne faut le donner que dans une nécessité très-pressante : on prépare une huile par l'infusion de ses fleurs, qui est fort résolutive, & qui appaise les douleurs de rhumatisme & d'hémorroïdes, étant mêlée avec un jaune d'œuf dur. En Italie, on frotte la région du pubis avec cette huile pour faciliter l'accouchement.

GIROFLIER DES MOLUQUES. *Voyez* GIROFLE.

GIVRE ou FRIMAT. Le givre est une sorte de gelée blanche, qui en hiver, lorsque l'air est froid & humide tout ensemble, s'attache à différens corps, aux arbres, aux herbes & aux cheveux. On ne donne proprement le nom de *gelée blanche* qu'à la rosée du matin congelée; au lieu que le givre ne lui doit point son origine, mais à toutes les autres vapeurs aqueuses, quelles qu'elles soient, qui, réunies sur la surface de certains corps, en molécules insensibles ou fort déliées, y éprouvent un froid suffisant pour les glacer, & les rendre distinctes.

Le givre s'attache aux arbres en très-grande quantité: il y forme souvent des glaçons pendans, qui fatiguent beaucoup les branches par leur poids, parce que les arbres attirent, avec beaucoup de force, l'humidité de l'air & des brouillards. Communément le givre est cette blancheur qui couvre la surface supérieure des feuilles; de maniere qu'elles en paroissent plus épaisses, plus pesantes, plus opaques & comme sales. Le houblon sur-tout & le melon y sont très-sujets, & quantité de plantes qui croissent dans les vallons abrités. Les plantes qui sont attaquées du givre produisent ordinairement des fruits mal formés, rabougris & d'une crudité désagréable.

Les poils des animaux sont, ainsi que les végétaux, très-sujets à s'humecter considérablement à l'air libre; c'est pourquoi on voit le givre s'attacher aux cheveux, au menton, aux habits des Voyageurs, aux fourrures & aux crins des chevaux. Il est bon d'observer que dans ce cas les particules d'eau, auxquelles le givre doit son origine, ne viennent pas toutes de l'atmosphere, une partie est due aux vapeurs qui s'exhalent du corps de l'homme ou des animaux, puisque le givre s'amasse autour de la bouche & des narines en plus grande quantité que par-tout ailleurs. Dans les villes l'on a occasion de faire cette remarque sur les personnes qui viennent de la campagne.

On doit encore rapporter au givre cette espece de neige, qui s'attache aux murailles après de longues & fortes gelées. Les réseaux de glace qu'on observe quelquefois aux vîtres des fenêtres, sont aussi une espece particuliere de givre. *Voyez les articles* GELÉE BLANCHE, GLACE & FROID.

GLACE, *glacies*. Est une eau terrestre, congelée, & devenue compacte, par l'action du froid, c'est-à-dire, par l'absence de la chaleur. Les phénomenes de la glace sont remarquables & en très-grand nombre; aussi ont-ils excité dans tous les temps la curiosité des Naturalistes & des Physiciens. Tous à l'envi se sont empressés de les examiner avec soin pour en reconnoître les causes; voici un court exposé de cette multitude de phénomenes.

L'eau & tous les liquides simplement aqueux se gelent naturellement, quand la température de l'air répond au zéro, ou à un degré inférieur du thermometre de M. *de Réaumur*, ce qui arrive souvent en hiver dans nos climats. (C'est-là le terme où la végétation cesse). Mais les liquides, sujets à se glacer, n'offrent pas tous à beaucoup près dans leur congélation les mêmes phénomenes : nous nous bornerons à considérer la glace commune, ou celle qui résulte de la congélation de l'eau; sans cesse exposée aux regards curieux des Savans & aux yeux du vulgaire, on a dû l'examiner avec plus de soin & la soumettre à un plus grand nombre d'épreuves. La glace se forme d'autant plus promptement, que l'eau qui est soumise au froid, est plus pure & plus tranquille. Elle ne se corrompt pas facilement : on remarque que, selon le degré & la durée du froid, qui a rendu l'eau solide, la glace est d'autant plus épaisse, poreuse, transparente, & plus ou moins pesante. La quantité d'air qui s'y trouve interposée, concourt également à donner à la glace ces qualités, ainsi que celles dont nous allons parler. Il est de fait que plus il gele, plus la glace augmente de volume, & cependant plus elle diminue de poids ; ce qui est le contraire de ce qui arrive dans les autres corps. La gelivure des arbres, les tuyaux des fontaines qui crevent, les rochers qui contiennent de l'eau & qui se fendent, font des suites nécessaires de la dilatation & de la force expansive dont nous venons de parler. Les expériences faites en 1740 sur la glace par M. *de Mairan*, fixent l'augmentation du volume que l'eau prend en se glaçant à la quatorzieme partie de celui qu'elle avoit étant fluide. L'eau exposée près du feu, augmente aussi de volume ; tandis que la glace y diminue. Celle-ci peut nager & demeurer suspendue dans l'eau même, ce qui démontre que sa pesanteur spécifique est inférieure à celle de l'eau fluide. Avant la congélation de l'eau & pendant qu'elle se gele, il en sort une grande quantité d'air en bulles plus ou moins grosses, & qui viennent crever à sa surface. On distingue facilement à l'aide du microscope, celles qui sont interposées dans la glace.

La glace a la propriété de réfléchir & de réfracter les rayons du soleil, comme feroit un morceau de cristal : quoique la glace soit un corps très-solide, elle est sujette à s'évaporer considérablement : elle se fond plus vîte sur le cuivre que sur aucun autre métal. Elle se divise souvent dans le dégel en colonnes cannelées, irrégulieres & enclavées, quoique formée en apparence par feuillets ou par couches horizontales, appliquées les unes sur les autres à la surface de l'eau.

La figure de la glace dépend de la pureté de la liqueur, & des circonstances de la congélation. Lorsqu'elle se fait régulièrement, elle forme des aiguilles qui se croisent ou s'implantent les unes sur les autres, en formant des angles de trente ou de soixante, ou de cent vingt degrés. L'eau gele du centre à la circonférence,

rence, & dégele en raison inverse. *Voyez* l'Explication Physique des principaux phénomenes de la congélation de l'eau, dans le Traité de la Glace de M. de Mairan, Paris, 1749.

Au reste, lorsque la glace est fondue, elle possede les mêmes propriétés que l'eau de pluie ou de neige. Par ce qui précéde, on voit combien la *congélation* est différente de la *coagulation* ; celle-ci n'étant que l'épaississement spontané de certains liquides. *Voyez l'article* Gelée *& ceux de* Grêle, Neige, Givre, Froid, Glaciere naturelle, Dégel, Glaciers. Il est bon d'observer que le mouvement translatif de l'eau apporte toujours du changement à sa congélation. On sait qu'une eau dormante, comme celle d'un étang, gele plus facilement & plus promptement que l'eau d'une riviere qui coule avec rapidité ; il est même assez rare que le milieu d'une grande riviere, & ce qu'on appelle le *fil de l'eau*, se glace de lui-même. Si une riviere se prend entierement, c'est presque toujours par la rencontre des glaçons qu'elle charrioit, & que divers obstacles auront forcés de se réunir : ces glaçons s'entassant & s'amoncelant les uns sur les autres ne forment jamais une glace unie comme celle d'un étang : les glaces du Spitzberg & d'Islande sont précisément dans ce cas : *Voyez* Mer glaciale. C'est à tort qu'on croit vulgairement que les rivieres commencent à se geler par le fond ; il est démontré que comme les autres eaux, elles se gelent toujours par la surface. Un petit vent sec est toujours plus favorable à la formation de la glace, & l'on prétend que la dureté en est quelquefois si grande qu'elle surpasse celle du marbre. Il paroît que la glace est d'autant plus forte pour résister à sa rupture ou à son applatissement, qu'elle est plus compacte & plus dégagée d'air, ou qu'elle a été formée par un plus grand froid & dans des pays plus froids. Les glaces du Nord sont souvent si solides, si dures, qu'il est très-difficile de les rompre ou les casser avec le marteau : voici une preuve bien singuliere de la fermeté & de la ténacité de ces glaces septentrionales, que l'on attribue à l'intensité du froid, à la force & à la durée de la congélation.

Pendant le rigoureux hiver de 1748, on construisit à Pétersbourg, suivant les regles de la plus élégante architecture, un palais de glace de cinquante-deux pieds & demi de longueur, sur seize pieds & demi de largeur & vingt de hauteur, sans que le poids des parties supérieures & du comble, qui étoit aussi de glace, parût endommager la base de l'édifice : la Néva, riviere voisine, où la glace avoit deux à trois pieds d'épaisseur, en avoit fourni les matériaux. A mesure qu'on tiroit les blocs de glace de la riviere, on les tailloit & on les embellissoit d'ornemens ; puis étant posés, on les arrosoit par une face d'eau colorées de diverses teintes, & qui se congeloient aussi-tôt en offrant des stalactites, des grotesques très-variés. Pour augmenter la merveille, on plaça au devant du Palais six canons de glace faits sur le tour, avec leurs affuts, leurs roues de la même matiere & deux mortiers à bombes dans les mêmes proportions que ceux de fonte. Ces pieces de canon étoient du calibre de celles qui portent ordinairement trois livres de poudre : on ne leur en donna cependant qu'un quarteron : après quoi on y fit couler un boulet d'étoupe & un de fonte : l'épreuve d'un de ces canons fut faite un jour en présence de toute la Cour, & le boulet perça à soixante pas de distance une planche de deux pouces d'épaisseur. Le canon dont l'épaisseur étoit au plus de quatre pouces, n'éclata point par une si forte explosion. Ce fait peut rendre croyable ce que rapporte *Olaüs Magnus*, l'Historien du Nord, des fortifications de glace dont il assure que les Nations Septentrionales savent faire usage dans le besoin. Un Physicien d'Angleterre fit en 1763, où le froid fut assez considérable, une autre expérience fort curieuse : il prit un morceau de glace circulaire de deux pieds neuf pouces de diametre & de cinq pouces d'épaisseur ; il en forma une lentille qu'il exposa au soleil

& enflamma, à sept pieds de distance, de la poudre à canon, du papier, du linge & autres matieres combustibles.

On sent bien que la glace étant plus légere que l'eau, elle peut supporter des poids considérables, lorsqu'elle est même portée & soutenue par l'eau. Dans la grande gelée de 1683, la glace de la Tamise n'étoit que de onze pouces; cependant on alloit dessus en carosse. On sent bien aussi qu'une glace adhérente à des corps solides, comme celle d'une riviere l'est à ses bords, doit supporter un plus grand poids que celle qui flotte sur l'eau, ou qui est rompue & fêlée en plusieurs endroits.

Des Auteurs font mention de la glace d'Islande, & de celle de quelques endroits des Alpes, qui ont une odeur mauvaise, & qui brûlent dans le feu, au lieu de l'éteindre; mais ces sortes d'eaux concretes ne donnent le phénomene de l'inflammabilité, qu'à cause du bitume qu'elles contiennent.

GLACIERE NATURELLE. C'est une des curiosités que la Franche-Comté offre aux Naturalistes: c'est une espece de glaciere formée par la Nature. *Voyez ce qui en est dit vers la fin de l'article* GROTTE.

GLACIERS ou GLACIERES. Il n'est peut-être point de spectacle plus frappant dans la Nature que celui des *glaciers* ou montagnes glacées de la Suisse; on en voit dans plusieurs endroits des Alpes. Leurs sommets si élevés, que quelques-uns ont, suivant *Scheuchzer*, deux mille brasses de hauteur perpendiculaire au-dessus du niveau de la mer, sont plongés dans une région froide, & sont perpétuellement couverts de neiges & de glaces: près de ces sommets se trouvent des lacs ou réservoirs immenses d'eaux qui sont gelées jusqu'à une très-grande profondeur: mais qui par les vicissitudes des saisons sont sujets à se dégeler & à se geler ensuite de nouveau; alternatives qui produisent quantité de phénomenes des plus curieux.

De tous les *glaciers* qui se trouvent dans les Alpes,

le plus remarquable est peut-être celui de Grindelwald; on le voit à vingt-lieues de Berne, près d'un village qui porte son nom. M. *Altmann*, dans son *Traité in-8°. sur les montagnes glacées & glaciers de la Suisse*, dit que le village de Grindelwald est situé dans une gorge de montagnes, longue & étroite ; de-là on commence déjà à appercevoir le glacier ; mais en montant plus haut sur la montagne, on découvre entierement un des plus beaux spectacles que l'on puisse imaginer : c'est une mer de glace ou une étendue immense d'eau congelée. En suivant la pente d'une haute montagne par l'endroit où elle descend dans le vallon & forme un plan incliné, il part de ce réservoir glacé un amas prodigieux de pyramides, formant une espece de nappe qui occupe toute la largeur du vallon, c'est-à-dire, environ cinq cents pas ; ces pyramides couvrent toute la pente de la montagne : le vallon est bordé des deux côtés par deux montagnes fort élevées, couvertes de verdure & d'une forêt de sapins jusqu'à une certaine hauteur ; mais leur sommet est stérile & chauve. Cet amas de pyramides où de montagnes de glace ressemble à une mer agitée par des vents orageux & dont les flots très-élevés auroient été subitement saisis par la gelée ; ou plutôt on voit un amphithéâtre formé par un assemblage immense de tours ou de pyramides hexagones, d'une couleur bleuâtre, dont chacune a trente à quarante pieds de hauteur ; cela forme un coup d'œil d'une beauté merveilleuse. Rien n'est sur-tout comparable à l'effet qu'il produit lorsqu'en été le soleil vient à darder transversalement ses rayons sur ses groupes de pyramides glacées ; alors tout le glacier commence à fumer, & jete un éclat que les yeux ont peine à soutenir. C'est proprement à la partie qui va ainsi en pente en suivant l'inclinaison de la montagne, & qui forme une espece de toît couvert de pyramides, que l'on donne le nom de *glacier* ou de *gletscher* en Langue du pays.

On voit à l'endroit le plus élevé, d'où le glacier commence à descendre, des cimes de montagnes perpétuellement couvertes de neige: elles sont plus hautes que toutes celles qui les environnent: aussi peut-on les appercevoir de toutes les parties de la Suisse. Les glaçons & les neiges qui les couvrent, ne se fondent presque jamais entiérement; cependant les annales du pays rapportent qu'en 1540 on éprouva une chaleur si excessive pendant l'été, que le glacier disparut tout-à-fait; alors ces montagnes furent dépouillées de la croûte de neige & de glace qui les couvroit, & montrerent à nu le roc qui les compose; mais en peu de temps toutes choses se rétablirent comme dans leur premier état. Dans cette affreuse contrée, un Groënlandois croiroit être dans son pays.

Ces montagnes glacées qu'on voit au haut du glacier de Grindelwald, bordent de tous côtés le lac ou réservoir immense d'eau congelée qui s'y trouve. M. *Altmann* présume qu'il est d'une grandeur très-considérable, & qu'il peut s'étendre jusqu'à 40 lieues, en occupant la partie supérieure d'une chaîne de montagnes qui occupe une très-grande place dans la Suisse. La surface de ce lac glacé paroît en quelques endroits unie comme un miroir; il s'y rencontre de grands tas de glaçons, ou des surfaces scabreuses, comme hérissées; il s'y trouve aussi des fentes où d'énormes crevasses, souvent larges de plusieurs pieds, d'une profondeur immense, & quelquefois remplies d'eau fluide; dans les grandes chaleurs cette surface se fond jusqu'à un certain point. Ce qui semble favoriser la conjecture de M. *Altmann* sur l'étendue & l'immensité de ce lac, c'est que deux des plus grands fleuves de l'Europe, le Rhin & le Rhône, prennent leurs sources aux pieds des montagnes qui font partie de son bassin, sans compter le Tessin & une infinité d'autres rivieres moins considérables, & des ruisseaux. Dans le temps où ce lac est entierement pris, les habitans du pays se hasardent quelquefois à passer par-dessus pour abréger le chemin; mais cette route n'est point exempte de dangers, soit par les fentes qui sont déjà faites dans la glace, soit par celles qui peuvent s'y faire d'un moment à l'autre par les efforts de l'air qui est renfermé & comprimé au-dessous de la glace; lorsque cela arrive, on entend au loin un bruit horrible; & des passagers ont dit avoir senti un mouvement qui partoit de l'intérieur du lac, fort semblable à celui des tremblemens de terre: peut-être ce mouvement venoit-il aussi réellement de cette cause, attendu que les tremblemens de terre, sans être trop violens, ne laissent pas que d'être assez fréquens dans ces montagnes.

La roche qui sert de bassin à ce lac est d'un marbre noir veiné de blanc, au sommet des montagnes du Grindelwald: la partie qui descend en pente, & sur laquelle le glacier est appuyé, est d'un beau marbre varié: les eaux superflues du lac & des glaçons qui sont à la surface, sont obligées de s'écouler & de rouler successivement par le penchant qui leur est présenté; voilà, selon M. *Altmann*, ce qui forme le glacier ou cet assemblage de glaces en pyramides, qui, comme on a dit, tapissent si singulierement la pente de la montagne (*a*).

On a observé que le glacier du Grindelwald est sujet

(*a*) M. *Haller* dit qu'en général les *montagnes neigées* sont des rochers couverts d'une croûte de glace, sur laquelle la neige s'arrête. Toutes les Alpes sont cuirassées de glace de plus ou moins de centaines de toises, suivant leur hauteur, & les glaces peuvent commencer à 7000 pieds au-dessus de la mer. Les vallons pavés de rochers, qui ont le dos le plus élevé des Alpes, au Sud, & d'autres hautes montagnes, au Nord, sont généralement remplis de glace, qui couvre les rochers, & devient une mer glacée avec ses vagues, comme le dit M. *Altmann*. Il y a de ces vallons où la glace regne, sans discontinuité, jusqu'à quatorze lieues; peut-être y en a-t-il de plus longs. Les vallons glacés se continuent par les intervalles de deux hautes montagnes; elles descendent jusqu'aux prairies, toujours inégales, parce qu'elles tapissent des rocs: il y en a cependant de fort unies, comme la glaciere qui donne naissance au Rhône. Sous cette pente glacée coule de l'eau, qui s'amasse dans cette voûte naturelle; tous les fleuves de la Suisse naissent de cette maniere. Les roches sont de différentes especes; la plus commune est du granite.

à augmentation & à diminution, quoiqu'il gagne toujours plus dans le vallon qu'il ne perd. Ce glacier est creux par deſſous, & forme comme des voûtes d'où ſortent ſans ceſſe deux ruiſſeaux; l'eau de l'un eſt claire, & l'autre eſt trouble & noirâtre, ce qui vient du terrain par où il paſſe: ils ſont ſujets à ſe gonfler dans de certains temps, & ils entraînent quelquefois des fragmens de criſtal de roche qu'ils ont détachés ſur leur paſſage. On regarde les eaux qui viennent du glacier comme très-ſalutaires pour la dyſſenterie & pluſieurs autres maladies: il eſt de fait que la glace de ces glaciers eſt beaucoup plus froide & plus difficile à fondre que la glace ordinaire; & il paroît que c'eſt la ſolidité de cette glace, ſa dureté extraordinaire, & la figure hexagone des pyramides dont les glaciers ſont compoſés, qui ont donné lieu à l'erreur de Pline & de quelques autres Naturaliſtes, & leur ont fait prétendre que par une longue ſuite d'années la glace ſe changeoit en criſtal de roche. M. *Altmann*, dans l'ouvrage que nous avons cité ci-deſſus, parle encore d'un autre glacier ſitué en Savoie dans le Val d'Aoſt; il cite auſſi le glacier de Grimſelberg en Suiſſe, qui ſemble donner naiſſance à la riviere d'Aar. C'eſt dans les cavités des roches voiſines du glacier que l'on trouve le plus beau criſtal de roche; on en a tiré une fois une colonne de criſtal qui peſoit 800 livres. Le Docteur *Langhans* nous a donné en 1753 la deſcription du glacier de Siementhal dans le canton de Berne: on y diſtingue des pyramides de glace dont les unes ſont hexagones, les autres pentagones, ou quadrangulaires, &c. au ſommet de ces montagnes le ſpectateur étonné voit une étendue immenſe de glace, & tout à côté un terrain couvert de verdure & de plantes aromatiques. Une autre ſingularité, c'eſt que tout auprès de ce glacier il ſort de la montagne ſur laquelle il eſt appuyé, une ſource d'eau chaude très-ferrugineuſe qui forme un ruiſſeau aſſez conſidérable.

Tous ces glaciers ainſi que les lacs d'où ils dérivent, sont remplis de fentes qui ont quelquefois quatre ou cinq pieds de largeur & une profondeur très-considérable : cela fait qu'on n'y peut point passer sans péril & sans beaucoup de précautions, attendu que souvent on n'apperçoit ces fentes que lorsqu'on a le pied dessus, & même elles sont quelquefois très-difficiles à appercevoir par les neiges qui sont venues les couvrir. Cela n'empêche pas que des chasseurs n'aillent fréquemment au haut des montagnes pour chasser les chamois & les bouquetins qui se promenent quelquefois sur les glaces par troupeaux de douze ou quinze. Il n'est pas rare que des chasseurs se perdent dans ces fentes ; & ce n'est qu'au bout de plusieurs années que l'on retrouve leurs cadavres préservés de corruption, lorsque ces glaciers s'étendant dans les vallons & en se fondant successivement, les laissent à découvert. Ces fentes de glaciers sont sujettes à se refermer &, il s'en forme de nouvelles en d'autres endroits; ce qui se fait avec un bruit semblable à celui du tonnerre ou d'une forte décharge d'artillerie : on entend ce bruit effrayant quelquefois jusqu'à six lieues. Outre cela les glaçons qui composent les glaciers s'affaissent parce qu'ils sont creux par-dessous; ce qui cause un grand fracas qui est encore redoublé par les échos des montagnes des environs : cela arrive sur-tout dans les changemens de temps & dans les dégels : aussi les gens du pays n'ont pas besoins d'autres thermometres & barometres pour savoir le temps qu'ils ont à attendre.

M. *Grouner* a entrepris la description générale des monts de glace de la Suisse. On y trouve la position, l'enchaînement, la nature, la formation, l'utilité, les désavantages & toutes les circonstances de ces masses énormes de glace & de neige. Cet ouvrage écrit en Allemand, vient d'être traduit en François, à Paris, par M. de *Kéralio*. On y décrit ces monstrueux vallons de glace, ces monts scabreux qui présentent une solitude effroyable, où la curiosité seule peut conduire au péril de la vie. Les détails qu'on y lit font instructifs, intéressans, sur-tout pour un Naturaliste. Ce sont des montagnes sur montagnes, rochers sur rochers, couches sur couches de neige & de glace; un craquement continuel des amas de glaçons, des masses de rocher & de neige qui tombent des sommets, des lavanges de poussiere de glace & de neige, le triste murmure des eaux qui coulent sous la glace & par les fentes des rochers, dans une solitude effrayante par elle-même, tout inspire la crainte, l'horreur & l'admiration. Cependant on voyage dans ces contrées sauvages & horribles, où l'on entend tout-à-coup, même en été, des bruits pareils à celui du plus fort tonnerre. La respiration devient très-pénible au sommet de ces glaciers, d'où l'on voit quelquefois la pluie, éclairée par les rayons du soleil, offrir un arc-en-ciel.

On trouve dans la Traduction de M. de *Kéralio* la comparaison des glacieres de Suisse avec celles du Nord. Les plus hauts sommets des monts de Norwege sont couverts de neige en été comme en hiver, & les enfoncemens qui sont exposés au Nord, en sont toujours remplis. Cette neige, en vieillissant, se change en une glace bleuâtre qu'on nomme *isbrede*, c'est-à-dire *côte de glace*. Rien ne ressemble mieux aux glacieres de Suisse, que ces *isbredes* de Norwege.

La Suéde a des montagnes couvertes de neige & de glace, mais on n'y voit point les glaciers comme on en trouve en Suisse.

L'Islande a, sur-tout au Nord & à l'Orient, une chaîne de montagnes glacées. Il y a des exemples de glaciers semblables à ceux de la Suisse, & du milieu de ces glaces les volcans vomissent des flammes & de la lave. Quant aux glacieres de Laponie, du Groënland, du Spitzberg & des autres terres situées vers le Pôle, elles surpassent de beaucoup les glacieres de Suisse, tant par la quantité des glaces que par le degré du froid; mais elles ne sont pas aussi fertiles. La grande chaîne des montagnes du Pérou, connue fous le nom de *Cordilleres*, eft couverte auffi de neige & de glace, & la plupart des hautes montagnes des autres Continens. Tous les monts de glace ont des fituations & des directions fort différentes; les plus confidérables vont de l'Orient à l'Occident ; d'autres, du Midi au Nord. Ces glaces ne font que peu ou point tranfparentes ; cependant elles font en général beaucoup plus dures, plus légeres & plus durables que celles qu'on trouve en hiver dans nos cantons & par-tout ailleurs. On a même obfervé que ces glaces des montagnes ne fe divifent pas en lames, ni par angles, comme les nôtres.

Ce qui eft digne d'admiration, c'eft que les montagnes voifines des glaciers font toutes couvertes de plantes : quand on va vifiter le *gletfcher* de Grindelwald en Suiffe, on eft étonné que les différentes expofitions des montagnes voifines du village, foient auffi fertiles. On y trouve dans la même faifon des fraifes, des cerifes, des pommes, des poires, des pêches, des prunes, des fleurs de printems & des fleurs d'automne ; les plus nourriffans pâturages s'étendent ici jufqu'aux fommets, couverts d'une glace perpétuelle. On voit en même temps dans les vallées l'orge, le froment, le foin & le chanvre dans leur maturité. On y peut femer & moiffonner dans l'efpace de trois mois. Tous ces objets forment une forte de théâtre, dont l'afpect frappe d'admiration ceux qui ne font pas accoutumés à ce grand fpectacle. *Voyez à la fuite du mot* NEIGE *l'article* LAUVINES ; ce font des pelotes de neige qui en roulant de ces montagnes, font des ravages des plus redoutables.

GLAIS. *Voyez* GLAYEUL.

GLAISE, *terra pinguis aut mifcella terra*. La glaife eft une terre graffe, qui tient le milieu entre l'argile, le bol, l'ocre & la marne. Les Naturaliftes diftinguent la glaife d'avec l'argile, en ce qu'elle ne contient que peu ou point de parties fableufes. Elle n'eft point aussi grasse & aussi onctueuse que la terre savonneuse & le bol : elle n'est point friable & aride comme l'ocre : elle ne fait point d'effervescence avec les acides comme la marne : elle ressemble à une argile fine, qui seroit privée de sable. Les parties qui composent la glaise sont très-ductiles, étant fort liées & tenaces : il y en a de différentes couleurs, qui varient encore pour les substances étrangeres qu'elles peuvent contenir. Elles s'amollissent dans l'eau, & ont la propriété de prendre corps & de se boursouffler, & ensuite de se durcir considérablement dans le feu ; plus elles sont blanches, plus elles sont réfractaires, & plus elles conviennent dans la fabrique des porcelaines. Lorsqu'elles sont colorées, feuilletées & douées d'une saveur styptique, elles tendent, selon les circonstances locales, à devenir ardoise, ou des schistes de différentes natures. *Voyez les mots* ARGILE, SCHISTE *&* ARDOISE.

La glaise sert à faire des ouvrages de poterie & des tuiles ; on l'emploie aussi pour retenir l'eau dans les canaux, les étangs & les réservoirs, & pour faire des modeles de sculpture. Les environs de Paris, sur-tout près Gentilly, abondent en glaises de différentes couleurs.

Les terres absolument glaiseuses ne sont pas bonnes à favoriser la végétation des plantes : en général elles forment des terrains stériles, mais elles sont excellentes pour dégraisser les étoffes. On prétend qu'en Angleterre on se sert avec le plus grand succès du sable de mer pour fertiliser les terrains glaiseux. C'est à la propriété que la glaise a de retenir les eaux & de ne point leur donner passage, que sont dues la plupart des sources & des fontaines que nous voyons sortir de la terre. La glaise ne se rencontre pas seulement à la surface de la terre, mais même à une très-grande profondeur : on la trouve ordinairement par lits ou par couches, qui varient pour l'épaisseur & les autres dimensions : on y trouve souvent beaucoup de pyrites. *Voyez les articles* ARGILE *&* BOLS.

GLAITERON, ou petit GLOUTERON, ou petite BARDANE ou GRAPPELLES, *xanthium*. Plante, qui croît dans les terres graffes, contre les murailles, le long des ruiffeaux, dans les décombres des bâtimens, & dans les foffés dont les eaux font taries. Sa racine eft fibreufe, blanche & annuelle: fa tige eft haute d'un pied & demi, anguleufe, velue, affez rameufe, marquée de points rouges. Ses feuilles font plus petites que celles de la bardane, alternes, d'un vert tirant fur le jaune, velues, légérement découpées, attachées à de longues queues, d'un goût peu âcre & aromatique: fes fleurs naiffent dans les aiffelles des feuilles: chaque fleur eft un bouquet à fleurons femblables à de petites veffies; ces fleurons tombent facilement, & ne laiffent aucune graine; mais il naît fur le même pied, au-deffous de ces fleurs mâles ou ftériles, d'autres fleurs femelles ou fertiles, qui laiffent après elles de petits fruits oblongs, hériffés de piquans qui s'attachent aux habits des paffans, & qui contiennent dans deux loges des femences oblongues & rougeâtres. Les fleurs de cette plante naiffent en Juillet, & les femences mûriffent en automne.

On ne fe fert en Médecine que de fes feuilles & de fes fruits: on tire le fuc des feuilles pour guérir les écrouelles, les dartres, la gratelle, & pour purifier le fang. Sa femence infufée dans le vin blanc fait un bon remede pour débarraffer le gravier des reins.

On a encore appellé le glaiteron *plante à jaunir*, parce que les Anciens s'en fervoient pour teindre les cheveux en jaune ou blond; cette couleur de cheveux qui étoit autrefois la plus eftimée, démontre que les idées d'agrément font fouvent fantaftiques.

GLAMA. Nom qu'on donne à un animal ruminant & fans cornes, appellé improprement par quelques-uns *mouton du Pérou* ou *chameau du Pérou*.

Les individus de ce genre d'animaux varient comme nos brebis: les uns font blancs, d'autres noirs, d'autres bruns ou variés de toutes les couleurs. Les Péruviens donnent à ceux-ci le nom de *moromoro*. Voyez Paco.

GLAND & GLANDÉE. *Voyez* aux mots Chêne & Liege.

GLAND DE MER, *balanus marinus*, *seu glans marina*, est un genre de coquillage de la classe des multivalves, & qui s'attache en forme de petit vase sur les rochers, sur les cailloux, les coquillages & sur les crustacées, même sur les plantes marines, sur les litophytes, sur les coraux, sur le dos des animaux de mer cétacées & sur celui de la tortue : on en trouve encore dans les fentes & sur les bois des vieux vaisseaux qui séjournent long-temps dans le port. Rarement le gland de mer est seul : on les trouve presque toujours groupés en grand nombre, & unis par la même matiere qui forme la coquille.

Le gland de mer est composé de deux portions, l'une extérieure de forme cylindrique ou conoïde, & l'autre intérieure de forme pyramidale quadrangulaire ; la premiere de ces portions resemble à un calice de plante, formé de douze pétales triangulaires, oblongs, liés intimement les uns aux autres, dont six plus épais, striés, ont leur pointe vers le haut, & six plus minces ont les leurs renversées. La seconde portion est composée de quatre valves, triangulaires à coulisse, que l'animal a la faculté d'écarter les unes des autres par leurs pointes, pour en faire sortir un panache au moyen duquel il se procure sa nourriture. Ce panache de poils ou fils resemble asfez à celui des *conques anatiferes* & des *pousse-pieds*. C'est donc au moyen de ces quatre valves intérieures, formant une croix au centre, que ce testacée ferme son ouverture ou sa bouche, & l'ouvre dans le besoin. Ces coquillages ont leurs battans intérieurs serrés l'un contre l'autre, avec les bords édentés pour se joindre mieux, & des especes de charnieres en dedans.

Ces vers ont douze pieds ou bras longs & crochus, garnis de poils, qu'ils levent en haut, avec huit autres plus petits, & qui sont inférieurs. *Anderson* dit qu'il est plaisant de les voir ouvrir de temps en temps la porte de leur habitation & alonger le cou pour respirer : cette partie est formée de plusieurs anneaux élastiques & d'une infinité de valvules, qui sont sans doute les ouïes, par le moyen desquelles ils séparent l'air de l'eau : ils retirent leur cou avec la même agilité, & referment leur porte. Leur corps est cartilagineux ; leur chair est glaireuse & mauvaise ; cependant *Macrobe* dit que dans le festin que Lentulus donna, quand il fut reçu parmi les Prêtres du Dieu Mars, il en fit servir de blancs & de noirs ; il y en a aussi à coquille rose, violette. Ces sortes de coquillages multivalves sont connus des amateurs sous les noms suivans ; savoir, le *turban*, la *tulipe* ou *clochette*, le *gland rayé*, *la côte de melon*, &c. suivant leur forme & leur couleur. Leur grosseur est peu constante ; il y en a d'aussi gros que des oranges, & d'autres qui ne sont pas plus gros qu'un grain de poivre. M. *Linnæus* en cite trois especes ; la premiere s'attache sur les rochers & sur les cailloux ; la seconde sur les coquilles ; la troisieme entre les planches des vaisseaux & d'autres bois. Ces coquillages réunis quelquefois en grouppe, présentent beaucoup de variétés tant pour leur forme, que pour les couleurs. Quelques-uns mettent au nombre des glands de mer le *pou de baleine*. Voy. ce mot.

 M. *Anderson* dit en effet, que les glands de mer entrent bien avant dans la graisse des baleines ; ceux qu'on y a trouvés étoient habités par des vers, & fermés en dessus par une petite pellicule jaunâtre ; ces sortes de coquillages ne s'attachent qu'à des poissons ou autres animaux de mer fort vieux, dont la peau, s'étant endurcie par le nombre des années, est devenue insensible. Ce qu'on dit ici du gland de mer, peut s'appliquer aux conques anatiferes.

 On trouve ce coquillage sur les côtes d'Espagne, de Bretagne, de Normandie & ailleurs.

 M. *Allioni* a trouvé une très-grande quantité de

glands de mer devenus fossiles, dans les montagnes de Piémont; ils sont de diverses grandeurs, mêlés avec d'autres coquilles, quelques-uns ont conservé leur couleur naturelle. On observe encore dans ces coquilles fossiles, que les pieces qui les composent sont formées de plusieurs feuillets minces appliqués les uns sur les autres, & qui se rapprochent insensiblement, de sorte qu'à la vue leur nombre semble diminuer vers l'extrémité. Notre Observateur a compté plus de deux cents feuillets dans une des pieces de ces coquilles fossiles. On donne le nom de *balanite* au gland de mer fossile.

GLARÉOLE, *glareola*. Quelques Naturalistes ont donné ce nom à un genre d'oiseau qui fréquente les bords des rivieres, des étangs & des lieux marécageux. Les Cuisiniers Allemands en font grand cas: leur chair est délicate & a un peu le goût de poisson; leur bec est menu, luisant comme de la corne, conique & étroit. Ces oiseaux ont les pieds élevés; leur ongle de derriere fait en poignard, touche la terre quand ils sont droits; leurs jambes sont longues; leur corps est lisse; ils ont le cou assez long & rond, & la tête petite; ils courent très-rapidement, & volent par paires ou en troupes sur les rivages ou dans les campagnes les moins herbues où ils vont se reposer: jamais ils ne sont tranquilles: ils ne se cachent pas comme les bécasses: ils les suivent, & ont comme elles la queue courte. *Klein* en donne la notice de plusieurs especes, qu'il dit avoir eues entre les mains.

GLAUCUS. Bien des Ichtyologues donnent ce nom à trois sortes de poissons, 1°. au *derbio*; 2°. au *liche*; 3°. au véritable *glaucus*.

Le *derbio* est un poisson de haute mer, & dont les nageoires sont épineuses: sa couleur est blanche, mêlée de bleu plus ou moins foncé: il a le corps long de quatre pieds & le ventre plat; ses écailles sont extrêmement petites; ses mâchoires sont rudes, garnies d'aiguillons; ſes nageoires ſont dorées; ſa chair eſt graſſe & de bon goût.

Le *liche* eſt la *pélamide* des Languedociens: ce poiſſon eſt plus petit que le derbio: il a ſept aiguillons ſur le dos. Depuis le haut des ouïes, juſqu'au milieu du corps, il a un trait fort tortueux, qui devient enſuite droit juſqu'à la queue. Son corps eſt encore plus étroit que celui du derbio; du reſte il lui eſt tout ſemblable.

Le vrai *glaucus* a les dents fort pointues: il a la couleur du derbio, & la même ligne que le liche ſur le dos: ſa chair eſt graſſe & de bon goût, mais dure. On mange beaucoup de ces poiſſons ſur les bords de la Méditerranée. La grande eſpece de *glaucus crêté* eſt un *chien de mer*. Voyez ces mots.

GLAYEUL ou GLAIS, *gladiolus major byſantinus*. Plante qui croît aux lieux herbeux, dans les prés & entre les blés dans les champs: on en diſtingue deux eſpeces. La premiere reſſemble beaucoup à l'iris bulbeux; ſa racine eſt tubéreuſe, charnue & ſoutenue par une autre racine, ſous laquelle il y a des fibres menues & blanches; ſes feuilles ſont longues, étroites, pointues, dures, fortes, rayées, ayant la figure d'un glaive ou d'une épée, embraſſant & renfermant la tige comme dans un fourreau; c'eſt d'où lui eſt venu ſon nom latin. La tige du glayeul eſt haute de deux pieds ou environ, noueuſe un peu purpurine en ſon ſommet, où ſont attachées, par ordre & ſeulement d'un côté, ſix ou ſept fleurs, grandes, rougeâtres, quelquefois blanches ou bleuâtres; chaque fleur eſt compoſée d'une feuille à ſix découpures, rétrécie en tuyau par le bas, & évaſée en haut en maniere de gueule. Les lanieres, dit M. *Deleuze*, en ſont diſpoſées trois à trois, & celle du milieu de chaque ordre eſt la plus grande: la ſupérieure eſt voûtée; les inférieures ſont marquées d'une tache: la fleur n'a que trois étamines. Il ſuccede à chaque fleur un fruit gros comme une aveline, relevé de trois coins, & renfermant dans trois

loges

loges des semences sphériques, rougeâtres, & revêtues d'une coiffe jaune.

La seconde espece n'en differe, que parce que ses fleurs sont plus petites & dispersées sur les deux côtés de la tige.

Leurs racines sont digestives, apéritives & propres à exciter la suppuration.

GLAYEUL PUANT ou ESPATULE, *xyris*. Plante du genre de l'iris & qui croît par toute la France, aux lieux humides, le long des haies, entre les vignes, dans les bois taillis, dans les broussailles & dans les vallées ombrageuses ; on la cultive aussi quelquefois dans les jardins, sous les noms de *flambe-fétide*, *iris-gigot*. Sa racine est bulbeuse & ronde à-peu-près comme un oignon : étant encore jeune, elle n'est que fibreuse ; mais elle grossit à mesure que la plante s'éleve ; elle devient genouillée, garnie de fibres longues entrelacées, d'un goût fort âcre, comme la racine de l'iris ordinaire : elle pousse beaucoup de feuilles, longues d'un pied & demi, pointues comme un poignard ou une épée, d'un vert noirâtre & luisant, d'une odeur puante de punaise quand on les frotte ou qu'on les rompt : il s'éleve d'entre ses feuilles plusieurs tiges de grosseur médiocre, droites, unies, portant chacune en leur sommet une petite fleur semblable à celle de l'iris, composée de six pétales, d'un pourpre sale, tirant sur le bleuâtre ; les pétales rabattus n'ont pas cette ligne de poils, dit M. *Deleuze*, qu'on remarque dans d'autres especes de ce genre : il succede à ces fleurs des fruits oblongs, anguleux, qui s'ouvrant dans leur maturité, laissent paroître des semences arrondies, grosses comme de petits pois, rougeâtres, d'un goût âcre ou brûlant.

Cette plante fleurit en Juillet, & ses fruits sont mûrs en automne. La vertu principale du glayeul puant consiste dans sa racine, qui est propre à évacuer puissamment les eaux, & à fondre les matieres tenaces qui engluent souvent les visceres. Cette même racine est, selon M. *Bourgeois*, un excellent remede pour guérir les membres attaqués d'atrophie la plus rebelle : on en fait une forte décoction dans l'eau de riviere, dans laquelle on baigne chaudement matin & soir pendant l'espace d'une heure le membre malade.

Le GLAYEUL A FLEURS JAUNES, *iris palustris lutea*, se trouve dans les marais ; la racine de cette plante infusée dans de l'eau impregnée de parties ferrugineuses, fournit une encre aux Montagnards d'Ecosse.

GLETTE. Nom que les Monnoyeurs donnent quelquefois à la *litharge*. Voyez ce mot.

GLINMER ou GLIMMER. C'est ainsi que les Minéralogistes Allemands nomment la pierre talqueuse que l'on désigne communément par le nom de *mica*. *Voyez ce mot*.

GLOBE. Nom qu'on donne 1°. à la masse totale de l'eau & de la terre, *globus aut orbis terraqueus*; 2°. à la vaste étendue du ciel : de sorte que l'on dit le *globe terrestre* & le *globe céleste*. La terre est convexe par rapport au ciel ; & le globe céleste, qui renferme la terre, est concave par rapport à nous. Tout le globe terrestre en général est recouvert à sa surface de plusieurs couches ou lits crevassés de terre ou de pierre, qui en vertu de leur parallélisme, font l'office de siphons propres à rassembler l'eau, à la transmettre aux réservoirs des fontaines, & à la laisser échapper au dehors. Le globe entier atteste que sa structure extérieure est pour la plus grande partie, l'ouvrage des eaux, ce sont elles qui ont travaillé & modélé les montagnes & les vallées, &c. Plusieurs ont donné ou proposé des plans pour faire voir l'économie naturelle du globe terrestre : c'est ainsi que le Naturaliste décrit, range par classe & par ordre de collection, ce que le Géographe prend pour base de ses descriptions topographiques. *Voyez l'article* TERRE, *& celui de* FONTAINE.

GLOBE DE FEU, *globus igneus*. Météore qui paroît quelquefois dans les airs, mais avec des variétés. C'est une boule ardente, qui pour l'ordinaire se meut fort rapidement en l'air, & qui traîne le plus souvent une queue après elle. Lorsque ces globes viennent à se dissiper, ils laissent quelquefois dans l'air un petit nuage de couleur cendrée : ils sont souvent d'une grosseur prodigieuse. En 1686, *Kirch* en vit un à Leipzig, dont le diametre étoit aussi grand que le demi-diametre de la lune ; il éclairoit si fort la terre pendant la nuit, qu'on auroit pu lire sans lumiere ; & il disparut insensiblement. En 1676, *Manati* vit un globe lumineux qui traversa la mer Adriatique & l'Italie : cette masse de lumiere fit entendre du bruit dans tous les endroits où elle passa, sur-tout à Livourne & en Corse. *Balbus* vit aussi un globe de feu à Boulogne en 1719, dont le diametre paroissoit égal à celui de la pleine lune ; sa couleur étoit comme celle du camphre enflammé ; il jetoit une lumiere aussi éclatante au milieu de la nuit, que celle que donne le soleil, lorsqu'il est prêt à paroître sur l'horizon. On y remarquoit quatre gouffres qui vomissoient de la fumée, & l'on voyoit au dehors de petites flammes qui reposoient dessus, & qui s'élançoient en haut. Sa queue étoit sept fois plus grande que son diametre ; il creva en faisant un bruit terrible. Celui qu'on avoit observé au Quesnoi en 1717, parut dans un nuage au milieu de la place publique, alla, avec l'éclat d'un coup de canon, se briser contre la tour de l'Eglise, & se répandit ensuite sur la place, comme une pluie de feu. L'instant d'après la même chose arriva encore au même lieu.

On voit quelques-uns de ces globes qui s'arrêtent dans un endroit, & d'autres qui se meuvent avec une grande rapidité : ils répandent par-tout où ils passent une odeur de soufre brûlé : il y a de ces globes qui ne font point de bruit, & d'autres en font. On a plusieurs observations de globes de feu, tombés avec bruit dans le temps qu'il faisoit des éclairs, accompagnés de tonnerre ; & souvent ces globes ont causé de grands dommages. Depuis que les Observateurs en Histoire Naturelle & en Physique se sont multipliés, on a remarqué un grand nombre de ces météores enflammés qui s'élevent plus ou moins dans l'atmosphere. Les gazettes ont fait mention, ces années dernieres, de plusieurs de ces météores, dont quelques-uns ont détonné de façon à se faire entendre de très-loin, & ont offert des chevrons lumineux de différentes figures qui alarmoient le peuple.

Le 17 Juillet 1771, vers les dix heures & demie du soir, l'air étant fort chaud (à 25 degrés au thermometre de *M. de Réaumur*), le temps très-serein, à l'exception de quelques nuages qui bordoient l'horizon du côté du couchant, on vit tout d'un coup, au Nord-Ouest, dans la moyenne région de l'air, une lumiere qui croissoit à mesure qu'elle avançoit. Elle parut d'abord sous la forme d'un globe, ensuite avec une queue semblable à celle d'une comete. Ce globe ayant traversé avec assez de rapidité une partie du Ciel, du Nord-Ouest au Sud-Est, en s'approchant de l'horizon, répandit, comme en s'ouvrant, une lumiere si vive & si brillante, que presque tous ceux qui la virent ne purent en soutenir l'éclat. Cette lumiere ressembloit à celles des bombes lumineuses d'artifice. Au dernier instant de son apparition, ce globe prit la forme d'une poire, & sa lumiere étoit d'un blanc pareil à celui d'un métal en fusion ; cependant il sembloit que dans quelques endroits cette lumiere étoit plus rouge, & l'on y voyoit des especes de bouillonnemens avec une matiere fumeuse. La queue étoit d'une couleur plus rougeâtre. La durée de ce phénomene n'a guere été que de quelques secondes. La grosseur extraordinaire de ce globe & son extrême hauteur ont fait croire à la plupart de ceux qui l'ont vu, qu'il étoit tombé au-dessus d'eux. On l'a vu par-tout aux environs de Paris, même à Lyon, à Dijon, à Tours, à Argentan, à Rouen, à Londres, & à plusieurs autres endroits encore plus éloignés. Deux ou trois minutes après sa disparition, on entendit un bruit sourd, approchant de celui d'un coup de tonnerre qui éclate au loin ; quelques-uns ont comparé ce bruit à celui d'une maison qui écroule, ou à celui d'une voiture chargée de tonneaux & de pavés, & qu'on décharge dans le lointain. On afsure que dans plusieurs endroits les vitres & les meubles ont tremblé, ce qui a pu être occasionné par la commotion de l'air. Le lendemain matin on refsentit une chaleur plus forte, il tomba quelques gouttes d'eau dont l'odeur étoit fort désagréable. Cette pluie rafraîchit le temps, le thermometre defcendit à 17 degrés. Ces phénomenes, leur durée & les autres circonftances de ces météores paroiffent, ainfi que ceux du tonnerre, tenir à ceux de l'électricité. *Voyez* TONNERRE.

GLOBOSITES ou TONNITES. Les Conchyliologues donnent ce nom à des coquilles foffiles univalves, globuleufes, prefque fans volutes, & ordinairement fphériques comme de petits tonneaux. La bouche en eft large, quelquefois dentée, d'autres fois éventée, c'eft-à-dire, que leur opercule laiffe quelquefois une petite ouverture. Le fommet a un nœud ou mamelon, qui fe trouve affez fouvent dans l'endroit où fe terminent les fpirales. Le *fût* eft fouvent liffe, quelquefois ridé ou ftrié ; d'autres fois le corps eft garni de côtes : on trouve toutes ces particularités dans les coquilles analogues ou vivantes, & que l'on appelle la *couronne d'Ethiopie*, la *harpe*, la *bulle d'eau*, &c. de la famille des *conques fphériques*. Voyez ces mots.

On rencontre beaucoup de ces coquilles devenues foffiles, fort peu de pétrifiées ; on en trouve plus communément les noyaux. M. d'*Argenville* fait de ces coquilles vivantes un genre, fous le nom de *tonnes* ; & M. *Adanfon* les a rangées fous le nom générique de *pourpres*. Voyez ces mots.

GLOBULAIRE ou BOULETTE. Ce nom fe donne à deux fortes de plantes : (il y a plufieurs efpeces de ce genre, qui eft de l'ordre, dit M. *Deleuze*, des plantes aggrégées). On ne parlera ici que des deux efpeces les plus connues. La premiere, est le *globularia vulgaris* de *Tournefort* : elle est haute d'un pied. Ses feuilles ressemblent assez à celles du *bellis cærulea*. Celles du bas sont ovales, échancrées par le bout, de maniere à former trois dentelures, dont celle du milieu est un prolongement de la côte : les feuilles de la tige sont étroites. Ses fleurs sont à fleurons, bleues, disposées en globe : chaque fleuron partagé en deux lévres, l'une de deux, l'autre de trois lanieres, & contenant quatre étamines séparées, est soutenu par son calice propre, qui est un tube divisé en cinq pointes : plusieurs fleurons sont réunis sur un réceptacle commun & séparés les uns des autres par des balles. Il succede à chaque fleuron une semence nue contenue dans le calice propre. La deuxieme espece, qui est la plus curieuse, est le TURBITH BLANC ou le SÉNÉ DES PROVENÇAUX, *alypum, aut frutex terribilis* de *J. Bauhin.* C'est un petit arbrisseau fort agréable à voir dans le temps de la fleur. Il croît à la hauteur d'une coudée en Provence & en Languedoc, dans les lieux voisins de la mer : on en trouve beaucoup auprès de Montpellier, & principalement sur le Mont de Cette. On n'a point encore pu parvenir à le naturaliser dans nos jardins : voici la description de ce petit arbuste. Sa racine est fibreuse, grosse comme le pouce & longue de quatre, couverte d'une écorce noirâtre : ses branches déliées & cassantes, sont couvertes d'une pellicule rougeâtre. Ses feuilles sont placées sans ordre, tantôt par bouquet, tantôt isolées, ayant quelque ressemblance à celles du myrte. Chaque branche porte pour l'ordinaire une seule fleur à demi-fleuron, d'un beau violet, & d'un pouce de large. Toute cette plante a beaucoup d'amertume. Son goût est aussi désagréable que celui du lauréole, & son amertume augmente beaucoup pendant six ans. L'*alypum* est non-seulement un très-violent purgatif, mais encore un émétique puissant & même dangereux. Des Charlatans d'Andalousie en ordonnoient autrefois la décoction, dans les maladies vénériennes : aujourd'hui que l'on connoît la violence de ce remede, on n'en fait ufage, ainfi que du *tithymale*, qu'avec grande prudence.

GLORIEUSE. *Voyez* PASTENAQUE.

GLOSSOPETRES, *gloffopetræ*. Nom qu'on a donné improprement par une fuite d'erreurs populaires, à des dents pétrifiées ou foffiles, & qu'on croyoit être des langues de divers animaux, & notamment des langues de grands ferpens, changées en pierre, lors de l'arrivée de l'Apôtre S. Paul dans l'île de Malthe.

Les gloffopetres, qu'on devroit nommer *odontopetres* ou *ichtyodontes*, font des dents de plufieurs animaux marins. Leur grandeur, leur forme & leur couleur font affez différentes : on en trouve qui ont jufqu'à quatre & cinq pouces de longueur, & qui ont appartenu à une *lamie* ou au *carcharias* ; voilà les vraies *lamiodontes* : d'autres font celles d'un poiffon de la Chine, du genre des raies. Les moins grandes, qui font triangulaires ou en faux, font crenelées par les angles, avec une bafe fourchue : elles font reconnues pour les dents de la mâchoire du requin ; les pointues, qui reffemblent aux dents de chien, font reconnues pour celles de la mâchoire inférieure du même animal. Quelquefois elles font carrées, & appartiennent au cheval de riviere ; d'autres fois elles font hémifphériques, pour lors elles font les dents molaires du poiffon nommé *grondeur*, ou de la *dorade*. *Voyez ces mots*, *celui de* CRAPAUDINE & *celui de* TURQUOISE.

La croûte des gloffopetres eft mince, polie & luifante, communément grisâtre ou jaunâtre, quelquefois blanchâtre, & renfermant un noyau fibreux & offeux, qui eft de la fubftance des dents. On les trouve en divers pays, notamment à Malthe, dans la terre ou dans des bancs de toutes fortes de pierres. Les *lamiodontes* ne font pas rares en Béarn au pied des Pyrenées, près de Dax.

Les Lithographes ont donné à ces corps foffiles figurés, des noms tirés des chofes qu'ils repréfentent ;

c'eſt ainſi qu'ils ont nommé *ornithogloſſum* la dent conique, qui imite la langue d'une pie, &c. Cette multitude fatigante & inutile de différens noms barbares, ne ſert qu'à embrouiller l'étude de l'Hiſtoire Naturelle; c'eſt pourquoi nous les épargnerons au lecteur.

GLOUTERON. *Voyez* BARDANE. Le petit glouteron eſt le *glaiteron*. Voyez ce mot.

GLOUTON ou GOULU, *gulo*. Quadrupede qui ſe trouve dans les grandes forêts de la Dalécarlie, de la Laponie & dans toutes les terres voiſines du Nord, tant en Europe qu'en Aſie. Cet animal eſt un peu plus long, plus haut & plus gros qu'un loup; il a la queue plus courte; ſa peau eſt d'un brun obſcur; la plus eſtimée eſt extrêmement noire & comme luſtrée: cependant le poil en réfléchit une certaine blancheur luiſante, comme celle des ſatins & des damas à fleurs: auſſi cette fourrure eſt-elle très-recherchée & fort chere en Suéde. Dans les régions du Nord, on dit qu'un homme eſt richement habillé, quand il eſt vêtu de fourrure de glouton. Les Naturels de Kamtſchatka préferent auſſi cette fourrure à celle de la zibeline & du renard noir; ils la vantent tellement, qu'ils diſent que les Anges n'en portent point d'autres; & ils ne peuvent faire un plus grand préſent à leurs femmes ou à leurs maîtreſſes, que de leur en donner une. Les pattes du glouton ſont blanches: les femmes des Kamtſchadales s'en ſervent pour orner leurs cheveux, & elles en font encore un ſi grand cas, qu'elles donnent en échange, pour avoir deux de ces pattes, deux caſtors marins. La chair du glouton eſt fort mauvaiſe, & ſes ongles ſont très-dangereux; comme cet animal eſt très-vorace, on lui a donné le nom de *vautour des quadrupedes*; quelques-uns le regardent comme une eſpece de *carcajou*. Voyez ce mot. Le glouton déterre les cadavres comme l'hyene, les dévore & s'en remplit à l'excès. L'inſtinct qu'on lui donne, s'il eſt vrai, eſt bien ſingulier: dans les forêts de Kamtſchatka il grimpe ſur un arbre, emportant un peu de la mouſſe que les daims aiment le plus; lorsqu'un daim passe près de l'arbre, le glouton laisse tomber sa mousse; si le daim s'arrête pour la manger, le glouton se jette sur son dos, & s'attachant fortement entre ses cornes, lui déchire les yeux & lui cause des douleurs si vives, que ce malheureux animal, pour se débarrasser de son cruel ennemi, va se frapper la tête contre les arbres jusqu'à ce qu'il tombe sans vie. Alors le glouton partage avec ses dents fortes & pointues la chair en morceaux dont il dévore une partie; il creuse la terre, enfouit & cache le reste pour le retrouver au besoin. Le glouton tue les chevaux de la même maniere sur la riviere de Lena. On peut apprivoiser cet animal féroce, lui donner des talens & lui apprendre plusieurs tours. *Voyez la nouv. Hist. de Kamtschatka, & l'article* GOULU *de ce Dictionnaire.*

GLU, *viscum*, est une substance visqueuse, tenace, résineuse, que l'on tire de l'écorce du houx, de la racine de viorne, quelquefois du fruit du gui & des sebestes. On nomme la glu du houx, *glu d'Angleterre*; celle du gui, *glu des Anciens*; & celle des sebestes, *glu d'Alexandrie. Voyez leur préparation & leur utilité aux mots* GUI, HOUX *&* SEBESTES. Ce que l'on nomme *glu d'Acajou* est une gomme. *Voyez au mot* ACAJOU.

Comme les especes de glu, notamment celle de houx qui pase pour la meilleure, perdent promptement leur force, & qu'elles ne peuvent servir à l'eau, on en a inventé une sorte particuliere qui a la propriété de souffrir l'eau sans dommage. Voici comme il faut la préparer : joignez à une livre de glu de houx bien lavée & bien battue, autant de graisse de volaille qu'il est nécesaire pour la rendre coulante; ajoutez-y encore une once de fort vinaigre, demi-once d'huile & autant de térébenthine; faites bouillir le tout quelques minutes à petit feu, en la remuant toujours, & quand vous voudrez vous en servir, rechauffez-le : enfin, pour prévenir que votre glu se gele en hiver, vous y incorporerez un peu de pétrole. Cette glu est non-seulement propre à prendre les oiseaux, mais elle sert aussi à sauver les vignes des chenilles & à garantir plusieurs plantes particulieres de l'attaque des insectes: on trouve aussi une forte glu dans les branches de sureau, dans les racines de narcisse & d'hyacinthe: si l'on prend les enttrailles des chenilles pourries, qu'on les mêle avec de l'eau & de l'huile, on en formera une espece de glu tenace.

GLUTEN. Mot latin que les Naturalistes ont adopté pour désigner la matiere, le lien qui sert à unir les parties terreuses dont une pierre ou roche est composée, ou à joindre ensemble plusieurs pieces détachées pour ne faire plus qu'une seule masse: il est très-difficile de déterminer en quoi cette matiere consiste, & à quel point elle est variée: au reste chaque pierre, chaque terre, &c. donnant des produits différens, on y doit trouver des *glutens* de différente nature.

GOBE-MOUCHE, est une espece de petit lézard des Antilles, très-joli & fort adroit à prendre les mouches & les ravets; c'est de-là que les Européens lui ont donné ce nom; les Caraïbes l'appellent *oulla ouna*. Il n'est guere plus gros & plus long que le doigt; les mâles sont ordinairement verts, & les femelles grises & plus petites: on en voit qui sont ornés de toutes les plus belles couleurs. On les trouve non-seulement dans les forêts, mais encore sur les arbres des vergers & dans les maisons; ils y sont fort familiers & ne font point de mal. Rien n'est aussi patient que ce petit animal; il se tient une demi-journée entiere comme immobile, en attendant sa proie; mais quand il la voit, il la poursuit avec tant d'avidité, qu'il se précipite & s'élance comme un trait du haut des arbres pour la saisir & la dévorer. Il fait de petits œufs, gros comme des pois, qu'il couvre d'un peu de terre, les laissant éclore au soleil. Dès qu'on tue ces animaux, ils perdent aussi-tôt leur lustre, & deviennent pâles & livides. Cette espece de gobe-mouche, qui se trouve aussi aux Indes Orientales, prend, ainsi que le caméléon, la couleur des objets auprès desquels il se trouve : il paroît vert à l'entour des feuilles des jeunes palmes ; près d'une orange, il devient jaune, &c.

GOBERGE, *gobergus*, est la plus grande & la plus large espece de morue de l'Océan : sa chair est dure & un peû gluante ; elle est en certains pays la nourriture des pauvres gens & des paysans. Dans quelques parages le goberge n'est qu'une espece de *merlus* qu'on apporte de Terre-Neuve tout salé : son ventre est arqué en dehors, sa bouche est petite, mais ses yeux sont grands : ses écailles sont cendrées, il n'a point de dents. *Voyez* MORUE.

GOBEUR DE MOUCHES ou GOBE-MOUCHE, *muscicapa*. Genre d'oiseau dont on distingue plusieurs especes. Le *gobe-mouche vulgaire*, *stoparola*, est un petit oiseau qui a le bec d'un brun roussâtre, la tête & le dos de couleur plombée, mêlée de jaune, la poitrine blanchâtre, les pattes noirâtres. Les ongles de ses doigts de derriere sont fort grands, comme dans les alouettes, & un peu courbes. Ces oiseaux suivent les bœufs & les vaches, à cause des mouches qu'ils trouvent à leur suite, & dont ils sont fort avides ; ce qui leur a fait donner les noms de *bouvier*, de *moucherolle* & de *gobe-mouche*. Les *gobeurs de mouches* du Cap de Bonne-Espérance, sont ou blancs ou aurores, ou à collier, ou huppés. Les *gobes-mouches* de Madagascar ont la queue fort longue, & le plumage ou aurore ou noirâtre ; quelquefois tacheté de blanc ; leur huppe naît de la base du bec, & est dirigée vers la pointe du bec, sur-tout lorsque l'oiseau est agité de quelque passion. L'Amérique offre aussi quantité de variétés de gobeurs de mouches : les petits oiseaux appellés *tyrans* dans le Nouveau Monde, sont aussi des gobes-mouches. On donne encore le nom de *gobe-mouche* à une espece d'apocin. *Voyez* Apocin gobe-mouche, *& l'article* Attrape-mouche.

GOEMON ou GOESMON. Les Marins donnent ce nom à certaines plantes, noueuses & longues, qui croissent en grande quantité dans le fond de la mer, jusqu'à une demi-lieue du rivage : elles sont souvent entrelacées les unes aux autres par le mouvement des eaux, de maniere à former une barriere formidable : on a vu plus d'une fois des vaisseaux arrêtés par ces sortes de filets sur la pointe du Cap de Bonne-Espérance ; aussi les Pilotes tâchent-ils d'éviter ces sortes d'écueils : d'autres fois la mer, par le mouvement de ses vagues, arrache ces plantes & les rassemble sur les côtes, où on les prend pour fumer les terres : ces plantes sont des especes de *varec* ou de *fucus*, ou d'*algue*, ou de *sagazo*. Voyez ces mots.

GOIFFON. *Voyez* GOUJON.

GOILAND ou GOELAND, *larus*. Genre d'oiseau aquatique & maritime dont on distingue beaucoup d'especes, parmi lesquelles se trouvent les *mouettes*, voyez ce mot. Le caractere du goiland est d'avoir quatre doigts à chaque pied, savoir trois antérieurs qui sont réunis par des membranes entieres, le doigt postérieur est isolé. Les jambes se trouvent près du milieu du corps, au-delà de l'abdomen, mais beaucoup plus courtes que le corps. Le bec qui est édenté, est comprimé latéralement & crochu vers la pointe. La mâchoire inférieure est anguleuse en dessous.

Il y a le GOILAND NOIR, *larus niger* ; il est noir sur le dos & blanc au ventre ; il n'est pas plus gros que le canard musqué. Cet oiseau fréquente les rivages de la mer : c'est la *grande mouette noire & blanche d'Albin*, ou la *mouette religieuse*. Le goiland cendré est un peu plus gros ; celui qui est gris est du volume du canard domestique : c'est l'*oiseau bourguemestre*. Le *goiland brun* ou le *cataracte* ; le *goiland varié* ou le *grisard*, c'est le *skua* de *Willughby* ou le *canard colin*, voyez ce mot. On l'appelle aussi *grande mouette grise*, car il y a la petite espece de la même couleur, *gavia grisea*.

Ray dit que le goiland est un oiseau palmé : son bec est un peu arqué ; ses ailes sont grandes & fortes : il a les jambes basses & les pieds petits : son corps est léger, couvert d'un épais plumage de couleur cendrée : il plane dans l'air avec fracas, jete de grands cris en volant, & vit principalement de poisson : on en distingue deux especes qui chassent sur terre & sur mer : les plus beaux goilands se trouvent dans les mers du Pérou & du Chili. Ces sortes d'oiseaux nichent sur les rochers, & pondent des œufs tiquetés de rouge & un peu plus gros que ceux de perdrix. Il paroît par le récit des Voyageurs, que la famille des goilands est plus étendue qu'on ne pense.

GOIRAN. *Voyez* BONDRÉE.

GOITREUX. Nom donné à plusieurs especes de lézards de l'Amérique.

Le premier qui se trouve au Mexique, porte une espece de peigne, lequel s'étend sur le cou, sur le dos & sur une partie de la queue : il porte aussi une espece de sac qui lui prend de la mâchoire inférieure, & lui sert de poche pour y retenir ses alimens jusqu'au temps convenable pour en faire l'entiere déglutition : ce sac, de même que les pieds, la queue, l'espece de peigne & tout le reste du corps, est couvert de petites écailles en losanges, & qui sont d'un bleu clair nuancé de vert : le cou & la tête sont marqués de taches blanchâtres ; la couleur du dos est variée de gris & de blanc pâle.

La seconde espece de *lézard goitreux* se trouve à Saint-Iago de Chili, près du fleuve Mexo à Cadix. Le dessous de sa mâchoire inférieure est garni d'un long & gros goître, creux en dedans, & qu'il enfle prodigieusement quand il est irrité ; sa tête & notamment sa mâchoire inférieure sont couvertes de grandes écailles d'un vert de mer & quelquefois tiquetées de points rouges : sa queue est cerclée de bords jaunâtres, piqués de noir ; ses yeux sont grands & vifs, ses oreilles rouges & précédées de tubercules oblongs : tout le dessus du corps, les cuisses & les jambes colorés d'un vert d'herbe avec des taches de ponceau de diverses figures : ses pieds sont revêtus de grosses écailles & se partagent en cinq doigts longs, armés d'ongles crochus ; la peau de l'entre-deux des cuisses est garnie de vingt tubercules ovales : la grosse queue de ce lézard, qui dans quelques-uns est fourchue, semble pousser sur le côté quelques rameaux ; le bout supérieur est couvert de petites écailles, & formé d'anneaux environ jusqu'à la longueur d'un doigt, mais le bout inférieur est fort menu, & c'est de ce bout que naissent les excroissances obtuses dont nous venons de parler. La femelle ressemble au mâle par la couleur, la figure & les taches, mais son goître est plus petit, & sa queue toute formée par anneaux ne présente aucune excroissance. Comme ces lézards varient pour la couleur, la madrure & la figure du goître, on les désigne à l'Amérique sous différens noms, tels qu'*ayamaka*, *cordyle*; *leguana* ou *iguane*, ou *senembi*, &c. *Voyez ces mots*. Quelques Naturalistes ont aussi donné le nom de *goîtreux* à l'oiseau *onocrotale*. Voyez ce mot.

GOLANGE ou GOLANGO ou GOULONGO : espece de *daim* de la basse Ethiopie. Sa peau est roussâtre & tachetée de blanc : il a des cornes fort pointues, & est de la grosseur d'un mouton, il lui ressemble beaucoup pour la figure & pour le goût de la chair. Les Négres le comptent au nombre des meilleurs alimens ; mais les habitans de Congo, & une partie de ceux d'Ambundos, tiennent par une tradition fort ancienne, que la chair de cet animal est une chose sacrée : de sorte qu'ils aimeroient mieux mourir, non-seulement que d'en manger, mais encore que de mettre aucuns alimens dans un vase où l'on en auroit fait cuire.

GOLFE, *sinus*. Nom donné à un bras ou à une étendue de mer qui s'avance dans les terres, & qui est plus grand que la *baie*. Voyez ce mot. Les golfes d'une étendue considérable sont appellés *mers*. Telles sont la Méditerranée, la mer de Marmara, la mer

Noire, la mer Rouge, la mer Vermeille. Les petits golfes des îles Françoises de l'Amérique sont appellés *cul-de-sac*. Voyez MER.

On distingue les golfes *propres* & *médiats* ; & les golfes *impropres* & *immédiats* : les golfes propres sont séparés de l'Océan par des bornes naturelles, & n'ont de communication avec la mer à laquelle ils appartiennent que par quelque détroit, c'est-à-dire, par une ou plusieurs ouvertures moins larges que l'intérieur du golfe. Telle est la Méditerranée qui n'a de communication à l'Océan, que par le détroit de Gibraltar ; telle est la mer Baltique qui a pour entrée les détroits du Belt & du Sund. Les golfes impropres sont plus évasés à l'entrée, & plus ouverts du côté de la mer dont ils font partie ; tels sont les golfes de Gascogne & celui de Lyon. Le golfe immédiat est celui qui est séparé de l'Océan par un autre golfe ; soit qu'il en fasse une partie, comme le golfe de Venise ; soit qu'il forme une mer à part, resserrée dans ses propres limites que la Nature lui a marquées, comme la mer de Marmara qui communique avec l'Archipel. Le golfe médiat, est celui qui communique à l'Océan, sans autre golfe entre-deux, comme la mer Baltique, la mer Rouge & le golfe Persique.

Les golfes sont en si grand nombre, qu'il seroit très-difficile d'en donner une liste exacte. Nous exposerons seulement ceux qui sont les plus connus dans les quatre parties du monde, & dont il est mention dans l'Encyclopédie. Savoir ;

1°. En Europe, les golfes de Bothnie, de Finlande, de Venise ou Adriatique, de Lyon, de Genes, de Valence, de Gascogne, de Tarente & de Lépante.

2°. En Asie, les golfes de Perse, de Bengale, de Cambaye, de l'Inde, de Siam, de Tonkin & de Pekeli.

3°. En Afrique, les golfes Arabique & d'Arquin. On cite aussi les golfes de Sidra, de la Goulette & celui de Guinée.

4°. En Amérique, les golfes du Mexique, de Saint-Laurent, de Darien, de Panama, de Honduras, & ceux appellés improprement baies d'Hudson & de Baffin.

GOMALA. Nom qu'on donne dans quelques endroits des Indes Orientales au rhinocéros.

GOMBAUT. *Voyez* CALALOU.

GOMME, *gummi*. Selon M. *Geoffroi* (Mat. Médic.) c'est un suc végétal, concret, assez transparent, & d'une saveur douceâtre, qui se dissout facilement dans l'eau, qui n'est nullement inflammable, mais qui pétille & fait du bruit dans le feu. La gomme, selon cet Auteur, est composée d'une petite portion de soufre unie avec de la terre, de l'eau & du sel ; de sorte que ces choses étant jointes ensemble, elles forment un mucilage, un corps muqueux qui est nourrissant, & susceptible de la fermentation vineuse étant étendu dans de l'eau : telles sont la *gomme adragrante*, celle de *Bassora*, celle de *notre pays*, la *gomme arabique*, &c. *Voyez ces mots*. Ces sucs mucilagineux découlent ordinairement d'eux-mêmes des arbres & plantes connus sous les noms d'*acacia*, *barbe de renard*, du *cerisier*, de l'*abricotier*, &c. les gommes n'ont presque point d'odeur ni saveur. Leur nature est presque la même dans toutes les especes. Elles ne different que par la plus ou moins grande quantité de mucilage qu'elles contiennent.

On donne encore en Droguerie & en Pharmacie le nom de gomme à des sucs qui n'en ont point les caracteres, ils sont résineux : c'est ainsi que l'on dit improprement *gomme animé*, *gomme lacque*, *gomme copale*, *gomme élémi*, *gomme caragne* ; au lieu du mot *gomme*, &c. il faut donc dire ici *résine animé*, &c. *Voyez ces mots*.

On donne aussi le nom de *gomme-résine* aux substances peu ou point transparentes, qui participent tout à la fois des propriétés de la *gomme*, & de celles de la *résine* proprement dite. *Voyez l'article* RÉSINE. Au simple

ple coup d'œil on peut soupçonner la nature de ces sucs composés : l'opacité les décele. Les gommes & les résines sont transparentes. La résine est inflammable.

Les gommes-résines ordinaires du commerce sont, la *gomme ammoniaque*, l'*assa-fœtida*, le *bdellium*, l'*euphorbe*, le *galbanum*, la *myrrhe*, l'*opopanax*, le *sagapenum* & la *sarcocolle*. Ces sucs, qui suintent naturellement, ou par incision, à travers l'écorce de certains arbres ou plantes dont il est parlé dans ce Dictionnaire sous les noms qui leur sont propres, mis dans des menstrues aqueux, produisent une dissolution imparfaite & laiteuse. Cette liqueur éclaircie par le repos, fournit un dépôt où la résine pure domine, & qu'on peut retirer par le moyen de l'esprit-de-vin. On peut dissoudre entiérement les gommes résines avec un menstrue partie aqueux & partie spiritueux, tels que l'eau-de-vie, le vin & le vinaigre : il est bon d'observer que plusieurs de ces sucs contiennent les uns plus de mucilage ou gomme, & les autres plus d'huile ou résine. Il n'est pas encore bien décidé si l'écoulement de ces sucs est une maladie de l'arbre qui les produit, ou une simple surabondance de la seve.

GOMME D'ABRICOTIER. *Voyez* GOMME DE PAYS.

GOMME D'ACAJOU. *Voyez à l'article* ACAJOU.

GOMME ADRAGANTE. *Voyez* BARBE DE RENARD.

GOMME ALOUCHI. On donne ce nom à une substance friable, grise-roussâtre, qui participe plus de la nature résineuse, que de la gommeuse. Elle découle d'un d'arbre appellé *simpi* à Madagascar, il s'en trouve aussi dans les terres Magellaniques. Les Indiens l'emploient dans leurs parfums : elle est fort rare. *Voyez le mot* CANELLE BLANCHE.

GOMME AMMONIAQUE, est une gomme résine. *Voyez au mot* AMMONIAQUE (Gomme).

GOMME ANIMÉ. *Voyez* RÉSINE ANIMÉ.

GOMME ARABIQUE. *Voyez* ACACIA VÉRITABLE.

GOMME DE BASSORA, *gummi Baffora*. On donne ce nom à une gomme d'un blanc fale, de la nature de la gomme adragante, & qu'on nous apporte, depuis quelques années, des Echelles du Levant. Cette gomme peu tranfparente, mais folide, eft en morceaux de la groffeur du pouce: on dit que pendant les fortes chaleurs de l'été, elle découle abondamment, fans incifion artificielle, d'un petit arbre épineux, fort femblable à celui qui donne la *gomme adragante*.

La *gomme de Baffora* eft adouciffante & pectorale: les Teinturiers & les Confifeurs du Midi de l'Europe s'en fervent pour les mêmes vues & avec le même fuccès, que des *gommes arabique & adragante*. Comme la couleur & la propriété de ces gommes font à-peu-près les mêmes, on ne doit pas être furpris que la *gomme de Baffora* foit fi communément mélangée avec ces deux autres gommes, fur-tout dans le temps où leur prix ordinaire éprouve quelque augmentation: tout ce qu'on en peut déduire, c'eft qu'il doit fe faire dans le pays une grande récolte de cette forte de gomme.

GOMME CANCAME, *cancamum*. Eft une gomme-réfine très-rare: elle paroît être formée d'un amas fortuit de plufieurs efpeces de gommes & de réfines agglutinées les unes contre les autres: il y en a des parties qui comme le fuccin, ont une couleur jaunâtre, une odeur de réfine-laque, & qui fe liquéfient fur le feu, où s'enflamment à la lumiere d'une bougie. Une autre portion eft noirâtre, impure & fe liquéfie en partie, en exhalant une odeur affez fuave. Une troifieme & quatrieme parties font blanchâtres, jaunâtres, & fe diffolvent dans l'eau. On y trouve des particules de bois ou de pierres comme enclavées. Comme la récolte du cancame ne fe peut faire que quand le hafard en fait rencontrer à des Mariniers qui remontent les fleuves en Afrique & en Amérique; on en doit présumer qu'elle provient de différentes especes d'arbres qui bordent ces rivieres, & que les différens sucs qui en ont exudé, font tombés dans l'eau, & se sont accidentellement rencontrés & conglutinés ensemble avant que de se durcir. On estime fort la gomme-résine cancame pour les maux de dents. Cette substance quoiqu'impure est fort chere & très-recherchée pour les Droguiers à cause de sa singularité.

GOMME CARAGNE. *V.* CARAGNE ou CAREGNE.

GOMME DE CEDRE. *Voyez* RÉSINE DE CEDRE.

GOMME DE CERISIER. *Voy.* GOMME DE PAYS.

GOMME CHIBOU. *Voyez à l'article* GOMMIER.

GOMME ÉLÉMI. *Voyez* RÉSINE ÉLÉMI.

GOMME DE FUNÉRAILLES ou GOMME DE MUMIE, *gummi funerum.* C'est le nom que l'on donne quelquefois au bitume de Judée ou asphalte. *Voyez* ASPHALTE.

GOMME DE GAYAC. *Voyez* RÉSINE DE GAYAC *au mot* GAYAC.

GOMME DE GOMMIER. *Voyez* GOMMIER.

GOMME DE GENEVRIER. C'est la *sandaraque*: on l'appelle aussi *vernis*. Voyez GENEVRIER.

GOMME GUTTE. *Voyez* CARCAPULLI.

GOMME LAQUE. *Voyez* RÉSINE LAQUE *à l'article* FOURMIS DE VISITE.

GOMME DE LIERRE. *Voyez* RÉSINE DE LIERRE, *au mot* LIERRE.

GOMME MONBAIN. Elle est jaunâtre, rougeâtre, transparente, forte agglutinante: elle découle du tronc de l'acaja, du fruit duquel on tire une liqueur vineuse. *Voyez* ACAJA.

GOMME OLAMPI. *Voyez* RÉSINE OLAMPI.

GOMME D'OLIVIER. Elle découle de certains oliviers sauvages qui bordent la Mer Rouge: elle est astringente & détersive, sa couleur est jaune, & sa saveur un peu âcre.

GOMME OPOPANAX. C'est une gomme-résine. *Voyez* OPOPANAX, *au mot* GRANDE BERCE.

GOMME D'OXICEDRE. *Voyez* SANDARAQUE.

GOMME DE PAYS, *gummi nostras*. On donne ce nom aux différentes gommes qui découlent d'elles-mêmes des bifurcations de plusieurs arbres, tels que le *pommier*, le *pêcher*, le *prunier*, le *cerisier*, l'*abricotier*, l'*olivier*, &c. *Voyez ces mots*. La gomme de pays est plus ou moins pure : d'abord blanchâtre, ensuite jaunâtre, puis rouge & brunâtre : elle a une sorte d'élasticité. Les Chapeliers s'en servent dans leurs teintures.

GOMME-RÉSINE. *Voyez à l'article* GOMME.

GOMME DU SÉNÉGAL, *gummi Senegalense*. C'est la gomme qui découle de plusieurs especes d'acacias, dont les uns sont nommés *gommiers blancs*, & les autres *gommiers rouges*, parce qu'on en recueille deux sortes de gommes, la blanche & la rouge. Ce sont ces especes de gommes que l'on appelle dans le commerce *gomme d'Arabie* ou *Arabique*, ainsi nommée de ce que l'on nous a apporté la premiere de l'Arabie heureuse, ensuite d'Egypte, &c. mais le grand commerce s'en fait aujourd'hui au Sénégal, parce que ces especes d'acacias sont très-communs dans les forêts qui avoisinent ce pays. Les Maures de l'Afrique en viennent faire la traite : c'est un objet de commerce d'autant plus important, qu'il y a peu de manufactures qui n'emploient beaucoup de gomme arabique. On choisit pour l'usage intérieur celle qui est blanche ou d'un jaune pâle, transparente brillante ; & l'on réserve pour les autres usages celle qui est roussâtre. Les Négres se nourrissent souvent de cette gomme bouillie avec du lait. *Voyez* ACACIA & GOMMIER.

GOMME SÉRAPHIQUE. C'est la gomme-résine appellée *sagapenum*. Voyez ce mot.

GOMME TACAMAQUE. C'est la résine *tacamahaca*. Voyez TACAMAQUE.

GOMME TURIS ou TURIQUE ou VERMICULAIRE. *Voyez à l'article* ACACIA VÉRITABLE.

GOMMIER, *arbor chibou.* C'est un grand arbre de l'Amérique, ainsi nommé à cause de la grande quantité de gomme qu'il jete : on en distingue deux especes ; l'un se nomme *gommier blanc*, & l'autre *gommier rouge.*

Le *gommier blanc* est un des plus hauts & des plus gros arbres de nos îles, & en même temps l'un des plus utiles aux Sauvages de l'Amérique Septentrionale. Il s'éleve jusqu'à la hauteur de cinquante pieds, & a souvent quatre à cinq pieds de diametre. Son bois est blanc, dur, difficile à mettre en œuvre ; on en fait des canots d'une seule piece. Ses feuilles ressemblent à celles du laurier ; mais elles sont beaucoup plus grandes. Ses fleurs sont petites, blanches, disposées par bouquets au haut des rameaux ; son fruit est gros comme une olive, presque triangulaire, verdâtre d'abord & ensuite brunâtre : sa chair est tendre & remplie d'une matiere gluante & blanchâtre.

Le *gommier rouge*, qui croît aux lieux secs & arides dans la Guadeloupe, porte un bois également blanchâtre, mais tendre, de peu de durée, & qui se pourrit promptement. Il est revêtu d'une écorce épaisse & verdâtre, & d'une peau mince & roussâtre qui se sépare aisément : ses branches sont fort étendues, & portent en haut des feuilles disposées par touffes, ressemblant à celles du frêne, sans dentelures & d'un vert foncé : ses fleurs sont, comme les précédentes, par bouquets & blanches : il leur succede un fruit charnu, semblable à la pistache, résineux, & contenant un noyau dur.

Le P. *Plumier* prétend que ces gommiers ne different de nos térébinthes que par la structure de leurs fleurs, qui ne sont pas à étamines.

Une observation très-importante à faire, est que les gommiers du Sénégal ne donnent effectivement pendant l'été qu'une gomme, que l'on vend dans le commerce sous le nom de *gomme du Sénégal* ; voyez ce mot : tandis que les gommiers de l'Amérique ne distillent qu'une résine. Peut-être ces arbres gommiers n'ont-ils qu'une ressemblance apparente, & que ceux de l'Amérique devroient être plutôt nommés *résiniers*. En effet, le prétendu gommier d'Amérique donne, avec ou sans incision, depuis trente jusqu'à cinquante livres d'une résine blanchâtre & gluante comme la térébenthine, qu'on nous apporte quelquefois dans des barrils; d'autres fois elle a assez de consistance, & est enveloppée dans de grandes & larges feuilles qui naissent sur un grand arbre nommé *cachibou*, lequel croît dans le pays: c'est de-là qu'est venu le nom de *gomme chibou* ou *résine cachibou*. Les Américains & les Sauvages emploient ces feuilles à plusieurs ouvrages, & principalement à garnir les paniers d'aromates, afin d'empêcher que l'air n'y pénétre: ils brûlent quelquefois cette résine au lieu d'huile. On prétend que quelques Négocians mêlent cette résine, dont l'odeur est pénétrante, dans la résine élémi, même avec la résine animé & la tacamaque. Si la résine du gommier d'Amérique étoit une gomme, ce mélange frauduleux seroit impossible.

La résine du gommier d'Amérique est bonne pour la dyssenterie & la néphrétique: on la prend intérieurement comme la térébenthine, en *bolus* & au poids d'un demi-gros: appliquée extérieurement, elle est nervale. Les feuilles du gommier de l'Amérique sont estimées vulnéraires.

GOMMIER RÉSINEUX DES ILES MALOUINES. Cette plante nouvelle & inconnue à l'Europe, que M. de *Bougainville* a observée dans son voyage des îles Malouines, est, dit-il, d'un vert pomme, & n'a en rien la figure d'une plante: on la prendroit plutôt pour une loupe ou excroissance de terre de cette couleur; elle ne laisse voir ni pied, ni branches, ni feuilles. Sa fleur & sa graine sont très-petites: sa surface de forme convexe, est d'un tissu si serré, qu'on n'y peut rien introduire sans déchirement: sa hauteur n'est guere de plus d'un pied & demi, & on en voit qui ont six pieds de diametre : on peut monter dessus & s'y asseoir comme sur une pierre. Leur circonférence n'est régulière que dans les petites plantes, qui représentent assez la moitié d'une sphere; mais lorsqu'elles sont accrues, elles sont terminées par des bosses & des creux sans aucune régularité. Il sort de plusieurs endroits de leur surface des gouttes gommo-résineuses; leur odeur est forte, assez aromatique, & approche de celle de la térébenthine. Lorsqu'on coupe cette plante, on observe qu'elle part d'un pied d'où s'élevent une infinité de jets concentriques, composés de feuilles en étoiles enchâssées les unes sur les autres, & comme enfilées par un axe commun. Ces jets sont blancs jusqu'à peu de distance de la surface, où l'air les colore en vert. En les brisant il en sort un suc abondant & laiteux, plus visqueux que celui des tithymales; le pied est une source abondante de ce suc, ainsi que les racines qui s'étendent horizontalement & vont provigner à quelque distance, de sorte qu'une plante n'est jamais seule. Le gommier résineux paroît se plaire sur le penchant des collines, & toutes les expositions lui sont indifférentes. Quoique le suc de cette plante ne soit dissoluble pour la majeure partie que dans les spiritueux, lorsqu'elle est détachée de dessus le terrain, retournée à l'air & exposée au lavage des pluies, elle perd alors même sa substance résineuse; elle devient d'une légereté surprenante, & brûle comme de la paille. Les Matelots se sont servis avec succès de la résine de cette plante pour se guérir de légeres blessures.

GONDOLE. On donne ce nom à plusieurs especes de coquillages du genre des *tonnes* & de la classe des *univalves* : voyez ces mots. M. *Adanson* fait un genre particulier de ce coquillage, & le place à la tête des univalves, à cause de la simplicité de sa structure.

GONOLEK. Cet oiseau a été nommé ainsi par les Négres du Sénégal, c'est-à-dire dans leur langage, *mangeurs d'infectés.* M. *Adanson* l'a envoyé sous le nom de *pie-grieche rouge du Sénégal*. Cet oiseau remarquable par les couleurs vives dont il est peint, est à-peu-près de la grandeur de la pie-grieche d'Europe. Il n'en diffère pour ainsi dire que par les couleurs, qui néanmoins suivent dans leur distribution à-peu-près le même ordre que sur la pie-grieche grise d'Europe; mais comme ces couleurs en elles-mêmes sont très-différentes, M. *de Buffon* a cru devoir regarder cet oiseau comme étant d'une espece différente.

GORDIUS ou CRIN DE MER ou SOIE DE MER. Il paroît qu'on a désigné sous ces différens noms le même individu aquatique, ou des especes analogues, dont les unes vivent dans les eaux douces, & les autres dans les eaux salées. On trouve communément le gordius dans les lacs & dans les fontaines. Si on le coupe par morceaux, alors chaque morceau coupé conserve son mouvement, reprend, de même que le polype, une tête, un corps & une queue, quand on le remet dans l'eau. *Voyez* POLIPE.

M. *Linnæus*, qui parle de ce ver sous le nom de *gordius pallidus, caudâ capiteque nigris*, dit que les Naturalistes ont regardé ce qu'on disoit de ce ver, comme une fable si ridicule & si contraire à la Nature, qu'ils n'ont pas même fait une seule expérience pour le vérifier. *Gesner, Aldrovande* & *Jonston* ont parlé de ce ver sous le nom de *seta* ou de *vitulus marinus*. Les Smolandois l'appellent *onda-betel*. Il occasionne des inflammations dans la gorge des animaux qui l'avalent. Le gordius n'auroit-il pas quelque analogie avec les draconcules ou *dragonneaux* & les *crinons*. *Voyez* ces mots.

GORFOU, *catarractes*. Nom donné à un oiseau seul de son genre, de la grosseur de l'oie domestique, & qui se trouve dans la Mer Méridionale, & dont le caractere est d'avoir quatre doigts à chaque pied; savoir trois antérieurs & palmés, celui de derriere est isolé, fort élevé & placé dans l'intérieur du pied. Le bec est droit, épais & long de deux pouces & demi, & rouge. En un mot le bec & la mandibule supérieure ont à-peu-près la forme de ceux du *manchot*. Son plumage est d'un brun pourpré sur le dos, blanchâtre au ventre; le dessus de la tête & la gorge sont bruns & bordés de blanc; ses ailes qui sont fort courtes, & que l'oiseau porte étendues & déployées sans pouvoir s'en servir pour voler, sont couvertes de plumes petites & roides, au point qu'on les prendroit pour des écailles. Cet oiseau ne fait que nager & plonger : les petites plumes du dos sont très-roides; les plumes du front s'étendent jusqu'aux narines. Les pieds, les doigts & leurs membranes sont rouges, mais les ongles sont jaunes.

GORGE ou GOSIER, *gula plumbea*. C'est un petit oiseau de la figure & de la grosseur de la *gorge-rouge*: Voyez ce mot. Cet oiseau a une tache jaune près des yeux, la poitrine couleur de plomb. Son cou, son dos & sa queue sont bruns, son bec est noir & ses pieds sont roux : on lui donne aussi le nom de *véron*.

GORGE BLANCHE, *albecula*. C'est un oiseau de passage qui paroît en Angleterre au printemps, & qui quitte ce pays à l'approche de l'hiver : son bec est noir en partie, son plumage est presque tout blanc, particulierement à la gorge : il fréquente les haies & les jardins, se nourrit de cerfs volans, de mouches & d'autres insectes; il se tapit & saute de côté & d'autre dans les buissons, où il fait son nid fort près de terre : le dehors en est construit de petites tiges d'herbes & de brins de paille séche, le milieu est composé de joncs fins & d'herbes molles, & le dedans de crins & de poils fins : il pond cinq ou six œufs de couleur brune-noire, mélangée de noir & de vert.

GORGE BLEUE, *rubecula cærulea aut cyanecula*. Cet oiseau qui a la gorge bleue & le ventre rouge, est du genre des *fauvettes* ; Voyez ce mot. La *gorge bleue* est commune dans les champs aux environs de Strasbourg, & est aussi belle que celle de Gibraltar.

GORGE NUE. Cet oiseau que l'on a vu vivant à Paris, chez feu M. le Marquis de *Montmirail*, avoit le dessous du cou & de la gorge dénué de plumes, & simplement couvert d'une peau rouge; le reste du plumage étoit beaucoup moins varié & moins agréable que celui du *francolin*. La gorge nue se rapproche de cette espece d'oiseau par ses pieds rouges & sa queue épanouie, & du *bis-ergot* par le double éperon qu'elle a pareillement à chaque pied. On n'a point encore assez d'observations pour juger à laquelle de ces deux especes elle ressemble le plus par ses mœurs ou par ses habitudes.

GORGE ROUGE ou ROUGE-GORGE, *erithacus aut rubecula*. C'est un petit oiseau facile à distinguer, à cause de sa poitrine d'un rouge-orangé. Il a le dos d'un cendré-obscur, comme les grives. Il s'apprivoise aisément, devient familier. Pendant l'hiver il cherche sa nourriture dans les maisons, dans les jardins, sans avoir peur des personnes qu'il y rencontre. Cet oiseau ne paroît que l'hiver; il se retire dans les bois pendant l'été. En Septembre, il commence à se montrer dans les villes & dans les villages; il s'approche des habitations. C'est la saison où il chante. Il égaie alors la triste Nature, sur-tout en hiver. En effet, il chante mélodieusement; son ramage agréable console de l'absence du rossignol. Sa corpulence est un peu inférieure à cet oiseau; sa taille est svelte, élégante; son bec est grêle, délié & noir; sa langue est fourchue: il a le ventre blanc, les jambes & les pieds rougeâtres; tout le reste tire sur le cendré un peu verdâtre. On observe une ligne d'un bleu pâle, qui sépare la couleur rouge de la cendrée sur la tête. Sa queue a deux pouces & demi de longueur; il la tient élevée & la remue continuellement; l'iris de ses yeux est de la couleur d'une noisette. On connoît le mâle aux mêmes marques qui font distinguer le rossignol mâle d'avec la femelle. On éleve en cage le gorge-rouge, en lui donnant de la pâtée. Quand les petits sont élevés, ils mangent de tout comme les autres oiseaux. L'âge & le pays causent de grandes variétés dans ces sortes d'oiseaux : le printems est la saison de leurs amours : ils font leur nid avec art au milieu des épines ou sur de petits arbrisseaux : ils le couvrent de feuilles de chêne, & y font, d'un côté seulement, une entrée disposée en voûte. La femelle ne pond pas moins de quatre œufs & jamais plus de cinq. Si elle sort de son nid pour aller chercher sa nourriture, elle bouche ce passage avec des feuilles. Quelquefois elle fait son nid dans des creux d'arbres avec de la mousse, de l'herbe fauchée & de menues broussailles. Ces oiseaux aiment beaucoup la solitude, d'où vient le proverbe qui dit : " Deux gorges-rouges ne vivent pas sous le même " arbuste ". *Unicum arbustum non alit duos erithacos.*

La Lorraine sur-tout abonde en ces oiseaux, dont la chair est excellente.

On a donné le nom de *gorge-rouge de rocher* au *merle bleu.* Voyez ce mot.

La *rouge-gorge de Bologne* est tiquetée de cendré, de blanc, de roux & de noir.

Dans la Jamaïque on trouve aussi une espece de *gorge-rouge*, dont le haut de la tête, le dos & les ailes sont verts ; le tour du gosier est marqué d'une tache couleur de pourpre, ou d'un rouge éclatant ; le ventre est d'un jaune-blanc ; la poitrine est verte ; les pieds sont noirs, & les ailes couleur de cerise.

Le *gorge-rouge de l'île de Cayenne* : est un petit oiseau de savane, & qui est appellé au Brésil *itirana.*

GORGONE. *Voyez à l'article* ZOOPHYTE.

GOSSAMPIN. Arbre des Indes, d'Afrique & d'Amérique, dont le fruit mûr produit une espece de coton, connu sous le nom de *fromager* dans nos îles Françoises. Il tire son nom des deux mots latins, *gossipium,* coton, & *pinus,* pin ; parce qu'il a quelque ressemblance avec le pin, & qu'il porte une espece de coton. *Voyez* FROMAGER.

GOUDRAN ou GOUDRON ou GAUDRON. *Voyez à l'article* PIN. On donne le nom de *goudron des Barbades* à la pétrole d'Amérique. *Voyez* PÉTROLE.

GOUET. Nom qu'on donne au *pied de veau*.

GOUFFRE. Nom donné à ces tournoiemens d'eau causés par l'action de deux ou de plusieurs courans opposés. L'Euripe, si fameux par la mort d'Aristote, absorbe & rejete alternativement les eaux sept fois en vingt-quatre heures. Ce gouffre est près des côtes de la Grece. Le plus grand gouffre que l'on connoisse est celui de la mer de Norwege, à environ quarante milles au nord de la ville de Drontheim, entre le promontoire de Lofoden & l'île de Waron. On assure que ce gouffre a plus de vingt milles de circuit. Aux simples bruits populaires, on a ajouté bien des fables sur les propriétés de ce gouffre. On a dit qu'il faisoit un bruit épouvantable, que pendant six heures il attire à une très-grande distance les baleines, les vaisseaux, & rend ensuite pendant autant de temps tout ce qu'il a absorbé. On lit dans les *Mémoires de l'Académie Royale des Sciences de Suéde, Tome XII. année 1750*, que ce courant a sa direction pendant six heures du Nord au Sud, & pendant six autres heures du Sud au Nord : il suit constamment cette marche qui est toujours opposée au mouvement de la marée. Lorsque ce courant est violent, il forme de grands tourbillons ou tournoiemens qui ont la forme d'un cône creux & renversé. Il est dangereux uniquement dans les temps de tempêtes & des vents orageux, qui sont fréquens dans cette mer. C'est dans le temps que la marée est la plus haute & qu'elle est la plus basse, que ce gouffre est le plus tranquille. Il n'y a que vingt brasses d'eau en cet endroit. *Voyez les articles* COURANS, MER & VENTS.

GOUJON ou BOUILLEROT, *gobius fluviatilis*. C'est un petit poisson de rivage, de rocher, de riviere

& d'étangs de mer, qu'on confond souvent, mais à tort, avec l'*able*. Voyez ce mot.

On distingue plusieurs sortes de goujons : il y en a de blancs, de noirs, de jaunâtres, de grands, de petits & de moyens. Nous ne parlerons ici que du goujon de riviere, qui est le *goiffon* du Lyonnois. C'est un poisson à nageoires molles, couvert d'écailles, & qui est connu par-tout. Il a deux petits barbillons à la bouche, & comme les poissons du genre des carpes, trois osselets à la membrane des ouïes, & la bouche dépourvue de dents : il est garni d'une nageoire au dos, de deux au-dessous des ouïes, & de plusieurs sous le ventre. Il vit dans la fange & l'ordure. Sa longueur ordinaire est de cinq pouces : il a la mâchoire supérieure plus longue que l'inférieure. Sa chair étant frite est assez agréable à manger.

Ruisch, dans sa Collection des poissons d'Amboine, parle de plusieurs especes de goujons de rivieres, dont les habitans de ce pays se nourrissent. On voit à Augsbourg en Allemagne, un goujon de riviere qui a le corps plus serré & plus pâle que le nôtre. La saison de pêcher le goujon, est depuis Novembre jusqu'en Avril. On le prend à la nasse dans les rivieres, quelquefois aussi dans des filets, dont les mailles sont étroites. L'on peut en faire une pêche abondante, en jetant dans un endroit une tête de cheval ou de bœuf, car ils s'y assemblent aussi-tôt en très-grand nombre.

GOULU, *gulo*. Animal quadrupede, qui a cinq doigts aux pieds, & que M. *Brisson* regarde comme l'*hyene* des Anciens, mais que M. *Linnæus* met dans le genre des *belettes*. Voyez ces mots.

Ce goulu terrestre, que *Scaliger* appelle *vautour quadrupede*, parce qu'il se nourrit de cadavres, est le même animal que le *glouton*. Voyez ce mot.

Pavius qui a autrefois fait, en présence de *Jean Laët*, l'anatomie d'un goulu, dit y avoir remarqué trois choses singulieres qu'il a communiquées à *Tho-*

mas Bartholin. La premiere est qu'il n'a point de cordon ombilical. La seconde est que le foie du goulu est fortement lié avec le ligament du diaphragme ; & en cela il a rapport avec la constitution intérieure du foie de l'homme ; car dans les brutes, le foie est suspendu par un ligament. La troisieme est que l'intestin, depuis un bout jusqu'à l'autre, est de la même figure : il n'a point d'intestin cœcum, & les autres sont droits. On conserve dans le Cabinet Royal de Dresde, deux peaux de ces animaux.

GOULU. Espece de *cormoran apprivoisé*. Voyez ce mot.

GOULU DE MER. Espece de mouette, oiseau qui se trouve en grand nombre au Cap de Bonne-Espérance : on en voit de verts, de gris & de noirs. Leurs plumes font d'excellens lits. Leurs œufs sont délicats. Les mouettes ressemblent beaucoup aux canards, à l'exception du bec qui est pointu.

GOULU DE MER. Animal de mer Anthropophage, qui se trouve au Cap de Bonne-Espérance, & l'un des plus voraces de tous les animaux aquatiques. On en distingue deux especes. La premiere a jusqu'à seize pieds de longueur. Son dos est bleuâtre & son ventre blanc. L'expérience a malheureusement fait voir que sa gueule & son gosier sont si dilatables, qu'il peut avaler un homme tout entier, ses dents sont crochues, fortes & pointues ; & il en a trois rangées à chaque mâchoire. Il a deux nageoires sur le dos & quatre sous le ventre. Sa peau est dure, rude & sans écailles. Divers petits poissons (*remores*) s'attache ordinairement à ses côtés. La plupart des vaisseaux qui doivent aller près de la ligne, ou la passer, se pourvoient de tout ce qui est nécessaire pour prendre ces goulus de mer. Pour cela, ils ont un gros croc de fer qui est ordinairement attaché à une forte chaîne d'environ une douzaine de chaînons ; l'autre extrémité est liée à une forte corde d'une longueur considérable. L'amorce dont on se sert est une grosse piece de lard ou de bœuf. Dès que les Matelots découvrent cet animal, ils lui jettent l'hameçon. Le goulu amorcé suit cet appât; & se jetant dessus tout d'un coup, l'engloutit avec beaucoup d'avidité: le voilà pris. Quelques Matelots le tirent à bord, tandis que d'autres sont tout prêts à fondre sur lui avec des haches pour le tuer au moment qu'il arrive sur le tillac. Sans cette précaution, il briseroit & renverseroit tout par les mouvemens furieux de sa tête & de sa queue.

Le goulu de mer de la seconde espece, est plus large que le premier, mais moins long: il a six rangées de dents crenelées: la rangée d'en dehors est courbée; la seconde est droite; les quatre autres penchent du côté du gosier. Sa peau est rude comme une lime, & sa queue se termine en demi-lune; d'ailleurs il ressemble en tout au grand goulu. Cette sorte d'animaux nage avec beaucoup d'ardeur, de vîtesse & de force. Ils sont extrêmement voraces & très-avides de chair humaine; ils suivent volontiers & long-temps les vaisseaux. Il paroît que les goulus sont des especes de chien de mer. Voyez ce mot.

GOUPIL. *Voyez* RENARD.

GOURDE. Nom donné au fruit d'une plante cucurbitacée, dont la racine branchue périt toutes les années; c'est la calebasse de France. *Voyez à l'article* CALEBASSE D'AMÉRIQUE A FLACON.

GOURGANDINE. Coquille bivalve de la famille des cames tronquées, especes de cœurs, & du genre des *concha veneris* sans pointes. Voyez *Conque de Vénus.*

GOURGANES. Especes de petites féves, qui sont d'une fort bonne qualité. *Voyez au mot* FEVE.

GOUSSE: se dit d'une partie de l'oignon de la plante appellée *ail*. *Voyez ce mot & l'article* GOUSSE, *dans le Tableau Alphabétique du mot* PLANTE.

GOUTTE DE LIN. *Voyez* CUSCUTE.

GOYAVE & GOYAVIER. *Voyez* GUAYAVIER.

GRABEAU. C'est, chez les Epiciers-Droguistes,

les fragmens, poussieres, criblures & autres rebuts de matieres fragiles, comme *séné*, *quinquina*, &c.

GRAINE, *semen*. C'est la semence que la plupart des plantes produisent : chaque graine contient en soi le germe de la plante qui en doit naître : *voyez ce détail à l'article* PLANTE. La fécondité des végétaux offre quelque chose de remarquable. Il y a des plantes qui portent plusieurs centaines de graines, comme le chanvre & le millet. On a compté jusqu'à trois à quatre mille graines dans un seul calice de *soleil-vosakan*, quarante mille dans un épi de *typha*, espece de roseau appellé *masse-d'eau* ; mais tout cela n'est que le produit d'un pareil nombre d'ovaires ou de fleurs : il est bien plus extraordinaire qu'un seul fruit de tabac rapporte mille graines ; & celui du pavot blanc, & du nénufar blanc, appellé *volant*, huit mille. *Ray* rapporte qu'ayant pesé & compté de la graine de tabac, il avoit trouvé que mille douze ne pesoient qu'un grain ; & qu'ayant retiré d'un seul pied de tabac six gros de graine, il avoit conclu que ce pied avoit produit plus de trois cents soixante mille graines. Il estime de même qu'un seul pied de scolopendre rend annuellement plus d'un million de graines.

Il n'y a point de proportion constante entre la graine & la plante qui en provient, puisque les plus grands arbres portent souvent les plus petites graines, qui toutes contiennent une matiere farineuse & plus huileuse que les autres parties de la plante. Le haricot & le melon ont les graines plus grosses que le platane, le saule & le figuier.

En général, les animaux qui vivent le plus, sont ceux qui portent le plus long-temps leurs petits, mais il n'en est pas de même dans les végétaux. L'orme vit long-temps, & sa graine mûrit en moins de trois mois, souvent même avant qu'il ait repris ses feuilles.

Quand on étudie les plantes, il est essentiel d'observer dans les fruits, quels sont les endroits où les graines sont attachées. Dans certains végétaux, les

graines

graines font nues & attachées fur le réceptacle ; telles font les labiées : dans les autres, elles font renfermées dans une capfule, un offelet, ou une baie, & attachées aux parois de ce fruit, comme dans les brionnes, les pavots, les cruciferes, les légumineufes, &c. ou à un placenta ; ou enfin à une colonne, ou à un axe vertical.

On doit recueillir exactement toutes les graines, pour favoir l'âge & la qualité de ce qu'on feme : pour cet effet, on laiffe monter un peu de toutes les plantes, & on en feme les graines dans les faifons propres à chacune. Dans les jardins, on n'emploie que des graines d'un ou deux ans au plus ; cependant celles des féves, des melons & des pois, durent jufqu'à huit ou dix ans & plus, lorfqu'elles ont été bien confervées. M. *Bourgeois* rapporte une obfervation curieufe & utile pour les amateurs du jardinage, c'eft qu'ils doivent préférer les graines de la feconde année à celles de la premiere, à l'égard de plufieurs plantes potageres qui font fujettes, fur-tout dans les années chaudes, à monter trop tôt en graine ; telles font les différentes efpeces de laitues, de falades, les choux-fleurs, les brocolis, les épinards, &c.

Les graines des fleurs veulent être cueillies quand elles font prêtes à tomber, & confervées à fec. Lorfque les tiges qui les portent commencent à jaunir, & que l'on juge que les graines font mûres, on coupe le haut des tiges, & on laiffe les graines dans les enveloppes naturelles qui les renferment ; enfuite on les expofe quelque temps au foleil, afin que l'écorce en devienne plus dure : après quoi on les fufpend au plancher dans des facs étiquetés. Il faut excepter de cette regle les graines de giroflée & d'anémone, qu'il faut femer prefqu'auffi-tôt qu'on les a cueillies.

On feme les graines fur couche lorfque le fumier a perdu fa grande chaleur ; ou en pleine terre, dans des rayons efpacés de quatre ou cinq doigts, ou dans des caiffes portatives, dont le fond eft percé de plufieurs trous & couvert d'un pouce de charbon de terre. On doit semer les graines à fleur de caisse, en les couvrant d'un demi-doigt de terre qu'on y laisse tomber au travers d'un crible : il faut ensuite étendre un peu de paille par dessus, pour empêcher que l'eau des arrosemens n'emporte les graines. Quelques personnes, pour hâter la germination, mettent tremper la graine de la plante pendant huit jours dans du marc ou de l'huile d'olive, puis la mettent dans de la mie de pain chaud.

Nous avons dit que le plus grand nombre des plantes portent des graines qui germent & levent étant mises en terre, & produisent, selon les circonstances, beaucoup de variations dans les générations suivantes: mais parmi les plantes qui portent des graines, il y en a qui ne les amenent jamais à une maturité parfaite, comme sont celles dont les fleurs hermaphrodites ont le pistil stérile; & la plupart des fleurs doubles ou triples, ou multipliées, appellées semi-doubles, qui conservent au moins une partie des étamines ou des pistils, tels que le myrte, le grenadier, le pommier, le poirier, la mauve, l'ancolie, & quelques especes de renoncules. Il y a encore des graines qui ne levent jamais, quoique fécondées & bien conditionnées en apparence, comme sont celles de quelques liliacées, de quelques aristoloches, &c. D'autres n'ont jamais de graine, tels sont la plupart des byssus, les plantes qui ont les fleurs pleines, c'est-à-dire, dont les étamines & les pistils sont métamorphosés en pétales, tels que la fritillaire, le lys, le narcisse, la tulipe, le colchique, la tubéreuse, le safran, l'œillet, le rosier, le fraisier, le pêcher, le cérisier, le prunier, l'amandier, la capucine, la violette, la giroflée, la juliane, l'anémone, quelques especes de renoncules, &c. Enfin dans d'autres, les graines sont plusieurs années à lever, ou du moins les plantes qu'elles produisent sont très-long-temps à croître & à porter fleurs & fruits; tels sont le tilleul, le saule, le figuier, le peuplier, la vigne, &c.

Parmi les graines qui levent, il y en a qui demandent à être semées presqu'aussi-tôt qu'elles sont mûres; telles sont celles du café. D'autres conservent leur faculté germinative jusqu'à trente & même quarante ans; telles sont la plupart des légumineuses, & sur-tout la sensitive. Mais combien de plantes sont dans le cas de lever rarement ou très-difficilement, pour avoir été enfouies à une trop grande profondeur!

Les graines dont il semble que le vent se joue, aussi-bien que des feuilles, se trouvent encore dispersées çà & là, soit par les eaux courantes, soit par les animaux, soit par une force élastique qui leur est propre, en un mot, par divers artifices de la Nature, qui se sert de ces moyens pour perpétuer les landes, les forêts, & les autres plantations qu'elle a soin de faire dans tous les lieux où le terrain se trouve propre à la végétation.

On voit combien la dissémination des plantes présente de particularités remarquables. Celles que le vent emporte sont, 1°. ou ailées, comme dans plusieurs liliacées, nombre d'ombelliferes, quelques personnées comme la linaire, le tulipier, le bouleau, les pins; ou aigrettées, ou à crochet, ou cotonneuses & veloutées, comme le saule, le peuplier, le coton, l'anémone, la pulsatille: 2°. ou dans un calice aigretté, comme dans quelques gramens, plusieurs scabieuses, &c. Nombre d'oiseaux avalent les graines de l'avoine, du millet & d'autres especes de gramens, de la vanille, du gui, du genievre, &c. qu'ils rendent entieres, & qu'ils dispersent çà & là, même jusques sur les arbres. Quelques petits quadrupedes, tels que l'écureuil, le hérisson, la taupe, le rat, &c. emportent & ouvrent quantité de fruits pour en manger les graines, dont ils laissent échapper quelques-unes, ce qui donne lieu à ces graines de germer. Quantité d'insectes, tels que la fourmi, &c. sont dans le même cas. Certaines plantes, telles sont les graines de carotte, &c. appellées *cousins* dans les pays chauds, (parce qu'elles sont armées de crochets, au moyen desquels elles s'attachent aux poils &c. des animaux) sont transportées ainsi au loin. A l'égard des graines qui se dispersent d'elles-mêmes par une force élastique, on en trouve des exemples dans la plupart des fougeres & des tithymales, les *geranium*, les balsamines, le concombre sauvage, la violette, la cardamine impatiente, &c. Voyez aussi ce qui est dit de la graine du *guayavier à l'article* GUAYAVIER.

L'anatomie des graines, leur variété extrême, les voies dont la Nature se sert pour les semer, & le secret de leur végétation, seront à jamais l'objet des recherches & de l'admiration des Physiciens, & sur-tout des Observateurs microscopiques: voici quelques exemples de leur structure interne. La graine de l'angélique est une des plus odorantes; ôtez-en la premiere pellicule, & vous découvrirez au microscope ce qui produit sa charmante odeur; c'est une petite substance ambrée, couchée par filets sur toutes les cannelures de cette semence. Faites une section longitudinale à la graine de paradis, vous découvrirez en son centre un petit morceau de camphre parfait pour la saveur & la figure. La graine du grand érable présente au microscope une figure d'insecte qui a ses ailes étendues: après avoir ôté la pellicule brune qui y est fermement attachée, on découvre une plante toute verte, & singulierement repliée. La substance farineuse des féves, des pois, du froment, de l'orge & autres grains, est enfermée dans de petites membranes, qui sont comme autant de petits sacs percés de trous, à travers desquels on peut voir la lumiere, & qui paroissent des restes de vaisseaux coupés; en sorte que probablement chaque particule de farine est nourrie par des vaisseaux dont on ne voit plus que des extrémités tronquées. L'huile des amandes & de toutes les graines oléagineuses, est contenue dans de petits vaisseaux qui, vus au microscope, naissent des membranes dont ils font partie. Au reste, le Lecteur trouvera un nombre infini d'autres belles choses de ce genre, recueillies & décrites exactement par le Docteur *Parsons*, dans son ouvrage intitulé : *A microscopy theatre of seeds*. Avant de finir cet article, nous devons faire connoître une observation de M. *Bradley*, qui dit que les graines des arbres de forêts, &c. dégénerent si on les seme sur le même terrain où on les a recueillies; de sorte que pour remédier à cet inconvénient, il conseille de troquer chaque année les graines des arbres forestiers avec des Correspondans de Provinces différentes, comme cela se pratique pour les fleurs & pour les graines.

GRAINE D'AVIGNON. Fruit d'une espece de nerprun. *Voyez* Nerprun.

GRAINE DE CANARIE ou ALPISTE, *phalaris aut gramen spicatum, semine miliaceo albo*. Plante originaire des Canaries, & qu'on cultive en Espagne, en Toscane & dans tous les pays chauds de l'Europe. Elle pousse trois ou quatre tiges ou tuyaux noués & hauts d'un pied & demi. Ses feuilles sont semblables à celles du blé : elle porte des épis courts, garnis de petites écailles blanchâtres, & soutenant des fleurs blanches à étamines courtes. Il succede à ces fleurs des semences de différentes couleurs, oblongues, luisantes comme le millet, & à-peu-près semblables à celles de la graine de lin. Cette semence est apéritive, & propre pour la pierre du rein & de la vessie, étant prise en poudre ou en infusion. On en nourrit les oiseaux ; mais on prétend qu'elle les échauffe, si on leur en donne trop.

GRAINE D'ÉCARLATE. *Voyez* Kermès.

GRAINE DE GIROFLE. On ne comprend pas sous cette dénomination le girofle même, mais l'amome, qui est la graine du girofle rond ou le piment des Anglois. *Voyez* Girofle & Poivre de la Jamaïque.

GRAINE JAUNE ou GRAINETTE. C'est la graine d'Avignon. *Voyez à l'article* Nerprun.

GRAINE DE MUSC. *Voyez* Ambrette.

GRAINE DE PARADIS. *Voyez* Cardamome.

GRAINE DE PERROQUET. *Voyez à l'article* Cartame.

GRAINS, *granum*. On entend par ce mot tout ce qui fort des épis de quelque espece qu'ils soient. On distingue les grains en gros & en menus. Les *gros grains* sont le blé & le seigle ; les *menus grains* sont l'orge, l'avoine, les pois, le millet, les vesces, le maïs. On seme les gros grains en automne, & les menus au mois de Mars.

Il y a plusieurs causes principales de la destruction des grains ; savoir, 1°. la corruption occasionnée par la fermentation ; 2°. celle qui est produite par les insectes ou par d'autres animaux destructeurs, tels que les rats, les souris, dont on ne peut se préserver qu'avec de grandes précautions. Parmi les insectes, les plus communs sont les charansons, qu'on appelle en certains pays *cadelle* ; & les *teignes* ou *vers*, qui se changent en petits papillons, après s'être nourris de la farine du grain. La conservation des grains a paru un objet de la derniere importance à M. *Duhamel* ; il a cherché & trouvé des moyens dont nous avons donné une idée à l'article Blé. *Voyez ce mot.* Nous renvoyons cependant nos Lecteurs à l'ouvrage même de ce savant Académicien.

Dans plusieurs pays on tire une eau-de-vie des grains macérés & fermentés : on la nomme *Eau-de-vie de grain*.

GRAINS DE TILLI ou DES MOLUQUES. *Voyez à l'article* Ricin.

GRAINS DE ZÉLIM. *Voyez* Poivre d'Éthiopie.

GRAIS ou GRÈS ou PIERRE DE SABLE, *lapis arenarius*. C'est une pierre ignescente, composée de grains de sable quartzeux, plus ou moins atténués, de différentes figures, & liés ensemble d'une maniere plus ou moins intime à l'aide d'un gluten particulier. Plus les grains de sables, qui constituent la masse de grais, ont été rapprochés & fortement liés entr'eux, plus le grais est dur, compacte & pesant, mieux il étincelle avec le briquet, & mieux il se divise à l'aide du marteau. Le grais se trouve en masses ou roches informes, quelquefois par bans ou couches plus ou moins épaisses, & d'autant plus dures qu'elles sont plus éloignées de la surface de la terre. Il n'y a que le grais en roches qui se débite sur tous sens, de telle forme que l'ouvrage le demande.

Il peut y avoir du grais d'une très-grande antiquité; mais nous avons des preuves qu'il s'en forme sensiblement tous les jours. A l'inspection des gresieres, & de la diversité des formes de cette pierre, on conçoit sans peine la cause ou l'origine de la pierre meuliere, du grais à bâtir, &c.

Par exemple, qu'une grande quantité de fragmens de quartz grossiers soit chariée par l'eau dans une cavité où il stille un *gluten ignescent & argileux*, ou de la nature du petrosilex, & que le mélange ou l'agrégation s'en fasse grossiérement, il en résultera bien une espece de concrétion très-dure, mais inégale, comme vermoulue: tel est ce que les Lithologistes appellent *quartz carié* ou *pierre meuliere* ou *pierre à moudre*. Voyez ces mots. On s'en sert aujourd'hui à Paris en guise de moilon pour bâtir; le ciment prend corps & s'accroche dans les pores de cette pierre comme avec de la lave poreuse.

La Pierre à filtrer, *filtrum*, est communément un grais poreux, d'un tissu lâche & raboteux, composé de particules de sable grossieres, arrangées de maniere à donner passage aux gouttes d'eau troubles, & à les rendre limpides après leur infiltration. On trouve cette pierre dans les îles Canaries, & sur les côtes du Mexique. (Quelques Auteurs ont cru, mais à tort, que c'étoit une concrétion tophacée ou une espece de champignon de mer qui s'attache à des rochers.) Les Japonois qui s'en servent très-fréquemment, la regardent comme une éponge pétrifiée. On compte deux especes de pierres à filtrer; l'une est bleuâtre & comme de l'ardoise ; l'autre est grise & ressemble à du grais grossier. Au reste, il paroît que plusieurs pierres de différente nature, & sur-tout les grais dont on fait les meules à repasser les couteaux, ont la propriété de donner passage à l'eau épurée au travers de leurs pores. On trouve aussi en Ingermanie & aux environs d'Upsal des pierres à filtrer, qui ressemblent beaucoup à la pierre-ponce grise. Le Palais de Peters-Hof en est bâti. Les pores de ces pierres ressemblent à ceux du bois rongé : on en a aussi découvert depuis quelques années en Saxe.

Quand on destine ces sortes de pierres à filtrer l'eau, afin de la dégager des saletés & ordures qu'elle peut avoir contractées, on les taille pour leur donner la forme d'un mortier à piler ou d'un autre vase ; à l'extérieur on leur donne la figure d'un œuf par son côté le plus pointu ; c'est un ovale alongé. On laisse en haut un rebord, qui sert à soutenir en l'air la pierre sur une bâtisse de bois carré ; on verse l'eau dans ce filtre pierreux, elle passe au travers de la pierre, & les gouttes d'eau qui se sont filtrées, pures & limpides, viennent se réunir à la pointe de l'œuf, & tombent dans un vaisseau de terre qu'on place au-dessous. Mais cette filtration est très-lente, car les pores de la pierre se bouchent de plus en plus au moyen des ordures & du limon : la filtration seroit même totalement suspendue, si l'on n'avoit soin de frotter de temps en temps l'intérieur du filtre avec une brosse.

Le GRAIS GROSSIER, *lapis arenarius viarum*, est celui dont on se sert en France pour paver les rues des villes & des grands chemins, & pour faire des marches d'escaliers & d'autres ouvrages dans les endroits humides : on en trouve des carrieres & des blocs considérables dans la forêt de Fontainebleau. Ces carrieres sont à découvert : on choisit celui qui est blanc, sans fil, d'une dureté & d'une couleur égales. Ces grais sont souvent très-curieux par la variété de leurs couleurs. On le divise en cubes ou d'une autre manière selon l'usage; pour cela il suffit de frapper ou d'étonner la masse de grais avec un marteau tranchant, sur-tout dans la direction où l'on veut qu'elle se morcele : un phénomene à observer, c'est que les Ouvriers qui travaillent pendant quelques années à ce pénible ouvrage, sont bientôt attaqués d'une toux fâcheuse. On y résiste plus long-temps en travaillant en plein air & à contre vent.

Le GRAIS A BATIR, *cos ædificialis*, est une pierre composée de sable fin & d'argile. Il y en a de différentes couleurs & de différens degrés de dureté; ce qui la rend plus ou moins facile à être travaillée. On en trouve en Normandie près de Caen, & notamment en Suéde dans l'île de Gothland, (où on appelle cette sorte de grais, *pierre de Gothie*.) Il y en a qui sont tendres lorsqu'on les tire de la carriere, & qui durcissent à l'air, c'est la meilleure espece pour les bâtimens. Ceux qui se décomposent à l'air & à la pluie, sont de mauvaise qualité. On pique le grais pour en faire des ouvrages rustiques, qui s'appellent *ouvrages de gresserie*. On trouve beaucoup de carrieres en Suisse, d'un grais tendre & qui tient le milieu entre le grais dur dont on fait les pavés en France, & le grais à bâtir; on en fait usage pour construire les foyers des cuisines & des chauffe-panses, des potagers & des poîles des paysans, les fours à cuire le pain. Quoiqu'il soit tendre en sortant de la carriere, dit M. *Bourgeois*, il se durcit à l'air, pourvu qu'il soit à l'abri de la pluie & de l'humidité, & il résiste à la plus forte action du feu.

Le GRAIS DES REMOULEURS, *lopis cotarius*, est une pierre dont les particules sont d'une grosseur inégale, les unes petites, d'autres grosses, mais liées assez étroitement : l'eau peut néanmoins y pénétrer un peu. On s'en sert pour faire des pierres & des meules à aiguiser avec ou sans eau. Il y en a de blanches, qui sont faciles à tailler; on en fait des figures très-durables, des mortiers, de petites meules, &c. On en trouve aussi de grises, de jaunes & de rouges; la plus grande quantité se trouve en Suéde, notamment à Boda, Paroisse de Ratwik, en Dalécarlie. Il en vient aussi de Lorraine.

Grais de Turquie ou Pierre a faux, *cos Turcica*. C'est la pierre qui ressemble à certaines especes de *petro-silex* ou de *saxum*: son nom indique son usage; elle est d'un grain plus fin que la précédente espece. Sa couleur est grise, quelquefois veinée de brun. Si elle est séche & tendre, l'acier mort dessus en cet état; mais quand elle a été humectée avec de l'huile, elle durcit considérablement, acquiert au feu, de même que les pierres argileuses, une couleur souvent blanchâtre, d'autres fois rougeâtre, ensuite elle se demi-vitrifie. Les Marchands Merciers de Paris, &c. font venir cette sorte de pierre d'Ingermanie, de la Lombardie, d'Angleterre & de Suéde. Nous en avons trouvé une veine ou filon le long de l'étang & près du moulin de l'Abbaye Royale du Relec, entre Morlaix & Carhaix en Basse-Bretagne. Dans cette veine la forme des pierres imite des carrés longs & applatis.

Le Grais feuilleté ou a écorce, *cos fissilis*. Les particules de ce grais sont assez tendres & égales: on s'en sert en Piémont pour couvrir les maisons.

Indépendamment de toutes ces sortes de grais, des Auteurs en citent une espece qu'on trouve en Finlande, & dont les parties sont de différentes natures: c'est à proprement parler un gravier, peut-être un *saxum mixtum* ou pierre composée. On y reconnoît effectivement des grains de spath, de silex, de quartz, de mica. *Voyez* Saxum ou Roche & Gravier. On observe que les terrains qui avoisinent les montagnes chargées des rochers de grais, sont sablonneux. Les eaux & les vents charient & emportent les grains de sable, les déposent, & par ce moyen donnent souvent naissance à des sablieres ou couches de sable, ainsi qu'on peut l'observer aux environs de Fontainebleau, d'Etampes, &c.

Quant aux grais remplis de coquilles ou d'autres corps marins, qui forment quelquefois des couches sur la surface de certains endroits de la terre, ces couches doivent probablement leur naissance à des accidens ou à des inondations particulieres, c'est-à-dire, à des recessions de l'eau de la mer: souvent la couche supérieure est molle, & le lit qui est au-dessous se trouve dur. Il n'est pas même rare de rencontrer au-dessous de plusieurs lits les matieres non mélangées dont la pierre est composée, & celle qui sert à en lier les grains.

En Normandie on donne le nom de *grais à pot* à une sorte de terre argileuse qui se trouve près de Domfront, dont on se sert pour faire des pots à beurre. En examinant cette terre fort tenace, mais fusible en quelque sorte, on trouve qu'elle n'est qu'un mélange de terre glaise fort grasse, & de sablon blanc, semblable à celui d'Étampes. Une singularité qui mérite l'attention des Naturalistes, c'est qu'on trouve dans les trous, d'où l'on a tiré cette terre, de petits poissons que les Ouvriers pêchent & qu'ils mangent. D'où viennent ces poissons? Il n'y a dans les environs ni étangs, ni riviere, ni aucune eau courante apparente! Si on examinoit bien les issues souterraines, on découvriroit certainement quelques embouchures de communication.

GRAISSE, *adeps*. Des Auteurs comprennent sous ce nom le lard, le suif, le sain-doux ou graisse, l'huile adipeuse, celle de la moëlle, &c.

La graisse proprement dite est une substance onctueuse, de consistance plus ou moins molle, qui se trouve non-seulement dans les cavités du tissu cellulaire, sous presque toute l'étendue des tégumens de la surface du corps de l'homme & de la plupart des animaux, mais encore dans les cellules des membranes qui enveloppent les muscles, qui pénétrent dans l'interstice des fibres musculaires, dans les paquets des cellules membraneuses, dont sont couverts plusieurs viscères, tels que les reins, le cœur, les intestins, & principalement dans le tissu cellulaire des membranes qui forment le mésentere, l'épiploon & ses dépendances. La graisse est plus abondante dans certaines parties de l'homme, que dans d'autres : il y en a beaucoup au ventre, aux fesses & aux mamelles, aux reins, &c. moins sur les mains & sur les pieds, & peu ou point sur le bord des lévres : elle sert à donner de la souplesse aux muscles, une mollesse convenable dans la peau pour favoriser le jeu des vaisseaux & des nerfs de cette partie, à faciliter la sortie des excrémens & la transpiration cutanée, en conservant aux pores leur perméabilité. La graisse qui est renfermée dans la membrane adipeuse sous la peau, contribue à défendre le corps des injures de l'air, & sur-tout contre la rigueur du froid ; (car on remarque communément que les personnes grasses sont beaucoup moins sensibles au froid que les maigres). Elle sert aussi à tenir la peau tendue, égale dans sa surface pour l'arrondissement des formes dans les différentes parties où il manqueroit sans ce moyen. C'est ainsi que la graisse contribue beaucoup à la beauté du corps, en empêchant que la peau ne se ride, en remplissant les vides dans l'intervalle des muscles, où il y auroit sans elle des enfoncemens défectueux à la vue, particulierement à l'égard du visage ; sous la peau des joues, des tempes, où il se trouve dans l'embonpoint, *obesitas*, des pelotons de graisse qui soulevent les tégumens & les mettent de niveau avec les parties saillantes. La même chose a lieu par rapport aux yeux dont le globe est aussi enveloppé dans la graisse (excepté dans sa partie antérieure). Cette graisse sert à en faciliter le jeu & le mouvement de ses muscles, &c. La graisse est insensible par elle-même, mais elle tient lieu de coussinet dans certaines parties, & empêche qu'elles ne soient exposées à des pressions incommodes, douloureuses, & même à des contusions, comme aux fesses, au pubis, à la plante des pieds. *Voyez sur cet objet les Ouvrages des Physiologistes.*

La graisse est communément d'une saveur peu agréable, & même fastidieuse. Elle est évidemment de la nature des huiles grasses; elle ne se mêle point avec l'eau, elle y surnage, & peut servir d'aliment à la flamme. Prise intérieurement elle fatigue l'estomac; employée comme remede, elle convient contre l'action des poisons corrosifs; appliquée extérieurement, c'est un émollient & un adoucissant. On a attribué à quelques graisses plusieurs vertus particulieres: telles sont la graisse humaine, celles d'ours, de viperes, de blaireau, de chien, de castor, de veau, de chapon, de canard, d'oie, &c. Nous exposons les propriétés des différentes graisses, en parlant de chaque espece d'animal. Quelque blanches que soient les graisses, elles jaunissent, deviennent âcres, & rancissent au bout d'un certain temps. Il y en a qui acquierent une sorte de dureté, même sans froid; tel est le suif. D'autres se liquéfient, se fondent à une chaleur assez modérée, ou produisent de l'huile; telles sont les graisses des animaux marins & cétacées. En général on a observé que la graisse des frugivores est assez solide, & que celle des animaux carnassiers est très-molle, &c. Enfin on trouve des graisses dont l'odeur est toujours pénétrante.

Pour purifier la graisse, on la monde des membranes & vaisseaux qui s'y trouvent mêlés, on la lave pour la dépouiller de la partie gélatineuse qu'elle peut contenir; après cela on la fait cuire pour la purger de l'eau qui y resteroit, & qui gâteroit les pommades, les savons & les onguens qui auroient pour base la graisse même.

Le VIEUX-OING est de la vieille graisse de porc, ou d'autres animaux, dont on enduit les extrémités de l'essieu des voitures. Quand cette sorte de graisse s'est chargée, par le frottement, des parties de fer de l'essieu & de la garniture des roues, alors elle prend le nom de *cambouis*, espece d'onguent noirâtre si estimé par quelques-uns pour résoudre les hémorroïdes, étant appliqué dessus: des Charlatans ont long-temps fait un secret de ce liniment épaissi.

GRAISSET. Nom que l'on donne à une petite *grenouille verte* qui a la faculté de monter le long des corps les plus polis. *Voyez à l'article* Grenouille.

GRAMEN ou Plantes graminées. C'est le nom qu'on donne aux plantes de la famille des chiendens: tels sont les joncs, les roseaux, les fromens, & quantité d'autres culmiferes.

La plupart des gramens forment des herbes annuelles ou vivaces, droites ou rampantes, & plus ou moins rameuses. Il y en a qui s'élevent jusqu'à la hauteur de trente pieds, tel est le *bambou*. Dans le plus grand nombre de ces plantes, la principale racine ressemble à une tige qui trace & qui jete des fibres de chaque nœud. Tous les *gramens* ont une ou plusieurs tiges, rondes, ramifiées & traçantes dans presque toutes, triangulaires, droites & sans ramifications. Dans quelques autres, comme la plupart des souchets, les feuilles sont simples, alternes, entieres, étroites, & fort alongées. Il n'y en a qu'un petit nombre qui aient un pédicule à l'origine des feuilles; elles forment dans leur partie inférieure, autour de la tige, une gaine qui est fendue d'un côté sur toute sa longueur dans le plus grand nombre, & qui est d'une seule piece dans quelques autres. La plupart des graminées ont les fleurs hermaphrodites: celles dont les fleurs mâles se trouvent séparées des fleurs femelles, sont toujours sur le même pied, & le plus grand nombre sont, dit M. *Deleuze*, à trois étamines, sur-tout dans les vrais gramens, dans lesquels le germe est aussi ordinairement surmonté de deux houpes en plumets. Quelques-unes de ces plantes ont, outre le calice, une enveloppe qui accompagne les fleurs, ou qui les enveloppe sous la forme d'un écaille ou d'une soucoupe diversement découpée, & d'une structure fort différente de celle des feuilles. La poussiere séminale est composée de globules jaunes, luisans, très-petits. Les racines de ces plantes sont apéritives. Celles qui ont une odeur aromatique sont stomachiques, leurs grains sont farineux & très-nourrissans. L'on supplée à leur disette par les racines tubéreuses de quelques-unes. En général toutes les parties des *gramens* sont saines : les bestiaux mangent les feuilles de ceux qui ne sont pas trop rudes, ni trop tranchans. Les tiges de ces plantes ont presque toutes un goût sucré, sur-tout vers les nœuds dont les tiges sont coupées dans leur longueur. Ce goût sucré est apparemment un appât qui détermine les chevaux à donner la préférence à ces sortes de plantes dans les pâturages. On trouve des exemples de ces divers détails aux articles Souchet, Roseau, appellé *masse d'eau*, Schœnanteou Jonc odorant, Paniz, Chiendent, Sorgo, Maïs, Avoine, Nard, Canne a Sucre, Riz, Blé, Seigle, Tirsa, &c.

GRAMMATIAS ou GRAMMITES. Des Naturalistes donnent ce nom tantôt à un jaspe, & tantôt à une agathe, &c. qui sur un fond rouge sont marquées de raies blanches. On en voit dans tous les cabinets des Curieux, sur lesquelles on remarque des lettres bien formées, ou très-approchantes. Ces lettres y sont figurées, ou par des lignes en forme de veines, ou par des rebords saillans, mais toujours d'une couleur différente du fond de la pierre : quelquefois elles sont toutes en relief; tantôt elles n'effleurent que la surface, & d'autres fois elles la coupent & la pénétrent intérieurement. M. *de la Faille*, qui a donné un Mémoire sur les pierres figurées du pays d'Aunis, dit que les cailloux qui servent au pavé de la Rochelle sont si riches en cette bizarrerie, qu'ils lui ont en quelque sorte fourni un alphabet lapidifique. Les lettres A, i, l, n, v, x, s'y distinguent particulierement.

GRANDE BERCE ou Panacée, *sphondilium majus*. Plante qui croît dans la Macédoine, dans la Béotie & dans la Phocide d'Achaïe : elle est également connue des Botanistes sous le nom de *panax d'Héraclée*. Sa racine est longue, blanche, pleine de suc, odorante, un peu amere, & couverte d'une écorce épaisse; sa tige est haute & cotonneuse; ses feuilles ressemblent à celles du figuier, elles sont rudes au toucher & divisées en cinq parties; ses fleurs naissent en ombelles ou parasols au sommet des branches; elles sont petites, blanches, composées chacune de cinq feuilles inégales, disposées en fleur de lis : à ces fleurs il succede des semences jointes deux à deux, applaties, larges, ovales, échancrées par le haut, rayées sur le dos, jaunâtres, d'une odeur forte, & d'une saveur piquante.

Pour tirer de cette plante la gomme-résine, qui porte le nom d'*opopanax*, *opopanacum*, on fait une incision au bas de la tige & à la racine : alors il en découle une liqueur blanchâtre, laquelle s'épaissit & se dessèche, & prend à sa superficie une couleur jaunâtre, quelquefois roussâtre.

L'opopanax est un suc gommo-résineux, grumeleux, gras, cependant friable, fort amer, âcre, d'une odeur de fénugrec, d'un goût qui excite un peu les nausées. Cette gomme-résine est souvent remplie d'impuretés : elle est très-chere & très-recherchée; on nous l'apporte d'Orient. Elle s'enflamme en partie; l'autre partie se dissout dans l'eau, mais elle la rend laiteuse. L'opopanax pris intérieurement, incise & divise les humeurs visqueuses; il dissipe les vents, & purge lentement : il convient dans les maladies du cerveau, des nerfs, même pour les obstructions & la suppression des regles : extérieurement il amollit les tumeurs, résout les squirres, les nœuds & les ganglions : c'est un des ingrédiens de la grande thériaque.

GRANDE ÉCAILLE. Poisson des Antilles, qui tire son nom de ce qu'il est couvert de grandes écailles : il nage en troupe; sa longueur est de cinq à six pieds : sa chair est grasse & d'un bon goût.

GRAND GOSIER ou **ONOCROTALE**. *Voyez* **Pélican**.

GRANIT ou **GRANITE**, *granitum*. Le granite est composé essentiellement de petites pierres opaques comme grenelées, les unes très-dures, d'autres assez tendres, toutes liées ensemble par une espece de ciment naturel plus ou moins fort. Ce mélange qui donne des étincelles, quand on le frappe avec le briquet, fait regarder le granite comme une pierre de roche plus composée, mais moins durable que le *porphyre*. Voyez ce mot.

Les granites dont la liaison est imparfaite, ou dont le ciment est trop tendre, ne peuvent être employés aux ouvrages qui exigent que la pierre soit pleine, ou qui demandent un poli vif. Ceux dans lesquels le ciment est d'une force & d'une dureté suffisantes, sont les plus solides & les plus beaux. Les grains du granite, & la matiere qui les lie, varient de couleur : on en trouve dont le fond est blanc & quartzeux ; dans d'autres il est rouge, & de nature silicée ou de spath fusible ; dans d'autres enfin il est ou vert ou jaune, & très-dur. Est-il tendre & spatheux, il est farineux & quelquefois calcaire ; alors il se détruit promptement, & ce n'est qu'un *faux granite*.

Si l'on considere bien les granites & leur tissu, on distingue au premier coup d'œil une sorte de ressemblance avec les marbres ; ce qui les a fait placer dans ce genre de pierres par quelques Naturalistes. Ils en different cependant essentiellement par les parties constituantes. Le marbre est une pierre calcinable ; au lieu que le granite est composé ordinairement de petits grains durs, de matieres vitreuses, & d'un ciment mêlé de paillettes de mica, qui résistent au feu ordinaire sans passer à l'état d'un verre parfait. Le ciment qui unit ces pierres vitrescentes, étant plus ou moins terreux, doit, à la longue, être en prise à l'injure des temps : c'est effectivement ce qui arrive. M. *de la Condamine* a remarqué que les faces de l'aiguille de Cléopâtre, subsistante encore à Alexandrie, qui sont les plus exposées aux mauvais vents, se calcinent à l'air, de façon qu'on ne peut plus rien connoître aux caracteres hiéroglyphiques dont elles étoient chargées. A la vérité cette destruction n'est produite qu'après un laps de temps considérable ; & peut-être l'énormité de la masse est-elle la seule cause qui ait fait crevasser & désunir les petites masses : par ce moyen le ciment aura été en prise aux injures de l'air, & le granite aura perdu son poli ; mais d'ailleurs le fond de ce granite est encore excellent : il n'en est pas de même des colonnes de granite que l'on voit dans la place de Séville ; quoiqu'élevées depuis peu de temps, elles sont prodigieusement altérées. Cette différence vient de la nature des pierres & du ciment.

Les carrieres de l'Égypte ont fourni aux Égyptiens ces morceaux de granite d'une grandeur prodigieuse, dont les Rois ont fait construire à l'envi de superbes monumens pour braver la mort & le temps, ou pour sauver leur être de l'oubli, monumens qui, après la destruction de cette Monarchie, ont servi & servent encore à l'ornement & aux fastes des plus riches Capitales, tant de l'Europe que de l'Égypte même. Les fameux obélisques Égyptiens que l'on voit encore à Rome sont d'un rouge violet : c'est le *granito rosso* des Italiens. La grandeur énorme de ces pierres, & la diversité de nature que paroissent avoir entr'elles les parties dont le granite est composé, a fait croire à quelques-uns que ces pierres avoient été fondues, en un mot qu'elles étoient l'ouvrage de l'art & non de la nature : mais, nous le répétons, tout l'art des Anciens, l'industrie Égyptienne, ne consistoit à cet égard qu'à chercher ces grosses masses de granite, & à détacher & tirer des entrailles de la terre, les morceaux très-grands dont ils faisoient leurs colonnes & leurs obélisques.

On s'est imaginé, sans fondement, qu'il n'y avoit que l'Égypte qui pût fournir du granite. La plupart des îles de l'Archipel sont couvertes d'un granite blanc ou grisâtre, pétri naturellement avec des morceaux de mica noirâtres & brillans. M. *de Tournefort* en a vu à Constantinople dont le fond est isabelle, piqué de taches couleur d'acier. Le granite violet oriental, qui est marqué de rouge & de blanc, vient de l'île de Chypre; celui de Corse qu'on tire près de San-Bonifacio, est rouge, mêlé de taches blanches; celui de Monte-Antico près de Sienne, est vert & noir; celui de l'île d'Elbe sur la côte de Toscane, est roussâtre; les Romains l'aimoient & en tiroient une grande quantité de cet endroit-là. Le granite Psaronien est ainsi nommé de ses taches qui imitent la couleur du sansonnet. Le granite de Saxe est pourpre. On trouve en abondance dans l'île de Minorque, du superbe granite rouge & blanc, marqueté de noir, de blanc & de jaunâtre, dont on fait à Londres de très-beaux dessus de table. L'Angleterre, l'Irlande, &c. possedent deux sortes de granites, du noir & blanc fort dur, & du granite rouge, blanc & noir, d'une grande beauté. Enfin M. *Guettard* nous apprend dans les *Mémoires de l'Académie Royale des Sciences*, ann. 1752, que plusieurs Provinces du Royaume de France pourroient nous fournir des carrieres immenses de granite, & que quelques-unes en peuvent donner des morceaux qui ne le céderoient ni en grandeur ni en dureté, à celui qu'on tiroit autrefois de l'Égypte. Dans les voyages pour l'Histoire Naturelle, que nous avons faits en France, avec la protection & l'aveu du Gouvernement, nous avons examiné ces mêmes carrieres de granite; & dans la comparaison que nous en avons faite à l'aide du ciseau, du briquet, & par les expériences chymiques, nous avons jugé que celui des environs d'Agey, près la montagne de Sombernon en Bourgogne, étoit le plus beau granite du Royaume; & qu'il pouvoit par sa dureté, sa pesanteur, sa nature, contrebalancer à tous égards celui d'Égypte. Il se trouve de même en masse de roches d'une grandeur énorme.

On trouve le même ordre dans les fossiles & les différens terrains de l'Égypte, de l'Asie & de la France. Il paroît qu'il y a, comme en France, une bande marneuse, qui ne produit que des pierres blanches à bâtir, enveloppées d'une bande schisteuse, qui contient des marbres, des granites, & toutes sortes de productions métalliques, & qui enveloppe à son tour une bande purement sablonneuse; telle est la remarque de M. *Guettard*.

Dans plusieurs de nos Provinces, on bâtit des maisons, & on pave les chemins avec du granite capable d'être employé aux ouvrages les plus recherchés. Il y a déjà quelques années qu'on en fait des chambranles, des portes, des cheminées: toutes les colonnes qui passent pour être de pierre fondue, sont de granite de France. Nos granites les plus beaux, sont ceux des environs d'Agey & du Mont-Dauphin; ceux des environs d'Alençon, de Limoges & de Nantes. Il s'en trouve d'assez beaux près de la source de la Dordogne. Il y en a aussi aux environs de Saint-Sever en basse Normandie, du côté de Granville; on le nomme dans le pays *carreau de Saint-Sever* ou du *Gast*, parce qu'effectivement dans la forêt du *Gast*, il s'en trouve qu'on sépare facilement en tablettes avec des coins de fer. Voici une anecdote qui mérite de trouver place ici. Au mois de Novembre 1768, on a découvert une énorme masse de granite, & isolée, dans un vaste marais, près d'une baie que forme le golfe de Finlande. On l'a fait mesurer, & l'on a trouvé que sa hauteur prise de la ligne horizontale, est de vingt un pieds, sur quarante-deux de longueur & de largeur; on a osé former le dessein hardi & digne des anciens Romains, de faire transporter ce rocher jusqu'à Saint-Pétersbourg pour servir de piédestal à la statue équestre de Pierre le Grand, que Catherine II fait ériger en cette Ville à la gloire de ce Héros législateur. A l'inspection de ce bloc, on fut frappé d'étonnement; on reconnut qu'un coup de foudre avoit fracassé la pierre d'un côté; on abattit ce morceau endommagé; & l'on crut distinguer comme un assemblage de pierres fines. Mais on sait que le granite n'est pas une pierre homogene, c'est un composé de quartz, de spath fusible, de mica, liés ensemble par un ciment. Le quartz est quelquefois cristallisé en pointe de diamant, & peut être de différentes couleurs; le spath fusible est quelquefois teint de rouge foncé, comme les grenats; en jaune, comme la topase; en violet, comme l'améthyste; le mica a souvent l'éclat de l'argent natif en feuilles, & tous ces accidens naturels ont été pris pour autant de pierres précieuses par des personnes qui n'étoient pas Naturalistes, ainsi que nous l'avons jugé d'après les échantillons qu'on nous en a remis; au reste ce granite est très-beau, il est de la nature de ceux qu'on appelle *indestructibles*. Mais cette indestructibilité ne peut pas être comparée à celle du porphyre. Le granite étant une pierre formée par l'aggrégation de matieres de différentes natures, une telle masse exposée à l'air libre pourra recevoir des altérations par le grand froid & le poids de la statue; heureusement que l'Artiste chargé de l'exécution de ce monument a imaginé de le laisser en roc brut & escarpé, afin de marquer à la postérité d'où le grand Monarque étoit parti, & quels obstacles il avoit surmontés: cette idée aussi neuve que sublime, conservera la masse en son entier, elle ne pourra être altérée que par le pourtour, & la statue fixée au milieu de la superficie, n'altérera pas sensiblement un tel bloc, dont le poids calculé géometriquement monte à trois millions deux cents mille livres. Le plus grand obélisque qu'on connoisse, celui que Constance, fils de Constantin le Grand, fit transporter d'Alexandrie à Rome, ne pesoit que neuf cents sept mille sept cents quatre-vingt-neuf livres, ce qui ne fait pas la troisiéme partie du poids du rocher porté à Pétersbourg. Au reste le transport & l'élévation de ces monumens colossaux effraient toujours l'imagination.

GRAPPELLES. *Voyez* GLAITERON.

GRAPPE MARINE. *Voyez* ZOOPHYTE & RAISIN DE MER.

GRASSETTE. *Voyez* ORPIN.

GRASSETTE, *pinguicula aut oleosa*. Cette plante, curieuse & utile à connoître, se nomme aussi *herbe grasse* ou *huileuse*: elle croît sans culture dans les prés & autres lieux humides & marécageux, & sur les montagnes arrosées des eaux qui proviennent de la fonte des neiges. Quoiqu'on la rencontre aux environs de Paris, elle aime mieux les pays froids. Elle est vivace, & se multiplie de graines sans être cultivée ; car on a de la peine à la faire venir dans les jardins.

Sa racine consiste en quelques fibres blanches, assez grosses, eu égard à la petitesse de la plante : elle pousse six à huit feuilles, couchées sur terre, oblongues, obtuses en leur extrémité, luisantes comme si elles étoient frottées d'huile ou de beurre, unies, sans dentelures, & d'un vert pâle. Il s'eleve d'entr'elles des pédicules hauts comme la main, qui soutiennent chacun en son sommet une fleur violette, ou blanche, ou purpurine, semblable à celle de la violette, mais d'une seule piece coupée en deux lévres, & terminée dans son fond par un long éperon. A la fleur succede un fruit ou coque enveloppée d'un calice par le bas, laquelle s'ouvre en deux quartiers, & laisse voir un bouton qui contient plusieurs semences menues & arrondies.

La grassette est vulnéraire, & si consolidante, que ses feuilles, froissées entre les doigts, & appliquées sur les coupures & autres plaies récentes, les guérissent promptement. Le suc onctueux & adoucissant, qu'on en exprime, sert d'un liniment merveilleux pour les gerçures des mamelles des femmes, des vaches & du pis des rennes : on en fait en quelques pays un vin médicamenteux, ou un sirop qui purge assez bien les sérosités. Il y a des personnes qui jetent une poignée de ses feuilles dans un bouillon de veau, ce qui le rend laxatif & propre dans les constipations. Mais le principal usage de cette plante est extérieur : sa racine pilée & cuite en cataplasme, soulage & même guérit les douleurs sciatiques & les hernies des enfans. Dans le Nord on se sert de ses feuilles écrasées pour rendre les cheveux blonds. Les Paysannes, en Danemarck, se servent du suc gras de ses feuilles, au lieu de pommade : elles en frottent leurs cheveux, dont elles forment ensuite des boucles & des tresses. Cette espèce de pommade donne de la consistance à leur frisure. M. *Linnæus* dit qu'il y a peu de Médecins qui connoissent les vertus singulieres de cette plante, & sur-tout du suc graisseux de ses feuilles : il ajoute que les Laponnes versent par dessus ces feuilles fraîches le lait de leurs rennes récemment trait & encore tout chaud, après quoi, elles le laissent reposer pendant un jour ou deux, pour qu'il s'aigrisse. Cette opération lui fait acquérir plus de consistance, sans que la sérosité s'en sépare, & le rend très-agréable au goût, quoiqu'il ait moins de crême. Il suffit de mettre une demi-cuillerée de ce lait caillé sur de nouveau lait, pour le faire cailler de même, & ainsi de suite, sans que le dernier soit inférieur en rien au premier ; néanmoins si on le garde trop long-temps, il se convertit en sérosité, que les Lapons appellent *syra*. Les Anglois méridionaux appellent la grassette *whytroot*, ce qui signifie *tue-brebis*, parce qu'elle fait mourir les moutons qui en mangent faute d'autre nourriture.

GRATECUL, est le fruit qui succede à l'églantine, c'est-à-dire, à la fleur de l'églantier. *Voyez au mot* Rosier sauvage.

GRATERON. Nom donné au *muguet des bois* & au glouteron, dont les fruits s'accrochent aux habits des passans : *voyez* Glaiteron & Muguet des bois. Le véritable grateron est le Rieble, *aparine vulgaris*, Cette plante qui vient communément dans les haies & quelquefois parmi les blés, a une racine menue, fibreu-

L 4

se. Ses tiges sont carrées, rudes au toucher, genouillées, pliantes, grimpantes, branchues & fort longues. Ses feuilles étroites, rudes & terminées par une petite épine, sont au nombre de cinq, six ou sept, disposées en étoile, comme celles de la garance autour de chaque nœud des tiges. Ses fleurs sont petites, blanchâtres, en cloche, découpées en quatre parties, & portées sur de longs pédicules attachés aux nœuds de la tige. Aux fleurs succede un fruit dur, cartilagineux, noirâtre, contenant deux graines creusées en leur milieu, & qui en se durcissant, prennent un poli vif. Dans ce pays-ci, les filles qui travaillent en dentelles, en font des têtes à leurs aiguilles. Cette plante est apéritive & un peu sudorifique. La racine de grateron engraisse la volaille, mais elle rougit ainsi que la garance les os des animaux. *Voyez* GARANCE.

GRATIOLE, ou HERBE A PAUVRE HOMME, *gratiola*, est une plante qui croît dans les prés & dans les marais. Ses racines sont blanches, noueuses, fibreuses & rampantes. Ses tiges sont droites, également noueuses & longues de plus d'un pied. Ses feuilles naissent deux à deux, opposées : elles sont longues, étroites, crenelées en leurs bords, veinées & fort ameres. Ses fleurs naissent des aisselles des feuilles en Juin & Juillet : elles sont seule à seule, attachées à des pédicules menus : elles ont la figure d'un dé à coudre ; ordinairement elles sont purpurines, quelquefois blanches. Elles contiennent quatre étamines, dont deux sont stériles ou sans sommets, & un seul pistil. A chaque fleur succede une petite coque ovale, divisée en deux loges, qui contiennent des semences menues, roussâtres, qui mûrissent en Août & en Septembre.

Toute cette plante est sans odeur ; mais elle a une grande amertume mêlée d'astriction. On la place parmi les purgatifs hydragogues ; en effet, elle purge fortement la pituite épaisse : elle est vermifuge & utile contre les vieilles douleurs du coxis & les fièvres invétérées : elle ne convient qu'aux personnes robustes ; car elle cause souvent à ceux qui sont foibles des superpurgations. On prescrit cette plante fraîche à la dose de demi-poignée ; ou étant séche & mondée de ses tiges, à la dose d'un gros après l'avoir fait macérer dans de l'eau bouillante ou dans du vin. L'infusion de cette plante purge davantage que son suc. Les paysans de la Suisse en font un grand usage. On a observé que si dans certains climats la gratiole fraîche est un émétique dangereux & un purgatif puissant, dans d'autres elle est, étant séchée, sans vertu. Au reste, selon M. *Bourgeois*, on peut adoucir considérablement l'action de la gratiole en la faisant infuser pendant douze heures dans l'eau froide, & l'adoucissant avec le miel après avoir coulé l'infusion.

GRAVELLE. On donne ce nom au *calcul* & à la lie de vin qui a passé à la presse. *Voyez* CALCUL *& le mot* VIGNE.

GRAVIER, *saburra mixta*. Nom qu'on donne vulgairement au gros sable, qui n'est souvent qu'un amas de petits cailloux & de petites pierres, c'est-à-dire, de fragmens de spath dur, de quartz, de petits éclats de silex & de paillettes talqueuses. La grosseur & la proportion des parties de ce gravier sont assez inégales. Les graviers se trouvent dans l'anse de certains rivages de la mer, sur le bord des rivieres, & au pied des montagnes arrosées par des torrens, même dans quelques endroits de la campagne, où ils sont répandus par couches qui varient infiniment pour l'étendue, la profondeur & la nature des pierres qui les composent. Mais en général, dans quelque endroit que le gravier se trouve, il semble toujours y avoir été apporté par les eaux, attendu que les pierres qu'on y remarque sont toujours plus ou moins arrondies ; ce qui a dû se faire par le roulement.

On se sert du gravier le plus fin pour sabler les allées des jardins, les parterres & les bosquets : on choisit le plus gros pour donner du corps aux ciments que l'on emploie dans les grands chemins, pour les chauffées & pour la grosse maçonnerie.

Les Anglois ont un gravier dur d'une nature excellente & qui surpasse tous les autres en bonté ; on l'emploie aussi aux grands chemins, & on en fait des routes très-unies, & beaucoup plus commodes que le pavé pour les voitures : le gravier d'Angleterre le plus estimé est celui de Black-Heath ; il est entiérement composé de petits cailloux parfaitement arrondis. Louis XIV offrit à Charles II de lui fournir assez de grais taillé en cube pour paver la ville de Londres, à condition que ce Prince lui donnât en échange la quantité de gravier nécessaire pour sabler les jardins de Versailles ; mais cet échange n'a pas eu lieu.

GRAVISSANTE. On donne ce nom à la chenille qui se nourrit de l'absinthe verte qui croît sur les digues de la mer. Cette espece de chenille est farouche & rue de la partie postérieure du corps pour peu qu'on y touche. Lorsqu'elle mange, elle s'enveloppe dans les feuilles, de façon qu'on a de la peine à l'appercevoir ; en descendant, elle se couvre adroitement la tête de la partie postérieure de son corps : elle ronge aussi les branches d'absinthe qu'elle laisse tomber à terre, & s'y enveloppe pour attendre le temps de sa métamorphose. Il sort de sa chrysalide un papillon, dont la bigarrure & les couleurs sont admirables.

GRAYE. *Voyez* FREUX.

GRÊBE, ou COLIMBE, *colymbus*. Nom donné à un genre d'oiseaux aquatiques dont on distingue plusieurs especes, & dont le caractere est de ne point avoir de queue. Le (ou la) grêbe a près de deux pieds de longueur depuis l'extrémité du bec jusqu'au bout des ongles ; il est plus gros que la foulque, sur-tout le grêbe vulgaire du lac Léman. La tête est petite, les ailes & les jambes très-courtes, le bec étroit, droit, aigu, & long de deux pouces : les plumes du derriere de la tête sont un peu plus longues que les autres & forment une petite crête partagée en deux pointes ; le plumage supérieur de la tête, du dos & du dessous des ailes est brunâtre: le plumage du cou & du ventre est d'une couleur blanche, luisante & argentée. Les côtés de la poitrine & du corps sont tiquetés de teintes fauves: les pieds sont grisâtres & ont chacun quatre doigts garnis d'ongles qui ressemblent à ceux de l'homme. Les doigts sont bordés d'une membrane, mais qui ne les unit pas les uns aux autres.

La poitrine & le ventre du grêbe sont très-recherchés à cause de la belle couleur blanche & brillante des plumes & de leur finesse. On en fait des manchons, des garnitures de robes & d'autres parures de femmes: on trouve beaucoup de ces oiseaux sur le lac de Geneve: c'est même de cette ville qu'on tire le plus grand nombre des peaux de grêbe & les plus belles; mais elles y deviennent toujours de plus en plus rares: il en vient aussi de Suisse: il s'en trouve en Bretagne & quelquefois en d'autres provinces de France, mais elles ne sont pas si estimées ; on les appelle dans le commerce *grêbes de pays*. Il y a la grande & petite *grêbe huppée*, (*colymbus cristatus*) qui fréquentent les lacs, les fleuves & les bords de la mer. La *grêbe cornue* ou à capuchon de la grande & petite espece, le cou & la tête sont ornés de longues plumes noires & d'un faisceau de plumes orangé près de chaque œil. Ces faisceaux sont très-flexibles dans l'espece appellée *grêbe à oreilles*, & qui fréquente les endroits empoissonnés. La *grêbe* de l'île de Saint-Thomas en Amérique, n'est pas plus grosse qu'une poulette, ses yeux sont d'un gris roux environnés de blanc. On appelle *castagneux* la grêbe de riviere; elle est de la grosseur d'un petit poulet, le plumage du dos est ou brunâtre ou noirâtre. L'on trouve aussi des grêbes de riviere en Amérique, nottamment à la Caroline & à Saint-Domingue.

GRÊLE, *grando*. Est une eau de pluie qui est condensée & cristallisée par le froid, en passant dans la moyenne région, avant de tomber sur la terre. La grêle est en cristaux de différentes formes & grosseurs:

on en voit en petits grains, qui font également durs, de même nature que la glace ordinaire, & presque toujours anguleux; d'autres font d'un côté demi-transparens, concaves ou à noyaux; & de l'autre part, farineux, comme si c'étoit de la neige conglomérée; d'autres enfin font en grains ou arrondis, ou coniques & pyramidaux, ou en tablettes oblongues. Quelquefois on y trouve de petites pailles enfermées. Nous disons qu'on remarque dans les grains de grêle une assez grande variété, qu'ils different par la grosseur, par la figure, par la couleur. Examinons plus particuliérement toutes ces différences.

Il est constant que la grosseur de la grêle dépend beaucoup de celle des gouttes de pluie dont elle est formée; & tous les Naturalistes ont observé que la grêle & la pluie qui tombent sur le haut des montagnes, sont toujours plus petites, toutes choses d'ailleurs égales, que celles qui tombent dans les vallées : ainsi la pluie peut être fort menue à une certaine hauteur de l'atmosphere & devenir toujours plus grosse à mesure qu'elle tombe, parce que plusieurs petites gouttes s'unissent en une seule : de même un grain de grêle déjà formé par un degré de froid considérable, gele toutes les parties d'eau qu'il touche dans sa chute, ce qui augmente considérablement son volume & son poids. C'est par ces causes ou par quelqu'autre semblable qu'il arrive quelquefois que la grêle est d'une grosseur prodigieuse : on en a vu dont les grains étoient aussi gros que des œufs de poule & d'oie : il y a quelques années qu'il tomba dans les environs du Périgord des cristaux de grêle plus gros que le poing & qui pesoient plus d'une livre. L'*Histoire de l'Académie des Sciences*, parle d'une grêle semblable qui ravagea le Perche en 1703; les moindres grains étoient comme des noix, les moyens comme des œufs de poule, d'autres étoient comme le poing, & pesoient cinq quarterons. Tels étoient encore les grains qui tomberent à Vienne le 7 Juin 1722, pendant la procession du Saint Sacrement; & ceux du fameux orage qu'on a éprouvé à Grenoble en 1770. *Voyez à l'article* Orage.

Nicephore Califte, *Hift. Eccl. lib. c. 36, pag. 701*, rapporte qu'après la prife de Rome par Alaric, il tomba dans plufieurs endroits des morceaux de grêle qui pefoient huit livres. En 824 il tomba près d'Autun en Bourgogne, parmi la grêle, un amas de glaçons long de feize pieds, large de fept & de l'épaiffeur de deux. Le premier Mai 1723, il y eut un violent orage autour de Londres, pendant lequel il tomba des morceaux de grêle de l'épaiffeur de quatre pouces : celle qui tomba à Leicefter avoit cinq pouces, & tua plus de vingt perfonnes. A la fin d'Août 1720, il s'éleva près de Crême en Italie un orage, pendant lequel il tomba des morceaux de grêle qui pefoient fix livres. A Boulogne en Picardie, dans le fameux orage qu'on y effuya au mois d'Août 1722, la plus petite grêle qui tomba accompagnée de la foudre, pefoit une livre, & la plus forte huit : tous les habitans crurent que la ville alloit périr ; plufieurs de ces grains étoient en aiguilles ou en fourchons. On eft porté à croire qu'il ne grêle que pendant le jour, cependant les grêles nocturnes du fameux orage de Bafle & de Zurich du 29 Juin en 1449, du 21 Juin & du 20 Août en 1574 dans la Valteline, du 14 Juillet 1597 à Rothembourg, du 11 Juillet 1689 à Vienne, (les grains de grêle étoient fi gros, qu'ils écraferent hommes, beftiaux, blés, &c.) du 4 Juillet 1719 à Triefte, du 25 & du 29 Juillet fuivant à Nuremberg & à Geneve, du 19 & du 30 Septembre fuivant à Cartal, bourg fitué fur le bord du golfe de Nicomédie en Turquie, & quantité d'autres, fourniffent des exemples trop frappans du contraire. La plupart des glaçons de ces grêles nocturnes étoient gros comme des œufs d'autruche. On trouva près de Cartinare trois énormes grêlons auffi gros que les plus groffes bombes, qui après être fondus en partie, pefoient encore chacun fix livres.

Une chose assez constante parmi toutes les variétés de la grêle, c'est que les grains qui tombent dans le même orage, sont tous à-peu-près de même figure.

La transparence & la couleur de la grêle ne sont pas plus exemptes de variations que sa grosseur & sa figure : la chute & la vîtesse de ce météore sont accompagnées de plusieurs circonstances la plupart assez connues : en cet instant le temps est communément très-sombre, & lorsque la grêle est un peu grosse, l'orage qui la donne est excité d'ordinaire par un vent assez impétueux, & qui continue de souffler avec violence pendant qu'elle tombe : dans ce cas le vent n'a quelquefois aucune direction bien déterminée, & il paroît souffler indifféremment de tous les points de l'horizon. Ce qu'on remarque assez constamment, c'est qu'avant la chute de la grêle il y a toujours du changement dans les vents. Quand il grêle, & même avant que la grêle tombe, on entend souvent un bruit dans l'air causé par le choc des grains que le vent pousse les uns contre les autres avec impétuosité. La grêle tombe seule ou mêlée avec la pluie, & dans le premier cas la pluie la précede ou la suit. On a observé que quand la grêle est un peu considérable, elle est presque toujours accompagnée de tonnerre ; jamais le tonnerre ne gronde & n'éclate avec plus de force que dans ces grêles extraordinaires dont nous avons parlé, dont les grains sont d'une grosseur si prodigieuse ; les éclairs, les foudres se succedent sans interruption ; le ciel est tout en feu ; l'obscurité de l'air est d'ailleurs effroyable. Quoique les orages qui donnent la grêle soient quelquefois précédés de chaleurs étouffantes, on remarque néanmoins que pour l'ordinaire aux approches de l'orage, & plus encore après qu'il a grêlé, l'air se refroidit considérablement. La grêle est plus fréquente à la fin du printemps & pendant l'été qu'en aucun autre temps de l'année.

Communément la grêle ne conserve pas long-temps sa forme & sa solidité : elle se résout en liqueur aussi-tôt qu'elle est tombée sur la terre, dont la température est bien opposée à celle de l'atmosphere d'où elle nous parvient. Cela n'empêche pas que les ravages qu'elle produit sur la terre ne soient très-considérables, & d'autant plus affreux & plus funestes, qu'on ne sait comment les prévenir, ni comment les réparer, surtout lorsque l'orage est impétueux. Lorsque les grains de grêle sont un peu gros, ils mettent en pieces tout ce qu'ils rencontrent ; ils renversent les moissons, hâchent jusqu'à la paille des blés, détruisent sans ressource les vendanges, brisent les branches, les feuilles & les fruits des arbres, cassent les vitres des habitations, tuent les oiseaux dans l'air, écrasent ou terrassent les troupeaux qui se trouvent dans la campagne ; les hommes même en sont quelquefois blessés mortellement. Au mois d'Août 1768, il tomba dans le canton de Berne en Suisse, sur vingt villages, une grêle dont les grains les plus communs étoient gros comme des œufs de pigeon, les moyens comme des œufs de poule, & les plus gros comme le poing & au-delà ; il y en avoit qui pesoient dix-huit onces. Cette grêle ravagea non-seulement tout ce qui restoit dans la campagne, & cassa plus d'un million de tuiles sur les toits des maisons ; en sorte que les pauvres habitans se trouverent sans couvertures, & inondés par un déluge d'eau qui succéda à la grêle ; leurs fourrages & leurs grains en furent considérablement endommagés : elle tua en outre les vaches & les moutons qui se trouvoient dans les campagnes. On a vu des grêles dont la qualité étoit telle, qu'elle détruisoit pour plusieurs années l'espérance de la récolte. De-là vient que des économes intelligens arrachent les arbres trop maltraités de la grêle, & en plantent d'autres à la place. Heureusement que tous les pays ne sont pas également sujets à la grêle : les nuages qui la donnent se forment & s'arrêtent par préférence, si l'on peut s'exprimer ainsi, sur certaines contrées ; rarement ces nuages parviennent jusqu'au sommet de certaines montagnes fort élevées, mais les montagnes les rompent & les attirent ou les renvoient sur les vallons voisins. L'exposition à de certains vents, les bois, les étangs les rivieres qui se trouvent dans un pays doivent être considérés. Indépendamment des variétés qui naissent de la situation des lieux, il en est d'autres d'un autre genre, dont nous sommes tous les jours les témoins; de deux champs voisins exposés au même orage, l'un, dit M. *de Ratte*, sera ravagé par la grêle, l'autre sera épargné : c'est que toutes les nues dont la réunion forme l'orage sur une certaine étendue de pays, ne donnent pas de la grêle; il grêlera fortement ici, & à quatre pas on n'aura que de la pluie. Tout ceci, dit cet Observateur, est assez connu. Nous avons vu assez souvent en Suisse la grêle se former au dessus d'un vallon à une hauteur fort inférieure à celle des montagnes voisines, qui jouissoient pendant ce temps-là d'une douce température. Au reste ce n'est pas dans les seuls écrits des Physiciens qu'il faut chercher des détails sur ces sortes de phénomenes; les Historiens dans tous les temps ont pris soin de nous en transmettre le souvenir. Aujourd'hui, lorsqu'une de ces grêles extraordinaires désole quelque contrée, les nouvelles publiques ne manquent guere d'en faire mention. *Voyez la* Dissertation sur la nature & la formation de la Grêle, par M. *Moncicler*, qui a remporté le prix de l'Académie de Bordeaux en 1754.

GRÉMIL ou HERBE AUX PERLES, *litho-spermum aut milium solis*. Plante de la famille des borraginées, & qui vient d'elle-même en certains pays aux lieux incultes, & qu'on cultive aussi dans quelques endroits, à cause de sa semence qui est d'usage en Médecine.

Sa racine est à-peu-près grosse comme le pouce, ligneuse & fibreuse : elle pousse plusieurs tiges à la hauteur d'un pied, droites, cylindriques, rudes & branchues. Ses feuilles sont nombreuses & alternes, longues, étroites, pointues, sans queue, velues, d'un goût herbeux, d'un vert plus ou moins foncé. Ses fleurs sont

sont portées sur des pédicules courts, qui naissent aux sommets des tiges & des rameaux, dans l'aisselle des feuilles : elles sont petites, blanches, monopétales, en forme d'entonnoir ou évasées en haut, découpées en cinq parties, renfermant cinq étamines & un pistil, & contenues dans un calice oblong & velu, qui est aussi fendu en cinq quartiers. Il succede à ces fleurs des semences dures, ordinairement au nombre de quatre, arrondies, polies, luisantes, de la forme & de la couleur des perles.

Cette graine a un goût de farine, visqueux & un peu astringent. *Néhémie Grew* dit qu'elle fait effervescence avec les acides : elle passe pour un grand diurétique & un anodin très-doux : elle défend les reins & la vessie de l'âcreté des urines. Prise en émulsion, elle chasse le gravier, arrête la gonorrhée, facilite l'accouchement : elle est également bonne pour la colique venteuse & la néphrétique. On substitue souvent à la graine de l'*herbe aux perles* celle du *grémil rampant*, ou celle de la *larme de Job*. Voyez ces mots.

GRÉMIL RAMPANT, *litho-spermum minus repens*. Sa racine est tortueuse & noire. Ses tiges sont grêles, couchées à terre & noirâtres, ainsi que ses feuilles. Ses fleurs sont bleues, & ses graines ressemblent à celles de l'orobe. Cette espece de grémil a les mêmes vertus que la précédente.

GRENADE & GRENADIER, *malus punica*. Il y a plusieurs especes de grenadiers différens par leurs fleurs & par la saveur de leurs fruits. On les distingue en cultivés ou domestiques, & en sauvages. Le grenadier qui donne la grenade, est cultivé ; c'est un petit arbre dont les branches sont menues, anguleuses, revêtues d'une écorce rougeâtre ; ses rameaux sont armés d'épines roides ; ses feuilles sont placées sans ordre, ayant quelque ressemblance à celles de l'olivier ou du grand myrte : elles sont d'une odeur forte & désagréable, lorsqu'on les froisse entre les doigts. Les fleurs sont de couleur écarlate, disposées en rose à cinq pé-

Tome IV. M

tales, contenues dans un calice qui représente une espece de petit panier à fleurs; ce calice est oblong, dur, purpurin, large par en haut & a, en quelque maniere, la figure d'une cloche : on l'appelle *cytinus*. Aux fleurs succedent des fruits à-peu-près de la grosseur des pommes, garnis d'une couronne, un peu applatis des deux côtés. L'écorce de ces fruits est de couleur rouge en dehors : elle est ridée, épaisse comme du cuir, dur & cassante. Le fruit est jaune intérieurement : il a une saveur acide, ou douce ou vineuse, suivant l'espece de grenadier : il contient un grand nombre de grains assez semblables à ceux du raisin, dans lesquels est une amande amere & un peu astringente.

Les grenadiers croissent naturellement dans les terrains secs & chauds de l'Espagne, de l'Italie, de la Provence & du Languedoc. Pour les élever dans les climats froids de la France, il faut les mettre dans des caisses, & les porter dans des serres chaudes en hiver, ou les planter contre les espaliers, & les couvrir de paillassons pendant la saison rigoureuse. Il est essentiel de tailler les grenadiers; le secret consiste à rogner ou à retrancher les branches qui naissent mal placées; on conserve celles qui sont courtes & bien nourries, & on raccourcit les branches dégarnies, afin de rendre le grenadier plus touffu : c'est ce qui en fait la beauté. On a soin de les pincer après leur premiere pousse de l'année, quand on voit qu'il y a quelques branches qui s'échappent. Sur cela consultez les excellens préceptes de *Miller*.

Les pepins, & sur-tout l'écorce des grenades, sont très-astringens. On donne, dans les boutiques, à l'écorce le nom de *malicorium*, comme qui diroit *cuir de pomme*; on peut en faire usage comme de l'écorce de chêne, pour préparer les cuirs : elle change en noir la solution du vitriol martial qui est verte, & est propre par conséquent à faire de l'encre, ainsi que la noix de galle.

Le suc de grenade est excellent pour précipiter la bile, pour appaiser l'ardeur de la soif dans les fiévres continues: dans le Languedoc on en fait un sirop, ou une espece de limonade, en y mêlant du sucre, qu'on estime cordial & astringent & qu'on boit avec plaisir; on fait plutôt usage en Médecine des grenades aigres, que de celles qui sont douces. La grenade aigre contient un acide agréable, qui excite l'appétit & nettoie la bouche. On voit dans les jardins, des grenadiers à fleurs doubles en caisse, que l'on regarde comme sauvages: ils font l'ornement des jardins, par la quantité & l'éclat de leurs fleurs qui durent long-temps, & qu'on emploie fréquemment en Médecine pour la dyssenterie, pour la diarrhée, en un mot comme incrassantes, & un peu moins astringentes que l'écorce. Les Apothicaires & les Droguistes vendent ces fleurs doubles de grenadier, sous le nom de BALAUSTES, *balaustia*: ils les font venir du Levant. Ces arbres en caisse ne donnent tant de fleurs que parce que leurs racines sont resserrées; en pleine terre ils ne pousseroient que du bois.

M. *Duhamel* desireroit que l'on multipliât davantage, dans les Provinces Méridionales, une espece de grenadier nain d'Amérique, afin que l'on pût enter dessus de grosses grenades douces; ce seroit, dit-il, un ornement pour les orangeries; d'ailleurs comme ces arbres seroient moins grands que les autres, leur fruit pourroit mûrir dans les serres.

GRENADIER. Nom donné au cardinal du Cap de Bonne-Espérance, qui n'est qu'une sorte de *moineau*. Voyez ce mot.

GRENADILLE ou FLEUR DE LA PASSION, *granadilla*, est le *passiflora* de Linnæus. C'est une belle plante étrangere qui croît en la Nouvelle-Espagne, dans la vallée appellée *Lilé*: elle est nommée *grenadille*, de ce que l'intérieur de son fruit ressemble un peu à celui de la grenade; & *fleur de la passion*, parce qu'on prétend que le dedans de sa fleur représente une partie des instrumens de la passion de Jesus-Christ. On en connoît plus de vingt especes, dont on va décrire la principale. Les racines de cette plante sont rampantes; nouées, fibreuses, faciles à rompre, de couleur grisâtre, & d'un goût douceâtre: elle pousse des sarmens longs, grêles, rampans, d'un vert rougeâtre, jettant des tenons ou mains qui lui servent pour s'attacher aux murailles ou aux arbres voisins, comme le lierre. Ses feuilles sont lisses, nerveuses, dentelées en leurs bords, d'une belle couleur verte, un peu semblables à celle du houblon, rangées alternativement; d'une odeur d'herbe & d'un goût un peu âcre, ayant vers la queue deux petits appendices ou oreilles fort vertes. Ses fleurs sortent pendant tout l'été des aisselles des feuilles: elles sont grandes, à plusieurs feuilles, disposées en rose, blanches, soutenues par un calice divisé en cinq parties: du milieu de cette fleur s'éleve un pistil garni de cinq étamines, & qui soutient un jeune fruit surmonté de trois petits corps qui sont les styles, & qui représentent en quelque maniere des clous. Entre les feuilles & le pistil, est placée une couronne frangée: le fruit en croissant devient charnu, ovale, presqu'aussi gros qu'une grenade, & de même couleur quand il est dans sa parfaite maturité, mais ne portant point de couronne: il est empreint d'une liqueur aigrelette, & renferme plusieurs semences ovales, plates, chagrinées & noires.

Les Indiens, les Brasiliens & les Espagnols de l'Amérique ouvrent ces fruits, comme on ouvre des œufs, & ils en hument le suc visqueux avec délices: ils appellent ce fruit en langue du pays *murucuja* ou *maracoc*. Cette espece de grenadille se trouve aussi en plusieurs lieux de S. Domingue, & differe des autres grenadilles, principalement en ce que le *nectarium* au lieu d'être plat & frangé, a la forme d'un tube simple & droit.

Les Jardiniers-Fleuristes s'occupent à cultiver pour la fleur un grand nombre d'especes de grenadilles;

Miller dit que l'on en connoît aujourd'hui treize especes en Angleterre. Le P. *Feuillée* a aussi décrit quelques especes de grenadilles de la vallée de Lima, & entr'autres celle qu'il surnomme *pomifere*. Ces plantes peuvent s'élever en espalier à l'exposition du midi.

GRENADILLE DE MARQUETERIE. C'est une sorte d'*ébene rouge*. Voyez EBENE.

GRENADIN, *granatinus*, très-petit oiseau du genre du moineau, & qui fréquente les rivages ou côtes de l'Afrique & du Brésil. Son plumage est charmant à voir, il est d'un beau marron ou brun châtain à la partie supérieure de la tête, au cou, à la poitrine ; sa queue est d'un très-beau bleu : on voit sur sa tête quelques petites plumes de la même couleur ; il a la gorge, le bas ventre, les jambes noires ; les joues d'un fort beau violet, & le bec d'un rouge de corail.

GRENAT, *granatus gemma*, est une pierre précieuse, d'un rouge de gros vin, & assez transparente : on en distingue de plusieurs especes & de différentes beautés par l'intensité des couleurs, par la régularité de la forme & par d'autres propriétés. Il y en a d'un rouge foncé ou obscur ; d'autres sont jaunâtres, violets & d'un brun foncé, tirant sur le sang de bœuf : ce caractere joint à la dureté & au volume, intéresse beaucoup de Joailliers. Nous possédons un grenat de la grosseur d'une petite pomme d'api, & nous en avons vu un en Hollande dont le volume égaloit celui d'une grosse orange de Malthe. Les deux qu'on voit dans le cabinet de Chantilly, sont dodécaëdres & de la grosseur d'un œuf de poule : l'un a été donné par le Roi de Dannemark, & l'autre par le Roi de Suède.

Le grenat n'affecte point de figure déterminée : on en trouve de rhomboïdaux, d'octaëdres, de dodécaëdres, d'autres à vingt-quatre côtés : ces caracteres joints à la nature des gangues qui leur servent de matrices, sont les marques auxquels les Naturalistes s'attachent par préférence. Il y a des grenats qui contiennent des particules d'or, d'autres des parties d'étain, quelquefois du plomb, les autres enfin du fer; ceux-ci sont les plus ordinaires; mais tous participent peut-être de l'*étain* & toujours du *fer*. Voyez ces mots. M. *Geoffroy* dit que le grenat ne se décompose point dans le feu ordinaire, qu'il se fond au feu du miroir ardent en une masse vitreuse & métallique, qui contient un fer attirable à l'aimant, & qu'il ne perd point pour cela sa couleur. Si cela étoit, il seroit facile de faire un très-beau grenat, en fondant ensemble une certaine quantité de petits grenats; mais l'expérience ne réussit pas. Ce troisieme caractere est du ressort du Chymiste.

Le grenat n'a ni la transparence ni l'éclat brillant des autres pierreries, à moins qu'on ne l'expose à une lumiere vive: de plus il est sujet à s'obscurcir avec le temps & par l'usage. Sa dureté répond à sa beauté, & tient le sixieme ou le huitieme rang dans les pierres précieuses, à compter depuis le diamant. La lime a un peu de prise sur cette pierre qu'on taille ordinairement en goutte de suif chevée en dessous.

Dans le commerce on distingue les grenats en deux especes principales, à raison de leur beauté, de leur éclat & de leur dureté: on les divise en grenat oriental & en grenat occidental. Le grenat oriental, le plus beau en couleur, est d'un rouge resplendissant, tirant sur le noir pourpre ou le violet: & tient le milieu entre l'améthiste & le rubis: le plus haut & le plus riche en couleur se nomme *vermeille*: c'est le *rubini di rocca* des Italiens; il nous vient de Syrie; ceux du même pays, & qui sont d'une beauté inférieure, sont nommés *grenats Syriens*. On en apporte aussi des Royaumes de Calécut, de Cananor, de Cambaye & d'Ethiopie; on les trouve ordinairement détachés & répandus dans la terre de certaines montagnes & dans le sable de quelques rivieres; mais on ne peut jouir de l'éclat ou du jeu de cette pierre qu'au grand jour; car elle paroît presque noire à la lumiere d'une bougie.

Le grenat occidental a beaucoup moins d'éclat : sa couleur tire sur celle de l'hyacinthe : tel est le grenat de Sorane ou de Soraw : on les apporte de Galice en Espagne, de Pyrna en Silésie, de Hongrie, de Bohême près de Prague, de S. Saphorin au Canton de Berne ; on les trouve ordinairement dans des ardoises, dans toutes les pierres feuilletées & talqueuses, même dans la pierre à chaux, dans les grès & dans les pierres de roches ; quelquefois on les rencontre détachés & isolés, & alors ils sont plus durs. Il y a aussi des riches mines de grenats dans le Brisgaw & près de l'Airol dans le pays d'Ourner en Suisse. Ils sont dodécagones & de la grosseur d'une noisette : leur matrice est schisteuse. On connoît encore les grenats de Zœblitz qui ont pour matrice la pierre appellée *serpentine*. Ils se trouvent dans une carriere qui est dans la même montagne d'où l'on tire la serpentine. Sur la superficie de la même montagne se trouvent les grenats verdâtres dodécaëdres aussi dans leur matrice, & on les nomme dans le pays *grenats impurs* ou *non mûrs*. On voit à Fribourg en Brisgaw les moulins & machines où on les polit, & les ouvriers qui les percent pour en faire des colliers.

À l'égard des grenats d'or, ils sont noirâtres : on les trouve isolés à la surface de la terre & dans la premiere couche, enveloppés dans du sable & de la glaise ; les rivieres & les ruisseaux découvrent ces grains, ils contiennent peu d'or. *Voyez à l'article* Or.

Quelques Auteurs conseillent l'usage du grenat en poudre depuis dix grains jusqu'à quarante-huit grains pour arrêter le cours de ventre ; mais il y a lieu de penser que l'usage intérieur de ce verre naturel est sans efficacité. Le grenat est quelquefois un des *cinq fragmens précieux*. Voyez ce mot.

GRENOUILLE, *rana*. C'est un animal qui est aussi connu que le crapaud : il est en partie terrestre & en partie aquatique. Il a quatre pieds, respire par les poumons, n'a qu'un ventricule dans le cœur, & est ovipare.

Il y a des différences notables entre la grenouille & le crapaud ; celui-ci a le tronc presque également ample ; les grenouilles ont le bas-ventre bien fait & délié, la tête tout près de la partie antérieure du corps ou de la poitrine, des cuisses menues : leur tête est plus allongée que celle des crapauds. La grenouille, comme les chiens, se tient accroupie sur ses pattes de derriere, & le crapaud rampe communément à terre. Les grenouilles sont très-vives, leur dos devient arqué & même anguleux si on les touche ou qu'on les prenne par les pattes de derriere ; les crapauds au contraire sont engourdis. Au reste les pieds de devant des uns & des autres, sont garnis de quatre doigts ; ceux de derriere en ont cinq.

On distingue plusieurs especes de grenouilles, dont les différences se peuvent prendre des variétés qui se trouvent aux parties de leur corps. Les pieds sont souvent d'une structure différente, car les uns sont garnis de plus ou moins de doigts, les autres ont des ongles, d'autres n'en ont point, & enfin d'autres ont les pieds palmés. De plus, quelques grenouilles ont le tronc du corps long & menu, d'autres l'ont convexe & rond, d'autres sont couvertes d'une peau unie & sans taches ; d'autres l'ont chargée de verrues ou de grosseurs.

Les grenouilles les plus ordinaires sont, la *grenouille brune terrestre*, la *grenouille d'arbre* nommée *raine*, ou *grenouille verte*, & la *grenouille aquatique*, qui est la *grenouille vaste* ou *commune*.

La Grenouille aquatique, est un animal amphibie, très-vivace, mais plus aquatique que terrestre ; son corps est long de deux pouces & demi, & large d'un pouce ; il est couvert d'une peau lisse, dure, verte en-dessus, tachetée de points plombés, & jaunâtre sur un fond blanchâtre en-dessous ; son dos est applatie, son ventre ample & comme gonflé ; sa tête est grosse, mais un peu applatie ; ses yeux sont grands & saillans, avec une membrane clignotante ; la bouche est grande est très-fendue ; la mâchoire supérieure de cette grenouille est armée d'une rangée de petites dents, outre deux grandes dents situées aux deux côtés du palais : la langue est longue fortement adhérente au bout de la mâchoire inférieure, & libre vers le fond du gosier, comme dans les poissons ; par ce moyen la langue lui sert à enfoncer les alimens dans le fond du gosier. Cet animal a peu de cervelle dans le crâne : il a quatre pieds, dont ceux de devant sont plus courts, terminés chacun par une espece de main à quatre petits doigts détachés ; ceux de derriere sont plus gros & fournis de cinq & même de six doigts jaunâtres & palmés : le pouce est plus long que les autres doigts. Cette grenouille n'est point dangereuse.

La GRENOUILLE VERTE AQUATIQUE vit ordinairement dans l'eau des rivieres, des lacs ou des étangs : cependant elle sort aussi au bord, quand il fait un beau soleil ; mais si-tôt qu'elle entend quelque bruit, ou qu'elle apperçoit quelqu'un, elle se plonge aussitôt dans l'eau. Quand les mâles croassent, ils font sortir des deux coins de la bouche deux vessies blanches & rondes, qui manquent aux femelles, ce qui fait qu'au lieu de croasser, elles ne font que grogner en enflant la gorge. Cette espece de grenouille surpasse toutes les autres en grosseur, excepté une espece particuliere à l'île de Cuba. La grenouille verte croît pendant dix ans, & peut vivre jusqu'à seize ; elle s'accouple en Juin : c'est la meilleure espece à manger. Elle est très-vorace ; elle ne se nourrit pas seulement d'insectes & de toutes sortes de lézards aquatiques ; elle se jette aussi sur les jeunes souris & sur les petits oiseaux, souvent sur les canards nouvellement éclos. Au temps de leurs amours, les mâles croassent fortement. Le frai des femelles tombe au fond de l'eau sans y remonter. C'est l'espece de grenouille la plus féconde en œufs, les sortes de vers qui en proviennent ont besoin de cinq mois pour arriver à la forme de grenouille parfaite.

La Grenouille d'arbre ou Raine, *rana arborea*, est la plus petite de toutes les grenouilles, quelque âge qu'elle ait. La partie supérieure de son corps est d'un fort beau vert, & l'inférieure blanchâtre, à l'exception des pieds dans les deux sexes, & de la gorge du mâle.

Les *raines*, qu'on nomme aussi Grenouilles de S. Martin ou graissets, se distinguent encore des autres grenouilles, en ce que les quatre doigts des pieds de devant, aussi-bien que les cinq de derriere, ont à leur extrémité un petit bouton de chair : elles ne nagent que peu ou point. Elles ne sont pas plus venimeuses que les autres especes de grenouilles. Elles vivent ordinairement en été sur les arbres, où elles se mettent en embuscade pour saisir les mouches & autres insectes dont elles se nourrissent ; mais au retour du froid, elles vont se cacher dans la vase ou fange des marais : leur peau est si gluante, qu'elle peut fixer l'animal en tout sens sur toutes sortes de corps, même sur la glace la plus unie.

La raine est la meilleure sauteuse de toutes les grenouilles ; elle se sert si adroitement de ses doigts, qu'il lui suffit de toucher seulement à une feuille ou à la plus tendre branche pour s'y tenir, & pour grimper ou sauter plus loin. Elle fait ses captures à-peu-près comme les grenouilles brunes terrestres ; mais avec plus de finesse. Ce n'est qu'à quatre ans qu'elle devient propre à la propagation. Les raines mâles ne commencent pas même à croasser avant ce temps ; aussi n'est-ce qu'à cet âge que leur gorge commence à devenir brune ; celle des femelles reste blanche : au reste leur croassement qui commence dès le printemps, annonce ordinairement la pluie. L'on pourroit se faire un hygrometre ou hygroscope vivant, en mettant une raine mâle dans un verre garni de gazon vert, de cousins & d'autres insectes. Les raines ne s'accouplent, comme les autres grenouilles ; qu'une fois l'année. Elles se livrent à leurs amours vers la fin d'Avril, l'eau est l'élément où se passe cette scene de volupté : elles y déposent leurs œufs : elles cherchent des mares, dans le voisinage desquelles se trouvent des arbres, & les mâles s'y font entendre plus fort que la plus grosse grenouille aquatique. Quand il y en a beaucoup dans la même eau, on les entend sur-tout pendant la nuit, & du côté où donne le vent, à plus d'une lieue & demie de distance; car quand un mâle commence à croasser, tous les autres l'accompagnent. Dans l'éloignement, on seroit tenté de prendre ce bruit pour celui d'une meute de chiens. Quant à la grenouille brune terrestre, on a de la peine à l'entendre à quinze pas. Les raines en croassant gonflent considérablement leur gosier : on diroit alors que ce n'est qu'un sac membraneux plein d'air.

Le frai de quelques-unes des raines se fait en vingt-quatre heures, d'autres n'en sont quittes qu'au bout de trois jours. Pendant ce temps, le mâle & la femelle descendent souvent sous l'eau, & y restent assez long-temps; la femelle semble alors agitée de mouvemens intérieurs & involontaires. Plus le temps du frai approche, & plus ce mouvement devient rapide; les mâles ne restent pas plus tranquilles, ils ajustent à différentes reprises la partie postérieure de leur corps à la même partie des femelles, & ils répetent cette opération plus fréquemment quand celles-ci lâchent leurs œufs par le boyau culier. On voit de ces femelles faire leur ponte en deux heures; d'autres, sur-tout celles que les mâles abandonnent, ne s'en délivrent qu'en quarante-huit heures, & en ce cas les œufs sont stériles.

Les vers d'eau des raines ont besoin d'un peu plus de deux mois pour parvenir à la forme de grenouille; mais aussi-tôt qu'ils ont quitté leur queue pour prendre quatre pattes, & qu'ils sont par conséquent en état de bondir & de sauter, ils abandonnent l'eau.

La GRENOUILLE BRUNE TERRESTRE, *rana fusca terrestris*, s'accouple la premiere de toutes, & dès que la glace vient à se fondre. La superficie du corps du mâle est d'un brun grisâtre; cette partie de la femelle est d'un beau jaune, tacheté de brun qui tire sur le rouge. Cette grenouille vit communément hors de l'eau; mais dans les nuits fraîches, elle retourne dans la fange du fond des eaux dormantes.

Les deux sexes, dont la différence ne se reconnoît que sur la fin de la quatrieme année, ne s'accouplent qu'une fois l'année, & restent souvent attachés l'un à l'autre quatre jours entiers. Ils ont dans ce temps tous les deux le ventre gros, celui des femelles étant rempli d'œufs, & celui des mâles contenant entre la peau & la chair une mucosité transparente, qui se perd quand elle n'est plus nécessaire à la propagation de l'espece. La femelle ne rend guere d'œufs que seize jours après l'accouplement, le nombre est depuis six cents, jusqu'à onze ou douze cents: il y en a qui n'emploient qu'une minute à les rendre tous: ils sont sous la forme d'un chapelet & fortement collés ensemble par une mucosité blanche qui les environne. Chaque œuf est composé d'un globule noir qui est le fœtus.

Le frai nouvellement rendu, tombe au fond de l'eau; au bout de quatre heures, ces especes d'œufs se renflent & remontent à la surface de l'eau; au bout de huit heures, la matiere blanche s'étend considérablement; au dix-septieme jour, les œufs prennent la figure d'un rognon, & il s'y forme comme une petite cicatrice; au vingt-deuxime jour, la queue commence à se développer; au trente-neuvieme, on observe un certain mouvement dans les petits vers; au quarante-deuxieme, une partie tombe au fond de l'eau, & l'autre partie reste dans la matiere visqueuse; au quarante-sixieme, les pattes de devant commencent à se discerner à la loupe; au cinquantieme, on les voit en *têtards*. Ils commencent alors à se nourrir de lentilles d'eau, jusqu'à ce qu'ils soient parvenus à la forme d'une grenouille parfaite; au cinquante-septieme jour, le corps & la tête forment une pelote ovale, distincte; au quatre-vingtieme, les pieds de derriere paroissent aussi & s'aggrandissent continuellement ; enfin vers le quatre-vingt-dix-septieme jour, temps de leur derniere métamorphose, ils renoncent à la nourriture, jusqu'à ce que le développement de toutes les parties soit constant, que les pattes soient entierement formées & tout-à-fait sortantes, & que la queue soit entierement oblitérée. Il y a des especes à qui il faut moins de temps pour leur développement.

Après cette métamorphose, l'animal commence à se servir d'une nouvelle nourriture : il passe de l'eau sur la terre, pour y faire la chasse aux insectes. Il se cache souvent sous des buissons & des pierres, peut-être pour éviter le grand jour ; mais s'il arrive de la pluie, les petites grenouilles qui se sont tenues cachées dans les herbes & dans les trous de la terre, sortent de toutes parts de leurs retraites, même pendant le jour ; c'est sans doute cette apparition imprévue qui a donné occasion de croire, ce que le peuple croit encore aujourd'hui, *qu'il pleut des grenouilles* ou *que la pluie en engendre*. A en juger par l'accroissement successif des grenouilles terrestres, on peut conjecturer qu'elles vivent jusqu'à douze ans, quoiqu'elles ayent tant d'ennemis qui les persécutent.

En général, les grenouilles de notre pays se nourrissent d'insectes tant ailés que reptiles ; mais elles n'en prennent aucun qu'elles ne l'ayent vu remuer : elles se tiennent immobiles jusqu'à ce qu'elles le croient assez proche d'elles ; alors elles fondent dessus avec une vivacité extrême, faisant quelquefois des sauts de plus d'un pied & demi, & avançant la langue pour l'attraper. Leur langue est enduite d'une mucosité si gluante, que tout ce qu'elle touche y reste attaché. Elles avalent aussi les araignées ; mais elles font leur principale nourriture d'une espece de petit limaçon, dont la coquille est de couleurs fort vives, & qui cause des dommages considérables aux jeunes plantes de toute espece, dont il mange les plus tendres, & salit les autres par ses excrémens. Les grenouilles avalent ces animaux entiers avec leurs coquilles. Ces parties osseuses se dissolvent dans leur estomac comme elles le feroient dans les acides végétaux ; pour se convaincre de ce fait, il suffit, lorsqu'on rencontre une grenouille dans un jardin, de l'ouvrir par le dos, & l'on y observera les coquilles des limaçons plus ou moins attendries & digérées. On a donc grand tort de persécuter les grenouilles dans les jardins potagers ; loin de leur faire la guerre, on devroit bien plutôt les attirer : il en est sans doute de même à l'égard des grenouilles étrangeres, dont nous citerons ci-après les especes les plus connues.

Grenouilles Étrangeres.

La plupart des GRENOUILLES DE L'AMÉRIQUE, sont d'un roux-clair, tiqueté de rouge : elles ont des ongles larges, & à chaque côté de la mâchoire inférieure une vessie, qui, dans les jours de l'été, est toujours pleine d'air : elles croassent vers le coucher du soleil ; leur mélodie plaît aux Cultivateurs du pays, en ce qu'elle leur présage le plus souvent un temps beau & serein.

On en voit dans la Virginie, dont les pieds de devant sont palmés comme le sont ceux de derriere : celles du Brésil ont des verrues rousses sur la peau ; mais les plus variées & les plus agréablement habillées, sont celles de la Virginie.

La GRENOUILLE DE LA CAROLINE est terrestre, elle avale des vers-luisans que l'on trouve en grand nombre dans ce pays, pendant les nuits chaudes : elle est d'une couleur sombre.

On y rencontre aussi la GRENOUILLE MUGISSANTE : elle est bigarrée de diverses couleurs, son croassement est épouvantable.

La GRENOUILLE DE CAÏENNE est tout-à-fait bleue, & est méchante : les habitans l'appellent *cimi-cimi*.

Les GRENOUILLES DE SURINAM n'ont presque jamais de veffies, comme les précédentes: elles se nourriffent de jeunes grenouilles: leur couleur est marbrée, d'un cendré-roux; les jambes & les cuisses sont assez blanches.

La GRENOUILLE DE LEMNOS est grande, & devient la pâture du serpent *laphiati*, qui s'y trouve en quantité.

La GRENOUILLE D'AFRIQUE a sur le dos des lignes brunes & blanches sur un fond brun: son ventre est blanc, marqueté de points noirs: elle habite les joncs marins, quelquefois les buissons, où elle mange de petits serpens saxatiles.

La GRENOUILLE DE MER, qu'il ne faut pas confondre avec la *baudroie*, voyez *Galanga* & *Diable de mer*, étant étendue, a jusqu'à un pied de longueur: sa peau est de couleur brunâtre cendrée, marquetée de verrues: le dos est garni de bosses séparées par des lignes blanchâtres: les deux pattes de devant sont comme armées d'un bouclier en forme de petit bateau: sa tête est barrée de raies roussâtres, & ses yeux sont grands: il paroît entre ses fesses & l'os du coccix, quatre boutons ronds.

Séba cite une douzaine de grenouilles étrangeres, mais dont la plupart sont des crapauds.

On trouve à la Martinique les plus belles grenouilles du monde. Leur peau est ornée de raies jaunes & noires; elles habitent les bois; leur chair est blanche, tendre & délicate. Les Négres en font la chasse la nuit avec des flambeaux, en imitant le croassement de ces grenouilles, qui ne manquent pas de répondre & d'accourir à la lueur du flambeau. Il y en a d'un pied de long: elles sont si grosses, qu'on les mange en fricassée en guise de poulets, & les étrangers s'y méprennent souvent. On les appelle improprement *crapauds*. On voit encore à la Martinique de ces mêmes animaux, qui, comme la grenouille pisseuse de nos vergers, pissent à chaque saut qu'ils font. Nous avons parlé de la grosse grenouille tiquetée des Antilles, à la suite du mot CRAPAUD, dont elle porte auſſi improprement le nom.

Génération des Grenouilles.

Les Naturaliſtes ignorent de quelle maniere s'operent préciſément la génération & la métamorphoſe des grenouilles : c'eſt ce qui eſt cauſe de la diverſité de leurs opinions ſur ces deux objets. Nous nous bornerons à ce que diſent ſur cette matiere les Obſervateurs les plus modernes. M. *Linnæus* dit que c'eſt une hypotheſe établie, qu'à un pouce de chaque main ou pied de devant de la grenouille mâle, il croît dans le printems une petite verrue, ou chair papillaire, faite comme la partie qui caractériſe le mâle, & que la grenouille mâle introduit cette partie entre les cuiſſes dans le corps de la femelle : c'eſt ainſi, ſuivant ce ſyſtême, que s'accomplit la génération des grenouilles.

Les grenouilles naiſſent, dit M. *Gautier*, faites comme de petits têtards : elles n'ont, en venant au monde, ni pattes, ni nâgeoires; elles frétillent dans l'eau auſſi-tôt qu'elles ont quitté l'œuf. Elles multiplient prodigieuſement, & s'accouplent ſans ſe quitter pendant des journées entieres; le mâle embraſſe la femelle par les pattes de devant & la ſerre étroitement, de ſorte qu'en les pêchant, on les trouvent ſouvent accouplées, & la peur du danger ou toute autre raiſon ne peut les faire quitter que par force.

Il eſt digne de remarque que les grenouilles n'ont aucune partie ſexuelle extérieure; la femelle n'a point de vagin, le mâle n'a point de verge : l'anus ſeul ſert à l'un & à l'autre ſexe à mettre dehors les excrémens, les urines, les embryons & les œufs : tant de circonſtances annoncent quelque choſe de ſingulier dans la génération de ces animaux. M. *Gautier*, après avoir attaché quelques-uns de ces animaux ſur une table avec de groſſes épingles, prit des ciſeaux fins & délicats, & coupa avec patience la peau & les muſcles de l'abdomen, l'abdomen, qu'il releva exactement. La premiere grenouille qu'il ouvrit ainsi étoit une femelle ; elle lui offrit un paquet énorme d'œufs contenus dans une glaire très-gluante : ces œufs étoient tous de la même grosseur & comme des têtes de grosses épingles, jaunâtres, ronds & tachés d'un point noir ; il fouilla dans les entrailles qui palpitoient, & reconnut qu'il n'y avoit que dans les œufs prêts à sortir, qu'on pouvoit appercevoir au microscope des embryons, ou du moins des vers vivans & fretillans, tels qu'on croit en voir dans les semences. M. *Gautier* ouvrit de même le bas ventre à une grenouille mâle ; il se présenta d'abord une vésicule taillée à facettes, transparente, remplie d'une eau très-pure & limpide, & formant deux lobes très-distincts ; la vessicule du mâle, ainsi que celle de la femelle, reposoit sur l'os pubis : le cordon paroissoit être le *placenta* de plusieurs embryons vivans, qui étoient attachés par le cœur avec de petits filets à ce cordon, & qui nageoit dans l'eau claire, remuoient & frétilloient extraordinairement, battant leurs queues les unes contre les autres, sans pouvoir se détacher du cordon qui les arrêtoit.

À la vue d'un phénomene si nouveau, si inconnu, si extraordinaire, M. *Gautier* appela des témoins instruits, & qui virent, sans le secours de la lentille du microscope, que le mâle des grenouilles contient des embryons vivans, distincts, même avant l'émission d'aucune semence. La grenouille mâle montée & fortement attachée sur sa femelle, attend les instans que les œufs s'écoulent de la femelle, & y mêle alors ses embryons vivans, qui s'attachent aux œufs & s'en nourrissent pendant quelques jours, jusqu'à ce qu'ils puissent prendre des alimens plus grossiers. Ces embryons conservent la même figure qu'ils avoient dans la vésicule du pere, pendant l'espace d'un mois, temps auquel ils quittent cette figure, comme font les vers à soie dans leur cocon. Ils développent leur pattes postérieures, & s'écartent ; ce sont ces pattes qui, unies dans l'embryon, forment la queue du têtard, qui est l'embryon de la grenouille : les œufs de la grenouille font brunâtres. L'embryon peut nager dans l'eau, dès qu'il est venu au monde. Consultez aussi les *Observations de M. Rœsel, sur la fécondation des Grenouilles.* M. *Haller* dit qu'elles sont absolument opposées au paradoxe de M. *Gautier.*

Observations sur les Grenouilles.

Ces animaux quittent leur peau presque tous les huit jours, sous la forme d'une mucosité délayée : les pattes de devant leur servent de bras, & celles de derriere de rames pour nager. Dans le temps la de copulation, les mâles ont aux pouces une chair particuliere, noire & papillaire, qu'ils appliquent fortement contre la poitrine des femelles pour les tenir fermement : ils se laissent plutôt arracher une cuisse que de lâcher prise.

Dans les grenouilles, le mouvement du sang est inégal : il est poussé goutte à goutte & à diverses reprises. Ces pulsions sont fréquentes ; & ces animaux étant jeunes ouvrent & referment la gueule & les yeux autant de fois que le cœur leur bat. *Malpighi* a découvert dans le tronc de la veine-porte des grenouilles, des cannelures graisseuses, dont l'utilité est admirable, en ce qu'elles suppléent au défaut de nourriture pour l'entretien du sang : elles servent de réservoir pour la subsistance de cet animal pendant l'hiver, lorsqu'il est caché au fond des eaux.

Dans les grenouilles, le cœur n'a qu'un ventricule : il pousse & reçoit alternativement le sang par le moyen de deux soupapes, comme les soufflets simples qui reçoivent & qui donnent l'air, de maniere que l'air n'entre que d'un côté & ne sort que de l'autre : c'est une contre-soupape qui empêche le mélange du sang dans le ventricule de la grenouille, comme dans celui de la tortue & des autres amphibies. M. *Gautier* dit que ce viscere conserve pendant sept ou huit minutes, après son extraction du corps, le mouvement de systole & de diastole, (M. *Haller* ajoute des heures entieres); ce qui n'arrive pas dans les autres animaux, ni dans l'homme. L'œsophage de la grenouille est assez ample pour avaler des scarabées entiers, de petites souris nouvellement nées & de petits oiseaux. L'estomac est petit, mais susceptible d'une extension considérable. Les intestins sont grêles: la cavité de l'oreille contient une corde susceptible de tension à la volonté de l'animal, & qui lui sert pour recevoir les vibrations de l'air.

Les poumons sont adhérens de chaque côté au cœur, & divisés en deux grands lobes, composés d'une infinité de cellules membraneuses, destinées à recevoir l'air, & faites à-peu-près comme les alvéoles des rayons de miel; en sorte que ces poumons, au lieu de s'affaisser tout-à-coup comme font ceux des autres animaux, demeurent tendus & gonflés, c'est-à-dire qu'ils s'emplissent d'air à la volonté de l'animal, sans qu'il ouvre la gueule. La grenouille renvoie l'air de ses poumons dans des vessies qu'elle porte proche l'oreille aux angles de ses mâchoires: ces vessies lui servent apparemment de réservoir pour raréfier l'air qu'elle a dans les poumons. *Swammerdam*, ce grand Observateur de la Nature, a remarqué dans les poumons de presque toutes les grenouilles qu'il a disséquées, de petits vers vivans, au nombre de cinq ou six: ces vers ont un bec aigu; ils sont semblables à de petits filamens qui se roulent sur eux-mêmes. Ces vers se multiplient dans les poumons mêmes. Les parties sexuelles de la grenouille mâle consistent en deux testicules gros comme des pois; celles de la femelle sont des cordons entortillés. Les œufs ne sont point dans des ovaires, mais dans un viscere particulier: ils sont répandus dans une glaire, & forment un paquet qui tient aux reins. Ces œufs croissent vers le printems, & presque tous à la fois: il en reste d'autres après l'émission des premiers, mais trop petits pour être apperçus. On prétend que les grenouilles jettent plus d'onze cents œufs, & qu'elles restent plusieurs jours dans l'action du coït.

La pêche des grenouilles est amusante, & peut divertir à la campagne : on les prend au flambeau avec des filets, comme les poissons; ou à la ligne, avec des hameçons où l'on a attaché des vers, des mouches, des papillons, des scarabées, des hannetons, des entrailles des grenouilles, ou un morceau de drap rouge, ou un peloton de laine teinte de couleur de chair; car elles sont goulues, & se jettent à l'envi sur l'appât qu'on leur présente, tenant ferme ce qu'elles ont une fois mordu. M. *Bourgeois* dit qu'en Suisse on pêche les grenouilles, pour les manger en carême, d'une façon beaucoup plus facile & plus expéditive; les pêcheurs ont de grands rateaux dont les dents sont serrées & longues d'un demi-pied : ils les enfoncent dans les ruisseaux, & ils amenent sur le terrain les grenouilles en retirant le rateau avec précipitation. Elles fuient l'homme; elles se précipitent avec impétuosité dans l'eau, dès qu'elles le voient ou l'entendent.

Les grenouilles qu'on emploie en Médecine, doivent être de riviere ou d'étang : il faut qu'elles soient vertes, bien nourries, prises vivantes dans le temps de la pleine lune. Leur cendre est astringente : leur chair est un peu dure étant fraîche ; mais elle devient tendre étant gardée : elles sont estimées, prises à l'intérieur, comme humectantes & incrassantes, & propres pour adoucir les âcretés de la poitrine : elles sont restaurantes & bonnes dans la consomption. On en fait aussi des potages fort sains, qui conviennent dans les chaleurs d'entrailles, & pour dissiper les boutons du visage. Des Cuisiniers habiles ont l'art d'assaisonner les cuisses de nos grenouilles aquatiques, de maniere qu'on les mange comme un mets des plus exquis.

Le frai de grenouilles, nommé auſſi *ſperniole* ou *ſperme de grenouille*, eſt une matiere très-viſqueuſe, tranſparente, blanche & remplie de petits points noirs. Il eſt fort d'uſage en Médecine, & on le regarde comme le meilleur réfrigératif du regne animal : il convient dans les inflammations de la goutte ; il guérit la brûlure, l'éréſipelle & les feux volages du viſage : il ſuffit de tremper un linge plié dans le frai, & de l'appliquer ſur la partie douloureuſe ; ſouvent on y mêle un peu de camphre pour le rendre plus efficace. On le mêle avec du miel-roſat ; on imbibe une éponge de ce mélange, & on l'applique avec ſuccès dans les endroits où il y a hémorragie.

La façon de le conſerver, car il ſe pourrit facilement, eſt de l'enfermer dans un vaiſſeau, qu'on expoſe au ſoleil en été ; par ce moyen l'alkali volatil s'exalte, aidé par un commencement de putréfaction, & il s'en forme une liqueur par défaillance, qui ſe dépure d'elle-même. On la filtre, après quoi elle peut ſe conſerver deux années. D'autres pour être plus ſûrs de ſa conſervation, diſtillent au bain-marie le frai de grenouilles, de la même maniere qu'on fait à l'égard des vers, des limaçons, &c. Les grenouilles entrent dans l'*emplâtre fondant de Vigo* : on les applique auſſi, vivantes ou coupées en deux, ſur les tumeurs.

GRENOUILLE PÊCHEUSE. *Voyez* GALANGA.

GRENOUILLE POISSON. Mademoiſelle *Mérian* & *Séba* diſent qu'en Amérique on donne ce nom à une grenouille qui ſe transforme en poiſſon. Si cela eſt, c'eſt le contraire de ce qui arrive communément aux grenouilles qui, avant d'être ſous cette forme, ont été en quelque ſorte des poiſſons. La grenouille dont il eſt ici queſtion, a la peau tachetée ſur les côtés, le ventre pommelé, les parties de derriere palmées. On dit qu'on en trouve beaucoup dans la riviere de Surinam, dans la Cornawina-Creck & dans la Pivica. Dès qu'elles ſont parvenues à leur groſſeur, il leur croît peu-à-peu une queue : elles perdent leurs pattes, & prennent totalement la forme d'un poisson. Les Américains & les Européens, établis dans ces endroits, donnent à ce poisson le nom de *jakies*, & le regardent comme un mets délicat : il a le goût de la lamproie. Ses arêtes sont cartilagineuses ; sa peau est douce & couverte de très-petites écailles ; de petites nageoires lui tiennent lieu de pattes : la couleur de ce poisson est d'abord grise, ensuite brunâtre. On voit dans les Ouvrages des Auteurs cités ci-dessus, une planche qui représente la transmutation de ces animaux.

GRENOUILLETTE. On donne ce nom à la *renoncule-tubéreuse*. Voyez RENONCULE.

GREQUE, est une espece de sauterelle de la grandeur & de la forme de la mante. Ses petites cornes & ses ailes sont de couleur jaune : elle a l'œil couleur d'hyacinthe, & le reste du corps est de la couleur de l'améthyste.

GRÈS. *Voyez* GRAIS.

GRÉSIL. Nom donné à une sorte de menue grêle assez dure, & dont la blancheur égale celle de la neige. On ne doit pas confondre le grésil avec une petite grêle qu'on voit quelquefois tomber par un temps calme, humide & tempéré, & qui se fond presque toujours en tombant. Le grésil tient en quelque sorte le milieu entre la neige & la grêle ordinaire, il tombe communément au commencement du printems. *Voyez* GRÊLE & NEIGE.

GREVE ou STRAND (*estran*), se dit d'une place sablonneuse, ou d'un rivage de gros sable ou de gravier sur le bord de la mer ou d'une riviere, où l'on peut facilement aborder & décharger les marchandises : ainsi tous les fonds de sable que la mer couvre & découvre, soit par ses vagues, soit par son flux & son reflux, sont des greves ou *estrans*. Voyez MER.

GRIBOURI, *cryptocephalus*. Insecte du genre des coléopteres, à étuis durs, très-connu & très-redouté des Cultivateurs, parce qu'il ronge & désole les différentes plantes sur lesquelles il se trouve. La larve du gribouri de la vigne est celle qui fait le plus de tort, sur-tout dans les pays de vignoble, principalement dans les Provinces de Bourgogne, de Champagne, du Dauphiné, du Lyonois, &c. On en distingue deux especes, 1°. le gribouri noir à étuis rougeâtres; 2°. le gribouri appelé *velours vert*. Le gribouri de la vigne est d'une forme ovale. Ses pattes sont longues, & ses tarses composés de quatre articles ; sa tête est noire, petite & cachée en partie par la rondeur du corselet noir. Ses antennes sont longues, filiformes, composées d'articles alongés, & d'égale grosseur par-tout. Les étuis sont d'un rouge sanguin & couverts de plusieurs petits poils, ainsi que le corselet. L'animal en dessous est noir. En général les gribouris habitent les endroits humides; ils sortent de terre à la fin de Mars ; ils s'accouplent au mois de Mai, & cette fonction dure quelquefois une matinée entiere. Tel est l'insecte connu aussi sous le nom de *coupe-bourgeon*, & dans l'idiôme du paysan, sous celui de *pique-brots*. Il s'enterre en automne. *Voyez l'article* VIGNE.

GRIFFES : se dit de l'extrémité de la patte d'un animal, lorsqu'elle est armée d'ongles crochus & recourbés. Telle est la griffe d'un chat, la griffe du lion. On donne encore le nom de *griffe* aux *serres* des oiseaux de proie : on dit aussi *griffe de renoncule* au lieu de caïeux ou d'oignons. *Voyez le Tableau alphabétique des termes* ; *&c. à l'article général* PLANTE.

GRIFFON. On a nommé ainsi divers oiseaux qui ont une force incroyable & une grandeur démesurée. M. *Perrault* a donné, dans les Mémoires de l'Académie des Sciences de Paris, la description de deux griffons, mais qu'il qualifie du nom de *vautour*. Voyez ce mot.

L'un de ces oiseaux, qui étoit plus grand que l'aigle, avoit huit pieds d'envergure, & trois pieds & demi de longueur: ses jambes avoient un pied de long; ses pieds étoient noirâtres; ses ongles noirs, moins grands & moins crochus qu'ils ne sont aux aigles: il avoit les yeux à fleur de tête, & autour étoit une peau dénuée de plumes, formant un bourlet comme dans l'autruche. Sa langue étoit dure & cartilagineuse; son bec étroit & plus long que celui des aigles; le plumage du dos & des cuisses étoit d'un gris roussâtre; celui des ailes & de la queue étoit noir; le dedans des cuisses, la tête & le bas du cou étoient entiérement blancs: il y avoit au bas du cou une fraise composée de plumes effilées, longue de trois pouces, & d'un blanc éclatant. On prétend que la jambe d'oiseau, que l'on garde dans le trésor de la Sainte Chapelle à Paris, est celle d'un griffon; cette jambe a, dit-on, cinq pieds de longueur, depuis l'extrémité de l'ongle du grand doigt de devant, jusqu'à l'ongle du petit doigt qui est derriere.

On dit que les griffons d'Afrique sont fort grands, peut-être ne sont-ils que des especes de *cuntur* ou *condor*. Voyez ce mot.

GRIGNARD. Nom donné à une sorte de plâtre qui se trouve aux environs de Paris.

GRIGRI. Les Indiens donnent ce nom à une des especes de palmiers très-commune dans les îles Caraïbes. Cet arbre porte des grappes de petits cocos, de la grosseur d'une balle de pistolet, très-durs à rompre & contenant une amande dont on peut tirer de l'huile. *Encyclopédie*.

A la Martinique on appelle aussi *grigri* une espece d'oiseau qui est l'*émerillon* des Antilles. *Voyez* ÉMERILLON.

GRILLON, *grillus*. Genre d'insecte à antennes simples, longues & filiformes, qui a deux filets à la queue, trois petits yeux lisses. Ce dernier caractere est fort commun dans les insectes à deux & à quatre ailes nues.

Ses pattes postérieures sont longues & propres pour sauter; elles ont, ainsi que les autres pattes, trois articles à leurs tarses. On croit que ces animaux ruminent: ils ont trois estomacs.

Le Grillon domestique ou Cri-cri, *gryllus pedibus anticis simplicibus*. Ce grillon & celui des champs ne sont pas la même espece. Le premier est plus pâle & plus jaune, & le second est plus brun. Ses antennes sont minces comme un fil, très-mobiles, & de la longueur du corps. La tête est grosse, ronde, luisante, & les yeux saillans de couleur jaune, semblables à ceux du *grillon-taupe*. L'insecte a encore trois autres yeux plus petits, jaunes & clairs, placés plus haut sur le bord de l'enfoncement du fond duquel partent les antennes. Le corselet est large & court. Dans les mâles les étuis sont plus longs que le corps; veinés, comme chiffonnés en dessus, croisés l'un sur l'autre, & enveloppant une partie du ventre. Dans les femelles au contraire les étuis sont plus petits que le ventre, non chiffonnés, & ne se croisent presque point. De plus la femelle porte à l'extrémité de son corps une pointe dure, presque aussi longue que le ventre, plus grosse par le bout, composée de deux gaines qui enveloppent deux lames. Cet instrument lui sert à enfoncer & déposer ses œufs dans la terre à portée des racines. Le mâle & la femelle ont, ainsi que le taupe-grillon, à l'extrémité du ventre, deux appendices pointues & molles. Leurs pattes postérieures sont plus grosses & font ressort pour le saut de l'animal.

Cette espece de grillon habite dans les maisons, & se niche dans des murs d'argile, ou entre des briques, dans des trous de cheminées, proches des foyers, des fours & des fourneaux, enfin dans les lieux chauds où l'on fait un grand feu toute l'année : il chante continuellement, sur-tout le soir & la nuit, excepté dans les plus grands froids : il s'accoutume au bruit, ce que ne fait pas le grillon sauvage ou des champs, qui s'épouvante d'un rien, & qui ne chante que dans les beaux jours d'été. On dit que le grillon domestique fuit seulement la lumiere du jour; c'est une erreur: M. *Bourgeois* a observé qu'il sort de sa niche dès qu'on en approche la bougie allumée, & qu'il a détruit cent fois de cette façon les grillons qui l'incommodoient dans ses appartemens. Le grillon mange de tout ce qu'il trouve à son goût, pain, farine, viande, graisse, fruits: il n'y a que le mâle qui chante. Son cri aigu, rapide & continuel paroît désagréable & incommode à bien des gens. Mais ce chant triste & monotone pour nous, réjouit au contraire sa femelle, parce qu'il est pour elle le cri, l'accent de l'amour. Quelques-uns prétendent même que cette musique sépulcrale est analogue à la mélancolie que la femelle contracte dans les lieux sombres où elle vit. Il n'est pas rare de rencontrer des personnes, sur-tout parmi le vulgaire, qui ont du goût pour le chant des grillons, & qui croient même que ces animaux portent bonheur à leur maison. Les parens inspirent le même préjugé à leurs enfans, & ceux-ci apportent à la maison des grillons de campagne pour les mettre dans les cheminées; mais ces grillons sauvages ne sont pas faits pour habiter les foyers; ils ont même tant d'antipathie pour les grillons domestiques, qu'ils les poursuivent & les détruisent tant qu'ils peuvent. Il y a des gens en Afrique qui font commerce de grillons; ils les nourrissent dans des especes de fours de fer battu, & ils les vendent ensuite à un prix fort avantageux, parce que le petit bruit que font ces insectes n'est point désagréable à ces peuples, & qu'ils se persuadent qu'ils contribuent à leur procurer un sommeil tranquille, &c. tant il est vrai que les chimeres les plus absurdes trouvent des sectateurs parmi les ignorans & les esprits foibles.

Quant au chant du grillon, quoiqu'on l'attribue au battement redoublé de ses ailes, il est dû à un jeu d'organes construits avec plus d'appareil, & renfermés, selon *Scaliger*, dans la capacité du ventre. D'autres prétendent que dans les mâles, l'aile droite supérieure est garnie de différentes fibres réticulaires, qui sont toutes crépues : les deux ailes venant à se joindre exactement en ligne droite, l'air frappé par leur battement, est nécessairement poussé en bas, & il doit, au moment de l'impulsion, éprouver un trémoussement, qui cause le son qu'on entend. *Emmanuel Kœnig* veut que l'organe qui produit ce son soit une membrane, qui, en se contractant, par le moyen d'un muscle & d'un tendon placés sous les ailes de cet insecte, se plie à-peu-près de la même façon qu'un éventail, & que pour peu que cette membrane soit mise en mouvement, du vivant ou même après la mort de l'animal, le cri perçant se fait entendre. On assure que, si l'on partage le grillon par le milieu du corps, ou qu'on lui coupe la tête, il ne laisse pas que de vivre encore quelque temps & de faire son cri accoutumé. Enfin quelques-uns prétendent que le cri du grillon est produit par le frottement du corselet. Mais cet animal doit avoir un organe particulier pour sa voix.

Les grillons des champs s'enfoncent sous terre dans des trous qu'ils forment eux-mêmes ; c'est-là qu'ils subissent leur métamorphose ; leur larve ne diffère de l'insecte parfait que par le défaut d'ailes & d'étuis ; car du reste elle court & saute aussi aisément. La larve étant métamorphosée en insecte parfait, elle est en état de s'accoupler & de déposer ses œufs en terre, à portée des racines qui doivent servir de nourriture aux nouvelles larves qui en proviennent. Les fourmis sont aussi un mets friand pour les grillons : il suffit même, quand on veut attraper le grillon, d'attacher une fourmi, un petit insecte au bout d'un crin, & laisser marcher cet appât vivant, dans le trou qu'habite le grillon. Celui-ci vient fondre sur sa proie & ne la quitte point. C'est ainsi qu'on le tire hors de son trou.

Jonston dit qu'on peut faire déguerpir ces insectes, en exposant à l'air libre une dissolution de vitriol : une forte vapeur de soufre les fait périr, comme la plupart des animaux. En Médecine, on regarde les grillons comme diurétiques & moins dangereux que les cantharides : on les fait ordinairement sécher au four dans un vaisseau couvert, & on les réduit en poudre, qui se donne depuis douze grains jusqu'à un scrupule, dans une eau appropriée, soit de persil, soit de saxifrage.

GRILLON-CRIQUET, *acridio-gryllus*. Le criquet n'est point un grillon ; il est d'une espece particuliere, il ressemble beaucoup à la sauterelle ; mais celle-ci a quatre articles aux tarses ; & le criquet n'en a que trois. Ses antennes filiformes sont grosses & courtes. Du reste la forme & la métamorphose de ces insectes sont les mêmes. *Voyez* SAUTERELLE.

Le criquet a aussi, outre les deux grands yeux à réseau, trois petits yeux lisses. Cet insecte saute avec bien de l'agilité par le moyen de ses pattes postérieures qui sont beaucoup plus grandes que celles de devant, & garnies de muscles très-forts. Le criquet marche aussi sur terre, mais mal & pesamment. En revanche il vole assez bien. Ses ailes qui sont repliées sous des étuis fort étroits, paroissent fort grandes étant étendues, & ornées de couleurs vives & brillantes, comme celles des beaux papillons.

La larve du criquet ne differe de l'insecte parfait que parce qu'elle ne peut pas voler. Ce petit animal métamorphosé dépose ses œufs en terre, où la chaleur les fait éclore. Il est très-vorace, & se nourrit d'herbes & de feuilles. Souvent il fait beaucoup de dégâts dans les campagnes. Sa marche par sauts le dérobe à la poursuite de ses ennemis.

GRILLON-TAUPE ou TAUPE-GRILLON, *gryllotalpa, aut gryllus pedibus anticis palmatis*. Cet insecte également connu sous le nom de *courtille* ou *courtilliere*, est un des plus hideux & des plus singuliers : il est de la longueur du doigt, d'un gris obscur, doux au toucher ; il ressemble un peu au grillon, mais il s'en distingue aisément. Sa tête est petite, alongée, garnie de deux antennes filiformes, longues, & de quatre antennules grandes & grosses : derriere les antennes sont deux gros yeux durs, brillans & noirâtres, entre lesquels on en voit trois autres lisses, plus petits, & tous rangés sur une même ligne transversale. Le corselet forme comme une espece de cuirasse alongée, presque cylindrique & comme veloutée. Les étuis, qui sont courts, ne vont que jusqu'au milieu du ventre, ils sont croisés l'un sur l'autre, & ont de grosses nervures brunes, noirâtres : les ailes sont repliées, se terminent en pointes plus longues que le ventre de l'animal; ce ventre est mou, & se termine aussi par deux appendices assez longues. Ses pattes antérieures sont très-grosses, applaties; ses jambes sont très-larges, & se terminent en dehors par quatre grosses griffes en scie, & en dedans par deux seulement. M. *Geoffroi* a observé que le tarse ou le pied est souvent situé & caché entre ses griffes. Cet insecte cherche les lieux humides, & passe la plus grande partie de sa vie sous terre, principalement dans les couches : il sort la nuit : même dès le coucher du soleil, marche lentement ; excepté quand il saute comme les sauterelles, alors sa course est assez vîte ; il se nourrit de froment, d'orge & d'avoine ; il en porte l'été, dans les trous où il se retire, pour en vivre l'hiver : on prétend qu'il se nourrit aussi de fiente de cheval. Mais ce qu'il y a de plus singulier dans les parties de l'intérieur de cet insecte, c'est qu'il s'y trouve plusieurs estomacs, comme dans les animaux ruminans.

Le *grillon-taupe* est ainsi nommé, parce qu'il fait le même bruit que le *grillon domestique*, & parce qu'avec ses bras nerveux qui lui servent de pique & de pioche, il fouit & éleve de petits monceaux de terre, comme les *taupes*. Cet insecte est le fléau des Jardiniers & des Fleuristes, en ce qu'il ravàge toutes les plantes d'un jardin, sur-tout les melons & les laitues, &c. Il en coupe & ronge les racines. Ses pattes à dents de scie lui servent à cet usage. Quand les Paysans l'entendent crier, ils en augurent une année de fertilité.

On en voit beaucoup dans quelques Provinces de Suede, où ils chantent sur le soir : on en rencontre aussi une grande quantité en France, & sur-tout dans la Province de Normandie, où cet insecte appellé *taupette* mord souvent, à l'aide des pinces vigoureuses dont sa tête est armée, les doigts des personnes qui fouillent la terre : cette morsure est toujours douloureuse, & quelquefois un peu venimeuse. Lorsque les porcs en fouillant la terre avalent de ces insectes tout vivans, ils en périssent souvent & presque aussitôt : le taupe-grillon leur piquant l'estomac & les intestins, leur occasionne la mort par ces moyens plutôt mécaniques que vénéneux.

Le *taupe-grillon* vit quelque temps dans l'eau, ce qui le fait regarder comme une sorte d'amphibie. Ces insectes marquent beaucoup d'adresse dans la construction de leur nid. Ils choisissent une motte dure, grosse comme un œuf de poule, dans laquelle ils pratiquent un trou qui leur sert pour entrer & pour sortir : ils forment au dedans de cette motte une cavité ou chambre capable de contenir deux avelines; elle est asfez spacieuse pour y déposer leurs œufs qui sont au nombre de cent cinquante ou environ : cela fait, ils ont grand soin de bien affermir les dehors de ce nid souterrain : sans cette précaution, leurs œufs deviendroient bientôt la proie de certains insectes noirs, cachés sous terre. On prétend aussi que les courtillieres se fraient autour de leurs nids, une espece de chemin couvert ou de petit fossé pour y faire leur ronde & roder en sureté, & veiller à ce que l'ennemi ne s'y glisse point à l'improviste. Si la courtilliere, qui est en sentinelle, se trouve attaquée à la fois par trop d'ennemis, elle fait alors usage de ses retraites & de ses détours qu'elle pratique toujours sous terre, & se délivre par-là du danger; aux approches de l'hiver, les courtillieres emportent le réservoir qui contient les œufs; elles le descendent fort avant en terre, & toujours au-desfous de l'endroit où la gelée parvient à mesure que le temps s'adoucit ; puis elle remonte le magasin, & l'approche enfin afsez près de la superficie, pour lui faire subir l'impression de l'air & du soleil ; revient-il une gelée, on regagne le bas : les œufs éclosent dans le mois de Mai.

De toutes les méthodes employées pour détruire les courtillieres qui font tant de dégâts dans les jardins en fouillant la terre en galerie, &c. le meilleur moyen est de remplir d'eau leur trou, & d'y verser une cuillerée d'huile, aussi tôt ces insectes fuient de leurs retraites, font quelques pas lentement, noircissent & meurent. *Voyez la Gazette d'Agriculture, du mois de Mai 1767.* Le baume de soufre ou l'essence de térébenthine seroit encore plus spécifique que l'huile.

GRIMME. Espece d'animal qui paroît tenir le milieu entre les chévres & les chevrotains, & qui se trouve au Sénégal. La grimme se distingue facilement à une grande cavité qu'elle a au-dessous de chaque œil, & à un bouquet de poil bien fourni, qui s'éleve perpendiculairement sur le sommet de sa tête.

GRIMPEREAU, *certhia aut falcinellus*. Genre de petit oiseau de passage, dont on distingue plusieurs especes. En général ces oiseaux ont un bec en forme de faux, épais par-dessus, pointu par le bout, & dont les côtés sont un peu en forme de coin : les narines sont rondes & couvertes des plumes du front : leur langue est membraneuse, un peu plate, fendue par le bout : la queue est retroussée & composée de douze grandes plumes égales : les cuisses sont fortes & musculeuses, les jambes courtes & robustes, les ongles favorables pour se cramponner, les doigts serrés ensemble : leur ponte est de dix-huit à vingt œufs : leurs pieds sont garnis de trois doigts par devant, & d'un par derriere.

La premiere espece est le GRIMPEREAU-TORCHEPOT ou GRIMPEREAU-NOIR, *falcinellus arboreus nostras*. Il est un peu plus grand que le pinçon, & presque droit : il a le bec noir & rond, la tête & les yeux fort petits, le plumage plombé, une tache blanche au bout de la queue, & une autre d'un rouge châtain sous le ventre & à la gorge ; les pieds de couleur bleuâtre, les doigts longuets, les ongles crochus & noirs. Il grimpe & descend le long des arbres, & les creuse à la maniere du pic.

Quand cet oiseau trouve un grand trou dans un arbre où il veut faire son nid, il le ferme très-industrieusement avec du limon ou de la terre qu'il gâche, en n'y laissant qu'une petite entrée. Il vit de la vermine qu'il trouve aux environs des arbres & de leurs écorces : il se nourrit aussi de noix & de graines de pommes de pin qu'il ouvre très-adroitement : pour se procurer cette nourriture, voici comme il s'y prend ; il commence par percer avec son bec dur & cunéiforme, un trou dans l'arbre, y fait entrer la queue de la pomme, écarte les écailles & mange la graine. Il est fort vigilant & actif : le mâle, au printems, appelle sa femelle en faisant un cri, comme s'il disoit *guiric, guiric*. Il ne se tient avec elle que pendant l'été ; il aide sa femelle dans les travaux du ménage, mais dès que les petits sont élevés, ils se séparent ; il bat même sa femelle, lorsqu'il la rencontre après l'avoir quittée. On trouve dans la nouvelle Angleterre un grimpereau noir d'une petite espece.

Le petit GRIMPEREAU D'ARBRE OU PIOCHET, se retire dans les troncs d'arbres, s'attache aussi aux branches, à la maniere des *pics*, voltige de branche en branche, & ne demeure jamais en place ; mais il reste toute l'année dans un même canton. Il est un peu plus grand que le roitelet. Sa queue est courte, ses griffes sont blanches & pointues, son bec est courbé en arc.

Le petit GRIMPEREAU TORCHEPOT a la voix plus forte & plus haute que le précédent ; le mâle ne va qu'avec la femelle qu'il a choisie ; quand il en rencontre une autre, il l'oblige de fuir ; il appelle ensuite sa femelle d'une voix claire, comme pour la rendre témoin

de

de sa fidélité: d'ailleurs il est semblable en tout au grand *grimpereau gris*.

Le GRIMPEREAU DE MURAILLE, *certhia muralis*, qu'on appelle aussi *pic de muraille* ou *d'Auvergne*, est de couleur grise ou cendrée; le mâle a le gosier & le cou noirs. Il est de la grosseur du moineau; sa femelle a la gorge blanche: il grimpe le long des murailles, & se nourrit d'insectes qui se trouvent dans les crevasses: il se retire dans les creux des arbres & plus souvent sous les toits des maisons, & dans les murailles.

Le GRIMPEREAU DE HAMBOURG n'est pas plus grand que le moineau. Le plumage du dessus de son corps est d'un brun ombré de pourpre, & celui du ventre d'un brun jaunâtre mélangé de noir. Cette sorte de grimpereau est plus disposée que tous les autres à grimper d'arbre en arbre; il les examine partout l'un après l'autre, & descend le long du tronc jusqu'à terre; il ne se sert guere de ses ailes, tant qu'il se trouve parmi les arbres: il se nourrit de cerfs-volans & d'autres insectes.

M. *Klein* donne la notice de dix-neuf especes de grimpereaux des Indes, qui ne different que par la variété de leurs belles couleurs. Ces grimpereaux chantent comme le rossignol. Dans le Mexique, dans le Brésil & à Caïenne leur couleur est d'un bleu d'azur ou de turquoise. On connoît ceux de Ceylan qui sont verts, nuancés d'une couleur aurore: dans l'île de Cuba, ils sont d'un bleu nuancé d'argent ou de couleur verte: leur courage est tel qu'ils osent poursuivre des bandes de corbeaux, & les obligent de s'aller cacher: on les appelle dans le pays *guit-guit*. Les grimpereaux des Philippines & du Cap de Bonne-Espérance sont de toute beauté, ils ont une espece de collier. Le grimpereau de la Martinique se nomme *sucrier*, *certhia saccharivora*; sa couleur est d'un brun jaunâtre, il aime beaucoup le miel & le sucre: on en voit de tout violets à Madagascar, & qui ne sont pas plus gros que le roitelet. Il y a aussi les grimperaux à longue queue ; d'autres sont rouges & à tête noire ; celui de Virginie est tout pourpré, &c. Des Ornithologistes ont cité d'autres especes de *grimpereaux*, qui ne sont que des *pics*, voyez ce mot, tel est le *grimpereau de Bengale* : le *grand & le petit grimpereaux verts bigarrés*, nommés ainsi de leurs couleurs : ils sont gros & longs comme nos *pics verts*. Voyez le second volume du *Dictionnaire des Animaux*.

GRIOTTE. Cerise à courte queue, tantôt douce & tantôt aigre ; & dont l'arbre se nomme *griottier*. Voyez ce mot à l'article CERISIER.

GRISARD ou COLIN. *Voyez* CANARD DE MER.

GRISART. *Voyez* BLAIREAU.

GRISETTE. Est un fort beau petit oiseau étranger, qu'on appelle aussi *syriot* ; il ne se nourrit que de mouches & d'autres insectes : son bec est grêle, foible & long ; son corps est brun ; excepté le ventre qui est tout blanc ; ses jambes & ses pieds sont noirâtres : on lui apprend à parler. Sa chair est blanche, tendre & très-délicate. C'est un des meilleurs mets, quoique rassasiant. Cet oiseau de passage reste chez nous en automne près des endroits aquatiques ou sur les côtes de la mer : ils vont par bandes, & comme ils sont fins & rusés, ils sont très-difficiles à approcher ; mais dès qu'il y en a un de blessé, on le laisse crier pour qu'il fasse venir les autres, ou s'il est mort on le retourne sur le dos : tout le reste de la bande, après avoir un peu tourné, revient à l'endroit d'où elle est partie, & appercevant le mort, elle vient voltiger autour de lui ; pendant ces viremens on en tue beaucoup, sur-tout si l'on a eu la précaution de se cacher derriere les roseaux : la chair des *grisettes* ne se garde pas long-temps sans se corrompre.

GRIVE, *turdus*. Genre d'oiseau dont on distingue plusieurs especes qui sont plus ou moins communes en France : savoir, 1°. la *grosse grive de gui*, autrement dite *suserre*, *jocasse*, *fraye* ou *tourdelle* : 2°. la *petite grive de gui*, dite *grive de vigne commune* ou *mauvis* ou *touret* : 3°. la *grive de genévrier*, autrement dite *litorne* ou *oiseau de nerte*, dite vulgairement *chacha* : 4°. la *grive rouge*, que quelques-uns nomment *roselle* : il n'y a que les deux premieres de permanentes, car les deux autres font passageres, & ne font pas leur nid chez nous.

La GRANDE GRIVE OU GRIVE DE GUI, *turdus viscivorus major*, est un peu moins grande que la pie. Son bec & ses pieds font d'un brun jaunâtre ; son cou & son ventre font ornés de taches blanches ; son dos & ses ailes font brunâtres : elle a l'iris couleur de noisette. Cet oiseau mange, ainsi que les autres especes, des baies de gui, qui ne restent pas long-temps dans ses intestins : il les rend en entier, & elles font si glutineuses qu'elles peuvent encore végéter. Dans l'automne & dans l'hiver, il mange les fruits du cochêne, des baies de houx sauvage & d'aubépine : il se nourrit aussi de vers, de chenilles & d'autres insectes. La chair de cette grive n'est pas estimée, parce qu'elle est de difficile digestion. Elle est moins commune que les autres : on en éleve en cage. On en mange à Dantzig, qui viennent des forêts voisines de cette ville. Cette espece de grive est un oiseau de passage, qui va par petites compagnies : il chante très-bien au printemps, & ordinairement il se perche au-dessus des arbres, sur les chênes, ormes, &c. il se plaît aussi dans les pâturages, dans les prés, &c. Le plumage de cet oiseau change pendant l'été & devient un peu cendré : on a remarqué que l'espece appellée particuliérement *drenne*, se tient seule sur un arbre, qu'elle ne s'en écarte pas loin, & qu'elle en éloigne les autres oiseaux.

La PETITE GRIVE DE GUI, *turdus minor*, est ainsi nommée, non parce qu'elle mange des baies de gui, mais parce qu'elle ressemble à la grosse grive de gui. Elle est plus petite que la litorne, & n'est guere plus grande que la roselle : elle pese environ trois onces :

son bec est long d'un pouce, & brun; l'iris de ses yeux est de couleur de noisette; la poitrine est jaunâtre, le ventre blanc, le dessus du corps olivâtre partout avec un mélange de roux & de jaune aux ailes; les jambes & les pieds sont d'un brun pâle, la plante des pieds est jaunâtre. Elle a le port de la roselle, & est tachée autour des yeux: elle se nourrit d'insectes plutôt que de baies; elle mange aussi des vermisseaux, des scarabées & des limaçons: elle demeure pendant toute l'année en Angleterre, & y fait son nid, qu'elle construit de mousse & de paille en dehors, & l'enduit de boue en-dedans: elle pond sur cette boue nue cinq ou six œufs de couleur bleue, verdâtres, piquetés de taches noires clair-semées. Elle chante admirablement au printemps, étant perchée sur les arbres des bois taillis: elle est solitaire, ainsi que la grosse grive de gui, mais elle fait son nid dans les haies, plutôt que dans les arbres élevés: elle est stupide, & se laisse prendre facilement: on l'éleve quelquefois en cage. En Silésie, il y en a une si grande quantité dans les forêts & dans les montagnes, qu'elles suffisent pour nourrir les habitans pendant l'automne.

Les paysans en font des provisions & les gardent encore dans le vinaigre à demi-rôties. On les prend avec des collets de crins de cheval, en y pendant pour amorce des baies de sorbier sauvage. Cet oiseau est fort gourmand: il aime passionnément la graine de jusquiame. Dans les vignobles, il mange beaucoup de raisin; aussi est-il très-gras & très-rempli dans le temps des vendanges: c'est ce qui a donné lieu au proverbe, *soûl comme une grive*. On sert la petite grive sur les tables les plus délicates, à cause de son bon goût: aussi *Martial* lui a-t-il donné le premier rang parmi les oiseaux, comme il l'a donné au liévre parmi les quadrupedes.

La grive dite *roselle*, est celle que nous voyons communément voler par grandes troupes, & qui dans l'été est la plus commune dans nos plaines de France.

La grive rofelle eft la même que la grive rouge ou à rouges ailes. Ses cuiffes & fes pattes font pâles : elle a le deffous des ailes rougeâtre, le ventre blanc. Cette grive repaire en hiver dans la Bohême, dans la Hongrie & dans les pays du Nord ; elle gazouille admirablement bien ; fon ramage qui parcourt une grande quantité de tons, procure de l'agrément pendant neuf mois de l'année.

La grive nommée *litorne* ou *tourdelle*, *turdus pilaris feu turdella*, reffemble, pour la grandeur & la figure, au merle femelle, avec cette différence, que la litorne a l'eftomac jaunâtre, tacheté de noir, & le ventre blanc. Ses jambes & fes pieds font noirs : cet oifeau eft de couleur cendrée fur la tête, le cou & le croupion ; le deffus du dos eft tanné, mais peu grivelé ; le deffous de l'aile eft blanc. Ces efpeces de grives varient par le plumage & viennent chez nous par troupes en automne : on diftingue à l'angle de l'œil quelques efpeces de poils noirs & roides ; elle fe prend comme les grives. On la nourrit en cage. Elle chante pendant deux mois de l'année, en Juillet & en Août ; elle ne vit que de graines. L'efpece que les Italiens appellent *caftriga palumbica*, eft un mets très-délicat. La litorne eft la moins eftimée des grives.

M. *Bourgeois* dit que la qualité des grives à pied noir de France, eft bien différente de celle de Suiffe, que l'on prend dans le Canton de Berne, au pied du mont Suchet, dans les villages de Montcherand, Valleyres, l'Abergement & Sergey, où elles font d'un goût exquis & recherchées fur les tables les plus délicates : elles fe vendent dix à douze fous de France la piece dans les années où elles font rares, & fix fous dans celles où elles font les plus abondantes. Elles fe trouvent dans les montagnes à l'entrée de l'hiver, fans qu'on les voie arriver, ni qu'on fache d'où elles viennent ; & elles s'en retournent au printemps, fans qu'il en refte aucune pendant l'été. Dès que le grand froid eft venu, & que les montagnes font couvertes de neige, elles defcendent dans la plaine, ne trouvant plus de nourriture qui leur convienne, & qui confifte en petits vers de terre, en baies de forbier & d'aubépine. Quoiqu'elles foient déjà bonnes à leur arrivée dans la plaine, elles n'acquierent cependant ce degré de perfection & ce fumet exquis qu'elles ont bientôt après, que quand la terre eft gelée ou que la neige vient à couvrir la campagne, & qu'elles font obligées de fe nourrir de baies de genévriers dont le pays eft couvert, qui les engraiffent beaucoup. La chaffe de ces grives, qui fe fait alors par des compagnies de Chaffeurs établies dans les fufdits Villages, eft très-curieufe, & attire chaque année des Etrangers de confidération. Elle fe fait avec de grands filets de la longueur d'environ foixante pieds, fur environ quinze pieds de hauteur; ils font compofés de trois toiles, dont les deux extérieures font formées par des mailles en lozange d'environ fix pouces de diamettre, celle du milieu eft compofée de petites mailles d'environ un pouce, & elle a le double plus d'étendue ou de furface que les deux autres. Chaque compagnie de Chaffeurs a environ douze à quinze de ces filets: on les tend avec deux perches croifées & plantées en terre perpendiculairement au fol, & des cordages les uns à côté des autres, au bord d'un bois de haute futaie. Les Chaffeurs vont alors chercher les grives, qui font ordinairement ramaffées en vols innombrables, quelquefois jufqu'à une demi-lieue & au-delà de leurs filets, perchées fur des arbres. Un ou deux de ces Chaffeurs vont par derriere pour les faire partir du côté des filets, tandis qu'une partie des Chaffeurs fe tiennent fur les deux côtés pour les empêcher de s'écarter. Il arrive fouvent qu'elles rencontrent des arbres à leur chemin où elles fe perchent; dans ce cas on les fait partir comme la premiere fois, & on continue à les faire avancer jufqu'à une centaine de pas des filets, où le refte des Chaffeurs poftés en embufcade derriere les buiffons & armés de frondes, lancent principalement de grosses pierres par-dessus le vol pour les faire abaisser à la hauteur des filets, contre lesquels elles s'élancent avec rapidité, effrayées par le sifflement des pierres qu'elles prennent pour des oiseaux de proie: elles passent au travers de la premiere toile, & s'élancent contre celle du milieu pour passer de même au travers; mais comme elles n'y peuvent passer, & qu'elle a le double d'étendue, elles la font pénétrer au travers des mailles de la toile opposée, elles se trouvent conséquemment embarrassées & arrêtées comme dans une poche, dont elles ne peuvent se dégager, parce qu'elles s'élancent toujours en avant. Il y a des années où elles sont si nombreuses, qu'une seule compagnie de Chasseurs en peut prendre jusqu'à cent douzaines dans un jour; mais pour faire une chasse heureuse, il faut que le temps soit serein & très-froid, & qu'il regne un petit air de bize; car dès que le temps est couvert ou menacé de pluie, & que le vent du Midi regne, elles n'obéissent point à la fronde, mais s'élevent en l'air à l'approche des filets, la peine & l'espérance des Chasseurs se trouvent perdues.

La GRIVE DE VIGNE est la GRIVETTE OU MAUVIS, *turdus iliacus seu tilas*, qui se nourrit volontiers de raisin. On l'appelle aussi *trâle* ou *touret*. Il y a encore la *petite grive huppée*; la *grive à tête blanche*. Les grives de la Chine, de la Caroline & du Canada.

On donne encore le nom de *grive* à plusieurs oiseaux étrangers; tel est l'*oiseau à quarante langues de l'Amérique*, nommé ainsi parce qu'il surpasse tous les autres par son ramage mélodieux; il se trouve au Mexique & dans la Virginie. *Voyez* POLIGLOTE. La grive du Brésil n'est pas plus grande qu'une alouette; son bec est rouge. On en trouve une espece dans les îles de l'Archipel, principalement à Zira & à Nia, qui fait son nid entre des monceaux de pierres: on dit qu'il s'en trouve qui apprennent si bien à chanter, qu'après les avoir formées à cet exercice, on les vend à

Constantinople & à Smyrne, depuis 50 jusqu'à 100 piastres.

Les grives de l'Afrique sont, dit-on, toutes blanches. Nous avons vu un oiseau auquel on donnoit ce nom ; mais après l'avoir examiné, nous avons reconnu que c'étoit un merle. La grive dite *jaseur de la Caroline*, pourroit n'être qu'une variété du geai de Bohême.

GRIVE D'EAU, *turdus aquaticus*. Oiseau du genre du bécasseau, suivant M. *Brisson*, & qui se trouve en Europe & dans l'Amérique méridionale. Le plumage du dos est roux olivâtre ; celui du ventre est blanc tacheté de noir.

GRIVE DORÉE. *Voyez* LORIOT.

GRIVE DE MER, *turdus marinus*. On donne ce nom à un poisson à nageoires épineuses : on le nomme à Rome *poisson-paon*, à cause de ses belles couleurs.

GRIVE NERITE. *Voyez* NERITE.

GROLLE. *Voyez* FREUX.

GRONDEUR. Poisson très-commun dans les îles Antilles qui grogne de même que le *groneau*, & qui fait une des principales nourritures de plusieurs habitans de Caïenne. *Voyez* GRONEAU.

GRONEAU ou GROGNAUT, *lyra*. On donne ce nom à un poisson de la Méditerranée qui grogne, dit-on, comme un porc : il a les nageoires épineuses. *Voyez* ROUGET.

GROS-BEC, *coccothraustes*. Genre d'oiseau ainsi nommé par la grosseur de son bec, relativement à celle de son corps. Cet oiseau est d'un tiers plus grand que le pinson : sa tête est grosse aussi en comparaison du corps : elle est de couleur roussâtre ; son cou est de couleur cendrée ; son dos est roux ; la poitrine & les côtés sont de couleur cendrée, légèrement teinte de rouge.

Ces oiseaux volent en troupes, ils sont fort communs en France, en Italie & en Allemagne : ils restent en été dans les bois & sur les montagnes ; en hiver ils descendent dans les plaines. Ces oiseaux ont le bec si fort, qu'ils cassent avec facilité les noix, les noyaux d'olives & de cerises : ils font du tort, parce qu'ils mangent les boutons des arbres. Ils vivent pour l'ordinaire de semences de chenevis, de paniz. C'est toujours sur le sommet des arbres qu'ils font leurs nids. Ils pondent cinq ou six œufs. On les nomme quelquefois *casse-noix* ; mais l'oiseau qui porte ce nom est différent. *Voyez* CASSE-NOIX *à l'article* MERLE DE ROCHER.

Il y a dans les Indes, en Amérique, & sur-tout à la Virginie, une espece de gros-bec de couleur écarlate, dont la tête est ornée d'une crête : on l'appelle *cardinal huppé*. Cet oiseau est de la grosseur d'un merle : son chant est fort agréable : il est friand des œufs de colibri, mais il lui en coûte quelquefois la vie. Le *gros-bec* de la Chine est bleu & rose, celui de Caïenne est vert, celui de la Louisiane est varié de rose, de blanc & de noir ; il y a aussi les *gros-becs* de Java, dits le *domino* & le *jacobin*. Le *gros-bec* du Canada est à moitié rouge, & celui des Philippines est à moitié jaune. Le *gros-bec* du Cap de Bonne-Espérance a le plumage du dos de couleur olivâtre, celui du ventre est jaune ; celui de Gambie est citron ; celui d'Angola est tout bleu. M. *Brisson* fait mention d'un plus grand nombre de *gros-becs*. On donne aussi le nom de gros-bec au *toucan*. Voyez ce mot.

GROSEILLIER. On donne ce nom à plusieurs especes d'arbrisseaux épineux ou non épineux, & qui varient encore entre eux par la diversité des fruits : nous ne parlerons ici que des principales especes les plus connues.

Le GROSEILLIER ÉPINEUX, *grossularia spinosa aut uva crispa simplici acino*, est de deux especes ; l'une *sauvage* & l'autre *cultivée*. Le groseillier blanc sauvage est le plus commun : il vient de lui-même contre les haies, dans les bois : les forêts de Saint Germain & des environs de Montmorency, près de Paris, en sont remplies. Cet arbrisseau est haut de six pieds ou environ : sa racine est ligneuse, & un peu fibreuse ; elle pousse des tiges nombreuses & rameuses, & garnies de toutes parts d'épines fortes près de l'origine des feuilles. Son écorce est purpurine dans les vieilles branches, blanchâtre dans les jeunes. Son bois est de couleur de buis pâle : ses feuilles sont larges comme l'ongle du pouce, presque rondes, un peu découpées, vertes, velues, d'un goût aigrelet, & portées sur de courtes queues. Ses fleurs sont petites, & d'une odeur suave : elles naissent plusieurs ensemble dans les aisselles des feuilles, & tout au plus deux sur chaque pédicule, souvent une seule ; belles, pendantes, composées chacune de cinq feuilles disposées en rond, & attachées aux parois de leur calice, qui est découpé en cinq parties, & auquel sont attachées les étamines au nombre de cinq. Il leur succede des fruits ou baies rondes ou ovales, séparées, molles, pleines de suc, de la grosseur d'un grain de raisin, rayées depuis le pédicule jusqu'au nombril, en maniere de méridiens ; vertes d'abord & acides au goût ; jaunâtres étant mûres, d'une saveur douce & vineuse, remplies de plusieurs petites graines blanchâtres.

L'espece de groseillier cultivé ne differe du précédent qu'en ce qu'il est moins épineux, & que ses feuilles & ses baies deviennent plus grandes & plus aromatiques.

Ce sont ces sortes de baies qu'on appelle *groseilles blanches* ou *groseilles douces* ; étant vertes, on en fait usage dans les ragoûts au lieu de verjus : c'est alors qu'on les nomme *groseilles à maquereau*. Elles sont rafraîchissantes & astringentes, excitent l'appétit, & sont ordinairement agréables aux femmes enceintes, lorsqu'elles ont du dégoût pour les alimens : elles guérissent les nausées & arrêtent les flux de ventre, même les hémorragies ; cuites dans le bouillon, elles sont utiles aux fébricitans. L'on mange celles qui sont mûres au sortir de l'arbrisseau ; mais elles se corrompent facilement dans l'estomac. Leur suc devient un peu vineux par la fermentation. Il s'en consomme une grande quantité en Hollande & en Angleterre, où l'on en cultive une quantité considérable.

Ray dit que les Anglois font du vin de ces fruits mûrs, en les mettant dans un tonneau, & en jettant de l'eau bouillante par-dessus : ils bouchent bien le tonneau, & le laissent dans un lieu tempéré pendant trois ou quatre semaines, jusqu'à ce que la liqueur soit imprégnée du suc spiritueux de ces fruits, qui restent alors insipides. Ensuite on verse cette liqueur dans des bouteilles, & on y met du sucre : on les bouche bien, & on les laisse jusqu'à ce que la liqueur se soit mêlée intimement avec le sucre par la fermentation, & soit changée en une liqueur pénétrante, agréable & semblable à du vin.

Le GROSEILLIER A GRAPPES : on en distingue deux especes.

1°. Le GROSEILLIER ROUGE, *ribes ruber*, est un arbrisseau non épineux, qui croît dans les forêts des Alpes & des Pyrenées ; mais qu'on cultive communément dans les jardins & les vergers. Ses racines sont branchues, fibreuses & astringentes : ses tiges ou rameaux sont nombreux, durs, tortus ; cependant flexibles & hauts de cinq pieds ou environ, couverts d'une écorce brune. Le bois en est vert, & renferme beaucoup de moëlle : ses feuilles sont presque rondes, vertes & dentelées : ses fleurs sont disposées en petites grappes, dont les pédicules sortent des aisselles des feuilles. Chacune de ces fleurs est composée de plusieurs feuilles, disposées en rose & attachées aux parois du calice. Il leur succede des baies grosses comme celles du genievre, vertes d'abord, rouges étant mûres, sphériques, & remplies d'un suc acide fort agréable au goût & à l'odorat, & de plusieurs petites semences. Ces baies sont les groseilles rouges. Le groseillier rouge transplanté veut une terre grasse bien fumée : on le met en bordure.

2°. L'autre espece de groseillier à grappes porte des baies blanches, mais la plupart des Botanistes le regardent plutôt comme une variété du précédent, que comme une véritable espece. Ces baies sont appellées *petites groseilles blanches*: elles ne sont pas si communes que les rouges; mais elles ont le même goût & la même vertu: elles sont même plus estimées, & les grappes en sont plus grosses. La groseille blanche & perlée, dite de *Hollande*, demande une terre forte & humide: on la plante de distance en distance, & on ne taille que fort peu ces buissons les deux premieres années; mais les suivantes, on les taille assez court. En général les groseilliers se multiplient de rejetons enracinés, ou de boutures coupées sur du vieux bois. C'est en Hollande que l'on entend le mieux la culture & la taille des groseilliers à grappes. Au reste tous les groseilliers quittent leur écorce extérieure.

On mange les baies blanches & rouges des groseilliers, encore attachées à leurs grappes & sans aucune préparation, ou bien on les sépare des grappes, & on y ajoute un peu de sucre. Les enfans, & sur-tout les jeunes filles qui ont les pâles couleurs, même les femmes qui sont attaquées du *pica* & du *malacia*, ainsi que les fébricitans, les recherchent avec avidité, à cause de leur saveur acide, vineuse & agréable au goût. On confit avec le sucre ces grappes toutes entieres, de même que les cerises. On prépare aussi avec ou sans feu une gelée de groseilles, qui est très-belle, tremblante & très-agréable au goût, en mettant le suc de groseilles avec du sucre jusqu'à une consistance convenable. C'est une confiture que l'on sert non-seulement au dessert, mais qu'on réserve encore pour soulager les malades, & sur-tout ceux qui ont la fiévre. Elle convient très bien dans les convalescences des maladies aiguës, elle fournit un aliment léger, tempérant & véritablement rafraîchissant. Dans les boutiques on prépare un sirop avec ce même suc, ou un rob ou résiné, en le faisant épaissir jusqu'à consistance de miel. Ce suc étendu dans trois ou quatre parties d'eau & édulcoré avec suffisante quantité de sucre, est connu sous le nom d'*eau de groseille*. Le goût agréable de cette boisson l'a fait passer de la boutique de l'Apothicaire à celle du Limonadier, & cette boisson est exactement analogue à la limonade.

Tout le monde convient de la bonté des groseilles rouges pour tempérer le bouillonnement intérieur du sang, & réprimer les mouvemens de la bile : elles sont modérement astringentes, fortifient l'estomac, ôtent le dégoût & adoucissent le mal de gorge. Elles conviennent dans les vomissemens, les diarrhées & les hémorragies, dans les fiévres malignes & les maladies contagieuses : cependant l'usage en devient nuisible, si l'on en prend trop & mal-à-propos ; car l'usage continu des acides nuit à l'estomac, excite la toux, est pernicieux pour la poitrine, & sur-tout lorsqu'on craint l'inflammation des visceres du bas-ventre.

Il y a encore d'autres especes de groseilliers, tel que le *cassis* ou *cassier des Poitevins*, autrement *groseillier noir*. Voyez CASSIS. Le groseillier des Antilles, dont les Créoles mangent le fruit, est le *solanum scandens aculeatum, hyosciami folio, flore intùs albo, extùs purpureo*. Plum. & Barr.

GROS-VENTRE. C'est le nom qu'on donne à plusieurs poissons ronds ou *orbis*, que l'on trouve dans l'île de Caïenne, & dont l'usage est assez dangereux : ils sont même regardés par bien des gens comme des poisons. Le gros-ventre est orné de taches ou rubans de couleur brune & jaune.

GROS YEUX. C'est un poisson fort abondant en l'île de Caïenne, & que les habitans de ce pays nomment *kouttai*. Ses yeux sont saillans en-dehors de plus d'un demi-pouce : il se tient sur le rivage de la mer, & se laisse aller au gré des vagues. On tue ce poisson à coups de fléche ou à coups de fusil. M. *Barrere* croit que ce poisson est vivipare : il est fort bon à manger, sur-tout étant frit.

GROTTE, *spelunca*. On nomme ainsi les cavernes, les creux ou les espaces vides, fort ventrus, qui se rencontrent dans le sein de la terre, & sur-tout dans l'intérieur des montagnes. On attribue la formation des grottes à divers bouleversemens causés par des révolutions particulieres, telles que celles qu'ont pu causer les feux souterrains, ou les eaux qui, en pénétrant au travers des montagnes & des rochers, ont détaché & entraîné la terre & le sable qui leur présentoient le moins de résistance, & ont ainsi donné lieu à des cavernes.

On connoît en divers endroits des cavernes & des grottes qui présentent des singularités propres à piquer la curiosité. *Voyez* CAVERNE.

La *grotte d'Arcy* en Bourgogne, dans l'Auxerrois, est remarquable par ses salles qui se succedent les unes aux autres, & dans lesquelles on observe différens jeux de la Nature. L'entrée de cette grotte est si basse, qu'on ne peut y passer que courbé : depuis quelques années on l'a fermée, & le Seigneur en garde la clef. Lorsqu'on a passé une premiere salle, on entre dans une autre très-vaste, dont le sol est rempli de pierres entassées confusément : on y voit un lac, dont le diametre peut avoir cent vingt pieds ; l'eau en est claire & bonne à boire. On entre ensuite dans une troisieme salle, qui est très-remarquable par ses trois voûtes portées l'une sur l'autre, la plus haute étant supportée par les deux plus basses. Il y a plusieurs salles dans lesquelles on voit des stalactites & des pyramides, qu'on croiroit être de marbre blanc. Dans une autre, on voit une espece de figure humaine grande comme nature, qui de loin paroît être une Vierge tenant entre ses bras l'Enfant Jesus ; d'un autre côté, une espece de forteresse avec des tours. L'art est peut-être venu-là un peu à l'aide de la Nature, où l'imagination y voit les objets plus distincts qu'ils ne le sont réellement : le cheval & les autres objets que l'on voit dans la fameuse grotte de Bauman, dans le Duché de Brunſwick, ſont peut-être dans le même cas. La concavité du dôme d'une autre ſalle paroît être à fond d'or, avec de grandes fleurs noires; mais lorſqu'on y touche, on efface la beauté de l'ouvrage, car ce n'eſt que de l'humidité. On voit au milieu de cette voûte une quantité de chauve-ſouris, dont quelques-unes ſe détachent pour venir voltiger autour des flambeaux.

Il eſt digne de remarque que dans cette grotte l'air eſt extrêmement tempéré; celui qu'on y reſpire dans les plus grandes chaleurs, eſt auſſi doux que l'air d'une chambre, quoiqu'il n'y ait point d'autre ouverture que la porte par laquelle on entre; ce qui eſt contraire à ce qui arrive ordinairement dans les lieux ſouterrains, ſur-tout lorſqu'ils ont très-peu de communication avec l'air extérieur.

La *grotte de Lombrives*, dans le pays de Foix, a été décrite par M. *Marcorelle*. Cette grotte eſt dans le ſein d'une montagne toute compoſée de pierre calcaire. La grotte eſt à deux étages l'un ſur l'autre, & les ſalles en ſont très-ſpacieuſes & fort multipliées : on en compte pluſieurs de huit cents pieds de longueur ſur quatre-vingt pieds de largeur. Leur longueur réunie & ajoutée, eſt de plus de quatre mille pieds. La voûte de la grotte eſt ornée de ſtalactites pendantes & trouées d'un bout à l'autre. Le mercure reſte à douze degrés dans les grottes ſupérieures, & à neuf dans les inférieures. La température extérieure, dans le même temps que M. *Marcorelle* viſita ces grottes, étoit à vingt-un degrés.

Les *grottes de Bedhullac*, dans le même pays, ont beaucoup de reſſemblance avec les précédentes; & la mine de fer décrite par M. *de Réaumur* dans les Mémoires de l'Académie des Sciences de Paris, eſt à peu de diſtance de cette grotte.

Tout le monde a entendu parler de la fameuſe *grotte d'Antiparos*, dans l'Archipel, dont M. *de Tournefort* a donné une si belle description dans son *Voyage du Levant, Tome I, page 100*. On trouve d'abord une caverne rustique d'environ trente pas de largeur, partagée par quelques piliers naturels, où l'on lit quelques inscriptions faites par les Anciens : entre les deux piliers qui sont sur la droite, il y a un terrain en pente douce, & ensuite jusqu'au fond de la même caverne une pente plus rude d'environ vingt pas de longueur : c'est là le passage pour aller à la grotte intérieure, où l'on pénetre par un trou fort obscur, par lequel on ne sauroit entrer qu'en se baissant, & au secours de flambeaux. On descend d'abord dans un précipice horrible, à l'aide d'un cable que l'on prend la précaution d'attacher à l'entrée : on se coule dans un autre bien plus effroyable encore, dont les bords sont fort glissans, & répondent sur la gauche à des abymes profonds, où la voix forme des échos & résonne comme le bruit du tonnerre. On place sur les bords de ces gouffres une échelle, au moyen de laquelle on franchit un rocher tout-à-fait coupé à plomb : on continue à glisser par des endroits un peu moins dangereux ; mais dans le temps qu'on se croit en pays praticable, le pas le plus affreux vous arrête tout court, & on s'y casseroit la tête, si on n'étoit averti ou arrêté par les guides. Pour le franchir, il faut se couler sur le dos le long d'un gros rocher, & descendre une échelle qu'il faut porter exprès. Quand on est arrivé au bas de l'échelle, on se roule quelque temps encore sur des rochers, & enfin on arrive dans la grotte. On compte trois cents brasses de profondeur depuis la surface de la terre. La grotte, qui est de la plus grande beauté, paroît avoir quarante brasses de hauteur sur cinquante de large : elle est remplie d'un grand nombre de coquilles fossiles, & notamment de belles & grandes stalactites de différentes formes, tant au-dessus de la voûte, que sur les terrains d'en-bas. On y voit encore la fameuse pyramide appellée *autel*, où l'on lit : *Hic ipse Christus adfuit, ejus natali die mediâ nocte celebrato*, 1673.

Cette

Cette inscription est de M. le Marquis *de Nointel*, Ambassadeur de France à la Porte, qui y fit célébrer la Messe en grande solemnité la nuit de Noël. Ces stalactites sont une espece d'*albâtre Oriental*, qu'on ne doit regarder que comme un marbre plus épuré, veiné, de couleur d'onyce, entraîné par les eaux, & déposé ensuite sur les parois de la grotte. *Voyez* STALACTITES.

Les rochers qui composent les Alpes sont remplis, en quelques endroits, de cavités ou de grottes, où les habitans de la Suisse vont tirer le cristal de roche. On reconnoît qu'on va rencontrer quelques-unes de ces cavités, lorsqu'en frappant avec de grands marteaux de fer sur les rochers, ils rendent un son creux. Ce qui les indique encore d'une maniere bien plus sûre, c'est une zone de quartz blanc qui coupe la roche en différens sens. Si l'on voit suinter de l'eau au travers du roc, près des endroits où l'on a observé ce quartz, on est sûr que ces cavernes contiennent du *cristal*. Voyez ce mot.

La fameuse caverne ou *grotte* dans l'île de Minorque offre aussi les plus belles singularités. La Nature a formé dans le roc cette vaste caverne. Son entrée est étroite & difficile; mais elle s'élargit de tous côtés, à mesure que l'on descend. Les flambeaux, à la lueur desquels on y pénétre, laissent appercevoir, chemin faisant, plusieurs autres cavernes, plus petites & qui communiquent à la grande. Il dégoutte continuellement à travers les fentes supérieures de ces cavernes une eau tellement chargée de matieres pierreuses, qu'elle forme un nombre infini de stalactites de différentes grosseurs, & dont la figure est très-variée. Il y en a qui, en se réunissant par leur accroissement, ont formé des colonnes qui semblent soutenir la voûte de cette caverne. En voyant ces stalactites, un Naturaliste peut bien observer les gradations de leurs progrès. On remarque en quelques endroits de petits chapiteaux qui descendent de la voûte, & qui tendent à se réunir à des bases proportionnées ; celle-ci s'élevent au-dessous à mesure que l'eau ou le suc pierreux qui dégoutte du haut, se condense. En d'autres endroits, l'intervalle qui sépare la base & le chapiteau, est rempli par la tige d'une colonne plus ou moins réguliere. Le plus grand nombre ressemble aux colonnes grossieres de l'ordre gothique. On présume bien que ces singularités doivent leur existence à la réunion fortuite des stalactites & des stalagmites.

La *grotte du Chien*, en italien *grotta del Cane*, est ainsi nommée de l'épreuve que l'on fait de ses exhalaisons sur un chien, pour satisfaire la curiosité des Voyageurs. Cette grotte est située en Italie, dans le territoire de Pouzzols, dans le royaume de Naples. Elle a environ huit pieds de haut, douze de long & six de large. Il s'éleve de son fond une vapeur chaude, ténue, subtile, qu'il est aisé de discerner à la simple vue. Cette vapeur en s'élevant couvre toute la surface du fond de la grotte : & ce qu'il y a de remarquable, c'est qu'elle ne se disperse point dans l'air, mais qu'elle retombe un moment après s'être élevée. Si l'on y introduit un flambeau allumé, & qu'on le baisse contre terre, on le voit s'éteindre à mesure qu'il en approche, & la fumée qui devroit naturellement s'élever, rase le sol & gagne vîte le grand air par l'ouverture.

Le Docteur *Méad* a éprouvé sur lui-même qu'on peut se tenir debout dans cette grotte sans ressentir aucune incommodité, tant que la tête est au-dessus de la hauteur où s'élevent les vapeurs. Il n'en est pas de même lorsque la tête y est plongée. L'Histoire rapporte que Charles VIII, Roi de France, en fit l'essai sur un âne ; & que deux esclaves qui y furent mis la tête en bas par ordre de Pédro de Tolede, Viceroi de Naples, y perdirent la vie. Aujourd'hui un homme qui a les clefs de cette grotte, en fait l'expérience sur un chien qui est au fait de ce manege. Il couche cet animal à terre dans la grotte ; au bout d'une trentaine de secondes il paroît comme mort ; dans l'espace d'une minute ses membres sont attaqués d'une espece de mouvement convulsif, & il ne conserve bientôt d'autre signe de vie qu'un battement presqu'insensible du cœur & des arteres, qui seroit suivi de la mort, si on le laissoit deux ou trois minutes en cet endroit. Si après la défaillance on le retire hors de la grotte, il reprend ses sens & ses esprits, aussi-tôt qu'on l'a plongé dans le lac d'Agnano qui est tout près, ou qu'on l'a jetté sur l'herbe. Quelques personnes avoient regardé ces vapeurs comme des moufettes ou vapeurs minérales; mais par les épreuves qu'en a fait M. l'Abbé *Nollet*, il ne leur a reconnu aucune des qualités de ces especes d'exhalaisons; ce qui lui a fait penser que celles de la *grotte du Chien* ne produisent ces effets pernicieux & ne mettent l'animal en danger de mort, qu'en produisant l'effet que feroit la vapeur de l'eau bouillante sur un animal qu'on obligeroit de la respirer. Il y a d'autres endroits en Italie où il y a cependant des especes de *moufettes*. *Voyez ce mot à la suite de l'article* EXHALAISON.

L'Antiquité nomme plusieurs autres cavernes célébres par des exhalaisons mortiferes. Telle étoit la méphitis (*moufette*) d'Hiérapolis, dont il est parlé dans *Cicéron*, dans *Galien* & dans *Strabon*, qui avoient été témoins de ses effets. Telle étoit encore la caverne méphitique de Corycie, *specus Corycius*, dans le mont Arima en Cilicie, qui, à cause de ses exhalaisons empestées, étoit appellée l'antre de Typhon, *cubile Typhonis*. Au reste, les vapeurs pernicieuses de toute nature ne sont pas rares. *Voyez à l'article* EXHALAISON.

La *grotte de la Sybille* est près du lac d'Averne dans le Royaume de Naples. La principale entrée en est déjà comblée, & celle par laquelle on y parvient aujourd'hui s'affaisse & se bouche tous les jours: c'est une des merveilles de l'Italie qu'il faudra bientôt rayer de ses fastes.

La *grotte de Posilippe*, placée dans le territoire de Pouzzols, est un souterrain percé dans le tuf & dans le fable. Le chemin pratiqué fous la montagne porte au-dessus de lui des campagnes cultivées, des maisons, des vignes, &c. L'entrée de Posilippe est d'une hauteur de soixante pieds; les Voyageurs sont obligés de s'avertir de la voix, de crainte de se heurter dans les endroits où il fait obscur. Cette grotte a deux mille trente-six pieds de longueur, quarante à quarante-cinq de hauteur, & sa largeur est de vingt à vingt-deux pieds. Elle est pavée comme la voie Appienne de grands carreaux d'une pierre dure, dont la forme est irréguliere. Ce fut Philippe II, Roi d'Espagne, qui la fit ainsi paver.

La *grotte de Noce* est une des plus bizarres à la vue. Sur le penchant de la montagne de Noce est un théâtre d'écueils effroyables, qui, au premier coup d'œil, semblent menacer ruine. On ne sauroit mieux comparer ces écueils qu'à une montagne mise en pieces à force de mines. Ce font apparemment des rochers qui ont écroulé, & qui font tombés l'un contre l'autre. Les uns font restés droits en forme de tour, les autres ont roulé jusques dans la plaine, d'autres enfin sont restés attachés à la montagne. Dans leur rencontre mutuelle, ils ont formé des cavernes très-variées, mais horribles & des plus bizarres. Au rapport des Paysans, quand il doit pleuvoir, on voit sortir par reprise du milieu de ces affreux & inaccessibles précipices de la fumée ou du brouillard. Au-dessus de l'Église de Noce, on trouve à mi-côte de la montagne une grotte très-spacieuse, & si bien construite, qu'on auroit peine à la croire naturelle: l'entrée en est très-vaste, & ressemble à la porte d'un Palais: dans l'intérieur de la grotte, l'on voit comme des espeses de petites chambres de figure presque ovale, & couvertes de voûtes en dôme, avec des ouvertures qui communiquent d'un lieu à l'autre, & par où l'on a la vue des pentes de la montagne: il roule au milieu des appartemens une source d'eau qui murmure en tombant: enfin on voit dans ces grottes plusieurs congellations qui prennent différentes figures, selon la différente courbure des parois.

La *grotte de la Balme* mérite d'être connue, à cause de sa grandeur, à cause des productions qu'elle renferme, & par la curiosité qu'eut François I de la faire examiner étant en Dauphiné, mais malheureusement par des gens peu hardis qui en dirent des fables. M. *Morand* en a donné la description dans le deuxiéme tome des *Mémoires Étrangers*. Cette grotte située à sept lieues de Lyon, est dans une montagne qui s'étend très-loin. Des congellations de diverses couleurs & de différentes formes, y font un très-bel effet. Quelques-unes qui ont la figure de bassins qui seroient disposés les uns au-dessus des autres, reçoivent l'eau qui forme des nappes & des cascades naturelles. On voit sortir d'une des rues de cette grotte, un courant d'eau qui se perd sous terre, vient ensuite reparoître à l'entrée de la grotte, & va se décharger dans le Rhône.

Un Curé du canton fit avec quelques-uns de ses amis, l'entreprise de remonter le courant souterrain. Suivant leur relation, à peine, dans certains endroits, y avoit-il de l'eau; dans d'autres, il étoit sans fond; quelquefois ils furent obligés de porter leurs bateaux, d'autres fois de s'y coucher. Après l'avoir remonté environ l'espace d'une lieue, leur navigation se termina à une ouverture ronde & spacieuse, dont l'eau sortoit à gros bouillons : c'est sans doute le bruit qu'elle fait en tombant, qui épouvanta les Observateurs de François I.

La *grotte de Quingey*, près du Doux, en Franche-Comté, est longue & large, & la Nature y a formé des colonnes, des festons, des trophées, des tombeaux; enfin, l'on y voit, pour ainsi dire, tout ce que l'on veut imaginer; car l'eau dégouttant, se congele sous diverses figures accidentelles & fait mille grotesques. Cette caverne, ainsi que toutes les autres de cette espece, est le séjour d'un nombre très-considérable de chauve-souris.

La *grotte de Besançon* ou la *glaciere*, est une grande caverne creusée dans une montagne près de Beaume, à cinq lieues de Besançon. Plusieurs Mémoires insérés dans ceux de l'Académie, ont parlé diversement de cette grotte. M. *de Cossigny*, Ingénieur en chef de Besançon, en a donné une description détaillée, insérée dans le tome premier des Mémoires présentés à l'Académie. Le thermometre, suivant ses observations, est presque toujours fixé dans cette caverne à un demi-degré au-dessus du terme de la glace. Le bas de cette caverne est de cent quarante-six pieds au-dessous du niveau de la campagne : l'entrée est large de soixante pieds & haute d'environ quatre-vingt ; la grotte a cent trente-cinq pieds dans sa plus grande largeur, & cent soixante-huit de longueur. On y voit treize ou quatorze pyramides de glaces, de sept à huit pieds de hauteur. Ces pyramides se sont sans doute formées en place de semblables colonnes de glace qu'on y voyoit au commencement de ce siécle, & qui furent détruites en 1727 pour l'usage du camp de la Saône, la glace manquant alors dans Besançon. On dit que cette glace est plus dure que celle des rivieres : on explique ce phénomene, en observant que les terres du voisinage & celles du dessus de la voûte, sont pleines d'un sel nitreux ou d'un sel ammoniacal naturel. La variation du thermometre pendant l'hiver & l'été, y est très-peu considérable ; aussi y a-t-il de la glace en tout temps. Il sort quelquefois de cette grotte, pendant l'hiver, un brouillard ou une vapeur qui y annonce un léger dégel ; mais aussi-tôt que la chaleur se fait sentir, la glace augmente. Il regne continuellement dans cette glaciere un froid très-vif. Un coup de pistolet tiré dans la caverne y fait un bruit considérable. Peut-être seroit-il sage de ne pas répéter trop souvent cette derniere expérience, qui pourroit détacher des glaces qui sont attachées à la voûte.

On voit, par ce qui vient d'être rapporté, que cette grotte présente aux Physiciens un phénomene unique dans la Nature; la glace qui s'y forme dans les chaleurs de l'été, prouve que le froid qui regne dans cet endroit souterrain est très-réel, & n'est point relatif comme celui des autres souterrains, & fait par conséquent une exception aux regles que suit ordinairement la Nature. Aussi M. *de Vanolles*, Intendant de Franche-Comté, instruit qu'on enlevoit la glace à mesure qu'elle se formoit, & voulant conserver cette curiosité naturelle, fit fermer l'entrée de la grotte par une muraille de vingt pieds de haut, dans laquelle fut pratiquée une petite porte dont la clef fut remise aux Echevins du Village, avec défense d'y laisser entrer personne pour enlever de la glace. *Voyez les articles* GLACE & GLACIERS.

Les Naturalistes Allemands nous ont fait connoître la fameuse grotte de Bauman, près de Blakembourg. L'on y trouve, selon *Bruckman, Epistol. itiner.* 34, des os connus sous le nom de *licorne fossile*. La grotte de Schartzfels, près de celle de Cellerfeld & Nordhalgen, est presque aussi remarquable. Les grottes des dragons, près Marfleck ne sont pas moins fameuses; l'on y trouve des os par tas & semblables à ceux que l'on voit dans les antres de la forêt d'Hyrcinie.

GROUGROU. C'est une espece de petit palmier de l'Amérique: il est garni d'épines longues de quatre à cinq pouces. Cet arbre différent du véritable palmier épineux, porte son fruit en grappes de la grosseur d'une balle de paume, & renfermant un petit coco plus gros qu'une aveline, noir, poli & très-dur, au-dedans duquel est une substance blanchâtre, coriace, insipide, & très-indigeste: cependant les Négres en mangent beaucoup. Les Sauvages en font une huile dont ils se frottent le corps. Le chou qui provient de cet arbre est infiniment meilleur que celui du palmier franc, mais moins exquis que celui du palmier épineux. Les montagnes de la Grenade, en Amérique, sont toutes couvertes de *grougrous*.

GROULARD. C'est le *bouvreuil*. Voyez ce mot.

GRUAU, *grutum.* Voyez au mot AVOINE.

GRUE, *grus.* C'est un oiseau scolopace & de grande taille, qui pese quelquefois jusqu'à dix livres. Il a depuis le bout du bec jusqu'au bout des doigts près de cinq pieds de longueur. Il a le cou très-long, aussi-bien que les jambes; le bec droit, pointu, d'un noir verdâtre, sillonné depuis les narines & long de près de quatre pouces; le sommet de la tête noirâtre. Derriere la tête, le mâle a une espece de plaque en forme de croissant, couverte de poils rougeâtres, ce que n'a pas la femelle. La grue a deux raies blanches derriere les yeux, la gorge & les côtés du cou de couleur obscure, le plumage du corps cendré, une envergure très-large; les plus grandes plumes sont noires; sa queue est courte, noirâtre, & paroît arrondie quand elle se développe; ses jambes sont noires & nues au-dessus des jointures; ses doigts au nombre de quatre sont noirs & très-longs, le doigt extérieur est lié par une membrane épaisse à la derniere articulation de celui du milieu.

On range la grue dans l'ordre des cigognes, mais M. *Pallas* dit qu'elle tient le milieu entre les hérons & les outardes.

La trachée artere de la grue a une conformation rare, elle entre profondément dans le sternum par un trou fait exprès, elle s'y réfléchit quelques tours, puis elle sort par le même trou pour aller aux poumons. L'estomac de cet animal est musculeux: il ne mange point de poisson, il mange du grain ou de l'herbe, quelquefois aussi des scarabées & d'autres insectes.

Ces oiseaux sont passagers comme les cigognes: les Auteurs de la suite de la Matiere Médicale, disent en avoir vu passer par Orléans en plein jour, dans les quinze premiers jours du mois d'Octobre en 1753, des milliers qui voloient du Nord au Midi par troupes de cinquante, soixante & de cent; plusieurs de ces bandes s'étant abattues la nuit dans des plaines de blé sarrasin en Sologne, y firent beaucoup de dégât.

La grue ne fait ordinairement que deux petits, nommés *gruaux* ou *gruons*, dont l'un est mâle, l'autre est femelle, & si-tôt qu'elle les a élevés & qu'ils ont appris à voler, elle les abandonne & s'en va en poussant un cri qu'elle fait entendre de loin. On dit que les jeunes grues n'ayant pas encore de plumes courent cependant si vîte, qu'un homme ne sauroit presque les atteindre.

Quoique la grue soit un grand oiseau, il y a plusieurs petits oiseaux de proie instruits par les Fauconniers, qui osent se hazarder à la combattre corps à corps; mais on a coutume d'en lâcher plusieurs, afin de pouvoir jouir de la vue de leur combat. Ces oiseaux aiment les lieux marécageux; ils se battent quelquefois entr'eux très-vivement. Lorsqu'ils voyagent, ils volent en troupe, & ils observent l'ordre de triangle, soit qu'ils passent la mer, soit qu'ils volent sur terre. Le premier en tête fend l'air: quand il est fatigué, il se met derriere, un autre prend sa place, & est successivement remplacé par un troisiéme, & ainsi de suite chacun à son tour. Il y a peu d'oiseaux dont le cri se fasse entendre d'aussi loin.

Les Polonois nourrissent des grues auxquelles ils arrachent les plumes de la queue: & ils versent de l'huile dans les creux d'où elles ont été arrachées: il y renaît ensuite des plumes blanches, qui sont chez eux de grand prix pour orner les bonnets des Gentilshommes du pays. La grue est facile à tromper, car elle se joue & saute à la voix de l'homme qui contrefait son cri; elle aime la compagnie & s'apprivoise aisément: mais sans appeau il est fort difficile d'en approcher & d'en tuer une seule, quoiqu'on les voie en foule par terre: si elles ne sont pas toutes aux aguets, il y en a toujours une qui fait la fonction de sentinelle, & avertit les autres à la moindre apparence de danger, & la troupe s'envole aussi-tôt. Les grues ont d'abord beaucoup de peine à s'élever de terre; mais quand une fois l'essor est pris, & qu'elles sont à une certaine hauteur, elles volent avec aisance, & souvent à perte de vue, au point de ne paroître pas plus grosses que des grives : on prétend que ces animaux vivent plus de quarante ans.

Les pierres qu'on trouve dans l'estomac des grues, leur sont utiles pour broyer les alimens & faciliter la digestion : ces pierres servent comme de petites meules, étant mises en mouvement par l'action de deux muscles forts & robustes qui composent le gésier.

La grue étoit autrefois recherchée dans les repas; Plutarque dit qu'on la tenoit enfermée dans des volieres & qu'on lui crevoit les yeux pour l'engraisser : cependant sa chair est massive, fibreuse & coriace : elle doit être bien faisandée & chargée d'assaisonnemens pour qu'on en puisse manger sans en être incommodé. En Médecine on l'estime propre pour le genre nerveux : sa graisse est pénétrante & résolutive, elle convient dans la paralysie & les rhumatismes : elle est utile dans certaines surdités.

On donne encore le nom de grue à plusieurs autres oiseaux : savoir, la *grue de Numidie*. Voyez DEMOISELLE DE NUMIDIE.

La GRUE BALÉARIQUE, *grus Balearica*, est un très-bel oiseau, seul de son genre, de la figure de la cigogne, qui a le cri & la maniere de vivre du paon : d'ailleurs il est assez semblable à la grue ordinaire. Sa tête est ornée d'une crête ou huppe composée de quantité de plumes très-déliées & menues, quelquefois frisées, dorées & placées sur la tête même auprès des tempes; cet oiseau a une tache blanchâtre assez longue, au bas de laquelle se voient deux pendans de chair couleur de rose. Son bec est court, droit & crochu. On voit ordinairement cet oiseau aux environs du Cap-Vert. *Belon* dit que la grue Baléarique est le *bihoreau*, & M. *Perrault* soupçonne, avec plus de fondement, que c'est l'*oiseau royal* qui a vécu quelque temps à la Ménagerie de Versailles. *Voyez les Mémoi-*

res pour servir à l'*Histoire Naturelle des Animaux*, tom. *III*, part. *III*, pag. *201 & suiv.*

La Grue des Indes orientales, *grus Indica orientalis*. Son cou est dénué de plumes, la peau de cette partie est rouge, & les pieds de couleur rose : elle est plus petite que notre grue. Le dessus de la tête est garni de quelques plumes roides comme du crin ou semblables à du poil.

La Grue du Japon, *grus Japonensis*, est presque toute blanche, le bec & les pieds sont d'un vert brun, le sommet de la tête d'un rouge éclatant, le bas du cou est noirâtre, ainsi que les grandes plumes.

Les grues sont très communes à la Louisiane : on les y voit dans les terres, & le long des lacs & des fleuves. On les trouve aussi en grand nombre à la Chine : on les y apprivoise si facilement, qu'on leur apprend à danser.

La Grue d'Amérique, *grus Americana*, est plus grande que notre grue ; le dessus de la tête est noir & semblable à du poil. Le bord des ailes est rougeâtre : son bec est jaune & denté.

La Grue de la Baie d'Hudson, *grus freti Hudsonis*, est brune & cendrée, d'ailleurs semblable à la précédente, mais plus petite. M. *Pallas* a donné dans ses Mélanges Zoologiques la description de la grue criarde, *grus crepitans*. Cet oiseau, originaire d'Amérique, est le *psophia* de *Barrere* & de M. *Linnæus*. Il a tout l'air d'une grue, mais toutes les proportions de son corps sont beaucoup plus petites. Son bec plus court que celui de la grue, est presque semblable à celui de l'outarde : ses pieds sont robustes, les jambes longues & nues jusqu'aux cuisses. Les pieds sont à quatre doigts, & l'onglet de derriere, plus court que les autres, est un peu élevé de terre. La tête est garnie de plumes lanugineuses : celles du cou sont en forme d'écailles. Le plumage est de couleur noirâtre & sombre : le bec est d'un vert sale, & l'iris des yeux d'un brun jaunâtre. Notre Auteur a vu de ces grues dans le parc du Prince d'Aurach: elles étoient privées, très-familieres : on leur donnoit à manger du pain, de la viande & de petits poissons. Leur cri, qui est un son rauque & interrompu, semble exprimer deux fois de suite, *scherech*, & elles répondent intérieurement par un bruit sourd & semblable au roucoulement d'un pigeon. *Voyez* TROMPETTE.

GRUE, POISSON, *grus*, *piscis marinus*. Ce poisson qui se trouve dans l'Attique, a quinze pieds de longueur, & n'a que la grosseur d'une médiocre anguille : il est très-rare & ne se voit guere sur les côtes de France.

GRYPHITES, *conchiti curvi-rostri*. Ce sont des coquilles bivalves & fossiles du genre des *huîtres*; voyez ce mot. La gryphite est très-commune, elle ressemble un peu à un bateau : elle est composée de deux pieces inégales, dont l'une qui est inférieure, a un bec recourbé en dedans; la valve supérieure est plate ou légérement concave : il y en a de feuilletées, d'unies, de cannelées & sillonnées : les unes sont petites, les autres sont grandes : l'analogue marin de cette coquille n'est pas bien connu. La tête des valves inférieures des *huîtres de la mer rouge*, valves que l'on trouve presque toujours isolées & qui paroissent avoir perdu leurs feuilles proéminentes par le frottement, est également contournée comme la gryphite.

GRYPS, *gryphus*. Voyez CONDOR.

GUACUCUJA ou CHAUVE-SOURIS AQUATIQUE, *vespertilio aquaticus*. Poisson du Brésil dont la tête, fort grande à proportion du corps, a la figure d'un soc de charrue. Il a entre les yeux une corne fort dure & longue de deux doigts ; sa bouche est sans dents. Sa peau n'a point d'écailles, mais des tubercules, elle est brunâtre sur le dos, tiquetée de noir sur le côté, & rouge sous le ventre. Ses nageoires sont fort élevées.

GUAFFINUM ou GUANUMU : gros cancre du Brésil, fort bon à manger. Sa gueule est si large, que le pied d'un homme peut entrer dedans ; il se tient dans des trous auprès du rivage. Quand il tonne, ces cancres sortent de leurs cavernes, & font un tel bruit entre eux, qu'on croiroit qu'ils veulent surpasser celui du tonnerre.

GUAJACANA. *Voyez* PLAQUEMINIER.

GUAJARABA. Voyez au mot *Arbre de la Nouvelle Espagne.*

GUAINIER. *Voyez* ARBRE DE JUDÉE.

GUAINUMBI ou GUINAMBI. *Voyez à l'article* COLIBRI.

GUANA. Animal amphibie d'Afrique qui tient du crocodile, & qui n'a guere plus de quatre pieds de longueur. Son corps est noir & tacheté, ses yeux sont ronds & sa chair tendre ; il n'attaque ni les hommes ni les bêtes, à l'exception des poules, dont il fait quelquefois un grand carnage.

Quantité d'Européens qui en mangent, trouvent sa chair au-dessus de la meilleure volaille.

GUANABANE, est l'arbre qui porte le fruit appellé *cœur de bœuf.* Voyez ce mot.

GUANACO. Nom que l'on donne au Pérou au *lhama.* Voyez ce mot, & ceux de *Glama* & *Paco.*

GUAO : est un arbre fort commun au Mexique & dans l'île de Porto-Rico. Son bois est vert & empreint d'un suc âcre caustique : on s'en sert à faire des bois de lit, parce que son suc a la propriété de chasser les punaises : cette même qualité caustique agit aussi sur les personnes qui le mettent en œuvre, puisqu'elle leur fait enfler pendant quelques jours la peau des mains & du visage : les feuilles du guao sont rouges & velues. Les Mexiquains appellent cet arbre *tetlathian*. Ses fruits sont de la grosseur & de la figure de ceux de l'arbousier, mais verdâtres : on n'en doit point manger, ni se reposer ou s'endormir sous cet arbre, à cause de ses émanations & de l'âcreté de son suc, qui dit-on, est si caustique, qu'il enleve le poil de tous les animaux qui se frottent contre son tronc.

GUAPERVA. Ce poisson, dont M. *Sonnerat* Correspondant de l'Académie des Sciences vient de donner la description, a communément un pied de long : sa couleur est noire, tachetée de blanc sur la partie inférieure du corps : il a vers les yeux une bande blanche, qui forme un arc dont la courbure se rapproche des mâchoires; il a aussi près des mâchoires deux bandes d'un jaune doré; les nageoires du dos & de l'anus sont grises; celle de la queue ressemble à la couleur de l'orpin ou arsenic jaune; il a sur la queue, un peu avant l'extrémité, une bande noire qui la coupe transversalement d'un bout à l'autre. La premiere nageoire du dos est composée de trois rayons épineux liés ensemble par une membrane; la seconde de vingt-six rayons tous osseux & ramifiés, ainsi que ceux de la nageoire de l'anus, qui y sont au nombre de vingt-deux : la queue en a douze, & la nageoire pectorale quatorze. On a remarqué que plus la couleur rouge des dents de ce poisson est d'un rouge-brun, plus les accidens qu'il occasionne à ceux qui les mangent sont terribles. Ce poisson est ordinairement couvert sur le dos d'une humeur visqueuse qui le rend brillant, & qui rehausse sa couleur naturelle.

GUARA, *numenius Indicus*, est un bel oiseau du Brésil, du Mexique & de Caïenne, de la grosseur d'une pie : il a un long bec recourbé, & de longs pieds. Quand il est nouvellement éclos; il est noir, dès qu'il commence à voler son plumage devient d'un beau blanc, & peu-à-peu il rougit, jusqu'à ce qu'avec l'âge il devienne de couleur de pourpre, qui est la couleur qu'il garde ensuite. Quoiqu'il niche sous les toîts des maisons & dans les trous des murailles, cependant il vit de poissons, de chair & d'autres viandes toujours trempées dans de l'eau. Les Sauvages l'eſtiment fort, parce que ſes plumes leur ſervent à compoſer leurs couronnes & leurs autres ornemens : ces oiſeaux volent par bandes, & c'eſt quelque choſe de fort agréable que de les conſidérer quand le ſoleil darde ſur eux. Il paroît que le guara eſt une eſpece de *momot* ou plutôt de *courly*. *Voyez ces mots*. Il y en a une autre eſpece qui n'eſt pas plus groſſe qu'un étourneau : c'eſt le *momot varié*.

GUARAL. C'eſt un inſecte preſque ſemblable à la tarentule, mais beaucoup plus grand : il ſe trouve dans les déſerts de la Lybie : il eſt plus long que le bras & plus large que quatre doigts : il a du venin à la tête & à la queue. Les Arabes coupent ces deux parties quand ils en veulent manger. *Dapper, Deſcription de l'Afrique, page 17*.

GUARCHO. On déſigne le *buffle* ſous ce nom au Cap de Bonne-Eſpérance. *Voyez cet article*.

GUARIBA. Nom que l'on donne au Bréſil à *l'ouarine*, grande eſpece ſapajou. *Voyez* Ouarine.

GUAYAVIER ou GOYAVIER ou POIRIER DES INDES, *guayava*. Eſt un arbre des Indes Orientales, & de pluſieurs provinces de l'Amérique, haut d'environ vingt pieds & gros à proportion. Sa racine eſt longue & ligneuſe, rouſſe en dehors, blanche en dedans, pleine de ſuc, d'un goût doux; ſon tronc eſt droit, dur & rameux : ſon bois eſt griſâtre, les fibres en ſont longues, fines, preſſées, mêlées & flexibles, ce qui les rend difficiles à couper : ſon écorce qui eſt unie, verte, rougeâtre, odorante & d'un goût auſtere, eſt fort mince, & a beaucoup d'adhérence au bois pendant que l'arbre eſt ſur pied, mais elle ſe détache aiſément, ſe fend & ſe roule quand il eſt abattu : ſes feuilles ſont oppoſées, longues de trois doigts, & larges d'un doigt & demi, charnues, pointues, un peu crêpées, veineuſes, vertes-brunâtres, luiſantes. Il ſort des aiſſelles de la queue de ces feuilles pluſieurs pédicules qui ſoutiennent des fleurs grandes comme celles du coignassier, en rose à cinq pétales, blanches & de bonne odeur : il leur succede des fruits gros comme une pomme de reinette, ronds, couronnés comme une nefle, d'abord verdâtres & acerbes, mais qui en mûrissant prennent une couleur jaunâtre & un goût agréable. Ce fruit est blanc en dedans ou rougeâtre, & divisé en quatre parties qui contiennent chacune des graines menues, & si dures qu'on ne les digere jamais.

Ce fruit s'appelle *guayave* ou *goyave* ; sa semence étant mise en terre, pousse en trois ans un arbre qui porte du fruit, & il continue à en porter pendant trente ans. Ses racines sont astringentes & fort estimées pour la dyssenterie & pour fortifier l'estomac. Ses feuilles sont aussi astringentes, vulnéraires, résolutives : on en emploie dans les bains pour guérir la gale ; son fruit fortifie l'estomac & aide à la digestion. On fait grand cas de cet arbre en Amérique : sur-tout dans la Guiane où l'on en distingue de trois sortes par les fruits ; savoir, le *blanc*, le *rouge* & l'*amazone* : le blanc est un des meilleurs, le rouge devient fort gros. Ces fruits sont sujets à être attaqués des vers, le rouge en a davantage. En général le fruit du goyavier n'est pas très-sain quand on le mange cru, attendu qu'il faut le manger un peu vert, avant que les vers y soient. Cet inconvénient disparoît si on en fait des compotes ou des marmelades qui sont excellentes. On en fait aussi des candis, des pâtes qu'on emploie en santé & en maladie.

Nous avons dit que les graines de goyavier passent dans l'estomac sans souffrir d'altération : en effet les hommes & les animaux les rendent comme ils les ont prises, & elles n'ont rien perdu de leur vertu végétatives : il arrive de-là que les animaux qui ont mangé de ces graines, les restituent avec leurs excrémens dans les savannes, c'est-à-dire dans les prairies où ils paissent toute l'année. Bientôt ces graines germent, prennent racine, levent & produisent des arbres qui se-

roient

roient à charge dans une infinité de lieux, si on n'avoit grand soin de les arracher étant jeunes. Dans les îles Caraïbes où les Négres habitent, on ne manque pas de pépinieres de goyaviers. On a en Europe la curiosité de cultiver les goyaviers, & on est parvenu à avoir du fruit; mais ces arbres n'ont poussé qu'à la hauteur de six à sept pieds. Le bois du goyavier est très-bon à brûler, & on en fait en Amérique d'excellent charbon pour les forges. On se sert de son écorce pour tanner les cuirs.

GUEDE ou GUESDE. Plante du Languedoc qui sert à la teinture des draps. *Voyez* PASTEL.

GUENON. Plusieurs auteurs ont donné ce nom à la femelle du singe, d'autres aux singes de petite taille; M. *de Buffon* a donné particuliérement ce nom à des animaux qui ressemblent aux singes ou aux babouins, mais qui ont des queues aussi longues que leurs corps. On observe que les guenons sont d'un naturel plus gai que les singes, & d'un caractere plus doux que les babouins: leur vivacité pétulante, n'est cependant pas incompatible avec la douceur & la docilité. Assez agiles pour échapper à la voracité du tigre, elles deviennent quelquefois la proie des serpens, qui se mettent à l'affut sur les arbres, les surprennent & les dévorent. *Guenuche* est le nom donné à la femelle de l'espece appellée *guenon*.

GUÉPARD. *Voyez à l'article* LOUP-TIGRE.

GUÊPE, *vespa*. Les guêpes sont des insectes carnassiers, chasseurs, vivant de rapines, dont l'histoire présente des objets capables de piquer la curiosité. Il y en a qui vivent en société, les autres sont solitaires.

On peut diviser les guêpes qui vivent en societé dans ce pays-ci, en trois classes principales, qui se distinguent par rapport aux différentes places qu'elles choisissent pour construire leurs nids. Celles de la premiere classe qu'on nomme *guêpes aériennes* les attachent à des plantes ou à des branches d'arbres: elles sont plus petites, & ne composent que des sociétés peu nombreuses. Les guêpes de la seconde classe se nichent dans des troncs d'arbres, ou dans des greniers peu fréquentés; celles-ci sont les plus grosses de toutes; on les appelle *frelons*. La troisieme classe comprend celles que nous voyons le plus communément; elles habitent sous terre, & on peut les nommer *guêpes souterraines*. Outre ces trois classes de guêpes qui vivent en société, nous disons qu'il y en a aussi beaucoup d'especes solitaires, qui ne montrent pas moins de tendresse pour leurs petits, que les abeilles solitaires, & qui ont recours à des moyens aussi singuliers que ceux que ces dernieres emploient pour loger commodément & pourvoir à leur subsistance.

Les guêpes se distinguent très-aisément de tout autre insecte, par leur forme & par leur couleur. Le ventre ne tient au corselet que par un filet très-fin, qui est plus long dans les unes, plus court dans les autres; au lieu qu'on ne l'apperçoit qu'à peine dans les abeilles: de plus le corps des guêpes est lisse, luisant, & leur livrée distinctive est du jaune & du noir, combinés par raies & par taches. Les guêpes ont les antennes brisées ou coudées dans leur milieu, elles ont trois petits yeux lisses, & n'ont point de trompe alongée comme les abeilles; mais elles ont à la place une bouche évasée qui resemble à ces fleurs que les Botanistes nomment *fleurs en gueule*. Cette bouche est accompagnée de deux especes de dents, qui tiennent aux deux côtés de la tête, & qui viennent se rencontrer sur le devant de la bouche; elles sont larges à leur extrémité, & se terminent par trois dentelures à pointes aigues, dont la structure est très-appropriée à ces insectes voraces. Une singularité particuliere aux guêpes, & qui les fait distinguer de toutes les autres mouches à quatre ailes, est que leurs ailes supérieures, plus longues que les inférieures, sont toujours pliées en deux dans leur longueur, excepté dans le temps que la mouche vole. Au-desfus de l'origine de chaque aile supérieure, est une partie écailleuse qui fait l'office de resfort, & empêche l'aile supérieure de s'élever trop; cette partie rend par conséquent les coups d'ailes plus courts, & les vibrations plus vives; ce qui étoit nécesfaire à cet insecte, qui destiné à vivre de chasfe, est souvent obligé de poursuivre sa proie à tire d'ailes.

Structure du Guêpier construit par les Guêpes souterraines ou Guêpes communes domestiques.

On a donné aussi le nom de *guêpes domestiques* à ces guêpes qui habitent sous terre, parce qu'elles entrent familiérement dans nos appartemens, qu'elles se jettent sur nos tables comme des harpies, qu'elles ravagent nos espaliers, & sur-tout nos muscats dont elles sont très-friandes.

C'est toujours sous terre, souvent à un pied ou un pied & demi de profondeur, au milieu d'un pré, d'un champ, sur les bords d'une allée ou d'un grand chemin, dans un lieu sur-tout où la terre est facile à remuer, que l'on trouve les guêpiers: ils se font remarquer à la surface de la terre, par un trou qui peut avoir un pouce de diametre, par où elles entrent & elles sortent continuellement.

Ce trou est une espece de galerie que les guêpes ont faite à force de miner, & qui conduit par des détours au séjour ténébreux où est construit le guêpier. C'est M. *de Réaumur* qui nous a instruit de la maniere dont les guêpes construisent; il les a obsfervées dans des ruches vitrées, dans lesquelles il a fait mettre des guêpiers.

Lorsqu'on veut jouir du plaisir d'examiner un guêpier, on peut commencer par faire périr les guêpes, en introduisant par l'ouverture qui est à la surface de la terre, une mèche soufrée, dont la vapeur les étouffe. On fouille ensuite la terre légérement, &

on découvre enfin une espece de boule alongée ou sphérique, & qui a quelquefois jusqu'à quatorze ou quinze pouces dans son plus grand diametre. On observe toujours deux portes à l'extérieur d'un guêpier; les habitans sortent par l'une & entrent par l'autre avec la derniere exactitude. Si on coupe un guêpier en deux, on remarque d'abord son enveloppe, dont l'épaisseur est d'un pouce ou d'un pouce & demi, & qui n'est composée que d'especes de feuilles de papier. L'usage de ce mur est de préserver l'intérieur du nid de l'humidité de la terre & des pluies qui la pénétrent. Cette matiere de papier y paroît peu propre, mais ici la structure de l'édifice fait suppléer à sa foiblesse : toutes ces feuilles de papier qui composent l'enveloppe du guêpier, au lieu d'être plattes & appliquées exactement les unes sur les autres, sont séparées & ne forment qu'un assemblage de petites voûtes : de cette maniere l'eau coule facilement ; une voûte défend l'autre, & l'humidité ne peut pas pénétrer, ce qui seroit arrivé si toutes les feuilles eussent été appliquées les unes contre les autres. Cette architecture a de plus l'avantage d'épargner beaucoup de matiere, & par conséquent de travail aux ouvrieres.

Il n'y a pas mille ans qu'on a l'usage du papier; avant ce temps nos ancêtres ne se servoient pour écrire, que de feuilles de plantes, d'écorces d'arbres, de tablettes de cire, toutes matieres fort incommodes & d'un usage très-embarrassant. Le parchemin inventé par un Roi de Pergame étoit une marchandise chere, & destinée seulement pour des ouvrages d'importance. Si les hommes eussent su observer les guêpes dont nous parlons, elles auroient pu leur apprendre l'art de faire le papier. *Consultez l'article* PAPIER DU NIL.

On rencontre très-fréquemment des guêpes attachées sur de vieux treillages, de vieux châssis ou autres vieux bois ; si on les observe, on les voit occupées à ratisser le bois avec leurs dents, en détacher les fibres, les écharper, les couper, les mettre en masses de forme ronde, qu'elles portent tout de suite à leur guêpier. Aussi-tôt qu'elles ont fait leur provision de cette matiere premiere de leur papier, elles vont le fabriquer. Pour cet effet elles l'humectent d'une liqueur qu'elles dégorgent, & dont elles se servent pour coller ensemble toutes ces petites fibres, qu'elles pétrissent avec leurs pattes & réduisent, à l'aide de leurs dents, en lames minces pour former l'enveloppe & même les cellules du guêpier.

La matiere que les guêpes emploient, & celle dont nous nous servons, sont si peu éloignées l'une de l'autre, que le bien public exige qu'on y fasse attention. Les Maîtres des papéteries se plaignent souvent que les vieux chiffons deviennent de jour en jour une matiere rare, parce que la consommation du papier augmente, pendant que celle du linge, dont il est fait, reste à-peu-près la même. Les guêpes nous donnent des vues pour multiplier le fond de ce commerce, elles nous apprennent que nous pouvons en trouver la matiere premiere ailleurs que dans les chiffons; leur exemple est pour nous une leçon qui doit nous exciter à chercher parmi les plantes inutiles, & même parmi les arbres ou les vieux bois, de quoi suppléer à la disette du vieux linge, à chercher des plantes dont on puisse faire immédiatement du papier, en s'y prenant d'une maniere équivalente à celle des *guêpes*. Voyez ci-après GUÊPES CARTONNIERES.

L'intérieur du guêpier est un édifice qui a quelquefois plus de douze à quinze étages, mais dont les inférieurs sont bâtis les derniers; ils sont tous de matiere de papier, ainsi que l'enveloppe. Entre chaque étage regne une colonnade formée par des liens employés à suspendre le gâteau inférieur, & à le tenir attaché à celui qui le précede immédiatement. Ces étages sont proportionnés à la taille des guêpes, & par conséquent peu élevés; ce sont des especes de places publiques. Chaque gâteau est composé de cellules hexagones, construites réguliérement, disposées dans un plan parallele à l'horizon. Les édifices sont d'autant plus parfaits, qu'ils répondent mieux aux vues qu'on a en les construisant : ceux des guêpes auroient de grands défauts, s'ils étoient construits sur le modele de ceux des abeilles ; aussi ne le sont-ils point. Les gâteaux des mouches à miel sont composés de deux rangs de cellules adossés l'un à l'autre ; ceux des guêpes n'ont qu'un seul rang de cellules, dont les ouvertures sont en bas ; les fonds regardent le haut & forment tous ensemble ces places publiques, ornées de colonnades. Les cellules ne contiennent ni miel, ni cire : elles sont uniquement destinées à loger les vers, les nymphes & les jeunes mouches qui n'ont pas encore pris l'essor. On peut compter dans un guêpier de moyenne grandeur, jusqu'à dix mille alvéoles ; & comme chaque alvéole peut servir de berceau à trois jeunes guêpes, conséquemment un guêpier peut produire par an trente mille guêpes.

Mœurs des Guêpes, leur nourriture, la maniere dont elles naissent & dont elles élevent leurs petits.

Une république de guêpes souterraines, telle nombreuse soit-elle, est presque l'ouvrage d'une seule mere qui a été fécondée en automne, & qui au printems a commencé à chercher à se débarrasser du fardeau de sa fécondité. Elle creuse elle-même en partie la cavité qui contient le guêpier ; ou bien elle profite d'un trou de taupe, dans lequel elle construit des alvéoles, & y dépose à mesure des œufs. Au bout de vingt jours, ces œufs ont passé par les états de vers & de nymphes & sont devenus guêpes. La mouche mere les a nourris, veillés, soignés toute seule ; mais à peine ces mouches, sont-elles écloses, qu'elles l'aident dans les travaux du ménage.

La mere guêpe donne naissance à des mouches de trois especes différentes ; savoir, des *mâles*, des *femelles* & des *mulets*. Ces dernieres mouches sont ainsi nommées parce qu'elles sont sans sexe, ou *ouvrieres* parce qu'elles sont presque seules chargées de tout le travail. Ces mulets sont communément de deux grandeurs différentes : ils portent un aiguillon dont les piqûres sont plus cuisantes que celles des abeilles. Les mâles tiennent le milieu, pour la grosseur, entre les mulets & les femelles, & sont pareillement de deux grandeurs, mais ils n'ont point d'aiguillon. Enfin les plus longues de toutes sont les femelles, qui sont armées d'un aiguillon très-redoutable. Ces trois especes varient encore en nombre. Pour quinze ou seize milliers de mulets, on trouve ordinairement à la fin de l'été, trois cents mâles & autant de femelles.

Comme il n'y a que les guêpes mulets qui aident la mere dans ses travaux, la nature a sagement établi qu'ils seroient pondus & naîtroient les premiers : un guêpier ne se peuple des deux sexes qui servent à la multiplication, qu'après avoir été pourvu d'un grand nombre de mulets. Lorsque ceux-ci sont parvenus à être un nombre suffisant pour exempter la mere guêpe de travailler aux édifices publics, elle ne s'occupe plus qu'à pondre dans les alvéoles qu'on lui prépare, & à veiller sur sa postérité. De quinze ou seize gâteaux qui composent un guêpier, il n'y a que les quatre ou cinq derniers qui contiennent des cellules à mâles & à femelles.

Les soins & les attentions que la mere & les fils aînés prennent pour la jeune postérité, sont des plus admirables. Lorsque les vers cadets sont éclos, on va leur chercher à la campagne de quoi vivre : on leur donne la becquée ; mais on proportionne l'aliment à la délicatesse de leur estomac, aussi ne leur dégorge-t-on d'abord que du sirop de fruits, du jus de viande ou du hachis, jusqu'à ce qu'ils soient assez forts pour prendre des nourritures plus solides, manger des ventres d'insectes & même de la viande crue : on observe aussi que ceux qui vont à la provision apportent à manger aux travailleurs. Il y a lieu de penser qu'il passe dans le séjour ténébreux du guêpier, assez de lumiere pour éclairer ces animaux, & que la finesse de leur organe supplée à la petite quantité de rayons lumineux qui percent la terre & les autres corps, & qui parviennent jusqu'à eux. Lorsqu'ils sont arrivés à leur état de perfection, ils filent une coque qui tapisse & bouche leurs cellules : ils passent à l'état de nymphes ; & au bout de quelques jours à celui de guêpes, qui dès l'instant qu'elles sont nées, vont sur le champ chercher leur nourriture. *Voyez au mot* INSECTE, ce que ces transformations présentent de curieux.

Les guêpes ne s'entretiennent point du fruit de leurs travaux & ne font point de provisions ; ce sont des brigands, de vrais pillards, qui marchent en troupes & semblent nés pour vivre à nos dépens : nos viandes, les mouches précieuses qui nous fournissent le miel & la cire, sont la nourriture après laquelle elles courent le plus volontiers ; elles viennent ravager nos espaliers, entamer nos fruits avant leur maturité. On les voit quelquefois fondre comme des éperviers sur nos abeilles, leur couper la gorge, les partager en deux, & emporter la partie postérieure qu'elles savent contenir du miel & des intestins qui sont fort de leur goût. C'est ainsi qu'elles ravagent la république de ces mouches utiles, se nourrissent du fruit de leurs travaux, les détruisent & obligent de déguerpir celles qu'elles ne peuvent tuer.

On voit ces mouches en grand nombre dans les boutiques des Bouchers de campagne, où elles coupent des morceaux si pesans, qu'elles sont obligées de se reposer à terre. Les Bouchers, pour éviter un plus grand pillage, ne trouvent rien de plus avantageux que de laisser sur l'appui de leur boutique un foie de veau ou une rate de bœuf, à laquelle les guêpes s'attachent de préférence, parce que ces morceaux sont plus tendres. D'ailleurs elles leur rendent l'important service de poursuivre ces grosses mouches bleues qui déposent sur la viande des œufs d'où sortent ces vers qui la font corrompre plus vîte : ces mouches n'osent plus approcher d'une boutique où elles apperçoivent les guêpes, qui sont leurs plus cruelles ennemies ; c'est ainsi qu'un brigand est quelquefois utile pour en punir d'autres.

Dans ces momens d'abondance, lorsque les guêpes mulets, qui ont été au pillage, apportent la provision au guêpier, plusieurs guêpes s'assemblent autour d'eux, & chacune prend sa portion de ce qu'ils ont apporté ; d'autres dégorgent le suc des fruits qu'ils ont sucés, & en font part aux mouches du guêpier. Cela se fait de gré à gré, sans combat ni dispute. Ce n'est que fête, que plaisirs, amitié. Lorsque dans l'été il survient des pluies qui durent plusieurs jours, comme ces mouches ne font point de provisions, elles sont obligées de jeûner.

Depuis le printems jusques vers la fin du mois d'Août, la mere guêpe ne fait que donner le jour à des mulets ; ensuite elle commence à donner naissance à des mâles & à des femelles. Ce n'est donc qu'au commencement de l'automne qu'un guêpier peut passer pour complet, & que la république est pourvue de trois especes d'habitans qui doivent la composer ; leur nombre va quelquefois jusqu'à trente mille. La mere primitive qui s'étoit renfermée pendant les mois de Juin, Juillet & Août pour faire cette prodigieuse ponte, recommence à sortir vers le mois de Septembre, & avec elle les mâles & les femelles nouvellement nés. Les mâles ne sont pas tout-à-fait aussi paresseux que ceux des mouches à miel : ils s'occupent à tenir le guêpier net, & à jeter dehors les corps morts. Les femelles sont plus actives : leurs soins s'étendent à tout ; mais la ponte est le plus essentiel de leur devoir.

Malgré le concert de l'union qu'on remarque dans un guêpier, la paix n'y regne pas toujours, la concorde ne peut subsister parmi les brigands. Il y a souvent des combats de mulets contre mulets, de mulets contre mâles ; mais ces combats vont rarement à la mort comme parmi les abeilles. Cependant vient un temps où la barbarie prend le dessus ; ce royaume se renverse de lui-même, & se détruit de fond en comble pour notre repos & pour celui de bien des êtres vivans. Vers le mois d'Octobre, dans le temps que le guêpier est fourni d'une jeunesse vive & brillante ; que les mâles & les femelles, dans toute la vigueur de leur âge, ne songent probablement qu'à peupler, une espece de fureur s'empare tout-à-coup des guêpes. Ces nourrices si tendres, deviennent des marâtres impitoyables ; les mâles, les mulets jetent hors des cellules les œufs, les vers, les nymphes, sans distinction de sexe ; c'est ainsi que le guêpier, n'est plus qu'un théâtre d'horreurs, rien n'est épargné. Les soins de la postérité, l'amour de la patrie, ces grands ressorts du gouvernement ne subsistent plus. Lorsque toute cette espérance de l'Etat est périe, les peres & meres, les mulets mêmes ne font que languir ; les premiers froids de l'automne affoiblissent le reste des citoyens. A mesure que l'hiver approche ils languissent, ils perdent jusqu'à la force de chercher leur nourriture, & périssent presque tous de faim & de misere. Si quelqu'une des femelles qui toutes ont été fécondées, est échappée aux malheurs d'une guerre intestine, & peut trouver quelque trou de murs pour s'y mettre à l'abri des froids de l'hiver, elle reparoît au printems, & jete elle seule les fondemens d'une nouvelle république.

Des Frelons.

Comme l'histoire des frelons, *crabro*, a beaucoup de choses communes avec celle des guêpes souterraines, nous ne parlerons que de celles en quoi elle differe essentiellement.

Les frelons sont de véritables guêpes, & même les plus grandes de ce pays-ci. Leur piqûre est terrible & presque meurtriere, sur-tout dans les grandes chaleurs où le poison est plus actif : on a vu un Observateur piqué si vivement par un de ces insectes, qu'il en perdit la connoissance, & presque l'usage des jambes pour l'instant, & eut la fiévre pendant deux ou trois jours.

Les gâteaux des frelons sont disposés de même que ceux des guêpes souterraines ; mais les liens qui les attachent les uns aux autres, sont plus hauts, plus massifs, & encore moins réguliers ; celui du milieu est beaucoup plus gros que les autres ; & comme ils sont faits d'une sorte de papier plus mauvais & plus cassant, parce que la matiere qu'ils emploient n'est que de la sciure de bois pourri, les frelons ont soin de mettre leur nid dans un creux de tronc d'arbre, ou dans d'autres lieux peu fréquentés & abrités, où l'eau ne sauroit pénétrer. L'entrée de leur guêpier est un trou percé à côté de l'arbre ; & qui traversant le vif du bois vient sortir par l'écorce.

Ces guêpes sont infiniment supérieures en force à toutes les autres : elles en feroient un furieux carnage, si la nature n'avoit mis un frein à leur voracité, en ne leur donnant qu'un vol lourd, accompagné d'un bruit qui avertit de loin les autres insectes de l'approche de leurs plus redoutables ennemis. Du reste, tout ce que nous avons dit des guêpes convient parfaitement aux frelons. M. *Deleuze* observe que le frelon a jusqu'à quinze lignes de longueur, mais il est moins délié dans les proportions que les autres guêpes : sa couleur dominante est le brun : il est un peu velu.

Guêpes aériennes.

Ces especes de guêpes sont les plus petites de toutes celles qui vivent en société : on leur donne le nom de *guêpes aériennes*, parce qu'elles établissent leur nid en plein air : elles s'attachent communément à une branche d'arbre, ou à une paille de chaume. Ces nids sont attachés par un lien qui leur tient lieu de main ou de bras : on en voit de diverses grosseurs, depuis celle d'une orange jusqu'à celle d'un œuf de poule. Leurs gâteaux sont placés verticalement, & défendus par une enveloppe composée d'un très-grand nombre de feuilles. Si ces feuilles au lieu d'être grises étoient d'une couleur vermeille, l'enveloppe seroit prise pour une rose à cent feuilles, commençant à s'épanouir, mais plus grosse que les roses ordinaires. La structure & la position de ce nid donnent lieu à l'eau de s'écouler, mais plus que tout cela, une espece de vernis avec lequel les guêpes recouvrent le papier dont est construit leur nid. Ce vernis est même si bon, qu'on a éprouvé de laisser tremper dans l'eau un de ces nids, qui n'a été nullement altéré ni ramolli. La vie & les occupations des guêpes aériennes sont à-peu-près les mêmes que celles des guêpes souterraines.

Guêpes cartonnieres.

Les ouvrages des guêpes de notre pays dont nous venons de parler, ont sans doute de quoi piquer la curiosité ; mais ils nous sembleront très-imparfaits si nous les comparons avec ceux d'une espece de guêpes des environs de Caïenne, qu'on peut nommer guêpes cartonnieres.

Ces guêpes sont plus petites que celles de notre climat, elles naissent, croissent & vivent à-peu-près de la même maniere ; mais leur guêpier est digne de toute l'attention d'un Observateur de la nature. Il est fait d'un carton qui ne seroit pas désavoué par ceux de nos Ouvriers qui le font le plus beau, le plus blanc, le plus ferme, & qui savent lui donner le grain le plus fin.

Ces mouches attachent leur guêpier à une branche d'arbre. Son enveloppe est une espece de boîte du plus beau carton, & de l'épaisseur d'un écu : cette boîte est longue de douze à quinze pouces, & quelquefois plus ; elle a la figure d'une cloche allongée, fermée par en bas, qui n'auroit pour toute ouverture qu'un trou d'environ cinq lignes de diametre à son fond. Son intérieur est occupé par des gâteaux de même matiere, disposés par étage, comme ceux des guêpes souterraines. La circonférence de chaque gâteau fait par-tout corps avec la boîte : chacun de ces gâteaux a un trou vers son milieu, qui permet aux mouches d'aller de gâteau en gâteau, & d'étage en étage.

Le guêpier des guêpes de Caïenne prouve donc, encore mieux que celui des guêpes souterraines, qu'il seroit possible de faire de beau papier en se servant immédiatement du bois. Ce seroit vraisemblablement parmi les bois blancs qu'il faudroit chercher la matiere de ce papier. M. *de Réaumur*, dans un mémoire qu'il a donné en 1719 sur les guêpes, sentit l'usage qu'on pouvoit faire de ces observations pour la perfection des papéteries. Voyez aussi le sixieme volume de son *Histoire des Insectes*.

Il est si certain qu'on peut faire du papier par cette méthode, qu'au rapport de *Kempfer*, les Japonois n'emploient point d'autres matieres. Ils pilent les écorces de certains arbres qu'ils mettent en bouillie; & cette bouillie, plus ou moins fine, est la matiere dont ils font leurs différens papiers, qui valent bien les nôtres.

Guêpes ichneumones ou *Guêpes maçonnes*.

Les Naturalistes ont désigné par le nom d'*ichneumones*, des mouches guerrieres qui attaquent & tuent les araignées, telles que sont les especes de guêpes dont nous allons parler : ils ont étendu aussi la signification de ce mot à des mouches qui laissent les araignées en paix, mais qui percent le ventre d'une chenille, & y déposent leurs œufs. On peut voir au mot ICHNEUMONE-MOUCHE, pourquoi on donne ce nom d'*ichneumone* à ces insectes.

Les guêpes ichneumones different principalement des autres guêpes, parce qu'elles n'ont point leurs ailes supérieures pliées en deux : elles ont pour caracteres diftinctifs bien fenfibles, d'agiter continuellement leurs antennes, ainfi que les mouches ichneumones, & de porter au derriere les unes une tariere, les autres un aiguillon qui n'eft point caché dans l'intérieur du corps, comme l'aiguillon des guêpes ordinaires : auffi les Méthodiftes les féparent du genre des guêpes : elles appartiennent à celui des mouches ichneumones. Dans quelques efpeces l'aiguillon fe coule dans une couliffe taillée pour le recevoir dans les derniers anneaux.

Elles fondent fur les infectes comme le faucon fur fa proie : elles ne fe nourriffent, elles & leurs petits, que de leurs chaffes. Il y a plufieurs efpeces de guêpes ichneumones qui vont nous préfenter un fpectacle curieux.

Ces guêpes ne vivent point en fociété, non plus que quelques efpeces d'abeilles folitaires dont on peut voir l'hiftoire au mot ABEILLE. Nous avons obfervé qu'elles ont d'ailleurs quelque chofe de commun avec ces abeilles, même avec l'abeille maçonne, pour la maniere de bâtir & de creufer, foit dans le fable, foit dans le bois.

Les murs faits de moilons unis par un mélange de fable & de terre, & placés à l'expofition du midi, font les lieux qu'habitent certaines guêpes ichneumones : on peut remarquer fur ces murs de petits tuyaux creux qui faillent hors du mur : ces trous font l'ouvrage d'une efpece de guêpes ichneumones : ce font les berceaux qu'elles ont conftruits pour leurs petits.

La couleur dominante de cette efpece de guêpe eft le noir ; fes anneaux font bordés d'un peu de jaune. C'eft ordinairement dans le mois de Mai qu'elle fe met à l'ouvrage : elle creufe dans le mortier du mur un trou de plufieurs pouces de profondeur. Pour y parvenir elle humecte ce mortier avec une liqueur visqueuse qu'elle dégorge ; à mesure qu'elle le détache, elle le pétrit, & éleve à l'entrée du creux qu'elle fait, un tuyau qui en prolonge la continuité au-dehors. Cet insecte travaille avec autant d'activité, qu'il ne lui faut pas plus d'une heure pour creuser un trou de la longueur de son corps, & élever un tuyau aussi long que la profondeur de ce trou. Nous avons vu bâtir un de ces nids contre l'angle d'un mur ; ce nid qui étoit composé de plusieurs cellules séparées, avoit un pouce & demi de hauteur. Le tuyau extérieur formé par l'assemblage des pelotes de mortier, ressemble à cet ornement d'architecture que l'on nomme *guillochis*.

Lorsque la guêpe a donné à ce trou la profondeur nécessaire, elle y dépose au fond un œuf, d'où doit éclore un ver ; & elle va ensuite chercher des provisions, afin que ce ver en naissant puisse trouver sa nourriture. Cette provision consiste en plusieurs petites chenilles vivantes, de couleur verte, toutes de la même espece. Elle en porte d'abord une au fond de son trou : cette chenille s'y roule sur le champ en anneau, & reste-là aussi immobile que si elle n'avoit point de vie : une seconde est posée sur celle-ci & se place de même, ainsi que les autres qui arrivent successivement, jusqu'au nombre de dix ou douze. Elles sont arrangées par lits les unes sur les autres, & en sont d'autant moins en état de se défendre contre les attaques du petit ver qui en doit sucer une tous les jours. La guêpe se sert ensuite du mortier qui faisoit le tuyau extérieur pour boucher le trou. Elle construit ainsi successivement plusieurs trous pour déposer un œuf dans chacun, & y rassembler de même une provision de ces chenilles, qui sont arrivées à leur état de perfection, & n'ont par conséquent plus besoin de nourriture ; ce qui fait qu'elles restent vivantes, & que les vers naissans des guêpes, les trouvent toutes prêtes pour en faire leur nourriture. Lorsque les vers des guêpes ont consumé leur provision, qui étoit tout juste ce qui leur falloit pour le temps de la durée de leur accroiſſement, ils ſe filent une coque, ſe changent en nymphe, & enſuite en une mouche guêpe, qui fait bien s'échapper de ſa priſon, va voler en plaine & faire la chaſſe aux inſectes.

D'autres eſpeces de guêpes ichneumones, de la groſſeur de celles qui donnent des chenilles vertes à leurs petits, mais ſur le corps deſquelles le jaune domine davantage, fourniſſent leurs petits d'araignées, qui ſont apparemment mieux de leur goût. On voit quelquefois dans leur trou ſept ou huit araignées toutes vivantes, d'une eſpece à longues jambes. D'autres guêpes donnent à leurs petits des araignées d'une eſpece différente des précédentes ; ce qui prouve que chaque eſpece de guêpe choiſit conſtamment, pour la nourriture qui convient à ſes petits, des inſectes d'un certain genre. On ne trouve point dans un même trou des chenilles, des araignées & des vers mêlés enſemble : il n'y a ordinairement que d'une ſeule eſpece de ces inſectes.

Certaines eſpeces de guêpes ichneumones creuſent leurs nids dans des morceaux de bois ; ce qui leur fait donner le nom de *guêpes perce-bois*.

Les guêpes ichneumones de l'île de France ſont entiérement noires ; leur corps a un long étranglement, auſſi délié qu'un fil. Ces guêpes appliquent leurs nids comme les hirondelles, dans quelqu'endroit d'une maiſon : elles forment ce nid avec une terre détrempée, & lui donnent la forme d'une boule de la groſſeur du poing : ſon intérieur eſt de douze ou quinze cellules. A meſure que chaque cellule eſt conſtruite, la guêpe porte dedans une certaine quantité de petites araignées, qu'elle y renferme enſuite avec l'œuf d'où ſortira le ver qui s'en doit nourrir.

Il y a auſſi dans l'île de France une eſpece de guêpes très-belles & très-utiles. Leur forme approche de celle des guêpes ordinaires ; leur tête, leur corps & leur corſelet ſont d'un bleu changeant : elles paroiſſent bleues ou vertes, ſuivant la poſition où on les regarde :

leurs

GUÉ

leurs antennes sont noires: leurs yeux sont couleur de feuille morte; leurs jambes de couleur violette, & bronzées proche de leur origine.

Ces guêpes sont armées d'un terrible aiguillon ou poignard: elles sont hardies, guerrieres; elles livrent des combats à des insectes fort supérieurs en grandeur, & sur lesquels néanmoins elles remportent une pleine victoire. Ces insectes sont les kakerlaques, connus dans nos îles & sur nos vaisseaux par les ravages qu'ils y font. On peut voir *au mot* KAKERLAQUE, le combat de ces guêpes avec cet insecte.

GUÉPIER. Nom donné à l'habitation, ou plutôt aux gâteaux & alvéoles des guêpes, &c. *Voyez à l'article* GUÊPE. *On trouvera à la suite du même article l'Histoire des* Guêpes cartonnieres *qui construisent le beau guêpier de Caïenne.*

GUÉPIER ou MANGEUR D'ABEILLES, *merops apiaster.* Genre d'oiseau dont le caractere est d'avoir les pieds comme ceux du *martinet pêcheur*, le bec arqué, étroit & pointu. On distingue plusieurs especes de guépiers.

Le guépier vulgaire qui se trouve dans les provinces méridionales de l'Europe, est un oiseau de la grandeur d'un merle, mais plus long. Pour la figure du corps il ressemble beaucoup au martin-pêcheur. L'iris de ses yeux est d'un brun-rouge; son plumage est fort varié pour la couleur; rougeâtre derriere la tête; d'un jaune-verdâtre au cou; les plumes des ailes sont vertes, mêlées de noir, quelquefois bleues, mêlées de rouge. La conformation du pied de cet oiseau est singuliere; car le doigt extérieur tient à celui du milieu par trois phalanges, & le doigt intérieur par une phalange seulement. Le guépier a les jambes courtes & grosses; ses griffes sont noires. Cet oiseau se nourrit non-seulement d'abeilles & de cigales, même de scarabées, mais aussi des semences d'hépatique, de persil bâtard, de navets, &c.

On trouve à Bengale une espece de guépier cendré, un peu bigarré: celui du Brésil a le bec long, pointu,

Tome IV. R

mais de la forme d'une faulx. Celui de l'île de France est d'un bleu verdâtre, excepté le dessus de la tête & du cou qui est brunâtre. Celui de Madagascar est vert ; sa queue est fort longue & de couleur brune, ainsi que sa tête & son cou. Il y en a aussi à Bengale & à Madagascar qui ont un collier, *merops torquatus*, d'un vert doré. Le guépier d'Angola & celui des Philippines ont un plumage de la plus grande beauté.

GUÉPIER DE MER, est un alcyon en forme de ruche, d'une substance dure & en quelque sorte cartonneuse, quelquefois charnue, de couleur rougeâtre, percée çà & là d'une infinité de petits trous. Au sommet se trouve communément une ouverture en cône renversé, qui laisse voir les compartimens celluleux dont l'intérieur est garni. *Voyez* ALCYON.

GUEULE. C'est cette ouverture que l'on voit à la tête des quadrupedes carnassiers, où se trouvent leurs dents, leur langue, & où ils mâchent ce qu'ils prennent pour vivre. *Voyez à l'article* BOUCHE.

GUHR. Ce nom qui est allemand, exprime toutes sortes de substances minérales extrêmement atténuées par le frottement des eaux souterraines, & qui se trouvent chariées & déposées dans les cavités des montagnes.

On comprend facilement que le guhr doit être une matiere minérale, coulante ou molle, qui découle comme la matiere des stalactites, ou dans la galerie des mines, ou dans les fentes des rochers. Si l'eau charie du métal, du minéral décomposé ou de l'ocre, c'est du guhr métallique : si elle ne contient qu'une sorte de craie, c'est du guhr crétacé : ainsi on voit qu'il peut y avoir bien des especes de guhrs.

On trouve communément le guhr crétacé, coulant dans les montagnes sous la forme d'une matiere aqueuse ou blanchâtre ou grisâtre. Le dépôt est plus ou moins lent à s'en faire, selon que la matiere est plus ou moins ténue. Il y en a qui reste long-temps suspendu dans l'eau avant que de se précipiter. Ce phénomene vient encore de ce qu'il n'y a point de guhr si simple qu'il ne contienne quelque chose d'étranger à sa nature. La consistance de ce guhr précipité, jointe à son mélange est peut-être la seule différence qu'il y ait entre la *craie coulante*, l'*agaric minéral* & la *farine fossile*. Voyez ces mots.

La plupart des Auteurs Minéralogistes regardent les guhrs métalliques comme la matiere premiere & l'ébauche des métaux; peut-être sont-ils des minéraux décomposés: il est sûr du moins que c'est un indice de la proximité de quelques filons métalliques; & que celui qui est durci & rougeâtre, est souvent riche en métaux: celui du toit de la plupart des mines est rougeâtre & contient du fer: celui qui est vert & bleu annonce du cuivre; quand il est blanc & bleuâtre ou cendré il désigne une mine d'argent.

GUI ou GUY, *viscum*. C'est une véritable plante parasite qui, aux yeux des Physiciens, est un végétal très-singulier. Son origine, sa germination, son développement méritent un examen attentif & des recherches particulieres. C'est ainsi qu'en ont pensé *Malpighi*, *Tournefort*, *Vaillant*, *Boerhaave*, *Linnæus*, *Barel*, *Camerarius*: enfin M. *Duhamel* a publié dans les *Mémoires de l'Académie des Sciences, année 1740*, des observations très-curieuses sur ce sujet, qui contribueront à rendre cet article intéressant.

Le gui est une plante vivace & ligneuse qui ne végete point dans la terre, mais seulement dans l'écorce des branches d'une grande quantité d'arbres où ses racines sont implantées: l'on en a trouvé sur le sapin, le méleze, le pistachier, le noyer, le coignassier, le poirier, les pommiers francs & les sauvages, sur le néflier, l'épine blanche, le cormier, le prunier, l'amandier, le rosier. On le voit encore communément sur le châtaignier, le noisetier, le tilleul, le hêtre, le bouleau, l'érable, le frêne, l'olivier, le saule, le peuplier, sur l'orme, le noirprun, le buis, mais particulierement sur les especes de chênes. On prétend en avoir vu aussi sur la vigne, sur le genévrier & sur le faux acacia, & jamais sur le figuier. M. *Duhamel* en a vu germer sur des morceaux de bois mort, sur des tessons de pots & sur des pierres seulement tenues à l'ombre du soleil.

La racine du gui est peu apparente, d'abord verte, tendre & grenue, puis ligneuse dans son milieu. Il pousse de cette racine une espece d'arbrisseau qui croît à la hauteur d'environ deux pieds, & forme une boule assez réguliere. Ses tiges sont grosses comme le petit doigt, ligneuses, compactes, pesantes, nerveuses, d'un vert-brun en dehors, d'un blanc-jaunâtre en dedans, droites d'un nœud à l'autre, où elles font de grandes inflexions. Les nœuds sont de vraies articulations par engrenement; & les pousses de chaque année se joignent les unes aux autres, comme les épiphyses se joignent au corps des os. Cette plante jete beaucoup de rameaux ligneux, plians, souvent entrelacés les uns dans les autres, plus gros par les deux bouts: ils sont articulés, couverts d'une écorce verte, un peu inégale & grenue: ses feuilles sont opposées deux à deux, oblongues, épaisses, dures & charnues sans être succulentes, assez semblables à celles du grand bouis, mais un peu plus longues, veineuses, obtuses & de couleur verte-jaunâtre, d'un goût douceâtre, légérement amer, d'une odeur foible & désagréable.

MM. *de Tournefort*, *Linnæus* & *Boerhaave* ont avancé que les deux sexes se trouvent sur les mêmes individus, mais dans des endroits séparés: cependant les Auteurs de la Matiere Médicale disent avoir reconnu par l'expérience qu'il y a des pieds de gui mâles, qui ne portent jamais de fruit, & d'autres femelles qui en sont chargés presque tous les ans. Les fleurs du gui naissent aux nœuds des branches; elles sont petites, formées en cloche, à quatre échancrures, ramassées par bouquets quelquefois jusqu'au nombre de sept: mais ces bouquets sont stériles. Les boutons à fruit sont placés dans les aisselles des branches sur les individus femelles, & ne contiennent ordinairement que trois ou quatre fleurs qui s'ouvrent en Février & en Mars. Il est digne de remarque que les boutons qui contiennent des fleurs mâles sont trois fois plus gros & plus arrondis que les boutons qui contiennent les fleurs femelles ou les embryons des fruits. A ces dernieres fleurs succédent des fruits qui, grossissant peu à peu, deviennent de petites baies ovales, molles, un peu plus grosses que des pois, blanches, unies, luisantes, perlées comme de petites groseilles blanches, remplies d'un suc glaireux & visqueux, dont les Anciens se servoient pour faire de la glu. Au milieu de ce fruit on trouve une petite semence fort applatie, & ordinairement échancrée en cœur.

Cette plante semble confondue dans la substance de l'arbre sur lequel elle croît, & demeure toujours verte en hiver & en été, sans que ses feuilles tombent. On sent par-là combien elle fait de tort aux arbres dont elle tire sa nourriture; aussi les gens attentifs à l'entretien de leurs vergers, tâchent-ils de la détruire. Ses fleurs paroissent au commencement du printemps; ses fruits mûrissent en Septembre, & on les peut semer au commencement de Mars. Il est bien singulier que le gui, implanté sur tant de différentes espéces d'arbres, ne varie point (car nous ne connoissons qu'une seule espece de gui), tandis que tous les végétaux, provenus de boutures, ou de greffes, ou de marcottes, produisent des variétés à l'infini. Une autre singularité bien digne d'attention, c'est que les semences de gui mises sur des arbres en Février, germent à la fin de Juin : alors on voit sortir de la graine du gui plusieurs radicules qui s'alongent d'abord de deux ou trois lignes ; ensuite elles se recourbent & elles continuent de s'alonger uniquement jusqu'à ce qu'elles aient atteint le corps sur lequel la graine est posée. Cette radicule prend indifféremment toutes sortes de directions, tant en haut qu'en bas. Les branches du gui sont dans le même cas : elles n'ont point cette affectation de monter vers le ciel, qui est propre à presque toutes les plantes, sur-tout aux arbres & aux arbustes : si le gui est planté sur le dessus d'une branche, ses rameaux s'éleveront à l'ordinaire ; mais s'ils partent de dessous la branche, les rameaux tendront vers la terre ; ainsi dans ce dernier cas le gui végete en sens contraire, sans qu'il paroisse en souffrir.

On voit par ce qui précede, que le gui n'est point une production spontanée, produite par l'extravasion du suc nourricier des arbres qui le portent, ou par leur transpiration, ainsi que l'ont dit quantité d'Auteurs ; le gui vient de semences, & quand la jeune plante commence à introduire ses racines dans l'écorce d'un arbre, aussi-tôt la seve de cette même écorce s'extravase, & forme à l'endroit de l'insertion une grosseur, une loupe ou, si l'on veut, une espece de gale, qui augmente en grosseur à mesure que les racines de la plante parasite font du progrès. Il n'est pas rare que le gui intercepte les sucs à l'extrémité de la branche sur laquelle il est enté, & que chaque bouton de gui contienne le germe de trois branches. Nos forêts sont remplies de cette plante parasite ; mais il en naît beaucoup plus communément en Italie, & particuliérement entre Rome & Lorette, où un seul chêne pourroit en fournir assez pour charger une charrette. Il n'en est pas de même en Angleterre, où l'on regarde comme un phénomene en général assez rare, un chêne chargé de gui. Quoiqu'il en soit, les Prêtres des anciens Païens s'assembloient sous ces chênes chargées de gui pour y faire leurs prieres, & ils le révéroient comme une plante sacrée, & comme un remede excellent contre le poison & pour la fécondité des animaux. L'un de ces Prêtres cueilloit le gui, & après l'avoir consacré, le distribuoit au peuple au commencement de l'année sacrée, en criant *à gui l'an neuf*, terme encore connu dans quelques pays au premier jour de l'an.

Il n'y a pas long-temps qu'un de nos Poëtes Lyriques a tracé agréablement sur la scene le canevas des cérémonies superstitieuses que les Druïdes, Prêtres Gaulois, mettoient en usage pour cueillir le gui de chêne.

C'est aussi cette sorte de gui qui est le plus souvent employé en Médecine ; quelques Apothicaires exigent même des Marchands qui le leur vendent, que le gui soit récolté dans le croissant de la lune d'Août, & qu'il soit encore attaché à un morceau de chêne, afin d'en être plus surs, quoique les guis de coudrier ou de tilleul ne lui soient pas inférieurs. On nomme ces autres sortes de gui, *gui commun*.

Le gui, cette panacée des Anciens, est, dit-on, un excellent anti-épileptique : on le prend en substance ou en infusion ; il est également utile pour prévenir l'apoplexie & les vertiges : il est sudorifique & vermifuge.

Les baies de gui sont âcres & ameres : on prétend que prises intérieurement, elles purgent trop violemment, & enflamment le bas-ventre ; mais elles sont bonnes, appliquées à l'extérieur, pour faire mûrir les abcès & hâter leur suppuration. Les Anciens se servoient des baies de gui pour faire de la glu, *viscum aucupum*, en faisant bouillir ces fruits dans de l'eau, les pilant ensuite, & coulant la liqueur chaude pour en séparer les semences & la peau. Cette glu est très-résolutive & émolliente ; appliquée extérieurement, elle soulage les douleurs de la goutte. Des personnes font aujourd'hui la glu de gui avec l'écorce de cette plante parasite. On la met dans un lieu humide, renfermée dans un pot l'espace de huit ou dix jours. Quand elle est pourrie, on la pile jusqu'à la réduire en bouillie ; ensuite on la met dans une terrine ; on y jete de temps à autre de l'eau de fontaine bien fraîche ; on remue avec un bâton en forme de spatule, jusqu'à ce que la glu se prenne au bâton ; plus elle est nette, plus elle est tenace ; on l'étend ensuite à plusieurs reprises dans l'eau pour la bien nétoyer. D'autres, pour faire cette même glu de gui, en prennent également l'écorce dans le temps de la seve; ils en forment un gros peloton, & le mettent pourrir pendant cinq à six jours dans l'eau, à l'aide de la chaleur du fumier. Ils pilent ensuite cette masse d'écorce dans l'eau & la réduisent en pâte, puis ils la lavent dans une eau courante: elle forme une masse gluante, qu'on met en boule dans un pot en un lieu frais, & on met dessus de l'eau claire, qu'on renouvelle de temps en temps.

GUIANACOES. Les Auteurs du *Voyage à la mer du Sud* appellent ainsi un quadrupede qui est de la taille de nos plus grands cerfs. Il a le cou fort long, les jambes menues, & le pied fourchu. Sa tête qu'il porte avec grace ressemble à celle du mouton. Sa queue est touffue & d'un roux très-vif. Son corps est garni de laine rouge sur le dos. Cet animal est extrêmement agile; il a la vue perçante, & fuit dès qu'on veut l'approcher. Les Indiens se servent de sa peau pour faire des vêtemens. Le Guianaçoes est le Paco; *Voyez ce mot.*

GUIB. Espece d'animal qui paroît tenir le milieu entre la gazelle & la chévre, & que l'on voit par grandes troupes au Sénégal, dans les plaines & dans les bois du pays de Podor, ainsi qu'on l'apprend par M. *Adanson*. Cet animal ressemble aux gazelles par la figure du corps; mais il a la poitrine & le ventre d'un brun-marron assez foncé: il est sur-tout remarquable par des bandes blanches sur ce fond de poil brun-marron, & qui sont disposées sur son corps en long & en travers comme si c'étoit un harnois. Ses cornes sont lisses, sans anneaux transversaux, & portent deux arêtes longitudinales, l'une en dessus, l'autre en dessous, lesquelles forment un tour de spirale depuis la base jusqu'à la pointe, & elles paroissent aussi un peu comprimées. *Voyez à l'article* Gazelle.

GUIGNARD, *pluvialis minor sive morinellus.* C'est une espece de petit pluvier. Cet oiseau de passage est très-délicat, il approche de la grosseur d'un merle : il vole en troupe & fréquente les terres labourées : il y en a tous les ans un grand nombre en Beauce, sur-tout aux environs de Chartres : il devient si gras que le transport en est difficile, sans qu'il se corrompe.

Quand le guignard voit quelqu'un, il le fixe si attentivement, qu'on peut s'approcher derriere lui & le prendre au filet. Il vient vers le temps des vendanges, & mange du raisin. Quand on a tué un guignard d'un coup de fusil, tous les autres rodent auprès de lui, & donnent le temps au Chasseur de recharger pour tirer sur la troupe.

GUIGNE ou GUIGNIER. *Voy. à l'art.* CERISIER.

GUIGNETTE, *guinetta*. Oiseau du genre du bécasseau & de la grosseur de l'alouette de mer. Son plumage est d'un gris-brun, tacheté de lignes noires traversées d'ondes brunâtres : le cou, le ventre, la poitrine sont d'un gris-blanc : les grandes plumes des ailes sont brunes, les petites sont blanches, mais brunes par l'extrémité. Cet oiseau fréquente les bords des étangs, des lacs & des fleuves.

GUILLEMOT, *uria*. Genre d'oiseau aquatique, dont on distingue quatre especes & dont le caractere est d'avoir uniquement trois doigts antérieurs & palmés, le bec droit & aigu. Il y a le guillemot vulgaire, il est de la grosseur du canard privé. Son plumage est d'un brun noirâtre en dessus & blanc en dessous ; il fait son nid dans les roches inaccessibles ou escarpées du Nord. Il ne pond & ne couve qu'un œuf à chaque année, & cet œuf aussi gros que celui d'une oie est varié de taches irrégulieres & noires. L'espece du *petit guillemot* n'est pas plus grosse qu'un pigeon, & son plumage est à-peu-près le même : il va plus souvent en haute mer, que sur les rivages, de même que le *petit guillemot noir*, appellé vulgairement par les Voyageurs *colombe de Groënland*. La derniere espece de guillemot est petite & à plumage rayé. Ces oiseaux vivent en troupe & se tiennent presque toujours en pleine mer, ils s'approchent rarement des côtes.

GUIMAUVE, *althæa*. Est une plante fort commune, qui vient par-tout dans les marais & le long des ruisseaux. Sa racine qui sort d'une tête est blanche, longue, grosse comme le pouce, ronde, bien nourrie, très-mucilagineuse & divisée en plusieurs branches, renfermant un cœur ligneux, qui est comme une corde. Ses tiges sont hautes d'environ trois pieds, grêles, rondes, velues, creuses & garnies de feuilles alternes, cotonneuses, mollasses, dentelées, portées sur une longue queue. Ses fleurs naissent des aisselles des feuilles; elles sont d'un blanc purpurin, formées en cloche, échancrées en cinq parties; elles ont deux calices, dont l'extérieur est fendu en neuf lanieres. Il leur succede des fruits aplatis ou en forme d'une petite pastille, composés de plusieurs capsules qui renferment chacune une semence en forme de rein.

Le suc mucilagineux des feuilles n'altere point la couleur du papier bleu, mais celui des racines le rougit. C'est de ce mucilage gluant & douceâtre, dont la guimauve est remplie, que dépendent principalement ses vertus : savoir, d'amollir, de relâcher, d'adoucir l'âcreté des humeurs : elle est fort apéritive & béchique. On en fait une pâte ou des tablettes avec le sucre, ou un sirop, ou un look qui facilite l'expectoration. Sa décoction prise en boisson ou en lavement est utile pour l'érosion des intestins, pour rafraîchir & pour la néphrétique. Pilée en cataplasme, on l'applique avec succès sur les tumeurs & les parties enflammées. On fait aussi des brosses dentifriques avec la racine de guimauve ou celle de mauve : pour cela on les coupe en bâtons, on en effile les deux extrémités, puis on les fait bouillir ou dans l'eau salée, ou dans l'eau alumineuse, colorée par le santal rouge ou par le bois d'Inde; ensuite on les fait sécher au four.

GUIMAUVE FAUSSE. *Voyez* FAUSSE GUIMAUVE.

GUIMAUVE ROYALE. *Voyez* ALTHÆA FRUTEX.

GUIMAUVE VELOUTÉE DES INDES. *Voyez* AMBRETTE.

GUINGAMBO. Nom donné à une herbe potagere des îles Antilles. Voyez *Histoire des Voyages*, Tome XV, *page 709*.

GUIRAPEACOJA. Nom que les habitans du Brésil donnent à un petit ver qui gâte les cannes à sucre, en rongeant les racines de cette plante. Les Portugais le nomment *pao-de-galinha*.

GUNDON. C'est une très-grosse fourmi d'Ethiopie. Ces fourmis marchent ensemble dans un ordre qui ressemble à celui d'une armée rangée eu bataille: elles ne font aucun amas de grains; mais elles dévorent tout ce qu'elles trouvent, & mordent même les hommes avec beaucoup de violence. *Dapper, Description de l'Afrique,* dit qu'il y en a de plus petites, qui ont des réservoirs de grains, & d'autres qui avec le temps deviennent ailées. *Voyez* FOURMI.

GURANTHÉ-ENGERA. *Voyez à l'article* TEITLI.

GUS. *Voyez* SSI.

GYPSE, *gypsum*. Cette pierre que bien des Minéralogistes ont rangée parmi les terres calcaires, n'est qu'une terre endurcie & neutralisée, c'est-à-dire, le résultat d'une pierre calcaire, comme dissoute & saturée par l'acide vitriolique, ensuite cristallisée.

Le gypse, ainsi nommé, lorsqu'il est pur & transparent, est connu chez le vulgaire sous le nom impropre de talc; les ouvriers ne donnent le nom de *gypse* qu'à celui qui est opaque & graveleux: il ne fait point d'effervescence avec les acides; enfin ils appellent *plâtre* le produit que donne le gypse lorsqu'il a été calciné.

Le gypse est une pierre ou blanche ou grise, ou rousâtre, plus ou moins cristallisée, quelquefois claire, quelquefois terne; ses parties sont ou feuilletées, ou rhomboïdales, ou en filets, brillantes intérieurement, mais en général toujours rudes au toucher. Le gypse est si tendre qu'on peut ou l'écraser sous les dents, ou l'égratigner avec les ongles, ou le diviser avec le couteau. La friabilité de cette pierre fait qu'on ne peut guere la polir. Nous exposerons à la fin de cet article la plus grande partie des propriétés du gypse ; passons à l'histoire des différentes especes de cette pierre.

Le gypse proprement dit, ou PIERRE à PLATRE, ou MOILON DE PLATRE, *gypsum*, est composé de particules moitié sphériques ou grenelées, moitié oblongues ; tellement unies & serrées entr'elles, qu'on a de la peine à les discerner sans le secours de la loupe : ce gypse est comme sablonneux, ou ressemble à du grès tendre ; on en trouve qui se divise en morceaux irréguliers ou écailleux. Il ne prend point le poli, & ne devient point brillant par le frottement ; calciné en poudre il fait un léger mouvement d'effervescence ou d'ébullition absorbante avec l'eau : on en trouve dans tous les environs de Paris. Le plâtre qu'on en fait sert à enduire les murs, ou à cimenter les pierres dans les travaux grossiers.

LE GYPSE EN CRISTAUX, *crystallus gypsea*, est en cristaux qui affectent assez de prendre une forme rhomboïdale, dont les angles sont obtus : on l'appelle SÉLÉNITE, *gypseo-selenites* ; c'est en quelque sorte le plus pur des gypses. Ses particules sont feuilletées, souvent indéterminées, mais se cassent en rhomboïdes. On en trouve beaucoup en Sibérie & aux environs de Basle en Suisse & de la montagne de Sombernon en Bourgogne, qui est brillant, de la plus grande blancheur & assez transparent. Il y aussi le gypse cristallisé en crête de coq, à lames lenticulaires larges & épaisses.

LE GYPSE FEUILLETÉ, *gypsum lamellosum*, se calcine dans le feu sans y pétiller sensiblement : il est rarement opaque. Nous en avons trouvé dans les Pyrénées & sur le flanc des Alpes qui n'avoit point de couleur : il se divise en feuilles irrégulieres : il n'est pas rare d'en trouver des blocs lamelleux & traversés par des cristaux gypseux d'une figure pentagone. Celui des environs de Dax est écailleux comme le mica, & fait un petit bruit quand on le rompt ou lorsqu'on le gratte avec la pointe d'un clou. Ses lames se levent par écailles irrégulieres, & il y en a de toutes les couleurs, quelquefois avec des pyrites cubiques. En général les parties du gypse écailleux sont irrégulieres; celles du gypse feuilleté sont perpendiculaires ou horizontales ou obliques. Le gypse de Montmartre près de Paris, dont la cristallisation est cunéiforme, avec une ligne de suture au milieu, est un beau plâtre transparent, feuilleté & jaunâtre: il est excellent pour lambrisser & modeler. Les Stucateurs en font un grand usage: on sait que les bustes, statues & toutes les figures qui sont devenues si fort à la mode, sont faites du plâtre de Paris, & qu'il ne faut pas confondre cette matiere avec le verre de Russie, appellé *glacies mariæ*. Voyez MICA; c'est le véritable *miroir d'âne* ou la *pierre spéculaire* proprement dite.

LE GYPSE STRIÉ, *gypsum striatum*, est composé de parties filamenteuses, longues, claires, friables, paralleles & perpendiculaires ou inclinées, semblables à des fils de soie étroitement unis les uns aux autres; quelquefois il est coloré. Bien des personnes le confondent abusivement avec l'amianthe, avec l'asbeste, ou avec l'alun de plume; mais il en differe par sa nature & par ses propriétés. On trouve ce beau gypse en Chine, à Falhun en Dalécarlie, en Espagne dans la montagne de S. Claude près de Compostelle, à Sombernon près Dijon, à Boudri dans le Comté de Neuf-Châtel, en Savoie, & en Suisse dans le Canton de Soleure, aux environs d'Yverdon dans le Canton de Berne. Il s'en trouve dont les lames striées forment des rayons, alors on l'appelle *fleurs de gypse*: cette pierre à plâtre est excellente pour les plafonds.

LE GYPSE SOLIDE OU ALABASTRITE, *pseudo-alabastrum*, a l'apparence d'un marbre tendre & plus ou moins demi-transparent, souvent gras au toucher comme les pierres ollaires, mais sans particules fines ni brillantes en leur totalité: c'est le faux albâtre. *Voyez* Alabastrite & Albatre. Le véritable gypse phosphorique est la *pierre de Bologne*, le spath fusible. *Voyez ces mots.*

Observations sur le Gypse & sur ses propriétés générales.

Cette pierre qui est rude & brillante dans l'endroit de la fracture, varie beaucoup pour la dureté, pour la couleur & pour la figure des particules qui la composent. Si elle est pure, elle n'admet que peu ou point de poli & ne fait aucun mouvement d'effervescence avec les acides, ne donne point d'étincelles avec le briquet, ne s'endurcit point dans le feu; mais elle y pétille & s'y calcine en une poudre farineuse, appellée *plâtre*, qui arrosée d'une certaine quantité d'eau, ne produit que peu ou point de chaleur, donne une odeur d'œufs pourris, & se durcit aussi-tôt. Si le plâtre bien tamisé, ainsi mêlé avec l'eau, a été jeté en moule, il produira une figure des plus régulieres, parce qu'il éprouve une augmentation de volume en séchant. Il faut observer que ce plâtre une fois noyé d'eau, n'est plus susceptible d'une nouvelle calcination: si on le fait calciner dans un creuset, il pétille, décrépite & paroît bouillir comme de l'eau; il a alors la propriété de reluire un peu dans l'obscurité. Si on augmente le feu, il se liquéfie & paroît se vitrifier: on doit avoir soin de conserver dans des tonneaux bien secs le plâtre cuit, & de l'employer préférablement en été: le plâtre bien cuit est doux ou onctueux dans les doigts. S'il est rude & ne s'attache point aux doigts, alors il est mal cuit: lorsqu'il est vieux, calciné & éventé, il prend difficilement de la consistance. Nous avons toujours remarqué que le gypse se trouve en lits, *strata*, sous différentes formes & couleurs; communément sous des couches de pierres calcaires, ou remplies de corps marins : on y trouve rarement des corps métalliques ; mais souvent les environs sont des terrains glaiseux & pyriteux. En faut-il davantage pour présumer que l'acide vitriolique qui se rencontre dans ces terrains venant à attaquer les matieres calcaires, aura produit la terre ou pierre neutralisée dont il est question, c'est-à-dire le gypse. Ajoutons qu'il n'est pas rare de voir des morceaux de plâtre qui participent en grande partie des propriétés générales & particulieres de la chaux. Ainsi le gypse n'est point une pierre primitive. C'est un produit accidentellement formé ; & quand il fait effervescence, c'est une preuve qu'il n'est point pur, & qu'une partie de la pierre calcaire y est encore à nu.

Nous venons de dire que les gypses se trouvent par couches dans le sein de la terre. Prenons pour exemple la butte de Montmartre qui fournit presque tout le plâtre qui s'emploie dans les bâtimens de Paris. Observons en même temps que cette petite montagne présente plusieurs phénomenes dignes de l'attention des Naturalistes. Elle est placée au milieu d'un pays tout-à-fait calcaire, & est composé d'un grand nombre de couches paralleles à l'horizon, dans lesquelles on assure n'avoir jamais trouvé de coquilles fossiles, quoique tous les environs de Paris en soient remplis, & ne soient pour ainsi dire formés que de leurs débris : nous pouvons cependant attester qu'on y trouve fréquemment des ossemens & vertebres de quadrupedes qui ne sont point pétrifiés, mais qui sont déjà un peu détruits & qui sont très-étroitement enveloppés dans la pierre ; nous y avons même rencontré des noyaux ou empreintes de cames, & dans les fentes des carrieres nous y avons détaché des congélations d'un fort bel albâtre très-calcaire. Nous conservons de ces divers morceaux dans notre cabinet. Consultez maintenant l'analyse du gypse par M. *Lavoisier*, dans le cinquieme volume des Savans étrangers.

GYRIN, *gyrinus*. Nom générique donné à plusieurs especes d'insectes, mis dans le rang des coléopteres, c'est-à-dire qui ont leurs ailes dans des étuis: ce sont des especes de scarabées sauteurs. On en trouve, 1°. dans la scrophulaire; 2°. dans les plantes potageres; 3°. en terre; 4°. dans la pulmonaire & la dentaire. *Voyez* SCARABÉE & COLÉOPTERE. M. *Deleuze* dit que les gyrins sont des *altises*, voyez ce mot, & que le nom de *gyrinus* donné à ces insectes dans les Actes d'Upsal, est employé par d'autres Naturalistes pour désigner un genre de scarabée qui nage sur l'eau. *Voyez* TOURNIQUET. On donne aussi le nom latin *gyrinus*, au Têtard. *Voyez à l'article* GRENOUILLE.

GYROLE. *Voyez* CHERVI.

H

HACHES DE PIERRE. Les Lithologistes donnent ce nom à des pierres verdâtres, noires, d'une dureté assez considérable, opaques, pesantes, taillées en hache ou en coin, & que l'on trouve en terre à quelques pieds de profondeur. On prétend que ces haches ont dû jadis servir aux Sauvages de l'Amérique pour couper & fendre divers matériaux, jusqu'au temps où ils ont connu les instrumens de fer. Par quelle espece de révolution ces haches de pierre se rencontrent-elles si communément dans les fouilles qu'on fait en Europe? Aurions-nous été réduits autrefois à la même nécessité? ou y auroit-il eu aussi des Sauvages dans nos climats? Les haches de pierre servoient aussi dans les combats: les Amazones en portoient à deux tranchans. Après leur mort on les enfermoit dans leurs tombeaux. Ces haches d'armes étoient appellées *secures*, ainsi que celles d'airain dont on faisoit usage dans les sacrifices

pour

pour assommer les victimes. *Voyez maintenant l'article* ARMES.

HACUB. Plante épineuse du Levant, dont les feuilles sont un peu semblables à celles de la carline. Elle pousse au printemps des rejetons tendres, que les Levantins mangent après les avoir fait cuire. Mais quand on les laisse croître, ils portent des têtes épineuses qui donnent de petites fleurs rouges à fleurons soutenus par des embryons, qui deviennent autant de semences arrondies & nichées dans de petits trous pratiqués dans le calice commun de ces fleurons. M. *de Tournefort* a donné à cette plante le nom de *gundelia*, qui étoit celui de son ami & son compagnon de voyage au Levant. Cette plante croît proche d'Alep aux lieux rudes & secs ; sa racine qui est longue & grosse, est vomitive & laxative.

HÆMACATE, est l'agate rouge. *Voyez* AGATE.

HÆMACATE. Serpent d'Asie qui est d'un rouge d'agate ; on le trouve en Hircanie, aujourd'hui Masonderan ou Tabarestan, vaste province de la Perse. Ce serpent est fort dangereux. Il est paré d'une superbe robe, rayée, vermeille. On trouve aussi ce serpent au Japon.

HÆMATITE. *Voyez ce mot à l'article* FER.

HÆMORRHOUS. *Voyez* AIMORRHOUS.

HAIE ou HAYE, est une longueur de plants servant de clôture à un champ ou à un jardin. Ces plants sont composés d'ormes, de charmes, d'épines blanches, de ronces. La haie est ou *vive* ou *morte* ou *d'appui* ; celle-ci a pris son nom de sa hauteur ; la haie morte, des échalas, fagots & branches séches dont elle est faite ; la haie vive, de la nature de ses plants qui sont enracinées & vivaces.

HALE. Qualité de l'atmosphere qui est l'effet de trois causes combinées : 1°. le vent, 2°. la chaleur, 3°. & la sécheresse. Le hâle a la propriété de sécher le linge & les plantes. Il noircit aussi la peau de ceux qui y sont exposés.

HALEINE, se dit de l'air que l'on expire par la bouche, & dont la force ou la durée dépend de la conformation du thorax, du volume des poumons & de leur dilatabilité. Ceux qui chantent savent combien la conformation de la glotte, de la trachée-artere & des cornets du nez contribue à rendre l'haleine ou la voix longue ou courte. *Voyez à l'article* HOMME.

HALINATRON, *halinatrum*, est un sel alkali naturel que l'on rencontre par rayons ou par bandes sur la superficie intérieure des vieilles voûtes & contre les parois des vieux bâtimens : on le trouve aussi sur la superficie de certaines terres, mais il est alors fort impur. Ce sel a un goût lixiviel : il ne se cristallise point ; mais quand on le fait bouillir dans l'eau, il fume beaucoup : il contient ordinairement un peu d'alkali volatil qui se dissipe en vapeur.

HALIOTITES. Nom qu'on donne à un genre de coquilles univalves & fossiles : elles sont contournées en dedans, mais elles ne sont pas turbinées sensiblement en dehors : elles sont ouvertes & ont une certaine ressemblance avec l'oreille humaine. Leur analogue vivant se nomme *oreille de mer*. Voyez ce mot.

HALLEBRAN. *Voyez* ALBRAN.

HALLIER, se dit d'un plant de buissons & d'arbrisseaux, parmi lesquels des lièvres se sauvent pour éviter le Chasseur.

HALOS. *Voyez* COURONNE DE COULEURS.

HALOSACHNÉ ou SEL D'ÉCUME, *spuma maris*. Divers Naturalistes ont donné ce nom à une espece de sel marin qui se trouve quelquefois sur le bord de la mer contre les rochers & les pierres : il ressemble à une écume salée & endurcie.

HALOS-ANTHOS. Bitume salin qui nage sur les eaux de certains fleuves, & dont les Anciens ont parlé.

HALQUE. Par la description que nous en donne *Marmol, Liv. VII, chap. I*, c'est une espece de genévrier du Levant. Son bois est fort usité en Afrique chez les Menuisiers & les Luthiers. On l'emploie aussi contre les maladies vénériennes. On estime celui que l'on appelle *sangu*.

HAMAC. On voit dans les Cabinets de quelques Curieux cette sorte de lit portatif, qui est fort en usage en Afrique & en Amérique. On le suspend entre deux arbres pour se garantir la nuit des bêtes farouches & des insectes. Les Matelots s'en servent aussi sur les vaisseaux : celui qui y est couché ne se ressent que peu ou point du mouvement oscillatoire que les vagues impriment au vaisseau. En quelques pays de l'Afrique ce sont autant de litieres plates sur lesquelles on se fait porter. Aux îles Françoises, les femmes de distinction reçoivent leurs visites couchées nonchalamment dans un hamac suspendu au milieu de la chambre : une jeune Négresse, esclave, est occupée d'une main à balancer le hamac, & de l'autre à chasser les mouches qui pourroient incommoder sa maîtresse. La mollesse & le luxe sont de tous les pays. Les hamacs sont de différentes matieres ; les uns sont tissus d'écorces d'arbres entrelacées en forme de filets, les autres sont de coton : il y en a qui sont teints de différentes couleurs, même à l'aide des sucs de certains végétaux on y distingue des figures allégoriques.

HAMBRE. Arbre du Japon, d'une grandeur médiocre. Ses feuilles sont toujours vertes ; ses fleurs sont jaunes & inodores, mais purpurines intérieurement. Ses graines sont velues & jaunâtres. Les chévres & les moutons en mangent les feuilles avec avidité. Son bois sert à brûler. *Ephemer. natur. cur.*

HAMMITES. Nom qu'on donne à des pierres grenelées, comme formées d'un amas de parties sablonneuses, ovalaires & grosses comme la tête d'une bonne épingle. Des personnes les regardent comme un amas d'œufs de poisson, & les appellent *pierres ovaires*. Voyez AMMITE.

HAMMONITE, est selon quelques-uns la petite

corne d'Ammon, & selon d'autres *l'ammite*. Voyez ces mots.

HAMSTER, *hamsterus*. Espece de rat qui est très-fréquent en Allemagne, qui fait se construire des souterrains très-curieux, & qui fait de très-grands ravages dans les grains, dont il se nourrit & s'engraisse.

Le hamster ressemble un peu au *rat d'eau* par la petitesse des yeux & la finesse du poil, il lui ressemble aussi par ses parties intérieures ; mais sa queue est beaucoup plus courte que celle du rat d'eau ; il a ordinairement le dos brun & le ventre noir ; on en voit qui sont tout noirs, & d'autres tout gris : variétés qui peuvent venir de l'âge seul.

Les hamsters habitent sous terre ; la forme de leur terrier varie suivant leur âge, leur sexe & la qualité du terrain. Le mâle & la femelle se forment leur terrier chacun de leur côté ; celui du mâle a une ouverture oblique qui sert d'entrée ; au bout de cette issue est un trou qui descend perpendiculairement jusqu'à des chambres ou caveaux ; l'entrée de celui de la femelle est construite de même, mais au lieu d'un seul trou perpendiculaire il y en a jusqu'à quatre, sept, huit, qui servent à donner une entrée & une sortie libre aux petits. A côté de ces trous perpendiculaires, à un ou deux pieds de distance, les hamsters des deux sexes creusent trois ou quatre caveaux particuliers, auxquels ils donnent la forme de voûte en dessus & en dessous ; dans l'un ils se retirent avec leurs familles, & dans les autres ils font les provisions nécessaires pour leur subsistance. La profondeur des caveaux est très-différente ; un jeune hamster dans la premiere année ne donne qu'un pied de profondeur à son caveau ; un vieux le creuse souvent jusqu'à quatre ou cinq pieds. Le domicile entier, y compris toutes les communications & tous les caveaux, a quelquefois huit à dix pieds de diametre ; c'est par le trou oblique qui forme l'entrée du terrier, que l'animal exporte dehors les terres qu'il retire pour pratiquer ses caveaux, aussi voit-on toujours à côté de l'entrée de leurs trous une petite monticule de terre, c'est aussi par-là que l'air se communique & circule dans les caveaux.

Les hamsters font leurs provisions de grains dans l'automne ; lorsqu'ils trouvent des grains de blés secs & détachés de leurs épis, ils les emportent dans leurs bajoues qui peuvent en contenir un quart de chopine ; d'autres fois ils ramassent le blé en épis, ainsi que les pois & feves avec leurs cosses, & ensuite tout à leur aise ils les épluchent & portent dehors les cosses & le déchet des épis.

La fécondité de ces animaux, sur-tout dans les années humides est prodigieuse ; ils ont deux à trois portées par an, & chacune est de cinq à six petits ; cette grande multiplication occasionne quelquefois la disette dans certains cantons par la dévastation générale des blés. Le hamster est mordant & colere ; s'il est poursuivi par un cheval ou par un chien, il saute à ses babines & le mord cruellement. La maniere la plus ordinaire de leur faire la chasse est de creuser leurs terriers ; c'est un travail assez considérable à cause de leur profondeur & de leur étendue, mais dans chaque domicile on trouve en automne deux boisseaux de bon grain, & on profite de la peau de ces animaux dont on fait des fourrures.

HANCHOAN. Nom que l'on donne au Brésil à un oiseau de proie, fort semblable au *busard*. Du temps de *Redi*, on en a vu un dans la ménagerie du Grand Duc de Toscane. Les Portugais, établis dans le Brésil, & les Naturels du pays, disent que la raclure des ongles & du bec de cet oiseau, est un des meilleurs contre-poisons qui soient au monde ; & que ses plumes, sa chair & ses os guérissent beaucoup de maladies. Redi, *Observations sur diverses choses naturelles.*

HANNEBANNE. *Voyez* JUSQUIAME.

HANNETON, *scarabæus stridulus & arboreus vulgaris*. Insecte coléoptere, c'est-à-dire, qui a des fourreaux par-dessus les ailes. C'est à proprement parler une espece de *scarabée*, dont on distingue plusieurs especes.

Description des Hannetons.

Le hanneton le plus ordinaire, ou scarabée roux, *scarabæus vulgaris rufus*, est celui qui est appelé en Angleterre & en Zélande MEUNIER, en latin *molitor*; nom qu'on lui a donné, parce que cet insecte broie les feuilles des arbres comme si elles étoient moulues, ou parce que ses ailes paroissent couvertes d'une espece de poussiere farineuse. Cette espece de scarabée est grosse comme le petit doigt, longue d'un pouce, de couleur brune-roussâtre sur le dessus des ailes; mais la tête, le dessus du corselet & le ventre sont noirâtres, les bords du ventre ou des articulations sont tachetés de points blancs, triangulaires; le dessous du corselet, de la tête & de la poitrine est velu; il a six pattes, dont quatre longues dépendent du corps, & deux courtes du corselet. La tête est ornée de deux cornes ou antennes houppées par le bout, que l'art a imitées pour en faire l'ornement ou agrément des robes des Dames, sous le nom de *soucis de hannetons*. Lorsque la houppe est longue & formée de sept feuillets, c'est un mâle : si elle est courte & sans feuillets, c'est une femelle ; ils déplient tous ces houppes lorsqu'ils prennent leur essor. Les antennes sont repliées sur les yeux qui sont noirs. Il y a au bas de la bouche deux autres antennes petites & pointues. La lévre supérieure est obtuse. La queue est fort pointue & recourbée en bas : il a deux paires d'ailes, dont l'une est faite de pellicules, & l'autre qu'on appelle *élytre*, c'est-à-dire fourreau ou étui de corne. La premiere paire d'ailes est pliée au-dessous de cette derniere, & ne paroit jamais que quand l'animal s'apprête pour s'envoler : les ailes de corne sont roussâtres, un peu transparentes, ornées chacune de quatre stries, couvertes d'une poussiere blanche qui s'essuie aisément. Ce hanneton se trouve par-tout. Son premier état est celui de ver hexapode à tête écailleuse. Quand il n'est que ver, il ronge les racines de froment; devenu insecte volant, il mange les bourgeons de la vigne, les feuilles des arbres, & sur-tout celles du hêtre.

Le HANNETON DU POITOU a les fourreaux marqués de taches blanches, éparses çà & là : on l'appelle *scarabée peint*. On le voit au mois de Juillet. Le mâle a les antennes feuillées, & la femelle les a rondes ; on le rencontre aussi sur les Dunes de la Hollande & de la Scanie. Dans l'état de ver, il ronge les racines des arbres & des plantes.

Le HANNETON DU ROSIER est le même que le scarabée des roses, qui est de couleur de cuivre verdâtre. *Voyez à la suite du mot* SCARABÉE.

Les Auteurs font mention d'une quatriéme espece de hanneton, d'un brun clair, dont le corselet est velu, qui a les fourreaux d'un jaune pâle & trois lignes blanches en long : c'est le scarabée lanugineux d'arbre. C'est en quelque sorte une petite espece du hanneton ordinaire : elle est plus commune en Suéde que partout ailleurs.

Les hannetons qui se nourrissent de feuilles & d'herbes, commencent à paroître avec les premieres chaleurs sur les arbres, particulierement sur les noyers, d'où leur est venu le nom de *scarabée d'arbre*.

Accouplement & propagation des Hannetons.

Les deux sexes restent long-temps attachés l'un à l'autre pendant l'accouplement. La femelle ayant été fécondée, creuse un trou dans la terre avec la pointe de sa queue : elle s'y enfonce de la profondeur d'un demi-pied, & elle y pond des œufs oblongs, d'un jaune clair. Ces œufs sont rangés les uns à côté des autres, mais sans aucune enveloppe terreuse. Après cette ponte, la mere sort de terre : elle se nourrit encore pendant quelque temps avec des feuilles d'arbres, & disparoît ensuite. Sur la fin de l'été les œufs sont éclos, & il en est sorti de petits vers qui se nourrissent de gazon & des racines de toutes sortes de plantes en vigueur : ils passent quelquefois deux années dans cet état de ver, quelquefois davantage : les Jardiniers & les Laboureurs les nomment alors *vers blancs* ou *mans*. Ces vers ou *larves* font périr les plantes dont ils rongent la racine, aussi voit-on souvent en arrachant de terre une plante flétrie ou desséchée, qu'elle a été rongée par un de ces vers. On en trouve quelquefois en si grande quantité, qu'ils désolent en peu de temps des potagers entiers & les prairies les mieux couvertes. En un mot, ce ver est le fléau des racines du froment, du seigle, des autres sortes de *gramens*, & de toutes les plantes qu'il rencontre dans sa route souterraine.

Description du ver ou larve du Hanneton, sa métamorphose en Scarabée & sa sortie de terre.

A l'âge de trois ans, le ver du hanneton est au moins long d'un pouce & demi, & gros comme le petit doigt : il est pour la plupart du temps recoquillé ; la couleur de son corps est d'un blanc jaunâtre, presque transparent. Tout le corps de ce ver sur lequel on voit quelques poils, consiste, comme celui des chenilles, en douze segmens, sans compter la tête : le dernier est le plus grand, le plus gros, & paroît d'un gris violet, parce qu'on y voit les excrémens à travers la peau. A chaque segment on apperçoit une couple de rides qui servent au ver à s'alonger & à s'avancer dans la terre, & sur tous les segmens s'étend une espece de bourrelet, dans lequel on apperçoit neuf points à miroirs. Ainsi ce ver respire l'air par neuf trous (stigmates), qui répondent à autant de segmens : sous les trois premiers sont six pieds roussâtres, composés de cinq à six pieces articulées & un peu velues. La tête de ce ver est assez grande, applatie & d'un jaune luisant, munie d'une espece de tenaille dentelée, avec laquelle il coupe les matieres dont il fait sa nourriture : on remarque deux antennes derriere la tenaille.

Il n'arrive guere que ces vers qui ont six pieds sortent volontairement de la terre ; si le soc de la charrue ou la bêche du Jardinier les font sortir au dehors, ils ne tardent pas à y rentrer, autrement ils deviennent bien vîte la proie des oiseaux ; les corbeaux & les cochons sont fort friands de ces vers, aussi-bien que des hannetons qui en proviennent. Le ver change de peau à mesure qu'il prend de l'accroissement ; il creuse une petite maisonnette pour pouvoir s'y dépouiller plus commodément : cette cavité est dure & ronde comme une pilule. Après avoir quitté sa peau, le ver sort de sa caverne pour chercher sa nourriture ordinaire ; mais il ne peut butiner qu'en été, car dans l'hiver la gelée l'oblige à se resserrer, à s'enfoncer en terre à une plus grande profondeur, jusqu'à ce que la chaleur du printems l'attire de nouveau vers la surface ; au reste, il faut une forte & longue gelée pour le faire périr.

Ce n'est guere que sur la fin de la quatriéme année, au mois de Mai, que la métamorphose de ce ver ou larve en hanneton arrive. Il suffit de fouiller la terre en cette saison pour en être convaincu ; l'on y trouvera non-seulement des hannetons tous formés, mais aussi des vers à différens degrés de grandeur. Voici comment se fait la métamorphose. Dans l'automne le ver s'enfonce en terre quelquefois à plus d'une brasse de profondeur, & il s'y fait une cavité lisse & commode. Sa demeure étant faite, il commence peu de temps après à se raccourcir, à s'épaissir, à se gonfler, & il quitte avant la fin de l'automne sa derniere peau de ver pour prendre la forme de nymphe. D'abord cette nymphe paroît jaunâtre, puis jaune, & enfin rougeâtre ; & alors on commence à discerner l'apparence d'un hanneton. Si on irrite cette nymphe, on observe qu'elle a un mouvement sensible, & qu'elle peut se tourner d'elle-même : ordinai-

rement elle ne conferve fa forme que jufqu'au com=
mencement de Février. Alors on apperçoit diftinctement un hanneton d'un blanc jaunâtre, qui eft d'abord
mou, mais qui prend fa dureté & fa couleur naturelle
au bout de dix à douze jours. Il refte encore trois mois
en terre dans cette état de hanneton formé; voilà pourquoi ceux qui fouillent la terre dans cet intervalle & y
trouvent des hannetons parfaits, croient que ce font
des infectes de l'année derniere, qui s'étoient mis en
terre feulement à caufe de l'hiver.

Après que l'infecte a paffé quatre ans dans la terre,
la plus grande partie en forme de ver ou larve, il en
fort enfin dans le courant du mois de Mai: c'eft alors
qu'on peut, fur-tout les foirs, les voir fortir de leurs
anciennes demeures; & c'eft auffi ce qui fait que pendant ce mois, principalement dans les années où il
y a beaucoup de hannetons, on voit que les chemins &
les fentiers, durcis par la féchereffe, font tout criblés
de trous.

Il faut obferver qu'une extrême chaleur n'eft pas
moins pernicieufe aux hannetons, qu'un grand froid:
auffi pendant les années chaudes fe tiennent-ils tranquillement fur les arbres, à l'ombre du feuillage qu'ils
ne quittent que fur le foir, où ils s'élevent par effaims
pour folâtrer dans les airs, & font emportés par le vent
d'une contrée à l'autre.

Selon les rigueurs des faifons & l'avancement de
l'état du ver en hanneton, on peut prédire l'année
fertile ou ftérile en hannetons à plaque rouge ou noire
fur le cou; car ils paroiffent tour-à-tour de deux années
l'une: ceux à plaque rouge paroiffent dans les années
impaires, & les autres à plaque noire dans les années
paires. On n'en peut pas prédire autant des autres infectes qui naiffent & périffent dans la même année. Au
refte la pointe de la partie poftérieure du hanneton eft
mince & courte dans celui qui eft à plaque rouge; elle
eft plus groffe & plus longue dans les autres efpeces.

Voyez les Amusemens Physiques sur les Insectes, *par M.* Rœsel.

Ravages que causent les Hannetons.

Le nombre des hannetons est si prodigieux, que leurs ennemis ne peuvent suffire pour les exterminer: le meilleur expédient pour diminuer le nombre de ces insectes, est de battre les arbres avec de longues perches, de balayer les hannetons en tas & de les détruire ensuite: il y a quelques années qu'un certain canton de l'Irlande souffroit tant des hannetons, que les habitans se déterminèrent à mettre le feu dans une forêt de plusieurs lieues d'étendue, pour couper la communication avec les cantons qui en étoient infestés. Nous le répétons, cet insecte ne vole guere pendant le jour: il se tient caché sous les feuilles ou du chêne, ou du figuier sauvage, ou du tilleul, ou du noyer, &c. Il semble y être assoupi jusqu'au coucher du soleil; car l'horreur de cet insecte pour l'air libre, chaud & le soleil, est très-grande. Alors ils se réunissent en troupes; & avant de se mettre en route, ils déploient & alongent leurs houpes; ils volent autour des haies en bourdonnant, & donnent brusquement contre tout ce qu'ils rencontrent; d'où vient le proverbe: *étourdi comme un hanneton.* Les hannetons se nourrissent de feuilles d'arbres, des œufs de sauterelle, & deviennent à leur tour la proie des corbeaux, des pies. Les Fermiers n'entendent donc guere leurs intérêts lorsqu'ils mettent tout en œuvre pour exterminer ces oiseaux. Les poules mêmes & les renards en dévorent beaucoup dans l'état de scarabée ou hanneton. Il s'en noie aussi une grande quantité dans l'eau. Les corneilles & les chiens en mangent considérablement dans l'état de *vers* ou de *mans*, lors des labours du printems & de l'été. On peut dire ici que les individus périssent, mais la race subsiste. Quand les hannetons ont ravagé les feuilles des chênes & des arbres fruitiers, ces arbres meurent en partie, ou ne pouffent l'année fuivante leurs boutons que fort tard.

Les hannetons difparoiffent au bout de deux mois, foit que ce foit là le terme de leur durée, ou que d'autres animaux en abregent le terme en les mangeant; mais avant de périr ils pondent des œufs dont il fe forme des larves plus connues fous le nom de vers blancs, qui au bout de quatre ans fe métamorphofent.

Autres efpeces d'infectes appellés Hannetons.

Les hannetons des Indes, difons *blattes*, font un fléau pour les vaiffeaux qui reviennent de ce pays où il y en a beaucoup. Ils jetent une puanteur infupportable lorfqu'on les écrafe: ils mangent le bifcuit dans les vaiffeaux, & percent les coffres & les tonneaux; ce qui caufe fouvent la perte du vin & des autres liqueurs. *Voyez* RAVET.

Mademoifelle *Mérian* a vu fortir une efpece de petit hanneton d'un petit infecte noir, qui fe trouve fur la mille-feuille fleurie & l'ofeille: elle a vu de petits œufs rouges fur les feuilles vertes du lis orangé, fe métamorphofer en vers de couleur de vermillon; puis en nymphes rouges, & enfin en hanneton rouges. Elle a fait les mêmes obfervations fur les feuilles d'aulne, fur le bois pourri, fur la méliffe, fur l'œillet, la nielle, les feuilles de faule, &c. Elle a fuivi la métamorphofe de petits œufs qui fe changeoient en vers, & qui, chacun fuivant leur couleur différente, produifoient en dernier lieu des hannetons d'une couleur analogue: ces hannetons n'étoient probablement que des efpeces différentes de *fcarabées*. Voyez ce mot.

Paffons à l'étymologie du mot *hanneton*. Il paroît qu'il fe dit par corruption pour *alleton*, du latin *alitonans*, à caufe du bruit qu'il fait avec fes ailes quand il vole. De-là vient aufli que les Latins l'ont appellé *fcarabæus ftridulus*, comme qui diroit *fcarabée bourdonnant*.

On prétend que les ardoisieres de Glaris, & autres pierres du même pays, contiennent des hannetons pétrifiés, mais ce ne sont que des empreintes de ces insectes.

HAPAYE ou HARPAYE. *Voyez* BUSARD.

HARDEAU ou BOURDAINE BLANCHE. *Voyez* VIORNE.

HARENG, *halec, aut harengus*. Les harengs sont des poissons de passage, remarquables & intéressans par l'ordre qu'ils observent, lorsque partis des contrées éloignées du Nord, ils descendent sur nos côtes pour aller jusques dans le Midi fournir à presque tout le monde entier une nourriture abondante & saine.

Description du Hareng: sa nourriture.

Ce poisson est semblable aux très-petites aloses ou aux très-grandes sardines; son lieu natal est l'Océan. Il est long de neuf à dix pouces ou environ, & a près de deux pouces de largeur; il meurt dès qu'il est sorti de l'eau. Sa tête est applatie sur les côtés, un peu pointue, l'ouverture de sa bouche est grande; sa mâchoire supérieure est plus allongée que l'inférieure, & armée de dents presque imperceptibles. Ses yeux sont grands, situés aux côtés de la tête, & l'iris est de couleur argentée. Les couvercles des ouïes sont composés inférieurement de trois ou quatre lames osseuses, & de huit arêtes un peu courbées & jointes ensemble par une membrane; l'extrémité de ces couvercles a ordinairement une belle tache rouge ou violette: l'ouverture des ouïes est très-dilatée. Les écailles de ce poisson sont grandes à proportion du corps, de couleur argentée, comme tuilées, & faciles à détacher. Le dos est d'un bleu obscur, mais qui devient plus bleu au printems: les côtés & le ventre sont d'un blanc d'argent; tout le ventre, depuis les ouïes jusqu'à l'anus, est un peu resserré en maniere de carene aiguë; au lieu que le dos est convexe ou arqué. Ce poisson a une nageoire au milieu du dos, unique & blanchâtre; les nageoires de la poitrine sont blanchâtres & situées près du ventre; les nageoires du ventre sont également blanches, ainsi que celles de l'anus qui approche de la queue; la queue est fourchue & grisâtre. Ce poisson a trente-cinq côtes de chaque côté, & cinquante-six vertebres: il a la moëlle dorsale fort différente de celle des autres poissons; elle n'est point divisée en parties égales, mais continue & sans interruption comme chez l'homme & les quadrupedes. La chair du hareng est grasse, molle, de bon goût & de bon suc.

On voit par cette description du grand hareng commun, que le petit hareng, nommé vulgairement *Célerin* en François, ou *Harengade* à Marseille, est de la même espece; cependant on ne pêche point le vrai hareng dans la Méditerranée. La sardine du Nord est notre véritable hareng.

Malgré la conformité qu'a le hareng avec les petites aloses, on les distingue cependant assez facilement: l'alose a toujours le ventre garni d'épines plus âpres que le hareng. Tous les harengs ne font des œufs qu'une fois l'année, vers l'équinoxe d'automne: ils sont plus estimés & meilleurs quand ils ont le corps plein d'œufs ou de laitance, comme tous les autres poissons. Le hareng multiplie beaucoup: il nage en troupes, & luit la nuit. Sa nourriture ordinaire consiste en très-petits poissons, en vers de mer, & même en très-petits crabes.

Schoockius nomme le hareng, le *Roi des poissons*, à raison de son excellence & de son utilité. Les Pêcheurs de Hambourg nomment le hareng, *poisson couronné*.

Endroits où l'on rencontre les Harengs, & leur séjour continuel au pôle du Nord.

Le grand hareng, dit M. *Linnæus*, habite la mer Occidentale; le petit habite la mer de Bothnie. La mer glaciale, du côté de l'Asie, ne manque pas non plus de harengs. M. *Anderson* croit que le pays ordinaire de cette espece de poisson sont les abîmes les plus reculés du Nord, & il se fonde sur ce que les glaces immenses de ce pays leur servent d'une sure retraite pour la conservation de leur frai, leur accroissement, & parce que les cétacées, leurs ennemis, qui ne peuvent respirer l'eau, & qui n'y pourroient pas vivre à cause des glaces, ne peuvent par conséquent leur nuire dans ces contrées. On prétend cependant que les harengs fraient aussi sur les côtes d'Angleterre; du moins ils arrivent pleins, & ils se vident long-temps avant qu'ils quittent ces côtes; d'autres soutiennent qu'ils disparoissent dès qu'ils ont jeté leur frai.

En quelque endroit que soit le premier domicile des harengs, il paroît que leur principale demeure est entre la pointe d'Ecosse, la Norwege & le Danemarck. Il en part tous les ans des colonies & des peuplades qui enfilent à différentes reprises le canal de la Manche; & après avoir rangé la Hollande, la Flandre, l'Angleterre & l'Irlande, ils viennent se jeter sur les côtes de Normandie. Jusqu'à présent on n'est allé au-devant d'eux que jusqu'aux îles de Shetland ou Hithland, du côté de Fayrhill & de Bocheness; où les Hollandois arrivent tous les ans vers la S. Jean avec leurs buyses & leurs barques: ils y tendent des filets entre deux buyses, qu'ils opposent directement à la colonne des harengs qui y passe alors en venant du Nord. Ils en prennent par ce moyen des quantités prodigieuses à la fois: ils les préparent sur le champ à leur façon, & les ramenent chez eux, d'où ils les distribuent dans tous les pays de l'Europe.

M. *Anderson* dit qu'on trouve dans les golfes de l'Islande, & même sous le pôle du Nord, les harengs les plus gras, les plus gros, & en si grande abondance, qu'il seroit aisé aux habitans de ces endroits d'établir en peu de temps un commerce des plus avantageux, s'ils étoient en plus grand nombre & plus habiles pour de pareilles entreprises. Il dit encore qu'il y a une espece de ces harengs qui a près de deux pieds de long, sur trois bons doigts de large; & il présume que c'est le vrai *Roi des harengs*, qu'on regarde communément comme le conducteur de leurs troupes. En effet lorsque les Pêcheurs en prennent un vivant, ils ont grand soin de le rejeter aussi-tôt dans la mer, persuadés que ce seroit commettre le crime de lése-hareng, en détruisant un poisson si utile. Ainsi ils lui font grace par reconnoissance.

Ruses des poissons & des autres animaux de mer, &c. auxquels les Harengs servent de nourriture.

M. *Anderson* qui en remontant jusques sous le pôle, a rencontré des troupes de harengs, croit être fondé à dire, que par-tout où les grosses & petites especes d'animaux de mer se trouvent en abondance & fort grasses, on y trouve aussi nécessairement le hareng en quantité, & dans sa plus grande délicatesse; parce que les très-petites especes attirent le hareng dont elles sont la nourriture, & que le hareng attire les grosses especes dont il est la pâture à son tour. Entre les grandes especes d'animaux de mer le *chien marin*, le *marsouin*, & parmi les especes de baleines celles que les peuples du Nord appellent *hareng-baleine*, ou *nord-caper*, sont ceux qui mangent le plus de harengs. Lorsqu'on leur ouvre l'estomac, on le trouve toujours rempli de ces poissons. Le nord-caper se tient principalement aux environs de la derniere pointe du Nord de la Norwege, qu'on appelle *Cap du Nord*, c'est même de cet endroit qu'il a tiré son nom. La nature conduit cet animal à choisir ce poste préférablement à tout autre, à cause des troupes prodigieuses de harengs qui côtoient la Norwege en descendant du Nord. M. *Anderson* ajoute que quand le nord-caper est tourmenté par la faim, il a l'adresse de rassembler les harengs, & de les chasser devant lui vers la côte. Lorsqu'il a
amassé

amassé dans un endroit serré autant de harengs qu'il lui a été possible, il sait exciter, par un coup de queue donné à propos, un tourbillon très-rapide ; en sorte que les harengs étourdis & comprimés entrent par tonneaux dans sa gueule qu'il tient ouverte en ce moment, en aspirant continuellement l'eau & l'air. Le nord-caper en fait de même à l'égard des maquereaux & des sardines.

Malgré la dépopulation que le nord-caper semble faire du hareng, à peine s'en apperçoit-on. La raison en est que le hareng multiplie d'une manière prodigieuse ; tandis que les monstres marins ne font qu'un ou tout au plus deux petits par an. D'ailleurs la plupart des cétacées sont réduits à une autre sorte de nourriture. C'est ainsi, par exemple, que la plus grande espèce de baleine, dont le gosier est extrêmement étroit & la gueule embarrassée d'appendices appellées *barbes*, est réduite à manger de petits crabes & certains insectes aquatiques ; d'autres mangent des *fucus*, &c.

Le hareng devient encore la proie des espèces de *cabeliau* & de *morue* ; ces poissons sont tellement avides du hareng, que quand les Pêcheurs de Hambourg & de Groënland veulent en prendre du côté de Spitzberg, ils se servent souvent pour appâts, au défaut d'un hareng frais & naturel, d'une figure de hareng faite en fer-blanc : ce moyen leur réussit merveilleusement. Quelques-uns prétendent que nous ne devons l'arrivée des harengs sur nos côtes, qu'à la chasse qu'en font ces divers animaux pour se nourrir. La peur qu'ils ont de leurs persécuteurs les oblige à se serrer ou à se cacher dans le gros de la troupe, qui ressemble par-là à une île mouvante. Cette disposition favorise beaucoup les Pêcheurs ; car, pour peu qu'ils attrapent le fil de la colonne, ils en prennent autant que leurs filets en peuvent contenir. Il en est de même des crabes qui, étant chassés par quantité de poissons, se resserrent par troupes ; & croyant se sauver, tombent tous à la fois dans les filets des Pêcheurs.

Tome IV,   T

Les Pêcheurs ont remarqué que dès que les colonnes de harengs sortent des glaces, elles sont immédiatement attaquées par ces animaux qui les attendent à leur sortie, & qui en serrant de tous côtés ces colonnes épaisses, les chassent continuellement devant eux d'une mer & d'une côte à l'autre : les oiseaux de proie leur font aussi une guerre cruelle ; mais il n'est point d'écueil pour eux plus fatal que les filets des Hollandois.

Marche & route annuelle des Harengs.

Les mouettes & quantité d'autres oiseaux maritimes qui voltigent au-dessus de la mer, font connoître, ainsi que les cétacées & les gros poissons, aux Pêcheurs en quel lieu sont les troupes de harengs : ces animaux les poursuivent continuellement pour en faire leur proie, & observent tous leurs mouvemens. Les harengs nagent par grandes troupes, & aiment à fréquenter les bords de la mer : on les trouve quelquefois en si grand nombre, qu'ils s'opposent & résistent au passage des vaisseaux : dans ces momens les Matelots en prennent quelquefois un bon nombre avec la pelle dont on se sert pour arroser les voiles des vaisseaux. Comme les harengs sont noctiluques ou phosphoriques dans la mer, il ne doit pas paroître étonnant si la pêche en est plus heureuse & plus abondante de nuit que de jour.

La grande colonne de harengs sort du Nord au commencement de l'année : son aile droite se détourne vers l'Occident, & tombe au mois de Mars vers l'Islande, l'aile gauche s'étend vers l'Orient. Cette colonne se subdivise encore ; les uns vont par détachemens au banc de Terre-Neuve ; d'autres, arrivés à une certaine hauteur, dirigent leur course vers la Norwege, & tombent en partie par le détroit du Sund dans la mer Baltique, & l'autre partie va gagner la pointe du Nord de Jutland, défile le long de cette côte, & se réunit promptement par les Belts avec la colonne de la mer Baltique, puis se subdivise de nouveau pour côtoyer le Holstein, le Texel, le Zuyderzée, &c. La colonne occidentale, qui est aujourd'hui la plus forte, & qui est toujours accompagnée de marsouins, de requins, de cabéliaux, &c. s'en va droit au Hithland & aux Orcades, où les Pêcheurs Hollandois les attendent avec impatience, & de-là vers l'Écosse où elle se partage ; une partie fait le tour de l'Angleterre, va aux côtes des Frisons, des Zélandois, des Barbançons & des François ; l'autre partie va aux côtes d'Irlande ; puis elles se rejoignent dans la Manche, & après avoir fourni aux besoins de tous ces peuples, il en résulte encore une colonne, qui se jete dans l'Océan Atlantique ; c'est-là qu'elle disparoît. Mais ce qui est admirable, c'est que toutes ces colonnes dispersées par troupes savent où se réunir pour reformer deux seules colonnes d'un épaisseur énorme, & retourner dans leur patrie : on dit que l'une y arrive du côté de l'Orient, & l'autre du Septentrion.

Le temps du départ des harengs est également fixé ; ils quittent nos côtes aux mois de Juin & d'Août : la route est prescrite & la marche réglée. Tous ces poissons partent ensemble ; il n'est pas permis à aucun de s'écarter, point de traîneurs, point de marauderus, point de déserteurs ; ils continuent de côte en côte leur marche jusqu'au terme marqué. Ce peuple est nombreux, & le passage est long : dès que le gros de l'armée est passé, il n'en paroît plus jusqu'à l'année suivante. On a cherché ce qui pouvoit inspirer aux harengs le goût de voyager, la police qu'ils observent dans leur route, & le desir de retourner dans leur patrie. Nos Pêcheurs & ceux de Hollande ont remarqué qu'il naissoit en été le long de la Manche, une multitude innombrable de certains vers qu'ils appellent *surfs*, & de petits poissons dont les harengs se nourrissent : c'est une manne qu'ils viennent recueillir exactement. Quand ils ont tout enlevé durant l'été & l'automne,

T 2

le long des parties septentrionales de l'Europe, ils descendent vers le midi où une nouvelle pâture les appelle : si ces nourritures manquent, les harengs vont chercher leur vie ailleurs ; le passage est plus prompt & la pêche moins bonne. Au reste les harengs ne se mettent en route ou ne la terminent qu'après avoir frayé : ainsi il paroît que l'appât des insectes ou des vers attire autant les harengs, que la poursuite de leurs ennemis les chasse sur nos côtes. La même loi ou le même instinct appelle après eux leurs petits dès qu'ils ont assez de force pour voyager ; & tous ceux qui échappent aux filets des Pêcheurs, continuent promptement leur chemin pour remplir ailleurs le grand but de la Nature, c'est-à-dire pour devenir peres des générations de l'année suivante.

Si quelque chose est encore digne d'admiration dans la marche de ces animaux, c'est l'attention que ceux de la premiere rangée, qui marche en file & sert de signal aux autres, portent sur les mouvemens des harengs royaux leurs conducteurs : lorsque les harengs sortent du Nord, la colonne est incomparablement plus longue que large ; mais dès qu'elle entre dans une vaste mer, elle s'élargit au point d'avoir une étendue plus considérable que la longueur de la Grande-Bretagne & de l'Irlande ensemble. S'agit-il d'enfiler un canal, aussi-tôt la colonne ou le banc flottant s'alonge aux dépens de la largeur, sans que la vîtesse de la marche en soit aucunement ralentie ; c'est ici sur-tout où les signaux & les mouvemens font un spectacle digne d'admiration & d'étonnement : nulle armée si bien disciplinée qu'elle soit ne les exécute avec autant d'harmonie & de précision. N'accordera t-on au hareng que de l'instinct ? cet instinct est donc admirable. Ces individus ne sont-ils que des machines animées, subordonnées à la force d'une Nature bienfaisante ? Soit ; mais ne peut-on pas dire que cette même Nature préside également à tout ce qui respire ? . . . Oh Nature ! oh Providence ! oh Dieu !

Pêche des Harengs par différentes Nations.

On prétend que la pêche de ce poisson a commencé en 1163. Nous avons déjà dit que pour cette expédition les Hollandois assemblent leurs buyses aux environs de Hithland, où arrive la seconde division des harengs. Leurs buyses sont au nombre de douze à quinze cents; ils les mettent en mer, en tirant au Nord-Nord-Ouest, & elles jetent le premier filet près Fayrhill, la nuit du lendemain de la S. Jean 25 Juin, aussi-tôt après minuit. On ne pêche que la nuit, parce qu'on reconnoît mieux le fil du banc des harengs, que l'on distingue clairement par le brillant de leurs yeux & de leurs écailles. Le jour on ne les distingue que par la noirceur de la mer & par l'agitation qu'ils excitent dans l'eau, en s'élevant souvent jusqu'à la surface, & en sautant même en l'air pour éviter la fureur dévorante de leurs ennemis. D'ailleurs pendant la nuit le poisson est attiré par la clarté des lanternes qui le fait venir droit aux buyses, & l'empêche, en l'éblouissant, de discerner les filets. Les Pêcheurs de sardines se servent fort utilement de ces mêmes manœuvres sur les côtes de Dalmatie. C'est ainsi qu'on les conduit à l'embuscade qu'on leur a tendu.

Les filets qui servent à la pêche des harengs sont longs de mille à douze cents pas, & faits suivant l'Ordonnance pour le moins de bon chanvre, avec des mailles bien serrées, afin que le poisson en y approchant s'accroche aussi-tôt par les ouïes: ceux qu'on fait aujourd'hui sont presque tous tricotés, d'une espece de grosse soie de Perse; ils durent au moins trois ans: dès qu'ils sont faits, on les teint en brun avec la fumée de copeaux de chêne, pour les rendre moins visibles dans l'eau.

Il n'est pas permis de jeter les filets en mer avant le 25 de Juin, parce que le poisson n'est pas encore arrivé à sa perfection, & qu'on ne sauroit le transporter loin fans qu'il fe gâte. C'eft en vertu d'une Ordonnance expreffe, & des placards publiés par les États & par la Ville de Hambourg, que les Maîtres des buyfes, les Pilotes & les Matelots prêtent ferment, avant leur départ de Hollande & de Dantzig, de ne pas précipiter la pêche, & qu'ils le renouvellent à leur retour, pour attefter que ni leur vaiffeau, ni aucun autre de leur connoiffance, n'a fait infraction à cette loi. En conféquence de ces fermens on expédie des certificats à chaque vaiffeau deftiné au tranfport des nouveaux harengs, pour empêcher la fraude & pour conferver le crédit de ce commerce.

Depuis le 25 Juin jufqu'au 15 Juillet, on met tout le hareng qu'on prend, pêle-mêle dans des tonneaux qu'on délivre à mefure à certains bâtimens bons voiliers, qu'on appelle *chaffeurs*, qui les tranfportent promptement en Hollande, où le premier hareng qui arrive porte auffi le nom de *hareng chaffeur*. Quant au poiffon qu'on pêche après le 15 Juillet, auffi-tôt qu'il eft à bord des buyfes, & qu'on lui a ôté les ouïes, on a grand foin d'en faire trois claffes; favoir, le *hareng vierge*, le *hareng plein* & le *hareng vide*. On fale chaque efpece à part, & on la met dans des tonneaux particuliers. Le *hareng vierge* eft celui qui eft prêt à frayer; il eft fort délicat. Le *hareng plein* eft celui qui eft rempli de laites ou d'œufs, c'eft-à-dire, qui eft dans fon état de perfection. Le *hareng vide* eft celui qui a frayé, & qui eft un peu coriace, qui fe conferve bien moins; c'eft le moins eftimé: ces deux dernieres efpeces de harengs forment la charge ordinaire des buyfes qui partent à mefure qu'elles font remplies, ou quand la pêche eft finie.

La pêche du côté de la Norwege eft beaucoup diminuée depuis l'an 1560, temps auquel le commerce du hareng étoit très florifflant, fur-tout à Berghen où il y avoit un comptoir pour cette pêche, établi fous le nom de *Confrérie de Berghen ou de Scandinavie*. Jufqu'à ce temps plufieurs milliers de vaiffeaux de Danemarck, d'Allemagne, de Hollande, d'Angleterre & de France, avoient coutume d'aller tous les ans chercher sur les côtes de Scandinavie, les provisions de l'Europe ; mais le gros banc de harengs a pris une autre route vers le Hithland & du côté de l'Écosse. Quand les Pêcheurs Écossois ont fait leur coup sur le hareng, ceux de Dumbar, de France, du Brabant, & même des buyses Hollandoises réquipées une seconde fois, vont au devant de ce poisson près les bancs, les baies, les rivieres par où doivent passer les colonnes, & ils en font encore une capture considérable. On voit que ce n'est qu'à raison de leur nombre que quelques harengs se sauvent de la conjuration formée contr'eux, par les habitans de la terre, de la mer & des airs.

Toute la côte de Suéde & de Finlande, &c. fournit un mauvais hareng, à l'exception de la petite espèce qui se trouve dans le Golfe Bothnique, & qui est d'un goût exquis. Le hareng de la mer Baltique & du Holstein se pêche vers l'équinoxe du printemps. Une chose assez singuliere, c'est que dans les mois de Décembre, Janvier & Février, on pêche du hareng auprès du Caire en Égypte, & qu'on n'en voit point ni à Rosette, ni à Damiette, ni dans la Méditerranée.

Préparation & destination du Hareng.

Les Hollandois, parmi lesquels la seule pêche du hareng nourrit ordinairement plus de cent mille personnes & en enrichit beaucoup, les Hollandois, dis je, avant que de transporter plus loin le hareng de leur pêche, le salent de nouveau.

Le meilleur hareng que l'on connoisse à Hambourg, & qu'on envoie dans l'Empire, est celui qui vient de Hollande ; mais avant cette derniere destination, les Jurés-Emballeurs de Hambourg le salent & l'encaquent encore une fois à la façon Hollandoise ; puis en font sous serment une estimation qu'ils marquent sur les tonneaux.

Si le hareng de Hollande est d'un goût infiniment plus délicieux que celui des harengs pris & préparés par d'autres nations, c'est que les Pêcheurs Hollandois y prennent des soins & des précautions particulieres : ils lui coupent les ouïes à mesure qu'ils le prennent; & l'ayant préparé avec attention, ils ne manquent jamais de serrer tout ce qu'ils ont pris dans une nuit avant la chute du jour. Les tonneaux dans lesquels ils encaquent leurs harengs, sont de bois de chêne, & ils les y arrangent avec beaucoup d'ordre dans des couches de gros sel d'Espagne ou de Portugal. Les tonneaux, dont les Norwégiens se servent, sont de bois de sapin, ce qui communique un mauvais goût au poisson : d'ailleurs ils le salent trop ou point assez, & l'encaquent mal dans les tonneaux. De plus, le hareng de leur pêche est moins gras que celui du Hithland ; il est même défendu dans les Provinces-Unies, par un Édit de 1720, de pêcher aucun hareng entre les rochers de Norwege, ou d'en acheter des gens de ces pays, sous peine de confiscation de la marchandise, & de trois cents florins d'amende.

L'Angleterre a fait de grands efforts pour faire fleurir en Ecosse le commerce du hareng; mais les Ecossois se sont avisés de pêcher ce poisson avant sa perfection; de plus, ils n'en font la pêche qu'avec de petites chaloupes, en côtoyant la terre : ils sont même dans l'usage de ne point préparer leur poisson sur le champ : ils attendent pour cela que leurs chaloupes en soient remplies. Cette façon lente de le préparer, ôte au poisson sa délicatesse naturelle & la faculté de se conserver. Les habitans d'Yarmouth se contentent d'en pêcher aussi cinquante mille tonneaux ou environ, dont ils font leur hareng rouge ou enfumé. Depuis quelques années & par les conseils du Prince de Galles Frédéric, on a encouragé la pêche des harengs en Angleterre, par une prime que le Parlement y a mise. Il y a actuellement trente chaloupes Angloises qui vont aux mers voisines des îles Orcades, pour cette pêche. Les Hollandois y en envoient jusqu'à cent, dit M. *Haller.*

Les Flamands, qui étoient autrefois de grands pêcheurs, ont inventé les premiers la meilleure façon de préparer & de saler le hareng; mais trop voisins d'un peuple industrieux (les Hollandois) jaloux du commerce & du gain, ils ont été bannis de la mer. Il n'y a pas long-temps qu'on disoit *hareng de Flandres ;* aujourd'hui on dit *hareng de Hollande.* Nous disons que l'usage d'encaquer les harengs n'est guere connu que depuis trois cents cinquante ans au moins; quelques Historiens fixent l'époque de cette simple & utile invention à l'an 1397, & d'autres à 1416 : l'inventeur s'appelloit *Guillaume Benckels*, natif de Bieruliet dans la Flandre Hollandoise. Le souvenir du nom de *Benckels* fut par la suite si agréable, que l'Empereur Charles-Quint & la Reine de Hongrie sa sœur allerent en 1536 en personne voir son tombeau à Bieruliet, comme pour témoigner leur reconnoissance d'une découverte si avantageuse à leurs Sujets de Hollande; M. *de Voltaire* dit que la pêche du hareng & l'art de le saler, ne paroissent pas un objet bien important dans l'histoire du monde ; c'est-là cependant, ajoute-t-il, le fondement de la grandeur d'Amsterdam en particulier, & même ce qui a fait d'un pays autrefois méprisé & stérile, une Puissance riche & respectable. Dès l'an 1610, le Chevalier *Walter Raleigh* donna un compte qui n'a pas été démenti par le Grand Pensionnaire *de Whit*, du commerce que la Hollande faisoit en Russie, en Allemagne, en Flandre & en France, des harengs pêchés sur les côtes d'Angleterre, d'Ecosse & d'Irlande ; ce compte monte pour une année à 2,659,000 livres sterling. Le commerce de la harenguaison est actuellement beaucoup plus profitable encore aux Hollandois.

Tout le hareng que les Hollandois prennent par un second équipement, ainsi que les François & les habitans de Galles, &c. est mangé frais en partie : le reste, qui va à plusieurs milliers de tonneaux, est salé, & c'est celui qu'on envoie en Espagne & dans la Méditerranée sous le faux nom de *hareng de Hollande*. Ce sont sur-tout les Négocians de Devonshire & de Cornwal, qui savent le préparer en le pressant d'une façon particuliere, & qui en envoient la plus grande quantité à Cadix, à Lisbonne, à Venise, à Livourne, & jusqu'en Afrique.

M. *Anderson* dit que sur les côtes d'Yarmouth on vide & on coupe les ouïes au hareng, dès qu'on en a amené une barque à terre; ensuite on le met dans des tonneaux avec du sel d'Espagne, ayant soin de le remuer de temps en temps; au bout de seize à vingt-quatre heures, ils l'ôtent des tonneaux, le lavent bien avec de l'eau fraîche, & le suspendent à des bâtons posés sur les lattes dans des cabanes faite exprès pour cet usage: ils y font ensuite du feu avec du bois fendu bien menu, qu'ils rallument toutes les quatre heures, ayant grand soin de fermer exactement les cabanes pour y contenir la fumée, & la faire recevoir par le poisson. Ils y laissent pendant six semaines celui qui doit être envoyé hors du Royaume, & on l'empaquete bien pour l'envoi. Tel est, dit M. *Anderson*, le principal secret pour bien enfumer le hareng.

Les Islandois prennent encore aujourd'hui des quantités prodigieuses de petits harengs, qu'ils entassent vivans sur le bord de la mer, & qu'ils partagent ensuite entr'eux par tête. Dans la Bothnie occidentale, on le met dans de grands tonneaux avec beaucoup de sel; & après l'avoir bien remué avec un bâton, on le laisse dans le sel pendant vingt-quatre heures, jusqu'à ce que le sang soit sorti, & que le poisson se roidisse: on l'ôte le lendemain, & on l'empaquete bien dans de petits tonneaux de toutes sortes de grandeurs: on le débite, soit dans le pays même, soit dans le voisinage. On choisissoit autrefois les plus petits; & après les avoir salés, on les faisoit sécher au four pour les envoyer en présent dans les pays étrangers: c'étoit dans certains cantons un régal aussi délicieux que le raff ou rekel du Nord. La bonté de ce poisson se perd sur nos côtes; & d'ailleurs on n'y a pas la bonne façon de le saler & préparer pour le transport, comme les Hollandois : ce qui fait qu'on le mange frais, ou que tout au plus on l'enfume pour en faire une marchandise un peu durable. On estime assez cette préparation, dont la maniere est rapportée dans les Annales de Breslaw, Avril 1720. Dans tous les pays ou côtes à harengs, on est obligé d'enfumer ceux de ces poissons qui sont maigres & coriaces; tels sont les *harengs* de Lubeck, de Prusse & de Dantzig. Les Hollandois font encore beaucoup de hareng saur ou enfumé avec ce poisson qui, étant poursuivi par l'épaular & le marsouin, vient souvent jusques dans l'Y Grec, devant la ville d'Amsterdam. On le prépare en Novembre & en Décembre: il est très-gras & d'un goût exquis; mais on le consomme dans le pays; car il seroit difficile de le transporter bien loin, à cause de l'abondance de sa graisse. L'on envoie le hareng fumé le plus maigre, à Hambourg, à Brême, & de-là plus loin dans l'Empire.

Le hareng fréquente aussi les côtes de l'Amérique Septentrionale, mais on y en voit beaucoup moins qu'en Europe : il ne va pas plus loin que les fleuves de la Caroline. Ces harengs seroient-ils les mêmes que ceux que l'on voit disparoître en se jetant dans l'Océan Atlantique, ou un détachement de la grande troupe Septentrionale, qui, venant sur les côtes de Groënland, s'écarte sur les côtés du Nord-Ouest de l'Amérique, au lieu de tirer au Sud-Est avec les autres.

A l'égard des harengs d'Amboine & de Banda, que l'on y sale & enfume, ce ne sont point de vrais harengs, mais des poissons qui leur resemblent beaucoup. Il n'en est pas de même de celui qui se trouve au Cap de Bonne-Espérance : on l'y voit par troupes très-semblables à nos harengs d'Europe : ils remontent quelquefois dans les rivieres où ils se nourrissent d'herbes, de charognes, &c. Les esclaves Négres en prennent très-souvent au filet : ils les laissent quelques jours dans la saumure avant de les manger.

Il est étonnant que les Européens, & particulierement les Hollandois, n'aient encore pu trouver la véritable maniere de saler le hareng au point qu'il se conserve assez pour l'envoyer dans nos colonies, où il seroit d'un usage infini & très-précieux. Tous ceux qu'on y a envoyés jusqu'ici ont été gâtés avant que d'arriver.

Le hareng frais se nomme *hareng-blanc* : il est d'une chair blanche & d'un bon goût : il convient à bien des tempéramens. Celui qui est salé se nomme *blanc salé*, il est assez mal sain : il ne convient qu'à des estomacs robustes, celui qui est dessalé se nomme *hareng-peck* : il est moins mal-faisant, mais moins délicat que le hareng frais. Quant au hareng saur ou enfumé, il est pernicieux, quoique le menu peuple l'appelle *appétit* ou *rouge-salé*, ou *craquelin* ; c'est le *bockum* des Hollandois ; il est sec, dur & très-difficile à digérer. En 1764, un Epicier de Paris annonça aux Habitans de cette Capitale, une espece de poisson d'un goût fort exquis & qu'il distribuoit (sous le nom de *frigard*) à quatre sous la piece. Ce poisson qui lui venoit des côtes de Flandre en très-petits barils, n'étoit qu'un hareng cuit dans une sorte de court-bouillon aromatisé par la sauge, le laurier, le thym, &c. Le hareng est apéritif. La saumure de ce poisson convient pour déterger les ulceres fétides : elle arrête les progrès de la gangrene. On en fait entrer dans les lavemens pour la sciatique. *Voyez* GARUM.

On voit dans quelques Cabinets des pierres schisteuses ou marneuses chargées d'empreintes de hareng. A l'égard du hareng de Lipare, *voyez* LIPARIS.

HARENGADE, *voyez* CELERIN.

HARFANG. Cet oiseau qui se trouve dans les terres septentrionales des deux Continens, est une grande chouette ; il n'a point d'aigrette sur la tête, & est encore plus grand & plus gros que le grand-duc. Son plumage est d'un blanc de neige. Son bec est crochu comme celui de l'épervier, il est noir, & percé de larges ouvertures ou narines; il est de plus presque entiérement recouvert de plumes roides, plantées dans la base du bec; ses jambes & ses pieds sont couverts de plumes blanches. Cet oiseau se plaît dans les pays froids, & on ne le retrouve point dans les Provinces méridionales. On assure que dans la baie d'Hudson il chasse en plein jour les perdrix blanches.

HARICOT, *phaseolus vulgaris*. Le nom de haricot est commun à la plante & au fruit qu'elle produit; pour distinguer cependant la gousse qu'on mange en vert d'avec le grain lorsqu'il est séparé de sa gousse, on dit haricot vert & haricot blanc; & lorsque le grain est sec, on dit feve de haricot.

Le haricot est universellement connu, & il s'en fait une grande consommation en tous pays. La feuille de cette plante est uniforme dans toutes les especes de ce pays-ci, elle est divisée en trois parties presque égales. Ses fleurs sont sans odeur, de forme irréguliere, & du nombre des fleurs légumineuses ou papilionacées; elles sont blanches ou purpurines, suivant l'espece, & sortent des aisselles des feuilles par bouquets de quatre, six, huit ou dix, placées de deux en deux par échelon, le long du rameau où elles tiennent; la tige est déliée, & ne se soutient qu'en s'accrochant aux tiges voisines au défaut d'autres appuis. A la fleur succéde la gousse, qui est plus ou moins longue, suivant l'espece, & contient plus ou moins de grains. Ce haricot est le *smilax hortensis* de *Ray*.

Il y a un très-grand nombre d'especes de haricots: on en a compté, dit-on, jusqu'à soixante & trois especes, très-distinctes par la forme & la couleur, mais qui n'ont que fort peu de différence pour le goût & les qualités.

Nous ne parlerons ici que de quelques especes les plus usitées. La différence la plus frappante qu'il y ait entre les diverses especes de haricots, c'est que les unes filent, c'est-à-dire, montent, & qu'on est obligé de les ramer; d'autres restent basses, & sont nommées *haricots nains* ou *à la touffe*. Les unes ont dans l'intérieur de leur gousse une espece de pellicule, & les autres n'en ont pas: ce qui fait nommer ces dernieres especes, *haricots sans parchemin*, ce sont les meilleures à manger en vert. Ces plantes ont un avantage sur toutes les autres, elles réussissent mieux la seconde année dans la même terre que la premiere, pourvu qu'on la secoure d'un peu de fumier; le grain devient plus clair & plus uni.

Le haricot nommé *haricot gris*, est un des premiers qu'on seme dans les terrains hâtifs. Sa fleur est purpurine; son grain est de couleur noire jaspée de blanc: on n'en fait ordinairement usage qu'en vert, parce qu'il n'a point de parchemin, c'est une espece de haricot nain.

Le *haricot blanc nain hâtif* est de toutes les especes, celle qui donne le plus de profit dans un jardin bourgeois; mais le grain sec ne renfle pas beaucoup.

Le *haricot de Soissons* est d'un beau blanc & d'un émail supérieur à tous les autres; c'est celui qui tient le premier rang pour être mangé en sec ou en grains lorsqu'il est encore frais & tendre.

Le *haricot de Prague* ou *haricot à la Reine* a une forme qui n'est pas bien décidée; il s'en trouve de carrés, de ronds, tous plus petits que les plus petits pois, de couleur isabelle jaspée de noir; cette espece mériteroit d'être plus répandue; car elle se peut manger en vert, en grain tendre; ils ont même un goût fin en sec: il rapportent beaucoup.

Le *gros haricot de Hollande à confire* est reconnoissable par sa gousse de sept à huit pouces de longueur; on le confit au sel pour l'hiver; c'est presque la seule maniere dont on l'emploie: il s'en fait une consommation immense en Hollande & dans les pays voisins; mais on ne le connoît presque pas en France.

En général, quand les filets des haricots ont atteints le bout des rames il faut les arrêter, car ils consomment inutilement beaucoup de feve dont le bas profiteroit.

La farine de haricot est employée dans les cataplasmes pour amollir, résoudre & disposer les tumeurs à suppurer. On dit que le grain mâché & appliqué sur la morsure des chevaux, guérit la blessure. On nous assure que rien ne réussit mieux pour pousser les urines & en même temps les graviers que les cosses ou siliques séches des haricots prises en infusion, en guise de thé.

Bien des personnes sont curieuses de conserver les haricots verts pour les manger en hiver. Pour cet effet on choisit les plus tendres & ceux où la feve n'est pas encore formée dans la cosse : on en retire les pointes ou le filet, on les jete à plusieurs reprises dans un chauderon d'eau bouillante pour les faire blanchir, on les retire pour les plonger dans de l'eau froide, & on les fait égoutter sur des claies d'osier; ensuite on les laisse dessécher, ou à l'ombre ou à l'étuve, & on les serre dans une caisse ou dans des sacs de papier. Lorsqu'on en veut manger en hiver ou en carême, on en fait tremper dans de l'eau tiéde, ils y renflent, puis on les accommode à quelque sauce que ce soit. Ils ont encore la même couleur & presque le même goût que s'ils venoient d'être cueillis dans le jardin. Il y a des personnes qui, au lieu de les faire sécher, comme nous avons dit, les confisent au vinaigre, ou au beurre fondu, ou à l'huile ; mais ces préparations leur ôtent leur goût.

On conserve encore les haricots pour les manger en hiver en compote, comme les choux & les raves; pour cet effet on les choisit tendres avant que la feve soit formée, on les coupe par tranches fines & on les met par couches qu'on assaisonne avec le sel & le poivre dans une terrine vernissée : M. *Bourgeois* dit qu'il faut faire attention de serrer & comprimer chaque couche avec la main autant qu'il est possible.

HARICOT EN ARBRISSEAU, *phaseoloïdes*. C'est un petit arbrisseau, ou plutôt une plante sarmenteuse de la Caroline, que l'on peut élever ici très-aisément de semences ou de marcottes. Cet arbrisseau porte des fleurs de couleur purpurine, ramassées en gros bouquets; ses feuilles sont composées de folioles pointues & finement dentelées, rangées par paires sur une nervure, & terminées par une seule. Cette plante peut faire en Juin l'ornement des terrasses par ses gros bouquets purpurins.

HARICOT D'EGYPTE, *phaseolus Egyptiacus nigro semine*. Arbre sarmenteux qui pousse ses branches & ses feuilles comme la vigne. Il fleurit deux fois par an. Consultez *Prosper Alpin*. *Kampfer* donne la description du haricot des Japonois, dont ces peuples font des mets solides & liquides.

HARLE ou HERLE, *merganser*. Genre d'oiseau aquatique, dont on distingue plusieurs especes, & dont le caractere est d'avoir le bec dentelé comme une scie, les mâchoires arrondies; la supérieure est crochue par la pointe; trois doigts antérieurs à membranes ou palmés, & celui de derriere sans membranes.

Le *harle vulgaire* a le dos noir, le croupion cendré; le dessus de la tête & du cou verdâtre, nué de violet; le ventre d'un blanc nué de jaune. Cet oiseau qui habite les rivages de la mer, est un peu plus gros que le canard domestique, & a une espece de hupe sur la tête; la queue est pointue. Il y a le véritable harle huppé dont la petite espece s'appelle *piette*. Voyez ce mot. Le harle blanc & noir se trouve en Allemagne, ainsi que le harle tout noir. Le harle cendré qui se nourrit de poissons, a la tête rousse & huppée, son bec est bien dentelé; c'est le *bievre* des Auteurs. *Voyez à l'article* BIEVRE. Le canard huppé de Virginie, dont parle *Catesby*, n'est qu'une espece de harle. La chair du harle a un goût fort marécageux & désagréable.

HARMALE,

HARMALE, espece de rue sauvage, fort odoriférante & particuliere à l'Egypte. Les Mahométans attribuent à l'odeur de cette plante la vertu de chasser les malins esprits.

HARMATAN. Vent qui regne particuliérement sur les côtés de Guinée. Il se fait sentir pendant deux ou trois jours entre les mois de Décembre & de Février. Il est si froid & si perçant qu'il fait ouvrir les jointures des planchers des maisons & des bordages des vaisseaux. Ce vent qui souffle entre l'Est & le Nord-Est, est également froid, & n'est accompagné ni de pluie, ni de nuages, ni de tonnerre; mais il suffoqueroit tout ce qui respire, si l'on ne se tenoit enfermé. *Voyez* VENTS.

HARPAYE ou HAPAYE. Cet oiseau qui n'est certainement ni un vautour ni un busard, a les mêmes habitudes que la *sous-buse* & *l'oiseau de S. Martin*. Voy. ces mots. Il prend le poisson comme le *jean-le-blanc*, & le tire vivant hors de l'eau. Il paroît avoir la vue plus perçante que les autres oiseaux de rapine, ayant les sourcils plus avancés sur les yeux. On le trouve en France, en Allemagne; les lieux bas, les bords des fleuves sont les endroits qu'il habite par préférence.

HARPE ou LYRE, *lyra*. On donne ce nom à un poisson de moyenne grandeur, rond, de couleur rouge, sans dents, & qui porte à la tête deux cornes disposées en forme d'une harpe, d'où est venu son nom: en soufflant il semble produire comme un grognement: il vit de plantes mêlées avec l'écume de mer: sa chair est extrêmement coriace: on le pêche dans les environs d'Antibes.

HARPE ou CASSANDRE. Espece de coquillage univalve, du genre des conques sphériques, dont la coquille est très-belle, très-variée dans ses couleurs, & ornée de cannelures ou plutôt de côtes longitudinales, qui vont en diminuant comme les cordes d'une

Tome IV. V.

karpe, d'où lui est venu son nom. On l'appelle aussi *lyre de David*. Voyez au mot TONNE.

HARPENS. Oiseau de nuit qui ne fréquente que les lieux inaccessibles des hautes montagnes du Dauphiné : on en voit aussi dans le Briançonnois. Cet oiseau, dit *Belon*, fait son nid dans les ouvertures des rochers, où les bouquetins se retirent communément : son cri est fort lugubre. Cet oiseau ne sort jamais de jour.

HARPIE. *Voyez à l'article* CHAUVE-SOURIS.

HARPONNIER, *jaculator*. Nom qu'on donne à des oiseaux fort semblables au héron : ils ont un bec long, fort & pointu, de la forme d'un pieu ou d'un dard ; ils savent s'en servir de la même maniere que les Pêcheurs usent de l'instrument qu'ils ont pour harponner les grands animaux de mer cétacées. Le harponnier a la tête assez grande ; les jambes grosses & les pieds courts ; le plumage cendré, mêlé de noir. Le harponnier du Mexique est de couleur rouge.

HASE ou HAZE. Nom que l'on donne à la vieille *lapine* & à la femelle du *lievre*. Voyez ces mots.

HAVRE ou PORT. Se dit d'un petit *golfe*, d'une *anse*, d'un enfoncement d'un bras de mer dans les terres, où les vaisseaux peuvent faire leur décharge, prendre leur chargement, éviter les tempêtes, & où le mouillage est plus ou moins bon, selon que le lieu a plus ou moins de fond & d'abri.

HAUT ou HAUTHSI ou HAY. Animal du Brésil qui est de la grandeur d'un chien ; il a la face d'une guenon, le ventre pendant, une longue queue, des pieds velus à la maniere des ours, des ongles aigus & longs. Il se plaît au haut des arbres, d'où lui est venu son nom ; on l'apprivoise assez facilement : on croit que cet animal est une espece d'*aï* ou de *paresseux*. Voyez ce mot.

HAUTIN ou OUTIN, *piscis oxyrhincus*, est un poisson qu'on voit communément dans la Flandre & en Hollande. Il a la bouche longue, menue, pointue, molle & noire; il n'a point de dents; la mâchoire supérieure surpasse de beaucoup l'inférieure : il a la figure d'une truite.

Sur les bords de la mer Caspienne on en trouve d'une grandeur considérable. Les Marchands le vendent, en ce pays, desséché & salé : sa graisse est nourrissante : ses boyaux étant cuits sont employés à faire de la colle. Les Pêcheurs du Nil se donnent bien de garde de toucher au hautin qui se trouve dans leur fleuve, parce qu'ils ont pour lui une grande vénération.

HAYE, est la plus grande espece de *requin*. Voyez ce mot.

HAY-SENG. Les Chinois donnent ce nom à un poisson très-laid, & dont on use à la Chine presque à tous les repas : il est sans os & sans aucune espece d'arêtes : il meurt aussi-tôt qu'il est pressé dans la main : mais un peu de sel étant suffisant pour le conserver, on le transporte dans toutes les parties de l'Empire de la Chine.

HAY-TSING. C'est l'oiseau de proie le plus beau, le plus vif, le plus courageux & le plus remarquable qui soit à la Chine. Il est très-rare : on n'en trouve que dans le district de Hang-Chang-Su, Ville de la Province de Chensy, & dans quelques parties de la Tartarie. Il surpasse en beauté, en force & en grosseur nos plus beaux faucons; aussi-tôt qu'on en prend un, il doit être porté à l'Empereur des Chinois, qui le confie aux soins des Fauconniers Impériaux. *Voyez* FAUCON.

HÉATOTOTL. Oiseau d'Amérique que *Nieremberg* a décrit sous le nom d'*avis venti*, oiseau du vent. Il paroît être une espece d'*oiseau couronné*. Voyez *Oiseau de plumes du Mexique*.

HÉBRAIQUE. Nom donné à une coquille du genre des *cornets*. Sa robe est ornée de taches qui imitent les lettres Hébraïques, de couleur violet-noir sur un fond blanc.

HÉDÉRÉE. Les Epiciers-Droguistes donnent ce nom ou celui de *gomme hédérée*, à la résine de lierre. *Voyez ce mot à l'article* LIERRE.

HÉLIANTHÊME, *helianthemum vulgare*. Plante qui vient communément dans les bois & les lieux montagneux, aux environs de Paris, & qui est connue aussi sous les noms d'*herbe d'or*, d'*hysope de garigues*, de *fleur du soleil*, & de *cyste-bas*, parce qu'elle est de même genre que les cystes. L'hélianthême a une racine blanche & ligneuse : ses tiges sont nombreuses, grêles, rondes, velues, couchées sur terre, & revêtues de feuilles oblongues, étroites, opposées, accompagnées chacune de deux stipules, & attachées à des queues courtes, vertes en-dessus, blanchâtres en-dessous, d'un goût glutineux, & qui rougissent légérement le papier bleu. Ses fleurs sont au sommet des tiges, disposées comme en longs épis, attachées à des pédicules, composées chacune de cinq feuilles disposées en rose & jaunes. Elles ont un grand nombre d'étamines & un seul pistil. Le calice est composé de cinq feuilles, dont deux très-petites & étroites, les autres beaucoup plus grandes & veinées. Le pistil se change en un fruit triangulaire, assez gros, qui s'ouvre en trois, & qui contient quelques semences également triangulaires & rousses. On ne se sert que des racines & des feuilles de cette plante : elles sont estimées vulnéraires, & avoir les mêmes propriétés que la consoude, pour arrêter toutes les especes de flux, & sur-tout ceux de sang ; on s'en sert encore avec succès pour laver les parties de la génération qui sont ulcérées.

On donne aussi le nom d'*hélianthême tubéreux* aux *poires de terre* ou *topinambours*. Voyez ce dernier mot.

HÉLICITE. Nom donné aux coquilles fossiles, turbinées, en vis, & notamment à ces fossiles dont les spires sont roulées sur elles-mêmes, ou en spirales & intérieurement, telles que les pierres lenticulaires.

HÉLIOLITHE. M. *Guettard* donne ce nom à des polypites dont le caractere générique est d'être simples ou branchus, & qui ont des étoiles circulaires ou rondes, à plus ou moins de rayons, égaux ou inégaux.

HÉLIOTROPE. *Voyez* HERBE AUX VERRUES, & TOURNESOL.

HÉLIOTROPE. On a donné aussi ce nom à une sorte de jaspe d'un vert-bleuâtre, tacheté de rouge, on diroit d'une prime d'émeraude : ce jaspe est très-estimé. On le porte en amulette pour préserver de la contagion, de la gravelle, de l'épilepsie & de quantité d'autres maladies qu'on n'a pour cela ni plus tôt ni plus tard ; quoi qu'en disent les Charlatans qui le vendent pour de tels effets. *Voyez* JASPE.

HELLÉBORE ou ELLÉBORE. Plante dont on distingue plusieurs especes, & qui ont été connues des anciens Grecs & Latins. Nous ne parlerons ici que des deux especes qui sont en usage ; savoir, l'*hellébore blanc* & le *noir* ; & nous avertissons que ces deux plantes sont de genre très-différent.

HELLÉBORE BLANC, *veratrum album*. Les racines de cette plante, qui n'est pas un véritable hellébore, sont fibrées & nombreuses : elles sortent comme d'une tête bulbeuse & jaunâtre : elles sont oblongues, grosses comme le pouce, olivâtres, blanches en-dedans, d'un goût âcre, amer, désagréable, & qui cause des nausées. La tige est haute de deux à trois pieds, ronde, droite, creuse, de laquelle naissent des feuilles alternes, de la figure de celles du plantain ; mais plus grandes, plus nerveuses, d'un vert-clair, & qui entourent la tige par leur base faite en maniere de tuyau. Du milieu de la tige jusqu'à l'extrémité, sortent des grappes de fleurs disposées en roses, d'un vert blanchâtre : il leur succede un fruit composé ordinairement de trois gaînes membraneuses, qui renferment des graines oblongues, blanchâtres, & bordées d'un feuillet membraneux.

Il y a une autre espece d'*hellébore blanc*, dont les fleurs sont d'un rouge-noir, les feuilles plus longues, plus minces & plus penchées.

L'Hellébore noir des Jardins, *helleborus niger*, est d'un genre différent de l'hellébore blanc, suivant les observations de M. *de Tournefort* dans ses *Elémens de Botanique*. Les racines de l'hellébore dont il est question, sont tubéreuses, noueuses : il sort de leur sommet un grand nombre de fibres serrées, noires en dehors, blanches ou grises en dedans ; d'un goût âcre, un peu amer, & excitant des nausées ; d'une odeur forte, lorsque la plante est récente. De la racine naissent des feuilles portées sur de longues queues, pleines de suc, maculées de points purpurins, comme la tige de la grande serpentaire. Ces feuilles sont divisées jusqu'à la queue, le plus souvent en neuf portions, comme une main ouverte, formant autant de petites feuilles roides, lisses, d'un vert foncé & dentelées. Cette plante n'a point de tiges : les fleurs sont uniques, ou il y en a deux : elles sont composées de cinq feuilles disposées en rose, arrondies, d'abord blanchâtres, ensuite purpurines, enfin verdâtres, ayant en leur milieu plusieurs étamines courtes & jaunes : il naît entre les feuilles & ces étamines, plusieurs cornets disposés en couronne à la base du pistil, & qui forment un des principaux caracteres du genre de l'hellébore. Ces fleurs durent long-temps sur la plante sans tomber : il leur succede un fruit composé de plusieurs gaînes membraneuses, ramassées en maniere de tête, terminées par une corne recourbée, & renfermant des semences arrondies & noires.

Nous avons rencontré ces especes d'hellébore dans les Alpes, dans les Pyrenées, dans le Dauphiné, la Bourgogne & l'Auvergne : on les cultive quelquefois dans les jardins, à cause de la beauté de leurs fleurs & de l'utilité de la plante.

M. *de Tournefort* croit avoir retrouvé, dans son

voyage du Levant, le véritable hellébore des Anciens. C'est un hellébore noir, plus nourri que le nôtre, (mais auquel il ressemble beaucoup, dit M. *Haller*) sans odeur, sans amertume : il est commun non-seulement dans les îles d'Antycire, qui sont vis-à-vis du Mont Æta, dans le golfe Maléac, que l'on appelle à présent le *golfe du Zeiton*, près de l'île d'Eubée, à présent *Négre-pont* ; mais encore plus sur les bords du Pont-Euxin, & sur-tout au pied du Mont Olympe en Asie, près de la fameuse ville de Pruse. M. *de Tournefort* propose une expérience pour connoître si les racines, que l'on a coutume de vendre sous le nom d'*hellébore noir*, sont utiles dans la Médecine. Il faut en faire infuser dans une suffisante quantité d'eau de fontaine, & distiller ensuite dans un alambic : si l'eau qui sort de l'alambic n'a pas de goût, il faut rejeter ces racines comme inutiles ; mais si l'eau qui en sort est âcre, on peut les employer.

Nous devons, dit-on, la connoissance des propriétés de l'hellébore, & sur-tout du *noir*, à un certain *Mélampus*, qui étoit Médecin ou Berger, & qui inventa la purgation : il guérit avec ce remède les filles de *Prætus*, qui étoient devenues furieuses. On retire de ces racines, par le moyen du feu, un esprit très-âcre, qui coagule la solution du mercure doux : l'infusion de ces racines rend plus vive la couleur du papier bleu. Les racines de l'un & l'autre hellébore, purgent fortement les humeurs dures & tenaces : celles de l'hellébore noir ou ses fibres qu'on emploie plus communément, sont rarement émétiques ; elles purgent par le bas, & ordinairement sans causer ni nausées ni vomissemens. Elles sont encore plus sternutatoires que soporeuses. Ce purgatif convient, dit-on, aux maniaques ; cependant comme il agite le sang & qu'il cause beaucoup d'agitation sur le genre nerveux, nous croyons, avec M. *Bourgeois*, que bien loin de les guérir, il doit augmenter leurs accès de fureurs ; peut-être convient-il mieux aux apoplectiques & aux ladres, même aux galeux qui font robustes, mais jamais aux valétudinaires ni aux femmes. Ce que nous avons dit de la vertu médicinale de la coloquinte, peut s'appliquer en quelque forte aux hellébores. Au reste, des Médecins prudens abandonnent aujourd'hui les hellébores à la médecine vétérinaire pour guérir le farcin, &c. Selon M. *Haller*, l'extrait d'hellébore noir fait un purgatif assez doux ; on le croit propre surtout à procurer les regles. On donne aussi le nom d'*hellébore noir commun* au *pied de griffon*. Voyez ce mot.

HELMINTHOLITE. Sous ce nom les Naturalistes désignent tous les vers de terre & de mer qui se sont changés en pierre ou minéralisés, & qui pourroient bien n'être que des tuyaux vermiculaires marins.

HÉMATITE. *Voyez ce mot à l'article* Fer.

HÉMEROBE, *hemerobius*. Nom donné à un genre de mouches à ailes nerveuses & en toit, qui ont deux yeux gros & saillans ; tels sont particuliérement les *demoiselles des lions de pucerons* : voyez ce mot. Il y a une espece d'*hémerobe aquatique*, nommée ainsi, parce qu'elle fréquente le bord des eaux.

HÉMEROCALLE ou Fleur d'un jour, *lilium purpuro-croceum majus*. Plante bulbeuse dont la fleur est jaune, & qui ressemble assez au lis par les feuilles & par la tige : elle croît sans culture, & ne conserve sa beauté qu'un jour. Il y a une hémerocalle de jardins, dont les fleurs sont variées. Les Fleuristes Hollandois font grand cas de cette plante. On l'appelle aussi *lis orangé* ou *lis sauvage*.

HÉMIONITE, *hemionites*. Plante semblable à la langue de cerf, excepté que ses feuilles ont deux grandes oreilles à leur base. L'hémionite est fort vivace : elle croît dans les bois, dans tous les lieux humides & ombrageux. On s'en sert pour purifier la masse du sang ; c'est un excellent béchique & vulnéraire.

HÉMIPTERE, *hemiptera*. Nom donné à des insectes, dont les fourreaux ressemblent beaucoup à des ailes; seulement ils sont un peu moins mous, plus colorés & moins transparens. On diroit que ces étuis sont moitié ailes & moitié fourreaux. C'est de-là qu'on a formé le mot d'*hémipteres*, comme qui diroit *demi-aile*. Il se trouve même des hémipteres mâles qui n'ont en tout que deux ailes, tels que le kermès & la cochenille: (leurs femelles sont *apteres*, c'est-à-dire, sans ailes.) La bouche de ces insectes est une espece de trompe qui tire sa naissance du dessous du corselet, ou qui est prolongée le long de la partie inférieure du même corselet. Les larves des hémipteres ressemblent assez à l'insecte parfait, à l'exception des ailes & des étuis. M. *Geoffroi* (*Hist. des Insect. des environs de Paris*) a donné un détail circonstancié sur les métamorphoses & les singularités que présentent ces petits insectes. On peut aussi consulter les mots Scorpion aquatique, Psylle, Puceron, Kermès, Cochenille, Cigale, Punaise, Mouche, Naucore, Punaise a avirons, Corise, & l'article Insecte.

HÉMORRHOIS. *Voyez* Aimorrhous.

HÉPATIQUE, *hepatica*. On donne ce nom à plusieurs especes de plantes de genre tout-à-fait différent: savoir, à l'*hépatique commune*, à l'*hépatique des Fleuristes*, au *petit muguet* ou à l'*hépatique des bois*. Les Botanistes appellent *hépatiques* des plantes rampantes à tissu sillonné en réseau. Leurs racines sont fibreuses, & les fleurs mâles communément séparées des femelles sur le même pied.

L'Hépatique commune ou de fontaine, *hepatica fontana, sive lichen petræus latifolius*, est une plante qui croît aux lieux ombrageux, le long des rochers humides, des ruisseaux, ou des fontaines ou des puits; ses racines sont fines comme des cheveux: elles sortent de dessous les feuilles qui sont très-nombreuses, larges d'un doigt & longues de deux, verdâtres, écailleuses: la fleur de cette plante n'est pas apparente: il sort de l'extrémité de la feuille un pédicule blanc, lisse, ferme, succulent, transparent, de la grosseur du jonc, long de quatre pouces, furmonté d'une petite tête femblable à celle d'un champignon, divifée en-deffous en quatre ou cinq parties. Cette tête eft d'abord verdâtre, enfuite jaunâtre, & enfin roufsâtre; & fes parties inférieures en s'ouvrant laiffent voir un fruit noir ou des capfules purpurines\ noirâtres, pleines de fuc quand elles font vertes, & quand elles font féches, de pouffiere ou de femences noirâtres qui forment une efpece de fumée en tombant.

Cette hépatique a une faveur d'herbe, un peu amere, aftringente, & d'une odeur légérement aromatique & bitumineufe: elle eft excellente pour les maladies du poumon & du foie, elle divife les humeurs épaiffes de ce vifcere; elle convient auffi dans les maladies de la peau.

HÉPATIQUE DES BOIS ou PETIT MUGUET. *Voyez* MUGUET DES BOIS.

HÉPATIQUE DORÉE. Nom donné à la *faxifrage dorée*. Voyez ce mot.

HÉPATIQUE DES FLEURISTES ou DE JARDIN, ou BELLE HÉPATIQUE, *hepatica nobilis*. Plante que des Botaniftes modernes placent dans le genre des anémones. Ses racines font rougeâtres & capillaires; elle ne paroît extérieurement qu'un amas de fibres entrelacées; de chaque petite tête de la racine il fort tous les ans d'abord des fleurs, enfuite des feuilles qui font velues & repliées dès qu'elles paroiffent, liffes quand elles font étendues, vertes, quelquefois purpurines, fermes, à trois angles, & portées fur de longues queues: il fort de la même racine plufieurs tiges grêles, qui portent chacune une belle fleur en rofe, dont le piftil fe change en une petite tête, fur laquelle font entaffées plufieurs graines pointues, à la maniere des renoncules; la couleur de la fleur varie, elle eft bleue, de couleur de chair & blanche: on cultive cette plante dans les jardins à caufe de la beauté de fa fleur qui paroît au cœur de l'hiver: elle fait l'ornement des parterres en cette faifon.

On met cette plante au nombre des hépatiques; elle est vulnéraire, rafraîchissante & astringente: elle convient dans les inflammations de la gorge; elle leve l'obstruction du foie, sur-tout dans ceux qui se sont trop livrés à l'amour: on en faisoit autrefois une eau distillée, dont les Dames faisoient usage comme d'un excellent cosmétique, & particulierement pour blanchir la peau du visage lorsqu'elle étoit gâtée par l'ardeur du soleil.

HÉPATIQUE DE FONTAINE. *Voyez ci-dessus à l'article* HÉPATIQUE. L'hépatique printaniere de M. Linnæus est l'*herbe de la Trinité*. Voyez PENSÉE.

HÉPATITE. Pierre ollaire d'un roux-brunâtre, un peu ferrugineuse.

HÉPHESTITE, est la *pierre de Vulcain*. Voyez ce mot.

HERBAGE. Lieu où naissent toutes sortes de plantes basses: on dit l'herbage d'un pré, d'un marais, d'un potager. Les herbages dont on fait le foin & dont les bestiaux se nourrissent, donnent au lait sa bonne ou mauvaise qualité. *Voyez* PRAIRIES, PLANTE & FOIN.

HERBE, *herba*, est le nom qu'on donne aux plantes dont les tiges périssent en partie tous les ans: il y en a de plusieurs sortes: 1°. Les *herbes potageres* qu'on cultive pour l'usage de la cuisine, telles sont celles qu'on appelle *herbes fines*, comme le *cerfeuil*, le *persil*, la *sarriette*, le *pourpier*, la *pimprenelle*, la *corne de cerf*, le *cresson alénois*. L'*oiselle* & la *poirée*, &c. sont également des herbes. 2°. Les *herbes* ou *plantes odoriférantes*, telles que le *baume* ou le *basilic*, l'*absinthe*, la *marjolaine*, la *civette-appétit*, la *camomille*, le *romarin*, la *sauge*, la *citronelle*, l'*herbe du coq*, l'*anis*, le *fenouil*, l'*estragon*, le *thym*, &c. 3°. Les *herbes sauvages*, qui sont les plantes médicinales, telles que l'*hellébore*, la *scammonée*, l'*agaric*, le *tithymale*. 4°. On donne le nom de *mauvaises herbes* à toutes les plantes qui enlevent aux bons grains une partie de la substance de la terre qu'elles épuisent: celles qui sont les plus nuisibles pour le blé, sont la *nielle* dont la semence se sépare difficilement du grain & noircit le pain; *voyez* Nielle des blés *à l'article* BLÉ: la *queue de renard*, dont la semence ressemble à celle de froment & qui rend le pain amer: le *ponceau* ou *pavot sauvage*, qui se multiplie au point d'étouffer le froment: le *vesceron*, qui couvre le blé quand il est versé & le fait pourrir: le *chiendent*, dont les racines s'étendent en traînasse & nuisent au labour: le *mélilot*, qui donne au pain une mauvaise odeur: l'*ivraie*, qui le rend de qualité nuisible: les *chardons* & les *yebles*. 5°. Il y a aussi des herbes dont les racines sont vivaces: d'autres ne sont qu'annuelles ou bis-annuelles. *Voyez à l'article* PLANTE.

Les herbes entieres doivent être cueillies lorsqu'elles sont dans leur plus grande vigueur; c'est-à-dire lorsqu'elles sont en pleine fleur, ou un peu avant la maturité des premieres graines, & il faut les faire sécher suspendues à l'ombre. Celles qui sont aromatiques comme la plupart des labiées, doivent être enfermées dans des boîtes qui ferment exactement, afin de conserver leur aromate.

HERBE A L'AMBASSADEUR ou A LA REINE ou SAINTE, &c. *Voyez* NICOTIANE.

HERBE DE L'ARCHAMBOUCHER. *Voyez* SAXIFRAGE DORÉE.

HERBE D'ARBALÊTE. *Voyez à l'article* THORA.

HERBE AUX ANES, *onagra*. Plante qui nous a été apportée de l'Amérique, & qu'on cultive pour la curiosité dans plusieurs jardins; on la trouve même aussi dans les bois & le long des chemins: elle vient de graine & ne pousse sa tige que la seconde année.

La racine de cette plante est longue, de la grosseur du doigt, blanchâtre & fibreuse. Sa tige est haute, grosse comme le doigt, moëlleuse, ronde par la base, anguleuse & rameuse en haut, grisâtre & marquetée de points rouges; ses feuilles sont longues & étroites, sinueuses & légérement dentelées: ses fleurs sont grandes & ordinairement à quatre feuilles jaunes, disposées en rofe dans les échancrures d'un calice, duquel une moitié est fistuleuse & l'autre solide : elle a huit étamines & un pistil dont le stigmate est fendu en quatre : cette fleur est odorante, mais de peu de durée, car elle ne demeure qu'un jour épanouie sans se flétrir; quand elle est passée, le germe placé sous le calice devient un fruit cylindrique, qui s'ouvre par la pointe en quatre parties, contenant quatre loges remplies de petites semences anguleuses : cette plante est détersive & astringente. On prétend cependant que ses feuilles servent aux Indiens du Para pour résoudre les bubons, maladie fort commune dans le pays.

HERBES DES AULX. *Voyez* ALLIAIRE.

HERBE A BALAI, *malva ulmifolia femine rostrato*, BARR. Cette espece de mauve croît dans les rues à Caïenne; elle tire son nom de ce qu'on l'emploie à faire de petits balais. Les habitans se servent de sa racine en décoction pour guérir la gonorrhée & le mal d'estomac. *Maif. Ruft. de Caïen.*

HERBE DE BENGALE. Plante dont la tige qui est grosse comme le petit doigt, est couronnée d'un bouton en forme de houpe, qui se file, & dont les Tisserands du pays font diverses étoffes, sur-tout cette sorte de taffetas qu'on nomme en Europe *taffetas d'herbes*.

HERBE BLANCHE, *gnaphalium maritimum*. Cette plante qui croît au bord de la mer a une odeur un peu aromatique, approchante de celle du *stœchas citrin*, & une saveur tant soit peu salée. Sa racine est longue, grosse & ligneuse, un peu fibrée ; ses tiges sont hautes d'un pied, grosses, lanugineuses, garnies de beaucoup de feuilles oblongues, lesquelles étant rompues, paroissent comme autant de petits flocons de laine cotonneuse, propre à servir de mêche dans les lampes. Aux sommités des tiges naissent des fleurs en bouquets à fleurons, évasés en étoile, de couleur blanche & jaune : il leur succede de petits fruits blancs, composés chacun d'une graine courbe & d'une espece de casque qui la recouvre : cette plante est détersive, dessicative & astringente.

HERBE BLANCHE ou PIED DE CHAT, *hispidula aut elychrisum, flore majore, purpurascente*. C'est une plante cotonneuse qui se plaît sur les montagnes exposées au vent & couvertes d'herbes ; ses racines sont fibreuses & très-rampantes ; ses feuilles sont couchées sur terre, oblongues ou obtuses, d'un vert gai & duvetées, presque blanches par-dessous : au milieu de ces feuilles s'élevent des tiges de neuf pouces de longueur, velues, blanchâtres, & garnies de longues feuilles étroites : au sommet de ces tiges sont plusieurs fleurs à fleurons, divisées en maniere d'étoile, portées chacune sur un embryon, & renfermées dans un calice écailleux, luisant, blanc ou rougeâtre ; elles représentent étant épanouies le pied d'un chat : l'embryon se change en une graine garnie d'aigrettes. Ce sont-là, dit M. *Deleuse*, les fleurs femelles ; d'autres pieds ne portent que des fleurs mâles : celles-ci sont plus arrondies ou moins alongées.

Ses fleurs sont sur-tout d'usage ; elles appaisent la toux, facilitent l'expectoration, empêchent l'ulcération des poumons : cette plante convient à ceux qui ont les poumons engorgés : on l'emploie utilement en infusion ou en sirop dans le crachement de sang. Les Pharmaciens en font une conserve qui convient aux poitrinaires.

HERBE CACHÉE. *Voyez* CLANDESTINE.

HERBE AU CANCER. *Voyez* DENTELAIRE.

HERBE DU CARDINAL. Nom donné à la *consoude royale*.

HERBE A CENT MAUX. *Voyez* NUMMULAIRE.

HERBE AU CHANTRE. *Voyez* VELAR.

HERBE AUX CHARPENTIERS ou HERBE DE SAINTE BARBE, *barbarea*, est une espece de cresson (ou de *velar*, suivant M. *Deleuze*) qui croît sur le bord des fossés, le long des ruisseaux & des eaux courantes ou dormantes, quelquefois dans les champs.

Sa racine est oblongue, médiocrement grosse, blanche, vivace, d'un goût âcre: elle pousse plusieurs tiges à la hauteur d'un pied & demi, rameuses, moëlleuses & creuses, portant des feuilles plus petites que celles de la rave, un peu approchantes de celles du cresson, d'un vert foncé & luisant; les sommités sont garnies de longs épis de fleurs jaunes, petites, ayant chacune quatre feuilles diposées en croix: il leur succede de petites gousses longues, cylindriques, tendres, contenant des semences roussâtres: on cultive aussi cette plante dans les jardins potagers pour la salade: elle fleurit en Mai & Juin, elle reste verte tout l'hiver, & se multiplie très-aisément.

Cette plante est détersive, vulnéraire: on en fait des bouillons ou tisanes utiles dans la colique néphrétique, le scorbut ou l'hydropisie naissante: il y a des paysans qui pilent légérement la plante & la font macérer dans de l'huile d'olive pendant un mois de l'été, & s'en servent ensuite avec succès, comme d'un baume excellent pour les blessures.

Quelques-uns donnent aussi le nom d'*herbe aux charpentiers* à la *mille-feuille*. Voyez ce mot.

HERBE AU CHAT. *Voyez* CATAIRE.

HERBE DE CITRON. *Voyez* MÉLISSE.

HERBE DU COQ. *Voyez* COQ DES JARDINS.

HERBE A COTON, *filago*. Cette plante qui croît aux lieux stériles, sablonneux, dans les terres en friche & dans les bois, a une racine fibrée & chevelue, ses tiges sont grêles, cotonneuses, hautes d'un demi-pied, branchues, couvertes d'un grand nombre de feuilles velues & oblongues. Ses fleurs naissent aux extrémités des tiges; ce sont des bouquets à fleurons, évasés en étoile, jaunâtres & soutenus par un calice écailleux: à cette fleur succédent des semences alongées, & garnies chacune d'une aigrette.

Cette plante est desiccative & astringente: on la substitue quelquefois au pied de chat, pour le crachement de sang & pour les regles trop abondantes. *Lo-*

bel dit que dans la partie occidentale de l'Angleterre, le peuple pile cette plante, la fait macérer & bouillir dans l'huile, & s'en sert utilement pour les contusions & les coupures.

HERBE COUPANTE, *cyperus scandens foliis & caule serratis*, BARR. Espece de souchet qui croît à Caïenne, dont les feuilles & les tiges sont dentelées sur les bords comme une scie : l'on doit se garantir d'être accroché & déchiré par cette plante, car les écorchures qu'elle fait sont difficiles à guérir.

HERBE AUX COUPURES. *Voyez* MILLE-FEUILLE.

HERBE AUX CUILLERS, *cochlearia*. C'est une plante qui croît communément aux lieux maritimes & ombrageux, même dans les Pyrénées & sur les côtes de la Flandre, quelquefois dans les jardins. On distingue six especes de *cochlearia* ; mais nous ne parlerons que de la principale, qui est celle des boutiques, autrement dite *cochlearia folio subrotundo*. Sa racine est blanche, un peu épaisse, droite & fibrée; ses feuilles sont nombreuses, arrondies, à oreilles creuses, presqu'en maniere de cuillers, vertes, succulentes, âcres & piquantes, ameres, d'une odeur nidoreuse désagréable, & portées sur des queues longues ; ses tiges sont branchues, courbées sur terre, hautes d'environ un pied, lisses, revêtues de feuilles découpées, longues & sans queues. Ses fleurs, qui paroissent en Avril sont composées de quatre pétales blancs disposés en croix : il leur succéde des fruits arrondis, composés chacun de deux coques qui renferment de petites graines roussâtres. Ces fruits sont mûrs en Juillet.

Toute cette plante tient le premier rang parmi les spécifiques contre le scorbut de terre ; elle est apéritive, détersive, vulnéraire & très-propre à raffermir les gencives : on en fait prendre le suc ou l'infusion ; il y a des personnes qui en mettent dans la biere qu'ils boivent : cette plante desséchée ou en extrait, n'a que peu ou point de vertu, la partie alkaline volatile, qui constitue sa principale propriété, ne s'y trouvant plus.

Les

Les Groënlandois réussissent très-bien à guérir le scorbut de terre, & le scorbut de mer, en mêlant le suc de l'herbe aux cuillers avec celui de l'oseille; à la vérité leur *cochlearia* n'a point l'âcreté du nôtre: on tient dans les boutiques une eau & un esprit ardent de cochlearia distillés.

HERBE D'OR. *Voyez* HÉLIANTHEME.

HERBE DORÉE ou DAURADE. *Voyez* CETERACH. On appelle encore *herbe dorée* une très-grande jacobée des prés, à feuilles de limonier. C'est le *virga aurea major vel doria* de C. Bauhin. Voyez VERGE DORÉE.

HERBE A ÉCHAUFFURE. Plante qui croît à Caïenne sur les murailles, & dont le nom indique son usage: c'est le *begonia hirsuta flore albo, folio aurito, fructu coronato* de Barrere. Le fruit est garni d'une petite couronne, formée par les découpures du calice. On en fait des décoctions pour les élévations de la peau.

HERBE AUX ÉCUS. *Voyez* NUMMULAIRE.

HERBE ENCHANTERESSE. *Voyez* CIRCÉE.

HERBE A L'ÉPERVIER, *hieracium*. Plante qu'on compte au nombre des *chicoracées*, & qui croît dans les champs de tous les côtés, parmi les pâturages; sa racine est longue, simple, charnue & laiteuse: ses tiges sont hautes de deux pieds, anguleuses, creuses, rameuses, vertes brunâtres, garnies de quelques feuilles: ses feuilles principales sortent presque toutes de sa racine, éparses à terre, découpées & vertes.

Les fleurs sont des bouquets à demi-fleurons, jaunes; il leur succede des semences longues, rousses & garnies d'une aigrette; la racine de cette plante est humectante, rafraîchissante & un peu astringente. On distingue encore deux autres especes d'*hieracium*; l'une est l'*herbe à l'épervier à feuilles tachées*; voyez PULMONAIRE DES FRANÇOIS: l'autre est l'*herbe à l'épervier odorante*; elle a effectivement l'odeur de l'amande amere.

Tome IV. X

HERBE A L'ESQUINANCIE. *Voyez à l'article* BEC DE GRUE. On donne aussi ce nom à la *petite garance*. Voyez ce mot.

HERBE A ÉTERNUER ou PTARMIQUE, *ptarmica*. Genre de plante à fleur radiée, dont M. *de Tournefort* compte treize espèces. Nous parlerons de la plus commune, *ptarmica vulgaris, folio longo, serrato, flore albo*. Cette plante croît dans les lieux incultes & marécageux : elle est haute d'un pied & demi, & quelquefois de plus de trois pieds ; sa racine est longue, genouillée, filamenteuse & plongée obliquement en terre : sa tige est grêle, ronde, fistuleuse & garnie de feuilles longues comme celles de l'estragon, crenelées, en dents de scie, & à dentelures fines & aiguës, verdâtres & d'un goût piquant comme celui de la *pyrethre* ; le haut de la tige est rameux ; les fleurs qui paroissent en Juillet sont radiées & blanches, disposées en bouquets fort serrés ou en parasol ; il leur succede des semences menues. Une feuille de cette plante qui, suivant M. *Deleuze*, est du genre de la mille-feuille, mise dans le nez, fait éternuer long-temps : si on la mâche, elle fait saliver & est propre à guérir le mal de dents. Sa racine en fait autant.

HERBE A LA FIÉVRE. Nom donné à une petite plante rampante de Caïenne ; c'est le *balliem* de *Barrere* : elle ressemble assez au plantain par la forme & l'épaisseur de ses feuilles : elle exhale une odeur forte & désagréable ; cependant elle est agréable au goût : on fait usage de ses feuilles en maniere de thé, ou dans le bain pour les fiévres opiniâtres.

HERBE AUX FLECHES. *Voyez* TOULOLA.

HERBE FLOTTANTE, *sargazo*. On donne ce nom au *fucus* ou *varec* qui couvre la portion de la mer des Indes qui est entre les îles du Cap Vert, les Canaries & la terre ferme d'Afrique, & à laquelle les Portugais ont donné le nom de *sargasso* : cette plante s'éleve sur la surface de la mer de trois à quatre pouces, elle pousse plusieurs rameaux menus, déliés, gris, qui s'amoncelent & s'entortillent les uns avec les autres; ses feuilles sont longues, minces, étroites, dentelées en leurs bords, roussâtres, d'un goût approchant de plusieurs fucus de nos mers ou de la perce-pierre. Ses tiges sont garnies de vessies rondes, grosses comme le poivre, légeres & vides. Cette plante est fort tendre quand on la tire de l'eau; mais elle devient dure & cassante quand elle a été séchée. On n'y a jusqu'à présent découvert aucune racine; on y remarque seulement la marque de l'endroit par où elle a été rompue quand on l'a tirée de la mer : il y a néanmoins bien de l'apparence qu'elle est enracinée d'une maniere quelconque au fond de la mer. Cette herbe, par son abondance, rend la navigation de cette mer fort dangereuse, à cause des rochers ou bancs de sable sur lesquels elle croît. *Voyez* GOEMON.

On mange sur les lieux de cette plante en salade; elle est apéritive, diurétique & bonne pour le scorbut.

HERBE AUX GENCIVES. C'est le *fœniculum annuum, umbella contractata oblonga* de *Tournefort*. Voyez VISNAGE.

HERBE A GERARD. C'est *l'angélique sauvage petite*.

HERBE GRASSE ou HUILEUSE. *Voyez* GRASSETTE.

HERBE AUX GOUTTEUX ou HERBE DE LA ROSÉE ou ROSÉE DU SOLEIL, *ros solis*. Plante qui naît dans les lieux rudes, sauvages, humides & marécageux, le plus souvent parmi une mousse aquatique d'un blanc rougeâtre. Sa racine est fibrée & déliée comme des cheveux : elle pousse plusieurs queues longues, menues, velues en dessus, auxquelles sont attachées de petites feuilles presque rondes, concaves, en maniere de cure-oreille, verdâtres, garnies d'une frange de poils rougeâtres, fistuleux, d'où transsudent quelques gouttes de liqueur dans les cavités des feuilles, de sorte que ces feuilles & leurs poils sont toujours mouillés d'une espece de rosée, même dans les temps les plus secs. Il s'éleve d'entre ces feuilles deux ou trois tiges presque à la hauteur d'un demi-pied, grêles, rougeâtres, dénuées de feuilles, lesquelles portent en leurs sommités de petites fleurs disposées en roses blanchâtres : il leur succede de petits fruits de la grosseur & figure d'un grain de blé, & qui renferment plusieurs semences.

On trouve encore une autre espece de *rosée du soleil*, qui ne differe de la précédente que par la figure de ses feuilles qui sont oblongues : elles sont l'une & l'autre également gluantes au toucher, à-peu-près comme la *grassette*, avec laquelle elles ont un certain rapport pour les propriétés : on doit les cueillir dans leur plus grande vigueur & par un temps serein. Si l'on touche du bout du doigt les gouttes de liqueur qui en transudent, cette espece de glu forme de petits filamens soyeux & blanchâtres, qui se coagulent aussi-tôt. Toute la plante est pectorale : on s'en sert dans la toux, l'asthme & l'ulcere du poumon : elle s'ordonne en infusion jusqu'à deux gros, & à un gros en poudre : dans les boutiques on en fait un sirop béchique.

On prétend que le *ros-solis* serré dans la main dissipe la fiévre. Toujours est-il certain que c'est un poison pour les moutons ; il leur gâte le foie, le poumon, & leur excite une toux qui les fait périr insensiblement.

HERBE AUX GUEUX ou VIORNE DES PAUVRES. *Voyez* Clématite.

HERBE DE HALOT. Nom donné à l'*hépatique de fontaine*. Voyez ce mot.

HERBE AUX HÉBÉCHETS. *Voyez* Arrouma.

HERBE AUX HÉMORRHOÏDES. C'est la *scrophulaire petite*. Voyez Chélidoine petite.

HERBE DE LA HOUETTE. *Voyez* Apocin.

HERBE IMPATIENTE. *Voyez* Balsamine.

HERBE A JAUNIR. *Voyez* Gaude. L'*herbe à jaunir des Canaries* est une espece de *petit genêt*.

HERBE DE LA LACQUE. *Voyez* MORELLE A GRAPPES.

HERBE INGUINALE. C'est l'*aster atticus*. DOD.

HERBE AU LAIT, *glaux maritima*. Plante qui croît au bord de la mer, principalement en Zélande & en Angleterre: ses racines sont fibrées: ses tiges grêles, basses & rampantes, portent des feuilles opposées & semblables à celles de l'herniole. Sa fleur est un godet blanchâtre ou purpurin, sans calice, découpé en rosette à cinq quartiers: il lui succede une capsule membraneuse qui renferme des semences rougeâtres & menues. En plusieurs pays on est dans l'habitude d'en faire faire usage aux nourrices, soit dans le potage, ou en décoction, pour leur augmenter le lait. On donne aussi le nom d'herbe à lait au *polygala*. Voyez ce mot.

HERBE AUX MAMELLES. *Voyez* LAMPSANE.
HERBE MAURE ou D'AMOUR. *Voyez* RÉSEDA.
HERBE MINEUSE. *Voyez* SENSITIVE.

HERBE AUX MITTES, *blattaria*. Plante du genre des *verbascum*, qui croît en terre grasse au bord de l'eau, & qui tient son nom de la propriété qu'elle a de tuer l'espece de vermine appellée *mitte*, laquelle ronge les habits. La racine de cette plante a la figure d'un navet, elle est fibreuse: ses tiges sont hautes comme celles de la *moleine*, droites, divisées en ailes; ses feuilles, qui embrassent à demi la tige par leur base, sont longues, pointues, crenelées, glabres, d'un vert noirâtre, d'une odeur désagréable & d'un goût amer; ses fleurs qui naissent une à une le long d'un épi rare, sont des rosettes, comme celles du bouillon blanc, d'un jaune foncé, odorantes: il leur succede un fruit rond qui renferme de petites semences noirâtres: cette plante est apéritive & antivermineuse.

HERBE MOLUCANE, *herba molucana*, est une plante rampante de la Nouvelle Espagne, qui tire son nom d'un lieu nommé *Moluco*, où elle croît abondamment; elle demeure verte toute l'année: on en vante la seconde écorce & les feuilles, comme de puissans vulnéraires, propres à guérir les ulceres invétérés; lorsqu'on applique les feuilles en substance, il faut auparavant les ramollir au feu, ou les piler. Les Indiens appellent cette plante *brungara aradna*, c'est-à-dire, *plante à fleur jaune*. Les François qui sont établis dans le lieu où elle croît, l'appellent le *remede des pauvres* & la *ruine des Chirurgiens*, à cause de ses grandes vertus pour les plaies.

L'herbe molucane étant transplantée, s'étend & occupe en très-peu de temps beaucoup de terrain.

HERBE AUX MOUCHERONS. *Voyez* Conise.

HERBE MUSQUÉE. *Voyez* Moscatelline & Ketmie.

HERBE AU NOMBRIL, *omphalodes*. Nom que donnent les Herboristes à une petite espece de cynoglosse, qui ressemble à la petite bourrache. Cette plante est basse & rampante; ses feuilles sont un peu semblables à celles de la pulmonaire; ses tiges sont hautes d'un demi-pied; ses fleurs sont en rosette, il leur succede des fruits dans des capsules faites en corbeilles, lesquelles contiennent des semences semblables à celles du lin, sa racine est fibreuse. Cette plante croît au printems dans les jardins: elle est astringente & agglutinante.

HERBE AU PANARIS. *Voyez* Renouée argentée.

HERBE DU PARAGUAY. *Voyez* Thé du Paraguay.

HERBE A LA PARALYSIE. *Voyez* Primevere.

HERBE A PAUVRE HOMME. *Voyez* Gratiole.

HERBE AUX PERLES. *Voyez* Gremil.

HERBE DES PITOS. *Voyez* à l'article Pito.

HERBE A LA PITUITE. *Voyez* Staphisaigre.

HERBE AUX POUMONS. *Voyez* Pulmonaire.

HERBE AUX POUX. *Voyez* Staphisaigre.

HERBE AUX PUCES, *psyllium*. Plante dont M. *de Tournefort* compte quatre especes, & qui suivant M. *Deleuze*, est du genre du plantain. Nous ne parlerons que des deux les plus en usage, les autres en diffèrent peu par les propriétés.

L'HERBE AUX PUCES VIVACE, *psyllium perenne, aut majus supinum*, a une racine longue, ligneuse, dure & fibrée, elle pousse des tiges sarmenteuses, ligneuses, rameuses, rampantes, très-chargées de feuilles, étroites, velues & d'un vert blanchâtre, formant une touffe d'un aspect agréable sur le gazon; ses sommités portent de petits épis courts, auxquels sont attachées de petites fleurs lanugineuses, d'un jaune pâle; chacune de ces fleurs est un tuyau évasé par le haut & disposé en croix. Il succéde à cette fleur une capsule membraneuse à deux loges qui renferment des semences menues, oblongues, noirâtres, lisses, luisantes & semblables à des puces: cette espece de *psyllium* se rencontre fréquemment aux environs de Montpellier, & dans les lieux incultes & sablonneux de la mer: on la cultive aussi dans les jardins: elle fleurit en Juillet, & l'on récolte sa semence en automne.

L'HERBE AUX PUCES ANNUELLE, *psyllium annuum*, est l'espece la plus commune; sa racine est annuelle, simple, blanche & fibrée; ses tiges sont hautes d'un pied, rondes, velues, rameuses, garnies de feuilles opposées & semblables à celles de l'hysope ou de l'estragon, nerveuses comme celles du plantain: il sort des aisselles des feuilles, des pédicules longs, garnis en leurs sommets d'épis courts qui sont composés de petites fleurs pâles, semblables, ainsi que les graines qui leur succedent, à celles de l'espece précédente.

Cette espece de *psyllium* croît abondamment dans les champs, aux bords des vignobles.

L'herbe aux puces contient beaucoup de parties mucilagineuses; sa semence est rafraîchissante & adoucissante, elle convient dans les inflammations des reins. Les Égyptiens s'en servent contre les fiévres ardentes; dans notre pays on en emploie tous les jours & avec succès dans l'ardeur d'urine, & pour adoucir l'âcreté de certains purgatifs; enfin c'est un assez bon spécifique pour arrêter le crachement de sang, la dyssenterie & les gonorrhées.

On donne le nom d'*herbe à la puce* au *toxicodendron*. Voyez ce mot.

HERBE AUX PUNAISES. Nom donné par *Tournefort* à la grande espece de verge d'or, dont les feuilles sont visqueuses & odorantes, & les fleurs radiées. C'est le *conyza major, Monspeliensis odorata* de J. *Bauhin*.

HERBE A LA REINE. *Voyez* NICOTIANE.

HERBE AUX RHAGADES, *rhagadiolus*. Plante qui croît dans les lieux incultes aux pays chauds; ses tiges sont hautes d'un pied & demi, lanugineuses & rameuses: ses feuilles sont longues, sinueuses & velues; sa fleur est un bouquet à demi-fleurons jaunes, dont les feuilles sont pliées en gouttiere; à la fleur succedent des graines membraneuses, disposées en étoile & velues: les semences sont longues & pointues: cette plante prise en décoction, est apéritive, détersive & diurétique.

HERBE A ROBERT. *Voyez à l'article* BEC DE GRUE.

HERBE SANS COUTURE. *Voyez* OPHIOGLOSSE.

HERBE DE SCITHIE. *Voyez* RÉGLISSE.

HERBE DE SAINT ANTOINE, *chamænerion*. C'est le petit *laurier rose*. Voyez ce mot.

HERBE DE SAINTE BARBE. *Voyez* HERBE AUX CHARPENTIERS.

HERBE DE SAINT BARTHELEMI. C'est l'*herbe du Paraguay*. Voyez THÉ DU PARAGUAY.

HERBE DE SAINT BENOIT. *Voyez* BENOITE.

HERBE DE SAINT CHRISTOPHE, *Christophoriana*. Plante qui croît dans les lieux montagneux: sa racine est grosse, chevelue, noire en dehors & jaunâtre en dedans: elle pousse des tiges à la hauteur de deux pieds, menues, rameuses: ses feuilles sont grandes & larges, laciniées, dentelées & verdâtres. Ses fleurs qui naissent aux extrémités des branches, sont à fleur en rose, disposées en grappes & succédées de baies molles, noirâtres & remplies de semences applaties. On ne se sert de cette plante qu'extérieurement, soit pour guérir la gale, soit pour faire mourir la vermine. Cette plante est l'*actea nigra* de *Linnæus*, ou l'*aconit rameux*: prise intérieurement on la regarde comme un poison subtil.

HERBE DE SAINT ÉTIENNE ou DES MAGICIENNES. *Voyez* CIRCÉE.

HERBE DE SAINT FIACRE. C'est l'herbe aux verrues.

HERBE DE SAINT INNOCENT. C'est la renouée ou centinode.

HERBE DE SAINT JACQUES. *Voyez* JACOBÉE.

HERBE DE SAINT JEAN. *Voyez* ARMOISE.

HERBE DE SAINT JULIEN. *Voyez* SARRIETTE.

HERBE DE SAINT LAURENT. *Voyez* BUGLE.

HERBE DE SAINT PIERRE. *Voyez* PRIME-VERE.

HERBE SALUTAIRE, *herba salutaris*. On prétend que c'est l'épine blanche dont le Christ a été couronné. *Castelli Lexicon.*

HERBE A SEPT TIGES ou GAZON D'OLIMPE. *Voyez* STATICE.

HERBE DU SIÉGE. *Voyez* SCROPHULAIRE AQUATIQUE.

HERBE AU SOLEIL ou FLEUR AU SOLEIL ou COURONNE DU SOLEIL ou SOLEIL, *corona solis*, Tournefort. C'est l'*helianthus* de *Linnæus*. Plante différente de l'héliotrope ou tournesol, & dont il y a beaucoup d'espèces : la première monte fort haut en peu de temps, & principalement en Espagne, où l'on en a vu croître à la hauteur de vingt-quatre pieds : celle qu'on cultive en France, est de la hauteur de six pieds environ. Sa tige est grosse, droite, sans rameaux ; ses feuilles sont grandes & larges comme celles de la bardane, & crenelées en leurs bords : elle porte en son sommet une grande fleur large, ample, radiée, jaune, arrondie, représentant une couronne formée par des demi-fleurons qui entourent un grand amas de fleurons : cette fleur est toujours penchée du côté du soleil, parce qu'étant pesante, & sa tige étant échauffée & amollie de ce côté-là, elle y doit naturellement incliner : (*voyez l'explication de ce phénomene à l'article* PLANTE.) A la fleur succede un grand nombre de semences oblongues, plus grosses que celles du melon, garnies chacune dans le haut de deux feuillets membraneux, & enchâssées dans une feuille membraneuse en gouttiere.

M. *Antoine-Laurent de Jussieu* a observé sur les fleurons de cette fleur qui n'étoient pas encore épanouis, une exudation, qui étoit une substance filante, gluante & collante, presque en tout semblable pour le goût & l'odeur, à la térébenthine de Venise, & qui donne en brûlant une flamme très-analogue. Ce qu'il a observé de singulier, c'est que ces gouttes n'étoient pas soutenues par les divisions de la corolle du fleuron, ou par les étamines, mais par une espece de petite membrane qui sert d'enveloppe à la graine ; cette membrane est blanche à sa partie inférieure, & verte à son sommet, & c'est le prolongement vert de cette membrane qui donne un œil verdâtre au cœur de cette fleur quand les demi-fleurons du disque sont épanouis, & lorsque les fleurons du centre ne le sont pas encore. En vain a-t-il cherché dans l'intérieur de ces fleurons la substance miellée qu'on trouve ordinairement à la base de chaque fleur. Ces fleurons ou demi-fleurons en seroient-ils, dit-il, dépourvus, ou les abeilles plus diligentes en auroient-elles déjà fait la récolte ?

La *seconde espece* ou *variété d'herbe au soleil* est plus petite que la précédente, elle se divise en plusieurs rameaux : l'une & l'autre sont vivaces.

Il y a plusieurs autres especes de *soleils* que l'on cultive dans les jardins. Ces plantes viennent du Pérou : on les cultive présentement dans tous les jardins en Europe, sur-tout dans les potagers, à cause de la beauté de leurs fleurs ; ils conviennent aussi entre les arbres isolés d'une grande allée d'un parc : on les peut tondre en buissons, en retranchant au ciseau les branches qui s'élèvent trop. Les semences de la grande espece servent dans la Virginie à faire du pain & de la bouillie pour les enfans. Les Sauvages du Continent de l'Amérique mangent ces graines & en tirent une huile propre pour différens usages, & sur-tout pour nourrir la lampe. On mange aussi les sommités de cette plante encore jeune, après les avoir fait cuire & les avoir trempées dans de l'huile & du sel. On dit que toute la plante est nourrissante, restaurante, propre pour exciter la semence. M. *Hales* a prouvé par des expériences qu'un pied de soleil, (le vosakan) à masses égales & dans des temps égaux, transpire dix-sept fois plus qu'un homme.

HERBES AUX SORCIERS. *Voyez* Pomme épineuse.

HERBE DE TAUREAU. *Voyez à l'article* Orobanche.

HERBE AUX TEIGNEUX. *Voyez* Bardane & Pétasite.

HERBE AUX TEINTURES. *Voyez* Genestrole.

HERBE DE LA TRINITÉ. *Voyez* Pensée.

HERBE TURQUE. *Voyez* Turquette.

HERBE AUX VARICES. Nom que l'on donne communément au *chardon hémorrhoïdal*. Voyez ce mot.

HERBE DE VERRE. Nom donné par quelques-uns à la pariétaire. *Castelli Lexicon*.

HERBE DU VENT. *Voyez* Coquelourde.

HERBE AUX VERRUES ou HÉLIOTROPE, *heliotropium, aut verrucaria*. Cette plante qui vient abondamment dans les champs, le long des chemins, aux lieux sablonneux & auprès des édifices, est de l'ordre des borraginées ; elle a une racine simple, dure, menue & ligneuse, sa tige est haute d'environ un pied, cotonneuse, d'un vert blanchâtre, remplie de moëlle & rameuse : ses feuilles sont semblables à celles du basilic, ovalaires, nerveuses & velues : ses fleurs naissent aux extrémités des rameaux, en manière d'épis blancs, longs, lanugineux, assemblés ordinairement deux à deux, & contournés comme la queue d'un scorpion : chacune de ces fleurs est un petit bassin plissé; il leur succede quatre semences jointes ensemble, oblongues, cendrées, convexes d'un côté & applaties du côté par où elles se touchent.

Les feuilles de cette plante sont ameres : si on frotte avec cette herbe les verrues, les porreaux & les corps du gland où de la verge & de l'anus, elle les guérit; elle passe pour efficace contre les ulceres gangreneux & les tumeurs écrouelleuses.

On conserve en hiver dans des serres chaudes, l'héliotrope qui a l'odeur de vanille. Ces héliotropes mis dans de beaux vases & placés dans les appartemens, les décorent & les parfument.

HERBE AUX VERS. C'est la *tanaisie*.

HERBE AUX VIPERES, *echium vulgare*. Plante boraginée qui croît dans les champs, contre les murailles; sa racine est longue, grosse comme le pouce & ligneuse; ses tiges sont hautes de deux pieds, velues & piquetées de taches rouges & rudes; ses feuilles sont étroites, velues, rudes au toucher & d'un goût fade. Ses fleurs qui environnent toute la longueur de la tige sont en entonnoir, ou plutôt en tube évasé, un peu irrégulier, à cinq découpures arrondies, plus alongé par le haut & de couleur bleue purpurine : il leur succede quatre semences jointes ensemble, ridées & ayant séparément la figure de la tête d'une vipere; d'où vient qu'on l'appelle *herbe aux viperes*. Pour soutenir l'honneur de son nom on a prétendu aussi que cette plante étoit spécifique contre la morsure de la vipere : on est plus sûr de sa qualité humectante & pectorale : elle adoucit les âcretés du sang, le rafraîchit & elle le purifie : elle abonde en parties nitreuses. M. *Deleuze* dit que les abeilles aiment beaucoup cette plante.

HERBE VIVE. C'est la *sensitive*.

HERBE AUX VOITURIERS. *V.* MILLE-FEUILLE.

HERBE DE VULCAIN. *Voyez* RENONCULE.
HERBES VULNÉRAIRES. *Voyez* FALTRANCK.
HERBIER. On donne ce nom à un amas de plantes entieres ou de parties de plantes desséchées, soit à la presse, soit sans les comprimer, & conservées dans des papiers ou cartons, afin d'en avoir l'image sous les yeux sans sortir de chez soi, & dans des temps où la rigueur du climat nous empêche de les avoir fraîches & vivantes. On range ces plantes selon quelque méthode botanique.

Quelques Curieux font de ces jardins secs, soit en prenant l'empreinte des plantes comme nous le dirons ci-après, soit par le dessin, la gravure, l'enluminure ou la peinture. Mais ces dernieres méthodes ont beaucoup d'inconvéniens : car quoique les figures en général, ou leurs dessins puissent être regardés comme des lettres ou caracteres qui peignent & expriment aux yeux l'ensemble des différences des objets, quoique leur utilité & leur nécessité soient bien démontrées en Histoire Naturelle; cependant les défauts qui les accompagnent trop communément font tort à la Botanique. On y pourroit remédier en unissant les descriptions aux figures : par ce moyen on auroit non-seulement la figure de la plante, mais aussi l'explication de toutes ses qualités physiques, comme la saveur, l'odeur, la durée, le lisse, le lieu, le climat, les vertus, &c. Les quatre moyens les plus usités de figurer les plantes, sont la peinture, l'impression en couleur, l'enluminure & la gravure. On doit avoir soin de dessiner chaque plante dans tous ses détails, depuis sa racine jusqu'à ses graines, &c. représenter toutes ses parties dans leur situation naturelle, en réduire la grandeur naturelle à une échelle moyenne, & grossir au microscope les plantes infiniment petites : en un mot choisir un milieu entre ces deux extrêmes.

Plus les plantes se desséchent promptement, plus elles conservent de leurs couleurs naturelles. Celles qui se desséchent presque subitement à la moindre chaleur ont communément peu de sucs, telles sont la plupart des gramens, des ombelliferes, des labiées, des légumineuses : celles qui exigent plus de chaleur & un espace de huit à quinze jours pour se dessécher, sont les brionnes, quelques renoncules & autres plantes aqueuses : celles qui ne se desséchent que difficilement & au bout de quelques mois, sont les pourpiers, les joubarbes, plusieurs liliacées, les plantes marines, & autres *plantes* appellées *grasses* ou *charnues*. M. *Adanson* dit qu'il n'y a aucune plante de ces trois classes qu'il ne soit parvenu à dessécher, en employant trois sortes de degrés de chaleur ; savoir, celui de la chaleur humaine (30 ou 35 degrés) qu'on peut employer pour les premieres. La chaleur du soleil entre 40 & 60 degrés pour les deuxiemes. Enfin celle du fer chaud ou du four, qui doit aller de 80 à 100 degrés pour les plantes charnues.

Au reste de telle maniere qu'on veuille dessécher les plantes, il faut les avoir cueillies par un temps sec, sans rosée, dans toute leur vigueur & sur-tout aux endroits qui sont les plus favorables à chacune, & garnies de leurs racines, feuilles, fleurs & fruits ou graines ; les étendre ou les disposer de maniere à bien développer leur forme, leur position, leurs différens aspects ; supprimer les endroits trop chargés ; donner à l'ensemble l'élégante forme de la nature, & les mettre sans aucun pli chacune entre deux feuilles de papier gris. Lorsque la premiere humidité de la plante a été absorbée, on la met dans un nouveau feuillet jusqu'à parfaite dessication, puis on les arrange & on les conserve ainsi séchées dans de nouvelles feuilles de papier blanc. Des personnes sont dans le mauvais usage de coller de petites plantes pour les fixer en place ; ce moyen empêche qu'on ne les puisse voir des deux côtés ; il suffit de les attacher au papier avec des épingles qui fixent leurs tiges & leurs branches principales. Quant aux plantes fort épaisses & fort amassées l'on peut, si l'on veut, les coudre pour qu'elles ne glissent pas lorsqu'on ouvre son herbier; mais le mieux & le plus commode pour l'usage est de les laisser libres chacune dans leur papier volant. Pour conserver un tel herbier, il suffit de le garantir de la moisissure & des mittes, à l'aide de l'étuve & de la poudre de coloquinte.

Pour ce qui concerne la maniere de sécher les plantes sans les aplatir ni les comprimer, *voyez à l'article* FLEURS. Lorsqu'on veut donner un vernis à la plante, on l'enduit fraîche d'une eau de gomme épaisse, puis on la met sécher au four; mais la gomme prend la poussiere dans les temps humides : il vaudroit mieux se servir du blanc d'œuf bien battu avec quelques gouttes de lait de figuier ou de tithymale : ces sortes de gommes-résines augmentent la limpidité de cette espece de vernis.

On sait que parmi les plantes qu'on desséche à la presse, il y en a qui laissent sur le papier leur figure empreinte, soit par une sorte de gomme-résine qui couvre leur surface, comme dans le ciste ladanifere, soit par une couleur que leur humidité y décharge, comme dans la plupart des saules & des peupliers; ce qui, selon l'Auteur des Familles des Plantes, fait une impression que l'art a imitée, en gommant légérement celles de ces plantes qui sont aqueuses, huilant celles qui ne prennent pas l'eau ou la gomme, puis répandant dessus de la couleur en poudre, & les mettant ensuite à la presse sur un papier blanc auquel s'attachoit cette couleur, en marquant davantage les côtes & les nervures. Telle est la maniere d'avoir les plantes par empreinte. Enfin *Boyle* a indiqué un moyen de prendre l'empreinte grossiere de la figure des feuilles de toutes sortes de plantes. Pour cela il faut noircir une feuille quelconque à la fumée de quelque résine, du camphre ou d'une chandelle, &c. Ensuite après avoir noirci cette feuille suffisamment, on la met légérement à la presse entre deux papiers brouillards, par exemple deux papiers de la Chine, ou bien l'on frotte sur le papier supérieur avec un polissoir de verre, ou seulement avec le pouce, & l'on a l'exacte étendue, figure & ramification des fibres de la feuille ; voyez *Boyle's works abridg'd, vol. 1. pag. 132* : consultez aussi le *quatrieme Journal d'Histoire Naturelle de M. l'Abbé Rozier* : mais cette empreinte s'efface très-aisément en tout ou en partie. L'art a trouvé une autre façon de prendre la figure d'une plante sans l'aplatir : c'est en coulant dans son moule fait de plâtre, du métal fondu, comme étain, plomb, &c. ce procédé qui est actuellement connu de tout le monde, produit une plante métallique qui représente assez parfaitement la naturelle. L'industrie des hommes est encore parvenue à disséquer les feuilles supérieurement bien ; l'on fait aujourd'hui des squelettes de feuilles beaucoup plus parfaits que ceux que nous fournissent les insectes si vantés dans ce travail par quelques Naturalistes. *Severinus* est un des premiers qui ait montré l'exemple, quoique seulement sur un petit nombre de feuilles. Ensuite *Musschenbroeck*, *Kundman* & autres ont poussé le succès jusqu'à faire des squelettes de toutes sortes de feuilles. M. *Haller* dit qu'on y parvient par la macération, & que les eaux thermales y sont propres. *Voyez les articles* PLANTE, FLEUR, FEUILLE, &c.

HERECHERCHE. Espece singuliere de mouche luisante qui, selon *Dapper*, se trouve dans l'île de Madagascar, & dont les bois sont remplis comme d'autant de bluettes de feu qui forment un spectacle singulier pendant la nuit. Quelquefois ces mouches s'attachent en nombre aux maisons. La peur grossit les objets. Un voyageur s'éveillant en sursaut crut voir sa chambre en flamme : il fut saisi d'effroi ; mais il revint bientôt de son étonnement. *Flacourt* crut un jour aussi sa maison en feu ; mais en examinant de près il ne trouva qu'un sujet d'amusement & d'admiration dans ce qui avoit causé sa frayeur. *Dapper* dit que c'est un escarbot lumineux qui éclaire & étincelle dans les bois

bois & sur les maisons pendant toute la nuit, comme s'il étoit enflammé. *Voyez l'article* MOUCHE LUISANTE.

HÉRISSÉE. Nom qu'on donne à la chenille velue de l'artichaut, & qui dès qu'elle est rassasiée de ses feuilles, se retire en terre : son papillon est blanc.

HÉRISSON BLANC ou BARBET BLANC. M. *de Réaumur* donne ce nom au plus singulier des *vers mangeurs de pucerons*, à cause de sa figure singuliere & remarquable. Tout son corps est couvert & hérissé de certaines touffes blanches, oblongues, & arrangées comme les piquans d'un porc-épic : ce sont des filets ou pinceaux rangés avec symétrie sur six lignes. Il y a de ces insectes dont les touffes sont beaucoup plus longues que celles des autres : elles ne s'élevent pas en ligne droite, mais se recourbent un peu en crochets, & en partie vers la queue ; les crochets du bord du ventre sont tournés en dehors ; ceux de la tête tombent sur les yeux ; ce qui donne à cet insecte l'air de ces barbets à qui des touffes de poils tombent sur les yeux. M. de *Réaumur* explique l'origine de ces touffes cotonneuses, *Mém. II. Tom. III.*

Ce Naturaliste dit avoir trouvé cet insecte dans les mois de Juin & de Juillet, sur des feuilles de prunier peuplées de pucerons ; on en trouve aussi sur le rosier : il ajoute que ces pucerons de prunier semblent être plus de son goût que tous les autres. Pendant toute sa vie il est entouré d'une abondante provision de gibier. Quand ces *barbets blancs* en ont dépouillé une feuille, ils passent sur la feuille voisine. Ces petits insectes barbets en moins de quinze jours parviennent à la grandeur qu'ils doivent avoir : sans quitter cette fourrure, & fixés dans un endroit, ils se transforment en une nymphe peu différente de celle des scarabées hémisphériques. Après que l'insecte est resté environ trois semaines sous cette forme, il la quitte pour prendre celle d'un très-petit scarabée. *Voyez* COCCINELLE.

HÉRISSON FRUIT. On donne ce nom à un fruit des Indes Orientales, de la figure & de la grosseur d'une poire, mais couvert d'une écorce hérissée d'épines. Il croît par grappes à de grands arbres, & sa pulpe, qui est de fort bon goût, se conserve si bien qu'on en fait provision dans le pays pour les voyages de mer.

HÉRISSON DE MER, *echinus ovarius, marinus*. Voyez à l'article OURSIN. On donne aussi le nom d'hérisson de mer au *poisson armé*. Voyez ce mot.

HÉRISSON TERRESTRE, *echinus terrestris*, est un petit animal terrestre, gros comme un lapin moyen, & qui fréquente ordinairement les bois; c'est le seul quadrupede dans notre climat qui soit couvert de piquans, & qui se pelotonne au point de cacher tous ses membres. Il est long de huit à neuf pouces: ses yeux sont petits & à fleur de tête : ses oreilles sont larges, arrondies & élevées, ses narines dentelées ; il a à chaque pied cinq doigts armés d'ongles, le pouce est plus court que les autres. Tout le dessus du corps, savoir le dos, les côtés & le sommet de la tête, sont couverts de piquans durs & pointus, comme le sont les coques de châtaignes; ces piquans sont variés de brun & de blanchâtre, les plus longs ont environ un pouce & demi, sur une demi-ligne de diamétre. Le hérisson leve & abaisse à son gré ces épines qui sont ses armes naturelles. Sa tête, si on en excepte le sommet, sa gorge, son ventre, ses pieds & sa queue sont couverts de poils bruns & blanchâtres: il a à chaque mâchoire deux longues dents incisives; les supérieures sont éloignées l'une de l'autre, & les inférieures presque contiguës; & en outre de chaque côté de la mâchoire supérieure sont quatre petites dents canines séparées par paires, & cinq molaires, dont la premiere & la derniere sont plus petites que les trois du milieu: de chaque côté de la mâchoire inférieure, il y a trois petites dents canines contiguës & couchées obliquement en avant, & quatre molaires, dont la derniere est plus petite que les trois autres : en tout trente-six dents. La femelle a huit mamelons.

Il ne faut pas confondre cette espece de hérisson avec le porc-épic : ces animaux différent l'un de l'autre par la grandeur, par la forme de leurs aiguillons, par la figure du corps; & par les pays qu'ils habitent. *Voyez* PORC-ÉPIC.

On distingue plusieurs sortes de *hérissons terrestres*, dont le caractere est d'avoir deux dents incisives à chaque mâchoire, des dents canines, les doigts onguiculés, & le corps couvert de piquans. Il y a des hérissons qui ont le museau long, pointu, semblable au groin d'un pourceau; dans les autres il est plus court, plus applati, & semblable au museau d'un chien.

Quand le hérisson a peur il se met en rond; & par ce moyen il cache sa tête & ses pieds, & n'offre de toutes parts qu'une boule épineuse. Dans cet état il se défend très-bien contre les chiens & les autres bêtes: si on l'arrose d'eau ses pointes se rabaissent aussitôt. Cet animal ne sort que la nuit : il se nourrit de fruits tombés à terre; il détache avec ses pattes les grappes de raisins : rien d'aussi singulier que de le voir se rouler sur ces grappes qui sont à fleur de terre, ou sur les fruits que le vent a abattus. Dès qu'il sent que ses pointes sont entrées dans ces fruits, il s'enfuit avec sa charge dans les lieux où il se retire, soit dans les troncs des vieux arbres couchés à terre, soit dans les cavernes, ou au pied des vieilles masures. Cet animal passe le fort de l'hiver à dormir. On prétend qu'il fouille aussi la terre avec le nez à une petite profondeur; qu'il mange les scarabées, les vers & quelques racines: il ne rejette pas la viande. On l'apprivoise dans les maisons pour détruire les rats & les souris dont il se nourrit.

Entre les quadrupedes, dit *Mathiole* sur *Dioscoride*, le seul hérisson a les parties naturelles attachées au reins comme les oiseaux. Le mâle & la femelle s'accouplent debout face à face, à cause de leurs piquans : c'est au printemps qu'ils se cherchent, & ils produisent au commencement de l'été: ils ont ordinairement quatre petits, lesquels sont blancs en naissant, & l'on voit seulement sur leur peau la naissance des piquans. On trouve dans les *Mémoires de l'Académie des Sciences*, & dans les *Ephémérides des Curieux de la Nature*, la description anatomique du hérisson.

Le hérisson est d'un naturel froid. M. *Temple* assure qu'ayant ouvert deux de ces animaux, il en détacha le cœur dont les mouvemens de systole & de diastole continuerent pendant deux heures entieres: il fit éprouver à ces visceres, pendant la derniere demi-heure, une convulsion à chaque piqûre qu'il leur faisoit. Le hérisson abonde en excrémens: sa chair est astringente, difficile à digérer, & nourrit peu; mais dans les Indes, où la chair du hérisson est blanche, les Indiens s'en nourrissent. Comme ces animaux ne vivent que de fruits, d'œufs de fourmis, d'herbes & de racines, les Espagnols en mangent pendant le Carême.

On trouve aussi dans les pays étrangers plusieurs sortes de hérissons terrestres; savoir, le *hérisson d'Afrique*, qui, selon *Dapper*, se trouve dans le pays des Négres: il y en a de la grosseur de nos pourceaux, que l'on appelle *quenia*: ils ont des piquans fort longs, qu'ils hérissent quand ils sont en colere: ils tuent les léopards qui les veulent dévorer; car les plaies qu'ils font sont incurables, à cause de la longueur & de l'épaisseur de leurs piquans. Les petits n'ont pas plus d'un pied de hauteur, & leurs pointes sont plus foibles. Ce hérisson est un *porc-épic*.

Le *hérisson d'Amérique*, qui est de la grosseur du nôtre, n'a point les oreilles saillantes; elles sont comme des especes de trous. Ses piquans sont courts, gros & durs, d'un cendré jaunâtre; le reste est comme dans les hérissons ordinaires.

Le *hérisson de Malaca*, qui a les yeux grands & brillans: ses oreilles sont glabres; ses piquans sont effilés, variés de blanc noirâtre, & de blanc roussâtre, longs depuis un jusqu'à six pouces. Les espaces qui sont entre ces piquans, sont remplis de poils déliés, longs & soyeux. On le trouve à Java, à Sumatra, & sur-tout à Malaca. Ce n'est peut-être encore qu'une espece de *porc-épic*. Voyez ce mot.

Le *hérisson de Sibérie*, qui est fort petit, a les oreilles & le museau courts: ses piquans sont gros, pointus, mais courts, & d'un jaune doré. Son ventre est garni de poils fins, laineux, d'un cendré doré.

Les Chasseurs dans l'Inde & dans l'Afrique, pour prendre les hérissons & les porc-épics, se servent de ruses & retiennent leurs chiens; car ces animaux blessent les hommes & les chiens avec leurs piquans, qui sont comme autant de poignards: il y en a de blancs, de noirs & de différentes couleurs.

HÉRISSONE. Chenille marte, ou espece de chenille velue, dont le poil forme des houpes. *Voyez l'article* CHENILLE MARTE.

HÉRITINANDEL. Couleuvre fort dangereuse de la côte de Malabar. M. *Linnæus* dit que sa morsure corrompt toutes les chairs, qui pourrissent & tombent ensuite; & qu'après mille tourmens, le malade meurt.

HERMAPHRODITE. On donne ce nom aux individus dont les deux sexes sont réunis dans une même enveloppe, & peuvent se féconder réciproquement: tels sont la plupart des végétaux. On n'a pas encore vu d'animaux qui puissent rigoureusement porter ce nom. Les limaçons, par exemple, quoiqu'ils réunissent les deux sexes dans une ouverture commune, ne peuvent se féconder eux-mêmes, & font une espece particuliere d'hermaphrodites. *Voyez* LIMAÇON. Ceux qui portent les deux sexes sur le même individu, mais séparés l'un de l'autre, chacun dans une enveloppe particuliere, s'appellent *androgines*. M. *Adanson* dit qu'on n'en a encore vu que dans les plantes. Parmi les hermaphrodites & les androgines on voit souvent, dit encore le même Auteur, l'un des deux sexes stériles: quelquefois aussi l'on voit des hermaphrodites mêlés avec des mâles & des femelles parmi ces androgines; on appelle ces derniers *ubrides* & *polygames*.

On voit à l'article COQUILLAGE les différentes especes d'hermaprodisme connues : il est maintenant facile de juger de la différence d'un *hermaphrodite* avec un *aphrodite* : celui-ci, que M. *Linnæus* a appellé *monoique*, parce qu'il est *unisexe*, produit seul & toujours par génération sans le concours d'un autre individu, &c. *voyez l'article* APHRODITE, & ce qui est dit de l'hermaphrodisme des fleurs au mot *fleurs* : voyez encore le mot SEXE, inféré dans le *Tableau alphabétique*, &c. à la suite de l'article PLANTE.

Le vulgaire s'imagine que les personnes qu'on appelle hermaphrodites ont à la fois toutes les parties naturelles des deux sexes : mais c'est une erreur. Ces hermaphrodites sont des monstres, n'y en ayant jamais eu d'assez parfaits pour servir en même-temps de mâle à une femelle & de femelle à un mâle, & pour devenir propres à produire & à concevoir avec l'un & avec l'autre des deux sexes.

Les sujets humains, que l'on qualifie de ce nom, loin d'être tout à la fois hommes & femmes, ne sont ordinairement ni l'un ni l'autre : ils ne doivent leur conformation singuliere qu'à un jeu de la Nature dont l'opération ordinaire a été interrompue. Nous disons *jeu de la Nature*, car la Nature ne confond jamais pour toujours, ni ses véritables marques, ni ses véritables sceaux.

Il n'est pas absolument rare de voir des sujets hermaphrodites, ou du moins qui se font passer pour tels, depuis qu'ils n'ont rien à appréhender des préjugés & des lois. Bien loin d'être jetés à la mer ou dans la riviere, comme on le faisoit à Athenes & à Rome; au lieu d'être relégués dans quelque île déserte, & regardés comme des êtres de mauvais présage, on les cherche avec soin, on desire de les voir comme un des objets les plus curieux que la Nature puisse offrir.

On a vu à Paris, en l'année 1751, un hermaphrodite âgé de seize ans, qui avoit été baptisé comme fille & nommé *Michel-Anne-Drouart*. Ce sujet étoit maigre, mince, sec, sa poitrine étoit plate, & ne montroit rien qui annonçât une gorge naissante ; il ne se sentoit aucune des incommodités propres au sexe ; il avoit beaucoup de poil sur tout le corps, principalement au menton & aux parties naturelles : sa marche, son port, ses gestes, le ton de sa voix étoient d'un garçon ; mais l'examen qu'on en fit donna lieu de penser que ce prétendu hermaphrodite n'étoit qu'une fille pourvue d'un grand clitoris.

On est porté à croire que tous les hermaphrodites sont des filles mal configurées. Leurs inclinations dominantes sont plus propres que tout autre examen à décider le sexe qui les constitue : celle de Paris dont on vient de parler, & qui s'est présentée en l'année 1766 aux regards curieux des personnes qui étoient dans ma maison, n'a pas choisi une fille pour voyager, mais un garçon d'asez bonne mine. Quoique cet hermaphrodite parût pourvu des parties viriles, il ne pouvoit en faire usage ; car, quoique susceptibles d'érection, elles ne pouvoient se relever à cause d'un double frein qui les arrêtoit.

Cependant la Nature n'est pas toujours constante à cet égard, & l'on en a un exemple bien frappant dans le nouvel hermaphrodite que l'on a vu à Paris au commencement de 1765. Cet être, nommé *Grand-Jean*, qui participoit en apparence de l'un & de l'autre sexe, & qui a été baptisé en 1732, à Grenoble comme fille, & marié à Chambéry en 1761 comme garçon, a fixé l'attention des Magistrats de la ville de Lyon & de celle de Paris. Le sexe le plus apparent chez cet infortuné, au premier moment de son existence, fut le sexe féminin : il vit les filles avec indifférence jusqu'à l'âge de quatorze ans ; ce fut alors qu'il éprouva l'instinct du plaisir, & qu'il sentit naître des passions qui n'appartiennent point au sexe dont on l'avoit cru d'abord.

Enfin, cet individu qui n'étoit point obligé d'être Naturaliste, prit le vêtement convenable au sexe dominant chez lui, c'est-à-dire, les attributs de la masculinité ; ainsi l'âge & des facultés trompeuses l'appellerent à l'état de mari. Mais des circonstances plus singulieres les unes que les autres, déterminerent les Magistrats de Lyon à décréter de prise-de-corps l'individu hermaphrodite, & à le réduire dans un cachot les fers aux pieds, à le mettre au rang des infames, enfin à le condamner d'être attaché au carcan, au fouet & au bannissement perpétuel. Ces peines rigoureuses prononcées pour le maintien des mœurs, parce que ces premiers Juges avoient cru trouver dans son mariage la profanation d'un Sacrement auguste : ces peines, dis-je, ne furent point ratifiées par les Juges du Parlement de Paris : ceux-ci examinerent quel étoit dans le physique, dans le droit & dans le fait l'état de l'accusé : bientôt éclaircis des erreurs ou des caprices de la Nature, & de la bonne foi de l'individu que la Nature elle-même avoit trompé, les Dépositaires des lois rendirent la liberté à ce malheureux citoyen, & lui assignerent la place qui lui étoit propre dans la Société (celle de femme), & ils déclarerent nul son mariage, qui, ne pouvant donner des citoyens à la patrie, n'auroit pu subsister davantage sans profanation.

Il est important de dire ici que tout l'ensemble de *Grand-Jean* paroissoit être un mélange des deux sexes dans la même inperfection : il n'avoit point de barbe, mais ses jambes étoient velues : sa gorge plus considérable que ne l'est communément celle d'un homme, n'étoit point délicate & sensible au toucher comme celle des femmes ; les mamelons en étoient gros & sans aréole : sa voix étoit celle d'un garçon qui arrive à l'adolescence : son espece de mentule qui sortoit des grandes lévres, au-dessus du méat urinaire, étoit longue de cinq doigts, de l'épaisseur d'un doigt, susceptible d'érection, & demeuroit ferme dans l'acte du coït : on y distinguoit vers l'origine deux especes de testicules, & vers son sommet une sorte de gland avec son prépuce : comme ce gland n'étoit point perforé, il n'en pouvoit sortir aucune matiere séminale. Quant au reste de la vulve, l'entrée en étoit très-étroite, & il n'en sortoit aucun écoulement menstruel ni séminal, &c.

Tout ce détail, & une multitude d'autres observations que nous croyons inutile de citer ici, tendent à démontrer, 1°. que parmi les différentes especes d'hermaphrodites, il n'y en a point qui réunisent les facultés des deux sexes avec un égal avantage, c'est-à-dire qui puisent engendrer hors d'eux comme dans eux, & qui puisent être au gré de leur caprice, tantôt femmes, tantôt hommes ; 2°. Que s'il se trouve des hermaphrodites qui ont un sexe prédominant, avec toutes les facultés qui lui sont propres, les organes du sexe opposé sont imparfaits, &c. 3°. Enfin, que la derniere espece d'hermaphrodite, & qui est la plus commune, se rencontre dans ceux qui ont quelque chose de la conformation appartenante à l'un & à l'autre sexe, & qui ne sont puisans ni dans l'un ni dans l'autre. Tel étoit *Grand-Jean*, & tels ont été vraisemblablement tous les individus de l'espece humaine qui ont passé pour hermaphrodites. Les autres hemaphrodites que l'on a vus, avoient des différences dans la conformation. Au reste, quoique les hermaphrodites passent pour des femmes, il ne paroît pas qu'il soit bien démontré qu'aucune de ces prétendues femmes ait conçu. Il y a eu des gens qu'on a regardé quelquefois, mais fort mal-à-propos, comme des hermaphrodites ; c'étoient de jeunes gens, qui à l'âge de puberté devenoient garçons, de filles qu'on les avoit crus ; les parties de l'homme qui étoient demeurées cachées, sortoient tout d'un coup, ou par la force du tempérament à l'âge de quinze ou vingt ans, ou à l'occasion d'une chute ou de quelqu'effort violent. Combien de *tribades* (femmes dont le clitoris est asez long pour en abuser) sont improprement prises aussi pour des hermaphrodites ! Suivant M. *Haller* les hermaphrodites les plus communs, sont des hommes dont l'uretre s'ouvre au-dessous du pénil. Les filles dont le clitoris agrandi est accompagné d'une vulve imparfaite, sont encore assez nombreuses. Les vrais hermaphrodites sont infiniment rares ; il y a, dit-il, cependant des descriptions auxquelles on ne peut refuser sa croyance, & ou l'uterus s'est trouvé avec les testicules mâles. Quoique vrais hermaphrodites, ils sont toujours imparfaits, parce que les organes d'un sexe occupent la place de ceux de l'autre & en empêchent l'agrandissement. Les hermaphrodites mâles sont communs dans les especes de béliers, de boucs & de chiens.

Parmi les questions médico-légales, écrites au sujet des hermaphrodites, il n'y a guere qu'un ouvrage imprimé en 1741, in 8°. à Londres, qui mérite d'être lu. Il est intitulé : *Parsons's mechanical and critical inquiry into the nature of Hermaphrodites.*

HERMINE, *mustella armellina, hermellanus.* C'est un animal du genre de la *belette*, dont le caractere est d'avoir six dents incisives à chaque mâchoire, à chaque pied cinq doigts onguiculés, tous séparés les uns des autres, & dont le pouce est éloigné des autres doigts, & articulé plus haut. Tous les quadrupedes de ce genre ont le corps alongé & les jambes courtes ; aussi l'hermine semble-t-elle n'être qu'une espece de *belette*. L'hermine est un peu plus grande : elle a les ongles blancs, & le bout de la queue noir. Tout le reste de son corps est blanc en hiver ; mais en été, la partie supérieure du corps est rouge, & la partie inférieure est blanche ; on lui donne alors le nom de *roselet ;* le tour de ses yeux est rouge & gris ; elle fait sa nourriture de rats & de taupes. On trouve cet animal en Russie, en Scandinavie & dans tous les pays du Nord, rarement en France, plus communément en Suisse : on le rencontre abondamment au Cap de Bonne-Espérance, & surtout en Arménie ; c'est d'où lui est venu le nom d'*hermine*. Il gîte dans les cavernes. L'hermine a une très-mauvaife odeur : mais c'eſt un joli petit animal dont les yeux font vifs, la phyſionomie fine & les mouvemens ſi prompts qu'il n'eſt pas poſſible de les ſuivre de l'œil. L'hermine fait auſſi ſa nourriture de petits-gris. Sa peau eſt très-eſtimée des Fourreurs ; c'eſt avec le bout noir de ſa queue que les Pelletiers font ces agrémens que pendent à la baſe de l'aumuſſe des Chanoines ; ces bouts de queue ſont très-chers. On prétend que les Pelletiers tavellent ou parſement la peau de l'hermine de mouchetures noires faites avec de la peau d'agneau de Lombardie pour en relever la blancheur. C'eſt de peau d'hermine qu'eſt doublé le manteau royal & celui des Grands qu'ils portent dans les grandes cérémonies. On en fait auſſi des manchons, des bonnets, des fourrures pour les habillemens d'hiver des Dames & pour les robes de Préſident à mortier.

HERMODACTE, *hermodactylus offic.* C'eſt une racine qui paſſe pour être celle d'une eſpece de *colchique. Voyez ce mot*. On trouve cependant quelque différence entre le colchique commun ou mortel & l'hermodacte des boutiques ; mais M. *de Tournefort* aſſure qu'il a trouvé très-ſouvent l'hermodacte dans l'Aſie Mineure, avec des feuilles & des fruits ſemblables à ceux du colchique : il n'eſt donc plus douteux que l'hermodacte ne ſoit la racine bulbeuſe d'un colchique oriental. *Colchicum radice ſiccata alba.*

On ne nous apporte d'Orient, d'Egypte & de Syrie, que la partie intérieure dépouillée de ſes tuniques ou enveloppes ; c'eſt-à-dire, une racine dure, tubéreuſe, triangulaire ; ou repréſentant la figure d'un cœur coupé par le milieu, applatie d'un côté, relevée en boſſe de l'autre, & ſe terminant comme par une pointe, avec un ſillon creuſé de la baſe à la pointe ſur le dos, d'un peu plus d'un pouce de longueur, jaunâtre en dehors, blanche en dedans : ſi on la pile, elle ſe réduit facilement en poudre, d'un goût viſqueux, douceâtre, & un peu âcre comme l'est la racine d'*arum*. Ces racines sont sujettes à être vermoulues.

Les Arabes sont les premiers qui ont enrichi la Pharmacie de ce remede qui étoit inconnu aux anciens Grecs : ces racines étant récentes, purgent la pituite par le vomissement & par les selles. Lorsqu'elles sont desséchées & rôties les Egyptiennes s'en servent, dit-on, pour se nourrir & s'engraisser. Les hermodactes conviennent aux goutteux.

HERNIAIRE ou HERNIOLE. *Voyez* TURQUETTE.

HÉRON, *ardea*. Genre d'oiseau aquatique, scolopace & imantopede, qui vit de poissons, & dont il y a plusieurs especes. Nous en citerons les plus connues, ensuite nous donnerons l'histoire du *butor*, autrement dit le *héron étoilé*.

Quant au *flamant*, au *pélican*, à la *grue* & à la *cigogne* que bien des Auteurs rangent improprement avec le *héron*, voyez à chacun de ces mots.

Le HÉRON GRIS ou CENDRÉ ordinaire, *ardea cinerea major & vulgaris*. C'est un oiseau qui est plus petit que la grue & la cigogne. Il a depuis le bout du bec jusqu'au bout des ongles quatre pieds de longueur, & trois pieds jusqu'au bout de la queue, ou environ ; le bec long d'un demi-pied, fort, droit, pyramidal, & d'un vert jaunâtre ou brunâtre ; ayant une fossette gravée depuis les narines jusqu'à sa pointe, les côtés un peu âpres & dentelés en arriere vers l'extrémité, afin de pouvoir mieux retenir les poissons glissans dont il se nourrit ; les plumes antérieures du sommet de la tête sont blanches . il a une crête noire haute ou prolongée de quatre pouces & demi. Le mâle, que quelques-uns regardent comme d'une espece différente, a communément une crête bleuâtre, composée de trois plumes longues de huit pouces, pendantes & couchées en arriere : ces plumes sont d'un grand prix : l'oiseau s'en défait dans le temps de la mue. Le héron a le menton blanc, le cou cendré, roussâtre ; la gorge blanche, tachetée de noir ; le dos lanugineux, couvert de longues plumes cendrées & bigarrées de blanc ; le milieu de la poitrine & le dessous du croupion un peu jaunâtre ; une grande tache noire au-dessous des épaules, d'où part une raie noire qui va jusqu'à l'anus ; le plumage des ailes est extrêmement long, gris & noir, la queue cendrée & courte ; les jambes très-longues, dégarnies de plumes ainsi que les cuisses, & verdâtres comme les pieds ; les doigts sont fort longs, celui du milieu est dentelé ; l'estomac est lâche & membraneux, plutôt que musculeux, comme dans les animaux carnassiers : il a dix-huit vertebres au cou, une seule appendice cécale comme dans les quadrupedes : la trachée artere passe deux fois en droite ligne par les vertebres du cou avant que d'entrer dans la poitrine.

Le héron se nourrit de poissons, de grenouilles ; souvent il blesse d'assez grands poissons sans pouvoir les tirer de l'eau ou les emporter. Ses petits s'engraissent d'intestins de poissons, de chair, &c. Son attitude naturelle est d'avoir la tête ramenée entre les deux épaules, & le cou contourné. Ces oiseaux sont fort communs en Basse-Bretagne ; ils volent fort haut, font leurs nids au sommet des arbres de haute futaie, & leurs nids sont assez souvent plusieurs ensemble, peu éloignés l'un de l'autre : mais c'est une question de savoir s'ils nichent dans les nids des corneilles, comme *Aldrovande* le rapporte d'après *Polydore*. Les œufs du héron sont d'un vert pâle tirant sur le bleuâtre. Le mâle s'accouple en tenant ses jambes fléchies sur le dos de la femelle, de façon que ses pieds sont à la tête & ses genoux vers l'anus de la femelle. Il se trouve aussi en Angleterre & en quelques contrées de l'Allemagne des héronnieres comme en France. *Belon* dit que de son temps on avoit coutume de faire un commerce considérable des petits du héron. Les Modernes ont inventé une maniere de construire certaines loges élevées en l'air le long de quelques ruisseaux, seulement couvertes à claire voie, & les ont nommées *héronnieres*, parce que les hérons s'accoutument à dresser leur aire fur ces loges ; les petits qui y font dénichés font très-eſtimés, & donnent effectivement un aſſez bon profit. Les héronneaux font plus délicats que les grues, & paſſent pour être une viande royale ; l'ancienne Nobleſſe Françoiſe faiſoit grand cas de ce mets : dans certaines Provinces on en fait d'excellens pâtés qui ſe ſervent ſur les meilleures tables. Les Etrangers n'en font pas tant de cas. *Ariſtote* n'a pas eu tort de dire que l'aigle attaque le héron, & que celui-ci meurt courageuſement en défendant ſa vie. Le héron, dont le vol fait le plaiſir des Rois & des Seigneurs, ſe ſentant aſſailli par le ſacre ou par le gerfaut, tâche de gagner le deſſus en volant fort haut, & non en fuyant au loin, & il met ſon bec par-deſſous ſon aile : par cette ruſe il ſe défend aſez bien contre les oiſeaux de proie, qui ſe fichent ce bec dans la poitrine en voulant attaquer le héron.

Les hérons font ſolitaires & ſauvages. Comme ils ont les jambes fort longues, leur habitude pendant le jour eſt de fréquenter le bord des lacs & des fleuves, & de ſe tenir même dans l'eau, où ils font une grande deſtruction de menus poiſſons, de grenouilles & de lézards : leur taille ainſi que leur bec leur ſont très-utiles pour pourſuivre & atteindre leur proie bien avant. Cette poſition leur eſt auſſi avantageuſe pour éviter les inſultes des oiſeaux de proie & des bêtes à quatre pieds. On voit auſſi quelquefois le héron dormir étant perché ſur les arbres. Ses grandes ailes qui paroîtroient devoir incommoder un animal dont le corps eſt ſi petit, lui ſont d'un ſecours infini pour faire de grands mouvemens dans l'air, & pour pouvoir emporter de lourds fardeaux dans ſon nid, qui eſt quelquefois à une & deux lieues de l'endroit où il pêche.

La graiſſe du héron eſt émolliente & réſolutive ; elle appaiſe les douleurs de la goutte, ſi on l'applique en liniment : on l'eſtime auſſi propre pour éclaircir la vue & ôter la ſurdité. Quelques Pêcheurs en amorcent leurs filets pour attirer le poiſſon.

Le petit Héron cendré a la plupart du plumage semblable à celui du vanneau, le reste du dos est cendré; le menton, le gosier, la poitrine, le ventre & le dedans des cuisses est blanchâtre, les ongles sont noirs, & ceux du milieu dentelés en dehors. *Ray* dit que ce héron de la seconde espece est le *nicticorax* des Allemands, & qu'il est ainsi nommé, parce qu'il crie la nuit d'un ton discordant, & comme s'il vouloit vomir. *Voyez* Corbeau de nuit *&* Bihoreau.

On voit une troisieme espece de *héron cendré*, dont le doigt de derriere est plus grand que les autres: dans les plumes de derriere la tête il y a un toupet qui est composé de plumes fait comme des poils, tant elles sont menues & délicates: le bas du bec est rougeâtre, le plumage cendré, brunâtre; les grandes pennes des ailes sont diversifiées de blanc; celles de la queue sont fort longues; les plumes scapulaires sont semées de taches longues, noires, rousses & blanches, & les cuisses roussâtres.

Hérons étrangers.

Le Héron blanc, *ardea alba major*, est de la grande espece; son plumage est entiérement blanc; sa queue est longue; mais il n'a point de crête, ou au moins elle n'est pas apparente; ses pieds sont noirâtres, bleus par le milieu; le petit doigt a deux articles, le second en a trois, celui du milieu quatre, & le dernier cinq. Cette espece de héron qui se trouve en Bretagne, à Lincoln en Angleterre, dit *Albin*, & en Amérique, fréquente les marais voisins de la mer: on trouve aussi des *hérons blancs* beaucoup plus petits & crêtés, *ardea alba minor*; on les appelle aussi *garsette*, *garsetta*: ils ont le bec noir, bleuâtre, & les pieds verdâtres: on en trouve même dont la tête est couleur de safran.

Le Héron bleu est de la grandeur du héron ordinaire; son bec est d'un beau jaune & un peu crochu à sa pointe : sa huppe est de couleur plombée. On le trouve à Caïenne.

Le Héron brun est une espece de *butor brun*.

Le Héron chatain est le plus petit de tout les hérons ; presque tout son plumage est châtain-safrané ; sa queue est très-petite ; ses pieds & ses jambes sont d'un rouge foncé ; la tête & le cou sont couverts en partie de plumes jaunes.

Le Héron crêté est l'oiseau connu des Naturalistes sous le nom d'*aigrette*. Voyez ce mot.

Celui d'Amboine est une espece d'*ibis*. Voyez ce mot.

Le Héron étoilé est le *butor*, dont on distingue plusieurs especes & plusieurs variétés. Nous en donnerons ci-après l'histoire.

Le Héron huppé de l'Amérique a quatre pieds & demi de haut ; il est de couleur jaunâtre, brun ; ses grandes pennes sont noires : il y a le *héron huppé de Virginie*, celui du Mexique.

Le Héron a bec recourbé a des couleurs fort agréables : ses cuisses sont revêtues de plumes, ce qui est particulier à cette espece de héron ; au reste ce héron est peut-être une espece de *courlis*. On le trouve en Italie, aux environs de Bologne, ainsi que le *héron tacheté, ardea nævia*.

Le Héron de couleur pourpre se trouve sur les bords du Danube ; on le voit aussi dans le Mexique ; quelquefois il est huppé : le *héron noir* se voit en Silésie : le même *à collier* se trouve près de Bologne.

Il y a plusieurs sortes de hérons remarquables par leur couleur jaune-cendrée ou jaune-verdâtre, dont parle le Comte *de Marsigly*, pag. 20. Les Italiens donnent aussi le nom de *squacio* & celui de *squajotta* à une espece de héron de couleurs diversifiées : il a le bec court & robuste, d'un jaune rouillé. Dans les îles Antilles il y a deux sortes de hérons, qui different fort peu du héron commun, si ce n'est en une chose très-particuliere qu'on a remarquée dans ces oiseaux : ils

ont

ont tous dans la substance de la peau du ventre quatre taches jaunes, larges d'un pouce & longues de deux, & deux autres semblables aux deux cuisses, mais plus épaisses, & ameres comme le fiel. Il faut avoir soin de les couper ; cette amertume étant d'une telle force, que si on faisoit bouillir un de ces oiseaux avec d'autre viande, il seroit impossible d'en manger. Les habitans nomment ces hérons *crabiers*, parce qu'ils se nourrissent de crabes. On les trouve dans les anses & les îles désertes. Leur chair en daube est un assez bon manger.

Les hérons du Brésil sont le *soco*, le *cocoi*, le *guiratinga* ou le *garza* des Portugais. On trouve aussi des hérons au Brésil, à la Louisiane & à la Baie d'Hudson, dont la chair est bonne à manger.

Description du BUTOR, *botaurus.*

Cet oiseau que l'on regarde comme une espece de héron paresseux ou fainéant & poltron, est marqué de taches rouges en forme d'étoiles ; d'où on lui a donné le nom de *héron étoilé*, *ardea stellaris* ; on l'appelle aussi BUTOR, *buttorius*, parce qu'il crie le bec plongé dans la boue, & qu'il imite le mugissement du taureau, se faisant entendre d'une demi-lieue. On distingue deux especes de butors, l'une est rougeâtre & l'autre est huppée.

La chair du premier sent extrêmement le sauvagin. Dans les endroits où il y a beaucoup de poisson, il reste comme immobile sur ses jambes, en attendant sa proie : il contracte son cou ; & s'il est surpris par quelque Chasseur qui ne sait pas l'usage qu'il sait faire de son bec pointu, il ne manque pas de le blesser. Le butor huppé est le plus petit de tous les *oiseaux ardés*, c'est-à-dire du genre des hérons. Voici la description du butor ordinaire.

Le butor est un oiseau aquatique, de la grosseur du héron gris : il a environ trois pieds de longueur depuis le bout du bec jusqu'à l'extrémité des ongles. Sa tête est petite & étroite : le sommet est noir ; la gorge & les côtés du cou sont roussâtres, avec des taches noires & régulieres ; le cou est couvert de grandes plumes ; de sorte que l'oiseau paroît plus court & plus gros qu'il ne l'est en effet. Tout le plumage de cet oiseau est fauve ou d'un roux tacheté de noir ; la queue est très courte & petite ; le bec est droit & fort, pyramidal, très-pointu, tranchant des deux côtés & de couleur verdâtre ; la mâchoire inférieure entre dans la supérieure ; l'iris des yeux est jaunâtre ; l'ouverture de la bouche fort ample : elle s'étend jusqu'au-delà des yeux, de sorte qu'ils paroissent être dans le bec. Les oreilles sont grandes : les jambes non emplumées au-dessus de l'articulation ; les pieds verts, les doigts alongés, les ongles longs & forts ; le doigt extérieur, qui tient au doigt du milieu, a le côté intérieur dentelé comme dans tous les autres oiseaux de ce genre. Ils se servent de ces pointes pour retenir les anguilles & les autres poissons glissans.

Le butor fait trois ou cinq ou sept œufs arrondis, blanchâtres, tiquetés de vert : son nid est fait en terre sur une touffe de jonc. Cet oiseau se cache dans les joncs des marais ; souvent il se tient dans des buissons la tête levée. Il commence à chanter ou meugler en Février ; ce triste & grossier ramage finit dès que le temps de ses amours est passé. Dans l'automne, après le coucher du soleil, les butors ont coutume de prendre l'essor à une grande distance, & s'élevent à perte de vue en décrivant une ligne spirale. Il y a aussi le *butor de la baie d'Hudson & du Brésil*, tacheté ou strié de blanc : le même, de la petite espece, fréquente les rivages du Danube. Le *butor tacheté de blanc* & surnommé le *pouacre*, a le plumage ardoisé ; il est très-friand de grenouilles. Dans le royaume de Congo il y a des especes de butors & de hérons qui sont gris : on les y appelle *oiseau royal*.

HÉRON DE MER. Nom que l'on donne à l'es-

padon ou *poisson à scie*. Voyez ce mot à l'article BA-LEINE. Le nom de *héron de mer* conviendroit mieux au *dauphin* ou au *marsoin*.

HERPES MARINES. *Voyez* ÉPAVES DE MER.

HÉTICH, *rapum Americanum*. Espece de rave ou de navet d'Amérique. Cette racine a environ un pied & demi de longueur, & est grosse comme les deux poings: elle est fort bonne à manger; elle fait une des principales nourritures du pays, car étant cuite elle est de fort bon goût. Cette plante n'a pas de semences apparentes. Ses feuilles sont rampantes, & ressemblent à celles des épinards. On coupe des morceaux de la racine, qu'on plante en terre & qui produisent autant d'autres *hétichs*. C'est une espece de *batatte*. Voyez ce mot.

HETRE, FAU, FOUTEAU ou FAYARD, en latin *fagus*. C'est un arbre de forêt, des plus grands & des plus beaux. Il paroît qu'il n'y en a qu'une seule espece, quoique quelques-uns en distinguent deux especes; savoir, le hêtre blanc ou de montagne, & le rouge ou le hêtre de plaine. Ils se fondent sur la différence de la couleur des écorces; différence sur laquelle on ne peut point s'appuyer, car les arbres varient souvent de couleur, suivant les positions, selon que l'air circule plus ou moins facilement autour de leurs tiges, ou suivant la nature du terrain qui les produit. L'influence de l'atmosphere est si considérable, que les Marchands d'arbres observent que la couleur des écorces des arbres qu'ils transportent de leurs pepinieres de la campagne dans les jardins de ville, change absolument.

Le hêtre porte deux sortes de fleurs; des mâles & des femelles: les fleurs mâles sont composées d'étamines, & forment par leur assemblage un chaton sphérique: les fleurs femelles qui se trouvent sur la même tige, sont composées d'un calice, dans l'intérieur duquel est un pistil. Ce calice ou embryon se change en un fruit épineux, dur comme du cuir, & relevé par quatre côtes, dans l'intérieur desquelles sont contenues quatre semences triangulaires, appellées *faines* ou *fouef-nes*, dont la moëlle est blanche. Les feuilles de cet arbre sont plus petites que celles du coignassier, d'un beau vert très-luisant, minces, douces au toucher, sans dentelures, légérement ondées sur les bords, & rangées alternativement sur les branches : elles ont de la fermeté, ce qui est peut-être cause qu'elles sont peu attaquées par les insectes. L'arbre en général a une très-belle forme, & ses branches sont souples, ce qui le rend propre à en faire des avenues ou des salles d'automne. Sur la fin de cette saison les feuilles qui restent sur l'arbre jusqu'aux gelées, prennent une couleur rouge pitoresque. Comme cet arbre est susceptible de prendre diverses formes sous le croissant, il est aussi propre que les charmes à faire de belles palissades ; son écorce pour l'ordinaire est unie & blanchâtre.

Cet arbre, d'une très-grande utilité, croît assez volontiers dans toutes sortes de terrains, mais avec plus ou moins de promptitude, selon que le sol lui est plus approprié. En général le hêtre croît plus vîte, & devient plus beau dans une terre légere & humide ; il croît même dans le pur sable, pourvu qu'il soit humide. On le voit réussir aussi, dit M. *Ellis*, dans des terres crayonneuses, pierreuses & glaiseuses, pourvu qu'on le plante en haie. Quoique le hêtre fournisse un bois dur, il croît cependant fort vîte, même du double plus promptement que le chêne : ce qui est digne de remarque, car on a observé en général, qu'il y a un rapport entre la durée de l'accroissement & la dureté du bois. Cet arbre croît lentement dans les vingt premieres années ; il croît ensuite une fois plus vîte, environ jusqu'à la soixantieme année où il commence à dépérir : quoiqu'il grossisse encore alors à l'extérieur pendant quelques années, il commence à pourrir dans l'intérieur.

La nature & la qualité du hêtre varient, ainsi que celles des autres arbres, suivant la nature des différens terrains.

C'est ainsi que, selon les observations insérées dans un Mémoire de la Société d'Agriculture de Berne, tous les arbres qui croissent dans les lieux rudes, secs, & dans un air libre & froid, ont un bois compact, sec, souple & dur; mais ceux qui croissent dans une terre grasse, humide & basse, & dans un air épais & humide, ont un bois gras, épais & spongieux, qui n'est pas de durée, plus sujet à pourrir & moins estimé des ouvriers.

Lorsqu'on veut former un bois de hêtre, on le peut faire en semant la *faine* ou *fouesne*, qui est la semence du hêtre, après avoir eu soin auparavant de la faire tremper dans des eaux de fumiers, qui lui communiquent un goût désagréable, & l'empêchent d'être mangée par les mulots. On prépare la terre par des labours; & avec la faine on seme de l'avoine ou de l'orge, qui procure au jeune plant une ombre favorable, & récompense le Cultivateur de son travail & de ses peines. On peut établir aussi un bois de hêtre par le moyen de jeunes plants que l'on trouve facilement dans les forêts; plus le plant est jeune, plus il est facile à transplanter. Comme cet arbre est très-beau, & fait un très-bel effet dans les avenues, l'Auteur du Mémoire que nous venons de citer, a fait, d'après ses propres expériences, une observation très-intéressante, qui est que, lorsqu'on veut les disposer dans des avenues, les pieux que l'on met aux pieds des jeunes arbres pour les étayer contre la violence des vents, ou pour aider à leur alignement, doivent toujours être plantés du côté du Sud. En cet état ils rendent, dit-il, aux arbres plus de service qu'on ne pense, attendu que les vents du Nord, même dans les climats froids, ne font point autant de tort aux arbres nouvellement plantés, que le soleil du Midi en été.

Le bois de hêtre dont on fait usage pour un si grand nombre de choses utiles, comme nous aurons lieu de le voir, pourroit être même substitué au chêne dans les pays où celui-ci manque, si on pouvoit trouver un moyen de le préserver des vers. La consommation & la disette du chêne, dit l'Auteur du Mémoire, a fourni aux Anglois la premiere idée d'y substituer un autre bois. Le hêtre qui est généralement un bel arbre, & dont le bois est dur, attira l'attention de quelques-uns de leurs Physiciens pratiques : ils tâcherent de découvrir l'origine du ver auquel le bois de hêtre est plus sujet qu'aucun autre, & un moyen pour l'en garantir. Leurs recherches ne furent point inutiles. *Ellis*, dans sa préparation des bois de charpente, indique les moyens propres à garantir ce bois des vers : il a observé que les bois étoient d'autant plutôt attaqués par les vers, qu'ils contenoient plus de seve : il a donc cherché les moyens de faire sortir la seve du bois ; & il y a réussi en faisant tremper le bois de hêtre dans l'eau. On garantit aussi ce bois des vers, en l'exposant à la fumée, & en le brûlant jusqu'à ce qu'il s'y forme une légere croûte noire. En réunissant ces méthodes pour la préparation de ce bois, il peut devenir propre alors pour la charpente & dans l'air & dans l'eau ; honneur, comme le dit *Ellis*, qui lui a été en effet décerné juridiquement en Angleterre.

On fait usage en Angleterre de ce bois ainsi préparé, dans la construction des vaisseaux pour les bordages & les ponts pour lesquels il faut un bois droit & uni. Lorsque le bois de hêtre est bien privé de sa seve, il est fendant & cassant ; mais tant qu'il en conserve un peu, il est pliant & fait ressort ; aussi est-il d'un excellent usage pour les brancards des chaises de poste, & pour les rames des bâtimens de mer. Il y a peu de bois d'un service aussi étendu dans l'économie : on en fait des jantes de roues & des afuts de canon. Comme il se travaille très-bien, les Menuisiers en meubles en font beaucoup d'usage, ainsi que les Ebénistes. Il seroit sans doute très-avantageux que nos ouvriers employassent la méthode Angloise pour garantir les meubles de la piquûre des vers. On observe tous les jours que les pelles, sabots, atteles de collier & autres ouvrages qu'on en fait & que l'on a exposés à la fumée, qui donne à ce bois une couleur assez agréable, ne sont point si-tôt attaqués par les vers. Les Layetiers, les Boisseliers font une grande consommation de planches minces de hêtre, ainsi que les Gaîniers & les Fourbisseurs. Le Tourneur en fait beaucoup d'ouvrages : on fait avec ce bois des copeaux pour éclaircir le vin.

M. *Duhamel* dit que c'est encore avec ce bois qu'on fait les manches de couteau, que l'on appelle *jambettes*. Quand le manche est dégrossi, on le met sous une presse dans un moule de fer poli, qu'on a fait chauffer, & que l'on a frotté d'huile. Ce bois entre dans une espece de fusion ou d'amollissement. Une portion du bois s'étend entre les deux plaques de fer qui forment le moule, comme si c'étoit une espece de métal ; & le manche sort du moule bien formé, très-poli, après y avoir acquis beaucoup de dureté, & y avoir pris une couleur assez agréable. En cet état il n'est plus possible, dit-il, de reconnoître le grain du bois de hêtre.

La saveur des semences de hêtre, est presqu'aussi agréable que celle des noisettes. Quoique très-bonnes aux animaux, & particuliérement aux pourceaux & aux pigeons, on dit qu'étant mangées vertes elles causent aux hommes une espece d'ivresse. On engraisse des milliers de cochons dans les bois de la Bresse avec cette semence, sur-tout lorsque le gland coule, comme cela arrive très-souvent. M. *Bourgeois* dit cependant que le lard n'est ni aussi ferme, ni aussi bon que celui des cochons engraissés avec le gland ou le grain. L'huile qu'on retire des semences du hêtre est très-douce, & a beaucoup de rapport avec celle de noisette. M. *Isnard*, dans les Mémoires de l'Académie, prétend que l'huile de faine nouvellement exprimée cause des pesanteurs d'estomac ; mais qu'elle perd cette mauvaise qualité en la conservant un an dans des cruches de grès, bien bouchées, que l'on enterre. Les Parfumeurs, s'en fervent quelquefois : on en fait auſſi de l'huile à brûler.

HIBOU. Oifeau nocturne nommé *chat-huant*, parce qu'il fe nourrit de fouris comme les chats, & qu'il jete un cri lugubre pendant la nuit. Il y a pluſieurs efpeces ou variétés de hibous, que la plupart de nos Lexicographes ont confondues ou embrouillées fous les noms de *chouette*, de *duc*, de *frefaie*, de *chevêche*, de *hulotte*, de *hibou* & de *chat-huant*. Le mot *ſtrix*, comme le dit M. *Linnæus*, doit être le nom générique de tous les oifeaux nocturnes; & celui de *noctua*, avec une épithete, diſtingue les différences, ainſi que le mot *accipiter* eſt le nom de tous les oifeaux de proie en général. Le mot *aſio* convient au *hibou cornu* ou *à oreilles d'âne* ; c'eſt le *moyen duc :* celui de *bubo* à tous les *ducs*, avec une épithete pour en diſtinguer la grandeur & la variété ; celui de *noctua aurita* à la *chouette* à oreilles ; celui d'*aluco* à la *chouette* ; celui d'*ulula* à la *chevêche* ou à la *hulotte* ou *huette* ; celui de *noctua templorum alba* à la *frefaie* ou *effraie* ; cette remarque n'eſt pas hors de propos pour ce que nous avons dit à chacun de ces mots, que l'on peut confulter.

On donne en François le nom de *hibou* à différens oifeaux nocturnes du rang des oifeaux de proie. Une fingularité dans ces animaux, eſt qu'on ne peut appercevoir aucun mouvement dans le globe de l'œil ; ils clignent des yeux en faifant defcendre lentement la paupiere de deſſus fur celle d'en bas comme font tous les oifeaux de rapine : il y a au fond de l'œil du hibou une cloifon qui fépare les deux yeux, quoique fort mince, elle eſt entierement offeufe, en quoi elle differe de celle du coq-d'inde. Le bec de cet oifeau eſt crochu & noirâtre : fi on fait tremper dans l'eau le bec pendant vingt-quatre heures, le noir difparoîtra ou s'enlevera facilement comme dans toutes fortes d'oifeaux dont le bec eſt de cette couleur. La cavité du crâne du hibou eſt grande & contient un grand cerveau ; le trou par où fort la moëlle alongée n'eſt pas au bas de l'occiput comme dans le coq-d'inde, dans l'oie & dans le canard ; il est à la partie inférieure postérieure de la base du crâne comme dans l'homme. Nous répétons ici que le *hibou* ordinaire & la *chevêche* n'ont point de cornes ou bouquets de plumes aux oreilles ; mais ils ont comme une couronne de plumes qui leur entoure le devant de la tête, & le dessous de la gorge en forme de collier. Les yeux du hibou sont noirs & fort saillans ; le ventre est blanc, les pieds velus, le dos plombé & moucheté ; ses ailes sont si grandes qu'elles excedent la longueur de la queue. Cet oiseau est fort maigre, il fait beaucoup de mines de têtes ; il vole de travers & sans faire de bruit, & crie la nuit en huant, ou d'une maniere lugubre : il fait sa nourriture de souris, & en vomit toujours les poils & les os. Quand le hibou est attaqué, il se met à la renverse & se défend avec ses ongles crochus, comme font les autres oiseaux de nuit. Cet oiseau se retire dans le creux des arbres & dans les maisons abandonnées.

Dans la Baie d'Hudson se trouvent le *hibou couronné* & le *hibou blanc*. M. *Anderson* dit qu'on voit en Islande des *hibous à cornes* & des *hibous de rochers* ; si on leur lâche un pigeon, un d'entr'eux se jete aussi-tôt d'en haut sur lui, & après lui avoir arraché quelques plumes, il lui mange d'abord le cœur à travers le dos, ensuite les entrailles, & en dernier lieu la chair. A la Martinique on voit une espece fort singuliere de hibou : cet oiseau que les habitans nomment *cohé*, fait un cri qui exprime son nom. M. *Brisson* fait mention du *hibou d'Amérique*, du *hibou du Brésil*, & du *hibou du Mexique*. Le hibou étoit chez les Romains un oiseau de mauvais augure : chez les Athéniens il étoit en grande vénération ; Minerve leur protectrice étoit représentée avec cet oiseau à la main comme symbole de la prudence, parce qu'il marche surement dans les ténébres.

HIEBLE ou HIABLE. *Voyez* YEBLE.

HIPPOCISTE. Plante parasite qui croît sur le ciste, & de laquelle on retire le suc d'hippociste. *Voyez* CISTE.

HIP

HIPPELAPHE ou CHEVAL-CERF. *Voyez à la suite du mot* Cerf.

HIPPOBOSQUE. Nom donné à une famille d'insectes, parmi lesquels on distingue la *mouche à chien*, la *mouche araignée*. Voyez ces mots.

HIPPOCAMPE ou CHEVAL-MARIN, *hippocampus*. Est une espece de petit poisson marin qui ne vaut rien à manger. On le trouve dans les ports de mer: il est long de six pouces, & gros comme le doigt: il a la tête & le cou à-peu-près faits comme ceux d'un cheval; un bec long & creux comme un flageolet; deux yeux ronds, & deux arêtes sur les cils qui paroissent comme des cheveux quand il est en mer; son front est sans poils; le devant de sa tête & le dessus de son cou sont couverts d'especes de filets qui lui servent comme de *tentacula*; les femelles n'en ont point, elles n'ont que le devant de la tête velu. Il porte une nageoire sur le dos; son ventre est blanchâtre, gros & enflé, la femelle est encore plus ventrue: la queue de ces animaux est quarrée & quelquefois recourbée comme un crochet; tout leur corps est couvert de petits cercles cartilagineux & pointus, d'où sortent de petits aiguillons; les cercles sont attachés l'un à l'autre par une peau déliée qui est de couleur brune avec quelques taches blanches: quand le cheval marin est mort, tous les filets tombent; & à mesure que ce poisson se desseche, on lui fait prendre ordinairement la figure d'une S romaine. C'est sous cette forme qu'on le voit dans les cabinets des Curieux.

On trouve des hippocampes plus grands que le précédent, & à criniere. Il y en a qui n'ont point d'aiguillons & peu d'anneaux; d'autres enfin qui n'ont point d'aiguillons, mais beaucoup de cercles ou d'anneaux: on en compte à leur queue jusqu'à trente-cinq.

La plupart des Auteurs disent qu'il sort du ventre de cette sorte de poisson un venin, dont le remede est d'avaler du vinaigre dans lequel on aura fait mourir une seche, animal qui se dérobe aux yeux des Pêcheurs en jetant une liqueur noire comme de l'encre: *voyez au mot* Seche. On prétend que l'hippocampe est bon contre la morsure des chiens enragés.

HIPPOLITHE, *hippolithus*. Nom qu'on donne à la pierre ou bézoard de cheval, laquelle se trouve dans la vésicule du fiel, ou dans les intestins, ou dans la vessie de cet animal. Elle est ordinairement grosse comme le poing, mais il s'en trouve de plus grosses, & plus ou moins arrondies; elle est grisâtre, composée de couches circulaires. *Voyez au mot* Bezoard ou Calcul.

Il s'engendre aussi quelquefois des pierres dans les mâchoires & dans d'autres parties des chevaux. *Lémery* dit qu'il y a même lieu de penser que la plupart des maladies qui arrivent aux chevaux, & auxquelles les Maquignons ni les Maréchaux ne connoissent rien, viennent de ces pierres, qui ayant été engendrées & formées dans quelques-uns des viscères de l'animal, y causent des obstructions naturelles qui les font périr.

On prétend que l'hippolithe est sudorifique, qu'elle résiste au venin, tue les vers, & qu'elle arrête le cours de ventre.

HIPPOMANE, *hippomanès*. C'est un corps que les Anciens disoient être de la grosseur d'une figue sauvage, de couleur noire, & adhérent à la tête du poulain nouvellement né. L'opinion commune étoit que si la jument ne dévoroit pas elle-même l'hippomane, elle abandonnoit le poulain. On regardoit aussi ce corps comme la matiere principale d'un philtre extrêmement puissant. Cette opinion étoit si accréditée du temps de *Juvenal*, qu'il n'a pas hésité d'attribuer une grande partie des désordres de Caligula à une potion que sa femme lui avoit donnée à prendre, & où elle avoit fait entrer un hippomane entier. Des observations solides & dénuées de préjugés, ont fait connoître la fausseté de ces divers sentimens avancés par les Anciens.

On doit distinguer deux sortes d'hippomanes. Le premier est une liqueur qui sort des parties naturelles de la jument pendant qu'elle est en chaleur; le second est une matiere qui a diverses formes, qui est composée de petites lames dans toute son étendue, & qui n'a point l'air d'être un corps organisé, mais simplement un suc épaissi, ainsi que s'en est assuré M. *Daubenton*. Cette matiere est le sédiment d'une liqueur, qui se trouve dans une cavité qui est entre l'amnios & l'allantoïde: ainsi ce corps n'est point placé sur le front du poulain, & la jument ne nourrit pas moins son petit, quoiqu'on ait enlevé l'hippomane.

Quant à l'effet de ce philtre redoutable, si vanté par les Démonographes & les vieilles femmes qui se font passer pour sorcieres, on est en droit de douter de sa possibilité. Voyez l'*Histoire de l'Académie des Sciences, année 1751*.

On voit dans le Cabinet du Jardin du Roi des hippomanes de différentes grandeurs, conservés dans l'esprit-de-vin. On donne le nom d'*hippomanès végétal* à la semence de la *pomme épineuse*, & au fruit du *mancelinier*. Voyez ces mots.

HIPPOPHAES, est un arbrisseau qui croît dans la Morée, aux lieux sablonneux de la mer & des torrens des Alpes: il est garni d'épines fort dures, & de feuilles qui ressemblent à celles de l'olivier, mais qui sont plus longues, plus étroites & plus tendres. Ses sommets se répandent en rond, en forme de chevelure blanche. Sa racine est grosse, longue, & remplie d'un suc laiteux très-amer & d'une odeur forte; ses fleurs sont en grappes, placées dans les aisselles des feuilles: les fleurs mâles sont, dit M. *Deleuze*, à quatre étamines, soutenues par un calice à deux feuilles: les fleurs femelles, placées sur d'autres pieds, n'ont qu'un pistil, auquel succede une baie qui ne contient qu'une semence.

Le suc de l'hippophaës est purgatif: les foulons du pays se servent de cet arbrisseau.

— HIPPOPOTAME ou CHEVAL DE RIVIERE, *hippopotamus*. Est une espece d'animal amphibie à quatre pieds, qui habite plus dans l'eau que sur terre, qui tient extérieurement du cheval & du bœuf, mais dont le caractere principal est d'avoir quatre doigts ongulés à chaque pied ; & à chaque mâchoire quatre dents incisives, dont les supérieures sont séparées par paires, & les inférieures paroissent en avant parallélement à la mâchoire ; les deux du milieu sont beaucoup plus longues que celles du côté. M. *Brisson* dit que l'hippopotame a en tout quarante-quatre dents ; sçavoir, huit incisives, quatre canines & trente-deux molaires : ces dernieres dents sont comme de l'ivoire ; leur figure est quarrée, elles ressemblent assez aux dents mâchelieres de l'homme ; les canines sont fort dures, très-longues & arquées, de même que les défenses du sanglier. Cet animal a depuis la tête jusqu'à la queue treize pieds de long ; le diametre horizontal de son corps a quatre pieds & demi : sa tête a deux pieds & demi de large & trois pieds de long ; l'ouverture de sa bouche un pied ; ses jambes ont trois pieds & demi de long, depuis le ventre jusqu'à terre, & trois pieds de tour. Ses pieds sont très-gros, fendus en trois, formant quatre doigts environnés par-tout d'un ongle & d'une forme de talon, qui fait comme une cinquiéme division. Son museau est gros & charnu : il a les yeux assez petits & à fleur de tête, les oreilles minces & longues de trois pouces. Sa queue qui a un pied de long, est grosse à son origine, & se termine tout-à-coup en pointe : sa peau est très-épaisse, dure, & d'une couleur obscure, unie & luisante quand l'animal est dans l'eau : il n'a que peu ou point de poil, excepté au bout de la queue & au museau, où il a une moustache semblable à celle des lions & des chats.

On voit dans le Cabinet de Leyde, un hippopotame qui nous a paru assez conforme à cette description. On voit aussi une tête de cet animal, dont la peau est tannée, au Cabinet des Augustins de la Place des Victoires à Paris. Dans l'un des Cabinets d'Histoire Naturelle du Château de Chantilly, il y a un jeune hippopotame bien conservé & l'ossature entiere de la tête d'un gros cheval de riviere. Cette espece d'amphibie se trouve dans le Nil, (*equus niloticus*) dans le Niger, dans la riviere de Gambie, même dans l'Indus en Asie, mais généralement dans toutes les rivieres des côtes de l'Afrique: il peut marcher au fond des eaux comme en plein air, & comme il n'est pas véritablement amphibie, il est obligé de venir respirer souvent sur l'eau: il dort dans les roseaux, sur le bord des rivieres: il n'est pas rare d'en rencontrer qui pesent jusqu'à quinze cens livres. Leurs dents sont d'une dureté extrême; leur cri sur terre & à la surface de l'eau est une sorte de hennissement; leur vue est perçante & leur regard terrible. Les pieds & les dents de cet animal sont les seules armes dont la Nature l'a pourvu; sa course n'est pas assez vîte pour attraper un homme aussi léger que le sont les Négres: c'est ce qui les rend assez hardis pour l'aller attaquer à terre. On a soin de lui barrer le chemin qui tend aux rivieres; car souvent il cherche moins à se défendre qu'à regagner le séjour des eaux: mais lorsqu'il est dans l'eau, il propose volontiers sa revanche; car il nage assez vîte, & tâche de se placer de maniere à exercer toute sa force. Il entre peu dans la mer; il préfere l'eau douce, sur-tout celle qui coule dans des prairies & des terres cultivées.

Il paroît que le requin & le crocodile redoutent l'hippopotame, car on ne les a point encore vus mesurer leurs forces avec lui. La peau du cheval de riviere est extraordinairement dure sur le dos, ainsi que sur la croupe, sur le cou & le dehors des cuisses: les balles de mousquet ne font que glisser dessus, & les fléches y rebroussent; mais elle est moins dure & moins épaisse sous le ventre & entre les cuisses: c'est aussi dans ces endroits-là, que ceux qui ont des armes à feu, des fléches & des sagayes, tâchent de le frapper. Cet animal a la vie dure, & ne se rend pas aisément. Les

Européens qui vont à cette chasse tâchent de lui casser les jambes avec des balles ramées; & quand il est une fois à terre, ils en sont en quelque sorte les maîtres. Les Négres, qui attaquent le couteau à la main les crocodiles & les requins, n'osent pas se jouer ainsi aux chevaux de riviere. Si cet animal a été blessé dans l'eau avec une lance, il dresse & secoue les oreilles, il jete aussi-tôt des regards menaçans; ses yeux paroissent rouges & enflammés, il se tourne & s'élance avec furie sur le bâtiment où il voit ses ennemis, & en enleve quelquefois avec les dents des morceaux de bois ou des planches assez considérables; dans ces momens de colere, souvent il frappe ses dents l'une contre l'autre, il en fait sortir des étincelles, c'est ce qui a donné lieu aux Anciens de feindre que cet animal vomissoit du feu; quelquefois il y fait un sabord d'un coup de pied: si c'est une chaloupe, il la fait virer, quelque grande qu'elle soit. Nous avons dit ci-dessus que l'hippopotame dort dans les roseaux & halliers sur le bord des rivieres; comme il ronfle très-fort, c'est par-là qu'il se trahit & qu'il avertit ceux qui le cherchent, du lieu où il repose: dans cette situation, il est aisé à surprendre & à tuer; mais il faut y aller sans bruit, car son ouïe est très-fine. Les Pêcheurs redoutent cet animal qui ne ménage pas leurs filets, ni leur poisson, ainsi que les autres animaux qu'il peut surprendre: les Négres disent qu'il a plus d'aversion pour les blancs que pour les noirs.

Les femelles du cheval de riviere font leurs petits à terre: elles leur y donnent à teter, & les y élevent: elles marchent derriere eux pour les défendre, & apprennent à ces nouveaux nés à se jeter à l'eau au moindre bruit. On prétend que la portée est de quatre petits: on ignore la durée de leur gestation.

Les Négres d'Angola, de Congo, de la Mina, & des côtes orientales d'Afrique, regardent le cheval de riviere comme un diminutif de quelque espece de divinité: ils l'appellent *fetiso*. Ils le mangent pourtant, quand ils peuvent en attraper, & ne s'en font pas plus de scrupule que les Égyptiens, qui mangeoient leurs ciboules & leurs oignons, qu'ils avoient mis au rang de leurs dieux.

Au rapport du P. *Labat*, cet animal qui est fort sanguin, se phlébotomise d'une maniere singuliere : pour cette opération, il cherche un coin de rocher aigu & tranchant, & s'y frotte vivement, jusqu'à ce qu'il se soit fait une ouverture suffisante pour laisser couler son sang : il s'agite même quand il ne sort pas à son gré ; & quand il juge qu'il en a tiré suffisamment, il va se coucher dans la vase, & ferme ainsi la plaie qu'il s'est faite. Si le fait est vrai, cette espece de Chirurgien amphibie feroit présumer que l'art de la saignée est de toute antiquité, & qu'elle est dans l'ordre de la nature.

On se sert de la peau du cheval de riviere pour faire des boucliers & des rondaches : lorsqu'elle est séche & bien étendue, elle est à l'épreuve des fléches, des sagayes & des balles. Les Portugais emploient cette peau aux mêmes usages que celle des bœufs, & elle est infiniment meilleure quand elle est bien apprêtée : on dit que les Peintres Indiens emploient le sang de cet animal parmi leurs couleurs. Les grosses dents ou défenses sont fort recherchées par les Opérateurs & tous ceux qui se mêlent d'arracher les dents & d'en remettre d'artificielles : ils ont éprouvé que la couleur de celles-ci ne jaunit point comme l'ivoire, qu'elles sont beaucoup plus dures, & par conséquent d'un meilleur usé : en effet quand on frappe ces dents avec un morceau d'acier, il en résulte des étincelles comme par le moyen d'une pierre de sable : on en fait aussi de petites plaques minces, que l'on perce en deux endroits, afin d'y passer un ruban ; c'est une amulette que bien des personnes portent contre la crampe, la goutte sciatique & les hémorragies, mais qui certainement ne leur est pas d'un grand secours.

La

La chair de l'hippopotame est très-estimée au Cap de Bonne-Espérance, on l'y vend douze à quinze sous la livre, soit rôtie, soit bouillie; c'est un manger délicieux pour les habitans, même pour les Négres & les Portugais de toutes les rivieres, depuis le Niger jusqu'au Nil. Cette chair est pour l'ordinaire très-grasse & très-tendre : elle a un petit goût & une odeur qui tiennent du sauvageon. La graisse de cet animal se vend autant que la chair. Quoique l'hippopotame soit un faux amphibie, les Portugais n'ont pas laissé que de le déclarer poisson, apparemment afin d'en pouvoir manger en tout temps.

Le cheval de riviere, comme nous l'avons dit, se nourrit de chair de poisson; mais dans l'occasion, il va aussi paître l'herbe dans les campagnes; il aime surtout le riz, le maïs, le millet, les pois, les melons & autres légumes qu'on cultive en ce pays-là, & dont il est grand mangeur. Les Négres, qui sont contraints de faire leurs lougans (terres qu'ils ensemencent) aux environs des rivieres, afin de jouir de la fraîcheur & de la graisse de la terre, qui se trouvent, disent-ils, communément en ces endroits, sont obligés de garder ces champs jour & nuit, & d'y faire bien du bruit & du feu, afin d'en éloigner les chevaux de riviere & les éléphans.

HIPPRO. *Voyez au mot* PEUPLIER.

HIPPURIS. *Voyez à la suite des mots* CONFERVA & PRÊLE.

HIPPURITE, *hippurites corallinus*. C'est un polypier composé de cônes turbinés, comme empilés les uns dans les autres : les jointures des articulations croissent & décroissent, comme on le voit au *sparganium*. L'hippurite fossile est commun en Gothie & en Suisse, & n'est qu'une espece de coralloïde fossile, tubulée & articulée comme la prêle cannelée ou sillonnée, quelquefois elle est rayée & étoilée à l'extrémité : les hippurites entiers sont rares. Les fragmens d'hippurites présentent la forme d'une racine de bryone, ou d'une colonne spirale, ou d'une corne de bélier. Pour l'intelligence de cet article, *lisez les mots* CORAIL, CORALLINES, (où l'on trouvera celui de LITOPHYTE) & MADRÉPORE.

HIRONDELLE, *hirundo*. Nous connoissons en Europe cinq especes d'hirondelles; savoir, 1°. l'*hirondelle de cheminée*, qui a le ventre blanc & le dos noir; 2°. la *grande hirondelle*, qu'on nomme vulgairement *grand martinet*; 3°. l'*hirondelle de fenêtre* ou à *cul blanc*, que quelques-uns appellent *petit martinet*; 4°. l'*hirondelle de riviere* ou *de rivage*; 5°. le *tette-chevre*, dit en Sologne *chauche-branche*, plus connu sous le nom de *crapaud-volant*, &c. Les marques caractéristiques de ces oiseaux, sont d'avoir la tête grande; le bec court, un peu courbé, aminci vers le bout, aplati à sa base, avec une ouverture grande & propre à avaler les mouches & les autres insectes qu'ils prennent en volant. Ils ont les pieds courts & petits, car ils ne marchent pas beaucoup; leur queue est longue & fourchue. Nous allons donner une histoire plus détaillée de l'hirondelle vulgaire, afin que le Lecteur ait une idée suffisante de la configuration de cette espece d'oiseau : nous finirons cet article par la citation de quelques especes étrangeres, & enfin par un exposé des particularités que les Naturalistes en ont remarquées.

L'HIRONDELLE DOMESTIQUE OU DE VILLE OU DE CHEMINÉE, *hirundo vulgaris, aut domestica*, pese à peine une once : elle a six à sept pouces de long, depuis le bout du bec jusqu'à l'extrémité de la queue, & près d'un pied d'envergure : elle est d'une grosseur mitoyenne entre le petit & le grand martinet. Son bec est court, noir, fort large près de la tête, pointu par le bout; l'ouverture en est très-ample ; sa langue est fendue en deux; ses yeux un peu grands, sont fournis de membranes clignotantes; l'iris est de couleur de noisette; ses pieds sont courts & noirâtres; son plumage est d'une fort belle couleur bleue foncée rougeâtre : elle a une tache sanguine, obscure au menton, sa poitrine

& son ventre sont blanchâtres, avec quelque rougeur, & sa queue est fourchue.

Cet oiseau a un gazouillement assez agréable, & qui approche du chant : c'est principalement de grand matin, dans les longs jours qu'il chante ; mais il ennuie bientôt par sa monotonie : on ne le peut tenir en cage ni en voliere. On lui trouve quelquefois dans le ventricule plusieurs petites pierres transparentes, inégales, rougeâtres, grosses comme une lentille ; on prétend qu'elles servent, ou pour aider la trituration de ses alimens, ou pour nettoyer son estomac : on s'en sert pour mettre dans les yeux lorsqu'on veut en faire sortir quelque ordure qui y est entrée. Cette espece d'hirondelle fait son nid dans les cheminées ; ce nid est couvert en forme de panier. Sa couvée est de cinq à six œufs tout blancs. *Willughby* dit que sur la fin de Septembre, il a vu une grande quantité de ces oiseaux, quoique maigres, au marché de Valence en Espagne. Il n'y a point d'oiseau qui vole avec tant d'agilité que l'hirondelle : son vol est aussi tortueux que rapide : elle a de fortes ailes : aussi se fiant à son vol, elle entre familiérement dans les maisons, & fait hardiment, comme nous venons de le dire, son nid, ou au plancher ou aux cheminées, & dans les endroits où les chats, les rats & les oiseaux de rapine ne sauroient aller ; elle le bâtit de chaume, de foin & de paille, en prenant toujours une bequetée de boue avec chaque brin de chaume, afin de mieux mastiquer le tout ensemble : elle lie son ouvrage, comme un Maçon. Quand le nid est bien uni en dedans, elle y apporte des plumes & toutes sortes de matieres molles. Elle mange en volant, & on ne la voit guere descendre sur terre pour prendre sa nourriture : elle a les pieds trop courts & trop foibles pour pouvoir marcher, aussi marche-t-elle assez mal, & fort rarement.

On prétend que les hirondelles font deux couvées par an, & lorsque la premiere s'envole, elle cherche dans le voisinage une mare ou un étang où il y ait beaucoup de roseaux, pour passer les nuits en sûreté contre la pluie & les oiseaux de proie. Rien d'aussi singulier que de voir l'agitation, & d'entendre les cris du pere & de la mere de ces oiseaux pour appeller les autres hirondelles, lorsqu'on touche à leur nid ou à leurs petits. Ce sont de toutes les hirondelles celles qui s'en vont le plus tard. Lorsqu'il s'agit de leur migration, elles s'assemblent auparavant à un étang, ou dans les vignes sur les échalas, & partent la nuit ou de grand matin en silence dans de beaux jours. On a remarqué que quand ces oiseaux volent bas, rasant la terre & l'eau, c'est un signe de pluie: elles volent ainsi, soit pour faire la chasse aux moucherons & aux autres insectes dont elles se nourrissent, soit pour éviter le vent.

Le retour de l'hirondelle domestique nous annonce le printems. Comme elle part quinze jours plutôt que les autres especes, elle arrive aussi quinze jours avant; en un mot, elle change ainsi de climat pour y trouver sa nourriture ordinaire, qui ne se rencontre que depuis le printems jusqu'à l'automne. Cependant M. *de Réaumur* a fait voir que ces voyageuses n'étoient pas toujours instruites de l'état actuel de notre climat. Effectivement en 1740 il en coûta la vie à celles qui n'avoient pas prévu que le froid retarde la transformation des insectes qui font leur nourriture, comme la chaleur l'avance; aussi les voyoit-on tomber aux pieds des passans dans les rues, dans les cours & dans les jardins : les environs de Paris étoient, en certains endroits, jonchés de ces oiseaux morts ou mourans. Les rossignols, qui ne prennent pas seulement dans l'air leur nourriture, comme les hirondelles, mais qui la savent trouver sur la surface de la terre, n'éprouverent point le même sort, quoiqu'arrivés de bonne heure.

L'HIRONDELLE RUSTIQUE OU DE CAMPAGNE, OU HIRONDELLE DE FENÊTRE OU A CUL BLANC, OU PETIT

MARTINET, *hirundo agrestis aut minor.* Elle fait son nid aux fenêtres, aux portes & aux voûtes des Églises. Ce nid est artificieusement construit ; il est composé de boue & de paille gâchés en forme de mortier. C'est la seule hirondelle qui aire aux portes, aux fenêtres & aux voûtes des Églises, elle fait son nid de figure sphérique en n'y laissant qu'une petite entrée. On dit avoir vu deux moineaux francs appareillés s'emparer hardiment d'un de ces nids en l'absence du propriétaire. Les deux moineaux y concertoient tranquillement les préludes de leurs amours ; bientôt les deux hirondelles arriverent à la porte de leur nid & trouverent les deux brigands qui y étoient logés. On réclame son domicile, on le refuse, on babille beaucoup, on menace les locataires, parasites usurpateurs, on s'anime de part & d'autre, on en vient aux coups de bec, on se harcele inutilement ; les deux hirondelles prennent le parti de se retirer à quelque distance ; là elles sonnent l'alarme, le peuple hirondelle s'assemble, on écoute les plaintes, les parties intéressées & molestées plaident, leurs cris supposent tantôt la chaleur du discours & tantôt un ton pathétique attendrissant : le fait exposé, on tient conseil, on avise aux moyens, quelques membres suivent les parties intéressées pour reconnoître les lieux qu'on trouve toujours occupés & bien défendus ; on retourne à l'assemblée, on fait son rapport. Aussi-tôt on délibere & la troupe part à dessein d'exécuter la conjuration. Pour cet effet on se met à l'ouvrage, chacun gâche de la poussiere avec une goutte d'eau, & emporte à son bec cette petite motte de limon ou de mortier ; on va près du nid, on invite encore les locataires à vider les lieux ; ils refusent de déguerpir ; alors le peuple hirondelle, comme d'intelligence, passe alternativement & dépose le mastic dont elles se sont munies, elles ferment & claquemurent ainsi les moineaux qui y périrent de faim.

L'hirondelle à cul blanc a le dessus de la tête, du cou & du dos, comme la précédente, mais elle n'a point de rougeur, excepté au haut du gosier & aux narines qui en sont quelquefois tachetées: elle est blanche par dessous jusqu'aux doigts de ses pieds: ses jambes sont couvertes de plumes blanches, ainsi que son croupion: sa queue est moins longue que celle de la précédente.

La GRANDE HIRONDELLE OU GRAND MARTINET, qu'on nomme encore HIRONDELLE DE MURAILLE OU DE CAVERNE, OU DE ROCHER, OU MOUTARDIER, *hirundo apus*. C'est la plus grande de toutes les especes d'hirondelles. Elle est presque de la grosseur de l'étourneau; le dessus de sa tête est large, le cou court; l'ouverture du gosier si ample qu'elle avale du premier coup des hannetons & des papillons: elle a des especes de paupieres: son bec est petit, noir & aigu; ses ailes sont longues, sa queue est fourchue, ses jambes sont couvertes de plumes jusqu'au dessus des doigts, qui sont armés d'ongles aigus & qui serrent très-fort: les jambes & pieds ne servent à cette espece d'hirondelle que pour ramper; elle aire, c'est-à-dire fait sa demeure & son nid bien cimenté sous les ponts, dans les fentes des arches, sous les toits des tours, des vieilles murailles & dans les bâtimens les plus élevés. Sa vue est des plus fines; elle apperçoit de très loin une mouche, qu'elle poursuit aussi-tôt avec vivacité: on l'entend crier de loin en volant: sa couleur est par-tout grisâtre, obscure, excepté à la gorge où est une tache blanche. En volant sa queue forme une grande fourche, & ses ailes un arc tendu; son vol paroît planer & est d'une vîtesse extrême: quelquefois on la voit une des premieres en France, & quelquefois aussi elle en sort la derniere. Cette espece d'hirondelle est un peu sujette à varier.

Le martinet est friand des œufs des petits oiseaux. On le voit souvent roder autour de leurs nids, & y jeter en volant un coup d'œil de gourmandise. Il donne bien de l'inquiétude à la mere & au pere qui l'éloignent par leurs cris & même en le poursuivant. En leur absence le martinet entre, casse les œufs, les mange, tue quelquefois les petits nouvellement éclos & met la défolation dans le petit ménage.

L'HIRONDELLE DE RIVIERE OU DE RIVAGE, *hirundo riparia five drepanis*, differe du *martinet* ordinaire, en ce qu'elle n'a point de blanc fur le croupion, ni de plumes fur les pieds, ni la queue fi fourchue que les autres hirondelles ; mais elle a un collier blanc. Elle ne fait aucun nid, elle cave le bord des rivieres & les montagnes argileufes ; fon trou étant fait, elle y porte des plumes & d'autres matieres propres pour y faire éclore fes petits & les y élever.

L'HIRONDELLE TETTE-CHEVRE OU CRAPAUD VOLANT, eft fort commune en Europe. Bien des Naturaliftes la confondent avec les hiboux, parce qu'elle ne fort que la nuit. *Voyez* TETTE-CHEVRE.

La chair des hirondelles paffe pour être un fpécifique contre l'épilepfie, l'efquinancie & les autres maladies de la gorge, même pour fortifier la vue. On tient dans les boutiques une eau d'hirondelles compofée, qui eft très-recommandée dans tous ces cas. La fiente de cet oifeau eft extrêmement chaude, âcre, réfolutive & apéritive. Le nid d'hirondelles eft encore regardé par quelques-uns, comme un antidote contre l'efquinancie & l'inflammation des amygdales ; on en fait un cataplafme qu'on applique extérieurement contre la partie malade, mais cette vertu eft précaire.

On trouve quelquefois en Europe des hirondelles dont le plumage eft entierement blanc.

Hirondelles étrangeres.

L'*hirondelle du Bréfil*, qui eft appellée des habitans *tapera*, & des Portugais *andorinha*, reffemble beaucoup à notre hirondelle de muraille qui fait peu d'ufage de fes pieds : elle a le bec grand, & le peut ouvrir en apparence jufqu'aux yeux.

L'*hirondelle de la Caroline* repaire auſſi dans le Bréſil & à la Virginie, & dans les mêmes ſaiſons que les hirondelles d'Europe arrivent en Angleterre.

L'hirondelle de l'Amérique a le haut du goſier d'un brun blanc, & la queue eſt diviſée en ſix. On en trouve encore une eſpece dans l'Amérique qui eſt de couleur de pourpre, & qui fait ſes petits comme les pigeons, dans des trous qu'on fait exprès pour eux autour des maiſons, & dans des calebaſſes qu'on attache à de grandes perches. L'hirondelle de Saint-Domingue a le plumage du dos de couleur d'acier poli, le ventre eſt blanc, & ſon chant imite un peu celui de l'alouette. Les hirondelles, à la Martinique & dans l'île de Caïenne, font leurs nids dans les creux des arbres.

Les *hirondelles du Cap de Bonne-Eſpérance* ſont de pluſieurs eſpeces. Il y en a de bigarrées, qui fréquentent les maiſons; de noires, qui chaſſent les précédentes de leurs nids; de griſes, qui ont les pieds couverts de longues plumes.

Sur la côte de Malaguette les hirondelles ſont fort petites, ainſi que celles de la Côte d'Or.

L'*hirondelle de la Chine* eſt une eſpece d'*alcyon* dont on mange les nids. *Voyez* ALCYON.

L'hirondelle du *Détroit de Gibraltar* ou d'*Eſpagne*, eſt de couleur fauve, & elle a le cou blanc; c'eſt une eſpece d'hirondelle de muraille. Celle du Sénégal reſſemble à celle de Saint-Domingue, excepté le ventre qui eſt de couleur rouſſe. M. *Briſſon* fait mention de pluſieurs autres ſortes d'hirondelles étrangeres.

Obſervations ſur la migration des Hirondelles.

Les hirondelles reſtent-elles cachées pendant l'hiver dans les lieux où elles ont pris naiſſance, juſqu'à ce que le beau temps les faſſe reparoître? vont-elles paſſer l'hiver dans les pays chauds? Où ſe retirent-elles? enfin ſont-elles paſſageres? C'eſt une queſtion qui a été agitée par les Anciens & par les Modernes:

les uns difent qu'elles fe cachent dans les trous de murailles & des arbres; d'autres affurent qu'elles vont fe percher fur des rofeaux aquatiques dans des étangs, fe mettent en tas, forment une efpece de môle, & fe laiffent tomber au fond des eaux où elles reftent comme fans mouvement & fans vie, jufqu'au retour de la belle faifon; d'autres difent qu'elles paffent à l'entrée de l'hiver dans les pays chauds en Afrique. Ce qu'il y a de certain, c'eft qu'elles difparoiffent à l'arrivée des canards fauvages qui font également des oifeaux paffagers, & qui viennent hiverner chez nous. C'eft pour cela, dit-on, qu'elles s'affemblent en cette faifon; elles paroiffent concerter entre elles le moment de leur départ qui fe fait fouvent dans le filence de la nuit. Mais fi c'eft le froid qui les chaffe de nos climats, il faut donc dire avec *Belon*, qu'elles vont en hiver chercher un pays chaud. D'un autre côté il n'eft pas moins certain qu'on en trouve d'engourdies, pendant l'hiver, dans les carrieres, les trous des murailles & des arbres. La contrariété des opinions oblige de fufpendre fon jugement; d'autant plus que les obfervations qu'on a faites à ce fujet paroiffent demander à être vérifiées. Il y a des faits rapportés à cet égard par trop d'Obfervateurs, pour qu'on ofe les nier; mais auffi ils font trop contre la regle ordinaire pour qu'on doive les croire.

Je ne trouve, dit M. *de Buffon*, qu'un moyen de concilier ces faits, c'eft de dire que l'hirondelle qui s'engourdit n'eft pas la même que celle qui voyage; que ce font deux efpeces différentes que l'on n'a pas diftinguées, faute de les avoir foigneufement comparées. Si les rats, les loirs étoient des animaux auffi fugitifs & auffi difficiles à obferver que les hirondelles, & que faute de les avoir regardés d'affez près l'on prît les loirs pour les rats, il fe trouveroit la même contradiction entre ceux qui affureroient que les rats s'engourdiffent, & ceux qui foutiendroient qu'ils ne s'engourdiffent pas; cette erreur eft affez naturelle, &

doit être d'autant plus fréquente que les choses sont moins connues, plus éloignées, plus difficiles à observer. Je présume donc, dit-il, qu'il y a en effet une espece d'oiseau voisine de celle de l'hirondelle, & peut-être aussi ressemblante à l'hirondelle que le loir l'est au rat, qui s'engourdit en effet ; & c'est vraisemblablement le petit martinet, ou peut-être l'hirondelle de rivage. Il faudroit faire des expériences sur cette espece, la mettre dans une glaciere pour s'assurer si elle est susceptible d'entrer dans un état de torpeur, & de se ranimer à la chaleur.

HIRONDELLE. Les Conchyliologues donnent ce nom à une coquille bivalve du genre des huîtres. Elle est faite comme la mouchette dont on se sert pour retirer le lumignon d'une bougie : étant ouverte elle ressemble à la tête, à la queue & aux ailes d'un oiseau qui vole ; aussi l'appelle-t-on l'*oiseau* & quelquefois la *mouchette*. Ses valves sont communément inégales entre elles : la charniere offre dans la valve inférieure une petite dent avec un long sillon, & dans la supérieure une cavité qui reçoit la dent, & un petit filet qui engraine dans la rainure de l'autre valve. Cette coquille est brune ou violette ou noire en dessus, nacrée en dedans, quelquefois dorée ; & quand sa partie supérieure est découverte, rien n'est au dessus de sa couleur aurore. M. *Adanson* met ce coquillage bivalve dans le genre du *jambonneau*. Voyez ce mot.

HIRONDELLE DE MER, *hirundo marina aut sterna*, est un oiseau d'un genre différent de celui dont nous avons parlé plus haut. Son bec est droit, édenté & aplati sur les côtés ; les deux mâchoires sont égales en longueur ; il y a quatre doigts à chaque pied, trois antérieurs qui sont palmés, & un postérieur sans membranes : la queue est fourchue. On en distingue plusieurs especes, notamment la *grande* & la *petite*. Celle-ci pese environ cinq onces : elle a le corps menu, longuet & la queue fourchue. Son plumage est d'un cendré obscur ; le dessous du ventre blanchâtre ; le bord des ailes noirâtre; le bec est long, droit & de couleur rouge; les pieds sont de cette même couleur: on en voit beaucoup à Caldey, île de la Province méridionale de Galles. Les Hollandois en ont chez eux une espece qui sent l'ambre.

Albin dit que le mâle de la grande espece d'hirondelle de mer a dix pouces de longueur, & deux pieds d'envergure; le bec, la tête, le cou & la poitrine sont noirs; les plumes du dos, des ailes & de la queue sont de la couleur de frêne; celles du ventre & des cuisses sont d'un blanc sale; les jambes & les pieds sont rouges, dégarnis de plumes au-dessus des genoux, & les griffes sont noires; sa femelle est un peu plus petite. Cet oiseau vole vite & se soutient toujours en l'air: s'il voit un poisson, il se plonge dans l'eau, & s'envole dès qu'il a attrapé sa proie. On prétend qu'il se repose sur la superficie des eaux. Ils volent en troupe en pleine mer, environ à cinquante lieues proche l'extrémité d'un promontoire de la partie occidentale d'Angleterre, où ils s'assemblent d'abord; ensuite ils vont chercher les îles de Madere, sur la mer Atlantique: ils vont dans les îles désertes, nommées *Salvages*, faire leurs petits, & y multiplier en grand nombre. Ils font leurs nids avec des roseaux, & pondent trois à quatre œufs pour chaque couvée. Ils fréquentent aussi les fleuves qui abondent en poisson. Il y a la *petite hirondelle de mer*, celle qui est cendrée, celle qui est noire & surnommée l'*épouvantail*; celle à tête noire, appellée le *gachet*, *sterna atricapilla*; l'hirondelle de mer tachetée; c'est la *mouette à pieds fendus* d'Albin; enfin celle qui est brune.

HIRONDELLE DE MER ou RONDOLE, *piscis hirundo marina*, poisson fort curieux, & du genre de ceux qui ont les nageoires épineuses. On lui a donné le nom d'*hirondelle*, parce qu'il ressemble à l'oiseau qui porte ce nom: sa tête est osseuse, dure, carrée & âpre; le derriere finit en deux aiguillons qui ont leur pointe vers la queue; les couvercles des ouies sont osseux & finissent également en deux aiguillons. A chaque coin de la bouche il a deux petites boulettes perlées; ses yeux sont grands, ronds & rougeâtres; le dos est tout couvert d'écailles âpres & très-dures. Ce poisson est rond & blanc sous le ventre; son dos est carré, entre noir & rouge; les nageoires des ouïes sont si longues qu'elles touchent presque à la queue : elles sont semées de petites étoiles ou taches de diverses couleurs, comme les ailes des papillons; il s'en sert pour voler : il a encore au dos deux autres ailes, semblables aux précédentes; sa queue est faite comme celle des hirondelles; l'intérieur de sa bouche est rouge & luisant.

Ce poisson vole hors de l'eau pour n'être pas la proie de plus grands poissons qui le poursuivent : ses nageoires qui sont longues & larges, font du bruit en volant; sa chair est dure & sèche : elle nourrit beaucoup, mais elle est de difficile digestion; ses œufs sont rouges. *Voyez* MUGE VOLANT & POISSON VOLANT.

HIRONDELLE DE TERNATE. *Voyez* OISEAU DE PARADIS.

HISOPE. *Voyez* HYSOPE.

HISTOIRE NATURELLE, *historia naturalis*. Tout le monde sait que ce mot exprime la connoissance & la description de ce qui compose l'Univers entier. L'histoire des cieux, des météores, de l'atmosphere, de la terre, de tous les phénomenes qui se passent dans le monde, & celle de l'homme même, appartiennent au domaine de l'histoire naturelle. Son objet est donc aussi étendu que la Nature, puisqu'il comprend encore tous les êtres qui vivent sur notre globe, qui s'élevent dans l'air, ou qui restent dans le sein des eaux. Mais un tel champ est trop vaste : d'ailleurs l'esprit de l'homme est resserré dans des bornes trop étroites, pour qu'il puisse observer à la fois toutes les beautés de l'Univers. Contentons-nous d'étudier ce que renferment les cabinets d'Histoire naturelle; car, on le sait, la science de l'histoire de la Nature n'a fait des progrès qu'à proportion que les cabinets se sont complétés; je dis plus, ce n'a guere été que dans ce siécle que l'on s'est appliqué à l'étude de la Nature avec assez d'ardeur & de succès pour marcher à grands pas dans cette carriere. C'est aussi à notre siécle que l'on rapportera le commencement des établissemens les plus dignes du nom de *Cabinet d'Histoire Naturelle*. Ainsi nous nous bornerons à inviter notre Lecteur d'entrer dans un cabinet d'histoire naturelle, dont la collection soit ample & rangée, autant qu'il est possible, conformément au systéme de la Nature elle-même. C'est dans un tel sanctuaire qu'il trouvera en détail & par ordre ce que l'Univers lui présente en bloc: c'est dans un tel livre qui nous paroît éloquent pour tous les hommes, qu'il apprendra à connoître l'organisation des êtres créés, le concours, les rapports, la correspondance réciproque de toutes les parties ou productions de la Nature, & les différences sensibles qui les caractérisent d'une maniere claire & précise selon leurs genres & leurs especes. Oui, une telle exposition des êtres matériels suffira pour lui présenter un spectacle magnifique & vraiment touchant. Si ce particulier est un Philosophe, il y contemplera avec fruit l'ordre des productions de la Nature; s'il est Physicien, il découvrira des phénomenes nouveaux & singuliers; s'il est Chymiste, la seule inspection raisonnée de ces matériaux lui dévoilera quelques secrets qui pourront le guider dans ses recherches. Est-ce un Voyageur lettré, la vue d'une telle collection lui inspire le desir de recueillir désormais de semblables curiosités; & s'il a acquis quelques connoissances, il décrira les richesses des Provinces & États qu'il aura occasion de parcourir. (L'histoire de la Nature a des utilités immenses : elle y joint des charmes réels, dont le pouvoir sur le cœur des hommes fut ressenti dans tous les temps.) S'il est Artiste, il tentera de les faire servir aux usages économiques de la société; n'est-il qu'un Cultivateur, il essayera de multiplier & d'améliorer les especes qui lui auront paru les plus importantes à l'entretien de la vie ; ne fût-il enfin qu'un simple ouvrier, à force d'observer & de consulter les productions de la Nature, il auroit également part aux confidences de cette mere commune.

Celui qui ne s'adonne qu'à l'étude de la Minéralogie, y reconnoîtra les matériaux qui fournissent des outils à l'industrie & à l'architecture ; ces mines d'où le commerce tire un signe invariable pour représenter les marchandises, & un mobile prompt & incorruptible qui lui en éternise la possession : l'utile Laboureur en retire le soc qui va fendre la terre & la rendre fertile, & la faux bienfaisante qui lui assure ses moissons. Eh, que d'avantages procurés & de besoins satisfaits par le regne minéral !

Celui qui ne veut étudier que le regne végétal, en se rappellant que les animaux dont la chair succulente est, pour ainsi dire, un légume préparé par le mécanisme le plus merveilleux, & qu'ils n'ont pas d'autre nourriture que les plantes ; en un mot que l'homme & la brute n'ont que cet espoir pour entretenir les sources de la vie, ne pourra donc trop chercher à connoître les productions d'un regne qui réunit tout ce qui peut satisfaire nos besoins réels & flatter nos goûts. Le bois sert à la construction de nos meubles. Plusieurs arbres & plantes réunis, (le chêne & le chanvre) ont formé ce vaisseau qui transporte nos arts & nos mœurs dans un autre hémisphere. Toutes ces merveilles sont sorties de ce pepin, de cette graine qu'un vent leger a transporté dans la vaste plaine ou sur la montagne.

Enfin celui qui met toute sa philosophie à ne connoître que les individus qui se rapprochent davantage de l'homme par le sentiment de la vie, trouvera dans le regne animal ce qui peut le satisfaire. Le simple curieux se fixera d'abord sur la variété des objets ; il admirera avec complaisance tantôt la nombreuse famille des oiseaux ; le riche plumage dont l'Indien se couvre, & ces aigrettes majestueuses qui parent la tête des Dames ; tantôt les essaims de papillons qui semblent insulter à toutes les fleurs, & ne paroître que des dissipateurs agréables d'un bien où l'abeille sait puiser le miel qui nous enrichit. Puis il jettera les yeux sur la grandeur de l'éléphant, animal propre à porter des fardeaux ; sur la forme svelte du cheval, quadrupede né pour courir, & sur la masse du bœuf, conformé pour subir le joug : alors il dira, tous ces individus nous payent tour à tour un tribut d'utilité.... Bientôt il voudra connoître les particularités piquantes de leur histoire, ce que l'industrie humaine en a sçu tirer ; alors il feuilletera les livres qui présentent l'inventaire & la description des richesses & des productions que la Nature étale à nos yeux dans ses trois regnes.

Le vrai Naturaliste doit être instruit de la Physique & de la Chymie, & même des Arts : la Physique est la connoissance des agens de la Nature. L'Histoire naturelle est la science des faits de la Nature. Les Arts sont ou la Nature copiée, ou employée aux besoins & aux plaisirs de la Société. La Chymie qui décompose & analyse les corps, sert de guide & de clef pour la plupart des observations sur l'histoire naturelle & sur toutes les opérations ou procédés des Arts. C'est dans ce cercle de connoissances que se trouvent renfermés le *spectacle*, les *propriétés* & l'*emploi* des productions naturelles. Oui, c'est à l'aide de ces connoissances que le Naturaliste peut comparer les divers objets que les différentes contrées ont offerts à son cabinet ; il y reconnoîtra jusqu'à un certain point les causes de leur altération, de leurs variétés, de leurs accidens. Au reste, comme il est certain que ceux qui veulent étudier l'histoire naturelle ne peuvent pas toujours voyager, & qu'à ce défaut ils s'instruisent plus dans le cabinet d'un Naturaliste éclairé, que dans tous les ouvrages qui ont traité de ces matieres, nous croyons devoir donner à nos Lecteurs une description abrégée d'un cabinet d'histoire naturelle, en observant une distribution méthodique, par classes, par genres, par especes & par variétés. Il s'agit d'y exposer les trésors de la nature selon quelque distribution relative, soit au plus ou moins d'importance des êtres, soit à l'intérêt que nous y devons prendre, soit à d'autres considérations entre lesquelles il faut préférer celles qui donnent un arrangement qui plaît aux gens de goût, qui intéresse les Curieux, qui instruit les Amateurs, qui inspire des vues aux Savans : en un mot, un arrangement sans fard & sans autre apprêt que celui que l'élégance, la symétrie & la connoissance des objets doivent suggérer & qui fasse valoir utilement l'opulence de la Nature. Ceux qui ont trois pieces de suite pour loger les différentes productions naturelles, y doivent distribuer dans l'une les *minéraux*, dans l'autre les *végétaux*, & dans la troisieme les *animaux*. Ainsi chaque regne auroit son quartier à part. Si l'on n'a qu'une très-grande piece, voici comment il faut les arranger, ayant toujours soin de joindre au travail de la main l'esprit d'observation ; car dans ce genre d'étude plus l'on voit, plus l'on sait.

Cabinet d'Histoire Naturelle, Musæum Naturæ.

Sur une des ailes du Cabinet il faut pratiquer onze armoires garnies de tablettes supportées par des tasseaux de bois à dents de crémailler : ce nombre d'armoires est destiné à contenir les onze classes suivantes du Regne minéral : savoir,

1°. Les eaux.
2°. Les terres.
3°. Les sables.
4°. Les pierres.
5°. Les sels.
6°. Les pyrites.
7°. Les demi-métaux.
8°. Les métaux.
9°. Les bitumes & les soufres.
10°. Les productions des volcans.
11°. Les pétrifications, les fossiles & les jeux de la Nature.

On

On sent déjà l'effet d'un tel arrangement où tout est distinct & distribué de la façon la plus favorable à la vue de l'Étudiant. Chaque armoire à grillage ou vîtrée, doit être étiquetée en haut sous sa corniche, par le moyen d'une plaque d'émail qui indique la classe qu'elle renferme : indépendamment de cela chaque gradin dans l'armoire annonce sur sa bordure, par une petite étiquette, le genre des matieres qu'il supporte dans des bocaux de verre blanc, bien couverts & bien étiquetés.

Tout ce que l'on met en bocaux dans ces armoires, annonce le commencement d'un droguier : on y voit les terres, les argiles, les tourbes, les terres bolaires, les ôcres, les craies, les marnes, les différens sables, les ardoises ou schistes, les asbestes, les pierres ollaires & micacées, les pierres calcaires ou à chaux, même les spaths, les congélations, les résidus pierreux, les stalactites, les albâtres, les gypses ou pierres à plâtre, les cailloux, les pierres de roche, les cristaux de roche & de mine, les sels & les pyrites sujets à tomber en efflorescence, les charbons & autres bitumes, les laves & scories des volcans. On peut se réserver dans le bas de chaque armoire l'espace de deux tablettes, & garnir ce vide d'un bon nombre de petits gradins en amphithéâtre, afin d'y déposer à nu ou sur de très-petits piédestaux, des morceaux précieux & bien conservés; tels que du sel gemme transparent, des grouppes de pyrites, colorées, celle appellée la pierre des Incas, de beaux échantillons de cobalt, de bismuth, de zinc, d'antimoine en plumes rouges, de mine de mercure coulant & de cinabre en cristaux : le tout bien étiqueté & rangé selon sa classe.

L'armoire des métaux doit offrir sous un même ordre les morceaux rares & choisis des mines de plomb blanches, vertes, &c. la mine de Nikkel, des grouppes d'étain cristallisé ou de grenats d'étain, le *flos-ferri*, de belles aiguilles d'hématite, & un fort aimant brut, avec de la platine & des morceaux de fer réfractaire

& de fer spéculaire, la mine d'azur étoilée, le cuivre soyeux de la Chine, un grouppe de malachite. Dans les métaux précieux il est agréable de voir l'argent natif en végétation & l'argent rouge, de même qu'un grouppe de mine d'or. Ces substances forment un spectacle aussi varié qu'instructif : la Nature est aussi riche & aussi brillante dans cette partie qu'elle l'est dans la diversité des pierres.

L'armoire des bitumes peut pareillement offrir sur de petits piédestaux, des échantillons de jayet poli d'un côté, de l'ambre gris & du succin de différentes couleurs, qui quand il contient des insectes, doit être poli par les deux surfaces opposées, des morceaux de soufre jaune & rouge transparens.

Dans l'armoire des pétrifications ou fossiles on doit également placer sur un amphithéâtre à gradins les pieces les plus rares & les mieux conservées, telles que la cunolite, le *lilium lapideum*, les madréporites, les bélemnites transparentes, les oursins agatisés, le nautile concaméré, les cornes d'Ammon sciées & polies, l'hystérolite, la pierre lenticulaire, la gryphite, &c. les calculs ou bézoards, les turquoises, les crapaudines, les glossopetres, enfin toutes les pierres figurées, même le bois pétrifié.

L'armoire aux pierres, avec un semblable réservoir de gradins, fait voir différentes quilles de cristaux & toutes les pierres précieuses dans leur matrice. On met celles qui sont détachées & non taillées dans des capsules ou verres de montre ; celles qui sont taillées & montées, sont dans un écrain ou baguier ouvert : on en fait de même à l'égard des morceaux, tasses, cuvettes ou plaques d'agate polies, de cornaline, de jade, de sardoine, d'onix, de calcédoine, de jaspe, de porphyre, de granite, de lapis lazuli, de marbre, d'albâtre, de spath équilatéral, appellé *cristal d'Islande* : on y dépose aussi la pierre de Bologne, la serpentine, le talc, l'amiante, le basalte, la pierre de touche, les cailloux d'Egypte & d'Angleterre. A l'égard des empreintes & grandes arborifations, ainfi que des pierres de Florence, fi elles font bien conservées, on les fait encadrer & on les fufpend à des agraffes fur les pilaftres qui uniffent les armoires du regne minéral. Ces armoires qui font uniformes en hauteur, mais partagées par la largeur felon l'étendue ou le nombre des matériaux qui compofent la claffe qu'elles doivent renfermer ; ces armoires, dis-je, ainfi que celles qui regnent au pourtour, font pofées fur un corps de tiroirs à hauteur d'appui ; le deffus de ces ftudioles pratiqués dans le bas, fert à pofer les tiroirs quand on veut les vifiter. Ces tiroirs doivent répondre à chacune des armoires qui font au-deffus, & contenir des matieres de la même claffe : cet arrangement, toujours méthodique, foulage beaucoup la mémoire, en ce qu'il tient lieu au befoin d'un catalogue chiffré & numéroté, & que dans une multitude d'objets c'eft le feul moyen de trouver dans l'inftant ce que l'on cherche.

Dans le regne minéral ces tiroirs font très-propres pour renfermer des terres figillées, des bélemnites, des entroques, des aftroïtes & autres foffiles à polypier, des coquilles univalves, bivalves & multivalves, des pierres numifmales, des os & des tranches de bois pétrifiés & polis, des fuites de marbres & de cailloux polis, les fuites du filex, des fables & du fuccin, des collections fuivies de minéraux, d'ardoifes, d'empreintes & de géodes, les morceaux provenant de la fonte des mines, tels que mattes, régules, fcories, &c. Si quelques parties du regne minéral, telles que les terres, certaines pierres, &c. n'offrent pas un coup d'œil brillant dans un cabinet d'Hiftoire Naturelle, on peut dire qu'elles en font la partie la plus favante & l'une des plus recherchées de ceux qui s'attachent moins au plaifir momentané du fpectacle des riches couleurs ou des formes agréables, qu'à la folide fatisfaction de fuivre la Nature dans fes diverfes productions, fur-tout celles qui font élémentaires & qui fervent de bafe aux autres.

Les *minéraux* en général demandent à être tenus

proprement & de façon qu'ils ne se touchent pas : il y en a quelques-uns, comme les sels qui se fondent aisément, & les pyrites qui s'effleurissent en se décomposant ; les *végétaux* & les *animaux* sont aussi plus ou moins sujets à la corruption : ce désagrément exige des soins pour conserver certaines pieces sujettes à un prompt dépérissement ; mais heureusement toutes les saisons de l'année ne sont pas également critiques.

Sur la deuxieme aile du Cabinet on doit faire mettre dix armoires distribuées comme celles du regne minéral : elles sont destinées à renfermer les dix divisions suivantes du Regne végétal : savoir,

1°. Les racines.
2°. Les écorces.
3°. Les bois & les tiges.
4°. Les feuilles.
5°. Les fleurs.
6°. Les fruits & semences.
7°. Les plantes parasites, mêmes les agarics & champignons.
8°. Les sucs de végétaux, tels que les baumes & résines solides, les gommes-résines & les gommes proprement dites.
9°. Les sucs extraits, sucres fécules.
10°. Les plantes marines & maritimes.

Dans ce regne on observe le même ordre d'armoires, même symétrie & même arrangement que dans le regne minéral. Les gradins du bas des armoires sont très-utiles ici pour contenir dans de petits flacons carrés le vernis de la Chine, les huiles essentielles, & quelques autres aromates particuliers, soit de l'Arabie, soit de l'Inde ; ainsi que les racines de bambou, de mandragore, certains fruits des Indes, monstres ou ordinaires, que les Indiens ont fait mûrir dans une ample bouteille à cou étroit, & conservés dans de l'eau-de-vie de grain, tels que la pomme d'acajou, &c. On y peut placer aussi nombre de fruits rares ou volumineux, comme *cocos, calebasses, courbaris, huras, figue* banane, fromager, pommes de pin, coloquinte, des tumeurs ou louppes végétales, & une branche de bois de dentelle, où les trois parties de l'écorce, notamment le *liber*, soient distinctement séparées.

Comme la collection des *végétaux* surpasse en nombre les minéraux, on est dans l'usage de ne mettre dans les bocaux que les parties séchées de plantes étrangeres qu'on emploie tant en Médecine que dans les Arts, celles même qui ne sont chez nous que de pure curiosité : à l'égard des indigènes, on fait un *herbier*, tant des plantes terrestres que marines, collées dans des livres, suivant le système des meilleurs Botanistes. On peut encore, pour rendre l'usage de cet herbier le plus commode qu'il soit possible, mettre ses plantes desséchées entre deux papiers secs, & les empiler les unes au-dessus des autres, soit à découvert sur des tablettes, soit dans de grands cartons, en les rangeant par familles, genres & especes, & plaçant sur le milieu de leur dos les étiquettes qui indiquent leurs familles, à leur extrémité une bande qui porte le nom du genre, & dans chaque feuille le nom de l'espece qu'elle contient ; le tout sur des papiers volans, pour avoir la liberté de faire des changemens à volonté. *Voyez l'article* HERBIER. Les tiroirs servent en partie à mettre les échantillons des bois avec leur écorce, coupés de maniere qu'on y distingue la *tranche*, le *fil* & le *contre-fil* : on y tient aussi une collection de bois des deux Indes en petites tablettes polies & étiquetées. Une autre partie des tiroirs est intérieurement divisée par casserins ou compartimens, afin d'y mettre les graines : chaque carré est recouvert d'une petite étiquette.

On peut encadrer les *fucus*, les *algues*, petites plantes marines de forme élégante, dont le port, la couleur & la variété forment des tableaux agréables, & on les accroche aux pilastres des armoires. Nous avons déja dit que les végétaux & les animaux sont plus ou moins sujets à la corruption. On ne peut la prévenir qu'en les desséchant le plus qu'il est possible, ou en les mettant dans des liqueurs préparées, dont on doit éviter l'évaporation. Les pieces qui font deſséchées demandent encore un plus grand ſoin : les inſectes qui y naiſſent en abondance dès le mois d'Avril, & qui y trouvent leur aliment, les détruiſent dans l'intérieur avant qu'on les ait apperçus : ce fléau dure environ cinq mois, pendant leſquels il faut veiller avec ſoin. Ainſi l'humidité de l'hiver & la chaleur de l'été exigent que l'on tienne ſcrupuleuſement fermées les armoires d'un cabinet d'Hiſtoire Naturelle, excepté celles du côté du Nord.

Sur la troiſieme aile qui doit faire le fond du cabinet en face des fenêtres, il doit y avoir dix armoires deſtinées à contenir les dix diviſions ſuivantes du REGNE ANIMAL : ſavoir,

1°. Les fauſſes plantes marines.
2°. Les zoophytes.
3°. Les teſtacées entiers.
4°. Les cruſtacées.
5°. Les inſectes terreſtres.
6°. Les poiſſons.
7°. Les amphibies.
8°. Les oiſeaux, avec leurs nids & leurs œufs.
9°. Les quadrupedes.
10°. L'homme.

On peut encore obſerver la même décoration & diſtribution extérieure de ces armoires, que dans les précédentes.

L'intérieur de celle des *fauſſes plantes marines* doit être rangé de maniere à préſenter au premier coup d'œil l'hiſtoire des lithophites, des madrépores & du corail brut ou dépouillé, le tout monté ſur des pieds d'ouche de bois noirci ou doré. Les coralines à collier peuvent, ainſi que les fucus, être collées ſur un papier & encadrées : ces tableaux accrochés au dehors des pilaſtres ſéduiſent toujours les yeux des ſpectateurs. Si la collection de ces fauſſes plantes articulées & flexibles eſt conſidérable, il faut prendre le parti de former une espece d'*herbier* de productions molles à polypes & à figure de plantes.

L'armoire des *zoophytes* contient les éponges, le jet d'eau marin, la plume marine, les holothuries, & tous ces corps marins qu'on appelle *animaux plantes*: on les doit conserver dans de l'esprit-de-vin bien déphlegmé ; la quantité d'eau que contiennent ces substances est plus que suffisante pour l'affoiblir.

Sur les côtés sont les étoiles marines, tant épineuses qu'unies, à plusieurs rayons, la tête de Méduse, &c.

L'armoire des *testacées* est garnie de boeaux remplis d'une liqueur spiritueuse dans laquelle sont les animaux à coquille : sur l'amphithéâtre ou gradins du bas de cette armoire, on place les grosses coquilles, ainsi que les petites, qui sont recouvertes de leur drap marin : on y place aussi des morceaux de pierres remplies de pholades & des coquilles qu'on nomme *dattes* à Toulon. Des grouppes de pousse-pieds, de conques anatiferes & de glands marins desséchés, y tiennent bien leur place.

L'armoire des *crustacées* est presque toute en gradins ; elle renferme les cancres, les crabes, les écrevisses : on encadre les petits homards, les squilles & tous les petits crustacées, à l'exception du bernard l'hermite.

Dans l'armoire des *insectes terrestres* il y en a de deux sortes : les uns bien séchés, doivent être dans de petits cadres vernissés & vitrés par les deux grandes surfaces, afin de pouvoir examiner l'insecte des deux côtés : tels sont les mouches, les mantes, les scarabées, les papillons avec leurs nymphes ou chrysalides, &c. (Ces sortes d'animaux forment la partie d'Histoire Naturelle la plus brillante, & celle des oiseaux la plus apparente ; mais elles exigent beaucoup de soins.) Les autres insectes, tels que les sauterelles, les scolopendres, les scorpions, les salamandres, les araignées, les tarentules, les vers, les chenilles &

tous les insectes mous doivent être dans des bocaux remplis de liqueur & déposés sur les gradins au-dessous des armoires; on y met aussi des gâteaux d'abeilles, des nids de guêpes, des bâtons garnis d'alvéoles de ces fourmis qui donnent la résine laque.

Dans l'armoire des *poissons* on voit les bocaux des petits poissons étrangers qu'on nous envoie toujours dans la liqueur. On conserve aussi de cette maniere les poissons mous de notre pays: on écorche les grands poissons d'eau douce & de mer, & l'on colle la peau perpendiculairement sur un papier: quelquefois on embauche les deux parties, & on fait revivre les couleurs avec du vernis. Le poisson volant doit être suspendu vers le haut de l'armoire; le poisson armé, sur les gradins d'en-bas.

L'armoire des *amphibies* contient dans des bocaux remplis d'esprit de vin affoibli par de l'eau alunée, les serpens, les viperes & couleuvres, les grenouilles, des crapauds, les lézards, les petites tortues terrestres ou aquatiques, un petit carret avec son écaille.

Le bas des gradins est garni d'un petit serpent à sonnettes, d'un caméléon, d'un scinc marin, d'un castor, du lion marin, du phocas, &c.

L'armoire des *oiseaux* est remplie de ces animaux, tant étrangers que de France, & qui sont écorchés, empaillés & garnis d'yeux d'émail. On conserve parfaitement à sec la peau emplumée & embauchée d'un moule de mousse d'arbre, & saupoudrée intérieurement de poudre de chaux vive, de poivre, de camphre & de sublimé corrosif, afin d'éviter l'attaque des mittes & des scarabées dissequeurs: ensuite on tient ces oiseaux, dont la cervelle a été vidée, perchés & dressés sur leurs pieds: il faut s'appliquer à rendre dans chaque piece l'attitude, l'air, le maintien, & pour ainsi dire le génie & les inclinations de l'animal, afin que ceux qui examinent les détails d'une telle collection puissent appliquer à chaque individu le mot de l'Antologie sur la génisse de Miron: *Ou la Nature est morte*, ou *l'Art est animé*. Ce qu'on dit ici pour les oiseaux, regarde également les autres animaux.

Les gradins d'en bas sont garnis des œufs & nids des oiseaux : on fait aussi un *plumier* dans un livre, comme un *herbier*.

L'armoire des *quadrupedes* contient, dans des bocaux, de petits animaux, tels que les souris & les rats, le didelphe ou philandre, &c. Les autres animaux sont empaillés, tels que le chat, l'écureuil, le hérisson, le porc-épic, le tatou, le cochon d'Inde, le loup, le renard, le chevreuil, le liévre, le chien, &c.

L'armoire qui contient l'*Histoire de l'homme*, est composée d'une myologie entiere, d'une tête injectée séparément, d'un cerveau & des parties de la génération de l'un & de l'autre sexe, d'une névrologie, d'une ostéologie, d'embryons de tout âge avec leur arriere-faix, de fœtus monstres & d'une momie d'Égypte. On y met aussi de belles pieces d'anatomie, représentée en cire, en bois, & des concrétions pierreuses tirées du corps humain.

Les sujets que l'on conserve dans des bocaux avec de l'esprit de vin ne réussissent pas toujours, parce qu'ils se gâtent à mesure que l'esprit de vin s'évapore, à moins qu'on n'aie un soin particulier de visiter les vaisseaux dans lesquels ils sont renfermés, ce qui demande du temps, des soins & de la dépense. M. *Louis Nicolas*, dans les Transactions de Philadelphie, propose, après avoir fait usage des diverses méthodes indiquées par feu M. *de Réaumur*, de mettre les sujets que l'on veut conserver, dans des bouteilles remplies d'esprit de vin, de bien essuyer le goulot, de mettre sur le morceau de peau ou de vessie qui doit le couvrir, une couche de potée d'étain de l'épaisseur de deux lignes. On renverse ensuite la bouteille dans une tasse de bois ; que l'on remplit avec du suif fondu, ou avec un mélange de suif & de cire qui empêche l'esprit de vin de s'évaporer.

Les tiroirs qui regnent sous les armoires du regne animal, renferment de petites parties séparées d'animaux; telles que les dents, les petites cornes, les mâchoires, les pattes, les becs, les ongles, les vertebres, les poils, les écailles, les égagropiles, & une collection d'os remarquables par des coupes, des fractures, des difformités & des maladies.

Afin de décorer un cabinet avec le plus d'avantage, & de faire un ensemble qui ne soit point interrompu, il faut meubler les murs dans toute leur hauteur: aussi est-on dans l'usage de garnir le dessus des corniches des armoires, de très-grandes coquilles, de guêpiers étrangers, d'une corne de rhinocéros, d'une dent ou défense d'éléphant, & de celle d'une licorne; d'urnes & bustes d'albâtre, de jaspe, de marbre, de porphyre ou de serpentine, de vases de boucarot. On y met aussi des figures de bronze antiques, de grands lithophites ou panaches de mer, des animaux faits de coquilles, des bouquets faits d'ailes de scarabées, des couis ou moitié de calebasses peintes, faites en jattes, en plats, en vases, & à l'usage des Sauvages; des coffrets d'écorce, des livres faits de feuilles de palmier, &c. des globes & spheres. La multiplicité & la singularité des objets fixent toujours l'attention des spectateurs.

Quoique les surfaces du pourtour du Cabinet soient garnies, comme nous l'avons décrit, on peut aussi paver le sol avec les différentes pierres communes & susceptibles du poliment.

Le plat-fond bien blanc, présente encore une surface, que l'on distribue en trois travées, garnies de crampons & de fils d'archal: c'est-là que l'on peut ranger par ordre différentes productions végétales & animales, d'un volume trop considérable pour tenir dans les armoires, telles que:

1°. La canne à sucre, la branche de palmier, & celle appellée l'*éventail Chinois*, les cocos, la feuille du bananier; les bâtons des Indes & d'Europe curieux par les nodosités, les tubercules & les spires, dont ils sont revêtus dans toute leur longueur. Une tige de bambou divisée longitudinalement en deux parties, les espèces de joncs-cannes.

2°. Les peaux des gros animaux, même les animaux empaillés, tels que le crocodile, le cayman, le requin, l'espadon, la tortue de mer, les grands & longs serpens, les bois de cerf, de bouquetin, de daim, de renne, le priape de la baleine.

3°. La troisième travée est remplie de raquettes, de hamacs, d'habillemens ou ajustemens & plumages des Indiens, de calumets ou pipes, de carquois, d'arcs, de flèches, de casse-têtes ou *boutous*, bonnets de plumes, *couyoux* ou tabliers, *pagaras ouarabés* ou colliers, nécessaires Chinois, éventails de feuilles de latanier, gargoulette du Mogol, *kanchous* ou fouet Polonois, canots Indiens, instrumens de musique Chinois, *sagayes* ou lances, une lanterne Chinoise, les boucliers Chinois & d'autres armes, équipages & ustensiles des Indiens, & d'autres peuples anciens & modernes.

Comme l'étendue d'une belle collection met dans la nécessité de profiter des places que les lieux nous offrent, on peut ranger dans le pourtour du Cabinet, & particulierement aux angles, des scabellons pour porter de grosses vertebres, une tête de vache marine, ou de très-gros madrépores, ou des groupes considérables, soit de cristal ou de minéraux.

Dans le milieu du Cabinet on met le coquillier, qui est une grande table ou bureau à rebords relevés; la surface de cette table forme un parterre de vingt-sept cases particulieres de différentes grandeurs, & proportionnées aux vingt-sept familles de coquilles marines qu'on y dépose. Les séparations sont faites de bois ou de carton peints en bleu; quelquefois ces compartimens sont en gradins: le fond des carrés est enduit ou recouvert d'un coton bleu, ou d'un satin vert; ou encore, & ce qui est le plus simple, d'une étoffe de lin blanc, mais assez rude pour retenir les coquilles dans leur place. Dans certains Cabinets, ces gradins sont revêtus de glaces sur toutes les surfaces; ce qui rend doubles les objets, & les fait voir des deux côtés opposés. Dans d'autres Cabinets les cases de chaque famille offrent quantité de cellules distribuées avec symétrie pour loger séparément les especes. Les coquilles de mer qu'on place dans le coquillier sont toutes nettoyées, & présentent, par la diversité de leur forme & de leurs couleurs émaillées & par leur inégalité, un tableau agréable & enchanteur, qui est d'autant plus piquant, que la distribution méthodique s'y rencontre avec l'ordre symétrique. Le dessus de cette table se ferme par un treillage de laiton, recouvert d'une serge, ou mieux encore par des châssis en glaces, afin de préserver les coquilles de la poussiere. N'omettons pas de dire qu'au milieu de cette table est un carré long & élevé, qui contient les coquilles terrestres & fluviatiles. Du milieu de chaque compartiment, ou à chaque famille de coquilles s'éleve un petit clocher pyramidal en bois, portant en son sommet un carton horizontal, ou une espece d'écriteau qui en désigne le genre. Chaque famille est distinguée de celle qui l'avoisine par ces sortes d'agrémens en soie que l'on appelle *chenille*. Au moyen des teintes différentes, l'on voit les limites & l'étendue de chaque famille des coquilles, de même que l'on distingue au moyen des lavis sur les cartes de Géographie les différentes Provinces d'un même Royaume. On a vu ce spectacle dans les Cabinets de S. A. S. Monseigneur le Prince de Condé, à Chantilly.

Sous la table du coquillier est, du côté des fenêtres, une cage vîtrée, assez ample pour contenir les squelettes d'un animal de chaque classe; savoir, d'un poisson, d'un amphibie reptile & d'un lézard, d'un oiseau & d'un quadrupede. Lorsqu'il est possible d'y joindre, pour l'ostéologie comparée, les squelettes des individus intermédiaires de ces animaux, & ceux qui se rapprochent le plus de l'homme, tels que le *singe* & l'*ours*;

cela est instructif & agréable. Dans le reste du dessous de cette table, on place les meilleurs livres qui ont rapport aux différentes branches de l'Histoire Naturelle; sur-tout ceux qui ont des estampes enluminées. On y peut mettre aussi l'*herbier* & le *plumier*, arrangés en livres.

Le dessus de la porte est garni d'un grand cadre, rempli de peaux de poissons rares, desséchées, vernies & colées sur le papier.

Les trumeaux des croisées sont garnis d'une ou de deux armoires, qui contiennent sur des tablettes plusieurs instrumens de Physique, machine pneumatique, miroir ardent, lunette à longue vue, loupe, microscope, télescope, aimants naturels & artificiels, &c.

On voit sur les gradins du bas, la pâte du riz de la Chine, ainsi que la pierre de lard ou larre, la pierre qui servoit autrefois de hache aux Sauvages, quelques morceaux & ouvrages curieux en laque, les pagodes de pâtes des Indes, les bijoux des Sauvages du Nord & des Chinois, qui sont ou d'ivoire ou d'ambre jaune, ou de corail, garnis d'or ou d'argent; de la pâte de porcelaine, &c. Les *krichs* de Siam & *cangiars* Turcs, qui sont des poignards, les curiosités Indiennes en argent, les galians qui servent aux Turcs & aux Persans pour fumer le tabac & l'aloës.

Les tiroirs des studioles, sous cette armoire, contiennent un médaillier, de l'encre de la Chine, des phioles lacrymatoires, les soufres & les plus belles pierres gravées de l'Europe, ou leur empreinte en cire d'Espagne, les jetons, les camées, les anneaux antiques, les talismans, les poids & les mesures des Anciens, les idoles, les cinéraires, les lampes, les instrumens des sacrifices, les fausses pierreries.

Enfin les embrasures des fenêtres doivent être garnies de tableaux de pierre en pieces de rapport. On y peut mettre aussi, de même que dans les embrasures de la porte & sur les panneaux, des tubes scellés hermétiquement, remplis de reptiles rares, conservés dans les liqueurs convenables.

Quel immense & merveilleux assemblage ! quel spectacle magnifique ! Ce tableau varié par des nuances à l'infini, ne peut être rendu par aucune expression ; l'idée n'en peut être exprimée que par les objets mêmes dont il est composé : un *Cabinet d'Histoire naturelle* est un abrégé de la Nature entiere.

Me sera-t-il permis de finir cet article par l'exposition d'un projet qu'on lit dans l'Encyclopédie, & qui ne seroit guere moins avantageux qu'honorable à la Nation ? Ce seroit d'élever à la Nature un Temple qui fût digne d'elle. Il le faudroit composer de plusieurs bâtimens proportionnés à la grandeur des êtres qu'ils devroient renfermer : celui du milieu seroit spacieux, immense, & destiné pour les monstres de la terre & de la mer. De quel étonnement ne seroit-on pas frappé à l'entrée de ce lieu habité par les crocodiles, l'éléphant, le rhinocéros & la baleine ? On passeroit delà dans d'autres salles contigues les unes aux autres, où l'on verroit la Nature dans toutes ses variétés & ses dégradations. On entreprend tous les jours des voyages dans les différens pays, pour en admirer les raretés ; croit-on qu'un pareil édifice n'attireroit pas les hommes curieux de toutes les parties du monde, & qu'un Étranger un peu lettré pût se résoudre à mourir, sans avoir vu une fois la Nature dans son Palais ? .... Si je pouvois juger du goût des autres hommes par le mien, il me semble que pour jouir de ce spectacle, personne ne regretteroit un voyage de cinq à six cents lieues ; & tous les jours ne fait-on pas la moitié de ce chemin pour voir des morceaux de Raphaël & de Michel-Ange ? Les millions qu'il en couteroit à l'État pour un pareil établissement, seroient payés plus d'une fois par la multitude des Étrangers qu'il attireroit en tout temps. Si j'en crois l'histoire, le grand Colbert leur fit acquitter autrefois la magnificence d'une Fête pompeuse, mais passagere. Quelle comparaison entre un carrouſel & le projet dont il s'agit! & quel tribut ne pourrions-nous pas en eſpérer de la curioſité de toutes les Nations!

HOANCYCIOYU. Animal qui ſe voit dans la Province de Quantong en Chine: il tient de la forme du poiſſon & de l'oiſeau. Il eſt jaune pendant l'été, & vole ſur les montagnes comme un oiſeau: vers l'hiver il ſe retire dans la mer; c'eſt alors que pour l'attraper, car ſa chair eſt fort délicate, on lui dreſſe des piéges, & on lui tend des filets; du moins tel eſt le récit du Rédacteur de l'*Ambaſſade des Hollandois à la Chine*.

Le même Narrateur dit qu'il ſe trouve auſſi dans la province de Che-Kiang du même Empire, un petit oiſeau nommé *hoancyngio*, que les habitans trempent dans leur vin fait de riz, & dont ils font des eſpeces de confitures, qu'ils vendent à bon prix.

HOATCHE. Terre bolaire très-blanche dont les Chinois font une porcelaine plus rare chez eux que celle qui eſt faite avec le *kaolin* & le *petun-tſe*: voyez ces mots. Les Médecins Chinois ordonnent dans de certains cas le hoatche, de même que les nôtres ordonnent les terres bolaires.

HOAZIN ou FAISAN HUPPÉ DE CAÏENNE. Cet oiſeau eſt de la groſſeur d'une poule d'Inde, ſon bec eſt courbé, ſa poitrine eſt d'un blanc jaunâtre, ſes ailes & ſa queue ſont marquées de taches ou raies blanches, à un pouce de diſtance les unes des autres; le dos, le deſſus du cou, les côtés de la tête ſont d'un fauve brun, les pieds de couleur obſcure; ſa tête eſt ornée d'une huppe compoſée de plumes blanchâtres d'un côté & noires de l'autre; elle eſt plus haute que celle des hoccos, & il ne paroît pas qu'il puiſſe la baiſſer ou la lever à ſon gré: il habite ordinairement les grandes forêts, ſe perche ſur les arbres le long des eaux pour guetter & ſurprendre les ſerpens dont il ſe nourrit: ſa voix eſt forte, c'eſt moins un cri qu'un hurlement; on dit qu'il prononce ſon nom d'un ton lugubre & effrayant, ce qui le fait paſſer parmi les

Indiens pour un oiseau de mauvais augure. On le voit au Mexique; quelques Auteurs soupçonnent que c'est un oiseau de passage.

HOBEREAU ou HAUBREAU, *dendro-falco*. C'est après l'émérillon le plus petit des oiseaux de leurre, dont on se sert en Fauconnerie pour prendre les petits oiseaux. Le hobereau est plus petit que le faucon, il est lâche, & à moins qu'il ne soit dressé, il ne prend que les alouettes & les cailles; mais, dit M. *de Buffon*, il fait compenser ce défaut de courage & d'ardeur par son industrie; dès qu'il apperçoit un Chasseur & son chien, il les suit d'assez près ou plane au-dessus de leur tête, & tâche de saisir les petits oiseaux qui s'élevent devant eux; si le chien fait lever une alouette, une caille, & que le Chasseur la manque, le hobereau qui est aux aguets, ne la manque pas. Il a l'air de ne pas craindre le bruit, & de ne pas connoître l'effet de armes à feu; car il s'approche très-près du Chasseur qui le tue souvent lorsqu'il ravit sa proie. Il fréquente les plaines voisines des bois, & sur-tout celles où les alouettes abondent; il en détruit un très-grand nombre, & elles connoissent si bien ce mortel ennemi, qu'elles ne l'apperçoivent jamais sans le plus grand effroi, & qu'elles se précipitent du haut des airs pour se bloquer ou se cacher sous l'herbe ou dans des buissons; c'est la seule maniere dont elles puissent échapper; car quoique l'alouette s'éleve beaucoup, le hobereau vole encore plus haut qu'elle, & on peut le dresser au leurre comme le faucon & les autres oiseaux du plus haut vol: il demeure & niche dans les forêts, où il se perche sur les arbres les plus élevés. Dans quelqu'unes de nos Provinces on donne le nom de *hobereau* aux petits Seigneurs qui tyrannisent leurs paysans, & plus particuliérement au Gentilhomme à liévre qui va chasser chez ses voisins sans en être prié, & qui chasse moins pour son plaisir que pour le profit. Le hobereau se porte sur le poing découvert & sans chaperon: on en fait un grand usage pour la chasse des perdrix & des cailles.

HOBUS.

HOBUS. *Voyez à l'article* Myrobolans.

HOCHE-PIED ou HAUSSE-PIED. Nom qu'on donne à l'oiseau qu'on lâche seul après le héron pour le faire monter.

HOCHE-QUEUE ou HAUSSE-QUEUE : *voyez* Bergeronette. On a donné aussi le nom de *hochequeue* à un poisson des Indes Orientales, parce qu'il remue toujours la queue comme l'oiseau qui porte ce nom. Ce poisson se trouve proche d'Amboine, dans l'endroit qu'on appelle *golfe de Portugal* : le mâle suit toujours la femelle ; l'un & l'autre sont d'un bleu clair.

HOCOS ou OCOS ou HOCCO, *crax*. On appelle ainsi un oiseau des bois qui semble exprimer par ses cris les deux syllabes qui composent son nom. Sa tête est surmontée d'une huppe de trois pouces de hauteur, & composée de plusieurs plumes comme étagées. Ces plumes sont blanches, noires & plus larges par l'extrémité qu'à leur origine, & se replient en devant comme si elles étoient frisées. Le hocco leve & baisse sa huppe à sa volonté. On distingue plusieurs espèces de hoccos : il y a le *hocco du Brésil*, son bec est rouge ; on l'appelle aussi *hocco du Para* ; son ventre est noir, celui du hocco de la Guiane est blanc ; celui de Curasow a le ventre fauve : il y a le hocco du Mexique, celui du Pérou. On voit un hocco dans l'île de Curasow dont la tête est calleuse, *crax vertice cono corneo onusto*. Le *faisan cornu de Bengale* n'est point un hocco : voyez *Napaul*. On voit l'oiseau hocco dans la ménagerie de Chantilly.

C'est à tort qu'on a rapporté l'hocco au genre des *dindons* ou des *faisans* ; il n'a point les caractères propres à ces deux espèces d'oiseaux : il a la tête grosse, au lieu que le dindon l'a petite ; le cou renfoncé, l'un & l'autre garni de plumes ; sur le bec un tubercule rond, dur & presque osseux, & sur le sommet de la tête une huppe que nous avons dit être mobile, qui paroît propre à cet oiseau, qu'il baisse & redresse à son gré, & l'on ne dit point qu'il releve les pennes de la queue pour faire la roue. Le hocco n'a point le

Tome IV. Cc

caractere sauvage & inquiet du faisan; il ne témoigne point d'horreur pour la captivité; son instinct n'est ni défiant ni ombrageux : au contraire c'est un oiseau paisible & même stupide, qui ne voit point le danger, ou du moins qui ne fait rien pour l'éviter ; il semble, dit M. *de Buffon*, s'oublier lui-même, & s'intéresser à peine à sa propre existence. M. *Aublet* en a tué jusqu'à neuf de la même bande avec le même fusil, qu'il rechargea autant de fois qu'il fut nécessaire ; ils eurent cette patience. On conçoit bien qu'un pareil oiseau est sociable ; & l'on a observé dans la ménagerie de Chantilly qu'il s'accommode sans peine avec les autres oiseaux domestiques, tels que les pigeons, &c. & qu'il s'apprivoise aisément. Le hocco, quoique apprivoisé, s'il n'est pas détenu, s'écarte de la maison pendant le jour & va même fort loin, mais il revient toujours le soir pour y coucher ; & M. *Aublet* assure qu'il devient même familier au point de heurter à la porte avec son bec pour se faire ouvrir, de tirer les domestiques par l'habit lorsqu'ils l'oublient, de suivre son maître partout, & s'il en est empêché, de l'attendre avec inquiétude, & de lui donner à son retour des marques de la joie la plus vive. Oh instinct, que de reconnoissance ! . . . La démarche du hocco est fiere ; sa chair est blanche, un peu séche ; cependant lorsqu'elle est gardée suffisamment, c'est un assez bon manger. Nous avons déjà fait voir que cet oiseau ainsi que ses diverses especes, appartiennent aux pays chauds. M. *de Buffon* comprend sous l'espece du hocco le *mitou*, le *mitou pouranga* de *Marcgrave*, le *coq indien* de Mrs de l'Académie des Sciences, le *mutou*, le *moytou* de *Laët* & de *Lery* ; le *temocholi* des Mexicains, leur *tepetotolt* ou oiseau de montagne ; le *quirizao* ou *curasso* de la Jamaïque ; le *pocs* de *Frisch* ; la *poule rouge* du Pérou d'*Albin* ; le *caxolissi* de *Fernandez*, le seizieme faisan de M. *Brisson*. M. *de Buffon* se fonde sur ce que cette multitude de noms désigne des oiseaux qui ont beaucoup de qualités communes, & qui ne different entr'eux que par la distribution des couleurs, par quelque diversité dans la forme & les accessoires du bec, & par d'autres accidens qui peuvent varier dans la même espece à raison de l'âge, du sexe, du climat, & sur-tout dans une espece aussi facile à apprivoiser que celle-ci, qui même l'a été en plusieurs cantons, & qui par conséquent doit participer aux variétés auxquelles les oiseaux domestiques sont si sujets.

HOITALLOTL. Cet oiseau qui habite les contrées les plus chaudes du Mexique, est d'un blanc tirant sur le fauve, il a la queue longue, d'un vert changeant, susceptible de reflets comme les plumes du paon, les environs ont du noir, mêlé de quelques taches blanches; ses ailes sont courtes, son vol est pesant, néanmoins il devance à la course les chevaux les plus vîtes.

HOKI-HAO. Colle de peau d'âne. *Voyez à l'article* ANE.

HOLLI ou ULLI. Les Indiens donnent ce nom à une espece de liqueur résineuse d'un brun noirâtre, qui découle par les incisions qu'ils font à un arbre appellé *chilli* ou *holquahuylt*, qui croît au Mexique : son tronc est léger & moëlleux, de couleur fauve : sa fleur est large, blanche, rougeâtre & étoilée : son fruit a la figure d'une aveline, & est d'un goût amer.

La liqueur holli est employée dans la composition du chocolat des Indiens : elle est cordiale, stomachique, & propre à arrêter le cours de ventre.

HOLOTHURIES, *holothuriæ*. Especes de corps marins informes de l'espece des mollusques, qu'on a mis parmi les *zoophytes* ou *plantes-animaux*; corps qu'on ne mange point, & que la mer jette avec des ordures sur le rivage. On en distingue plusieurs sortes; les unes ne sont point attachées aux rochers, mais elles sont adhérentes à la vase, & couvertes d'un cuir dur : elles sont plates, & de la figure d'une rose; il y a tout autour de petits trous. De cet endroit pend une petite excroissance molle; l'autre bout est plus menu;

en dedans toutes les parties sont confuses : ce zoophyte sent mauvais.

La seconde espece se trouve dans les ordures que la mer jette sur le bord du rivage. Sa peau est dure & âpre : on en peut mieux distinguer les parties intérieures. A un bout, il semble qu'il y ait une tête ronde & un trou, qu'on peut prendre pour une bouche ronde & ridée ; qui s'ouvre & se serre ; après quoi on trouve un corps assez gros, plein d'aiguillons, & qui finit en pointe. C'est comme une queue qui a de chaque côté un pied ou une aile : l'aile de dessus est plus étroite, découpée à l'entour, & finissant en pointe ; depuis le haut de cette aile jusqu'à la pointe, il y a un trait ; l'autre aile est plus large partout. C'est par le moyen de ces ailes que ce zoophyte paroît se remuer.

On parle beaucoup d'une espece d'holothurie des Indes, qu'on ne peut toucher sans se sentir la main violemment enflammée : le remede est d'y appliquer promptement de l'ail pilé ; sans quoi cette ardeur va jusqu'à donner la fiévre. Malgré la propriété singuliere de cette sorte d'holothurie, des Indiens en laissent macérer quelques temps dans leurs liqueurs pour les rendre plus piquantes ; mais ils sont sujets à avoir des maladies éphémeres toutes les fois qu'ils en boivent : *voyez* ZOOPHYTE.

HOMARD ou HOMMARD. *Voyez à l'article* ÉCREVISSE.

HOMME, *homo*. C'est un être qui sent, réfléchit, pense, invente, travaille ; qui va & vient à volonté sur la terre ; qui communique sa pensée par la parole, & qui paroît être à la tête de tous les animaux sur lesquels il domine. Il vit moins solitaire qu'en société, & suivant les lois qu'il s'est faites. Nous ne parlerons que très-peu de l'homme moral ; nous le considérerons comme faisant partie de l'Histoire Naturelle.

Les Anatomistes ont beaucoup étudié la partie matérielle de l'homme, cette organisation qui le range parmi les animaux. A suivre & à combiner le détail des parties extérieures de l'homme, voyant qu'il a du poil sur le corps, qu'il peut marcher sur quatre comme sur deux pieds, à la maniere des quadrupedes ; que la femme met au monde des enfans vivans & porte du lait dans ses mamelles ; d'après ces rapports nous aurions le droit d'associer le genre des humains dans la classe des brutes quadrupedes : mais cette condition de la méthode nous paroîtroit fautive, trop arbitraire, trop étrange. L'homme est non-seulement le seul des animaux qui se soutienne habituellement dans une situation droite & perpendiculaire ; le seul qui ne soit pas vêtu par la nature. Il est plus encore ; l'homme est le chef-d'œuvre de la nature, le dernier ouvrage sorti des mains de l'Artiste du monde, le Roi ou le premier des animaux, un monde en raccourci, le centre où l'univers entier se réfléchit. Tout nous démontre l'excellence de sa nature & la distance immense que la bonté du Créateur a mise entre l'homme & la bête. L'homme est un être raisonnable ; l'animal brute est un être sans raison. L'homme le plus stupide suffit pour conduire le plus spirituel de tous les animaux ; il le commande, le fait servir à ses usages, & celui-ci lui obéit. Les opérations des brutes ne sont que des résultats purement mécaniques, purement matériels & toujours les mêmes ; l'homme au contraire met de la variété ou de la diversité dans ses opérations & dans ses ouvrages, parce que son ame est à lui, & qu'elle est indépendante & libre. Ainsi l'homme est l'animal par excellence, le seul de son genre, mais dont les individus sont fort différens par la figure, la grandeur, la couleur, les mœurs, le naturel, &c.

Le globe que l'homme habite est couvert de productions de son industrie & des ouvrages de ses mains : c'est réellement son opération qui met toute la terre en valeur.

Soit que nous considérions l'homme dans ses différens âges, soit que nous jettions un coup d'œil sur les variétés de son espece, soit que nous examinions son organisation merveilleuse dans l'état de vie ou de mort, son histoire nous touche sous ces différens points de vue tous également intéressans. Nous tâcherons donc d'en présenter ici de légeres esquisses : mais que pourrions-nous faire de mieux que de présenter d'abord & en partie un extrait tiré de ce qu'en a dit un Philosophe très-éloquent & très-éclairé, c'est-à-dire l'illustre M. de *Buffon* !

Prenons l'homme à l'instant de sa naissance. Incapable de faire encore aucun usage de ses organes, l'enfant qui naît a besoin de secours de toutes especes, c'est une image de misere & de douleur ; il est dans ces premiers temps plus foible qu'aucun des animaux. En naissant, l'enfant passe d'un élément dans un autre : au sortir de l'eau qui l'environnoit de toutes parts dans le sein de sa mere, il se trouve exposé à l'air, & il éprouve dans l'instant l'effet de ce fluide actif. L'air agit sur les nerfs de l'odorat & sur les organes de la respiration ; cette action produit une secousse, une espece d'éternuement qui souleve la capacité de la poitrine, & donne à l'air la liberté d'entrer dans les poumons ; les secousses du diaphragme pressent pendant ce temps les visceres du bas-ventre, les excrémens sont par ce moyen, & pour la premiere fois, chassés des intestins, & l'urine de la vessie. Ainsi l'air dilate les vésicules des poumons, les gonfle, s'y raréfie à un certain degré ; après quoi le ressort des fibres dilatées réagit sur ce fluide léger, & le fait sortir des poumons : voilà l'enfant qui respire, & qui articule des sons ou cris.

Cette fonction de la respiration est essentielle à l'homme & à plusieurs especes d'animaux : c'est ce mouvement qui entretient la vie ; s'il cesse, l'animal périt. Aussi la respiration ayant une fois commencé, elle ne finit qu'à la mort ; & dès que le *fœtus* a respiré pour la premiere fois, il continue à respirer sans interruption.

L'enfant dans le sein de la mere nage dans un fluide,

& y vit fans refpirer ; le fang paffe d'un ventricule du cœur à l'autre ventricule par le moyen du trou ovale : mais dès que l'enfant commence à refpirer, le fang prend une nouvelle route par les poumons. Cependant on peut croire avec quelque fondement que ce trou ovale ne fe ferme pas tout à coup au moment de la naiffance, & que par conféquent une partie du fang doit continuer à pafser par cette ouverture. Il feroit peut-être poffible d'empêcher que ce trou ovale ne fe fermât, en plongeant l'enfant nouveau né dans de l'eau tiede, en le mettant enfuite à l'air, & en réitérant cela plufieurs fois ; on parviendroit peut-être par ce moyen à faire d'excellens plongeurs, qui vivroient également dans l'air & dans l'eau. C'eft une expérience que M. *de Buffon* avoit commencée fur des chiens : la chienne mit bas fes petits dans l'eau tiede, où ils refterent une demi-heure ; on les laifsa enfuite refpirer l'air le même-temps ; on les replongea dans du lait ; on les remit à l'air, & ils vécurent très-bien.

La plupart des animaux ont encore les yeux fermés quelques jours après leur naifsance : l'enfant les ouvre auffi-tôt qu'il eft né, mais ils font fixes, ternes & communément bleus. Le nouveau né ne diftingue rien, car fes yeux ne s'arrêtent fur aucun objet ; l'organe eft encore imparfait ; la cornée eft ridée ; & peut-être auffi la rétine eft-elle trop molle pour recevoir les images des objets & donner la fenfation de la vue diftincte. Il ne commence à entendre & à rire qu'au bout de quarante jours : c'eft auffi le temps auquel il commence à pleurer ; car auparavant les cris & les gémifsemens ne font point accompagnés de larmes. Le rire & les larmes font des produits de deux fenfations intérieures, qui toutes deux dépendent de l'action de l'ame ; auffi ces fignes font-ils particuliers à l'efpece humaine pour exprimer le plaifir ou la douleur de l'ame ; tandis que les cris, les mouvemens & les autres fignes des douleurs & des plaifirs du corps, font communs à l'homme & à la plupart des animaux.

La grandeur de l'enfant né à terme est ordinairement de vingt-un pouces, & ce *fœtus* qui pese alors dix à douze livres, quelquefois plus, tiroit son origine neuf mois auparavant d'une bulle imperceptible. La tête du nouveau né est plus grosse à proportion que le reste du corps ; & cette disproportion qui étoit encore beaucoup plus grande dans le premier âge du *fœtus*, ne disparoît qu'après la premiere enfance. La peau de l'enfant qui naît, paroît rougeâtre, parce qu'elle est assez transparente pour laisser appercevoir une nuance foible de la couleur du sang : au reste on prétend que dans tous les climats les enfans dont la peau est la plus rouge en naissant, sont ceux qui dans la suite auront la peau la plus belle : elle sera aussi la plus blanche en Europe, & la plus noire en Afrique. La forme du corps & des membres de l'enfant qui vient de naître n'est pas bien exprimée, toutes les parties sont gonflées ; au bout de trois jours il lui survient ordinairement une jaunisse, & dans ce même temps il y a dans les mamelles de l'enfant du lait qu'on peut exprimer avec les doigts, ce gonflement diminue à mesure que l'enfant prend de l'accroissement.

On voit palpiter dans quelques enfans nouveaux nés le sommet de la tête à l'endroit de la fontanelle, & dans tous on y peut sentir le battement du sinus ou des arteres du cerveau, si on y porte la main. Il se forme au-dessus de cette ouverture une espece de croûte ou de gale qu'on frotte avec des brosses pour la faire tomber à mesure qu'elle se séche ; il semble que cette production ait quelque analogie avec celle des cornes des animaux qui tirent aussi leur origine d'une ouverture du crâne & de la substance du cerveau. On aura lieu de voir dans la suite que toutes les extrémités des nerfs deviennent solides lorsqu'elles sont exposées à l'air, & que c'est cette substance nerveuse qui produit chez les animaux les *cornes*, les *ongles* & les *ergots*. Voyez aussi ces mots.

La liqueur contenue dans l'*amnios* laisse sur l'enfant

une humeur visqueuse blanchâtre. Nous avons dans ce pays-ci la sage précaution de ne laver l'enfant qu'avec de l'eau tiede ; cependant des nations entieres, celles mêmes qui habitent les climats les plus froids, sont dans l'usage de plonger leurs enfans dans l'eau froide aussi-tôt qu'ils sont nés, sans qu'il leur en arrive aucun mal ; on dit même que les Laponnes laissent leurs enfans dans la neige jusqu'à ce que le froid les ait saisis au point d'arrêter la respiration, & qu'alors elles les plongent dans un bain d'eau chaude : ces peuples lavent aussi les enfans trois fois chaque jour pendant la premiere année de leur vie. Les peuples du Nord sont persuadés que les bains froids rendent les hommes plus forts & plus robustes ; c'est par cette raison qu'ils les forcent de bonne heure à en contracter l'habitude. Ce qu'il y a de vrai, c'est que nous ne connoissons pas assez jusqu'où peuvent s'étendre les limites de ce que notre corps est capable de souffrir, d'acquérir ou de perdre par l'habitude.

On ne fait pas teter l'enfant aussi-tôt qu'il est né : on lui donne auparavant le temps de rendre la liqueur & les glaires qui sont dans son estomac, & le *méconium* qui est dans ses intestins ; ce sont des excrémens de couleur noire : ces matieres pourroient faire aigrir le lait. On commence donc par lui faire avaler un peu de vin sucré : ce n'est que dix ou douze heures après la naissance qu'il doit teter pour la premiere fois.

A peine l'enfant jouit-il de la liberté de mouvoir & d'étendre ses membres, qu'on lui donne de nouveaux liens ; on l'embeguine, on l'emmaillotte ; heureux si on ne l'a pas serré au point de l'empêcher de respirer, & si on a eu la précaution de le coucher sur le côté, afin que les eaux qu'il doit rendre par la bouche puissent tomber d'elles-mêmes ! car étant ainsi empaqueté, il n'auroit pas la liberté de tourner la tête sur le côté pour en faciliter l'écoulement. Les peuples qui se contentent de mettre leurs enfans nus sur des lits de coton suspendus, ou de les couvrir simplement dans leurs berceaux garnis de pelleteries, nous donnent un exemple que nous devrions imiter. Les bandages du maillot (je dirois volontiers usage barbare des seuls peuples policés) peuvent être comparés aux corps que l'on fait porter aux filles dans leur jeunesse. Cette espece de cuirasse, imaginée pour soutenir la taille & l'empêcher de se déformer, cause certainement plus d'incommodités & de difformités qu'elle n'en prévient. Les enfans qui ont la liberté de mouvoir les membres à leur gré, deviennent plus forts que ceux qui sont emmaillottés ; car le défaut d'exercice retarde l'accroissement des membres. On voit les enfans des Négres commencer à marcher dès le second mois, ou plutôt se traîner sur les genoux & sur les mains : pour les obliger à marcher, leurs meres leur présentent de loin la mamelle comme un appât, & on les voit se traîner pour l'aller chercher. Cet exercice leur donne la facilité de courir dans cette situation presque aussi vîte que s'ils étoient sur leurs pieds.

Ces petits enfans Négres deviennent si adroits & si forts, que lorsqu'ils veulent teter ils embrassent l'une des hanches de la mere avec leurs genoux & leurs pieds ; & la serrent si bien qu'ils peuvent s'y soutenir sans le secours des bras de la mere : ils s'attachent à la mamelle avec leurs mains, & la sucent constamment, sans se déranger & sans tomber, malgré les différens mouvemens de la mere, qui pendant ce temps travaille à son ordinaire.

Les enfans nouveaux nés ont besoin de prendre souvent de la nourriture. On les fait teter dans la journée de deux en deux heures ; & pendant la nuit, à chaque fois qu'ils se réveillent. Ils dorment pendant la plus grande partie du jour & de la nuit dans les premiers temps de leur vie ; ils semblent même n'être éveillés que par la douleur ou par la faim. Les entraves du maillot les tiennent dans une situation qui devient fatigante & douloureuse après un certain temps : leur peau fine & délicate est souvent refroidie par leurs excrémens : il n'y a guere que la tendresse maternelle qui soit capable d'une vigilance assez continuelle pour tenir les enfans bien propres. Les Sauvages qui sentent combien ce soin est nécessaire, y suppléent d'une maniere bien simple. Ils mettent au fond du berceau une bonne quantité de poudre que l'on tire du bois rongé des vers, & ils recouvrent leurs enfans de pelleteries : cette poudre pompe l'humidité, & on a soin de la renouveller. En Orient, & sur-tout en Turquie, on attache les enfans nus sur une planche garnie de coton, & percée pour l'écoulement des excrémens. On cherche à appaiser les cris des enfans en les berçant, mais on ne doit les agiter que fort doucement ; car cette agitation, si elle étoit trop violente, seroit peut-être capable de leur ébranler la tête, & d'y causer du dérangement. Pour que leur santé soit bonne, il faut que leur sommeil soit naturel & long ; cependant s'ils dormoient trop, il seroit à craindre que leur tempérament n'en souffrît : dans ce cas il faut les tirer du berceau, & les éveiller par de petits mouvemens, ou leur faire voir quelque chose de brillant. C'est à cet âge que l'on reçoit les premieres impressions des sens: elles sont sans doute plus importantes que l'on ne croit pour le reste de la vie.

On doit avoir grand soin de mettre le berceau, de maniere que l'enfant soit placé directement devant la lumiere ; car, comme ses yeux se portent toujours du côté le plus éclairé, si le berceau étoit placé de côté, un des yeux, en se tournant vers la lumiere, acquerroit plus de force, & l'enfant deviendroit louche. La nourrice ne doit donner à l'enfant que le lait de ses mamelles pour toute nourriture au moins pendant les deux premiers mois, il ne faudroit même lui faire prendre aucun autre aliment pendant le troisieme & quatrieme mois, sur-tout lorsque son tempérament est foible & délicat. Quelque robuste que puisse être un enfant, il pourroit en arriver de grands inconvéniens, si on lui donnoit d'autre nourriture que le lait de la nourrice, avant la fin du premier mois. En Hollande, en Italie, en Turquie, en général dans tout le Levant, on ne donne aux enfans que le lait des mamelles pendant un an entier. Les Sauvages du Canada les allaitent jusqu'à quatre, cinq, & même sept ans. Dans ce pays-ci, comme les femmes n'ont pas assez de lait pour fournir à l'appétit de leurs enfans, elles y suppléent par un aliment composé de farine & de lait ; mais ce n'est guere qu'à deux ou trois mois que l'on doit commencer à leur donner cette nourriture plus solide, à laquelle même on devroit substituer du pain détrempé dans le lait : c'est ainsi qu'on prépare peu à peu l'estomac des enfans à recevoir le pain ordinaire, & les autres alimens dont ils doivent se nourrir dans la suite.

Les dents qu'on appelle *incisives*, sont au nombre de huit ; leur germe se développe ordinairement le premier, & communément à l'âge de sept mois, souvent à celui de huit ou dix, & d'autres fois à la fin de la premiere année ; aussi les appelle-t-on *dents de primeur* ou de *lait* ou *rieuses*. Cette opération, quoique naturelle, ne suit pas les lois ordinaires de la nature, qui agit à tout instant dans le corps humain, sans y occasionner la moindre douleur, & même sans exciter aucune sensation. Ici il se fait un effort violent & douloureux, qui est accompagné de pleurs & de cris. Les enfans portent leurs doigts à leur bouche, pour tâcher d'appaiser la démangeaison qu'ils y ressentent. On leur donne un petit soulagement en mettant au bout de leur hochet un morceau d'ivoire ou de corail, ou de quelqu'autre corps dur & poli ; ils le serrent entre les gencives à l'endroit douloureux ; cet effort opposé à celui de la dent, calme la douleur pour un instant ; il contribue aussi à l'amincissement de la membrane de la gencive, qui étant pressée des deux côtés à la fois, doit se rompre plus aisément ; la Nature s'oppose ici à elle-même ses propres forces, on est obligé quelquefois de faire une petite incision à la gencive pour donner passage à la dent.

Sur la fin de la premiere, ou dans le courant de la seconde année, on voit paroître seize autres dents que l'on appelle *molaires* ou mâchelieres, quatre à chaque côté de chacune des *canines* (les canines de la mâchoire supérieure sont désignées aussi sous le nom d'*œilleres*). Ces termes pour la sortie des dents varient : les deux incisives, les canines, & les quatre premieres mâchelieres tombent naturellement dans la cinquieme, la sixieme ou la septieme année ; mais elles sont remplacées par d'autres, qui paroissent dans la septieme année, souvent plus tard, & quelquefois elles ne sortent qu'à l'âge de puberté. La chute de ces seize dents est causée par le développement du second germe placé au fond de l'alvéole, qui en croissant, les pousse au dehors ; ce germe manque ordinairement aux autres mâchelieres, aussi ne tombent-elles que par accident, & leur perte n'est presque jamais réparée.

Il y a encore quatre autres dents qui sont placées à chacune des deux extrémités des mâchoires ; ces dents manquent à plusieurs personnes, leur développement ne se fait ordinairement qu'à l'âge de puberté, & quelquefois dans un âge beaucoup plus avancé, & c'est par cette raison qu'on les a nommées *dents de sagesse*. Le nombre des dents en général ne varie, que parce que celui des dents de sagesse n'est pas toujours le même ; de-là vient la différence de vingt-huit à trente-deux dans le nombre total des dents : *Voyez l'article* DENTS.

Lorsqu'on laisse crier les enfans trop fort & trop long-temps, ces efforts leur causent des descentes qu'il faut avoir grand soin de rétablir promptement par un bandage, ils guérissent aisément par ce secours ; mais si on négligeoit cette incommodité, ils seroient en danger de la garder toute leur vie. Les enfans sont fort sujets aux vers ; en leur faisant boire de temps en temps un peu de vin, on préviendroit peut-être une partie des mauvais effets que causent les vers : car les liqueurs fermentées s'opposent à leur génération.

Quelque délicat que l'on soit dans l'enfance, on est à cet âge moins sensible au froid, que dans tous les autres temps de la vie ; la chaleur intérieure est apparemment plus grande. On sait que le pouls des enfans est bien plus fréquent que celui des adultes : cette seule observation suffiroit pour faire penser que la chaleur intérieure est plus grande dans la même proportion. On ne peut guere douter que les petits animaux n'aient plus de chaleur que les grands, par cette même raison : car la fréquence du battement du cœur & des arteres est d'autant plus grande, que l'animal est plus petit : les battemens du cœur d'un moineau se succedent si promptement, qu'à peine peut-on les compter.

La vie de l'enfant est fort chancelante jusqu'à l'âge de trois ans, mais dans les deux ou trois années suivantes, elle s'assure, & l'enfant de six ou sept ans est plus assuré de vivre, qu'on ne l'est à tout autre âge. Suivant les nouvelles tables faites à Londres sur les degrés de la mortalité du genre humain dans les différens âges, il paroît que d'un certain nombre d'enfans nés en même temps, il en meurt au moins la moitié dans les trois premieres années. Suivant ces tables, la moitié du genre humain devroit périr avant l'âge de trois ans, par conséquent tous les hommes qui ont vécu plus de trois ans, loin de se plaindre de leur sort, devroient se regarder comme traités plus favorablement que les autres. Mais cette mortalité des enfans n'est pas à beaucoup près si grande par-tout, qu'elle l'est à Londres ; car M. *Dupré de Saint-Maur* s'est assuré par un grand nombre d'observations faites en France, qu'il faut sept ou huit années pour que la moitié des enfans nés en même temps, soit éteinte ; & M. *Wargentein*, Secrétaire de l'Académie Royale de Suéde, examinant la proportion des morts dans les différens âges de la vie, cherche à déduire des principes certains pour le calcul des tontines & rentes viageres, en un mot combien un homme en santé peut encore vivre d'années.

Parmi les causes de la mortalité des enfans & même des adultes, on doit placer en tête les effets de la petite vérole ; mais heureusement personne n'ignore que l'on trouve presque toujours dans l'espece de greffe ou de transfusion appellée *inoculation* un moyen de pallier avec succès les disgraces de ce fléau : tous les Journaux de 1757 ont fait une mention honorable de l'excellent Mémoire de M. *de la Condamine* sur ce sujet. Ce beau plaidoyer de la cause de l'inoculation & de l'humanité est aujourd'hui entre les mains de tout le monde & traduit en toutes les langues. La multitude de faits réunis & la solidité du raisonnement forment un corps de preuves, à l'évidence desquelles il est difficile de résister. En un mot on y démontre que l'inoculation est moins dangereuse que la petite vérole naturelle, elle conserve un plus grand nombre de Citoyens à l'Etat, elle nous donne pour la suite au moins la même sécurité que la naturelle : d'après cet exposé pourroit-elle être contraire à la Religion ?

Si les meres nourrissoient elles-mêmes leurs enfans, il y a apparence qu'ils en seroient plus forts & plus vigoureux. Le lait de leur mere doit leur convenir mieux que le lait d'une autre femme : car le fœtus se nourrit dans la matrice d'une liqueur laiteuse, qui est fort semblable au lait qui se forme dans les mamelles. L'enfant est donc, pour ainsi dire, accoutumé au lait de sa mere : au lieu que le lait d'une autre nourrice est quelquefois pour lui un aliment assez différent, pour qu'il ne puisse s'y accoutumer. Si l'on voit les enfans devenir languissans, malades, il faut prendre une autre nourrice bien constituée, propre, saine & de bonnes mœurs ; tout influe de la part des nourrices sur les enfans (on peut consulter l'article LAIT) ; si l'on n'a pas cette attention, ils périssent en peu de temps. Que de soins sont nécessaires pour faire éviter à l'homme les écueils de l'enfance !

L'éducation physique des enfans, est un objet de la première importance pour procurer à l'Etat des citoyens d'une bonne santé. De tout temps on a dû en sentir l'importance ; aussi l'Académie de Harlem en Hollande, a-t-elle proposé pour sujet d'un prix la question suivante : *Quelle est la meilleure direction à suivre dans l'habillement, la nourriture & l'exercice des enfans, depuis le moment où ils naissent, jusqu'à leur adolescence, pour qu'ils vivent long-temps en santé.* Le prix a été remporté par M. *Ballexserd*, citoyen de Geneve qui a très-bien discuté cette question dans son ouvrage qui a pour titre : *Dissertation sur l'éducation physique des enfans.*

Les enfans commencent à bégayer à l'âge de douze ou quinze mois. On doit cesser d'être surpris, de ce que dans toutes les langues & chez tous les peuples, les enfans commencent toujours par bégayer *ba ba, ma ma, pa pa, taba, abada*; ces syllabes sont, pour ainsi dire, les sons les plus naturels à l'homme, parce qu'elles demandent le moins de mouvemens dans les organes de la parole. Il y a des enfans qui à deux ans prononcent distinctement, & répétent tout ce qu'on leur dit ; mais la plupart ne parlent qu'à deux ans & demi, & très-souvent plus tard : on remarque que ceux qui commencent à parler tard ne parlent jamais aussi aisément que les autres. Ceux qui parlent de bonne heure sont en état d'apprendre à lire à trois ans. Au reste, on ne peut guere décider s'il est fort utile d'instruire les enfans de si bonne heure ; on a tant d'exemples du peu de succès de ces éducations prématurées, on a vu tant de prodiges de quatre ans, de huit ans, de douze ans, de seize ans, qui n'ont été que des sots, ou des hommes fort communs à l'âge de vingt-cinq ou trente ans, qu'on seroit porté à croire que la meilleure de toutes les éducations est celle qui tend à exercer & à étendre les forces du corps & de l'esprit, sans jamais les excéder, ni les épuiser ; celle qui est la moins sévere, celle en un mot qui est la

mieux

mieux proportionnée à la foiblesse actuelle des enfans, & en même temps aux forces qu'on prévoit qu'ils pourront acquérir, chacun suivant leur différent tempérament.

De la Puberté & de la Virginité.

La puberté accompagne l'adolescence & précede la jeunesse ; elle est, pour ainsi dire, le printemps de l'homme, c'est la saison des plaisirs, des graces & des amours, & plus cette saison est riante, moins elle est durable. Jusqu'alors la nature ne paroît avoir travaillé que pour la conservation & l'accroissement de son ouvrage : elle n'a fourni à l'enfant que ce qui lui étoit nécessaire pour vivre & pour croître : il a vécu, ou plutôt végété d'une vie particuliere, toujours foible, renfermée en lui-même, & qu'il ne pouvoit communiquer : mais bientôt les principes de vie se multiplient, il a non-seulement tout ce qu'il lui faut pour être, mais encore de quoi donner l'existence à d'autres. Cette surabondance de vie, cette source de la force & de la santé, ne pouvant plus être contenue au dedans, cherche à se répandre au dehors, elle s'annonce par plusieurs signes.

Le premier signe de la puberté est une espece d'engourdissement aux aines, une espece de sensation jusqu'alors inconnue dans les parties qui caracterisent le sexe ; il s'y éleve une quantité de petites proéminences d'une couleur blanchâtre ; ces petits boutons sont les germes d'une nouvelle production, de cette espece de cheveux qui doivent voiler ces parties. Le son de voix devient rauque & inégal pendant un espace de temps assez long, après lequel il se trouve plus plein, plus assuré, plus fort, plus grave qu'il n'étoit auparavant. Ce changement est très-sensible dans les garçons; s'il l'est moins dans les filles, c'est parce que le son de leur voix est naturellement plus aigu.

Ces signes de puberté sont communs aux deux sexes, mais il y en a de particuliers à chacun : l'éruption des menstrues, l'accroissement du sein pour les femmes ; la barbe & l'émiſſion convulſive de la liqueur ſéminale pour les hommes : enfin le ſentiment du deſir vénérien, cet appétit qui porte les individus des deux ſexes à ſe faire réciproquement communication de leurs corps pour l'acte prolifique. Dans toute l'eſpece humaine les femmes arrivent à la puberté plutôt que les mâles ; mais chez les différens peuples l'âge de puberté eſt différent, & ſemble dépendre en partie de la température du climat & de la qualité des alimens. Dans toutes les parties méridionales de l'Europe & dans les villes, la plupart des filles ſont puberes à douze ans, & les garçons à quatorze ; dans les provinces du Nord & dans les campagnes, à peine les filles le ſont-elles à quatorze & les garçons à ſeize.

Dans les climats les plus chauds de l'Aſie, de l'Afrique & de l'Amérique, la plupart des filles ſont puberes à dix & même à neuf ans. L'écoulement périodique, quoique moins abondant dans les pays chauds, paroît cependant plutôt que dans les pays froids. L'intervalle de cet écoulement eſt à-peu-près le même dans toutes les nations, & il y a ſur cela plus de diverſité d'individu à individu que de peuple à peuple ; car dans le même climat & dans la même nation il y a des femmes qui tous les quinze jours ſont ſujettes à cette évacuation naturelle, & d'autres qui ont juſqu'à cinq & ſix ſemaines de libres, mais ordinairement l'intervalle eſt d'un mois, à quelques jours près. La quantité de l'évacuation paroît dépendre de la quantité des alimens & de celle de la tranſpiration inſenſible ; les femmes qui mangent plus que les autres & qui ne font pas d'exercice, ont des menſtrues plus abondantes. La quantité de cette évacuation varie beaucoup dans les différens ſujets & dans les différentes circonſtances, on peut peut-être l'évaluer depuis une ou deux onces juſqu'à une livre & plus. La durée de l'écoulement menſtruel eſt de trois, quatre ou cinq jours dans la plupart des femmes, & de ſix, ſept & même huit dans quelques-unes. La ſurabondance de la nourriture & du ſang eſt la cauſe matérielle des menstrues. Les symptômes qui précédent leur écoulement, sont autant d'indices certains de plénitude, comme la chaleur, la tension, le gonflement & même la douleur que les femmes ressentent, non-seulement dans les endroits mêmes où sont les réservoirs & dans ceux qui les avoisinent, mais aussi dans les mamelles; elles sont gonflées, & l'abondance du sang y est marquée par la couleur de leur aréole qui devient alors plus foncée; les yeux sont chargés, & au-dessous de l'orbite la peau prend une teinte de bleu & violet; les joues se colorent, la tête est pesante & douloureuse, & en général tout le corps est dans un état d'accablement causé par la surcharge du sang.

C'est ordinairement à l'âge de puberté que le corps acheve de prendre son accroissement en hauteur; les jeunes gens grandissent presque tout-à-coup de plusieurs pouces. Mais de toutes les parties du corps celles où l'accroissement est le plus prompt & le plus sensible, sont les parties de la génération dans l'un & l'autre sexe; cet accroissement au reste n'est dans les mâles qu'un développement, une augmentation de volume; au lieu que dans les femelles il produit souvent un rétrécissement auquel on a donné différens noms, lorsqu'on a parlé des signes de la virginité.

Il n'est pas aisé de réussir à détruire les préjugés ridicules qu'on s'est formés sur ce sujet: mais la contrariété d'opinions sur un fait qui dépend d'une simple inspection, prouve que les hommes ont voulu trouver dans la nature ce qui n'étoit que dans leur imagination, puisqu'il y a plusieurs Anatomistes qui disent de bonne foi, qu'ils n'ont jamais trouvé ces caracteres que l'on regarde comme les preuves de la virginité, c'est-à-dire, ni la membrane de l'hymen, *zona virginea*, ni les caroncules dans les filles qu'ils ont disséquées, même avant l'âge de puberté (*a*). Ceux même qui soutiennent

---

(*a*) Suivant M. *Haller*, tout ceci est entiérement opposé au vrai. Tout fœtus femelle, toute fille nouvellement née, toute

au contraire que cette membrane & ces caroncules exiftent, avouent en même temps que ces parties varient de forme, de grandeur & de confiftance dans les différens fujets. Que peut-on conclure de ces obfervations, finon que les caufes du prétendu rétréciffement de l'entrée du vagin, ne font pas conftantes, & qu'elles n'ont tout au plus qu'un effet paffager, & qui eft fufceptible de différentes modifications.

On a cru dans tous les temps que l'effufion du fang étoit une preuve réelle de la virginité ; cependant il eft évident que ce prétendu figne eft nul dans toutes les circonftances où l'entrée du vagin a pu être relâchée ou dilatée naturellement ; ainfi toutes les filles, quoique non déflorées, ne répandent pas du fang ; d'autres qui le font en effet, ne laiffent pas d'en répandre : il y en a même dont la prétendue virginité s'eft renouvellée jufqu'à quatre & cinq fois dans l'efpace de deux ou trois ans, & même tous les mois.

Rien donc de plus chimérique que les préjugés des hommes à cet égard, & rien de plus incertain que ces prétendus fignes de la virginité du corps. Les hommes devroient donc bien fe tranquillifer fur tout cela, au lieu de fe livrer, comme ils font fouvent, à des foupçons injuftes ou à de fauffes joies, felon ce qu'ils s'imaginent avoir rencontré.

Quel contrafte dans les goûts & dans les mœurs des différentes nations ! quel contrariété dans leur façon de penfer ! Après le cas que nous voyons que la plupart des hommes font de la virginité, imagineroit-on que certains peuples la méprifent, & qu'ils regardent comme un ouvrage fervile la peine qu'il faut prendre pour l'ôter ! La fuperftition a porté certains peuples à

---

jeune perfonne de dix ans a, dit-il, l'hymen bien uniforme, & généralement placé en maniere de croiffant à la partie inférieure de l'origine du vagin. Cette partie fe conferve jufqu'à la vieilleffe, à moins que l'ufage réitéré de l'acte vénérien ne la détruife, car une feule faute ne fuffiroit pas pour l'anéantir : c'eft ainfi que s'exprime M. *Haller*.

céder les prémices des vierges aux Prêtres de leurs Idoles, ou à en faire une espece de sacrifice à l'Idole même. Les Prêtres des Royaumes de Cochin & de Calicut jouissent de ce droit, & chez les Canarins de Goa les vierges sont prostituées de gré ou de force par leurs plus proches parens à une Idole de fer: la superstition de ces peuples leur fait commettre ces excès dans des vues de religion. Au Royaume d'Aracan & aux îles Philippines un homme se croiroit déshonoré s'il épousoit une fille qui n'eût pas été déflorée par un autre, & ce n'est qu'à prix d'argent que l'on peut engager quelqu'un à prévenir l'époux. Dans la province de Thibet les meres cherchent des étrangers qu'elles prient instamment de mettre leurs filles en état de trouver des maris. A Madagascar les filles les plus débauchées sont les plutôt mariées: quelle grossiéreté! Les Anciens avoient au contraire tant de respect pour les vierges, que lorsqu'elles étoient condamnées au supplice on ne les faisoit point mourir sans leur avoir auparavant ôté la virginité. C'est ainsi que Tibere en disposoit. Ce tyran subtil & cruel détruisoit les mœurs pour conserver les coutumes.

Le mariage est l'état qui convient à l'homme, & dans lequel il doit faire usage des nouvelles facultés qu'il a acquises par la puberté. C'est à cet âge que tout le sollicite à la génération: mille impressions ébranlent son genre nerveux & le portent à éprouver cet état dans lequel il ne sent plus son existence que par celle de ce sens voluptueux, qui semble alors devenu le siége de son ame, qui absorbe toute la sensibilité dont il est susceptible, qui en porte l'intensité à un point qui rend cette impression si forte, qu'elle ne peut être soutenue long-temps sans un désordre général dans toute la machine. En effet la durée de ce sentiment ou de ces facultés est telle, qu'elle deviendroit quelquefois funeste à l'homme qui jouiroit trop, ou il en seroit de même s'il s'obstinoit à garder le célibat. Le trop long séjour de la liqueur séminale dans les réservoirs peut causer, par sa qualité stimulante, des maladies dans l'un & l'autre sexe. Les irritations peuvent devenir si violentes, qu'elles rendroient l'homme semblable aux animaux, qui sont furieux & indomptables lorsqu'ils ressentent ces impressions.

L'effet extrême de cette irritation dans les femmes est la *nymphomanie*, c'est-à-dire la fureur utérine; mais le tempérament opposé est infiniment plus commun parmi les femmes: la plupart sont naturellement froides, ou tout au moins fort tranquilles sur la physique de l'amour, quoique les symptômes d'hystéricité soient plus multipliés qu'on ne le pense.

Au reste les excès sont plus à craindre que la continence; le nombre des hommes immodérés, ou *priapomanes*, est assez grand pour en donner des exemples: les uns ont perdu la mémoire, les autres ont été privés de la vue, d'autres sont devenus chauves, d'autres ont péri d'épuisement; la saignée est, comme l'on sait, mortelle en pareil cas. Les personnes sages ne peuvent trop avertir les jeunes gens du tort irréparable qu'ils courent risque de faire à leur santé; & les parens aux soins desquels ils sont confiés, doivent avoir la plus grande attention de les détourner de ces dangereux excès, par tous les moyens possibles; mais un Titon, dans l'âge de puberté, ignore combien il importe de prolonger les jours de ce bel âge qui a tant d'influence sur le bonheur ou le malheur du reste de la vie: c'est alors précisément qu'il n'a ni prévoyance de l'avenir, ni expérience du passé, ni modération pour ménager le présent. Combien n'y en a-t-il pas qui cessent d'être hommes, ou du moins qui cessent d'en avoir les facultés avant l'âge de trente ans? Pourquoi forcer la nature? il suffit d'obéir ou de répondre quand elle nous interroge. Telle est donc la disposition physique que l'Auteur de la Nature, ce Conservateur suprême de l'espece & de l'individu, a voulu employer pour porter l'homme par l'attrait du plaisir à travailler à se reproduire, à se conserver, &c.

L'objet du mariage est d'avoir des enfans: mais quelquefois cet objet ne se trouve pas rempli. Dans les différentes causes de la stérilité, il y en a de communes aux hommes & aux femmes; mais comme elles sont plus apparentes dans les hommes, on les leur attribue communément. La cause de la stérilité la plus ordinaire aux hommes & aux femmes, c'est l'altération de la liqueur séminale dans les testicules. Dans les cas de stérilité, on a souvent employé plusieurs moyens pour savoir si le défaut venoit de l'homme ou de la femme. L'inspection est le premier de ces moyens: il y a des hommes qui, à la premiere inspection, paroissent être bien conformés, auxquels cependant le vrai signe de la bonne conformation manque absolument; il y en a d'autres qui n'ont ce signe que si imparfaitement ou si rarement, que c'est moins un signe certain de la virilité, qu'un indice équivoque de l'impuissance.

Au reste, lorsqu'il n'y a aucun défaut de conformation à l'extérieur dans les hommes, que l'érection & l'éjaculation ont lieu, la stérilité vient alors le plus ordinairement des femmes; car indépendamment de l'effet des fleurs blanches, qui, quand elles sont continuelles, doivent causer, ou du moins occasionner la stérilité, les testicules des femmes éprouvent des changemens & des altérations considérables. Ajoutez que les défauts de conformation de la matrice & du vagin, le tempérament trop ou trop peu sensible, sont encore des vices physiques pour l'acte de la génération.

Dans le cours ordinaire de la nature, les femmes ne sont en état de concevoir, qu'après la premiere éruption des regles; & la cessation de cet écoulement, qui arrive ordinairement à l'âge de quarante ou cinquante ans, les rend stériles pour le reste de leur vie. On en a cependant vu qui sont devenues mere avant d'être sujettes au moindre écoulement périodique, & d'autres qui ont conçu à soixante & soixante-dix ans, & même dans un âge plus avancé. On regardera, si l'on veut, ces exemples, quoiqu'assez fréquens, comme des exceptions à la regle; mais ces exceptions suffisent pour faire voir que la matiere des menstrues n'est pas essentielle à la génération.

L'âge auquel l'homme peut engendrer, n'a pas des termes aussi marqués; il faut que le corps soit parvenu à un certain point d'accroissement, pour que la liqueur séminale soit produite; cela arrive ordinairement entre douze & dix-huit ans. A soixante ou soixante-dix ans, lorsque la vieillesse commence à énerver le corps, la liqueur séminale est moins abondante: & souvent elle n'est plus prolifique; cependant on a vu plusieurs exemples de vieillards qui ont engendré jusqu'à quatre-vingts & quatre-vingt-dix ans: on a vu aussi de jeunes garçons qui ont engendré à l'âge de neuf, dix & onze ans, & de petites filles qui ont conçu à sept, huit & neuf ans; mais ces faits, extrêmement rares, peuvent être regardés comme des phénomenes.

De la conception, de la grossesse, du fœtus, de son accroissement, & de l'accouchement.

Les signes que quelques Auteurs ont indiqués pour reconnoître si une femme a conçu, tels que le saisissement & le froid convulsif, *horripilatio*, que quelques femmes doivent avoir ressenti au moment de la conception, ne sont que des signes très-équivoques; car d'autres femmes assurent, au contraire, avoir ressenti une ardeur brûlante, causée par la chaleur de la liqueur séminale de l'homme; & le plus grand nombre avouent n'avoir rien ressenti de tout cela, sinon le terme du prurit vénérien qui succéde au plus grand degré d'orgasme. Mais les symptômes qui dans les premiers mois font reconnoître aux femmes qu'elles sont grosses, sont moins équivoques; savoir, un engourdissement dans les lombes, un assoupissement presque continuel, une mélancolie qui les rend tristes & quelquefois capricieuses, des douleurs de dents, la pâleur

& des taches dans le visage, les paupieres affaissées, les yeux jaunes, le goût dépravé, le dégoût, le vomissement, la cessation de l'écoulement périodique, la sécrétion du lait dans les mamelles, enfin le mouvement du fœtus, l'enflure particuliere & dure de l'hypogastre. Telle est la force de l'institution de la nature, que la femme se livre invinciblement à faire les fonctions dont dépend la propagation du genre humain, & à ne pas se rebuter par les incommodités de la grossesse. Tout la rappelle au plaisir inexprimable ou à l'épilepsie passagere que la Nature emploie pour parvenir à ses fins. Au reste combien de femmes ne se portent bien que lorsqu'elles sont enceintes ?

La grossesse est le temps pendant lequel une femme qui a conçu, porte dans son sein le fruit de la fécondation: ce temps qui désigne l'état d'une femme enceinte, prend date depuis le moment où la faculté prolifique a été réduite en acte, & où toutes les conditions requises de la part de l'un & de l'autre sexe ont concouru à jeter les fondemens du fœtus mâle ou femelle, dont la sortie est le terme. Aussi-tôt que la grossesse est déclarée, dit l'Auteur de l'*Essai sur la maniere de perfectionner l'espece humaine*, la femme doit tourner toutes ses vues sur elle-même, & mesurer ses actions aux besoins de son fruit ; elle devient alors la dépositaire d'une créature nouvelle ; c'est un abrégé d'elle-même, qui n'en différe que par la proportion & le développement successif de ses parties.

L'exposition de ce qui se passe pendant la grossesse, n'étant donc que l'histoire de la formation du fœtus humain, de son développement, de la maniere particuliere dont il vit, dont il se nourrit, dont il croît dans le sein de sa mere, & dont se font toutes ses différentes opérations de la nature à l'égard de l'un & de l'autre, c'est proprement l'histoire du fœtus qu'il s'agit de placer ici.

Nous disons que lorsque la conception a lieu, la semence du mâle s'introduit dans la matrice de la femelle; & il y a apparence qu'après le mélange des deux liqueurs féminales, tout l'ouvrage de la génération est dans la matrice sous la forme d'un petit globe. Trois ou quatre jours après la conception, il y a dans la matrice une bulle ovale, qui a dix lignes dans un de ses diamétres. Sept jours après, on y peut appercevoir quelques petites fibres réunies, qui sont les premieres ébauches du fœtus. Ces premiers linéamens ne paroissent être qu'une masse d'une gelée presque transparente. Quinze jours après, on commence à bien distinguer la tête & à reconnoître les traits les plus apparens du visage; le nez n'est encore qu'un petit filet prééminent, & perpendiculaire à une ligne qui indique la séparation des deux lévres; on voit deux points noirs à la place des yeux, deux petits trous à celle des oreilles: ainsi la bouche, le conduit intestinal jusqu'à l'anus, la moëlle allongée, à la prendre depuis le cerveau jusqu'à son extrémité inférieure, sont les parties molles qui paroissent se former les premieres. A un mois, le fœtus a plus d'un pouce de longueur; la figure humaine n'est plus équivoque; toutes les parties de la face sont déjà reconnoissables; toutes les parties du corps sont dessinées. A six semaines, le fœtus a près de deux pouces de longueur: on apperçoit à-peu-près dans ce temps le mouvement du cœur; on y distingue des marques sensibles du sexe dont il est (*a*). Toute cette opération est exprimée jusqu'ici par ces deux vers latins:

> Sex in lacte dies, ter sunt in sanguine terni,
> Bis senum carnes, ter senum membra figurant.

ce qui signifie: *la semence reste dans la matrice pendant six jours sous la forme laiteuse: elle passe à l'état*

(*a*) M. *Haller* croit que ces grandeurs sont prématurées. Dans la brebis, dit-il, le fœtus n'est visible qu'au bout de dix-huit jours; il ne doit l'être dans la femme que plus tard encore, puisque son état de grossesse dure une fois autant que celui de la brebis.

sanguinolent, & y reste pendant neuf jours; puis est douze jours à prendre la forme de chair: enfin, les membres sont organisés au bout de dix-huit autres jours: ce qui forme un espace de quarante-cinq jours. Voilà l'instant, le terme où le souffle vivifiant de la Divinité anime cette petite machine, met en jeu la sensibilité des différens organes, & répand le mouvement & le sentiment dans toutes les parties. Si cependant ce bel ouvrage de la Nature, plus ou moins avancé, reçoit des troubles & des commotions trop fortes dès ses premiers jours d'arrangemens; que, par exemple, le suc nourricier manque ou soit détourné du vrai germe avant qu'il ait acquis un commencement de solidité, de *vrai germe* il devient *faux germe*; ses premiers linéamens s'effacent & se détruisent par le long séjour qu'il fait encore dans la matrice avant d'en être expulsé: dans les mêmes instans, ce n'est plus qu'une congélation séminale flottante & opaque, ou un corps informe, qui venant à être expulsé ou à tomber, produit la *fausse-couche* la plus ordinaire. Mais reprenons le détail d'une conception bien conditionnée.

A deux mois le fœtus a plus de deux pouces de longueur; l'ossification commence par des points osseux au milieu des clavicules du bras, de l'avant-bras, &c. mais les clavicules sont même les premieres ossifiées en entier, & l'on peut dire que les os qui ont part à la composition des organes des sens, ou qui sont destinés à leur conservation, sont les premiers perfectionnés dans le fœtus. A trois mois le fœtus a plus de trois pouces, & pese environ trois onces; c'est à-peu-près dans ce temps qu'il donne des signes d'existence, que la mere commence à en sentir le mouvement, mais cela dépend de la plus ou moins grande sensibilité de la mere. Quatre mois & demi après la conception, la longueur du fœtus est de six à sept pouces; les ongles paroissent aux doigts des pieds & à ceux des mains; toutes les parties de son corps sont repliées de maniere à occuper le moins de place possible, les genoux touchent presque aux joues. Plusieurs observations prouvent que le fœtus prend dans la matrice des situations différentes, suivant les diverses attitudes du corps de la mere. Il est ordinairement placé les pieds en bas, le derriere appuyé sur les talons, la tête inclinée sur les genoux, les mains sur la bouche, les pieds tournés en dedans, & il nage comme une espece de vaisseau dans l'eau contenue par les membranes qui l'environnent, sans que la mere en ressente d'autre incommodité que le mouvement que le fœtus fait tantôt à droite, tantôt à gauche. Mais une fois que la tête vient à grossir assez pour rompre cet équilibre, elle fait la culbute & tombe en bas, la face tournée vers l'os sacrum, & le sommet vers l'orifice de la matrice : ceci se fait six semaines ou deux mois avant l'accouchement. Losque le temps de sortir est arrivé, le fœtus se trouvant trop serré dans la matrice, fait effort pour en sortir, la tête la premiere. Enfin, dans le moment de l'accouchement le fœtus en réunissant ses propres forces à celles de sa mere, ouvre l'orifice de la matrice autant qu'il est nécessaire pour se faire passage. Il arrive quelquefois que le fœtus sort de la matrice sans briser son enveloppe, appelé *placenta* (*omentum*), comme cela arrive dans l'accouchement des animaux ; mais communément le fœtus par son effort brise son enveloppe, dont une partie lui reste quelquefois sur la tête ; c'est ce que l'on appelle *naître coiffé*. La liqueur qui sort pendant l'accouchement, se nomme *le bain* ou *les eaux de la mere*. Ce bain naturel qui met le fœtus à couvert des injures extérieures, en éludant la violence des coups que la femme grosse peut recevoir sur le ventre, défend aussi par la même raison la matrice des secousses & des frottemens causés par les mouvemens du fœtus : enfin, ces eaux servent à faciliter la sortie de l'enfant dans le temps de l'accouchement, en rendant les passages plus souples. Lorsque le fœtus est sorti, le cordon ombilical entraîné par son poids ou par la main de l'Accoucheur, attire le placenta & les autres membranes, qui toutes ensemble portent le nom d'*arriere-faix* ou *délivre* : on noue ce cordon à un doigt de distance du nombril, & on le coupe à un doigt au-dessus de la ligature ; le reste se dessèche. Le cordon ombilical est long de trois pieds ou environ, & composé de deux arteres & d'une veine ; son usage dans le fœtus étoit encore de prolonger le cours de la circulation du sang & de permettre au fœtus ou enfant de se mouvoir, sans arracher le placenta. Les extrémités de ces vaisseaux se divisent en ramifications, & prennent leur origine dans le *placenta*, cette masse vasculeuse qui absorbe le suc nourricier provenant de la matrice, de même que les intestins absorbent le chyle. Le suc nourricier est porté ensuite au fœtus par la veine ombilicale. Le fœtus ne respire point dans le sein de sa mere : ainsi ce que l'on dit des cris des enfans dans le sein de leur mere, ne doit être regardé que comme une fable.

La durée de la grossesse est ordinairement de neuf mois, quelquefois plus ou moins : mais le temps ordinaire s'étend à vingt jours de différence, c'est-à-dire depuis huit mois & quatorze jours jusqu'à neuf mois & quatre jours. Le commencement du septiéme mois est le plus court terme de la grossesse ; le fœtus sorti plutôt avorte. Nous disons que l'enfant sort de sa prison rarement avant le septiéme mois, si ce n'est dans un premier accouchement. On a observé que l'enfant qui vient à sept mois a presque toujours quelque imperfection à la bouche, aux oreilles & aux doigts, parce que ces parties sont achevées d'être parfaitement organisées les dernieres. Quelquefois la foiblesse du fœtus, ou l'âge de la mere, font que l'accouchement n'arrive qu'après dix mois, & il y a des exemples d'un terme plus long. Les femmes qui ont fait plusieurs enfans, assurent presque toutes que les femelles naissent plus tard que les mâles. Au reste voyez *la Dissertation sur les naissances tardives*. L'enfant arrive aussi à huit mois, & d'habiles gens soutiennent qu'il n'est pas vrai que les enfans mâles nés à ce terme ne vivent pas.

On prétend que c'est le défaut de respiration qui fait faire au fœtus les efforts nécessaires pour sortir : aussi ne voit-il pas plutôt le jour qu'il commence à respirer, & le sang se jette dans les poumons pour circuler. Par cette raison lorsqu'on veut connoître si le fœtus est venu mort, on met les poumons dans l'eau : s'ils surnagent, c'est une preuve que le fœtus a vécu, & que l'air reçu par le moyen de la respiration, les a raréfiés. N'oublions pas de dire que quoique la tête soit dans les enfans, à proportion des autres parties du corps, la plus grosse, elle est susceptible de se prêter dans le moment où l'enfant paroît à la lumiere. Cette diminution apparente de volume provient du rapprochement des os pariétaux, temporaux, frontal & occipital, qui sont propres uniquement au crâne, & qui dans ce premier moment de naissance ne sont pas réunis par sutures ; ils sont encore séparés, écartés les uns des autres, & c'est par ces ouvertures, à l'endroit de la fontanelle, qu'on voit palpiter & qu'on sent alors le battement des arteres du cerveau : il suffit d'y porter la main, ainsi que nous l'avons déjà dit au commencement de cet article. On ne peut trop recommander aux Sages-Femmes, que la tête de l'enfant étant tendre, molle, délicate, elle doit être maniée avec la plus grande précaution. Une pression trop vive pourroit en altérer la perfectibilité des organes : c'est ce qui sera démontré ci-après en parlant de l'*économie animale*.

Il est plus ordinaire de voir des femmes n'avoir qu'un enfant à la fois qu'un plus grand nombre. Lorsqu'elles en portent deux, trois ou plus, on les trouve très-rarement sous la même enveloppe, & leurs placentas, quoique adhérens, sont presque toujours distincts : mais cette pluralité de fœtus dans une seule grossesse, cette fécondité de différens individus vivans tient-elle au mystere de la *superfœtation* ? C'est un point sur lequel on est partagé.

Les preuves de la superfœtation, phénomene qui a

été contesté, se multiplient de plus en plus. En 1753 une femme de Louviers accoucha successivement en trois mois de trois enfans qui furent baptisés. En 1755 une femme de dix-huit ans, mariée en Angleterre, près de Katwyk sur mer, à un homme veuf de soixante ans, qui n'avoit point eu d'enfans de sa premiere femme, y accoucha le matin d'un garçon vivant; le même jour au soir elle fut encore délivrée d'un enfant de six mois, & le lendemain il en vint un troisiéme d'environ trois mois. Voici un autre fait presque incroyable, quoique récent. En 1755, le 21 de Mars, on présenta à l'Impératrice de Russie un Paysan Moscovite, nommé *Jacques Kyrllof*, & sa femme. Ce Paysan, marié en secondes noces, étoit âgé de soixante-dix ans: sa premiere femme étoit accouchée vingt-une fois; savoir, quatre fois de quatre enfans, sept fois de trois, & dix fois de deux: Total cinquante-sept enfans qui vivoient alors. Sa seconde femme qui l'accompagnoit, comptoit déjà sept couches, une de trois enfans à la fois, & six de deux jumeaux chacune, ce qui faisoit quinze enfans pour sa part. Ainsi le Patriarche Moscovite avoit eu jusqu'alors soixante-douze enfans. Quelle étrange fécondité! Quelle vue peut avoir la Nature de produire deux jumeaux, un enfant à deux têtes, à deux corps, à quatre bras, à six doigts, &c.? *Voyez* MONSTRE. Pourquoi les enfans ressemblent-ils tantôt à leur pere, tantôt à leur mere? C'est à-peu-près la même difficulté pour les différentes marques de naissance que l'on rapporte à une imagination frappée.

Parmi les jeux de la Nature, on la voit quelquefois travailler en miniature avec une justesse admirable de proportion: ces frêles enfans ne jouissent qu'un moment de leur état de perfection: on en verra des exemples en consultant l'article NAIN.

De la Circoncision, de l'Infibulation & de la Castration.

La circoncision, l'infibulation & la castration sont des faits trop essentiels dans l'histoire de l'Homme, pour n'en point parler.

La *circoncision* est un usage extrêmement ancien, & qui subsiste encore dans la plus grande partie de l'Asie. On croit que les Turcs & plusieurs autres peuples auroient naturellement le prépuce trop long, si l'on n'avoit pas la précaution de le couper; & que sans la circoncision, certains peuples, tels que les Arabes, seroient inhabiles à la génération.

La circoncision a lieu aussi pour les filles; car dans quelques contrées d'Arabie, de Perse, d'Afrique, l'accroissement des nymphes devient trop considérable, & nuiroit aussi à la génération, si l'on ne prévenoit cet inconvénient par la circoncision. Cette opération s'appelle *nymphotomie*. C'est là uniquement la castration des femmes dont les Auteurs ont entendu parler. Consultez la *Généanthropie* de *Sinibaldus*. Voyez NYMPHES *à la fin de l'article général* NYMPHE.

Cette opération peut donc être fondée sur la nécessité, & elle a du moins pour objet la propreté: mais l'infibulation & la castration ne peuvent avoir d'autre origine que la jalousie ou l'intérêt.

L'*infibulation* pour les garçons se fait en tirant le prépuce en avant; on le perce & on y met un anneau assez grand, qui doit rester en place aussi long-temps qu'il plaît à celui qui a ordonné l'opération, & quelquefois toute la vie. Ceux qui parmi les Moines Orientaux font vœu de chasteté, portent ainsi un très-grand anneau, pour se mettre dans l'impossibilité d'y manquer. L'infibulation a lieu aussi chez certains peuples pour les filles & pour les femmes. On ne peut rien imaginer de bizarre & de ridicule sur ce sujet, que les hommes n'ayent mis en pratique, ou par passion ou

par

par superstition. Les Éthiopiens, plusieurs autres peuples de l'Afrique, & quelques autres Nations de l'Asie, aussi-tôt que leurs filles sont nées, rapprochent, par une sorte de couture, les parties que la Nature a séparées, & ne laissent libre que l'espace qui est nécessaire pour les écoulemens naturels: les chairs adhérent peu-à-peu, à mesure que l'enfant prend son accroissement; de sorte que l'on est obligé de les séparer par une incision lorsque le temps du mariage est arrivé. On dit qu'ils employent pour cette infibulation des filles un fil d'amiante; parce que cette matiere n'est pas sujete à la corruption. Il y a certains peuples qui passent seulement un anneau: les femmes sont soumises comme les filles à cet usage outrageant; la seule différence est que l'anneau des filles ne peut s'ôter qu'en le détruisant, & que celui des femmes a une espece de serrure, dont le mari seul a, dit-on, la clef. Souvent la serrure est pratiquée dans une piece de linge, que l'on appelle *ceinture de virginité*. Voyez à l'article CEINTURE.

L'usage de la *castration* des hommes est fort ancien & généralement assez répandu; c'étoit la peine de l'adultere chez les Égyptiens. Il y a plusieurs especes de castrations: les Hottentots coupent un testicule à leurs enfans, dans l'idée que ce retranchement les rend plus légers à la course: dans d'autres pays les pauvres mutilent entierement leurs garçons pour éteindre leur postérité, qui se trouveroit un jour dans la misere. Ceux qui, comme en Italie, n'ont en vue que la formation ou perfection d'une sorte de voix qui dépare la Nature, se contentent de couper les deux testicules; mais dans certains pays, & aujourd'hui dans toute l'Asie & dans une partie de l'Afrique, &c. ceux qui sont animés par la défiance qu'inspire la jalousie, ne croiroient pas leurs femmes en sureté, si elles étoient gardées par des *eunuques* de cette espece: ils ne veulent se servir que de ceux auxquels on a retranché toutes les parties extérieures de la virilité.

Tome IV.   E e

L'amputation n'est pas le seul moyen dont on se soit servi ; autrefois on empêchoit l'accroissement des testicules, & l'on en détruisoit l'organisation par le simple froissement, en mettant les enfans dans un bain d'eau chaude, fait de décoction de plantes. On prétend que cette sorte de castration ne fait courir aucun risque pour la vie. L'amputation des testicules n'est pas fort dangereuse, on la peut faire à tout âge ; cependant on préfére le temps de l'enfance : mais l'amputation entiere des parties extérieures de la génération est le plus souvent mortelle. On ne peut faire cette opération sur les enfans que depuis l'âge de sept ans jusqu'à dix : la difficulté qu'il y a de sauver ces sortes d'eunuques dans cette opération, fait qu'ils coûtent en Turquie cinq ou six fois plus cher que les autres. Quoique, selon *Chardin*, cette opération soit si douloureuse & si dangereuse pasé l'âge de quinze ans, qu'à peine en réchappe-t-il un quart de ceux qui la subissent, *Pietro della Valle* dit, qu'en Perse ceux à qui on fait subir cette infâme & cruelle opération pour punition du viol & d'autres crimes de ce genre, en guérissent fort heureusement, quoiqu'avancés en âge, & qu'on n'applique que de la cendre sur la plaie.

Il y a à Constantinople, dans toute la Turquie, en Perse, des eunuques dont le teint est gris : ils viennent pour la plupart du Royaume de Golconde, de la presqu'île en deçà du Gange, des Royaumes d'Assan, d'Aracan, de Pégu & du Malabar. Ceux du golfe de Bengale sont de couleur olivâtre. Il y en a de blancs, mais en petit nombre ; ils viennent de Géorgie & de Circassie. Les noirs viennent d'Afrique, principalement d'Éthiopie ; ceux-ci sont d'autant plus recherchés & plus chers, qu'ils sont plus horribles. Il paroît qu'il se fait un commerce considérable de cette espece d'hommes neutres dans la société ; car *Tavernier* dit, qu'étant au Royaume de Golconde en 1657, on y fit jusqu'à vingt-deux mille eunuques.

Les eunuques auxquels on n'a ôté que les testicules,

ne laissent pas de sentir de l'irritation dans ce qui leur reste, & d'en avoir le signe extérieur, même plus fréquemment que les autres hommes ; mais cette partie ne prend qu'un très-petit accroissement, & demeure à-peu-près dans le même état où elle étoit à l'âge où on a fait l'opération.

Si l'on considere avec attention ces différentes especes d'eunuques, l'on reconnoît presque toujours que la fatale opération & ses suites leur ont causé des variations plus ou moins sensibles dans la configuration, indépendamment des effets physiques qu'elle produit sur l'homme.

Les eunuques sont, dit M. *Withof*, timides, irrésolus, craintifs, soupçonneux, inconstans ; & cela parce que leur sang n'a pas reçu toute l'élaboration nécessaire en passant par les vaisseaux spermatiques : ainsi en s'éloignant des qualités de l'homme, ils participent aux inclinations de la femme, & leur esprit même est d'un sexe mitoyen. Ils ont cependant quelques avantages ; ils deviennent plus grands & sont plus gras pour l'ordinaire que les autres hommes. Si les eunuques abondent plus en matieres huileuses, ils sont aussi moins sujets à la goutte & à la folie, que les hommes qui abondent plus en sang & en humeurs atrabilaires : la liqueur oléagineuse qui circule abondamment chez eux, empêche les inégalités dans la trachée artere, & dans le palais ; ce qui, joint à la flexibilité de l'épiglotte & des autres organes de la voix, rend la leur si sonore & si étendue, & même si douce, qu'il est presque impossible à un eunuque de prononcer distinctement la lettre *R*. Cet avantage factice suffit-il pour consoler ces malheureux de la barbarie de leurs peres ? On ne peut réfléchir sur tous les motifs qui produisent des eunuques, sans jeter un cri de douleur & de pitié. Qu'on ne croie pas, au reste, qu'une aussi odieuse cruauté produise infailliblement le fruit qu'on en espere quelquefois (l'étendue factice & étrangere de la voix de dessus) ; de deux mille victimes sacrifiées au luxe & aux bizarreries de l'art, à peine trouve-t-on trois sujets qui réunissent le talent & l'organe : toutes les autres créatures, oisives & languissantes, ne sont plus que le rebut des deux sexes ; des membres paralytiques de la Société ; un fardeau inutile & flétrissant de la terre qui les a produits, qui les nourrit & qui les porte.

Il y a des rapports singuliers, dont nous ignorons les causes, entre les parties de la génération & celles de la gorge : les eunuques n'ont point de barbe ; leur voix, quoique forte & perçante, n'est jamais d'un ton grave. Souvent les maladies secretes se montrent à la gorge. La correspondance qu'ont certaines parties du corps fort éloignées & fort différentes, & qui est ici remarquée, pourroit s'observer bien plus généralement, mais on ne fait pas assez d'attention aux effets, lorsqu'on ne soupçonne pas quelles en peuvent être les causes : c'est sans doute par cette raison, dit M. *de Buffon*, qu'on n'a jamais songé à examiner avec soin ces correspondances dans le corps humain. Il y a dans les femmes une grande correspondance entre la matrice, les mamelles & la tête : combien n'en trouveroit-on pas d'autres, si de grands Médecins tournoient leurs vues de ce côté-là !

On peut observer que cette correspondance, entre la voix & les parties de la génération, ne se reconnoît pas seulement dans les eunuques : la voix change dans les hommes à l'âge de puberté ; & les femmes qui ont la voix forte sont soupçonnées d'avoir plus de penchant à l'amour. *Voyez*, ci-après, *l'article* Économie animale, *où est inséré le mécanisme de la voix.*

Dans l'enfance il n'y a quelquefois qu'un testicule dans le *scrotum*, & quelquefois point du tout. On ne doit cependant pas toujours juger que les jeunes gens qui sont dans l'un ou dans l'autre de ces cas, soient en effet privés de ce qui paroît leur manquer. A l'âge de huit ou dix ans, ou même simplement à l'âge de puberté, la Nature fait un effort qui les fait paroître au dehors : cela arrive auſſi quelquefois par l'effet d'une maladie ou d'un mouvement violent, tel qu'un faut ou une chute, &c. Quand même les teſticules ne ſe manifeſteroient pas, on n'en eſt pas moins propre à la génération ; l'on a même obſervé que ceux qui ſont dans cet état, ont plus de vigueur que les autres.

Il ſe trouve auſſi des hommes qui n'ont quelquefois qu'un teſticule, ce défaut ne nuit pas à la génération ; l'on a obſervé que le teſticule qui eſt ſeul, eſt alors beaucoup plus gros qu'à l'ordinaire. Il y a auſſi des hommes qui en ont trois ; ils ſont, dit-on, beaucoup plus vigoureux & plus forts de corps que les autres. On peut voir par l'exemple des animaux, combien ces parties contribuent à la force & au courage : quelle différence entre un taureau & un bœuf, un bélier & un mouton, un coq & un chapon !

Age viril.

Le corps acheve de prendre ſon accroiſſement en hauteur à l'âge de la puberté, & pendant les premieres années qui ſuccédent à cet âge. Il y a des jeunes gens qui ne grandiſſent plus après la quatorzieme ou la quinzieme année de leur âge, d'autres croiſſent juſqu'à vingt & vingt-trois ans. Dans cet âge ils ſont preſque tous effilés, mais peu-à-peu les membres ſe moulent & s'arrondiſſent, & le corps dans les hommes eſt avant l'âge de trente ans dans ſon point de perfection, pour les proportions de ſa forme ; le corps de la femme parvient bien plutôt à ce point de perfection.

Le corps de l'homme bien fait doit être carré, les muſcles doivent être durement exprimés, le contour des membres fortement deſſiné, les traits du viſage bien marqués. Dans les femmes tout eſt plus arrondi, les formes ſont plus adoucies, les traits plus fins, & le teint plus éclatant. L'homme a la force & la majesté ; les graces & la beauté font l'apanage de l'autre sexe.

Tout annonce dans tous deux les maîtres de la Terre : tout marque dans l'homme, même à l'extérieur, sa supériorité sur les êtres vivants ; il se tient droit & élevé, son attitude est celle du commandement ; sa tête regarde le Ciel & présente une face auguste, sur laquelle est imprimé le caractere de sa dignité : l'image de l'ame y est peinte par la physionomie ; l'excellence de sa nature perce à travers les organes matériels, & anime d'un feu divin les traits de son visage ; son port majestueux, sa démarche ferme & hardie annoncent sa noblesse & son rang ; il ne touche à la terre que par les extrémités les plus éloignées, il ne la voit que de loin & semble la dédaigner.

Lorsque l'ame est tranquille, toutes les parties du visage sont dans un état de repos ; leur proportion, leur union, leur ensemble marquent encore asfez la douce harmonie des pensées. Mais lorsque l'ame est agitée, la face humaine devient un tableau vivant, où les passions sont rendues avec autant de délicatesse que d'énergie, où chaque mouvement de l'ame est exprimé par un trait, chaque action par un caractere, dont l'impression vive & prompt devance la volonté, nous décele, & rend au dehors, par des signes pathétiques, les images de nos secretes agitations. *Voyez l'article* VISAGE.

La bouche & les lévres sont, après les yeux, les parties du visage qui ont le plus de mouvement & d'expression ; les passions influent sur ces mouvemens. La bouche en marque les différens caracteres par les différentes formes qu'elle prend ; l'organe de la voix anime encore cette partie, & la rend plus vivante que toutes les autres. Les bras, les mains & tout le corps entrent aussi dans l'expression des passions.

Quoique le corps de l'homme soit à l'extérieur plus délicat que celui d'aucun des animaux, il est cependant très-nerveux, & peut-être plus fort par rapport à son volume, que celui des animaux les plus forts. On assure que les porte-faix ou crocheteurs de Constantinople portent des fardeaux de neuf cents livres pesant. On raconte mille choses prodigieuses de la légéreté des Sauvages à la course : l'homme civilisé ne connoît pas ses forces ; il ne sait pas combien il en perd par la mollesse, & combien il pourroit en acquérir par l'habitude d'un fort exercice.

De la Vieillesse & de la Mort.

M. *Busching* dit, d'après M. *Sussmich*, que dans un temps donné le nombre de ceux qui naissent surpasse presque toujours celui de ceux qui meurent ; par conséquent le nombre des hommes va toujours en augmentant. C'est une chose connue, que sans les fléaux de la guerre, de la peste, de la famine, du célibat, de la petite vérole, &c. notre terre seroit infiniment plus peuplée. En campagne les listes des morts font voir qu'il naît plus de garçons que de filles : c'est le contraire à la ville, où le nombre des femmes est ordinairement plus grand. Au reste l'espece humaine est plus vivace dans les contrées septentrionales, que dans celles du midi. On observe encore qu'il y a plus de vieillards dans les lieux élevés que dans les lieux bas de la terre. Mais donnons une énumération des habitans des quatre parties du Monde :

En Europe	100 millions.
En Afrique	100 millions.
En Asie	500 millions.
En Amérique . . .	300 millions.
Total	1000 millions.

Le Lecteur est averti que ce dénombrement est d'après le P. *Riccioli*, Mathématicien d'Italie, qui a donné dans fa *Géographie réformée* un Traité fur le nombre des habitans de la Terre: fon calcul paroît finon exact, au moins méthodique: il fuppute le nombre des habitans des villes, des provinces, des royaumes, de chaque partie du Monde & du Monde en général: il comprend les habitans des Terres Auftrales avec ceux de l'Amérique: il fait obferver que l'Afrique eft remplie de vaftes déferts; que l'Afie eft vafte & la contrée la plus peuplée; que l'Europe qui ne lui cede guere en population, eft la partie du Monde la plus petite: voici comme le P. *Riccioli* conclut que le nombre des hommes actuellement en Europe, peut aller à cent millions.

En Efpagne	8 millions.
En France	20.
L'Italie & Iles	11.
Angleterre, Ecoffe & Irlande	7.
L'Allemagne & Hollande .	24.
Illyrie, Dalmatie, Grece, Iles	10.
Macédoine, Thrace, Mæfie	6.
Etats de Pologne . . .	6.
Danemarck & Pays Septentrionaux	8.

Le corps de l'homme n'eft pas plutôt arrivé à fon point de perfection, qu'il commence à déchoir: le dépériffement eft d'abord infenfible; mais avec le temps les membranes deviennent cartilagineufes, les cartilages deviennent ofeux, les os deviennent plus folides, toutes les fibres plus dures, prefque toute la graiffe fe confume, la peau fe defféche, devient écailleufe, les rides fe forment peu-à-peu, les cheveux blanchiffent, les dents tombent, le vifage fe déforme, le corps fe courbe, la couleur & la confiftance du criftallin deviennent plus fenfibles. Les premieres nuances de cet état fe font appercevoir avant quarante ans; elles augmentent par degrés affez lents jufqu'à foixante, par degrés plus rapides jusqu'à soixante-dix : la caducité commence à cet âge, & elle va toujours en augmentant ; la décrépitude suit, & la mort termine ordinairement avant l'âge de quatre-vingt-dix ou cent ans la vieillesse & la vie. Le corps meurt donc peu-à-peu & par partie, son mouvement diminue par degrés, la vie s'éteint par nuances successives, & la mort n'est que le dernier-terme de cette suite de degrés, de la derniere nuance de la vie ; ainsi la vie & l'amour se consomment par les mêmes voies, par l'expiration. Remercions-en la Nature. Comme les os, les cartilages, les muscles & toutes les parties qui composent le corps, sont moins solides & plus molles dans les femmes que dans les hommes, il faudra plus de temps pour que ces parties prennent cette solidité qui cause la mort ; les femmes par conséquent doivent avoir une vieillesse plus longue que les hommes ; c'est aussi ce qui arrive : & on a observé, en consultant les tables que l'on a faites sur la mortalité du genre humain, que quand les femmes ont passé un certain âge, elles vivent ensuite plus long-temps que les hommes. Ainsi il est d'expérience que la jeunesse des femmes est plus courte & plus brillante que celle des hommes, mais que leur vieillesse est plus fâcheuse & plus longue, *citiùs pubescunt, citiùs senescunt*. Voyez les Tables de Mortalité que M. *de Parcieux* a faites à ce sujet.

Cette cause de la mort naturelle est générale & commune à tous les animaux, & même aux végétaux. On peut observer dans le chêne, que c'est le centre qui se désorganise le premier & tombe en poussiere ; car ces parties devenant trop compactes, ne peuvent plus recevoir de nourriture.

La durée totale de la vie peut se mesurer en quelque façon, par celle du temps de l'accroissement ; un arbre ou un animal qui prend en peu de temps tout son accroissement, périt beaucoup plutôt qu'un autre auquel il faut plus de temps pour croître. L'homme qui est trente ans à croître en hauteur & en grosseur, vit nonante ou cent ans; le chien qui ne croît que pendant deux ou trois ans, ne vit aussi que dix ou douze ans.

Les causes de notre destruction sont donc nécessaires, & la mort inévitable; il ne nous est pas plus possible d'en reculer le terme fatal, que de changer les lois de la Nature. De-là cet axiôme généralement adopté: *Contra vim mortis, nullum est medicamentum in hortis.* Les hommes les plus vieux sont ceux dont l'accroissement n'a été parfait que dans un âge déjà avancé, & dont les appétits, les passions ont été tranquiles. On en a des exemples en considérant les vies & les mœurs, 1°. de Henri Jankins, Anglois, mort en 1670: âgé de cent soixante-neuf ans. 2°. De Jean Rovin, né à Szatlova-Carants-Betcher, dans le Bannat de Temeswar, lequel a vécu cent soixante-douze ans, & sa femme cent soixante-quatre ans, ayant été mariés ensemble cent quarante-sept ans; le cadet de leur fils, quand Rovin mourut, avoit quatre-vingt-dix-neuf ans. 3°. De Pierre Zorten, Paysan du même pays, mort âgé de cent quatre-vingt-cinq ans en 1724; le cadet de ses fils avoit alors quatre-vingt-dix-sept ans. On voit à Bruxelles, dans la Bibliothéque du Prince Charles, l'histoire & les portraits en pieds de ces trois centénaires. En 1764 Niels Juken, de Hammerset en Danemarck, mourut âgé de cent quarante-six ans. Chrétien-Jacob Drakemberg est mort en 1770 à Aarhuus, dans la cent quarante-sixieme année de son âge. Ce vieillard du Nord étoit né à Stavanger en Norwege en 1624, & s'étoit marié à l'âge de 113 ans à une veuve âgée de 60 ans. Jean Niethen, de Bakler en Zélande, a vécu cent vingt ans. Hildebergoss mourut d'une chute âgé de cent vingt-sept ans.

Variétés dans l'espece humaine, &c.

La premiere & la plus remarquable de ces variétés est celle de la couleur; la seconde est celle de la forme,

& la troisieme est celle du naturel des différens peuples. En parcourant la surface de la terre pour connoître les variétés qui se rencontrent entre les hommes de différens climats, & en commençant par le Nord, on trouve en Lapponie & sur les côtes septentrionales de la Tartarie une race d'hommes d'une petite stature, d'une figure bizarre, dont la physionomie est aussi sauvage que les mœurs. Ces hommes qui paroissent avoir dégénéré de l'espece humaine, ne laissent pas d'être assez nombreux, & d'occuper de vastes contrées. Tous ces peuples ont le visage large & plat, le nez camus & écrasé, l'iris de l'œil jaune, brune & tirant sur le noir, les paupieres alongées & tirées vers les tempes, les joues extrêmement élevées, la bouche très grande, le bas du visage étroit, les lévres grosses & élevées, la voix grêle, la tête grosse, les cheveux noirs & lisses, la peau basanée ; trapus quoique maigres, la plupart n'ont que quatre pieds de hauteur. Chez tous ces peuples les femmes sont aussi laides que les hommes, & leur ressemblent si fort qu'on ne les distingue pas d'abord. Celles de Groënland sont de fort petite taille ; elles ont le corps bien proportionné ; mais leurs mamelles sont molles & si longues qu'elles donnent à tetter à leurs enfans par-dessus l'épaule ; le bout de ces mamelles est noir comme du charbon, & la peau de leur corps est de couleur olivâtre très foncée. Ces peuples qui se ressemblent tous à l'extérieur, ont aussi tous à-peu-près les mêmes inclinations & les mêmes mœurs ; ils sont tous également grossiers & un peu stupides. Ils sont tous dans l'usage de plonger les enfans dans l'eau froide au moment de leur naissance (ce qu'un grand homme appelle les baigner dans le Styx) pour les rendre impénétrables aux traits des maladies. Cette coutume se pratique aussi par quelques Anglois.

Tous ces habitans du Nord ont un penchant naturel pour les lieux qui les ont vu naître : ce sentiment est gravé dans presque tous les hommes. Les Lappons, que l'on peut regarder comme les nains de l'espece humaine, vivent sous terre ou dans des cabanes presque entierement enterrées & couvertes d'écorces d'arbres ou d'os de poisson. Une nuit de plusieurs mois les oblige de conserver de la lumiere dans ce séjour glacé : ils se plaisent même dans cette solitude affreuse. L'été ils sont obligés de vivre dans une épaisse fumée pour se garantir de la piqûre des moucherons. Avec cette maniere de vivre si dure & si triste, ils ne sont presque jamais malades, & ils parviennent tous à une extrême vieillesse, verte & vigoureuse. La seule incommodité à laquelle les vieillards sont sujets, est la cécité ; cette incommodité est occasionnée par l'éclat continuel de la neige pendant l'hiver, l'automne & le printemps, & par la fumée dont ils sont aveuglés pendant l'été.

Dans la Lapponie Danoise, la plupart des habitans ont un gros chat noir qu'ils prétendent consulter quand ils veulent aller à la chasse ou à la pêche. Ils se baignent nus, filles & garçons ensemble. Leur pain est fait avec de la farine d'os de poisson : plusieurs boivent de l'huile de baleine.

Dans le Nord de l'Europe les femmes sont fort fécondes ; on dit qu'en Suéde elles ont jusqu'à vingt-huit ou trente enfans. Cette fécondité dans les femmes ne suppose pas qu'elles aient plus de penchant à l'amour, puisque les hommes même sont beaucoup plus chastes dans les pays froids que dans les pays chauds. Tout le monde sait que les nations du Nord ont toujours été si fécondes, qu'il en est sorti d'immenses peuplades qui ont inondé toute l'Europe ; c'est ce qui a fait dire à quelques Historiens, que le Nord étoit la pépiniere des hommes, *Officina gentium.*

Le sang Tartare s'est mêlé d'un côté avec les Chinois, & de l'autre avec les Russes Orientaux, & ce mélange n'a pas fait disparoître en entier les traits de cette race, car il y a parmi les Moscovites beaucoup de visages Tartares ; & quoiqu'en général cette nation soit du même sang que les autres nations Européennes, on y trouve cependant beaucoup d'individus qui ont la forme du corps carrée, les cuisses grosses & les jambes courtes comme les Tartares. Les Calmuques qui habitent dans le voisinage de la mer Caspienne, entre les Moscovites & les grands Tartares, sont des hommes robustes, mais les plus laids & les plus difformes qui soient sous le Ciel ; ils ont le visage si plat & si large, que d'un œil à l'autre il y a l'espace de cinq ou six doigts ; leurs yeux sont extraordinairement petits, & le peu qu'ils ont de nez est si plat qu'on n'y voit que deux trous au lieu de narines ; ils ont les genoux tournés en dehors & les pieds en dedans. A mesure qu'on avance vers l'Orient dans la Tartarie indépendante, les traits des Tartares se radoucissent un peu. Ces peuples sont idolâtres, mais bons guerriers, & mangent de la chair de cheval qu'ils préférent à toute autre. Les Chinois ne sont pas à beaucoup près aussi différens des Tartares que le sont les Moscovites : il n'est pas même sûr qu'ils soient d'une autre race. Si on les compare aux Tartares par la figure & par les traits, on y trouvera des caracteres d'une ressemblance non équivoque. Les Chinois ont en général le visage large, les yeux petits, le nez camus, & presque point de barbe. Les Japonois sont assez semblables aux Chinois, ils sont seulement plus jaunes & plus bruns, parce qu'ils habitent un climat plus méridional : ces peuples ont à-peu-près le même naturel, les mêmes mœurs & les mêmes coutumes que les Chinois. L'une des plus bizarres & qui est commune à ces deux nations, est de serrer les pieds des filles dans leur enfance avec tant de violence qu'on les empêche de croître. C'est ainsi qu'on immole la liberté à la jalousie. Une jolie femme de ces pays doit avoir le pied assez petit pour trouver trop aisée la pantoufle d'un enfant de six ans. Les Japonois, ainsi que leurs femmes, vont toujours la tête nue & mettent le pied hors de leur chauſsure pour ſaluer. Ils font conſiſter la beauté de leurs dents à être fort noires.

Les Siamois, les Péguans, les habitans d'Aracan, de Laos & autres contrées voiſines, ont les traits aſsez ſemblables à ceux des Chinois ; ils ne different que du plus ou moins par la couleur. Ces peuples ont ainſi que tous les peuples de l'Orient, du goût pour les longues oreilles ; les uns tirent leurs oreilles pour les alonger, mais ſans les percer ; d'autres, comme au pays de Laos, en agrandiſsent le tour ſi prodigieuſement qu'on pourroit preſque y paſser le poing, enſorte que leurs oreilles deſcendent juſques ſur leurs épaules. Les Siamois ont auſſi la coutume de ſe noircir les dents ; cette habitude leur vient de l'idée qu'ils ont que les hommes ne doivent point avoir les dents blanches comme les animaux : ils ſe les noirciſsent avec une eſpece de vernis qu'il faut renouveller de temps en temps. Quand ils appliquent ce vernis, ils ſont obligés de ſe paſser de manger pendant quelques jours, pour donner le temps à cette drogue de s'attacher.

Les habitans du vaſte Archipel, connu ſous le nom d'îles Manilles & des autres îles Philippines, ſont peut-être les peuples les plus mêlés de l'univers, par les alliances qu'ont fait enſemble les Eſpagnols, les Indiens, les Chinois, les Malabares & les Noirs. Les Noirs qui vivent dans les rochers & les bois de ces îles different entierement des autres habitans : quelques-uns ont les cheveux crépus comme les Négres d'Angola, les autres les ont longs ; on en a vu, dit-on, pluſieurs parmi eux qui avoient au croupion des queues longues de quatre à cinq pouces. On voit auſſi, au rapport de quelques Voyageurs, dans le Royaume de Lambri, de ces hommes qui ont des queues de la longueur de la main, & qui ne vivent que dans les montagnes. Quelques-uns diſent auſſi que l'on voit de ces hommes à queue dans l'île Formoſe ; (ces queues ne ſont qu'un prolongement du coccix.)

Voici un autre fait qui est également extraordinaire, c'est que dans cette île il n'est pas permis aux femmes d'accoucher avant trente-cinq ans, quoiqu'il leur soit libre de se marier long-temps avant cet âge. Lorsqu'elles sont grosses, les *Jebuses* ou Prêtresses, vont leur fouler le ventre avec les pieds pour les faire avorter ; ce seroit chez eux non-seulement une honte de devenir mere, mais même un crime, que de laisser venir un enfant avant l'âge prescrit par la Loi.

Les Malais sont de la férocité la plus hardie : ils ne sortent point sans leur poignard, qu'ils nomment *crit*, & l'industrie de la nation s'est surpassée dans la fabrication de cet instrument destructeur. *Voyez à l'article* ARMES.

Les habitans de la nouvelle Guinée sont noirs, ils ont le visage rond & large avec un gros nez plat ; cependant leur physionomie ne seroit pas absolument désagréable s'ils ne se défiguroient pas le visage par une espece de cheville de la grosseur du doigt & longue de quatre pouces dont ils se traversent les deux narines. Ils ont aussi de grands trous aux oreilles où ils mettent des chevilles comme aux nez. Leurs femmes ont de longues mamelles qui leur pendent sur le nombril ; le ventre extrêmement gros, les jambes fort menues, les bras de même.

Les habitans de la nouvelle Hollande sont noirs comme les Négres, grands, droits, menus ; ils tiennent toujours leurs paupieres à demi-fermées, pour garantir leurs yeux des moucherons qui les incommodent : ceux-ci sont peut-être les gens du monde les plus misérables, & ceux de tous les humains qui approchent le plus des brutes ; ils demeurent en troupe de vingt ou trente, hommes & femmes, pêle-mêle ; ils n'ont point d'habitation, ni d'autre lit que la terre, ils n'ont pour habit qu'un morceau d'écorce d'arbre attaché au milieu du corps en forme de ceinture, ils n'ont ni pain, ni grains, ni légumes ; leur unique nourriture est de petits poissons qu'ils prennent en faisant des réservoirs de pierre dans les petits bras de mer.

Les Mogols & les autres peuples de la presqu'île des Indes, ressemblent assez aux Européens par la taille & par les traits, mais ils en diffèrent par la couleur: les Mogols hommes & femmes sont olivâtres; les femmes ont les jambes & les cuisses fort longues, & le corps assez court; ce qui est le contraire des femmes Européennes. *Tavernier* dit que lorsque l'on a passé Lahor & le Royaume de Cachemire, toutes les femmes du Mogol n'ont point de poils à aucune partie du corps & que les hommes ont peu de barbe. On dit qu'au Royaume de Décan on marie les enfans extrêmement jeunes, les garçons à dix ans & les filles à huit, & il s'en trouve qui ont des enfans à cet âge: mais ces femmes cessent aussi ordinairement d'en avoir avant l'âge de trente ans. Il y a des femmes qui se font découper la peau en fleurs; & la peignent de diverses couleurs avec des jus de racines de leurs pays, de maniere que leur peau paroît comme une étoffe à fleurs. On trouve parmi les habitans du Mogol & de Surate beaucoup d'hermaphrodites, qui avec des habits de femme, portent le turban pour se distinguer, & afin d'apprendre à tout le monde qu'ils ont deux sexes.

Les Bengalois sont plus jaunes que les Mogols: on prétend que leurs femmes sont de toutes celles de l'Inde les plus lascives. On fait à Bengale un grand commerce d'Esclaves mâles & femelles: on y fait aussi beaucoup d'Eunuques, soit de ceux auxquels on n'ôte que les testicules, soit de ceux auxquels on fait l'amputation totale.

Les habitans de la côte de Coromandel, ainsi que ceux du Malabar, sont très-noirs. Les coutumes de ces différens peuples de l'Inde, sont toutes singulieres & bizarres. Les Banians croient à la métempsycose; il n'y a point d'Indiens plus doux, plus propres, plus tendres, plus modestes, plus civils & de meilleure foi envers les étrangers: ils sont ingénieux, habiles

biles & même sçavans. Ils ne se font point raser la tête comme les Mahométans; leurs femmes ne se couvrent point le visage, elles ont le tour du visage bien fait, & beaucoup d'agrémens: elles aiment à parer leurs têtes de pendans & de colliers, leurs cheveux noirs ou lustrés forment une ou deux boucles sur le derriere du cou & sont attachés d'un nœud de ruban, elles ont des anneaux plus ou moins précieux, passés dans le nez, aux doigts, aux bras, aux jambes & aux orreils. Ils s'asséient comme les Maures, c'est-à-dire les jambes croisées sous eux. Leurs enfans de l'un & l'autre sexe vont nuds jusqu'à l'âge de quatre ou cinq ans. L'usage est de les fiancer dès l'âge de quatre ans & de les marier à neuf & dix ans: on les laisse à cet âge suivre le penchant de la nature. Ces peuples ne mangent rien de ce qui a eu vie: ils craignent de tuer le moindre insecte, même ceux qui leur sont le plus nuisibles. Aussi les plus dévots d'entr'eux font-ils difficulté d'allumer, pendant la nuit du feu ou de la chandelle, de peur que les mouches ou les papillons ne s'y viennent brûler. Cet excès de superstition donne à cette secte d'idolâtres de l'horreur pour la guerre, & pour tout ce qui peut conduire à l'effusion du sang. Leur culte s'étend aussi envers les vaches. A Baly, île dépendante de l'Inde, on y brûle sur les bûchers des maris, celles de leurs femmes qui ont le plus aimées pendant leur vie.

Les habitans du Calicut sont olivâtres & ne peuvent prendre qu'une femme, tandis que la Reine & les Dames nobles de sa suite peuvent prendre autant de maris qu'il leur plaît, & ces arrangemens ne produisent aucune mésintelligence entre les époux. Les meres prostituent leurs filles les plus jeunes qu'elles peuvent. C'est ainsi que les choses se passent à Patane, à Bantan ou Bantane, & dans les petits Royaumes de Guinée. Quand les femmes, dit M. *Smith*, y rencontrent un homme, elles le saisissent & le ménacent de le dénoncer à leur mari, s'il les méprise. Dans ces pays le physique de l'amour a presque une force invincible, l'attaque y est sûre, & la résistance nulle. Il y a parmi les Calicutiens des familles qui ont les jambes aussi grosses que le corps d'un autre homme : la peau en est dure & rude comme une verrue ; avec cela, ils ne laissent pas d'être fort dispos. Cette race d'hommes à grosses jambes s'est plus multipliée parmi les Naires de Calicut, que dans aucun autre peuple des Indes : on en trouve cependant quelques-uns ailleurs, & surtout à Ceylan.

Les habitans de l'île de Ceylan sont un peu moins noirs que ceux de la côte de Malabar ; mais il y a dans cette même île des especes de Sauvages, que l'on nomme *Bédas*, & qui sont d'un blanc pâle comme quelques Européens : leurs cheveux sont roux ; ils ne vivent que dans les bois les plus épais au Nord-Est de l'île, & s'y tiennent si cachés, qu'on a de la peine à les découvrir : il y a lieu de penser que ces Bédas de Ceylan, ainsi que les Kacrelas ou Chacrelas de Java, & les Albinos du midi de l'Afrique, & sur-tout les *Dondos* de Loango, pourroient être de race Européenne ; il est très-possible que quelques hommes & quelques femmes de l'Europe ayent été abandonnés autrefois dans ces îles, ou qu'ils y aient abordé dans un naufrage ; & que dans la crainte d'être maltraités des naturels du pays, ils soient demeurés eux & leurs descendans dans les lieux les plus déserts de cette île, où ils ne sortent que le soir, ne pouvant souffrir la lumiere, & continuent à mener la vie des Sauvages, qui peut-être, a ses douceurs lorsqu'on y est accoutumé. (Les Dariens, habitans de l'île de Panéma, ne peuvent aussi guere ouvrir les yeux que dans l'obscurité de la nuit. Ces humains sont dans le genre des hommes, ce que sont parmi les oiseaux les chat-huans, & parmi les quadrupedes les chauve-souris, qui ne sortent du sommeil que quand l'astre du jour a disparu & a laissé la nature dans le deuil & dans le silence. Les Voyageurs attestent que les Négres ou naturels du pays détestent les Négres blancs, & sont perpétuellement en guerre avec eux. Ils les combattent en plein jour, croyant avoir à faire aux diables des bois; mais ceux-ci prennent leur revanche pendant la nuit, sous le nom de *Mokissos*. Les vrais Négres blancs ont les cheveux blancs, les yeux rouges, la vue foible: on les a aussi nommés *hommes nocturnes*).

Les Maldivois sont bien formés & bien proportionnés: il y a peu de différence entr'eux & les Européens, à l'exception qu'ils sont de couleur olivâtre, ainsi que les femmes; cependant comme c'est un peuple mêlé de toutes les Nations, on y voit aussi des femmes très-blanches. Les Maldivoises sont extrêmement débauchées, & mettent leur gloire à être infidelles, indiscretes, & à citer leurs bonnes fortunes. Les talens & les vertus de ces femmes consistent à jouir à chaque instant, & pour s'y exciter & mieux seconder la nature elles mangent à tout moment du *bétel* &' beaucoup d'*épices* à leurs repas. Pour les hommes, quoique très-incontinens, ils sont beaucoup moins vigoureux qu'il ne conviendroit à leurs femmes. On peut dire que la pudeur n'est pas plus connue chez ces peuples, que chez la plupart des Caraïbes: ces Nations n'ont pas même de terme pour l'exprimer. On peut les peindre, hommes & femmes, comme on peint les amours, nuds, armés de fléches & d'un carquois; il ne s'agit que de placer le bandeau: ce vêtement léger & peu embarrassant auquel ils sont habitués annonce par l'épargne qu'ils y mettent, qu'ils ne s'en servent que par complaisance & pour tromper légérement sur leur sexe. Chez eux & ailleurs, cette ceinture passe pour ornement.

Goa, qui est le principal établissement des Portugais dans les Indes, est le pays du monde où il se vendoit autrefois le plus d'Esclaves: on y trouvoit à acheter des filles & des femmes de tous les pays des Indes; ces Esclaves savent pour la plupart jouer des instrumens, coudre & broder en perfection : il y en a de blanches, d'olivâtres, de basanées, de toutes couleurs ; celles dont les Indiens sont les plus amoureux, sont les filles Caffres de Mozambique qui sont toutes noires. Il est à remarquer que la sueur de tous ces peuples Indiens, tant mâles que femelles, n'a point de mauvaise odeur ; au lieu que celle des Négres d'Afrique est des plus désagréables, lorsqu'ils sont échauffés : elle a, dit-on, l'odeur des poireaux verts. Les femmes Indiennes aiment beaucoup les hommes blancs d'Europe, & les préférent aux blancs des Indes & à tous les autres Indiens.

Il n'en est pas de même des *Béajous* (c'est le nom que l'on donne aux habitans idolâtres de l'île de *Bornéo*), ils sont basanés, de belle taille, & naturellement robustes. L'usage, plutôt qu'aucune loi, les asujettit à n'épouser qu'une seule femme ; ils sont modestes, & regardent comme un crime odieux l'infidélité dans le mariage ; ils sont ennemis du vol & de la fraude, & paroissent sensibles aux bienfaits. Ils ont de la noblesse dans leurs plaisirs. Leurs armes sont des poignards peu différens du cangiar des Mores, & des sarbacanes de huit pieds de long, avec lesquelles ils soufflent sur leurs ennemis de petites fléches armées d'une pointe de fer qui est souvent empoisonnée d'un suc mortel.

Les Persans sont voisins des Mogols ; aussi les habitans de plusieurs Provinces de Perse, ne différent guére des Indiens, sur-tout ceux des provinces méridionales ; mais dans le reste du Royaume, le sang Persan est présentement devenu fort beau, par le mélange du sang Géorgien & Circassien. Ce sont les deux nations du monde où la nature forme les plus belles personnes ; aussi il n'y a presque aucun homme de qualité en Perse qui ne soit né d'une mere Géorgienne ou Circassienne. Comme il y a un grand nombre d'années que ce mélange a commencé à se faire, le sexe féminin s'est embelli comme l'autre, & les Persannes sont devenues fort belles & fort bien faites, quoique ce ne soit pas au point des Géorgiennes. Sans ce mélange, les gens de qualité de Perse seroient les plus laids hommes du monde, puisqu'ils sont originaires de la Tartarie, dont les habitans sont laids & mal faits.

On voit en Perse une grande quantité de belles femmes de toutes couleurs, qui y sont amenées de tous les côtés par les Marchands. Les blanches viennent de Pologne, de Moscovie, de Circassie, de Géorgie & des frontieres de la grande Tartarie: les basanées sont originaires des terres du Grand Mogol, & de celles du Roi de Golconde & du Roi de Visapour: les noires viennent de la côte de Mélinde & de celles de la Mer rouge.

Les peuples de la Perse, de la Turquie, de l'Arabie, de l'Égypte & de toute la Barbarie, peuvent être regardés comme une même nation, qui, dans le temps de Mahomet & de ses successeurs, s'est extrêmement étendue, a envahi des terrains immenses, & s'est prodigieusement mêlée avec les peuples de ces pays. Les Princesses & les Dames Arabes qui ne sont point exposées au soleil, sont fort blanches, belles & bien faites: les femmes du commun sont brunes & basanées, elles se peignent aussi la peau.

Les Égyptiens, quoique voisins des Arabes, & soumis comme eux à la domination des Turcs, ont cependant des coutumes fort différentes des Arabes. Par exemple, dans toutes les Villes & Villages le long du Nil, on trouve des filles destinées aux plaisirs des Voyageurs, sans qu'ils soient obligés de les payer: les gens riches de ces contrées se font, en mourant, un devoir de piété de fonder des Maisons d'hospitalité, & de les peupler de belles filles, qu'ils font acheter dans ces vues charitables; des Messagers de la galanterie conduisent le Voyageur au temple où les jeunes Prêtresses font si volontairement leurs stations, conformément aux vues du Testateur: on n'y admet que celles qui paroissent être les mieux vouées au mystere, celles qui inspirent la volupté la plus séduisante, celles dont la taille est dégagée & terminée par les plus belles hanches & les plus belles chutes de reins qu'il soit possible de voir.... N'en disons pas davantage, la pudeur pourroit en être alarmée.... Jalouses les unes des autres sur la préférence, il y a peu d'union entr'elles : elles n'en veulent point à la bourse du Voyageur, leur intention est de l'attendrir & de le rendre sensible à leurs charmes. Les Égyptiennes sont fort brunes ; elles ont les yeux vifs ; les hommes sont de couleur olivâtre.

En lisant l'histoire des peuples d'Afrique, on ne peut apprendre sans étonnement, que les habitans des montagnes de la Barbarie sont blancs ; au lieu que les habitans des côtes de la mer & des plaines sont basanés & très-bruns. Cette petite élévation au-dessus de la surface de la terre, produit le même effet que plusieurs degrés de latitude sur sa surface.

Tous les peuples qui habitent entre le vingtiéme, le trentiéme & le trente-cinquiéme degrés de latitude du Nord de l'ancien Continent, ne sont pas fort différens les uns des autres, si on excepte les variétés particulieres, occasionnées par le mélange d'autres peuples plus septentrionaux. Ils sont tous en général bruns, basanés, mais assez beaux & assez bien faits. Ceux qui vivent dans un climat plus tempéré, tels que les habitans des Provinces septentrionales du Mogol & de la Perse, les Arméniens, les Turcs, les Géorgiens, les Mingréliens, les Circassiens, les Grecs & tous les peuples de l'Europe, sont les hommes les plus beaux, les plus blancs & les mieux faits de toute la terre.

Le sang de Géorgie est encore plus beau que celui de Cachemire : on ne trouve pas un laid visage dans ce pays, & la Nature y a répandu, sur la plupart des femmes, des graces que l'on ne voit point ailleurs : elles sont grandes, bien faites, extrêmement déliées à la ceinture ; la plupart ont deux sourcils peints par l'amour qui couronnent deux grands yeux, d'où il lance tous ses traits ; elles joignent à leur extrême beauté, un air de délicatesse & un regard engageant, qui charme & enchante tous ceux qui les envisagent. Les hommes sont aussi fort beaux & grands, ils ont naturellement de l'esprit; mais il n'y a aucun pays dans le monde où le libertinage & l'ivrognerie soient à un si haut point qu'en Géorgie. C'est particulierement parmi les jeunes filles de cette nation, que les Rois & les Seigneurs de Perse choisissent ce grand nombre de concubines dont les Orientaux se font honneur. Il y a même des défenses très-expresses d'en trafiquer ailleurs qu'en Perse; les filles Géorgiennes étant, si l'on peut parler ainsi, regardées comme une marchandise de contrebande qu'il n'est pas permis de faire sortir hors du pays: il a été cependant stipulé entre le Grand-Seigneur & le Sophi de Perse, que le sérail Ottoman seroit rempli par choix & à volonté de jeunes Géorgiennes. Quoique les mœurs & les coutumes des Géorgiens soient un mélange de celles de la plupart des peuples qui les environnent, ils ont en particulier cet étrange usage, que les gens de qualité y exercent l'emploi de Bourreau; bien loin qu'il soit réputé infame en Géorgie, comme dans le reste du monde, c'est un titre aussi glorieux pour les familles de ce pays, que l'impudicité de leurs filles. En effet, elles éprouvent de bonne heure le sentiment que les deux sexes inspirent par leur différence.

Les femmes de Circassie sont fort belles & fort blanches: elles ont si peu de sourcils, qu'on diroit que ce n'est qu'un filet de soie recourbé: elles en sont fâchées, mais elles ont tort; elles seroient trop belles si elles n'avoient pas ce léger défaut. L'été les femmes du peuple ne portent qu'une simple chemise, qui est ordinairement bleue, jaune ou rouge; & cette chemise est ouverte jusqu'à mi-corps: elles ont le sein parfaitement bien fait; elles sont libres avec les étrangers, mais cependant fidelles à leurs maris qui n'en sont point jaloux.

Les Mingréliens sont aussi beaux que les Géorgiens

& les Circassiens; & il semble que ces trois peuples ne fasent qu'une seule & même race d'hommes. Il y a en Mingrélie, dit *Chardin*, des femmes merveilleusement bien faites, d'un air majestueux, de visage & de taille admirables; elles ont autant d'embonpoint qu'il en faut; des cheveux bien plantés relevent la beauté de leur front; elles ont outre cela un regard engageant, qui caresse tous ceux qui les considerent, & elles tâchent d'inspirer de l'amour, sans cacher celui qu'elles sentent. Les habitans épousent leurs nieces & les maris sont très-peu jaloux: quand un homme prend sa femme sur le fait avec un galant, il a droit de le contraindre à payer un cochon; & d'ordinaire il ne prend pas d'autre vengeance: le cochon se mange entr'eux trois. Ils prétendent que c'est une très-bonne & très-louable coutume d'avoir plusieurs femmes & concubines, parce qu'on engendre beaucoup d'enfans que l'on vend argent comptant, ou qu'on échange pour des hardes & pour des vivres; souvent ils tuent ceux qui sont défigurés, mal-faits ou infirmes: voilà toute leur politique & toute leur morale. Au reste, ces Esclaves ne sont pas fort chers; car les hommes âgés depuis vingt-cinq jusqu'à quarante ans ne coûtent que quinze écus; & les belles filles, d'entre treize & dix-huit ans, vingt écus.

Les Turcs, qui achetent beaucoup de tous ces Esclaves, sont un peuple composé de plusieurs autres peuples. En général les Turcs sont robustes & asez bien proportionnés: leurs femmes sont belles, blanches & bien faites. On dit que les Turcs, hommes & femmes, ne portent point de poil en aucune partie du corps, excepté les cheveux & la barbe: ils se servent du *rusma* pour l'ôter. *Voyez ce mot.*

Les femmes Grecques sont encore plus belles & plus vives que les Turques: elles ont le visage d'un ovale charmant, le dessous de leur menton, leur poitrine, leur gorge forment des contours si délicats & si beaux, que la volupté seule peut en avoir tracé le deſſin & l'avoir ſuivi. Elles ont de plus que les Turques l'avantage d'une beaucoup plus grande liberté : & par une illuſion douce & conſolante, la Nature les invite à mettre ſouvent en acte le plaiſir momentané qui expoſe quelquefois la femme à perdre ſa vie pour la donner à un nouvel individu.

Les Grecs, les Napolitains, les Siciliens, les habitans de Corſe, de Sardaigne, les Eſpagnols & les Portugais étant ſitués à-peu-près ſous le même parallele, ſont aſsez ſemblables pour le teint; tous ces peuples ſont plus baſanés que les François, les Anglois & les autres peuples moins méridionaux. Lorſqu'on fait le voyage d'Eſpagne, on commence à s'appercevoir, dès Bayonne, de la différence de couleur : les femmes ont le teint un peu plus brun : elles ont auſſi les yeux plus brillans. Les Eſpagnols ſont maigres, aſsez petits ; ils ont la taille fine, la tête belle. Les Voyageurs diſent unanimement que la délicateſse de l'organiſation fait de l'ame des François une glace qui reçoit tous les objets & les rend vivement. Tout, à la vérité, parle en eux : voici leur caractere, vivacité, gaieté, généroſité, bravoure & ſincérité. En tout ils donnent l'eſſor & l'énergie à la nature. J'en appelle au témoignage de toutes les nations : la France eſt le temple du goût, du génie & du ſentiment. On dit encore que de toutes les paſſions l'amour eſt celle qui ſied le mieux aux femmes, & ſur-tout aux Françoiſes; il eſt du moins vrai qu'elles portent ce ſentiment, qui eſt le plus tendre caractere de l'humanité, à un degré de délicateſse & de vivacité, où il y a peu de femmes d'autres nations qui puiſsent atteindre. Leur ame ſemble n'avoir été faite que pour ſentir, elles prétendent n'avoir été formées que pour le doux emploi d'aimer & d'être aimées. Peut-être leur amour eſt-il plus éphémere que chez les femmes de nos voiſins. Les François ne ſont pas moins favoriſés de la Nature ; leur taille eſt à-peu-près la même que celle des Anglois ; mais ceux-ci paſsent pour être moins enjoués, plus mélancoliques ou plus philosophes. Les femmes de l'une & l'autre nation ont de beaux cheveux, les yeux grands. En général les Françoises ont la gorge fort belle, la bouche petite, les dents blanches & bien rangées, les lévres d'un incarnat vif, l'air gracieux & tendre du sourire; le bras bien arrondi, bien fait, & la main fort belle; la taille noble & dégagée; le pied fort mignon, & la peau fine & blanche. On voit souvent en Angleterre les hommes vivre plus d'un siécle, ou acquérir un embonpoint extraordinaire, témoin le sieur Bright, de la province d'Essex, qui à l'âge de douze ans, pesoit 184 liv., à vingt ans 336, à vingt-neuf ans 584 liv., & à trente ans 616 liv. : cet homme avoit cinq pieds neuf pouces & demi de haut. Dans la même année (1754) mourut à Londres le nommé Powel, Boucher, natif de la province d'Essex, il étoit âgé de trente-sept ans, & il pesoit 650 livres; il avoit environ quinze pieds d'Angleterre de circonférence. On a vu en Angleterre une race d'*homme porc-épic*. Voyez ce mot. Il n'est pas rare de rencontrer en Suisse des hommes & femmes ventriloques & affectés de goîtres.

En revenant à l'Afrique, & examinant les hommes qui sont au-delà du Tropique, depuis la Mer rouge jusqu'à l'Océan, on retrouve des espèces de Maures, mais si basanés qu'ils paroissent presque tous noirs: on y trouve aussi des Négres. En rassemblant les témoignages des Voyageurs, il paroît qu'il y a autant de variété dans la race des Noirs que dans celle des Blancs. Ceux de Guinée sont extrêmement laids, & ont une odeur insupportable; ceux de Soffala & de Mozambique sont beaux & n'ont aucune mauvaise odeur. On retrouve parmi les Négres toutes les nuances du brun au noir, comme nous avons trouvé dans les races blanches toutes les nuances du brun au blanc.

Les Maures ou Mores habitent au nord du fleuve du Sénégal: ils ne sont que basanés; les Négres sont au midi, & sont absolument noirs, sur-tout ceux qui habitent la Zône torride; car plus on s'éloigne de l'équateur, & plus la couleur des peuples s'éclaircit par nuances. C'est aux extrémités des Zônes tempérées qu'on trouve les peuples les plus blancs. Le îles du Cap Vert sont toutes peuplées de Mulâtres, venus des premiers Portugais qui s'y établirent, & des Négres qu'ils y trouverent : on les appelle *Négres couleur de cuivre*, parce que, quoiqu'ils resemblent aux Négres par les traits, ils sont jaunâtres. Les Négres du Sénégal près de la riviere de Gambie que l'on nomme *Jalofes*, sont tous fort noirs & bien proportionnés : ce sont les plus beaux & les mieux faits de tous les Négres. Ils ont les mêmes idées que nous de la beauté : il n'y a que sur le fond du tableau qu'ils pensent différemment. Il y a parmi eux d'aussi belles femmes, à la couleur près, que dans aucun autre pays du monde : elles ont beaucoup de goût pour les blancs : leurs maris tiennent à honneur ce choix que leurs femmes, leurs sœurs, leurs filles font des blancs, & de refuser les hommes de leur nation. Au reste, ces femmes ont toujours la pipe à la bouche, & leur peau a aussi un peu d'odeur désagréable lorsqu'elle est échauffée. Elles aiment beaucoup à sauter & à danser au bruit d'une calebasse ou d'un chaudron ; tous les mouvemens de leurs danses sont autant de postures lascives & de gestes indécens. D'ailleurs les Jalofes sont d'une ignorance incroyable.

Les Négres de l'île de Gorée & de la côte du Cap Vert, sont bien faits, comme ceux du Sénégal : ils font un si grand cas de leur couleur, qui est en effet d'un noir d'ébene profond & éclatant, qu'ils méprisent les autres Négres qui ne sont pas si noirs, comme les blancs méprisent les basanés. Ces Négres aiment passionnément l'eau-de-vie, dont ils s'enivrent souvent : ils vendent leurs enfans, leurs parens, & quelquefois ils se vendent eux-mêmes pour en avoir.

Quoique les Négres de Guinée soient d'une santé ferme & très-bonne, rarement arrivent-ils à une certaine vieillesse : ils paroissent vieux dès l'âge de quarante ans. L'usage prématuré des femmes est peut-être cause de la briéveté de leur vie. Rien n'est si rare que de trouver dans ce peuple quelque fille qui puisse se souvenir du temps auquel elle a cesé d'être vierge; & elles se font une honte de pousser le moindre cri en accouchant. Leur caractere est asez constant. Cette nation est ignorante, & cependant pleine de sentiment, sur-tout dans l'art d'aimer. On doit même être surpris que des ames si incultes puisent produire quelques vertus, & qu'il n'y germe pas plus de vices. On dit qu'au Royaume de Benin sur le golfe de Guinée, le Souverain ne se montre guere en public qu'une fois l'année, & souvent pour lui faire honneur, on fait mourir seize esclaves: l'on dit que quand il meurt, plusieurs Princes de sa Cour se font mourir pour l'accompagner au tombeau; mais communément cet honneur est décerné à quelques personnes qu'on saisit parmi le peuple qui accourt en foule pour voir cette cérémonie.

On préfere dans nos îles les Négres d'Angola à ceux du Cap Vert, pour la force du corps; mais ils sentent si mauvais lorsqu'ils sont échauffés, que l'air des endroits par où ils ont pasé en est infecté pendant plus d'un quart d'heure. Ceux de Guinée sont aussi très-bons pour le travail de la terre, & pour les autres gros ouvrages. Ceux du Sénégal ne sont pas si forts, mais ils sont plus propres pour le service domestique, & plus capables d'apprendre des métiers. Les Négres ont en général le nombril fort gros, & multiplient beaucoup.

Si les Négres ont peu d'esprit, ils ne laisent pas d'avoir, comme nous l'avons déjà dit, quelques sentimens; ils sont gais ou mélancoliques, laborieux ou fainéans, amis ou ennemis, selon la maniere dont on les traite. Lorsqu'on les nourrit bien, & qu'on ne les maltraite pas, ils sont contens, joyeux, prêts à tout faire, & la satisfaction de leur ame est peinte sur leur visage; mais quand on les traite mal, ils prennent le chagrin à cœur, & périssent quelquefois de mélancolie. Ils portent une haine mortelle à ceux qui les ont maltraités : lorsqu'au contraire ils s'affectionnent à un maître, il n'y a rien qu'ils ne fussent capables de faire pour lui marquer leur zéle & leur dévouement. Quand les Négres sont expatriés, ils paroissent naturellement compatissans, & même tendres pour leurs enfans, pour leurs amis, pour leurs compatriotes; ils partagent volontiers le peu qu'ils ont avec ceux qu'ils voient dans le besoin, sans même les connoître autrement que par leur indigence. Ils ont donc, comme on le voit, le cœur excellent, ils ont le germe de toutes les vertus. Je ne puis écrire leur histoire, (& je le dis avec M. *de Buffon*) sans m'attendrir sur leur état ; ne sont-ils pas assez malheureux d'être réduits à la servitude, d'être obligés de travailler toujours sans pouvoir rien acquérir ? faut-il encore les excéder, les frapper, & les traiter comme des animaux ? L'humanité se révolte contre ces traitemens odieux, que l'avidité du gain a mis en usage. On les force de travail, on leur épargne la nourriture, même la plus commune. Ils supportent, dit-on, aisément la faim; pour vivre trois jours, il ne leur faut que la portion d'un Européen pour un repas, quelque peu qu'ils mangent & qu'ils dorment, ils sont également durs & forts au travail. Comment des hommes à qui il reste quelque sentiment d'humanité, peuvent-ils adopter ces maximes, en faire un préjugé, & chercher à légitimer par ces raisons les excès que la soif de l'or leur fait commettre ?

Il naît quelquefois parmi les Négres des blancs de peres & de meres noirs; chez les Indiens couleur de cuivre, des individus couleur de blanc de lait : mais il n'arrive jamais chez les Blancs qu'il naisse des individus noirs. Les peuples des Indes orientales, de l'Afrique & l'Amérique, où l'on trouve ces hommes blancs, & les *Albinos* dont nous avons parlé, sont tous sous la même ligne ou à-peu-près. Le blanc paroît donc être la couleur primitive de la Nature, que le climat, la nourriture & les mœurs altérent & changent, & qui reparoît dans certaines circonstances, mais avec une si grande altération, qu'il ne ressemble point au blanc primitif. *Voyez l'article* NÉGRE.

En tout, les deux extrémités se rapprochent presque toujours: la Nature, aussi parfaite qu'elle peut l'être, a fait les hommes blancs; & la Nature, altérée autant qu'il est possible, les rend encore blancs. Mais le blanc naturel ou blanc de l'espece, est fort différent du blanc individuel ou accidentel. On en voit des exemples dans les plantes, aussi bien que dans les hommes & les animaux: la rose blanche, la giroflée blanche, sont bien différentes, même pour le blanc, des roses ou des giroflées rouges, qui dans l'automne deviennent blanches, lorsqu'elles ont souffert le froid des nuits & les petites gelées de cette saison. Autre singularité; les hommes d'un blond blanc ont les yeux foibles, & souvent l'oreille dure. On prétend que les chiens blancs sans aucune tache, sont sourds, & en effet il y en a des exemples.

On ne connoît guere les peuples qui habitent les côtes & l'intérieur de l'Afrique, depuis le Cap Négro jusqu'au Cap des Voltes; mais les Hottentots, qui sont au Cap de Bonne-Espérance, sont fort connus. Les Hottentots ne sont pas de vrais Négres, mais des hommes basanés qui dans la race des Noirs, commencent à se rapprocher du blanc; comme les Maures dans la race blanche, commencent à s'approcher du noir. Les Hottentots vivent errans; leur langage est quelquefois étrange: ils gloussent comme des coqs d'Indes; leurs cheveux ressemblent à la toison d'un mouton noir rempli de crotte, & sont de la plus affreuse malpropreté. Ce sont des especes de Sauvages fort extraordinaires; les femmes sur-tout, qui sont beaucoup plus petites que les hommes, regardent le nez proéminent comme une difformité; aussi l'applatissent elles à leurs enfans. Elles parent leurs cheveux avec des coquilles. Elles ont, dit *Kolbe*, une espece d'excroissance ou de peau dure & large qui leur croît au-dessus de l'os pubis, & qui descend jusqu'au milieu des cuisses en forme de tablier. Il n'y a que quelques femmes naturelles du Cap, qui soient sujettes à cette monstrueuse difformité qu'elles découvrent à ceux qui ont assez de curiosité ou d'intrépidité pour demander à la voir ou à la toucher. Quelques hommes de leur côté sont à demi-eunuques, parce qu'à l'âge de huit ans on leur enleve un testicule, dans la persuasion que cela les rend plus légers à la course. D'ailleurs ils sont braves, jaloux de leur liberté, agiles, hardis, robustes, grands, leur corps bien proportionné, mais leurs jambes sont grosses; les exercices de la guerre sont leur unique occupation, ils en sont si passionnés qu'ils traitent avec les nations voisines pour s'obliger à les défendre; ce sont les Suisses de l'Afrique, si l'on peut parler ainsi. A l'Est du Congo sont les Anzicos, antropophages outrés. Des Voyageurs attestent que leurs boucheries sont quelquefois garnies de la chair de leurs esclaves, même de leurs parens & de leurs amis. Au moindre dégoût de la vie, ils ont recours au Boucher. Les Anzicos ont la taille bien prise, une contenance agréable: leur marche est vive & légere. Les Cafres voisins des Hottentots, sont d'un noir peu éclatant: ils regardent comme un devoir de tuer les vieillards infirmes.

Il semble que l'on peut admettre trois causes, qui toutes trois concourent à produire les variétés que l'on remarque dans les différens peuples de la terre. La premiere est l'influence du climat; la seconde, qui tient beaucoup à la premiere, est la nourriture; & la troisiéme, qui tient peut-être encore plus à la premiere & à la seconde, sont les mœurs. On peut regarder le climat comme la cause premiere & presque unique de la couleur des hommes; mais la nourriture, qui fait à la couleur beaucoup moins que le climat, fait beaucoup à la forme. Des nourritures grossieres, malsaines, peuvent faire dégénérer l'espece humaine; chez nous-mêmes les gens de la campagne sont moins beaux que ceux des villes; & on peut remarquer que dans les villages où la pauvreté est moins grande que dans les autres villages voisins, les hommes sont mieux faits & les visages moins laids. Les traits du visage de différens peuples dépendent beaucoup de l'usage où ils sont de s'écraser le nez, de se tirer les paupieres, de s'alonger les oreilles, de se grossir les levres, de s'applatir le visage, &c. L'homme dans l'état de nature est mieux fait; par-tout on observe que dans l'état de société, des habitudes, des gestes bizarres altérent sa conformation. Voilà ce qu'on appelle avoir de la grace.

En Amérique on trouve aussi des peuples qui défigurent de différentes manieres le crâne de leurs enfans dès le moment de leur naissance. Les Omaguas, au rapport de M. *de la Condamine* (*Mémoires de l'Académie des Sciences 1745, page 428*) ont la bizarre coutume de presser entre deux planches le front des enfans qui viennent de naître, & de leur procurer l'étrange figure qui en résulte, pour les faire mieux ressembler, disent-ils, à la pleine lune. C'est ainsi qu'aux Indes on pétrit la tête de l'enfant naissant destiné à être Bonze : on lui donne la forme d'un pain de sucre; elle devient un autel sur lequel le Bonze fait brûler des feux. On présume bien que toute l'organisation du cerveau est dérangée par de telles opérations : aussi ces Ministres ne jouissent-ils pas ordinairement d'un génie bien supérieur. Les Créecks, nation de l'Amérique septentrionale, vont tous nus, sont fort belliqueux, & même féroces; ils se peignent des lézards, des serpens, des crapauds, &c. sur le visage pour paroître plus redoutables. Les Sauvages du détroit de Davis sont très-grands, très-robustes & fort laids; ils vivent communément plus de cent ans; leurs femmes se font des coupures au visage & les remplissent de couleur noire pour s'embellir & pour s'attirer du respect. Le sang des animaux est une boisson agréable à ces peuples barbares, errans & carnivores.

On trouve à l'article *pierre à fard*, ce que les différens peuples mettent en usage pour s'embellir ou pour se parer la peau.

Les habitans de la Floride sont assez bien faits, leur teint est couleur olivâtre tirant sur le rouge, à cause d'une huile de roucou dont ils se frottent ; ils vont presque nus, sont braves, & immolent au soleil, leur grande divinité, les hommes qu'ils prennent en guerre, & les mangent ensuite. Leurs Chefs nommés *Paraoustis* & leurs Prêtres ou Médecins nommés *Jonas*, semblables aux Jongleurs du Canada, ont un grand pouvoir sur le peuple. Les Natchez, l'une des nations sauvages de la Louisiane, sont grands & gros, leur nez est fort long, & le menton un peu arqué. Quand une femme chef, c'est-à-dire *noble*, ou de la race du soleil, meurt, on étrangle douze petits enfans & quatorze grandes personnes, pour être enterrées avec elle. On met dans leur fosse commune des ustentiles de cuisine, des armes de guerre & tout l'attirail d'une toilette ; & pour honorer la mémoire de la défunte, on exécute plusieurs danses de tristesse : les femmes & les filles les plus distinguées y sont invitées. Les Caraïbes, peuples de l'île de Saint-Vincent, ont, ainsi que les Omaguas, la bizarre & monstrueuse habitude d'écraser & de pétrir la tête de l'enfant qui naît, afin de le rendre plus difforme ; aussi leur intelligence est-elle fort bornée. Ils ne doivent peut-être leur couleur rougeâtre qu'au roucou dont ils peignent leur corps avec l'huile. Leurs cheveux sont noirs, jamais crépus ni frisés, & ne descendent qu'aux épaules : ils n'ont point de barbe, & ne sont point velus aux jambes, aux bras, ni à la poitrine. Leurs yeux sont noirs, gros, saillans & d'un regard effaré : ils mettent, pour ainsi dire, leurs jambes en moule, en les liant par le haut & par le bas dès leur enfance : ils croient que ce sont autant de moyens de se donner de la grace. Leur odeur est si désagréable qu'elle a passé en proverbe. Ils ne se font baptiser une ou plusieurs fois, que pour avoir les présens qu'on leur fait à cette occasion. Les femmes ne mangent point avec leurs maris, ils s'en croiroient déshonorés. L'amour est pour eux comme la soif ou la faim. Enfin ils ont un usage qui étonne toujours; lorsque la femme est accouchée, elle se leve aussi-tôt, elle vaque à tous les besoins du ménage, & le mari se couche; il reste au lit pour elle pendant un mois entier, sans manger ni boire pendant les six premiers jours. Au bout du mois les parens & amis viennent voir ce prétendu malade, lui font des incisions sur la chair, & le saignent de toutes parts sans qu'il ose s'en plaindre: il n'ose pas encore dans les premiers six mois manger des oiseaux ni des poissons, de peur que le nouveau né ne participât des défauts naturels de ces animaux. Voilà de ces préjugés qui font honte à l'esprit humain, mais ce ne sont pas les seuls des humains que l'ignorance & la superstition séduisent. Les habitans de Maduré, dans les Indes, se croient descendre en ligne directe de la race des ânes. *Voyez à l'article* ANE.

Il n'y a, pour ainsi dire, dans le nouveau Continent qu'une seule race d'hommes, qui tous sont plus ou moins basanés. A l'exception du Nord de l'Amérique, où il se trouve des hommes semblables aux Lapons, & aussi quelques hommes à cheveux blonds semblables aux Européens du Nord, tout le reste de cette vaste partie du monde ne contient que des hommes parmi lesquels il n'y a presque aucune diversité; au lieu que dans l'ancien Continent on trouve une prodigieuse variété dans les différens peuples. Il nous paroît, ainsi qu'à M. *de Buffon*, que la raison de cette uniformité dans les hommes d'Amérique vient de ce qu'ils vivent tous de la même façon. Tous les Américains naturels étoient ou sont encore sauvages ou presque sauvages; les Mexicains & les Péruviens étoient si nouvellement policés, qu'ils ne doivent pas faire une exception. Quelle que soit donc l'origine de ces Nations Sauvages, elle paroît leur être commune à toutes; tous les Américains sortent d'une même souche; comme nous, ils habitent la même planete, le même vaisseau dont ils tiennent la proue, & nous la poupe; mais ils ont conservé jusqu'à présent les caracteres de leur race sans grande variation, parce qu'ils sont tous demeurés Sauvages, & qu'ils ont vécu à-peu-près de la même façon; que leur climat n'est pas à beaucoup près aussi inégal pour le froid & pour le chaud que celui de l'ancien Continent; & qu'étant nouvellement établis dans leur pays, les causes qui produisent des variétés n'ont pû agir assez long-temps pour opérer des effets bien sensibles. Il faut cependant en excepter un peuple entier tout blanc qui, selon *Waffer*, se trouve dans l'isthme d'Amérique: leurs sourcils & cheveux ont la couleur blanche de la peau, & leurs sourcils forment une maniere de croissant qui a la pointe en bas. Ce peuple Darien voit clair la nuit, moment où ils sortent comme des hibous & courent fort lestement dans les bois. Les autres Indiens les appellent *Yeux-de-lune.* Cette couleur dépend probablement de la même cause qui fait les *Albinos* dans le Midi de l'Afrique, ainsi qu'il est dit plus haut. Les Dariens ne mangent ni boivent avec leurs femmes; celles-ci se tiennent debout & servent leurs maris qui leur impriment la plus grande soumission. Au reste ces maris ont pour elles la plus grande tendresse.

Ainsi on peut avancer avec beaucoup de fondement, que c'est du climat que dépendent les différences des peuples, prises de la complexion générale ou dominante de chacun, de sa taille, de sa vigueur, de la couleur de sa peau & de ses cheveux, de la durée de sa vie, de sa précocité plus ou moins grande relativement à l'aptitude de la génération, de sa vieillesse plus ou moins retardée, & enfin de ses maladies propres ou endémiques. On ne sauroit contester l'influence du climat sur le physique des passions, des goûts, des mœurs. Les plus anciens Médecins avoient observé cette influence, & il semble que les lois, les usages, le genre de Gouvernement de chaque peuple ont un rapport nécessaire avec ses passions, ses goûts, ses mœurs. Mais en nous attachant principalement aux affections corporelles de chaque nation, relativement au climat sous lequel elle vit, les principales questions de Médecine qui se présentent sur cette matiere, se réduisent à celles-ci : *Quels sont le tempérament, la taille, la vigueur & les autres qualités corporelles particulieres à chaque climat ?* Une réponse détaillée appartient proprement à l'Histoire Naturelle de chaque pays. On a cependant assez généralement observé que les habitans des climats chauds étoient plus petits, plus secs, plus vifs, plus gais, communément plus spirituels, moins laborieux, moins vigoureux; qu'ils avoient la peau moins blanche; qu'ils étoient plus précoces, qu'ils vieillissoient plutôt, & qu'ils vieillissoient moins que les habitans des climats froids; que les femmes des pays chauds étoient moins fécondes que celles des pays froids; que les premieres étoient plus jolies, mais moins belles que les dernieres; qu'une blonde étoit un objet rare dans les climats chauds, comme une brune dans les pays du Nord, &c. que dans les climats très-chauds l'amour étoit dans les deux sexes un desir aveugle & impétueux, une fonction corporelle, un appétit, un cri de la Nature, *in furias ignesque ruunt*; que dans les climats tempérés il étoit une passion de l'ame, une affection réfléchie, méditée, analysée, systématique, un produit de l'éducation; & qu'enfin dans les climats glacés, il étoit le sentiment tranquille d'un besoin peu pressant. Quant à la précocité corporelle, c'est une vérité d'expérience qu'elle est dûe à l'exercice précoce des facultés intellectuelles. Terminons ce paragraphe, & disons avec M. *Venel*, que les hommes nouvellement transplantés sont plus exposés aux incommodités qui dépendent du climat, que les naturels du pays: c'est encore une observation constante & connue généralement, que les habitans des pays chauds peuvent passer avec moins d'inconvéniens dans des régions froides, que les habitans de celles-ci ne peuvent s'habituer dans les climats chauds.

Des Sens.

Selon l'observation de M. *le Cat*, dans son *Traité des Sens*, les machines particulieres que la Nature a disposées dans toute l'étendue de l'économie animale pour procurer à notre ame les diverses sensations, nous étoient absolument nécessaires & pour notre être & pour notre bien-être. Ce sont autant de sentinelles qui nous avertissent de nos besoins, & qui veillent à notre conservation au milieu des corps utiles ou nuisibles qui nous environnent: ce sont autant de portes qui nous sont ouvertes pour communiquer avec les autres êtres, & pour jouir du monde où nous sommes placés. Ce sont ces organes qui établissent la communication qui est entre nous & presque tous les êtres de la Nature. C'est à ces principes de nos connoissances & de nos raisonnemens que nous devons notre principal mérite; & ce mérite est proportionné à leur nombre & à leur perfection: un plus grand nombre de sens ou des sens plus parfaits, nous eussent montré d'autres êtres qui nous sont inconnus, & d'autres modifications dans ceux que nous connoissons.

Le corps animal, dit M. *de Buffon*, est composé de plusieurs matieres différentes, dont les unes, comme les *os*, la *graisse*, le *sang*, la *lymphe*, &c. sont insensibles, & dont les autres, comme les *membranes* & les *nerfs*, paroissent être des matieres actives, d'où dépendent le jeu de toutes les parties, & l'action de tous les membres. Les nerfs sont sur-tout l'organe immédiat du sentiment: toute la différence qui se trouve dans nos sensations ne vient que du nombre plus ou moins grand, & de la position plus ou moins extérieure des nerfs: ce qui fait que les uns de ces sens peuvent être affectés par de petites particules de matiere qui émanent des corps, comme *l'œil*, *l'oreille* & *l'odorat* ; les autres par des parties plus grosses, qui se détachent des corps au moyen du contact, comme le *goût*, & les autres par les corps, ou même par les émanations des corps, lorsqu'elles font affez réunies & affez abondantes pour former une espece de maffe folide, comme le *toucher*, qui nous donne les fenfations de la folidité, de la fluidité & de la chaleur des corps.

Le *toucher* eft la fenfation la plus générale. Nous pouvons bien ne voir & n'entendre que par une petite portion de notre corps; mais il nous falloit du fentiment dans toutes les parties, pour n'être pas des automates qu'on auroit montés & détruits, fans que nous euffions pu nous en appercevoir. La Nature y a pourvu: par-tout où il y a des nerfs & de la vie, il y a auffi de cette efpece de fentiment. Le toucher eft comme la bafe de toutes les autres fenfations: c'eft le genre dont elles font des efpeces plus parfaites, car toutes les autres fenfations ne font véritablement que des efpeces de toucher. C'eft par le toucher feul que nous pouvons acquérir des connoiffances complettes & réelles; c'eft ce fens qui rectifie tous les autres fens dont les effets ne feroient que des illufions, fi celui-ci ne nous apprenoit à juger : car lorfque l'on voit pour la premiere fois, tous les objets paroiffent être dans les yeux, ils s'y peignent renverfés : on ne peut en reconnoître la grandeur, la diftance, la pofition, la forme que par le toucher; auffi voit-on que les enfans cherchent toujours à toucher tout ce qu'ils voient. M. *Chéfelden* apprit toutes ces vérités d'un homme à qui il eut le bonheur de redonner la lumiere en lui faifant l'opération de la cataracte.

La *peau*, qui eft l'organe du toucher, eft un tiffu de fibres, de nerfs & de vaiffeaux dont l'entrelacement en tous fens forme une étoffe, à-peu-près de la nature de celle d'un chapeau. Cette tiffure fibreufe eft vifible dans les cuirs épais. Toute la furface de la peau eft garnie de mamelons nerveux; ces mamelons font rangés fur une même ligne, & dans un certain ordre; & c'eft cet ordre qui forme les fillons que l'on obferve à la furpeau; ce font ces mamelons nerveux, qui, réunis étroitement & exposés à l'air, deviennent à l'extrémité des doigts des corps solides que nous appellons les ongles. *Voyez ce mot & l'article* PEAU.

La sensation du toucher peut devenir si parfaite dans l'homme, qu'on l'a vu, pour ainsi dire, quelquefois faire la fonction des yeux, & dédommager en quelque façon des aveugles de la perte de la vue. Il est parlé d'un Organiste de Hollande, qui distinguoit les couleurs des cartes par la finesse du toucher, ce qui le rendoit un joueur redoutable : car en maniant les cartes il connoissoit celles qu'il donnoit aux autres, comme celles qu'il avoit lui-même. Il suffisoit au Sculpteur Ganibasius de Volterre, qui étoit devenu aveugle, de toucher une figure pour en faire ensuite en argile une copie parfaitement ressemblante.

Le *goût* n'est qu'une espece de toucher, qui n'a pas pour objet les corps solides, mais seulement les sucs ou les liqueurs dont ces corps sont imbus, ou qui en ont été extraits. Le goût (*gustus*.) est ce sens admirable par lequel on discerne les saveurs, & dont la langue est le principal organe. On peut dire que la bouche, le gosier & l'estomac ayant beaucoup de sympathie entr'eux, ne sont proprement qu'un organe continu du goût ; & il paroît que la faim, la soif, la saveur ou le goût sont trois effets du même organe, presque toujours au même degré dans les mêmes hommes.

L'*odorat* paroît moins un sens particulier qu'une partie ou un supplément de celui du goût. L'odorat est en quelque sorte le goût des odeurs, & l'avant-goût des saveurs. C'est sur la membrane pituitaire, qui tapisse les cavités du nez, que se fait la sensation des odeurs. Les animaux ont l'odorat d'autant plus parfait que les cornets du nez sont plus grands, & par conséquent tapissés d'une plus grande membrane.

Les hommes ont pour l'ordinaire l'odorat bien moins bon que celui des animaux, par la raison que nous venons de dire. Cependant la regle n'est pas absolument générale, si nous supposons les faits suivans dignes de la créance d'un Physicien. Dans les Antilles il y a des Négres qui, comme les chiens, suivent les hommes à la piste, & distinguent avec le nez la piste d'un Négre d'avec celle d'un Européen. Au rapport du Chevalier *Digby*, un garçon que ses parens avoient élevé dans une forêt où ils s'étoient retirés pour éviter les ravages de la guerre, & qui n'y vivoit que de racines, avoit l'odorat si fin, qu'il distinguoit par ce sens l'approche des ennemis & en avertissoit ses parens. Depuis il changea de façon de vivre, & perdit à la longue cette grande finesse de l'odorat. Il en conserva néanmoins une partie, car étant marié il distinguoit fort bien, en flairant, sa femme d'avec une autre, & il pouvoit même la retrouver à la piste. Un tel mari en Italie, dit M. *le Cat*, seroit un argus plus terrible que celui de la fable. Le Religieux de Prague dont parle le Journal des Savans de 1684, enchérit encore sur les observations précédentes. Non-seulement celui-ci connoissoit par l'odorat les différentes personnes, mais ce qui est bien plus singulier, il distinguoit une fille ou une femme chaste, d'avec celle qui ne l'étoit point. Ce Religieux avoit commencé un *Traité nouveau des Odeurs*, lorsqu'il mourut, & les Journalistes en regretterent la perte. Pour moi, dit encore M. *le Cat*, je ne sai si un homme si savant dans ce genre n'auroit pas été dangereux dans la société.

Il semble donc que la perfection de l'organe de l'odorat des animaux dépende non-seulement de l'organe, mais encore du genre de vie, & entr'autres de la privation des odeurs fortes, dont les hommes sont sans cesse entourés, & dont leur organe est comme usé; en sorte que les odeurs aussi foibles & aussi subtiles que celles dont on vient de parler, ne peuvent y faire impression.

L'*ouïe*, *auditus*, est une faculté qui devient active par l'organe de la parole; c'est en effet par ce sens que nous vivons en société, que nous recevons la pensée des autres, & que nous pouvons leur communiquer la nôtre : les organes de la voix seroient des instrumens inutiles, s'ils n'étoient mis en mouvement par ce sens ; un sourd de naissance est nécessairement muet. (Consultez cependant le cinquiéme volume des Savans Étrangers, où l'on trouve les principes de l'art de faire parler ceux des sourds & muets qui ne sont muets que parce que leur surdité a ôté toute idée de son & d'articulation).

La Nature dévoile à tout le monde le secret d'ouvrir la bouche & de retenir son haleine pour mieux entendre ; mais c'est en vain que l'air remué par les corps bruyans ou sonores, ou agité par le mouvement de celui qui parle, nous frapperoit de toutes parts, si la structure de l'oreille ne la rendoit pas propre à recevoir ces sensations.

Nous allons présenter ici succintement les principales parties que la Nature emploie pour faire sentir les sons. C'est dans l'excellent *Traité des Sens* de M. le Cat, qu'il faut voir la description anatomique & complette de cet organe.

Quelle organisation merveilleuse dans ce sens ! Quelle harmonie dans la construction de cette admirable machine ! La partie extérieure de l'oreille se nomme la *conque* : sa forme est destinée à recevoir les rayons sonores en plus grande quantité. Le canal creux se nomme le *conduit auditif* & aboutit au *tympan*, qui est une membrane mince, un peu concave du côté du conduit auditif. Immédiatement après la membrane du tympan, sont quatre osselets qu'on appelle, à cause de leur figure, l'un *os orbiculaire*, l'autre l'*étrier*, le troisiéme, l'*enclume*, & le quatriéme le *marteau*. Une partie de celui-ci qu'on a nommé le *manche*, aboutit au centre du *tympan*, & sert à le tendre plus ou moins. Lorsque cette membrane du tympan est lâche, les sons foibles s'y amortissent & ne passent pas outre ; ou bien s'ils passent, leur impression est si peu sensible que l'ame n'y fait point d'attention ; mais si le tympan est bien tendu, comme il arrive quand on écoute avec attention, le moindre son se communique par cette même membrane à la masse d'air qui est derriere, dans une cavité que l'on nomme la *caisse du tambour* ; cette cavité est pleine d'air, & communique avec la bouche par un canal qu'on appelle la *trompe d'Eustache*. Il suit de cette structure, que l'air du tambour communiquant toujours avec l'air extérieur fait équilibre à celui qui remplit le conduit auditif. A la caisse du tambour répond une autre partie de l'oreille que l'on nomme le *labyrinthe* à cause de ses détours ; il est composé du *vestibule*, des trois *canaux sémi-circulaires* & du *limaçon*. Lorsque le son ou l'air agité par la parole, vient donc à émouvoir la membrane élastique du tympan, l'air qui est dans la caisse du tambour se trouve agité, & communique son mouvement à celui qui est dans le labyrinthe, dont toutes les parties sont revêtues des petites fibres du nerf auditif : c'est principalement dans la partie du labyrinthe que l'on nomme le *limaçon*, & qui a vraiment la figure de la coquille d'un limaçon, mais qui est divisée par une cloison ou lame membraneuse, que se fait la sensation des sons. Par quelle sagesse admirable, les osselets de l'oreille & ceux qui composent le labyrinthe, sont-ils de la même grosseur dans les enfans que dans les adultes ? Si les instrumens de l'ouïe venoient à changer, la voix des parens & les autres sons connus de l'enfant deviendroient pour lui étrangers & sauvages. . . . . Ce que nous disons ici pour l'ouïe doit s'appliquer à la plupart des autres animaux. On voit un chien crier, on le voit pleurer, pour ainsi dire, à un air joué sur une flûte ; on le voit s'animer à la chasse au son du cor ; on voit le cheval plein de feu par le son de la trompette, malgré les matelats musculeux qui environnent en lui l'organe de l'ouïe : sans le limaçon qu'ont ces animaux on ne leur verroit pas cette sensibilité à l'harmonie, on les verroit stupides en ce genre, comme les poissons qui manquent de limaçon aussi-bien que les oiseaux, mais qui n'ont pas comme ceux-ci l'avantage d'avoir une tête assez dégagée, assez sonore pour suppléer à ce défaut.

Une incommodité des plus communes dans la vieillesse, est la surdité. Il y a lieu de penser qu'elle est occasionnée, parce que la lame membraneuse du limaçon augmente en solidité à mesure que l'on avance en âge, ce qui rend l'ouïe dure. Lorsque cette lame s'ossifie on devient entierement sourd.

Un moyen de reconnoître si la surdité est occasionnée parce que la lame spirale du limaçon est devenue insensible, est de mettre une petite montre à répétition dans la bouche du sourd & la faire sonner; s'il entend ce son qui se communique par la trompe d'Eustache, sa surdité sera certainement causée par un embarras extérieur (la matiere cérumineuse) dans le conduit auditif, auquel il est possible de remédier en partie.

Comme la propagation des sons se fait selon les mêmes lois que celle de la lumiere, on a cherché à rassembler les rayons sonores par le moyen d'un cornet de figure parabolique propre pour se faire entendre de ceux qui ne sont pas entiérement sourds.

Le mécanisme de la vision n'est pas moins admirable que celui de l'ouïe. L'œil n'est que l'épanouissement du nerf optique: son globe est composé extérieurement de plusieurs membranes les unes sur les autres, qui tirent leur origine d'un nerf qui vient du cerveau & qui porte le nom de *nerf optique*; le dedans est rempli par trois humeurs de différente consistance, dont l'usage est de donner lieu à la réfraction des rayons de lumiere, par le moyen desquels nous voyons les objets.

Le *nerf optique*, ainsi que les autres, a trois parties principales; savoir, la *dure-mere* qui l'enveloppe extérieurement; la *pie-mere* qui est comme une seconde enveloppe; & enfin la *moëlle* qui est une substance plus molle: ces trois parties se dilatent pour former le globe de l'œil, & portent alors différens noms.

La première, qui est une expansion de la dure-mere, se nomme *sclérotique*; elle forme cette partie antérieure de l'œil que l'on peut toucher immédiatement du doigt; elle est transparente comme de la corne, ce qui la fait nommer aussi *cornée transparente*. Cette partie de l'œil, à cause de la saillie qu'elle a, procure à la vue une plus grande étendue. Si la cornée étoit plane & à fleur de l'orbite, l'animal ne verroit que les objets qui sont devant lui, à moins qu'il ne tournât la tête à tout instant; au lieu qu'étant arrondie & saillante, elle fait voir distinctement ce qui est devant l'œil, & appercevoir au moins confusément ce qui est sur les côtés jusqu'à une certaine distance.

L'*iris* est ce cercle coloré que l'on apperçoit sous la cornée transparente, & au milieu duquel il y a un trou rond, qu'on nomme la *prunelle* ou la *pupille*. L'iris est formée par l'épanouissement de la pie-mere; cette iris varie de couleur dans les différens individus, & elle est composée de fibres musculaires, qui sont ou en cercles concentriques ou en rayons: leur usage est de dilater ou de rétrécir l'ouverture de la prunelle, afin de n'y laisser entrer que la quantité de rayons convenable, & que l'impression ne soit pas trop vive & ne fatigue pas l'organe. Aussi lorsque nous passons d'un lieu obscur dans un lieu éclairé, l'ouverture de la pupille se rétrécit, mais plus ou moins, suivant la sensibilité des yeux: au contraire, elle s'élargit lorsque nous passons du grand jour à l'obscurité. Ce phénomene s'observe d'une maniere bien sensible dans les chats, dont la pupille est étroite & de forme ovale dans le jour, & ronde & très-ouverte dans la nuit.

La couronne ciliaire, qui n'est elle même qu'une partie de l'épanouissement de la pie-mere, tient suspendu vis-à-vis la prunelle un corps transparent, d'une figure lenticulaire, que l'on nomme le *cristallin*.

La partie médullaire du nerf optique s'épanouit aussi & produit une troisieme membrane, très-fine & baveuse, qui tapisse tout l'intérieur de l'œil, en se terminant à la couronne ciliaire; c'est ce qu'on nomme la *rétine*, partie de l'œil sur laquelle se fait vraiment la sensation des objets.

Toutes les parties dont nous venons de parler, partagent l'intérieur du globe en trois chambres. La premiere renferme une liqueur claire comme de l'eau, qu'on nomme l'*humeur aqueuse*. Derriere l'humeur aqueuse est le cristallin, qui est enchassé dans la couronne ciliaire, & se trouve suspendu vis-à-vis de la prunelle. Derriere le cristallin est la derniere chambre, qui contient une substance très limpide, d'une consistance assez semblable à celle de la gelée de viande, & qu'on appelle *humeur vitrée*.

Telle est la structure merveilleuse de l'œil; tel est le rapport entre cet organe & l'océan de lumiere qui nous environne. La lumiere réfléchie par les objets que nous voyons, passe par l'ouverture de la pupille, & elle subit au travers de la cornée transparente de l'humeur aqueuse, du cristallin & de l'humeur vitrée, les réfractions nécessaires pour que les objets viennent se peindre (dans un ordre renversé) sur la rétine plusieurs ensemble par faisceaux, tous sans se confondre avec leurs couleurs naturelles. Sans cet organe toutes les merveilles du ciel & de la terre, qui viennent, pour ainsi dire, nous toucher nous-mêmes, n'existeroient plus pour nous: sans cet organe nous ne connoîtrions l'approche des corps que lorsque nous serions frappés ou terrassés par eux. Nous ne connoissons parfaitement le prix de la lumiere que quand nous sommes privés de la faculté de la voir. Personne n'a goûté un plaisir plus vif que cet Anglois né aveugle lorsqu'il parvint, par le secours des Oculistes, à jouir de ses rayons: l'aspect des corps qui l'environnoient fut pour lui un spectacle si nouveau & si inopiné, qu'il le jeta dans un entier évanouissement, tant il ressentit de joie. En effet, quelle merveille! sur un espace de sept lignes d'étendue, vient se peindre avec fidélité l'image d'un espace de sept lieues, lorsque monté fur une montagne on regarde, dans un beau jour d'été, un grand horizon, cependant les villes, les vaftes plaines, les forêts, tout s'y peint diftinctement. Il eft mille chofes encore plus admirables les unes que les autres fur la vifion, mais qu'il feroit trop long de rapporter ici. Que de lois merveilleufes réunies fe combinent enfemble, tendent toutes au même but! fi une feule de ces lois venoit à être interrompue, tous les êtres animés feroient plongés dans des ténébres éternelles. Tout dans la Nature porte l'empreinte de la main divine qui les a créés. Mais contentons-nous de dire qu'on diftingue ordinairement trois fortes de vue; favoir, 1°. la vue courte ou forte, 2°. la vue longue ou foible, 3°. la bonne vue ou parfaite. Ceux qui ont la vue courte font appellés *myopes*, ils peuvent voir fort nettement les objets qui font fort proches, & ne font qu'entrevoir ceux qui font éloignés : au contraire, ceux qui ont la vue longue, & que l'on appelle *presbytes*, voient mieux les objets éloignés que ceux qui font proches qu'ils ne fauroient diftinguer; (l'on prétend que c'eft la configuration particuliere du *criftallin* qui fait qu'une perfonne eft myope ou presbyte) : enfin ceux qui ont la vue bonne, & qui tiennent le milieu entre les myopes & les presbytes, voient fort bien les objets qui font dans une médiocre diftance. C'eft cette forte de vue que l'on peut confidérer comme la plus parfaite, comme la plus propre à diftinguer & à reconnoître les formes, les couleurs, & les diftances.

De l'Économie animale.

Les grands rapports généraux qui fe trouvent entre l'économie animale du corps humain & celle des autres animaux, nous ont déterminés à préfenter ici une légere efquiffe des principaux phénomenes de cette admirable machine du corps humain, où l'on reconnoît d'une maniere bien frappante la main de la Divinité. Les merveilles que l'on entreverra, d'après ce court exposé, seront bien propres à animer la curiosité, & à exciter le desir de les étudier dans leurs détails. La connoissance du corps humain & de ses différentes fonctions, dit M. *Jadelot*, est la plus intéressante de celles qui font l'objet des recherches du Physicien; non-seulement parce qu'elle nous éclaire sur la nature de notre constitution & sur le mécanisme de notre existence; mais parce que cette portion de matiere organisée qui forme notre être, renferme les plus grandes merveilles de la Nature dont elle est le chef-d'œuvre. Le vulgaire ne voit au-dehors qu'une décoration simple & magnifique, qui réunit l'élégance des contours à l'harmonie des proportions; le Philosophe admire au dedans les ressorts surprenans d'une mécanique vivante, qui, quoique soumise aux lois de la matiere, est douée d'un principe actif, & obéit à un agent secret qui lui est uni & en même-temps inconnu. L'empire réciproque de ces deux substances est la vie : nous verrons que le mouvement du cœur est le lien fragile qui tient ces deux substances réunies.

Nous avons décrit les sens, par le moyen desquels l'homme communique avec l'Univers entier, & avec ses semblables. Quelle foule de merveilles, lorsqu'on vient à examiner son économie intérieure! tout y annonce une simplicité admirable, & en même-temps une composition difficile à débrouiller.

La machine animale est comme le cercle, qui n'a ni commencement ni fin; un ressort prête son action à l'autre qui lui doit son mouvement, leur union conspire à former d'autres machines qui deviennent leur mobile; enfin tous les ressorts réunissent leur mouvement dans chaque ressort, & chaque ressort partage aux autres son action & sa production. Le cerveau n'agit, par exemple, que par l'impulsion du cœur, qui seroit immobile sans le cerveau; ces deux machines réunissent leur mécanisme, pour former la respiration qui soutient leur action, ou la détruit; les fluides qui traversent nos vaisseaux sont préparés par ces trois forces mouvantes, & les parties de ces fluides préparés animent le cerveau, donnent au cœur tous ses mouvemens & font marcher la respiration.

Si nous considérons présentement la charpente humaine, qu'on peut regarder comme *machine statique*, on voit autant de force que de légéreté réunies dans les os. Quel enchaînement dans ceux des vertebres ! que de cavités, de trous sans nombre & presqu'imperceptibles, ménagés dans tous ces os pour donner passage aux vaisseaux qui portent la nourriture par-tout, & aux nerfs qui distribuent par-tout le sentiment !

La peau recouvre toute la machine animale, c'est elle qui donne à notre corps toute sa beauté ou par sa blancheur, ou par sa finesse & par son poli, & qui défend les parties qu'elle environne. Elle est l'organe du toucher, ainsi que nous l'avons dit plus haut ; elle est toute parsemée de pores par où se fait la transpiration insensible. Les pores de la transpiration, suivant *Leuwenoeck*, sont si nombreux & si petits, qu'il y en a cent vingt-cinq mille sur l'espace qu'occuperoit un grain de sable. Il sort par ces pores des vapeurs continuelles ; & suivant les expériences de *Sanctorius*, un homme qui mange & qui boit la quantité de huit livres, en perd cinq par la transpiration insensible, & trois par les évacuations sensibles. (Dans les plantes la transpiration est égale à un tiers de leur poids.) Sera-t-on étonné après cela, d'apprendre que cette transpiration arrêtée ou diminuée occasionne la plupart des maladies, sur-tout à la rate. L'existence de l'insensible transpiration par les pores de la peau & par les poumons, est donc une de ces vérités qu'il n'est pas même permis de mettre en problême. Si l'on respire contre un miroir, on ramassera des gouttes d'eau sur la glace ; si l'on passe un doigt sur de l'étain, sur des glaces, sur des pierreries, on y laissera une trace d'humidité ; si après avoir réchauffé son bras, on le met nud dans un matras ou bouteille de verre, on remarque à l'instant

qu'il

qu'il se ramasse des gouttes sensibles ou des traces d'humidité dans ce matras. On voit en hiver les vapeurs qui sortent des poumons de la plupart des animaux se condenser. Si l'on se met pour un instant tête nue près d'une muraille exposée à la chaleur du soleil, on remarquera visiblement l'ombre des vapeurs qui s'élevent des pores de sa tête. Mais cette évaporation qui n'est pas toujours la même, varie selon les climats, les tempéramens & les occupations, disons aussi, & suivant les passions dont on est affecté. On sait que la crainte & la tristesse, qui arrêtent ou diminuent le mouvement du cœur, doivent aussi diminuer la transpiration, ainsi qu'il arrive presque toujours : la joie & les exercices modérés augmentant le mouvement du cœur, les fluides seront poussés avec plus de force, ce qui augmentera la transpiration. Consultez la *nouvelle Edition latine de la Médecine statique de* Sanctorius, commentée par M. *Lorry*.

Les *muscles* qui sont distribués dans toute notre machine, & qui ont leur attache aux os, ont une force qui surprend. Suivant le calcul du fameux *Borelli*, qui a fait un ouvrage sur le mouvement des animaux, lorsqu'un homme du poids de cent cinquante livres s'éleve en sautant à la hauteur de deux pieds, ses muscles agissent dans ce moment avec deux mille fois plus de force, c'est-à-dire, avec une force équivalente à un poids de trois cens mille livres ou environ. Le cœur, qui n'est que tout muscle, à chaque battement ou contraction, par laquelle il pousse le sang dans les arteres, & des arteres dans les veines, où il subit des frottemens immenses, agit avec une force équivalente à plus de cent mille livres pesant.

Le *cerveau* que l'on regarde, avec raison, comme la partie principale du corps humain, est contenu dans le crâne, & divisé en deux parties ; l'une supérieure, que l'on nomme le *grand cerveau* ; & l'autre inférieure, que l'on nomme le *cervelet* : voyez le mot CERVEAU. On reconnoît ces parties pour être l'origine d'où part tout le genre nerveux, source de la vie, de la force, du plaisir & de la douleur de l'animal. Le cerveau est le laboratoire des esprits vitaux. Mais par le secours de quelle partie du cerveau tous ces grands effets s'operent-ils ? Sa nature merveilleuse s'est toujours dérobée aux recherches des plus grands hommes, & peut-être leur échappera-t-elle toujours. Au reste voilà des expériences qui prouvent que le sentiment & le mouvement ont leur principe dans la substance médullaire. 1°. Lorsque la moëlle du cerveau est comprimée par quelque cause que ce puisse être, par le sang, par l'applatissement mécanique des os du crâne, par la concussion, ou par la commotion, on tombe en apoplexie. 2°. La moëlle du cerveau piquée, déchirée, donne des convulsions horribles. 3°. Cette même moëlle, & sur-tout les grandes colonnes du cerveau, le pont & en général la partie inférieure de la moëlle, qui appuie sur le crâne, celle de l'épine, blessées, coupées ou comprimées, produisent la paralysie des parties qui leur sont inférieures : heureusement que la moëlle du cerveau a pour rempart le crâne. Celle de l'épine trouve le sien dans le canal des vertebres. 4°. Si l'on comprime le cerveau, ou qu'on le coupe jusqu'à la substance médullaire, l'action volontaire des muscles est interrompue, la mémoire & le sentiment s'éteignent, mais la respiration & le mouvement du cœur subsistent. 5°. Quant au cervelet, si l'on fait la même chose, les convulsions sont plus violentes que dans les irritations du cerveau, la respiration & le mouvement du cœur cessent : de-là il s'ensuit que les nerfs destinés au mouvement volontaire partent du *cerveau*, & que les nerfs d'où dépendent les mouvemens spontanés sortent du *cervelet*. Mais est-on robuste, eu égard à la quantité du cervelet? Cela est vraisemblable. L'expérience nous manque cependant ici. Mais disons un mot de la *dure-mere* & de la *pie-mere*.

La *dure-mere* & la *pie-mere* sont deux membranes qui enveloppent le *cerveau*, le *cervelet*, & la *moëlle* alongée. La *dure-mere* est assez épaisse, d'un tissu serré; elle tapisse la surface interne du crâne, s'y attache très-exactement : elle est composée de deux lames dont les fibres se croisent obliquement; on y observe ses prolongemens, ses replis, ses vaisseaux, ses sinus. Son usage est de servir de périoste au crâne, de défendre le cerveau, d'empêcher par ses alongemens que le cerveau & le cervelet ne soient comprimés, & de donner de la chaleur au cerveau par le moyen des sinus. La *pie-mere* est une membrane très-fine & très-déliée; elle revêt immédiatement le cerveau, le cervelet & la moëlle alongée; elle fournit une gaine particuliere à tous les filets qui composent chaque nerf, & est étroitement unie au cerveau par une multitude de vaisseaux sanguins. Son usage est d'envelopper le cerveau, de soutenir ses vaisseaux, afin qu'ils se distribuent avec plus de sureté par les plis & les diverses anfractuosités de leurs marches, pour filtrer le fluide subtil du cerveau ou l'esprit animal.

Les *nerfs* sont des corps longs, ronds & blancs, au milieu desquels se trouve un conduit destiné à recevoir les esprits vitaux. Il y a dans le corps humain quarante paires de nerfs; dix sortent du cerveau, & trente de la moëlle de l'épine. La troisiéme paire de nerfs qui vient de la moëlle de l'épine, comme cette moëlle vient du cerveau, dépend entiérement de notre volonté dans les mouvemens qu'elle fait faire aux bras; c'est à notre gré qu'elle les fait agir ou qu'elle interrompt leur action. Mais ceux qui tirent leur origine du cervelet, meuvent continuellement & indépendamment de notre volonté les organes d'où dépend notre vie : nous n'avons aucun pouvoir sur l'action de ces nerfs d'où dépend notre existence : tels sont ceux qui se rendent au cœur.

Le *diaphragme* est une partie ample & musculeuse, qui sépare la cavité du thorax d'avec celle de l'abdomen. Il est convexe du côté de la poitrine, & on peut le regarder comme le principal organe de la respiration, puisqu'en s'abaissant il dilate, & qu'en se relevant il rétrécit la cavité de la poitrine. Les mouvemens du diaphragme sont soumis à notre volonté dans les grandes inspirations, par exemple dans le temps qu'on chante ou qu'on parle. Le diaphragme reçoit deux nerfs qui sortent de la moëlle de l'épine, & qui appartiennent par conséquent à ceux qui dépendent de notre volonté. Mais comme il est nécessaire que la respiration continue pendant le sommeil, & que la plus grande peine qui pût nous arriver, seroit d'être attentifs à chaque instant à notre respiration, il se rend au diaphragme des nerfs qui naissent de l'intercostal & viennent du cervelet, & qui en continuent le mouvement, indépendamment de notre volonté (a).

Le suc nerveux, ce fluide subtil, qu'on nomme *esprits animaux*, dont la nature inconnue, contribue, ainsi que le sang artériel, aux mouvemens des muscles. La preuve en est, que si on lie l'artere où s'insere un muscle, le sang ne pouvant plus y entrer, ce muscle devient paralytique. Il en est de même quand on lie les nerfs qui y aboutissent : sans l'effet de ces deux fluides, nous n'aurions aucun mouvement. M. *Haller* observe encore ici que ce n'est qu'au bout d'un certain temps que la ligature de l'artere ôte le mouvement à une partie ; celle d'un nerf l'ôte, dit-il, sur le champ.

La *langue*, qui n'est composée que de fibres charnues, est un organe qui surprend par la variété prodigieuse de ses mouvemens & de ses effets. Elle est le siége principal du goût ; placée dans la bouche par où passe le son en venant de la trachée-artere, elle le modifie & fait naître la parole, par laquelle un

_____

(a) M. *Haller* prétend que toute cette théorie, qui est tirée de *Willis*, est arbitraire. Les nerfs supérieurs du diaphragme & les nerfs inférieurs de cet organe viennent, dit-il, également de la moëlle de l'épine ; & il n'est pas probable que d'une source commune il naisse des nerfs, dont les uns soient soumis à la volonté, & les autres n'en reconnoissent pas le pouvoir.

homme peut communiquer à un autre les penſées de ſon ame. Nous comprendrons dans ce paragraphe ce qui concerne les organes de la voix. Tous les différens tons ou accens dépendent uniquement de l'ouverture plus ou moins grande de la glotte. Tel homme dont la voix eſt déplaiſante, a le chant très-agréable; mais ſi nous n'avons pas entendu chanter quelqu'un, quelque connoiſſance que nous ayons de ſa voix & de ſa parole, nous ne le reconnoîtrons pas à ſa voix de chant, parce qu'il y a dans celle-ci de plus que dans l'autre, un mouvement de tout le larynx. La différence entre les deux voix vient donc de celle qu'il y a entre le larynx aſſis & en repos ſur ſes attaches dans la parole, & ce même larynx ſuſpendu ſur ſes attaches, en action & mû par un balancement de haut en bas & de bas en haut ; ce qui produit dans la voix de chant une eſpece d'ondulation cadencée ou roulée ou ſoutenue, mais qui n'eſt pas dans la ſimple parole, quoique la voix du diſcours marche continuellement dans des intervalles incommenſurables : ainſi la voix ſoit du chant, ſoit de la parole, ſoit du ſimple cri, vient toute entiere de la glotte, pour le ſon & pour le ton. Nous devons à M. *Varole* & à M. *Dodard* ces obſervations ſur l'organe de la voix. Tous les deux ont comparé cet organe à une flûte ou au tuyau d'un orgue, & ont trouvé dans le larynx & la trachée-artere, la même configuration que dans ces inſtrumens de Muſique. Mais la découverte que M. *Ferrein* a faite depuis ſur les effets des rubans membraneux ſur les bords de la glotte dans la production du ſon & des tons, fait voir qu'il reſte des choſes à trouver ſur les ſujets qui ſemblent épuiſés. Sans ſortir de la queſtion préſente y a-t-il un fait plus ſenſible, & dont le principe ſoit moins connu, que la différence de la voix d'un homme & de celle d'un autre ; différence ſi frappante, qu'il eſt auſſi facile de les diſtinguer que les phyſionomies ? L'on pourroit même étendre cette différence à ces eſpeces de voix bizarres & factices (les Eunuques) que l'inhumanité a donné pour rivales aux voix des femmes, si bien faites pour porter l'émotion jusqu'au fond de nos cœurs. Mais revenons à notre sujet.

A la naissance de la langue commencent deux canaux couchés l'un sur l'autre, & qu'on nomme l'*œsophage* & la *trachée-artere*. Le premier conduit reçoit les boissons & les nourritures pour les porter dans l'estomac; l'autre plus intérieur & placé sous l'œsophage vers la poitrine, porte l'air aux poumons, & donne issue à celui qui sort de cette machine pneumatique. Dès qu'il entre quelqu'autre matiere que de l'air dans la trachée, de la mie de pain, par exemple, on ressent à l'instant une toux convulsive. On a peine à concevoir que malgré le danger qu'il y a de laisser tomber le moindre corps dans la trachée, c'est cependant au-dessus l'orifice de ce canal, que le Créateur a préparé à toutes nos nourritures la route qu'elles doivent prendre pour enfiler l'œsophage & l'estomac. Mais par un artifice dont la hardiesse est digne de l'Auteur de toute mécanique, il se trouve au haut de la trachée un petit pont-levis qui se hausse pour le passage de l'air, soit qu'il entre par l'inspiration, soit qu'il sorte par l'expiration; mais qui s'abaisse de maniere à fermer exactement l'ouverture du canal, dès que la plus petite parcelle de solide ou de liquide se présente pour l'œsophage. La grande beauté de cette mécanique consiste en ce que la moindre portion de nourriture foule dans sa descente les nerfs du bas de la langue, dont l'action est toujours suivie de l'abaissement du pont sur la trachée, avant que la nourriture ou la boisson y arrive.

Mais ces merveilles qu'on ne peut entrevoir sans étonnement, sont dans tout le corps humain en aussi grand nombre que les organes, c'est-à-dire, innombrables. L'Anatomie les observe attentivement; elle leur assigne un nom, elle connoît l'action des plus sensibles, elle dispute sur l'usage des autres, & confesse que la structure de tous, quand on veut l'approfondir, est un abyme où la vue & la raison se perdent.

Jetons un coup d'œil sur la maniere dont la vie s'entretient & se renouvelle par le changement merveilleux qui se fait des alimens en notre propre substance.

Les alimens, après avoir été coupés & broyés dans la bouche, & avoir été humectés de la salive, sont portés par le canal de l'œsophage dans l'estomac. L'*estomac* est donc cette machine chimique destinée à recevoir les alimens & à les digérer. C'est ce laboratoire vivant où s'opere une transmutation continuelle d'autres substances en la nôtre. C'est-là le grand œuvre de la vie humaine. Ce laboratoire est composé de plusieurs tuniques. La premiere est membraneuse ; la seconde musculeuse, composée d'un double rang de fibres ; la troisieme est nerveuse & l'intérieur est velouté. Des glandes situées entre ces membranes filtrent la liqueur nécessaire pour faciliter la digestion & la fermentation. Les alimens descendus dans l'estomac y sont triturés, divisés & atténués aussi à l'aide du suc gastrique. Toutes ces substances aqueuses, salines, huileuses, sont combinées ensemble. A l'aide de ces sucs & de la salive, ils forment le *chyle*. Cette substance si précieuse qui renouvelle le sang, porte la vie & la nourriture à toute la machine animale ; mais ceci demande un plus ample détail. Nous avons dit que c'est dans la poche appellée *estomac* que les alimens séjournent quelque temps, & qu'ils se changent en une espece de bouillie, à l'aide des sucs que fournissent des glandes particulieres, les arteres & les nerfs, dont le nombre est prodigieux dans l'estomac. Ces alimens, ainsi élaborés, passent dans de grands canaux membraneux appellés *intestins*, dont la longueur égale six à huit fois la hauteur de l'homme ; longueur ménagée par la nature, pour que le chyle ait le temps, dans cette longue route, d'être separé des matieres inutiles. Toute la longueur des intestins repliés avec l'art le plus merveilleux, se trouve attachée au *mesantere*, qui est une membrane plate & plissée en fraise. Tandis que les sucs nourriciers se séparent des alimens, & passent par les ouvertures des veines lactées qui s'appliquent aux intestins par une multitude d'embouchures, les glandes des intestins humectent ces alimens desséchés, & les mettent en état de pouvoir toujours continuer leur route, jusqu'à ce que tout le chyle étant pompé, ils soient portés à l'extrémité des intestins pour être rejetés. Comme les intestins varient en grosseur & en situation, ils portent dans leurs différentes longueurs divers noms, quoique ce ne soit toujours que le même canal. Il faut observer que des conduits qui sortent de la vésicule du fiel & du foie, introduisent continuellement dans la partie des intestins, que l'on nomme *duodenum*, la bile qui se mêle dans cet intestin avec les alimens que l'estomac y envoie. C'est-là que ces sucs, ainsi que ceux du *pancréas*, produisent des effets sur lesquels on n'est point d'accord; mais qui sont nécessaires sans doute, soit pour faciliter la séparation du chyle d'avec les parties plus grossieres, soit pour le préserver de corruption par l'amertume. Mais parlons plus amplement du *foie*. Cet organe est construit avec un artifice admirable. C'est, pour ainsi dire, un second cœur. Le sang y reçoit un mouvement singulier. Revenu du corps, il se rassemble dans cette partie, & en sort par quatre ou cinq ramifications. Sa substance est composée de l'assemblage d'une multitude prodigieuse de vaisseaux de différens genres, qui se distribuent à une infinité de petits corps assez semblables à des vésicules veloutées intérieurement. Ces vésicules ou grains pulpeux fournissent chacun un vaisseau, qui est le conduit excrétoire de chacune de ces vésicules. Tous ces conduits communiquent les uns aux autres dans la substance du foie : on les nomme *pores biliaires*. La bile qui se sépare ainsi du sang dans le foie, cette espece de glande conglomérée, est portée dans les intestins & dans la *véficule du fiel*, petite poche en forme de poire : elle est composée de plusieurs membranes ou tuniques comme l'estomac. On observe dans son intérieur, de petites cellules, comme dans les gâteaux de cire des mouches à miel. C'est-là que s'assemble la bile ; cette liqueur précieuse y est retenue pendant un certain temps, s'y perfectionne, est versée dans les intestins, & subtilise le chyle. Comme la bile est de nature savonneuse, elle mêle les huiles avec le phlegme, dissout les alimens, excite l'appétit, & nétoie les intestins ; (la nature savonneuse de la bile est si certaine, qu'on l'emploie avec succès pour enlever sur les habits les taches les plus anciennes). Il se forme quelquefois des concrétions pierreuses dans la véficule du fiel, par l'épaississement & le desséchement de la bile. Ces pierres sont inflammables, ont la couleur & le goût de la bile, preuve certaine de leur origine. On les rejete quelquefois par les selles. On voit dans le Cabinet de Chantilly une de ces *pierres biliaires*, elle est de la grosseur d'une noisette franche. Revenons au chyle. Le chyle entre par la contraction des intestins dans les veines lactées ou vaisseaux blancs qui portent cette liqueur dans le *réservoir de Pecquet*. Ce réservoir, dans l'homme, est composé de trois grandes cavités, formées par une peau très-fine (*a*). Le chyle monte par le *canal torachique*, le long de l'épine du dos ; mais avant de monter il se mêle avec la lymphe apportée par des vaisseaux lymphatiques, qui viennent aboutir à ce réservoir. Ces liqueurs, ainsi unies, montent donc le long du canal torachique, & se déchargent dans la veine souclaviere : elles s'unissent au sang qui coule dans la-même veine, & vont

---

(*a*) Suivant M. *Haller*, ce réservoir n'est que la réunion de quelques gros vaisseaux lymphatiques, nés du mélange des vaisseaux lactés avec les lymphatiques inférieurs & les lymphatiques hépatiques. Ces vaisseaux sont ordinairement plus gros à l'endroit de la seconde vertebre des lombes, & ce renflement est continué presque jusques dans la poitrine. Il est rare que ce gonflement ressemble à une vessie ovale, ce qui est l'idée de *Pecquet*.

se rendre au cœur, par la veine cave, dans le ventricule droit. Le tout ressort du cœur pour être porté dans tout le corps, y circuler & lui servir de nourriture. Un phénomène admirable, c'est de voir le chyle s'élever contre les lois de la pesanteur dans le canal torachique, dont la membrane est trop foible pour pouvoir se contracter. Cette liqueur y est élevée par les battemens de l'artere descendante, qui presse le canal torachique, & oblige ainsi la liqueur de monter. Quand une fois elle est élevée, elle ne peut retomber, parce qu'elle se trouve arrêtée par un grand nombre de valvules à peu de distance les unes des autres : ces valvules s'ouvrent pour laisser monter la liqueur, qui par son poids fait baisser ensuite ces mêmes valvules, & se ferme ainsi le passage à elle-même, lorsqu'elle veut redescendre. Les veines lactées & lymphatiques sont aussi remplies de ces merveilleuses valvules. Il se trouve de même à l'endroit où le chyle entre dans la veine souclaviere, une valvule qui empêche le sang de cette veine de tomber dans le canal du chyle. On voit aussi des vaisseaux lactés & absorbans dans la surface intérieure des gros intestins, ce qui rend raison de ce qu'il est possible de nourrir pendant plusieurs jours un malade avec des lavemens nourrissans. À l'égard de la *vessie*, voyez ce mot (a).

Le *cœur* est un muscle ferme & solide, placé au milieu de la poitrine, la base en haut & la pointe en bas. Il est enveloppé d'une espèce de sac membraneux, que l'on nomme le *péricarde*, & dont l'usage est de filtrer une liqueur qui humecte le cœur & en facilite les mouvemens, qui demandent une grande liberté : elle sert aussi à soutenir le cœur, qui, pour ainsi dire, est suspendu, & à le défendre contre le

(a) M. *Hewson* vient de découvrir le système lymphatique dans les oiseaux, dans les amphibies & les poissons. Cette découverte est regardée comme très-avantageuse à la Physiologie. Consultez le *Journal d'Histoire Naturelle*, &c. mois d'*Octobre & Novembre* 1772.

froid de l'air qui entre dans les poumons, au milieu des deux lobes, desquels il est placé, & qui pourroit peut-être l'offenser.

C'est du cœur que partent de gros vaisseaux que l'on nomme *arteres*, dont l'usage est de porter le sang dans toutes les parties du corps & jusqu'aux extrémités. Ces vaisseaux se divisent, se subdivisent, & se ramifient d'une maniere prodigieuse ; & toutes ces ramifications infiniment déliées se trouvent abouchées à autant d'autres vaisseaux qu'on nomme *veines*, qui rapportent le sang au cœur.

Celui-ci a deux cavités séparées l'une de l'autre par une cloison charnue fort épaisse. On donne à ces cavités le nom de *ventricules*. Chaque ventricule est muni d'une oreillette, qui est aussi une espece de cavité, dont l'usage est de recevoir le sang, & de le décharger dans le ventricule qui correspond à chacune de ces cavités.

Le cœur a deux mouvemens ; l'un, par lequel il se dilate, & qu'on nomme *diastole* ; l'autre, par lequel il se contracte, la pointe se rapprochant de la base, & qu'on nomme *systole*. Les oreillettes ont aussi leurs mouvemens de dilatation & de contraction, mais dans un temps différent ; c'est-à-dire qu'elles sont dilatées lorsque le cœur est contracté, & qu'elles sont en contraction lorsque le cœur est en dilatation.

A l'instant où le cœur se contracte, le ventricule droit chasse le sang dans l'artere pulmonaire, qui le porte aux poumons, où il se rafraîchit par le moyen de la respiration ; le ventricule gauche chasse le sang dans l'artere nommée *aorte*, qui le distribue dans toutes les parties du corps ; aussi ce ventricule a-t-il des parois plus fortes que le ventricule droit. Après la contraction, il se forme une cavité dans les ventricules du cœur par la dilatation ; à l'instant le sang ramassé dans les oreillettes, entre dans les ventricules, le cœur se contracte de nouveau pour pousser le sang ; & c'est ce mouvement continuel de diastole & de systole qui forme le battement des arteres.

Le sang qui a été porté aux poumons par l'artere pulmonaire, doit revenir au cœur; il est rapporté par les différentes ramifications des veines, à une grosse veine, qu'on nomme la veine *pulmonaire*, qui se décharge dans l'oreillette gauche du cœur; & à l'aide de la contraction, il est poussé par le ventricule gauche dans l'aorte, qui le distribue jusqu'aux extrémités du corps, où il est reçu par les ramifications des veines qui se réunissent toutes en une branche principale, que l'on nomme la *veine cave*, & qui le rapporte dans l'oreillette droite du cœur, pour repasser de nouveau dans les poumons.

On estime que le ventricule gauche du cœur peut contenir environ deux onces de sang; ainsi à chaque contraction, le cœur pousse deux onces de sang dans l'aorte, qui en se gonflant produit le battement. C'est l'opinion commune, qu'un homme a rarement plus de vingt-quatre livres de sang, & moins de quinze: dans la supposition de vingt-cinq livres, toute la masse du sang passe dans le cœur vingt-quatre fois par heure, c'est-à-dire, cinq cens soixante-seize fois durant vingt-quatre heures. Quelle machine hydraulique!

Plus on examine la mécanique du cœur, plus on l'admire. Il y a dans cet organe onze valvules, dont cinq sont destinées à y laisser entrer le sang, & à l'empêcher d'en sortir par le même endroit où il est entré; les six autres laissent sortir le sang du cœur, & empêchent qu'il n'y revienne par la même voie. Ces valvules ont des formes différentes & appropriées à leur usage; elles sont placées dans les ventricules & dans les oreillettes; en sorte que le sang qui est entré dans les oreillettes, ne peut ressortir que par les ventricules, & que ce même sang une fois dans les ventricules, ne peut plus rentrer dans les oreillettes: celui du ventricule droit est obligé de sortir par l'artere pulmonaire, & celui du ventricule gauche, par l'aorte.

Il y a de semblables valvules dans les grosses veines, pour empêcher le sang de rétrograder, pendant qu'il est rapporté des extrémités vers le cœur; mais il ne s'en trouve point dans les arteres, où elles seroient préjudiciables.

Tel est le mouvement admirable du cœur, dont la force, à chaque battement, pour distribuer le sang dans toute l'économie animale, est égale à une force de plusieurs milliers de livres pésant. Ce battement se fait environ deux mille fois par heure, sans jamais cesser, soit que nous veillions, soit que nous dormions, pendant toute notre vie. Les autres muscles se lassent & s'affoiblissent, après des efforts beaucoup moindres, qui ne durent souvent qu'un jour; mais les muscles du cœur ne s'affoiblissent pas dans une longue suite d'années. A l'égard de la *rate* & des *reins*; voyez ces mots (*a*).

Il ne nous reste, pour avoir parcouru légérement l'économie animale, que de jeter un coup d'œil sur les glandes secrétoires & excrétoires. On ne peut voir sans étonnement cette distribution & cette diversité de glandes qui séparent du sang, qui est en quelque maniere insipide, des humeurs qui prennent tant de saveurs opposées, & dont l'usage est si différent dans notre économie. L'*urine* est salée, ainsi que les *larmes*

(*a*) Avant 1757 le Professeur de Physique *Alefeld* démontra la présence de l'air dans le sang par la pompe pneumatique, & soutint, contre quelques Auteurs, que l'air entre dans le sang par le poumon, par le *thyme* & par le *conduit de Pecquet* : il a donné même des preuves aussi simples que claires, que ce fluide y conserve sa vertu élastique; il est entré enfin dans un détail des suites funestes & de la mort même qui arrive quelquefois dans le cas où l'on veut faire entrer de force & par violence l'air dans les vaisseaux, & dans le cas où l'air se sépare d'avec le sang & forme de grandes ampoules. Mais M. *Haller* prétend que cet élément dans le sang n'est point démontré. La machine pneumatique, dit-il, demande l'air dans le sang comme dans l'eau incompressible, & par conséquent dénué d'élasticité. C'est, selon lui, l'air fixe qui délivré du poids de l'air dont il étoit comprimé, se dilate & reprend son élasticité.

& la *sueur*; la *salive* est douce, la *bile* est amere; elle paroît n'être autre chose que la partie saline du sang intimement mêlée avec des parties huileuses & du flegme, ce qui la rend un corps savonneux, dont l'usage est de subtiliser le chyle, & de contribuer à la combinaison des parties huileuses & aqueuses. D'autres glandes, telles que celles des mamelles, extraient le lait des arteres; ce lait, boisson si douce, nourriture si appropriée à l'enfant, n'est autre chose que du chyle, qui n'étoit pas encore mêlé avec le sang; car il faut plusieurs heures pour qu'il puisse se combiner entierement avec lui.

Tel est le tableau raccourci de l'histoire de l'homme, de son existence, de sa destination, de son domaine, de son gouvernement, de ses facultés physiques, de sa prééminence, &c. La nature de cet ouvrage exigeoit que nous missions des bornes à nos descriptions; nous l'avons fait particulierement sur le systême de la génération; nous n'avons pas même discuté dans cet article l'opinion de ceux qui l'établissent ovipare, tandis que d'autres la prétendent vivipare. Voyez la savante Thèse de M. Geoffroi (*Si l'homme a commencé par être ver*), qui piqua tellement la curiosité des Dames du plus haut rang, qu'il fallut la traduire en François pour les initier dans des mysteres dont elles n'avoient pas la théorie. Voyez aussi les articles Génération, Ovipare & Semence de ce Dictionnaire. Nous en avons fait de même à l'égard du siége de l'ame, que M. *de la Peyronie* place dans le corps calleux; ce petit corps blanc, un peu ferme & oblong, qui est comme détaché de la masse du cerveau, & que l'on découvre quand on éloigne les deux hémispheres l'un de l'autre. D'autres avant lui en avoient assigné le siége dans la glande pinéale, d'autres dans la moëlle alongée.

A l'égard de la nature & de la quantité des os qui composent la charpente humaine, nous avons cru devoir en parler à l'article Squelette: l'ostéologie de l'homme mérite bien qu'on en parle séparément. Il en est de même à l'égard de la *barbe*, des *cheveux*, &c. dont on fera mention à l'article POIL. Quant aux différentes especes de *peau*, *surpeau*, ou *cuticule*, leurs préparations & leurs usages dans les arts, *voyez le mot* PEAU. Nous exposerons à l'article MOMIE, les préparations que la Pharmacie en fait. *Voyez aussi l'article* PIECES ANATOMIQUES INJECTÉES. Pour ce qui concerne la *graisse humaine* dont on se sert en Médecine, *voyez au mot* GRAISSE. La Médecine tire encore quelques autres remedes des différentes parties de l'homme; le *crâne*, le *cerveau humain* donnent un sel & une eau anti-épileptiques, ainsi que les *cheveux* & le *sang*, mais tous ces remedes sont aujourd'hui presqu'entierement abandonnés. On tire de l'*urine* le fameux phosphore, connu sous le nom de phosphore d'Angleterre ou de *Kunckel*. Les *ongles* sont très-vomitifs, le *lait* des femmes est restaurant, &c. *Voyez tous ces mots, & ce qu'en ont dit les ouvrages des Chymistes modernes.*

HOMMES DES BOIS. *Voyez* HOMME SAUVAGE, *& l'article* SINGE.

HOMME MARIN, *homo marinus*. Beaucoup de Voyageurs font mention d'hommes marins, auxquels ils ont donné les noms de *tritons*, de *néréides*, de *syrenes*, de *poissons femmes* ou *ambizes* : tous s'accordent à dire que ce sont des monstres marins, fort semblables aux hommes, du moins depuis la tête jusqu'à la ceinture.

On lit dans les *délices de la Hollande*, qu'en 1430, après une furieuse tempête qui avoit rompu les digues de Westfrise, on trouva dans les prairies une femme marine dans la boue : on l'emmena à Harlem, on l'habilla & on lui apprit à filer, elle usa de nos alimens, & vécut quelques années, sans pouvoir apprendre à parler, & ayant toujours conservé un instinct qui la conduisoit vers l'eau : son cri imitoit assez les accents d'une personne mourante. L'*Histoire générale des Voya-*

ges dit, qu'en 1560 des Pêcheurs de l'île de Ceylan, ptirent d'un coup de filet sept hommes marins & neuf femmes marines. *Dimas Bosques* de Valence, Médecin du Roi de Goa, qui les examina, & qui en fit l'anatomie en présence de plusieurs Missionnaires Jésuites, trouva toutes leurs parties intérieures très-conformes à celles de l'homme terrestre.

Toutes les descriptions de ces monstres marins, leur donnent la taille ordinaire d'un homme, mêmes configuration & proportions jusqu'à la ceinture, la tête arrondie, les yeux un peu gros, le visage large & plein, les joues plates, le nez fort camus, des dents très-blanches, des cheveux grisâtres, quelquefois bleus, plats & flottans sur les épaules, une barbe grise & pendante sur l'estomac, qui est aussi garni de poils gris, comme dans les vieillards, la peau blanche & assez délicate. Le mâle & la femelle ont le sexe de l'homme & de la femme : on appelle *tritons* les mâles, & *syrenes* les femelles ; celles-ci ont des mamelles fermes & arrondies comme les ont les vierges ; les bras sont assez larges, courts & sans coudes sensibles, les doigts sont à moitié palmés, & leur servent de nageoires ; mais la partie inférieure, à prendre du nombril, est semblable à celle d'un poisson Dauphin, & elle se termine en queue large & fourchue. Nous doutons fort de tous ces faits. On trouve l'Histoire de semblables hommes marins, dans le cinquieme volume des *Mélanges d'Histoire naturelle*, & on laisse conjecturer que les hommes marins, dont on a donné en différens temps plusieurs relations pourroient bien provenir d'une race particuliere dont le premier pere & la premiere mere, étoient de véritables humains qui se seront habitués à la mer. Quand ceci seroit, quelles difficultés naîtroient encore sur l'œuvre de la génération, celle de l'accouchement & la nourriture des nouveaux nés. Ces individus aquatiques se retireroient-ils exprès sur les îles & les côtes inhabitées. Enfin pourquoi n'y auroit-il chez ces prétendus humains

mains du monde marin que les extrémités inférieures du corps qui auroient pris la ressemblance de celles des poissons ?

HOMME PORC-ÉPIC. M. le Docteur *Ascanius* a lu à la Société Royale de Londres la description d'un homme venu au monde bien constitué, & né de parens sains & bien conformés ; mais qui, six semaines après sa naissance, eut tout le corps, excepté sur le visage, au-dedans des mains, sur le bout des doigts & dessous les pieds, chargé d'une infinité de petites excroissances, lesquelles se changerent peu-à-peu en especes de soies brunâtres, à demi-transparentes, qui avoient la consistance de corne, & roides-élastiques, & dont rien ne put arrêter le progrès. Ces soies avoient six lignes de longueur & deux ou trois de grosseur, & étoient implantées perpendiculairement dans la peau, comme dans les hérissons. La barbe de cet humain étoit noire ainsi que ses cheveux, & sa figure étoit intéressante. Mais voici un phénomene bien singulier : ces soies tomboient chaque année en automne, & renaissoient après. A l'âge de vingt ans il fut attaqué d'une petite vérole confluente qui lui procura une mue générale sur le corps. Les soies repousserent aussi-tôt. Croiroit-on que cette espèce d'homme sauvage (*Edward Lambert*, de Suffolk en Angleterre) est devenu amoureux d'une jeune fille qu'il a rendu sensible & dont il a eu six enfans tant filles que garçons, tous constitués comme lui, & également couverts de soies. Il ne reste aujourd'hui plus qu'un garçon de cette race d'hommes, que les Anglois appellent *the porcupine-man*. Si cet homme se marie, il pourra perpétuer sa race, car la nature offre quantité d'exemples qui démontrent qu'une variation, sur-tout du côté du pere, peut subsister dans plusieurs générations. On a envoyé de Lisbonne, aux Auteurs du Journal étranger, l'histoire d'une fille qui à l'âge de sept ans étoit d'une taille robuste & gigantesque. Son visage & tout son corps sont couverts de grands poils de diverses couleurs & longueurs, crépure & consistance. Ses cheveux n'ont rien d'extraordinaire.

On voit actuellement (Mars 1774) à la foire Saint Germain à Paris, une petite fille âgée de trois ans, d'une assez jolie figure, mais dont le corps est presque entierement couvert de poils longs & bruns : elle a dans plusieurs parties de son corps, sur-tout dans la région du dos, des excroissances de chair qui forment comme des especes de petites poches ; on a coupé une de ces poches qu'elle avoit au sein, parce qu'elle la gênoit beaucoup, & on a trouvé cette excroissance absolument vide : cette petite fille paroît néanmoins jouir d'une bonne santé ; elle est vive, gaie & douce.

HOMME SAUVAGE, *homo sylvestris*. C'est encore une espece de monstre, au rapport d'un grand nombre de voyageurs. Il vit, disent-ils, dans le milieu des bois, il ressemble assez en grandeur & en figure à certains Barbares d'Afrique ; sa force est extraordinaire, il ne marche que droit sur deux pieds qu'il plie comme un chien à qui on a appris à danser ; il est fort adroit & léger à la course ; les Seigneurs des pays où il se trouve de ces hommes sauvages, leur font la chasse, comme on fait ici celle du cerf. Il a la peau fort velue, les yeux enfoncés, l'air féroce, le visage brûlé & aplati, & tous ses traits sont assez réguliers, quoique rudes & grossis par le soleil ; il se sert, comme nous, de ses deux bras : tout son corps est couvert d'une laine blanche, grise ou noire, il crie comme les enfans. Ces prétendus hommes sauvages sont, dit-on, d'un naturel fort tendre, & témoignent vivement leur affection & leurs transports par des embrassemens ; ils trépignent aussi de joie ou de dépit quand on leur refuse ce qu'ils desirent.

On lit dans les *Mémoires de Trévoux* (Janvier & Février 1701) l'extrait d'une lettre écrite des Indes le 10 Janvier 1700, où l'Auteur dit qu'étant le 19 Mai 1699 à la rade de Batavia, il vit sur le London, frégate Angloise qui revenoit de Borneo, l'enfant d'un de ces hommes fauvages (ou *orangs-outangs*) qui n'avoit que trois mois ; il étoit haut de deux pieds ; & tout couvert d'un poil fort court ; il étoit fort camus , & avoit déjà autant de force qu'un enfant de fept ans ; il en jugea par la réfiftance extraordinaire qu'il fentit en le tirant par la main ; il ne fortoit de fa loge qu'avec peine & chagrin. Ses actions fembloient humaines ; quand il fe couchoit, c'étoit fur le côté, appuyé fur une de fes mains, le pouls du bras lui battoit comme à nous.

L'homme fauvage dont on vient de parler, eft l'*homme-brute des bois*, c'eft-à-dire le *barris* des Auteurs, l'*orang-outang* des pays chauds de l'Afie. Il fe trouve aufli en Afrique fous les noms de *pongos* & de *jocko* ; fous ce dernier nom on défigne la petite efpece d'*orang-outang*. Le vrai *fatyre*, le *faune* & l'*égipan*, ne font que des variétés de ce même animal.

On verra à l'article *orang-outang*, que ce quadrumane devient aufli grand que l'homme, qu'il eft prefque femblable à lui par la forme, par l'enfemble, par fa démarche & par fes mouvemens, & qu'il en differe encore moins par l'organifation intérieure. En effet, même difpofition dans la ftructure animale, même conformation ; fa langue mobile auroit la faculté d'articuler ; fi comme l'homme il étoit doué de la penfée ; mais il a le langage de fon efpece, & cela doit lui fuffire. L'orang-outang livré à lui-même, libre, indépendant, vit dans les bois de fruits, de racines, ne mange point de chair, dort quelquefois fur les arbres, fe conftruit fouvent une petite cabane de branches entrelacées pour fe mettre à l'abri de la pluie & de l'ardeur du foleil. Les orangs-outangs font forts, robuftes, agiles & hardis, vont de compagnie, fe défendent avec des bâtons, attaquent l'éléphant, le chaffent de leurs bois. On affure qu'un feul tiendroit tête à dix hommes. D'un tempérament lubrique, ils cherchent à fe fatisfaire à chaque inftant, & à défaut de leur efpece ils attaquent les individus qui ont le plus de rapport avec eux; ils mettent tout en usage pour en faire la conquête. Les mâles sont les plus entreprenans: passionnés pour les femmes & les filles, ils tâchent de les surprendre, les enlevent, les portent dans leur retraite, les gardent avec eux, les nourrissent très-bien, ont pour elles de petits soins, de petites attentions. Pleins d'ardeur ils les excedent par leur galanterie. Le besoin les rend industrieux. Lorsque les fruits leur manquent dans les forêts, ils descendent sur le rivage, croquent les crabes, les homards, les coquillages. Ils sont principalement friands d'une espece d'huître très-grosse & à écaille très-épaisse: apperçoivent-ils ces huîtres ouvertes, ils ramassent une pierre, s'avancent, la jetent dans la coquille; l'huître ne peut pas se fermer, notre gourmand ne craint plus d'avoir la main prise: il retire adroitement la chair de l'animal & la mange. On prend ces animaux dans des filets; ils s'accoutument à la vie domestique, sont susceptibles d'éducation, deviennent doux, paisibles, familiers, & même honnêtes & polis: mais à leur vivacité naturelle, flétrie par l'esclavage, succede une espece de mélancolie qui semble annoncer le regret de la liberté. On a vu de ces animaux réduits à la servitude, rendre à leur maître tous les devoirs d'un laquais adroit, officieux & intelligent; rincer des verres, verser à boire, tourner la broche, piler dans des mortiers, aller chercher l'eau dans des cruches à la riviere voisine: en un mot satisfaire à tous les autres petits emplois du ménage. Si on leur donne une éducation un peu plus distinguée, ils se présentent avec décence, se promenent en compagnie avec un air de circonspection, mangent à la table du maître avec propreté, boivent peu de vin, un peu plus de thé, préferent le lait, donnent la main aux Dames par politesse, & font leur lit. Les femelles de l'orang-outang sont très-modestes, & ont grand soin de cacher leur nudité; elles ont beaucoup de gorge. Le mâle & la femelle vivent ensemble dans la plus grande intelligence. L'instinct est si voisin du sentiment dans cette espece d'animal, qu'il semble connoître son mal & le remede. On en avoit embarqué un qui tomba malade ; on le saigna deux fois du bras, il en fut soulagé. Toutes les fois qu'il se sentoit incommodé, il présentoit le bras, & par le geste pantomime de l'autre bras, des yeux, & des accens plaintifs, il demandoit une saignée. *Voyez maintenant les articles* PONGO *&* ORANG-OUTANG.

M. *de la Martiniere*, dans son *Dictionnaire de Géographie*, rapporte qu'on prit un homme sauvage dans les bois d'Hanovre, & qu'on le porta en Angleterre, où George I le donna en garde à un particulier ; mais cet homme sauvage, qui étoit réellement un humain, mourut bientôt.

En 1661 quelques Chasseurs découvrirent dans une forêt de Lithuanie au milieu d'une troupe d'ours deux enfans, qui paroissoient avoir environ neuf ans, & dont les traits & la peau les firent reconnoître pour être de nature humaine. Les Chasseurs, après avoir mis en fuite les ours, ne purent se saisir que d'un de ces deux enfans, qui se defendoit beaucoup avec les ongles & les dents : ils le présenterent au Roi de Pologne. Cet individu étoit bien proportionné ; il avoit la peau blanche, les cheveux blonds, la physionomie agréable & belle. On le baptisa ; la Reine fut sa marraine & l'Ambassadeur de France son parrain ; on lui donna pour nom de baptême celui de *Joseph*, & pour nom de famille *Ursin*, par allusion à la façon dont on prétend qu'il avoit été nourri. Mais quelque soin que l'on prît pour son éducation, on ne put l'apprivoiser entierement, ni lui apprendre à parler. Il ne put jamais souffrir ni habits ni souliers ; toutes ses inclinations, ses habitudes étoient sauvages, relativement à la raison & à la maniere de se nourrir.

Le *Mercure de France* (Décembre 1731) fait aussi mention d'une jeune fille sauvage trouvée dans les bois de Songi près Châlons en Champagne. On en a donné une histoire plus détaillée en 1755. On voit dans cette histoire le caractère & les ressources de l'homme sortant des mains de la Nature. Cette petite fille qui n'avoit que neuf à dix ans, pressée par la soif entra dans le village, elle n'avoit à sa main qu'un bâton court & gros par le bout comme une masse ; comme elle étoit presque nue, & qu'elle avoit les mains noires ainsi que le visage, les paysans qui la prirent pour le diable, lâcherent contre elle un dogue dont le collier étoit armé de pointes de fer, elle l'attendit sans crainte, & d'un coup de bâton elle l'étendit mort sur la place; elle regagna la campagne & se sauva sur un arbre où elle grimpa avec la légéreté des écureuils: on la prit par l'ordre du Seigneur, on l'emmena au château où on lui donna un lapin en poil qu'elle écorcha & mangea tout cru. On eut ensuite le plaisir de lui voir prendre des liévres à la course, & de la voir plonger dans la riviere où elle alloit chercher le poisson qu'elle mangeoit tout cru. On apprit d'elle par la suite qu'elle avoit eu autrefois une compagne, mais qu'étant dans les terres, elle apperçut un chapelet qu'elle voulu ramasser pour s'en faire un bracelet, & que sa camarade qui désiroit aussi l'avoir, lui avoit donné un coup de masse sur la main, mais que celle-ci lui avoit donné à l'instant un pareil coup de masse au front & l'avoit renversée noyée dans son sang. Touchée de compassion elle courut chercher des grenouilles, en écorcha une, lui colla la peau sur le front & banda la plaie avec une laniere d'écorce d'arbre qu'elle avoit arrachée avec ses ongles ; la blessée prit le chemin de la riviere & disparut sans qu'on ait su depuis ce qu'elle est devenue. On conjecture que cette jeune fille étoit venue des Terres arctiques, & qu'elle étoit de la nation des Esquimaux. Quelques questions que je lui aie faites, je n'ai pu apprendre d'elle quels étoient ses parens ; elle m'a seulement répondu qu'ils cultivoient la terre, & qu'elle alloit souvent ramasser des herbes sur le bord de la mer pour engraisser leurs terrains. Cette femme vit encore à Paris sous le nom de *Mademoiselle Leblanc*.

On cite plusieurs autres exemples semblables d'hommes & femmes sauvages ou des bois, qui prouvent qu'on a en effet trouvé quelquefois des hommes sauvages, que des événemens particuliers avoient éloignés de leurs retraites ordinaires. Mais il ne faut pas confondre le véritable homme sauvage avec de grands singes, ou d'autres animaux brutes qui ont quelque ressemblance extérieure avec l'homme par la forme, par les gestes, par les façons d'agir, &c. Ce qui distingue essentiellement l'homme d'avec la brute aux yeux du Naturaliste, c'est l'organe de la parole & la perfectibilité.

HOPLITE. Les anciens Naturalistes désignoient par ce nom des pierres pyriteuses & polies.

HORLOGE DE LA MORT. Voyez à l'article *Pou pulsateur* & *Vrillette*.

HORNBERG. La plupart des Minéralogistes disent que c'est la *pierre de corne*. Voyez ce mot. On l'appelle aussi *hornstein* : ces mots sont usités chez les Mineurs Allemands & Suédois.

HOTAMBŒIA. Nom qu'on donne au *serpent puant de Ceylan* : il est d'une couleur jaune, il n'incommode personne par sa morsure, à moins qu'on ne l'irrite : mais peu de gens s'occupent de cette besogne ; car il exhale de sa gueule une vapeur si infecte, sur-tout quand il s'est repu, qu'on est obligé de fuir.

HOUATTE ou HOUETTE. *Voyez* APOCIN.

HOUBARA ou PETITE OUTARDE D'AFRIQUE, *otis Arabica*. Cette petite espèce d'outarde est de la grosseur d'un chapon, elle est huppée ; cette huppe paroît renversée en arrière & comme tombante ; elle a une fraise formée par de longues plumes qui naissent du cou, qui se relevent un peu & se renflent comme il arrive à notre coq domestique lorsqu'il est en colere. C'est une chose curieuse, lorsqu'elle est menacée par un oiseau de proie, de voir par combien d'allées

& de venues, de touts & de détours, de marches & de contre-marches, en un mot, par combien de ruses & de souplesses elle cherche à échapper à son ennemi. On prétend que son fiel ainsi qu'une certaine matiere qui se trouve dans son estomac, est un excellent remede contre le mal des yeux.

HOUBLON ou VIGNE DU NORD, *lupulus*. Plante serpentante, très-précieuse, & qui est connue de tout le monde; ses racines sont menues & s'entortillent les unes avec les autres. Il en sort des tiges foibles, très-longues, tortillées, velues & rudes; elles embrassent étroitement les perches & les plantes sur lesquelles elles grimpent : ses feuilles qui sont ameres, sortent des nœuds deux à deux, opposées, rudes, communément découpées en trois ou cinq parties, portées sur des queues assez longues. L'espece qui porte les fleurs n'a point de graines, & celle qui porte des graines n'a point d'étamines. Les fleurs dans le mâle naissent de l'aisselle des feuilles; elles sont en grappes comme celles du chanvre, pales, sans petales, composées de plusieurs étamines & d'un calice à cinq feuilles : elles sont steriles. L'espece femelle porte des fruits, qui sont comme des pommes de pin, composés de plusieurs écailles membraneuses, pales, jaunâtres, attachés sur un pivot commun, à l'aisselle desquels naissent de petites graines applaties, rouilles, d'une odeur d'ail, ameres & enveloppées dans une coesse membraneuse.

Cette plante est très-commune dans différens pays & croit dans les haies & dans les prés. En Angleterre, en Allemagne, en Flandres on seme & on cultive le houblon avec grand soin & beaucoup de dépense; on le fait soutenir par de grands échalas à la maniere des vignes ; & comme il monte presque aussi haut que les lianes d'Amérique, on pourroit en le soutenant avec de longues perches, en former d'élégans portiques, des obélisques de cinquante pieds de haut dans le cenisa d'une étoile de petits arbrisseaux, des berceaux de verdure, des tonnelles, &c.

Le houblon se plaît dans un terrain humide, peu pierreux, mais gras & bien fumé; on doit le labourer à l'entrée de l'hiver, & à la fin faire dans le plant des trous d'environ un pied en tous sens, & à quatre pieds de distance; vers la fin de Mars on met dans ces trous du fumier, celui de pourceau y est très-bon. L'année suivante lorsque le houblon a poussé à la hauteur d'un pied, on fiche en terre de petites perches, comme pour ramer des haricots, ensuite on jette de nouvelle terre autour de chaque plante; au mois de Mai on donne un troisieme labour; vers le mois de Décembre on met un demi-pied de fumier sur chaque motte de houblon, on bêche la terre & on renfouit le fumier. En Mars on bêche encore, & à la fin du mois on le taille, c'est-à-dire, qu'on coupe tout le vieux bois à ras du cœur de la plante; en Avril on plante à côté de chaque motte de houblon de grosses perches de bois blanc, & on y lie le houblon avec de bon fil; en Septembre & dès qu'il jaunit, ce qui en marque la maturité, on coupe avec la faucille les farmens à deux pieds de terre; puis on détache les fruits : mais ce n'est guere qu'à la troisieme année qu'on peut espérer beaucoup de rapport de cette plante.

Le houblon dans le temps qu'il est en fleurs, est sujet à une maladie causée par une rosée mielleuse, qui tombe en été au lever du soleil; la transpiration de la plante en est arrêtée; elle fait sécher & périr les feuilles, & ruine quelquefois la récolte. Pour remédier & prévenir ces mauvais effets, on doit aussi-tôt arracher les feuilles, il en pousse de nouvelles; par ce moyen on sauve quelquefois les deux tiers de la récolte ordinaire.

Toute cette plante devient beaucoup plus belle par la culture; ses épis sont chargés de fleurs, ses écailles & sa graine sont plus grandes; ses épis, que nous avons comparés à des pommes de pin, & que l'on appelle souvent, mais improprement *fleurs*, se recueillent aux mois d'Août & de Septembre: on les séche dans un four préparé pour cela, on les renferme ensuite dans des sacs, on les vend en cet état: & on les garde pour faire la biere. On mange les jeunes pousses de houblon qui paroissent au commencement du printemps: on les fait cuire dans de l'eau comme les asperges, & on les mange assaisonnées à la même sauce: elles sont de bon goût & purifient la masse du sang. Ses feuilles & ses racines sont aussi d'usage en Médecine; les fruits frais ont une odeur agréable, & contiennent une matiere graisseuse, résineuse, aromatique, qui paroît être le principe de leur odeur & de leur amertume.

Tout le monde sait l'usage que l'on fait des fruits du houblon pour assaisonner la biere, afin qu'elle ne s'aigrisse & ne se gâte pas; ils empêchent par leur sel volatil & par leur huile aromatique, qu'elle ne prenne un goût de chaux: ils atténuent sa viscosité, & la font couler par la voie des urines: ils lui communiquent une très-grande amertume, mais qui disparoît peu-à-peu, & la biere en devient plus forte & plus vineuse.

On regarde la biere faite avec le houblon comme plus salutaire & de meilleur goût; elle est plus apéritive, plus amie de l'estomac, & plus propre à la digestion; cependant elle porte plus à la tête, elle enivre, elle jette dans l'assoupissement, & produit même le cochemar. Ces effets sont d'autant plus marqués, qu'il y a plus de houblon dans la biere, & qu'elle est plus amere: au reste, la nature du houblon y fait aussi beaucoup, puisque celui qui vient d'Isenach dans la Thuringe, est d'une amertume mordicante, au lieu que celui de Brunswick est plus doux: on prétend que la biere faite avec le houblon augmente les paroxismes de ceux qui ont le calcul; au lieu que l'*aile*, espece de biere où il n'entre point de houblon, les adoucit: c'est aux Nations qui font usage de la biere au houblon à vider ce procès.

Les feuilles, les fruits & les jeunes pousses du houblon sont apéritifs, très-propres à lever les obstructions de la rate & à lâcher le ventre: ces remedes conviennent aussi dans le scorbut, & pour les vices de la peau, appliqués extérieurement, ils sont excellens dans les luxations, les tumeurs œdémateuses, les contusions & dans les accès de la goutte. On lit dans les Mémoires de l'Académie de Suede, année 1750, que les tiges du houblon macérées ou rouies donnent une filasse aussi bonne que celle de l'ortie, & plus longue que celle du chanvre. Ce sont des habitans de la province de Jemteland & de celle de Médelpadie qui en préparent la toile.

HOUILLE. Les habitans du pays de Liége & du Comté de Namur donnent ce nom au charbon minéral. Pour ménager les pauvres gens, après l'avoir réduit en poudre grossiere, le mêlent avec de la terre glaise, ils en forment des boules qu'ils laissent sécher; ils brûlent ces boules avec du *charbon de terre* ordinaire, & quand elles sont rougies, elles donnent fort long-temps une chaleur douce & moins âpre que le charbon de terre tout seul. Un Citoyen très-recommandable par ses connoissances, a voulu établir à Paris l'usage d'un tel chauffage économique; malheureusement le succès n'a pas répondu à ses vœux. *Voyez* CHARBON DE TERRE OU DE PIERRE. Il ne faut pas confondre la cendre de houille avec la cendre de mer qu'on vend en Hollande pour engraisser les terres de Flandres: la cendre de mer est la cendre de tourbe, mais la cendre de houille se fait avec de la terre de houille: elle est noirâtre, inflammable & saline, & se trouve depuis la superficie du terrain jusqu'à quarante pieds de profondeur. Les cendres de terre de houille fertilisent les terres semées en grains de fourrage: on l'emploie aussi comme elle sort de la mine sans avoir été brûlée ni calcinée, mais écrasée: enfin les cendres de cette terre conviennent pour tous les végétaux, les prairies, & font périr les insectes nuisibles. La terre de houille est dans le genre des pierres noires à crayon : on y trouve du vitriol, on en tire auſſi de l'alun : elle s'échauffe en tas & s'allume d'elle-même en donnant une odeur de ſoufre.

HOUPEROU, eſt un poiſſon de l'Amérique fort dangereux. *Thevet* dit qu'il dévore tous les autres poiſſons, excepté un ſeul, qui eſt petit & qui le ſuit toujours, ſoit par ſympathie, ſoit pour ſe mettre ſous ſa protection afin d'être à l'abri de quelques autres poiſſons. Quand les Sauvages pêchent tout nuds, ils redoutent avec raiſon le houperou : car s'il les rencontre, il les noie ou les étrangle, ou s'il ne fait que les toucher de la dent, il emporte la pièce. Ce poiſſon a ſous la gorge deux appendices qui reſſemblent à des tétines de chèvre. Le houperou paroît être un *goulu de mer*, & le petit poiſſon un *remore*. Voyez ces mots.

HOURITE, eſt un poiſſon des îles de l'Afrique, dont parle *Dapper*, & dont on fait une grande conſommation à Madagaſcar. Le poiſſon hourite que nous avons vu chez un Curieux de Zélande, reſſemble beaucoup à un éperlan qui auroit des taches bleues.

HOUX, *aquifolium*. Eſt un arbriſſeau toujours vert, qui croît naturellement aux lieux incultes, ombrageux, dans les forêts, ſur les pentes des montagnes, dans les gorges ſerrées & expoſées au Nord ; il ſe plaît ſurtout à l'ombre des autres arbres & dans le voiſinage des petites ſources qui ſuintent à travers les terres ; il s'y élève quelquefois à la hauteur d'un grand arbre, ſur-tout lorſqu'il eſt cultivé. Son tronc & ſes branches, qui ſont liſſes & pliantes, ſont couverts de deux écorces ; l'écorce extérieure des branches eſt verte, celle du tronc eſt cendrée le plus ſouvent ; l'intérieure eſt pâle : l'une & l'autre répandent une odeur déſagréable & puante lorſqu'on les enleve : on fait avec ces branches flexibles des houſſines & des manches à fouet. Le bois eſt dur, ſolide, blanchâtre, mais noirâtre dans le centre, ſi peſant qu'il reſte au fond de l'eau, comme le buis & le gaïac. Ses feuilles ſont d'un beau vert, unies, presque semblables à celles du laurier, mais plus petites, situées tout autour ; anguleuses & hérissées de pointes longues & roides, dont le nombre diminue dans la vieillesse de l'arbrisseau. Le houx donne au mois de Mai des fleurs blanches, petites, nombreuses, d'une seule feuille & en rosette, découpées en quatre quartiers ; le pistil se change en une petite baie molle & ronde, creusée, rouge, douceâtre, d'un goût désagréable, remplie de quatre petits osselets blancs, triangulaires & oblongs. Ces fruits sont mûrs en Septembre, & restent sur l'arbrisseau pendant presque tout l'hiver.

M. *Martin*, Professeur de Botanique à Cambridge, a donné à la Société de Londres ses observations sur le sexe du *houx* : ce Docteur détruit l'ancienne opinion qui portoit à croire que le houx étoit une plante hermaphrodite. Le célèbre M. *Linnæus* le place parmi les plantes qui ont quatre organes réciproques sur la même fleur ; mais M. *Martin* en examinant les fleurs de six plants de houx disposés deux à deux dans son jardin, remarqua que chaque paire offroit une plante mâle & une femelle. Les fleurs mâles ont quatre étamines jaunes, chargées de poussière ; les fleurs femelles sont caractérisées par un ovaire & par quatre petits filamens que quelques Botanistes avoient pris pour des étamines. M. *Watson*, qui a voulu s'assurer par lui-même de l'exactitude de l'observation précédente, a reconnu qu'il y avoit effectivement beaucoup de houx dont les uns étoient mâles & les autres femelles, mais qu'il y en avoit dont les fleurs sembloient réunir les deux sexes : il dit encore que les houx ont comme le mûrier, plusieurs manieres de se multiplier, en semant les graines, en couchant les branches, & par la greffe.

On cultive le houx, sur-tout dans les pays du Nord, pour servir d'ornement dans les jardins : on l'emploie avec succès pour faire d'excellentes haies, de belles palissades ; il figure très-bien dans des bosquets d'arbres. Il se refuse aux terres fortes, le fumier lui est pernicieux : il exige un terrain frais & léger. Le *houx panaché*, dont on compte plus de trente sortes ou variétés qui font ornement dans les parterres, est une espece de houx produit originairement par la greffe ; consultez *Bradley*. Sa feuille est tachetée de jaune. Quand on veut faire un semis de houx, soit pour former des haies ou en faire une pépiniere, il faut cueillir la graine en Décembre, & ne la semer qu'au second printems. On connoît peu d'especes réelles de houx ; il y a le *houx ordinaire*, le *houx hérisson*, le *houx de Caroline* à feuilles étroites ou dentelées : consultez M. *Duhamel*. La racine, l'écorce & les baies du houx sont rarement d'usage en Médecine : on en fait cependant des décoctions émollientes, utiles pour la toux invétérée, & pour fomenter les articulations qui se sont durcies après avoir été luxées. Un mélange de biere & de lait dans lequel on a fait bouillir les pointes des feuilles de houx, est merveilleusement utile pour la colique & les tranchées des intestins. Le bois du houx reçoit la couleur noire plus parfaitement qu'aucun autre arbre, & il prend un beau poli. Ce bois peut servir dans les ouvrages de charpenterie. Ses branches qui sont flexibles, s'appellent *houssines* ; on s'en sert pour battre les habits, ainsi qu'il est dit ci-dessus, & pour faire des manches de fouet.

Les Anglois font, de la maniere suivante, avec de l'écorce de houx la glu propre à prendre les oiseaux à la pipée. Au mois de Juin & de Juillet on pele une certaine quantité d'arbres de houx dans le temps de la seve, on jette la premiere écorce brune & on prend la seconde ; on fait bouillir cette écorce dans de l'eau de fontaine pendant sept ou huit heures, jusqu'à ce qu'elle soit attendrie : on en fait des masses que l'on met dans la terre & que l'on couvre de cailloux, en faisant plusieurs lits les uns sur les autres, après avoir préalablement fait égoutter toute l'eau : on les laisse fermenter & pourrir pendant quinze jours ou trois semaines, jusqu'à ce qu'elles se changent en mucilage :

on les retire & on les pile dans un mortier, jusqu'à ce qu'on puisse les manier comme de la pâte ; après cela on les lave dans de l'eau courante, & on les pétrit pour enlever les ordures : on met cette pâte dans des vaisseaux de terre pendant quatre ou cinq jours, pour qu'elle jette son écume & qu'elle se purifie ; ensuite on la met dans un autre vaisseau convenable, & on la garde pour l'usage. La meilleure glu est verdâtre, & ne doit point avoir de mauvaise odeur. *Dodonée* assure que la glu faite avec l'écorce de houx n'est pas moins nuisible, prise intérieurement, que celle que l'on fait avec le gui ; car elle est forte tenace, elle colle tous les intestins, elle empêche la sortie des excrémens, & elle cause la mort, sans autre qualité destructive que sa substance gluante. La glu appliquée extérieurement, résout, amollit & fait aboutir. *Voyez à l'article* GLU *la préparation d'une bonne glu artificielle.*

HOUX FRELON ou PETIT HOUX, *ruscus, sive bruscus*. Cette plante, qui croît aux lieux rudes & pierreux, dans les bois, dans les forêts & dans les haies, se nomme encore *fragon, housson, myrte sauvage* ou *épineux*, & *buis piquant* ; sa racine est grosse, tortue, raboteuse, dure, serpentante, blanche & garnie de grosses fibres, d'un goût âcre, un peu amer. Elle pousse plusieurs tiges à la hauteur de deux pieds, rameuses, pliantes, difficiles à rompre ; cannelées & divisées en plusieurs rameaux. Ses feuilles sont semblables à celles du myrte, mais plus fermes, plus rudes, pointues, piquantes ; nerveuses, sans odeur, sans queue, toujours vertes, d'un goût amer & astringent. Au milieu des feuilles naissent des fleurs d'une seule piece, découpées en six parties ou en especes de pétales oblongs & d'un blanc jaunâtre ; il leur succede des baies rondes, grosses comme des pois, un peu molles, & qui rougissent en mûrissant, d'un goût douceâtre, contenant une ou deux semences dures comme de la corne.

Cette plante fleurit en Avril & Mai : il sort de sa

racine au printems quelques rejetons tendres & verts, qui peuvent être mangés comme des asperges. Si on les laisse croître, ils deviennent feuillus, ligneux & plians : on en fait des balais. Autrefois les paysans couvroient avec ce houx les viandes & les autres choses qu'ils vouloient défendre contre les rats & les souris ; car ces animaux destructeurs ne pouvoient y pénétrer qu'en se piquant bien fort.

Toutes les parties de cette espece d'abrisseau sont d'usage en Médecine, & sont propres pour diviser les humeurs crasses, en les faisant passer par les urines. Sa racine est une des *cinq racines apéritives majeures*, qui sont celles d'ache, d'asperge, de fenouil, de câprier, (quelquefois de persil) & de petit houx : on s'en sert communément à la dose de demi-once dans les tisanes, apozêmes & bouillons apéritifs, qu'on prescrit dans la jaunisse, l'hydropisie, les pâles couleurs & la gravelle. La conserve des baies de petit houx, est bonne pour l'ardeur d'urine & dans la gonorrhée.

HUART ou HUARD. Oiseau ainsi nommé parce qu'il prononce ce mot très-distinctement en chantant : on en trouve beaucoup dans la riviere de Mississipi & chez les Kamtschadales ; ces peuples prétendent prédire les changemens de temps, en observant le vol & le cri de cet oiseau. C'est une espece d'aigle qui rode le long des étangs, des fleuves & sur les bords de la mer : il niche sur la terre entre des roseaux : sa nouriture consiste en poissons : sa ponte est de quatre œufs blancs, moins gros que ceux de la poule. *Voyez l'article* AIGLE.

HUBARI, est l'outarde des plaines sablonneuses de Damas.

HUETTE ou HULOTTE, CHOUETTE NOIRE, *ulula*. C'est le *nicticorax* des Grecs, ou le *corbeau de nuit*. C'est la plus grande espece de chouette, elle a près de quinze pouces de longueur, depuis le bout du bec jusqu'à l'extrémité des ongles ; sa tête est très-grosse, bien arrondie, sans aigrette ; sa face est enfoncée

enfoncée & comme encavée dans sa plume, ses yeux sont aussi enfoncés ; l'iris de cet oiseau est noirâtre, son bec est d'un blanc jaunâtre ou verdâtre, arqué & luisant ; le dessus de son corps est de couleur de gris de fer foncé, marqué de taches noires & de taches blanches ; le dessous du corps est blanc, croisé de bandes noires transversales & longitudinales, ses jambes sont couvertes jusqu'à l'origine des doigts, de plumes blanches tachetées de points noirs. Cet oiseau, dit M. *de Buffon*, vole légèrement & sans faire de bruit, & toujours de côté comme les autres chouettes. Son envergure est fort grande : son cri est *hoŭ, oŭ oŭ oŭ ou ou ou*, qui ressemble assez au hurlement du loup, ce qui lui a fait donner par les Latins le nom d'*ulula*. Pendant l'été il habite dans les bois, dans les arbres creux, s'approche en hiver de nos habitations, chasse les petits oiseaux, les campagnols, les avale tout entiers, & en rend aussi par le bec les peaux roulées en pelotons : il vient quelquefois dans les granges prendre les souris ; il retourne au bois de grand matin, s'y fourre dans les taillis les plus épais, ou sur les arbres les plus feuillés, & y passe tout le jour sans changer de lieu. La femelle pond ordinairement quatre œufs d'un gris sale, & de la grosseur de ceux d'une petite poule.

HUILE DU BRÉSIL. C'est le *Baume de Copahu*. Voyez ce mot.

HUILE DE CADE, *pissaleon*. Voyez à l'article GENÉVRIER.

HUILE DE MÉDIE ou des MEDES. C'est la pétrole blanche. *Voyez* PÉTROLE.

HUILE MINÉRALE DES BARBADES ou DE GABIAN ou DE TERRE. *Voy*. PÉTROLE & NAPHTE.

On donne aussi le nom d'*huile* à différentes substances inflammables, plus ou moins grasses & fluides ou concretes, qu'on tire d'une grande quantité de végétaux, soit par expression, soit par distillation. On en tire aussi de quelques animaux par liquéfaction.

Tome IV.   K k

Les *huiles par expression* sont réputées *grasses*; les plus en usage dans les arts, sont celles d'œillette ou de pavot, de hêtre, de sésame ou jugeoline, de moutarde, de semences froides, d'olives, de noix, de navette, de colsa, d'amandes, de pignons, de lin, d'avelines, d'acajou : il y en a qui sont presque toujours concretes, comme celles de ben; d'autres qui sont butireuses, & que l'on n'obtient que par la décoction dans l'eau bouillante, comme celles de cacao, de coco ou de palmier, d'aouara, de muscade & de baies de laurier. On pourroit joindre à ces huiles par expression les essences de jasmin, de tubéreuse, de muguet, de jacinte, de narcisse, de lys, &c. que vendent les Parfumeurs. Toutes les huiles qui ont une analogie à celles-ci ne se tirent point par la distillation, mais par expression : pour cela on prend de bonne huile de ben qu'on impregne de parfum. *Voyez* JASMIN.

Les *huiles par distillation* le plus en usage, sont appellées du nom d'*essences*; telles sont les huiles de cannelle, de girofle, de néroly, de cédra, de bergamote, de citron, de lavande, de geniévre, d'origan, de coulilawan. Plusieurs de ces huiles aromatiques renfermées dans de petites loges ou vésicules se laissent appercevoir aux yeux nus, telles que dans les fleurs d'orange, l'écorce de citron & d'orange, les feuilles de mille-pertuis, &c. Entre ces sortes d'huiles essentielles, il y en a qui sont souvent congelées, telle est celle d'anis : il y en a d'empyreumatiques & de pesantes, comme celle de gaïac ; d'empyreumatiques & de légeres, comme celle de cade, &c. Mais une propriété bien singuliere que n'ont point nos huiles essentielles de l'Europe, & que possedent uniquement les huiles de l'Asie, de l'Afrique & de l'Amérique, sur-tout celles de plantes aromatiques, c'est d'être plus pesantes que l'eau, & de se précipiter au fond de ce liquide sans rien perdre de leurs vertus. L'huile de girofle, celle de cannelle, &c. que nous fournissent les Hollandois, en donnent des exemples.

On fait usage intérieurement des huiles essentielles en les combinant avec le sucre, ce qui les rend miscibles aux liqueurs qu'elles aromatisent.

Les *huiles des animaux* se tirent par liquéfaction de quelques-unes de leurs parties; telles sont celles de morue & de baleine, de chien de mer & de marsouin: on les appelle souvent *huiles de poisson*. Le *beurre de vache* & le *blanc* de baleine ne sont que des especes d'huiles animales épaissies, & la cire que les abeilles ramassent dans la poussiere des étamines des plantes, n'est qu'une huile végétale concrete préparée par la digestion dans l'estomac de ces insectes. On peut aussi consulter le mot PLANTE de cet Ouvrage, où l'on verra que la nature a assigné le réservoir des huiles végétales, soit dans les fleurs, soit dans les fruits, ou dans l'écorce de l'arbre, &c. Les huiles grasses sont ramassées dans de petits réservoirs, répandus dans toute la substance des sujets qui les contiennent, au lieu que les cellules des huiles essentielles ne sont placées qu'à la surface, dans l'enveloppe ou membrane extérieure des végétaux pourvus de cette substance.

Quant aux propriétés des huiles que nous venons de citer en exemple, les unes servent à éclairer à peu de frais; d'autres à préparer des laines ou à corroyer les cuirs: il y en a d'usage en Médecine, dans les alimens, dans les liqueurs de table, de toilette & dans les parfums; d'autres enfin qui lient admirablement bien les couleurs & servent à immortaliser les ouvrages des Peintres, &c. Souvent on altere les huiles essentielles qui sont rares ou cheres, soit avec de l'huile grasse de ben ou d'amande douce, soit avec de l'esprit-de-vin, ou avec quelqu'autre huile essentielle de peu de valeur. Voici la maniere de connoître cette falsification; une goutte d'huile essentielle pure mise sur du papier, doit s'évaporer à une douce chaleur, & ne laisser au papier ni graisse ni transparence; elle doit aussi se dissoudre entierement dans l'esprit-de-vin, mais elle ne doit pas diminuer de quantité dans l'eau, ni rendre l'eau laiteuſe, ni effacer l'écriture, ni donner au linge qui en ſeroit imbibé une odeur térébenthinée.

HUILE DU STYRAX D'AMÉRIQUE. *Voyez* LIQUIDAMBAR.

HUITRE, *oſtreum*. C'eſt un genre de coquillage marin bivalve que tout le monde connoît. Il approche beaucoup du genre des coquillages operculés : ſes deux battans ſont compoſés de pluſieurs feuilles ou écailles : l'écaille de l'huître eſt épaiſſe, robuſte, peſante, quelquefois d'une grandeur conſidérable, d'une figure preſque ronde, ordinairement raboteuſe & inégale, à battans preſque toujours inégaux, rudes & âpres en dehors, liſſes & argentés en dedans, dont l'un eſt plus ou moins creux, & l'autre applati, attachés enſemble dans le milieu de leur ſommet par un ligament.

Cet animal occupe dans l'échelle de la nature un des degrés les plus éloignés de la perfection, ſans armes, ſans défenſes, ſans mouvement progreſſif, ſans induſtrie, il eſt réduit à végéter, à opérer d'une maniere monotone, dans une priſon perpétuelle, qu'il entr'ouvre tous les jours, & réguliérement pour jouir d'un élément néceſſaire à ſa conſervation. Le ligament placé au ſommet de ſa coquille, lui ſert de bras pour cette manœuvre. A peine peut-on diſtinguer dans ſa maſſe informe & groſſiere, la figure animale & les reſſorts de ſon organiſation.

Dans l'Hiſtoire naturelle que nous avons donnée des coquilles à l'article COQUILLAGE de cet Ouvrage, nous nous ſommes réſervés à décrire les particularités de chaque genre de coquilles à leur article ſéparé. Nous allons continuer de remplir ici cet engagement.

Différences dans la ſtructure des coquilles d'Huîtres.

C'eſt dans une collection de ces coquilles, qu'on en peut voir la variété infiniment agréable. Les huîtres font souvent garnies de pointes & de parties hériflées ; quelques-unes repréfentent un gâteau feuilleté ou un hériffon ; d'autres ont des excroiffances ou des parties en zig-zag, imitant l'oreille de cochon, ou la crête de coq ; d'autres font groupées fur des rochers, fur des madrépores. Les huîtres ont un caractere générique qui les doit faire diftinguer des cames avec lefquelles on les trouve prefque toujours confondues chez les Auteurs. *Voyez le mot* CAME.

L'huître eft compofée de plufieurs croûtes ou lames ; fa valve fupérieure eft plus plate que l'inférieure ; elle a un bec qui s'éleve à une de fes extrémités. Ce bec qui fert auffi à diftinguer la différence des huîtres, eft quelquefois alongé, applati, recourbé, & terminé par un aigle aigu. Dans d'autres le bec eft très-petit, pofé en deffous, & prefqu'entiérement caché. L'huître fe ferme exactement nonobftant fes furfaces raboteufes, les tubercules & les pointes dont elle eft fouvent garnie. Ce font ces différences bien étudiées qui les ont fait diftinguer en quatre fous-genres, lefquels font caractérifés par l'excès plus ou moins grand de l'une de leurs valves fur l'autre, & par la propriété générale de s'attacher entr'elles ou à d'autres corps par le moyen de la même liqueur glutineufe dont elles ont été formées. 1°. Les huîtres dont les valves ou battans font compofés de plufieurs couches ou lames, formant une furface plus communément liffe que raboteufe, font les *huîtres* proprement dites, telles font la *felle Polonoife*, la *vitre Chinoife*, la *pelure d'oignon*, la *mere perle*, la *pintade*, le *devidoir* ou la *biftournée*, l'*hirondelle* ou *l'oifeau*, la *cuiffe*, la *crête de coq* ou *l'oreille de cochon*, la *feuille*, le *rateau*, le *marteau*. On foupçonneroit avec affez de vraifemblance que les *pintades*, l'*hirondelle*, le *marteau*, &c. ne font pas exactement des huîtres, ayant pour caractere une échancrure par où paffe une forte de *byffus* qui fert à les attacher : mais ce byffus eft fort différent de celui de la *pinne marine*. Voyez ce mot.

2°. Celles qui font couvertes de feuilles relevées,

plissées, comme frisées & se terminant en festons, sont connues sous le nom d'*huîtres feuilletées*, telles sont les especes de *gâteaux feuilletés*, &c.

3°. Celles qui sont chargées de stries longitudinales, plus ou moins serrées, hérissées d'épines plus ou moins droites & longues, & dont le sommet de la valve inférieure est applati, prolongé en dehors, & plus ou moins recourbé en dessous, marqué dans son milieu d'un trait longitudinal, sont nommées *huîtres épineuses*, ou *huîtres à talon*, ou *spondyles*. Or rien n'égale le spectacle qu'offre une collection de ces sortes d'huîtres. Le blanc, le lilas, le citron, le rouge vif, le rose, & toutes les plus belles couleurs se trouvent sur la robe des huîtres épineuses de Saint-Domingue ; la robe de celles des Indes est communément orangée ou aurore. Tel est le *pied d'âne* ; lorsque les piquans ou épines de ces huîtres s'élargissent à leurs extrémités où elles forment autant de feuilles déchiquetées, alors on les nomme *huîtres à feuilles de persil*. Les épines des huîtres de Mahon & la couleur de ces coquilles ne sont pas d'une aussi grande beauté.

4°. Les huîtres dont le sommet de la valve inférieure est percé d'un petit trou, & recourbé en forme de bec sur celui de la valve supérieure, sont nommées *anomies* ou *térébratules*. Telles sont les especes connues sous les noms de *bec de perroquet*, le *coq & poule*.

Description de l'Huître commune : frai, & saison de la maladie de ce coquillage. Huîtres vertes.

L'huître est composée de toutes les parties qu'ont les autres animaux à coquilles ; c'est un coquillage immobile par son poids, qui ne s'ouvre que d'un pouce au plus pour respirer, prendre l'eau par ses suçoirs & les alimens qui lui sont nécessaires, que l'on dit consister en sucs de petits animaux, de plantes & de certaines parties d'une terre limoneuse. Il n'y a que la partie ou valve supérieure de l'huître qui ait un mouvement ;

l'inférieure est immobile & sert de point de résistance. L'huître perdroit son eau si elle n'étoit couchée sur le dos. L'ouverture de sa bouche est entre les ouïes ; elle est bordée de grandes lévres chargées de suçoirs, ce qui forme une espece de fraise transparente & dure, qui tapisse des deux côtés les parois intérieures des deux valves. Elle conserve beaucoup d'eau dans son réservoir, & c'est ce qui prolonge sa vie hors de la mer. Le ligament à ressort qui fait le jeu des coquilles est renfermé entre les deux battans, positivement dans le talon ou sommet de la coquille. Les deux écailles n'ont point de charniere ; le muscle tendineux, qui les réunit, leur en tient lieu. Les quatre feuillets pulmonaires servent à l'huître à se décharger d'une humeur superflue, & à aspirer un nouveau suc. L'huître a la chair molle & une membrane blanche, contenant une matiere marbrée d'un jaune brunâtre, qui paroît être les intestins. On présume que c'est de cette matiere épaisse & coagulée que sort l'humeur laiteuse qui perpétue l'espece & produit la semence. Cette humeur laiteuse passe par différens degrés d'accroissement avant que de laisser entrevoir les deux écailles renfermées dans son centre. On verra dans un moment que cette masse glaireuse vivifiée, dit-on, par de petits vers rouges, & portée par les flots agités sur les branches des mangliers qui bordent les côtes stériles de la mer dans l'île de Caïenne, &c. produit des huîtres qui donnent des perles & paroissent pendre des branches de ces arbres. L'huître n'a que deux tendons ou attaches d'une couleur violette foncée, qui la joignent à ces deux écailles, dont la supérieure est ordinairement plate ; l'autre est creuse & contient tout le corps de cet animal : elle a été anatomisée par *Lister* & *Willis*.

S'il est difficile de découvrir les parties de la génération de cet animal, il n'est pas plus facile de distinguer les mâles d'avec les femelles. Il paroît même que les huîtres ne pouvant quitter le lieu où elles ont pris naissance, sont dans l'impuissance de s'unir : ainsi elles doivent être hermaphrodites, & il ne peut exister de variété dans les sexes de ces individus. On sait seulement qu'au mois de Mai ces animaux jetent leur *frai*, qui est de figure lenticulaire. On apperçoit avec un bon microscope, dans cette substance laiteuse, une infinité d'œufs, & dans ces œufs de petites huîtres déjà toutes formées. Le frai ou la semence des huîtres s'attache à des rochers, à des pierres, à de vieilles écailles, à des morceaux de bois & à d'autres choses semblables dispersées dans le fond de la mer : nous en avons vu se fixer dans des bouteilles de verre, dans des moules à sucre, dans des souliers, sur un fusil, qu'on avoit jetés exprès dans la mer à la fin de Mars; le frai avoit été déposé sur ces matieres dans l'intervalle de cinq semaines.

On conjecture avec assez de vraisemblance que les œufs commencent à se couvrir d'écailles dans l'espace de vingt-quatre heures.

Les huîtres sont malades & maigres après avoir frayé ; mais au mois d'Août elles ont repris leur embonpoint. *Lister* & *Willis* prétendent que la maladie de l'huître se connoît dans le mâle à une certaine matiere noire qui paroît dans les ouïes ; & dans les femelles, à la blancheur de cette matiere.

Au mois de Mai il est permis aux Pêcheurs, suivant les Réglemens, de pêcher toutes sortes d'huîtres ; & comme l'on compte souvent sur une seule pierre ou une seule écaille vingt petites huîtres, il leur est enjoint, pour entretenir la multiplication de l'espece, de les remettre à la mer : le mois de Mai passé, ils ne peuvent pêcher que des huîtres d'une grandeur raisonnable. Quant au frai qu'ils ont détaché des pierres & aux huîtres encore tendres, il les mettent comme en dépôt dans un certain détroit de mer, où elles croissent & s'engraissent, de maniere qu'en deux ou trois ans elles parviennent à leur perfection.

Pour donner aux huîtres la couleur verte, les Pêcheurs les enferment le long des bords de la mer dans des fosses profondes de trois pieds, qui ne sont inondées que par les marées hautes à la nouvelle & pleine lune, y laissant des especes d'éclusés par où l'eau reflue jusqu'à ce qu'elle soit abaissée de moitié. Ces fosses verdissent, soit par la qualité du terrain, soit par une espece de petite mousse qui en tapisse les parois & le fond, ou par quelqu'autre cause qui nous est inconnue ; & dans l'espace de trois ou quatre jours, les huîtres qui y ont été enfermées, commencent à prendre une nuance verte. Mais pour leur donner le temps de devenir extrêmement vertes, on a l'attention de les y laisser séjourner pendant six semaines ou deux mois. Les huîtres vertes que l'on mange à Paris viennent ordinairement de Dieppe. Les meilleures & les plus estimées sont celles qu'on pêche en Angleterre ; on en transporte aussi en Saintonge vers les marais salans, où par le séjour qu'elles y font, elles acquierent une couleur verdâtre & prennent un goût beaucoup plus délicat qu'auparavant. Il suffit donc, comme on vient de le voir, pour rendre les huîtres vertes, de les faire parquer dans des anses bordées de verdure. Ces huîtres vertes, sont très-recherchées & avec raison. Il faut cependant se méfier de la couleur verte artificielle que des imprudens savent leur donner.

Il y a des endroits où la pêche des huîtres communes est dangereuse, parce qu'on ne les trouve qu'assez profondément sous la mer, attachées aux rochers. Sur les côtes de l'île Minorque, il n'y a que les Espagnols qui osent s'exposer aux dangers qui accompagnent cette pêche singuliere. Ils sont toujours deux ; l'un se deshabille, attache un marteau à sa main droite, fait le signe de la croix, se recommande à son Patron & se jete à la mer. Ce n'est qu'à dix ou douze brasses de profondeur qu'il trouve des huîtres. Il en détache d'un rocher autant qu'il en peut porter sous son bras gauche, & frappant du pied il remonte sur l'eau. On l'aide à rentrer dans le bateau, & tandis qu'il se ranime en buvant un verre d'eau-de-vie, son camarade s'apprête à se jeter à la mer, heureux s'il ne se rencontre point quelque chien de mer qui leur emporte un bras ou une jambe.

Opinions sur la nature des Huîtres de nos côtes, & sentimens sur celles des Indes, qui croissent aux branches des palétuviers ou manglicrs, &c.

Des Auteurs ont rangé les huîtres parmi les zoophytes ou plantes-animaux, & ont cru qu'elles croissoient & décroissoient avec la lune. La plupart des Modernes ont réfuté ce sentiment : l'un d'entr'eux dit qu'il n'y a que les huîtres & les moules de mer, soit solitaires, soit en masses, auxquels on puisse refuser un mouvement progressif, comme ne sortant jamais de leur place, à moins qu'on ne les détache exprès. L'huître étant en masse ne peut se mouvoir, étant, dit-il, attachée par son byssus (qui est dans ce coquillage une bave collante) aux autres huîtres : elle est assise sur l'angle aigu de sa pointe comme sur un pivot : il n'y a que la valve supérieure qui ait quelque liberté, & l'huître ne fait rien sortir. Les huîtres s'attachent à tout ce qu'elles trouvent : elles ne demandent qu'un point d'appui ; les rochers, les pierres, les bois, les productions marines, tout leur est propre : souvent même elles se collent les unes aux autres, au moyen d'une espece de glu qui sort de l'animal, & qui est extrêmement forte.

M. *Adanson* qui a fait des observations particulieres sur les coquilles, dit que la plupart des huîtres qui vivent éloignées les unes des autres, sont dans l'impuissance de se joindre par la copulation, & que cependant elles engendrent leurs semblables, d'où l'on peut conclure que ces animaux n'ont besoin d'aucun sexe pour se reproduire, ou que chaque individu les réunit tous deux.

Les Voyageurs ont débité faussement qu'à la Chine on seme dans des especes de marais le frai exprimé des huîtres pilées & hâchées : le fait est impossible. Mais l'on assure qu'aux environs de Constantinople, dans le bosphore de Thrace, on seme pour ainsi dire tous les ans des huîtres toutes entieres. Ce sont les Grecs principalement qui y amenent des navires pleins d'huîtres qu'ils jetent à la pelle dans la mer, pour en avoir des provisions à souhait.

On trouve des huîtres en abondance aux environs du Sénégal en Afrique; les Négres se servent de leurs écailles pour en former de la chaux. Au village de Joal, royaume de Barbessen, il se trouve aussi dans les marigots quantité d'huîtres de mangliers, mal-faites, mais bonnes & délicates. A Gambie & dans les fleuves qui confinent au Sénégal, il se trouve des huîtres en quantité & qui sont plus ou moins estimées, car il y en a de grandes & de mal-saines. Il y a à la concession du Sénégal des montagnes de coquilles d'huîtres, dont on fait de la chaux, ainsi que dans les environs. M. *Adanson*, dans son *Histoire des Coquillages du Sénégal*, dit qu'il n'y a pas dix ans que l'on trouvoit encore des huîtres sur les racines des mangliers du Niger, près de l'île du Sénégal, & qu'aujourd'hui on en trouve encore dans le fleuve de Gambie & dans les riviere de Bissao. On sert ces racines toutes garnies d'huîtres sur les tables du pays. On rencontre encore à Saint-Domingue & sur toute la côte du Port-au-Prince, des mangliers dont les tronçons qui baignent dans l'eau sont garnis d'huîtres feuilletées, ordinairement cramoisies, jaunes, rouges; leur charniere est dentée, &c. Pour les avoir on fait plonger un Négre, & avec une espece de serpe il coupe les parties du bois qui en sont chargées. On trouve aussi à la Côte d'Or quantité d'huîtres, dont les écailles servent à faire de la chaux; les Anglois qui y sont établis, s'en servent pour leurs édifices: mais en 1707 les Hollandois, dans la seule vue de leur ôter ce secours, bâtirent un fort de sept ou huit canons, avec une garnison pour la garde des huîtres. La mer à l'embouchure de la riviere d'Issini produit une grande abondance d'huîtres & d'une monstrueuse grosseur. On en trouve dans l'île de Tabago & à la côte de Coromandel de plusieurs espèces qui sont attachées au roc, & qui sont très-bonnes à manger. Il y a d'autres huîtres qui portent des perles ? elles sont sous l'eau, à la profondeur de quatre ou cinq brasses ; des Négres plongeurs les attrapent en plongeant : on appelle cette coquille *mere des perles, pintade blanche, nacre de perles*. Voyez ces mots, & le mot PERLES.

Les huîtres de *mangliers*, que les Anglois nomment *mangrove*, tiennent à l'extrémité des branches de l'arbre de ce nom qui croît au bord de la mer ; & le grand nombre de coquillages qui tiennent à ces branches, les courbe de plus en plus, de sorte que ces animaux sont rafraîchis deux fois le jour par le flux & le reflux de la mer. Ces huîtres n'ont point de goût, leurs coquilles sont demi-transparentes & nacrées : des Espagnols s'en servent en guise de verre. Il y a plusieurs sortes d'huîtres dans l'île de Caïenne ; les unes y sont appellées *huîtres de Senamary* (riviere qui sépare Caïenne d'avec Surinam) : elles sont fort grandes ; on les détache des rochers à coups de serpe : on nomme les autres *rer*, c'est-à-dire *huîtres de palétuviers*. On voit aussi, dit-on, deux sortes d'huîtres à la Guadeloupe : la premiere est assez semblable aux nôtres ; la seconde est toute plate & a une petite houppe de poils dans le milieu, comme un petit barbillon, (c'est la conque anatifere). Ces huîtres sont tellement âcres, qu'il est impossible d'en manger.

Huîtres fécondes & stériles. Vers accoucheurs de ces coquillages.

On distingue dans les Ports de mer deux sortes d'*huîtres :* les fécondes & celles qui ne le sont pas. Une petite frange noire qui les entoure, est la marque de leur fécondité & de leur bonté : les friands ne les manquent point, & les trouvent plus succulentes au goût. Dans la saison où les huîtres fécondes jetent leurs œufs ou, comme parlent les Pêcheurs, leurs grains, elles sont laiteuses, désagréables & mal-saines. En Espagne il est défendu d'en draguer & d'en étaler aux marchés, à cause des accidens qu'elles pourroient causer à ceux qui inconsidérément en feroient usage.

M. *Deslandes* dit que dans la saison où les huîtres jetent leurs œufs, elles sont remplies d'une infinité de petits vers rougeâtres. Ceux qui remuent de gros tas d'huîtres pendant la nuit, apperçoivent quelquefois ces vers sur leurs écailles: ils paroissent comme des particules lumineuses, ou comme de petites étoiles bleuâtres; on voit facilement ces petits vers pendant le jour, par le moyen du microscope ou d'une loupe. M. *Deslandes* a aussi observé que tous les grands coquillages bivalves, sur-tout certaines grosses moules, qui dans l'Océan s'attachent au fond des vaisseaux, sont pendant la nuit des phosphores naturels. Mais de quel usage peuvent être ces petits vers rougeâtres aux huîtres fécondes, & seulement dans la saison où cette fécondité se déclare? M. *Deslandes* conjecture qu'ils leur servent, pour ainsi dire, d'*accoucheurs*; M. *de Réaumur* & d'autres leur ont donné aussi ce nom, en disant qu'ils excitent d'une maniere qui nous est inconnue les organes destinés à la génération. Pour s'en assurer M. *Deslandes* a répété plusieurs fois l'expérience qui suit.

Cet Observateur a pris des huîtres fécondes, & les a mises vers le moi de Mai dans un réservoir d'eau salée: elles ont laissé à l'ordinaire une nombreuse postérité. Il en a répété ensuite l'expérience avec d'autres huîtres fécondes, dont il avoit retiré tous les petits vers qui y étoient renfermés: ces dernieres huîtres n'ont rien produit, & la stérilité a regné dans le réservoir où elles avoient été placées. Ces vers accoucheurs, dont M. *de Réaumur* & d'autres Naturalistes ont parlé, sont tout-à-fait différens de certains vers blanchâtres & luisans, qu'on trouve aussi dans les huîtres. Ces derniers vers reſſemblent à une groſſe épingle, & ils ont depuis cinq juſqu'à huit lignes de long : il eſt très-difficile de les examiner en entier ; car au moindre attouchement & à la moindre ſecouſſe ils ſe réſolvent en une matiere gluante & aqueuſe, qui s'attache même aux doigts.

Ennemis des Huîtres.

Les huîtres ont pour ennemis les crabes, les étoiles marines, la grenouille pêcheuſe ou la baudroie, les pétoncles & les moules : l'algue & la vaſe les font également périr dans leur naiſſance. Lorſque l'huître entr'ouve ſon écaille pour renouveller ſon eau, le crabe de vaſe toujours porté à lui dreſſer, dit-on, des pieges, lui jete une petite pierre, qui empêche que ſa coquille ne ſe referme, & ainſi il a la facilité de prendre l'huître & de la manger : ſi ce fait exiſte, il faut attribuer beaucoup d'intelligence aux crabes.

Qualités des Huîtres, & leurs propriétés en Médecine.

L'huître, dit *Belon*, eſt le meilleur des teſtacées : les Anciens & les Modernes l'ont regardée comme un mets exquis : *Macrobe* dit qu'on en ſervoit toujours ſur les tables des Pontifes Romains : *Horace* a fait l'éloge des huîtres de Circé : les Anciens vantoient auſſi celles des Dardanelles, du lac Lucrin, du détroit de Cumes & celles de Veniſe. *Apicius*, qui a écrit ſur la Cuiſine, avoit l'art de conſerver les huîtres, puiſqu'il en envoya d'Italie en Perſe à l'Empereur Trajan, & qui à leur arrivée étoient auſſi fraîches que le jour de leur pêche.

On a vu dans les paragraphes précédens, que chaque côte du Monde habité fournit des huîtres dont les écailles ſont de différentes couleurs : ces mêmes huîtres ont des goûts différens. Il y a des huîtres en Eſpagne qui ſont de couleur rouſſe ou rouge : d'autres en Illirie de couleur brune, & dont la chair eſt noire : dans la mer rouge il y en a de couleur d'iris ; & en d'autres endroits la chair & l'écaille sont noires.

Quant aux qualités des huîtres, on les doit choisir nouvelles, d'une grandeur médiocre, tendres, humides, délicates, d'un bon goût, & qui aient été prises dans les eaux claires & nettes, sur-tout vers les embouchures des rivieres ; car les huîtres aiment l'eau douce, elles y engraissent beaucoup & deviennent excellentes. Celles au contraire qui se trouvent fort éloignées des rivieres, & qui manquent d'eau douce, sont fort dures, ameres & d'une saveur désagréable. Chez nous, on préfere les huîtres de Bretagne à toutes celles des autres côtes de France : celles de Saintonge passent pour être plus âcres : celles de Bordeaux, qui ont la tête noire, sont d'un goût exquis. On dit cependant que celles d'Angleterre sont préférables à toutes celles de l'Europe. Le Chancelier *Bacon* dit que les huîtres de Colchester étant mises dans des puits qui ont coutume d'éprouver le flux & le reflux de la mer, sans toutefois que l'eau douce leur manque, s'engraissent & croissent davantage. Toutes les huîtres qui se débitent à Paris, excepté les vertes, ont été draguées à Cancale en Bretagne.

Quoique les huîtres ne soient pas généralement du goût de tout le monde, l'opinion commune est qu'elles excitent l'appétit, *irritamentum gulæ*, & provoquent les urines : elles se dissolvent à la vérité dans l'estomac, sans y produire beaucoup de chyle ; mais elles sont saines aux personnes d'un bon tempérament : cuites en fricassée ou en friture, ou marinées, elles conviennent également à presque toutes sortes d'estomacs. Les Scorbutiques s'en trouvent très-bien. On prétend qu'elles excitent à la luxure.

On fait usage des écailles de l'huître, non calcinées ou calcinées (celles-ci sont à préférer) & porphyrisées, pour absorber les acides de l'estomac. On en fait une excellente chaux pour cimenter, & dont on se sert aussi pour engraisser certaines especes de terre. On en fait une excellente eau de chaux très-efficace pour guérir la gravelle & même diſſoudre le calcul de la veſſie, lorſqu'il n'eſt pas d'une nature trop dure & tenace, mais il faut joindre à ſon uſage celui du ſavon d'Alicante; pour cet effet, dit M. *Bourgeois*, on prend matin & ſoir un gros de ce ſavon, & on boit par-deſſus un verre de quatre onces d'eau de chaux d'écailles d'huîtres ; on injecte en même-temps de cette eau de chaux dans la veſſie pour accélérer la diſſolution du calcul. Notre Auteur prétend que ce remede eſt beaucoup plus sûr que celui de Mademoiſelle *Stephens*. On trouve ſouvent dans la terre ces écailles plus ou moins altérées, & dans différens états de dureté. *Voyez* FALUN & FOSSILES.

HUITRIER ou LE PRENEUR D'HUITRES, *oſtralega*. Oiſeau imantopede & ſcolopace d'un genre particulier, & ſeul de ſon eſpece. Il a trois doigts devant & point par derriere. Son bec eſt droit, long de plus de trois pouces, applati ſur les côtés & renflé vers la pointe. L'huîtrier a les jambes très-hautes, il tire ſa dénomination de ſon extrême avidité pour les huîtres. Sa tête eſt d'un beau noir, la plus grande partie de ſon corps eſt blanche ; ſon bec, ſes jambes ſont d'un rouge de ſang ; l'oiſeau eſt de la groſſeur d'une corneille. Il habite fréquemment les côtes Occidentales de l'Angleterre. Cet oiſeau eſt différent de la bécaſſe de mer que l'on appelle auſſi quelquefois huîtrier. *Voyez* BÉCASSE DE MER.

HULOTTE. *Voyez* HUETTE.

HUMAIN, *humanus*. Animal déſigné par le mot *homme*. Voyez ce mot.

HUMUS. On donne ce nom à la couche de terre végétale qui ſert d'enveloppe à notre globe : elle en couvre la ſurface environ juſqu'à un demi-pied de profondeur : elle eſt formée en grande partie de terre proprement dite, & de la décompoſition des ſubſtances étrangeres ; communément de la pourriture des végétaux, & de la deſtruction des animaux. Cette terre eſt
une

une espece de terreau naturel; sa couleur varie, elle est communément d'un brun noirâtre : mais après que l'*humus* a été calcinée dans le feu, elle paroît blanche, à moins qu'il ne se trouve quelques parties métalliques qui puissent colorer ou masquer toutes les particules terreuses. *Voyez le mot* TERRE.

HUPPE, ou PUTPUT, ou PUPU, ou LUPEGE, *upupa*. Est un fort bel oiseau de passage, nommé ainsi à cause de la huppe ou crête qu'il a sur la tête, ou à raison de son cri ordinaire. La huppe pese environ trois onces, elle a depuis le bout du bec jusqu'à l'extrémité de la queue, un pied de longueur; son envergure est d'un pied & demi, son bec est de deux pouces, noir, pointu, un peu voûté; l'iris de ses yeux est de couleur noisette; sa tête est ornée d'une très-belle crête, haute de près de deux pouces, composée d'un double rang de petites plumes, dont la couleur est rousse tirant sur le noir & le châtain, noires à leur extrémité, & qu'il peut redresser ou abaisser à son gré. Cet oiseau a la figure du corps approchante de celle d'un pluvier; le cou est de couleur roussâtre-pâle, la poitrine blanche, bariolée de raies noires; la queue longue de quatre pouces, noire, bariolée de taches blanches & fauves, le croupion blanc, le plumage des épaules bigaré de blanc & de noir, de même que les ailes : les jambes sont courtes, mais les pieds sont assez grands.

Nous avons observé cet oiseau fréquemment en Alsace, & aux environs de Cologne & de Francfort, nous l'avons même rencontré entre Londres & Edimbourg; quoique *Turner* dise que la huppe ne se trouve point en Angleterre. Cet oiseau n'est point fort sauvage; quand on le trouve le long des grands chemins, il ne s'effarouche pas beaucoup à la vue des hommes : il se pose la plupart du temps à terre. *Aristote* prétend que la huppe construit son nid d'ordures & principalement d'excrémens humains, dont elle l'enduit tout autour en guise de boue; elle le fait dans un creux d'arbre :

sa ponte est de quatre œufs cendrés. On ne voit guere la huppe qu'en été : car aussi-tôt qu'elle a fait ses petits, elle s'en va dans un pays plus chaud que le nôtre, & s'y tient durant notre hiver ; elle prononce en chantant *put-put* ; quoique sa voix soit enrouée, on l'entend de loin ; son vol est assez léger & bas, elle bat l'air de ses ailes à la maniere des vanneaux : sa chair n'est pas fort bonne à manger. *Aldrovande* dit qu'en Italie il a souvent vu des huppes exposées aux marchés.

La huppe se nourrit de vers, de boutures de bois, de chenilles & de petits scarabées ; elle se retire dans les lieux déserts des bois ; cependant on l'apprivoise facilement, mais elle marche de mauvaise grace. C'est un plaisir quand elle est privée de voir comme elle se couche en étendant ses ailes devant le feu, & comme elle fait jouer sa belle crête : elle fait aussi la chasse aux mouches & aux souris. La couleur de son plumage change un peu dans la durée de l'été. D'après la maniere de vivre & de repairer de la huppe, des Auteurs l'ont nommée *bécasse d'arbre*, ou *coq merdeux* ou *puant*.

Le savant *Aldrovande*, curieux de savoir par quel moyen la huppe peut élever & abaisser sa crête à son gré, a disséqué une tête de huppe, & y a trouvé un muscle qui lui a paru unique, cutané & fibreux, en maniere de panicule charnu, naissant de la base du crâne, plus charnu dans son principe a la partie inférieure vers le front, plus membraneux à la partie supérieure vers le sommet de la tête, dans lequel les plumes de la tête sont implantées assez profondément : quand on tiroit ce muscle vers le sommet de la tête, il redressoit la crête, & quand on le tiroit du côté opposé vers le bec, il l'abaissoit.

Les Auteurs ne donnent qu'une propriété notable à la huppe, qui est d'être très-bonne contre la colique, prise en substance ou en bouillon.

On trouve dans les Indes Occidentales des huppes admirablement belles, & principalement celles de l'île de la Trinité & de l'île des Rats ; la crête ou huppe de ces oiseaux des Indes est de couleur d'or vif; leur queue noire, le reste du plumage d'un jaune ondoyé de diverses couleurs, le tour des joues rouge comme de l'écarlate. Sa nourriture est le fruit d'un arbre nommé par les sauvages *piné-abſou*. Voyez ce mot.

La *huppe de montagne* est un oiseau solitaire qui se nourrit de cigales, d'autres petits insectes, & de grenouilles : son plumage est d'un vert foncé ; sa tête est jaune, marquée de taches sanguines : sa huppe emplumée est semblable à la criniere d'un cheval : le bec est rouge & les pieds bruns. *Albin* dit que cet oiseau est la corneille des bois des Cantons Suisses. *Voy.* SONNEUR.

On trouve aussi dans les Indes Orientales un oiseau de Paradis huppé, il est très-rare. Dans le Mexique on donne le nom d'*oiseau huppé* ou *couronné* à une huppe. *Voyez* OISEAU DE PLUMES DU MEXIQUE.

HURA ou SABLIER, *arbor fructu crepitans*. C'est un très-bel arbrisseau que l'on a transporté des Indes dans l'Amérique. Les habitans des Indes Occidentales, Espagnoles, Angloises & Françoises cultivent cet arbrisseau dans leurs jardins par curiosité. Il s'éleve à la hauteur de quatorze à seize pieds, & se divise vers sa cime en plusieurs branches couvertes de larges feuilles dentelées par les bords : ses feuilles ainsi que les jeunes branches sont vertes & remplies d'un suc laiteux, qu'elles répandent lorsqu'on les coupe ou qu'on les écrase. Sa fleur est composée d'une seule feuille en forme d'entonnoir, & légerement découpée en douze parties ; M. *Deleuze* dit que ce qu'on appelle *une feuille*, est, selon *Linnæus*, non un pétale, mais le pistil des fleurs femelles, qui sont sans calice ni corolle : les fleurs mâles qui naissent sur le même pied, sont en chatons : son fruit est globuleux, un peu large, gros comme une orange & divisé également en douze segmens, qui contiennent chacun une semence plate : on voit de ces fruits dans les cabinets de tous les Curieux. Si on laisse mûrir parfaitement le fruit sur cet arbrisseau, la chaleur du soleil le fait crever avec une explosion violente; ce qui fait disperser ses semences à une grande distance. Ces graines étant vertes, sont purgatives par haut & par bas. On fait aux Indes Occidentales de l'écorce de ce fruit de petits vaisseaux à mettre la poudre que l'on répand sur l'écriture pour la sécher. Le hura est le *sand-box-tree* des Anglois. On l'appelle improprement *noyer de la Jamaïque*.

HURE, se dit de la tête de quelques animaux: on dit *hure de sanglier*, *hure de saumon*, &c.

HURIO ou HUSIO, c'est le *Hause* des Allemands. C'est un grand poisson qui se trouve dans le Danube; il est sans écailles & presqu'entierement cartilagineux: il s'en trouve qui pesent jusqu'à quatre cens livres: on en tire de l'ichtyocolle ou colle de poisson, qui est semblable à celle que fournit l'*esturgeon du Boristene*. Voyez ce mot. Le hurio est du genre de l'esturgeon.

HURLEURS. *Voyez à l'article* OUARINE.

HUTLA. Petite espece de lapin de l'île Espagnole: il a les oreilles courtes, & la queue d'une taupe. *Voyez au mot* LAPIN.

HUTTEN-NICHT. Les Fondeurs Allemands appellent ainsi une poussiere qui s'attache dans la cheminée des fourneaux de la fonte du plomb, provenant de la fumée des mines: elle contient ordinairement du plomb, du cuivre & de l'argent mêlés de parties arsenicales & sulfureuses. On enleve cette espece de *cadmie* tous les trois mois, & on la met à profit.

HYACINTHE, *hyacinthus-gemma*. Est une pierre précieuse, d'un rouge tirant sur le jaune, diaphane, ignescente, plus légere & plus dure que le grenat: il y en a de différentes grosseurs & couleurs: on les distingue en Orientales & en Occidentales.

L'*hyacinthe Orientale* est d'un jaune rougeâtre qui tient un peu de la couleur écarlate, de la cornaline & du vermillon, un peu moins du rubis que du grenat, parce qu'on y diſtingue, au moyen du ſpectre ſolaire, une légere nuance de violet colombin. Cette hyacinthe eſt reſplendiſſante & reçoit un poli vif : on lui donne le nom de *belle hyacinthe* ou *d'hyacinthe la belle*, quand elle eſt d'une couleur orangée ou aurore mêlée de rouge : on la trouve en Arabie en morceaux de la groſſeur d'un pois, & quelquefois de la groſſeur d'une aveline. On la rencontre encore près de Cananor, de Calecut & de Cambaye. Les Lapidaires & les Amateurs recherchent celle dont la couleur tient quelque choſe de la flamme rouge & jaune du feu, qui eſt bien délavée, & qui n'a point de noirceurs.

L'*hyacinthe Occidentale* eſt moins dure que la précédente ; elle a une couleur plus ſafranée ou orangée ; elle tire un peu ſur la fleur de ſouci ou de jacinthe : les Portugais nous l'apportent du Bréſil. Elle eſt en criſtaux priſmatiques, quadrilateres, terminés par les deux bouts en une pyramide de même nombre de côté.

Dans le commerce on en voit de jaunes claires comme le ſuccin, de laiteuſes comme l'émail, d'un jaune grainé comme le miel : ce qui les fait appeller par les Marchands, *hyacinthes ſuccinées* ou *d'émail* ou *miellées* ; elles ſont tendres, mal nettes, & ſoutiennent par le feu. On nous les envoie de Siléſie & de la Bohême ; les Lapidaires les taillent à facettes, de maniere à en cacher les défauts. Il y en a auſſi dont la teinte eſt ſi foncée, qu'elles paroiſſent demi-opaques.

Ce que l'on appelle *hyacinthe de Compoſtelle*, ne ſont que des criſtaux de roches, opaques, de couleur de rouge de brique, pyramidaux par les deux bouts. On les trouve en pluſieurs Provinces d'Eſpagne, & en Portugal.

L'hyacinthe eſt un de cinq *fragmens précieux*. Voyez ce mot.

HYACINTHE, plante. *Voyez* JACINTHE.

HYALOIDE. C'eſt un morceau de criſtal dur & arrondi qu'on trouve ſur les bords de la riviere des Amazônes.

HYBOUCOUHU. C'est un fruit de l'Amérique, de la figure & de la grosseur d'une datte, mais qui n'est point bon à manger. Les habitans en tirent une huile qu'ils conservent dans un vaisseau fait d'un fruit creusé, & dont on retire la chair nommée *carameno* en langage Indien. Cette huile est particuliérement employée pour une maladie du pays, qui provient d'un grand nombre de petits vers de la grosseur des cirons, lesquels s'amassent sous la peau, & forment des tumeurs cuisantes, grosses comme des feves, & qui causent des accidens fâcheux. *Voyez* DRACONCULE. Cette huile est encore nervale, & propre pour fortifier les membres fatigués, même pour mondifier les plaies & les ulceres.

HYDRE. La plupart des Écrivains donnent ce nom à un serpent à sept têtes, dont l'existence paroît absolument contre l'ordre de la nature. Cependant *Séba* en décrit un qu'il dit avoit été vu en 1720 à Hambourg, & qu'on proposoit à acheter au prix de dix mille florins. *Conrad Gesner*, dans son *Histoire des Animaux, L. IV, pag. 459*, représente aussi une hydre à sept têtes, avec deux pattes & la queue bouclée. Il raconte que cet horrible serpent aquatique à sept têtes, fut apporté de Turquie à Venise en 1530, qu'il fut exposé publiquement à la vue de tout le monde, & qu'ensuite il fut envoyé au Roi de France : on ne l'estimoit pas moins de six mille ducats. Nous ne finirions pas si nous prétendions rapporter de semblables exemples sur l'hydre, mais qui nous paroissent un tissu de fables & de fictions que l'on doit mettre sur la ligne de l'hydre qui infectoit les marais de Lerne, proche de Mycene, & qui multiplioit à mesure qu'Hercule la détruisoit.

Plusieurs Auteurs disent avec plus de vraisemblance que l'hydre est un serpent aquatique qui se trouve dans les lacs, dans les marais & rivieres; c'est le serpent d'eau de l'Inde, *natrix Indicus*, qui vit sur la terre & dans l'eau ; il ressemble à un petit aspic terreſtre, mais il n'a pas la tête ſi large. On prétend que la morſure de ce ſerpent d'eau eſt dangereuſe, qu'on en meurt en trois jours après avoir ſouffert cruellement : les remedes ordinaires ſont la thériaque, la mithridate, & particuliérement les alcalis volatils. *D'Ablancourt* dit que quand on en eſt mordu, le meilleur remede eſt de couper auſſi-tôt la partie affligée, avant que le venin ait affecté les autres parties. Quant à notre *ſerpent d'eau*, il n'eſt aucunement dangereux. *Voyez au mot* CHARBONNIER.

M. *Linnæus* donne le nom d'*hydre* au polype verdâtre de M. *Trembley*, qui ſe trouve auſſi en Uplande, Province de la Suéde, dans des foſſés. Quand on le coupe en morceaux, il en renaît autant d'hydres entiers qui prennent vie. *Voyez* POLYPE.

Les Voyageurs Hollandois donnent le nom d'*hydre d'eau* à un poiſſon de la zône torride, qui ſe trouve ordinairement aux environs de la ligne, & qui eſt long de quatre à cinq pieds. Ils diſent que cet animal a tant de force dans les dents, que s'il ſaiſit un homme par le bras ou par la jambe, il l'entraîne au fond de l'eau. Sa gueule eſt grande, ſes dents ſont aiguës; on le prend avec un gros hameçon de l'épaiſſeur du doigt, où l'on attache un morceau de chair; mais c'eſt moins ſon goût qu'il faut conſulter, que celui de certains petits poiſſons qui, dit-on, le précedent toujours, & qui vont ſucer l'amorce avant que l'hydre y touche; s'il ne leur arrive aucun mal, alors l'hydre s'en approche hardiment, & s'accroche en voulant avaler l'amorce. *Verhocum* Hollandois, dans ſon voyage des Indes Orientales en 1607, en rencontra beaucoup, & défendit aux équipages de ſe baigner, parce qu'on eſt ſouvent ſurpris par ces animaux. Quantité de ſes matelots refuſerent d'en manger, d'autres en trouverent la chair fort bonne; ils leur ouvrirent le ventre pour en ôter les entrailles, qu'ils jeterent dans la mer, où elles furent auſſi-tôt dévorées par d'autres hydres.

HYDROPHANE ou PIERRE CHANGEANTE. C'est la *chatoyante* des Lapidaires.

HYDROPHILE, *hydrophilus*. Insecte aquatique & coléoptere, à antennes en masse, perfoliées & plus courtes que les antennules : ses deux pattes postérieures sont en nageoires & velues. La larve de l'hydrophile a six pattes écailleuses, & le corps composé d'onze anneaux : elle est fort vorace, très-agile, & mange les autres insectes aquatiques. Il faut prendre l'insecte parfait avec précaution : outre que ses mâchoires pincent, il a encore sous le corselet une longue pointe très-piquante, qu'il enfonce dans les doigts en faisant des efforts pour marcher en reculant : ses étuis écailleux le rendent presque invulnérable. Cet insecte dépose ses œufs qui sont assez gros, dans une coque soyeuse que l'on rencontre assez souvent dans l'eau. M. *Deleuze* dit qu'on connoît quelques especes d'hydrophiles dont la plus grande a un pouce & demi de longueur, & est toute noire. L'hydrophile est le *grand scarabée aquatique*. Voyez ce mot.

HYDROSCOPE. Nom donné à ceux qui prétendent avoir la faculté de deviner & de voir l'eau qui est sous terre, soit coulante, soit stagnante : pure charlatanerie.

HYDROTITE ou ENHYDRE. Géode qui contient de l'eau.

HYENE, *hyæna*. Il n'y a point d'animal sur lequel on ait fait autant d'histoires absurdes, que sur celui-ci ; nous n'allons présenter de cet animal que les faits les plus vrais, d'après M. *de Buffon*.

L'hyene a été confondue par plusieurs Voyageurs & plusieurs Naturalistes avec d'autres animaux, tels que le *chacal*, la *civette* & le *glouton* ou *goulu de terre*, mais dont cependant elle differe beaucoup, quoiqu'elle ait avec eux quelques rapports.

L'hyene est à-peu-près de la grandeur du loup, mais son corps est plus court & plus ramassé ; elle a la tête plus carrée & plus courte que lui ; ses oreilles font longues, droites, nues; & ſes jambes, ſur-tout celles de derriere, ſont plus longues; elle a les yeux placés comme ceux du chien : le poil du corps long, une criniere de couleur gris obſcur, mêlée d'un peu de fauve & de noir, avec des ondes tranſverſales. Elle eſt peut-être de tous les quadrupedes le ſeul qui n'ait que quatre doigts, tant aux pieds de derriere, qu'à ceux de devant : elle a comme le blaireau, une ouverture ſous la queue, mais qui ne pénétre point dans l'intérieur du corps; c'eſt cette ouverture qui avoit fait dire que cet animal étoit mâle & femelle.

Cet animal ſauvage & ſolitaire demeure dans les cavernes des montagnes, dans les fentes des rochers, dans des tanieres qu'il ſe creuſe lui-même ſous terre. Il eſt d'un naturel féroce, & quoique pris tout petit, il ne s'apprivoiſe pas. Il vit de proie, comme le loup, mais il eſt plus fort, & paroît plus hardi; il attaque quelquefois les hommes, il ſe jette ſur le bétail, ſuit de près les troupeaux, & ſouvent rompt dans la nuit les portes des étables & les clôtures des bergeries. Ses yeux brillent dans l'obſcurité, & l'on prétend qu'il voit mieux la nuit que le jour; ſon cri, au rapport de *Kæmpfer*, témoin auriculaire, imite le mugiſſement du veau.

Courageuſe par nature, l'hyene ſe défend contre le lion, ne craint pas la panthere, terraſſe l'once : lorſque la proie lui manque, elle creuſe la terre avec les pieds, & en tire par lambeaux les cadavres des animaux & des hommes. On la trouve dans preſque tous les climats chauds de l'Aſie & de l'Afrique; l'animal appellé *faraſſe* à Madagaſcar, paroît différer de l'hyene, que quelques-uns regardent comme le *dabach* des Anciens.

On doit mettre au rang des abſurdités qu'on a débitées ſur cet animal, qu'il ſait imiter la voix humaine, retenir le nom des Bergers, les appeller, les rendre immobiles, faire courir les Bergeres, leur faire oublier leurs troupeaux, les rendre folles d'amour, &c. Tout cela, dit M. *de Buffon*, peut arriver sans hyene.

On dit que l'on vit une hyene dans le Lyonnois & les Provinces voisines vers les derniers mois de 1754 & pendant 1755 & 1756 ; à ce sujet le Pere Tolomas Jésuite donna une dissertation sur l'hyene, dans laquelle il a détaillé les absurdités dont nous venons de parler ; mais il ajoute, d'après *Abraham Echelensis*, que l'hyene se prend très-facilement au son des instrumens ; qu'au son de la musique, elle sort de sa taniere, se laisse caresser, & qu'on lui jette adroitement un licol & une museliere : tout ceci tient bien encore des absurdités précédentes. Quant à l'animal qui lorsque nous écrivions ceci exerçoit depuis plus de quinze mois sa férocité carnivore sur les habitans du Gevaudan, & que l'on a désigné sous le nom d'hyene, il est à présumer que c'est un *loup levrier*, dont l'espece peut avoir multiplié. *Voyez* Loup.

HYMANTOPE. *Voyez* Echasse. L'espece d'échasse qui se trouve au Mexique, est un peu plus grosse que celle de l'Europe.

HYPOCISTE. *Voyez* Ciste.

HYPOCRAS. Espece de boisson préparée avec du vin, du sucre, de la cannelle, du girofle, du gingembre. On en fait aussi avec de l'eau & des essences.

HYSOPE, *hyssopus*. On distingue communément trois especes d'hysope ; mais comme elles ne different que par la couleur, la description d'une seule suffira pour les autres.

L'hysope pousse plusieurs tiges qui s'élevent à un pied ou un peu plus de hauteur ; ses tiges sont garnies de feuilles longues, étroites, plus grandes que celles de la sarriette. Ses fleurs sont en gueule, la lévre supérieure est échancrée, l'inférieure divisée en trois parties, dont la moyenne ou le rabat est crénelée ; les étamines sont alongées & écartées. Ses fleurs naissent en maniere d'épi, mais tournées toutes d'un côté, de couleur ou blanche, ou bleue, ou rose, suivant l'es-

pete ; il leur succede des semences qui ont quelquefois l'odeur de musc.

On emploie cette plante pour faire des bordures
dans les jardins, où elle répand une odeur aromatique fort agréable, principalement avant qu'elle entre
en fleur. Les Juifs la faisoient servir de goupillon pour
les purifications. Elle est incisive, vulnéraire, forti-
fiante : on la fait entrer dans le vin aromatique, propre à dissiper l'enflure des plaies ; ce vin est très-propre aussi à dissoudre le sang grumelé & extravasé.
L'huile d'hysope par infusion appaise les démangeaisons de la tête & fait mourir la vermine. M. *Bourgeois*
dit que l'herbe d'hysope & l'eau distillée de cette
plante sont très-utiles & très-fréquemment employées
par les Médecins contre l'asthme humoral. Cette plante
est aussi d'usage contre les suppressions des regles &
des vuidanges.

HYSOPE DES GARIGUES. *Voy.* HÉLIANTHEME.

HYSTEROLITHE, *hystera petra, aut hysterolithus.*
On donne ce nom à des pierres figurées qui représentent les parties naturelles de la femme ; l'*hysterolithe*,
autrement dite *pierre de la matrice*, n'est, dit-on, que
le noyau & l'apophyse d'une espece d'anomie ou de
térébratule appellée *ostreo-pectinite*. La coquille se sera
trouvée entr'ouverte du côté du bec ou de la charniere, une matiere limonneuse, liquide, y sera entrée
& aura pris l'empreinte de la coquille, elle se sera ensuite durcie, & la coquille aura péri. On en trouve
communément de plus ou moins ailées & ventrues sur
deux montagnes, l'une voisine de Coblentz & l'autre
de Catalogne : nous y en avons ramassé, ainsi qu'à
Oberlahustein, Electorat de Mayence, qui sont toutes ferrugineuses. Il y en a aussi près du Château de
Braubach sur le Rhin. M. *Falconet* croit que l'hysterolithe est la même pierre que celle que les Anciens ap-
pelloient *pierre de la mere des dieux*, & qu'ils croyoient
tombée du ciel. *Voyez* TÉRÉBRATULE.

Le Pere *Torrubia* rapporte que sur une autre montagne de Catalogne on trouve des priapolites, « mais
" avec une telle providence, dit le chaste Franciscain,
" que sur la montagne où l'on trouve des pierres repré-
" sentant un des deux sexes, on n'en trouve aucune
" de celles qui représentent l'autre ». Quelle conclusion notre Auteur tireroit-il, si les deux montagnes, l'une à priapolites & l'autre à hysterolithes, étoient voisines l'une de l'autre, & qu'un tremblement de terre les fît heurter & fondre ensemble, au point que les deux genres de pierres figurées se trouvassent pêlemêle ! Ce seroit un sérail muet, mais qui ouvriroit une carriere à la réflexion de l'Ecrivain. *Voyez* PRIAPOLITE.

HYSTRICITE. C'est le *bézoard du porc-épic*.

HYVOURAHÉ. C'est un grand arbre du Brésil, dont on emploie l'écorce pour les maux vénériens. L'écorce du hyvourahé est de couleur argentée en dehors & rouge en dedans : il en sort avec ou sans incision, un suc laiteux d'un goût doux de réglisse. On prétend que l'arbre dure long-temps, & qu'il est quelquefois quinze ans sans porter du fruit, même après en avoir porté. Son fruit est une sorte de prune de couleur d'or, d'une grosseur médiocre, tendre, & d'une saveur assez agréable ; il renferme un petit noyau ; les malades le souhaitent beaucoup, à cause de son bon goût. *Hyvourahé*, dans le langage des Brasiliens, signifie une *chose rare*.

J

JAAIA. Nom que les Négres donnent au *paletuvier* des Africains. Les Anglois l'appellent *mangrove*. Voyez ces mots. C'est le *maugelaar* des Hollandois.

JABEBIRETTE. C'est une espece de raie du Brésil: elle a la queue longue; la couleur de dessus est d'un cendré brun; celle de dessous est blanche. Sa chair est assez bonne: les Caïennois appellent le jabebirette, *raie bouclée*. Voyez à l'article Raie.

JABIRU GUACU. Oiseau du Brésil qui passe pour un manger délicieux. Le jabiru-guacu a un bec long de sept à huit pouces, arrondi & un peu élevé à l'extrémité. Il porte sur le sommet de la tête une espece de couronne osseuse d'un gris-blanc. Son long cou & sa tête sont revêtus de peau écailleuse sans aucunes plumes: le reste du cou est couvert de plumes blanches; mais les grosses plumes des ailes sont noirâtres avec une teinte pourpre.

Quelques-uns appellent cet oiseau *nhandu-apoa*, c'est le *scheurvogel* des Hollandois; en un mot c'est une cigogne du Brésil, ses ongles sont larges & plats.

JABOT, *ingluvies*, Colom. Est la poche membraneuse située près du cou des oiseaux & au bas de leur œsophage; cette poche leur sert pour garder quelque temps la nourriture qu'ils ont avalée sans mâcher, avant que de la laisser entrer dans le ventricule, ou pour la rendre à leurs petits. Tous les oiseaux ont cette poche, mais elle varie de grandeur, il suffit de considérer celle du pigeon, celle du cormoran, celle du héron, mais sur-tout celle du pélican.

JABOTAPITA. Arbre du genre des *ochnas* de *Linnæus*. *Marcgrave* & *Pifon* le défignent ainfi : *arbor baccifera, Brafilienfis, baccâ trigonâ, proliferâ*. Cet arbre fe plaît fur les rivages & a les mêmes propriétés du myrte.

JABOTI. Tortue d'Amérique dont l'écaille eft noire. *Voyez* TORTUE.

JABOTIERE. *Voyez à l'article* OIE.

JACA ou JACHA. C'eft un grand arbre des Indes Orientales, nommé au Calecut *jaceros* ; dans l'Inde Orientale, *jaaca* & *jacqua* ; & par d'autres, *cachiciccara*. C'eft le *joaca* de *Parkinfon*, le *tijaca-marum* de l'*Hort. Malab.* le *palma fructu aculeato prodeunte* de *C. Bauhin*, le *papa* d'*Acofta*. Il croît en Malabar, à Java & aux Manilles, le long des eaux, & s'éleve à la hauteur d'un laurier ; fon fruit naît fur toute la longueur de fon tronc & fur fes plus groffes branches. Il eft plus gros qu'une courge, & même plus que tous les autres fruits connus : on en voit qui pefent cent livres. Sa couleur eft verte obfcure : il a une groffe écorce dure & entourée de toutes parts, comme de pointes de diamant, lefquelles finiffent en une épine courte verte, dont l'aiguillon eft noir. Ce fruit étant mûr rend une odeur fi pénétrante qu'on la fent de cent pas à la ronde : il y en a de deux efpeces ; l'un appellé *barca*, qui eft de confiftance folide, c'eft le meilleur ; un autre appellé *papa* ou *gyrafal*, qui eft mollaffe, c'eft le moindre. Ces fruits font blancs en dedans ; la chair en eft ferme & divifée en petites cellules pleines de châtaignes un peu longues, & plus groffes que les dattes ; couvertes d'une pelure grife ; blanches en dedans, comme les châtaignes communes ; d'un goût âpres & terreux, étant mangées vertes ; mais étant rôties, elles ont un très-bon goût. Toutes ces châtaignes font environnées d'une chair un peu vifqueufe, & affez femblable à la pulpe du *durio*. Le goût du barca reffemble affez à celui du melon ; mais ce fruit eft de dure digeftion, & il excite, quand on en mange fouvent, une maladie pestilentielle, que les Indiens appellent *morxi*. Au reste, ces châtaignes sont astringentes & prolifiques. Les Espagnols établis aux Manilles, nomment le fruit du jacha *nangeas*, & les Chinois *polomye*; ils se servent d'une hache pour le couper, & en préparent les noyaux ou châtaignes, qui sont quelquefois jaunes comme de l'or, avec le lait de *noix de coco*. Voyez ce mot.

JACAMAR, *galbula aut balbula*. Suivant quelques-uns c'est une espece de sansonet doré ou de pic du Brésil. M. *Brisson* en fait un genre particulier. Cet oiseau est ainsi appellé de son chant qui semble articuler *jacamaciri*. Le *jacamar de Surinam* est à queue longue; le bec de cet oiseau est droit, quadrangulaire, pointu, & ressemble à celui du pic, mais sa langue n'est pas plus longue que le bec, qui est noirâtre, ainsi que les ongles & les pieds. En général le jacamar est de la grosseur d'un étourneau médiocre. Le champ de son plumage est d'un vert doré très-éclatant, & chatoyant la couleur de cuivre de rosette. On connoît une espece de jacamar à longue queue, dont la gorge & la partie inférieure du cou sont blancs, la tête & quelques endroits du dos d'un brun changeant en violet sombre.

JACANA. Genre d'oiseau étranger dont on distingue trois especes & quelques variétés, qui toutes fréquentent les marais du nouveau Continent. Il y a le *jacana commun*, dont le dos est d'un noir-verdâtre, ainsi que le ventre & les ailes. Son cou, sa tête & sa poitrine offrent un beau violet chatoyant; parmi lequel on distingue toutes les couleurs de l'arc-en-ciel; une membrane ronde, d'un bleu clair ou de couleur de turquoise, lui pare le devant de la tête. Cet oiseau est de la grosseur d'un pigeon, mais son cou & ses pieds sont beaucoup plus longs. Il a trois doigts antérieurs & un derriere. Le bec qui est droit & épais vers la pointe est moitié d'un beau vermillon, & moitié d'un jaune nué de vert; les ongles sont fort longs & jaunâtres. On le trouve au Brésil.

Le *jacana armé*, ou le *chirurgien*, est surnommé ainsi parce qu'il porte à la partie antérieure de chaque aile une maniere de lancette ou d'éperon jaunâtre, grisâtre, fort aigu, d'une substance de corne, & dont il se sert pour se défendre. Son plumage est d'un noir-verdâtre, ses ailes sont brunâtres. Il y a aussi le jacana noir armé, & dont la partie antérieure de la tête ou le sinciput est couverte d'une pellicule membraneuse rousse; l'un & l'autre se trouve au Brésil.

Le *chirurgien brun armé*, ou le *jacana brun armé*, se trouve au Mexique, à Caïenne, à Saint-Domingue.

Le *chirurgien varié*, est la *foulque épineuse*, *fulca spinosa* de Linnæus. Le devant de la tête est rouge & membraneux, son bec est d'un jaune orangé; ses pieds & ses ongles sont d'un gris-bleuâtre : on trouve cet oiseau dans le pays de la Nouvelle Carthagene, dans l'Amérique méridionale.

Il se trouve quelquefois des jacanas armés en Afrique.

JACAPUCAIO, *arbor nucifera Brasiliensis, cortice, fructu ligneo, quatuor nuces continens*. Grand arbre qui se plaît dans les endroits marécageux du Brésil; son bois est fort dur. Ses feuilles sont comme torses, son fruit est gros comme la tête d'un enfant. L'écorce de ce fruit est jaune, & fermée vers sa pointe en façon de boîte, par un couvercle qui paroît d'un artifice admirable, en ce qu'il se détache de lui-même lors de la maturité du fruit, alors tombent avec lui des noix semblables aux myrobolans chebules. On les mange rôties; elles sont fort huileuses. L'écorce de la noix est employée à faire des gobelets; le bois de l'arbre pour des axes de moulins à sucre; son écorce desséchée & pilée pour calfeutrer des vaisseaux.

JACARA ou JACARÉ. C'est le nom qu'on donne au Brésil à une espece de crocodile ou cayman, nommé *akaré* à Caïenne; il sent le musc d'assez loin; ce qui sert en quelque sorte d'avertissement aux voyageurs pour se tenir sur leurs gardes, afin de n'être pas surpris par un animal si vorace & si dangereux. Toutes

les

les rivieres qui dégorgent dans celles d'Oyapoc en sont remplies. *Voyez* CAYMAN & CROCODILE.

JACARANDA. C'est un grand arbre ou sorte de prunier de Madagascar, dont il y a deux especes: toutes les deux ont des fruits qui sont d'une figure fort irréguliere, plus gros que le poing, & alongés. Les habitans en font une espece de marmelade fort saine; ils la nomment *manipoy*. Ces fruits se mangent cuits, & passent pour un bon stomachique. On se sert aussi d'une substance verte qu'il contient, au lieu de savon. Le bois de ces arbres varie: l'un est blanc & l'autre noir; mais tous deux sont beaux, très-marbrés & fort durs: il n'y a que le noir qui soit odorant. Ces bois sont d'usage en marqueterie.

JACARINI. C'est le tangara noir du Brésil. *Voyez* TANGARA.

JACÉE, *jacea vulgaris*. Cette plante, également connue sous le nom d'*ambrette sauvage*, croît dans les prés & autres lieux herbeux & incultes. Sa racine est ligneuse, vivace, fibreuse, d'une saveur astringente, & qui cause des nausées. Les premieres feuilles qui sortent de la racine, ont quelque chose de commun avec celles de la chicorée. Sa tige est haute de trois ou quatre pieds, ronde, droite, rougeâtre, dure, cannelée & remplie de moëlle: ses feuilles placées sur la tige, sont nombreuses, sans ordre, oblongues, découpées & verdâtres. Des aisselles de ses feuilles, il s'éleve de petits rameaux, garnis de petites feuilles, semblables aux précédentes; ils portent à leur sommet une, deux ou trois fleurs à fleurons, en tuyaux purpurins & fort serrés. A ces fleurs succedent des semences rougeâtres ou grisâtres, garnies d'aigrettes, & portées par un placenta garni de longs poils.

Les Italiens mettent cette plante parmi les vulnéraires, & ils l'appellent *herba delle ferite*: elle convient en gargarisme pour guérir les aphtes de la bouche, les tumeurs de la gorge, des amygdales & de la luette; elle est encore utile pour les hernies. On peut l'employer selon M. *Deleuze*, pour teindre la soie en jaune.

JACÉE ORIENTALE. *Voyez l'article* BEHEN.

JACHERE. Les Agronomes nomment ainsi la partie des terres qui se repose alternativement tous les ans dans un corps de Ferme, c'est-à-dire, qui ne porte point de grains pendant une année entiere, & qui sert cependant de pâturage aux bestiaux.

JACINTHE, *hiacinthus*. La jacinthe est une de ces fleurs chéries des Amateurs de la belle nature, & elle le mérite à bien des titres. Sa diligence ordinaire à fleurir aux premiers jours du printemps, célérité qu'on peut augmenter ou retarder pour la tenir plus long-temps sur le théâtre des fleurs; son odeur suave & variée; l'avantage qu'elle a de former un bouquet parfait d'une seule de ses tiges; la constance de son état, qui ne dégénere pas; la facilité de se multiplier par ses oignons, la grande diversité de ses parures; enfin sa propriété de végéter dans l'eau comme dans la terre; tant d'avantages réunis ne peuvent la rendre que très-recommandable.

La jacinthe est originaire de l'Orient, & se trouve aussi dans les Indes. Sa beauté la fait rechercher dans tous les pays; les Amateurs l'élevent aujourd'hui en France, en Allemagne, en Flandre, en Angleterre, sur-tout en Hollande, & particulierement dans la ville de Harlem, où cette plante est en grande réputation; aussi les Fleuristes Hollandois en font-ils l'objet d'un commerce assez important.

La jacinthe est composée d'un oignon, de racines, de fanes, de tiges, de fleurs & de graines. L'oignon est une bulbe écailleuse & formée de différentes peaux, dont les unes couvrent les autres. Lorsque l'oignon a poussé ses racines, il fait paroître en dehors des feuilles qui, quoique inégales selon les especes, sont en général longues, étroites, luisantes, pliées en gouttiere. Du centre de ces feuilles s'éleve une tige à-peu-près ronde, luisante, sans nœuds, moëlleuse plus ou moins forte, qui croît depuis trois jusqu'à douze pouces de hauteur. L'extrémité de cette tige supporte les fleurs qui different en grandeur, en coloris & en nombre, suivant les diverses especes. Ces fleurs sont des tuyaux oblongs, évasés par le bout, ouverts & découpés en six parties, rabattus sur les côtés, comme aux lis; ce sont les jacinthes simples. A chaque fleur succede un fruit presque rond & relevé de trois coins, qui contient des semences de la figure d'un pepin de raisin.

On divise les jacinthes en simples & en doubles; dans les doubles le tuyau de chaque fleur contient plus ou moins de feuilles, selon la beauté & l'espece. Toutes ces feuilles sont formées par les étamines, qui acquierent de l'ampleur & se changent en pétales. Il y a d'aimables diversités de couleurs dans les jacinthes: il y en a de blanches, de bleues, de couleur de rose, de rouge; le plus ou moins d'intensité dans les teintes ou demi-teintes forme autant de variétés, que l'attention d'un Fleuriste zélé met souvent à profit pour grossir ses catalogues. Certaines couleurs sont plus rares que d'autres dans certaines fleurs; ce sont alors ces couleurs dont les Amateurs sont si curieux. On est parvenu depuis quelques années à découvrir la couleur jaune dans quelques jacinthes; aussi fait-on grand cas de celles-ci.

La grosseur d'un oignon & sa peau bien saine, donnent plutôt un relief à la belle jacinthe, que les vices contraires ne sont des motifs suffisans pour la faire mépriser. Il faut qu'une belle jacinthe double porte un nombre suffisant de fleurons sur sa tige, c'est-à-dire, quinze, vingt, ou au moins douze. Les fleurons doivent être grands, courts, unis, larges de feuilles, ou évasés, bien remplis; ceux qui forment une houpe, tiennent un rang distingué. Les jacinthes simples ont aussi leur mérite, parce qu'elles sont plus hâtives au moins de trois semaines que les doubles: les belles especes forment un bouquet entier agréablement tourné, lorsque trente, quarante ou cinquante fleurons sont disposés avec la plus charmante symétrie : elles ont de plus l'avantage de fournir une semence utile.

L'exposition la plus avantageuse pour placer les jacinthes, est celle du soleil levant ou du midi; elles y profitent de l'influence des rayons du soleil, soit directement, soit par réflexion. Les effets du soleil à son midi, sont si avantageux, qu'un Académicien de Londres a proposé de placer les espaliers contre un mur incliné à l'horizon environ de trente-quatre degrés, afin que les fruits ainsi exposés jouissent à plein des bienfaits du soleil à midi, moment où il leur est le plus favorable.

La jacinthe ne demande à être arrosée que lorsqu'elle en a un besoin réel; & il lui faut de l'eau courante; l'eau dormante lui est mortelle. Les Auteurs d'agriculture proposoient bien des recettes différentes pour le mélange de terres propres aux jacinthes. Une composition bien simple & très-bonne, c'est de prendre trois parties de terre neuve ou de taupiniere, deux parties de débris de couche bien terreautés, & une partie de sable de riviere.

Une observation essentielle & générale pour la culture de toutes les fleurs, c'est d'avoir beaucoup d'égard à la température des climats où les fleurs ont pris naissance; car il est toujours à propos de leur en fournir une égale, ou d'en approcher autant qu'on peut par des attentions particulieres, suivant le goût, les facultés & les pays.

Le véritable temps de planter les oignons de jacinthe est le mois d'Octobre; l'usage le plus ordinaire est de les couvrir de quatre pouces de terre. On donne plus de profondeur à quelques sortes hâtives, & moins à quelques tardives pour que les unes & les autres puissent fleurir en même temps. C'est sur-tout dans l'ordre élégant qu'un industrieux Fleuriste peut donner à ses jacinthes en les plantant, que paroît son goût & son savoir : il mélange avec art les différentes espèces; il les écarte, il les rapproche ou les associe de façon que toutes les couleurs se fassent valoir réciproquement, & brillent avec tout leur éclat. Pour conserver aux fleurs des jacinthes leurs couleurs, il faut les mettre à l'abri du soleil, sous une tente ou banne ; car sans cette précaution l'ardeur du soleil dans son midi rendroit tout d'un coup leur couleur pâle, & feroit passer les fleurs bien plus vîte. Le soir c'est un spectacle enchanteur, & l'air est agréablement parfumé de cet assemblage de fleurs.

Lorsque le riche spectacle de ces fleurs est passé, & que les fanes commencent à jaunir, on leve les oignons de terre, sans en séparer les caïeux ; opération que l'on réserve pour le temps du plantage : on enleve toutes les enveloppes chancreuses ; si quelques oignons sont altérés, il faut les nettoyer jusqu'au vif.

Comme j'ai reconnu, dit l'Auteur du *Traité des Jacinthes*, dont nous donnons ici un extrait, par plusieurs expériences que les insectes sont la cause du mal, ou l'augmentent ; je mets ces oignons tremper dans de l'eau distillée de tabac, ou dans une forte décoction de tanaisie ; je les laisse dans ce bain salutaire environ une heure, qui suffit pour étouffer les animalcules ; & je laisse ensuite sécher ces oignons, ainsi que ceux qui sont bien sains, dans un lieu bien aéré, mais à l'ombre. Ensuite je les enferme dans une boîte. Cette attention est suffisante pour la conservation des oignons que l'on veut planter en Octobre.

Si l'on a dessein de les planter plus tard, il faut alors les mettre dans une boîte remplie de sable fin bien desséché, & les mettre par couches alternatives de sable & d'oignons. Ces oignons ainsi préparés & gardés dans un lieu bien sec, peuvent ensuite être plantés dans les mois d'Avril, de Mai & de Juin, pour donner leur fleur dans ceux de Juillet & d'Août. On ne doit pas néanmoins conclure de ce procédé, qu'on puisse garder les oignons de jacinthes, comme les griffes ou pattes de renoncules & d'anémones, au-delà de l'année. La perte des oignons feroit le fruit des nouvelles tentatives que l'on voudroit faire fur cela.

Quand le nombre des caïeux oblige de les détacher des maîtres oignons, s'ils font encore petits, on en formes des pépinieres, & on les plante à un ou deux pouces de diftance l'un de l'autre, fous un pouce feulement de terre : ce font de jeunes enfans tout-à-fait femblables à leurs parens & doués des mêmes qualités. Si leur taille eft avantageufe, on les diftribue parmi ceux d'où ils ont été tirés ; dans ce nombre, l'oignon qui pefe une once & demie, eft celui qui fleurit pour l'ordinaire le mieux. Il y en a qui parviennent à pefer jufqu'à deux onces & demie, ce qui eft leur derniere groffeur ; & dans cet état ils peuvent encore fleurir cinq ou fix fois. L'oignon fleurit ainfi un certain nombre d'années, parce que plufieurs germes qui étoient dans l'oignon fe développent chacun à leur tour, jufqu'à ce qu'enfin il en foit entierement privé. On dit en avoir vu quelques-uns qui ont duré jufqu'à treize ans.

On peut dire en quelque forte, que l'oignon de jacinthe ne périt pas de vieilleffe, puifque tout ufé qu'il eft, il rajeunit dans fa poftérité. Cette vertu productrice eft furprenante ; chaque peau, & même chaque partie de peau paroît la poffeder. On obferve en effet qu'une peau, fe féparant par la force de la croiffance ou par une incifion, les parties féparées forment enfuite de petits oignons. Cette obfervation a indiqué le moyen fingulier de multiplier confidérablement quelques efpeces indolentes. Voici comment on y parvient. Un peu avant le temps de lever les oignons, on tire de terre celui dont on fouhaite des productions : on y fait une incifion en croix qui pénetre jufqu'au tiers de fon volume ; on remet enfuite cet oignon à fa place, le recouvrant d'un pouce de terre : on l'y laiffe pendant quatre femaines ; après quoi on le retire, on le fait fécher ; & en fon temps on le plante comme à l'ordinaire. Il eft vrai qu'il ne portera pas de fleurs l'année fuivante ; mais il fe divifera, de façon que lorsque l'on le levera, au lieu d'un oignon, on en trouvera six, huit, & quelquefois jusqu'à dix, qui après deux années de culture auront acquis toute leur perfection. On peut même faire un plus grand nombre d'incisions à l'oignon, & en retirer de cette manière jusqu'à vingt ou trente ; mais cette derniere division n'est pas sans danger pour le chef.

On se procure pendant la triste saison de l'hiver, un petit théâtre de fleurs, en mettant des oignons de jacinthes dans des carafes d'eau exposées sur l'appui de la cheminée, ou sur une table dans un appartement dont la température est à-peu-près à dix dégrés. On doit les mettre dans l'eau dès le mois d'Octobre, avoir soin que l'oignon ne plonge qu'à moitié, & tenir toujours l'eau à ce niveau, en y en ajoutant, & la renouvellant tous les quinze jours ; une pincée de nitre, ajoutée à chaque fois, hâte la végétation. Pour les voir fleurir de bonne heure, il faut choisir les especes les plus diligentes par elles-mêmes. Ces oignons, qu'on a rendus ainsi précoces à donner leurs fleurs, ne sont pas toujours perdus par cette fatigue, pourvu qu'on ait soin de les tirer de l'eau aussi-tôt que leur fleur est passée. Il faut les mettre tout de suite dans la terre, & les y laisser jusqu'au temps qu'on en retire les autres : ils s'y rétablissent quelquefois très-bien, & fleurissent, dit-on, en terre l'année suivante. On peut encore se procurer ces fleurs pendant tout l'hiver, sans courir risque de perdre l'oignon, en les plantant en terre dans le mois d'Octobre, dans des pots qu'on place dans des chambres échauffées par un poêle ; elles sont même plus belles & ont plus d'odeur que celles qui fleurissent dans l'eau. Dès que la feuille est fanée & séchée, on arrache les oignons & on les plante l'automne suivant, soit en pleine terre, soit dans un pot où ils fleurissent l'année suivante. On a vu des jacinthes doubles, qui après avoir fleuri dans l'eau, ont donné de la graine ; tandis que la même espece de jacinthe, plantée quinze ans de suite en terre, n'avoit jamais pu grener : ainsi on peut regarder ce procédé comme une méthode avantageuse pour obtenir ces semences si précieuses.

C'est par le moyen des semences que les Fleuristes obtiennent ces variétés dont ils sont si curieux. On apprendra avec étonnement que les semences de jacinthe ne donnent point de fleurs semblables à l'oignon qui a fourni la graine; jusques-là que le plus souvent les semences des jacinthes blanches en font naître de bleues, & celles des bleues n'enfantent que des blanches. La source du beau vient des jacinthes simples : on doit choisir par préférence, pour obtenir de la semence, celles qui ont deux ou trois feuilles dans le milieu de leurs fleurons : elles ont plus de disposition à donner des fleurs doubles; mais il est très-rare de voir les fleurs doubles donner de la graine.

On doit semer en Octobre, & recouvrir la semence d'un pouce de terre; ce n'est guere que vers la quatrieme année que les oignons commencent à fleurir. Tous ces oignons sont bien éloignés d'être de la même beauté; si dans un millier de ces fleurs, quatre ou cinq méritent l'affection du Fleuriste, il doit croire ses soins récompensés, sur-tout si dans ce petit nombre encore il se trouve de ces rares beautés, de ces productions privilégiées de la nature. Il est vrai que parmi les autres tout n'est pas à rebuter; on y en trouve qui, sans être de la premiere beauté, méritent cependant l'attention du Fleuriste. C'étoit autrefois un usage en Hollande, de ne donner un nom à la fleur nouvelle qu'avec beaucoup de cérémonie & de gaieté. On invitoit à cette fête tous les curieux du voisinage, chacun opinoit à son gré, les voix étoient recueillies, & la pluralité l'emportoit.

Les oignons de jacinthe sont sujets à plusieurs maladies, dont les unes sont mortelles, & dont les autres peuvent être guéries. La plus cruelle est une corruption qui se forme dans les sucs de l'oignon, & se manifeste extérieurement autour des racines ou à la pointe de l'oignon par un cercle quelquefois brun & quelquefois de couleur de feuille morte. Lorsque cette maladie se déclare à la pointe de l'oignon, il faut le couper jusqu'à ce qu'on n'apperçoive plus rien de corrompu ; quand même par cette amputation l'oignon se trouveroit réduit à moitié, il peut encore revenir. Lorsque le mal commence dans l'endroit qui unit l'oignon aux racines, il n'y a guere lieu d'en espérer. Le moyen d'éviter ces maladies est 1°. de ne point planter les jacinthes dans un endroit où l'eau séjourne en hiver ; 2°. de ne pas mêler à la terre des fumiers de cheval, de brebis ou de cochon, à moins qu'ils ne soient dénaturés par la vétusté ; 3°. de ne point se servir de terre où l'on auroit planté plusieurs fois des jacinthes en peu de temps ; 4°. de ne pas planter de bons oignons auprès de ceux qui sont infectés de ce mal. Quelquefois l'oignon se corrompt en terre, & devient gluant & puant. Si ce mal pénétre l'intérieur, on perd l'oignon : on peut y remédier auparavant en enlevant les parties malades.

Tubéreuse ou *Jacinthe des Indes*.

La tubéreuse que les Indes ont donnée à l'Italie, & que l'Italie a fait passer jusqu'à nous, est estimable par sa figure, par son odeur & par sa durée. Elle ressemble aux jacinthes par la forme & par la découpure de ses tuyaux ; mais elle en différe par l'étendue de ces mêmes tuyaux, qui sont une fois plus grands que ceux de la jacinthe : ils ne portent point sur une queue comme ceux de la jacinthe, mais tiennent immédiatement à la tige. La conformation est à-peu-près la même dans les graines & dans le logement des graines : la différence est sensible entre les tiges & les oignons. La tige de la tubéreuse s'éleve de trois à quatre pieds, tandis que celle des jacinthes reste basse. L'oignon de la tubéreuse est charnu, & non point par écailles comme celui des jacinthes. La jacinthe fleurit au printemps, &

la tubéreuse ne fleurit qu'en été & en automne, à moins qu'on ne l'avance à l'aide de la chaleur.

Il y a des tubéreuses doubles & simples : les unes & les autres sont blanches, car la rougeur dont certaines paroissent enluminées, est un relief qu'elles reçoivent de l'art & non de la nature, comme nous le dirons plus bas.

La tubéreuse à fleur double a de particulier qu'elle est sujette à perdre de sa parure en perdant du nombre de ses pétales; mais elle reprend quelquefois sa beauté dans de nouveaux caïeux. L'oignon de la tubéreuse ne fleurit qu'une seule fois, apparemment parce qu'il ne contient qu'un seul germe de fleurs; mais ces oignons qui ne donnent plus de fleurs, mis en terre, fournissent des caïeux ; & ceux-ci étant mis en terre, deviennent à la seconde année oignons portans ou en état de fleurir.

Ici, & mieux encore le long de nos côtes Méridionales, la tubéreuse exige peu de soins; elle peut être établie en pleine terre, & y donne de très-beaux bouquets, qui répandent une odeur suave & pénétrante. Comme la tubéreuse est originaire des pays chauds, elle aime la chaleur & redoute le froid ; on ne doit la mettre en terre qu'en Mars, & la garantir des gelées. Plus les oignons ont de force & de grosseur, plus la fane, la tige & les fleurs deviennent belles.

Le génie des tubéreuses est d'avoir entr'elles des progrès inégalement rapides, quoique fournies des mêmes nourritures, & plantées de même. Les unes sont en fleurs, tandis que les autres ne font que de paroître ; il arrive même que les fleurs d'une même tige ne paroissent que successivement: celles du bas fleurissent les premieres, & ainsi de suite. Quelques tubéreuses fleurissent fort tard, & étant mises dans des pots elles donnent des fleurs assez avant dans l'hiver. Le plus avantageux est de planter des tubéreuses dans des pots; on en jouit de cette maniere à volonté, en mettant les pots dans une couche de fumier. Quand on a mis les oignons en terre, il faut les ôter vers le mois d'Octobre, de peur qu'ils ne soient surpris par les gelées.

Il est un ingénieux moyen de relever la blancheur du teint de la jacinthe des Indes, par une légere nuance de rouge, qui l'embellit & la fait, pour ainsi dire, méconnoître. On met une tige de tubéreuse dans le suc colorant exprimé des baies d'une plante nommée par Tournefort, *phytolacca Americana fructu majori*, qui est une espece de morelle de Virginie. Cette plante dure plusieurs années, & ses baies sont mûres vers les mois d'Août & de Septembre. Il faut observer que si le suc exprimé des baies du phytolacca est trop épais, il ne peut monter à cause de sa viscosité; s'il est au contraire délayé avec trop d'eau, la teinture manquera de force, & la fleur ne rougira que bien peu. Lorsque la liqueur est d'une liquidité moyenne, les fleurs prennent un coloris emprunté de ce suc, qui en montant laisse le long de la tige des traces de son ascension. On peut en user de même pour les jacinthes ordinaires. On peut aussi rendre blanches les jacinthes bleues : il ne faut pour cela qu'exposer les fleurs à la fumée du soufre allumé ; & si on sait employer avec adresse cette petite ruse, on diversifiera agréablement les tiges ; on laissera dans leur état naturel quelques fleurons, & on en décolorera d'autres en total ou par parties seulement : ces bigarrures procurées aux jacinthes tandis qu'elles sont sur leur pied, sont admirées par ceux qui ignorent la simplicité du secret qui les produit.

JACKAASHAPUCK. Nom que les Sauvages de l'Amérique Septentrionale donnent à l'airelle. Les feuilles séches de cette plante étoient en vogue, il y a quelques années, en Angleterre ; on les mêloit avec le tabac à fumer, pour réprimer la trop grande abondance de salive.

JACKAL. C'est un animal de l'Inde, que plusieurs Européens prennent pour un grand chat sauvage : les

Hottentots le nomment *tanli* ou *kenli*, & les Portugais *adive*; il est d'une force extraordinaire. *Dapper* dit que le lion mene toujours cet animal avec lui; ce qui est peu croyable. Le Jackal n'est point l'hyene, c'est le chacal des Voyageurs. *Voyez* CHACAL.

JACKANAPER. *Voyez* Singes du Cap Vert.

JACOBÉE ou HERBE DE S. JACQUES, *jacobæa*. Cette plante ainsi nommée, parce qu'on en trouve fréquemment sur les chemins de S. Jacques en Galice, croît aussi chez nous aux lieux humides & dans les champs. Sa racine est très-fibreuse & si fortement attachée dans la terre, qu'on a de la peine à l'en tirer. Ses tiges sont nombreuses, hautes de trois ou quatre pieds, cannelées, un peu cotonneuses & rougeâtres, garnies de beaucoup de feuilles placées sans ordre, mais découpées profondément, d'une couleur verte-brune, d'un goût aromatique & un peu acerbe, très-désagréable. Ses fleurs naissent aux sommités des tiges; elles sont disposées en parasol, radiées, jaunes, composées d'un amas de fleurons entourés d'une couronne de demi-fleurons. A ces fleurs succedent des semences rougeâtres, oblongues & garnies d'aigrettes. On distingue plusieurs sortes de jacobées: celle des Alpes est la même plante, connue sous le nom de *consoude dorée*. La jacobée des jardins pousse des tiges qui s'élevent quelquefois à la hauteur de cinq à six pieds; on lui donne des appuis pour l'empêcher de se rompre; elle soutient le froid des plus grands hivers, & se multiplie de bouture. La jacobée de Virginie s'est naturalisée dans toute l'Europe. Tous les terrains semblent lui être propres; elle croît aussi bien dans les sables les plus arides comme dans les meilleures terres, & sur les montagnes comme dans les vallées.

Cette plante est vulnéraire, résolutive & détersive; elle est propre à appaiser les douleurs des inflammations: presque tous les Botanistes recommandent extérieurement la jacobée pour les plaies & les ulceres invétérés & sordides; mais elle n'est guere d'usage.

M. *Steller* dit qu'il croît dans la péninsule de Kamtschatka une espece de jacobée qu'il désigne ainsi, *jacobæa foliis cannabinis*: elle est, dit-il, inconnue aux autres pays. Les Insulaires l'appellent *utchichlei*. Quand les feuilles de cette plante sont séches, on les met cuire avec du poisson, & le bouillon a le même goût que celui de la chair de chévre sauvage.

JACOBIN. C'est le pigeon à chaperon ou pigeon jacobin. *Voyez* Pigeon.

JACUA-ACANGA. Nom donné à une très-belle espece d'héliotrope, & à un magnifique serpent du Brésil: les Portugais appellent l'un & l'autre *fedagoso*: les feuilles de cet héliotrope ressemblent à celles du *nepeta* (cataire), ses graines à celles du plantain, ses fleurs sont bleues & jaunes. Cette plante croît aux lieux sablonneux; elle est estimée consolidante & résolutive. *Voyez* Giarende.

JACURUTU. L'oiseau du Brésil que *Marcgrave* a décrit sous ce nom, est une espece de *grand duc* commun. *Voyez ce mot*.

JADE, *jade*. C'est une pierre d'un vert pâle ou olivâtre, ou d'un bleu blanchâtre, de la nature du silex, plus dure que le jaspe, susceptible d'un beau poli, faisant feu avec l'acier, huileuse à la vue & au toucher. On la trouve dans l'île de Sumatra, & plus abondamment dans l'Amérique Méridionale chez les Topayes, nation Indienne établie sur les bords de la riviere des Amazônes. Cette pierre n'est peut-être qu'une agate verdâtre, ou un silex d'une transparence de cire blanche. Cette pierre a différentes dénominations.

Les Turcs & les Polonois font un grand cas de cette pierre, sous le nom de *jade*; ils en ornent souvent les manches de leurs sabres, coutelas & autres instrumens.

Les Indiens de la Nouvelle Espagne ont tant d'estime pour cette pierre, qu'ils la portent pendue au cou, taillée pour l'ordinaire en bec d'oiseau. On voit dans les cabinets des Curieux des vases de cette pierre, des férosités. On extrait de la racine du jalap, par le moyen de l'esprit de vin, sa partie résineuse qui est très-purgative. La plante du jalap n'est point une belle de nuit, comme on l'avoit cru. *Voyez* BELLE DE NUIT.

JALOUSIE, *symphonia*, est l'amarante de trois couleurs ou *tricolor*, qu'on cultive dans les jardins à cause de sa grande beauté : ses feuilles sont faites comme celles de la blette, mais elles sont colorées ou comme enluminées de vert, de jaune & d'incarnat. Les enfans font de la tige de cette plante des tuyaux, dont ils se servent pour produire une maniere de son ou d'harmonie ; c'est d'où lui vient son nom latin. *Voyez* AMARANTE & TRICOLOR.

JAMBOA. C'est le citron des Philippines.

JAMBOLOM. Espece de myrte Indien dont le fruit ressemble à de grosses olives : on le confit au vinaigre pour exciter l'appétit : le goût en est fort âpre. *Voyez* MYRTE.

JAMBON. *Voyez* MÉLOCHIA.

JAMBON ou JAMBONNEAU, *perna*. Espece de coquillage bivalve, du genre des moules triangulaires : les bords de sa coquille sont plus épais du côté qu'elle s'ouvre que vers la charniere : cette coquille est toujours couverte de boue ; on en voit dans les lieux où la mer a flux & reflux : celles de la Chine tirent sur un rouge fort vif, d'où leur vient le nom ridicule de *jambonneau* : la chair de ce coquillage est tendre & assez bonne à manger ; ceux qu'on trouve dans des endroits à l'abri du vent, sont meilleurs que ceux qui vivent dans des eaux continuellement agitées.

M. *Adanson*, qui fait un genre particulier de ce coquillage bivalve, dit que le jambonneau vit attaché aux rochers, aux plantes marines & à d'autres corps solides du fond de la mer. La coquille appellée *jambon* est aussi une espece de *pinne marine*. Voyez ce mot.

JAMBOS, est le fruit d'un arbre des Indes, que les Portugais ont nommé *jambeyro*. Ces fruits sont appelés par les François établis aux Indes, *jambes rosades*,

par

par les Malabares & les Canarins *jamboli*, par les Arabes *tupha Indi*, par les Perses *tuphat*, par les Chinois *ven-ku*, & par les Turcs *alma*. On en distingue plusieurs sortes, dont les meilleurs ont une odeur de rose; les uns avec un noyau, d'autres sans noyau. Ils se mangent à l'entrée du repas comme le melon. L'arbre qui les porte n'est jamais sans fleurs & sans fruits: les uns & les autres se confisent au sucre: leur noyau est gros comme celui d'une pêche. Les feuilles font un très-bel ombrage; & les fruits, dont le sol de cet arbre est continuellement jonché, forment un aspect charmant.

JANAKA, est un animal cornupede & terrestre du pays des Négres en Afrique. *Dapper* dit qu'il est de la grosseur d'un cheval, mais plus court & plus gras: son cou est assez long, roussâtre & moucheté de blanc: il fait de grands sauts en marchant; ses cornes sont aussi longues que celles des bœufs.

Il y a encore deux autres sortes de ces animaux qui sont plus petits, & qu'on appelle *cilla-vandoh*: ils sont de la grosseur de nos cerfs: ils ont, dit-on, aux côtes, ainsi que la précédente espece, des vessies qui leur servent de magasin d'air, & qui les empêchent de se lasser lorsqu'ils courent ou qu'ils sautent.

JANDIROBE. Herbe rampante des parties méridionales de l'Amérique, dont le fruit ressemble à la poire de coing: la chair est blanche & contient trois amandes dont on tire une huile jaune, qui est d'un grand secours dans quelques contrées pour frotter les corps dans les douleurs qui viennent du froid.

JANG. Animal de la Chine qui se trouve dans les montagnes de la province de Nankin: sa forme est celle d'un bouc; son nez & ses oreilles sont très-visibles; mais on a beaucoup de peine à découvrir sa bouche, tant elle est petite & cachée.

JANIPABA ou GENIPANIER, *genipa fructu ovato*. PLUM. & BARR. Est un arbre singulier du Brésil, qui change de feuilles tous les mois. Il devient grand; ses blanchâtres. Tel est le *jaseur de Bohême*, *bombycilla Bohemica*; il se nourrit principalement de raisins & de baies de geniévre: c'est le *geai de Bohême* d'*Albin*; il y a aussi le *jaseur de la Caroline*.

JASMIN, *jasminum*. Cette espece de plante, ainsi nommée du mot hébreu *samin*, qui signifie *parfum*, est distinguée en plusieurs especes. Il y a des jasmins robustes, qui résistent très-bien en pleine terre; tels sont le *jasmin blanc*, & deux especes de *jasmins jaunes*; mais il y en a d'autres qu'on ne peut conserver que dans les serres.

Les fleurs de jasmin sont en forme de tuyau, divisées en cinq pieces ovales, & renferment deux étamines & un pistil; il leur succede des baies ovales qui contiennent deux petites semences. Les feuilles du jasmin sont de figures très-différentes dans les différentes especes; mais elles sont presque toujours opposées sur les branches, & le plus souvent composées de folioles qui sont rangées par paires, & attachées à un filet commun terminé par une seule feuille.

Le *jasmin blanc*, *jasminum vulgatius flore albo*, est un arbrisseau sarmenteux propre à couvrir ou former des berceaux charmans; dans le mois de Juin il est orné d'une multitude de fleurs blanches, qui ont l'odeur la plus suave: cette odeur est si délicieuse qu'on a tâché de la transporter dans différens fluides. Ces fleurs ne fournissent point d'eau odorante par la distillation; ainsi ce qu'on appelle *essence de jasmin*, qu'on nous apporte d'Italie & de Provence, n'est qu'une huile de ben aromatisée par les fleurs de jasmin. Pour cet effet, on imbibe du coton d'huile de ben, & on dispose ce coton lits par lits, en les entremêlant de lits de fleurs de jasmin; le coton s'imbibe de l'odeur. On en exprime ensuite l'huile, qui alors est fort aromatique & conserve assez long-temps cette odeur, pourvu que les flacons soient bien bouchés. On peut, en s'y prenant à-peu-près de même, faire contracter au sucre une odeur de jasmin. Pour faire acquérir à l'esprit de vin cette odeur de jasmin, qu'il n'acquerroit point même par la distillation, il ne s'agit que de verser de l'esprit de vin sur l'huile de ben aromatisée, & ensuite agiter le mélange; l'odeur de jasmin abandonne entièrement l'huile grasse & passe dans l'esprit de vin; mais celui-ci laisse échapper cette odeur avec la plus grande facilité.

Les jasmins se multiplient aisément de marcottes & de drageons enracinés & même de bouture. On peut multiplier les especes rares en les greffant sur les *jasmins communs*; c'est ainsi que les Génois nous fournissent beaucoup de *jasmins d'Espagne jaunes & blancs*, dont l'odeur est si suave, des *jasmins d'Arabie* & des *Açores*, le *jasmin Zambac* ou *à feuilles d'orangers*; ils les greffent en fente.

Les fleurs du jasmin blanc sont béchiques; on prétend que ses feuilles appliquées en cataplasmes, amollissent les tumeurs squirrheuses; prises en décoction elles sont narcotiques anodines.

L'on nous apporte aussi d'Amérique une plante sous le nom de *quamoclit* ou de *jasmin rouge*; c'est une espece de *convolvulus* ou de *liseron*. Le jasmin de Virginie, plus connu sous le nom de *bignonia*, est sarmenteux & grimpant, par conséquent très-propre à couvrir des murailles & à former des tonnelles: il s'élève très-haut, & produit une grande fleur qui dure depuis la fin de Juillet jusqu'au commencement des gelées. Autant cette plante se dégarnit par le pied, autant sa tige est touffue. L'arbre du café est aussi, selon quelques Auteurs, une espece de *jasmin*; mais M. *Deleuze* dit que depuis que la méthode est perfectionnée, on a reconnu qu'il étoit de genre & de classe différens. *Voyez* CAFÉ.

JASPE, *jaspis*. Le jaspe est ou un caillou de roche simple ou une espece de pétro-silex dur & indestructible, de différentes couleurs, peu ou point transparent à cause de la grossièreté de ses parties colorantes, faisant feu avec l'acier, susceptible d'être travaillé & poli: on en distingue plusieurs sortes; savoir;

Le *jaspe d'une seule couleur*; il y en a peu de blanc, mais beaucoup de jaune, de rouge, de vert, de bleu & de noir: celui qui est vert acquiert au feu la propriété de reluire dans l'obscurité: on croit, mais à tort, que le *lapis lazuli*, autrement dit *pierre d'azur*, est un jaspe bleu. *Voyez* LAPIS LAZULI.

Le *jaspe fleuri* ou *floride* est composé de plusieurs couleurs, qui quelquefois sont mêlées ensemble, ce qui fait chatoyer la pierre; quand elles sont distinctes & séparées, cela fait paroître la pierre panachée & mouchetée de différentes couleurs. Il y a du jaspe fleuri de toutes les couleurs, c'est-à-dire, où l'on remarque une couleur dominante, ce qui fait dire *jaspe fleuri rouge* ou *jaune*, &c. Celui qui est fleuri de blanc & vert à taches noires, s'appelle *jaspe serpentin*.

Le *jaspe sanguin*, si vanté des Auteurs, est un jaspe dont le fond opaque & vert est rempli de taches rouges; s'il est moucheté en jaune, on l'appelle *jaspe panthere*. Le *jaspe térébenthine* est le jaspe jaune de Rochlitz.

Le *jaspe héliotrope*, non moins vanté que le précédent, est verdâtre & bleuâtre, parsemé de points rouges: quelques personnes trop faciles à persuader, portent ces jaspes en amulettes pour briser la pierre du rein & se préserver d'épilepsies, d'hémorragies, &c. Ces vertus sont, dit-on, occultes, magnétiques & astrales.

Le *jaspe agate* semble être un silex plus épuré, moitié opaque & moitié demi-transparent: selon la pureté & l'arrangement des veines de ce jaspe, on le nomme *jaspe calcédoine*, ou *jaspe onix*, ou *agate jaspée*, ou *jaspe camée*. Le *jaspe universel* est composé d'une grande variété de couleurs.

Les jaspes ont un poli plus ou moins éclatant, selon la finesse ou l'homogénéité du grain qui les compose. Le caillou d'Égypte dont la pâte est toujours fine, n'est qu'un jaspe à fascies d'une couleur brune & fort opaque. *Voyez* Caillou d'Égypte.

On trouve rarement le jaspe par couches ou lits, plus communément il forme des veines dans les écartemens des rochers; on en trouve aussi en morceaux de différentes grosseurs, arrondis, & qui ont été roulés dans les torrens. C'est dans les Indes que l'on rencontre les plus beaux jaspes; ils sont plus durs, plus purs; ils prennent mieux le poli, les couleurs en sont plus vives; on en rencontre aussi en Bohême, en Saxe, en Suéde, en Sibérie, en Angleterre, en Italie, en France: nous en avons trouvé dans les Pyrénées & dans la forêt de l'Esterelle en Provence, ainsi que dans l'Auvergne. Plus nous examinons le jaspe, & plus nous le regardons comme un pétrosilex endurci. Il y en a qui ressemble à du bois veiné de jaune & de vert-brun: on l'appelle *jaspe bois veiné*, il est commun dans le Duché de Deux-Ponts & dans la Palestine.

Les pierres précieuses ne sont pas les seules pierres qu'on met en usage pour le luxe: toutes les especes de jaspes servent depuis long-temps à la parure; on en forme des ornemens qui sont très-agréables, surtout quand dans l'assemblage de plusieurs petits morceaux de cette pierre, l'on fait entrer quelques fragmens de jade, ou d'agate, ou de cristaux, & que le discernement y préside dans l'opposition des couleurs. Les jaspes ont été de tout temps la pierre sur laquelle le ciseau des plus habiles Sculpteurs s'est exercé. La gravure, art aussi perfectionné de nos jours qu'il l'étoit du temps des Romains & des Grecs, releve beaucoup la beauté de cette pierre opaque dans les bijoux qui en sont faits, tels que des cachets, des bagues, &c. Presque tous les Anciens avoient chacun leur cachet de jaspe, sur lequel étoient représentées quelques figures. Aujourd'hui l'on fait des vases, des dessus de tables, & de petites statues de jaspe. *Voyez les articles* Silex, Agate & Caillou.

JATARON. M. *Adanson* donne ce nom à un genre de coquillage bivalve connu sous celui de *vieille ridée*, *concha rugosa*.

JAVARIS. Espece de pourceau sauvage qui se trouve dans l'île de Tabago & au Brésil: il est semblable en tout au *tajacu*. Voyez ce mot.

JAVELOT. *Voyez* ACONTAS.

JAUCOUROU. *Voyez* SERPENT-FÉTICHE.

JAUNE DE MONTAGNE. C'est l'ocre de fer jaunâtre. A l'égard du jaune de Naples, on prétend que c'est une terre que l'on colore avec la décoction de la gaude: d'autres assurent que c'est une préparation d'antimoine.

JAUNE D'ŒUF. Espece de prunier de la Guiane; qui paroît être le même que le *ruema* des Indiens, & que le *lucuma* qui est cultivé dans le Jardin du Roi: cet arbre est très-beau, très-élevé, fort droit & touffu: ses racines sont longues & profondes. Son écorce est gercée d'un vert grisâtre. Ses feuilles sont alternes, vertes & nerveuses. Son fruit a la figure d'un cœur arrondi, applati par les deux bouts. Son diamétre a trois pouces dans sa largeur & environ deux dans sa longueur. Sa chair qui est mollasse, douceâtre, d'un blanc sale, & couverte d'une peau fort mince, renferme au milieu deux ou trois noyaux de figure ovoïde & de couleur jaunâtre; ce qui lui a fait donner le nom de *jaune d'œuf*. Ce fruit est si nourrissant, que deux personnes exilées sur le grand Ilet pour avoir tramé une conspiration, & condamnées à y mourir de faim, y vécurent pendant trois mois, nourries de ce seul fruit, & en meilleure santé qu'elles n'y étoient arrivées: c'est dommage qu'un tel fruit fasse tomber les peaux de la bouche quand on en mange, mais par l'habitude, il ne produit plus le même effet.

JAVOT. *Voyez* GABOT.

JAYS ou JAYET, *gagates*, *lapis Thracius aut succinum nigrum*. Est une espece de bitume fossile très-noir, qui a une consistance & une dureté suffisantes pour être taillé & poli. Ce bitume est sec, uni & luisant dans ses fractures, il s'enflamme promptement dans le feu & y exhale une vapeur noire & très-forte: étant frotté, il répand une odeur charbonneuse ou de pissasphalte, & il acquiert la propriété d'attirer le papier, la plume, la paille, &c. Le jayet, quoique compacte, est léger, il nage sur l'eau: on ne le trouve point par couches inclinées comme le charbon de terre, ni à des profondeurs considérables, mais on le rencontre par masses détachées ou par monceaux de différentes grosseurs dans la terre: le toit qui le couvre immédiatement, est presque toujours enduit d'une efflorescence vitriolique, quelquefois accompagnée de pyrites ou de soufre, & de substance qui ont évidemment le tissu ligneux. D'après les observations que nous avons faites sur ce bitume, tant en Irlande, qu'en Wirtemberg & dans le Duché de Foix, nous sommes portés à croire que le jayet a la même origine que le charbon de terre, le succin, le naphte, &c. Peut-être n'est-ce qu'un pétrole qui a subi l'évaporation par une chaleur souterraine, & qui s'est endurci dans l'état où nous voyons le *jays*. Le jayet est plus pur que le charbon de terre.

C'est en Wirtemberg qu'on travaille la plus grande quantité de jayet qui est dans le commerce: on en fait des pendans d'oreilles, des bracelets, des bijoux de deuil, des boîtes & d'autres ornemens semblables, qui reçoivent un assez beau poli: le jayet est l'*ambre noir* des boutiques & peut-être l'*agate noire* d'Anderson.

IBIBOBOCA. Nom que les Brasiliens donnent à un genre de serpent de leur pays, que Linnæus appelle *coluber scutis abdominalibus 160, squammis caudalibus 100*. Les habitans estiment beaucoup ces serpens, non-seulement à cause de la beauté merveilleuse de leur robe, qui ressemble à une broderie faite à l'aiguille, & nuancée de diverses couleurs; mais aussi parce qu'ils ne font du mal à personne, quoiqu'armés de bonnes dents, & que d'ailleurs ils mangent les fourmis, qui sont si incommodes dans ce pays par les dégâts qu'elles y font; & enfin parce que leur chair fournit un mets exquis.

On prétend cependant qu'il n'y a que ceux de la petite espece qui ne sont point dangereux; les Brasiliens & les Portugais disent même que le grand ibiboboca qu'ils nomment *kuilkahuilia*, livre bataille à tous les animaux qu'il rencontre, & il s'entortille autour de leur cou avec tant de force, qu'il les étrangle. Lorsque des hommes le rencontrent à l'improviste, & qu'ils montent pour l'éviter sur le premier arbre prochain, ce gros serpent embrasse alors cet arbre, & le serre au point qu'il rompt son propre corps, & qu'il en meurt. On assure que les ibibobocas de la petite espece bâtissent dans les lieux sauvages des retraites disposées par étages, & avec beaucoup de symétrie. Ces domiciles sont faits comme les fours de Boulangers; l'appartement le plus grand est dans le milieu du corps de l'édifice, & il est destiné pour un ibiboboca de la grande espece qui leur tient lieu de Roi. La morsure de l'ibiboboca ne fait pas mourir sur le champ. On se sert dans le pays de la poudre d'une plante appellée *nhambus*, étendue dans le suc des feuilles du *caapéba*, qu'on fait distiller sur la plaie; par ce moyen on en guérit. On prétend que l'*ibiboboca* est le *cobra de coral* des Portugais.

IBIJARA. Espece d'amphisbene du Brésil, nommé aussi *bodety-cega* ou *cobra de las cabeças* par les Portugais. Ce serpent est de la grosseur du petit doigt & très-court; sa couleur est blanche & chatoyante comme de la pyrite de cuivre; ses yeux sont presque imperceptibles; sa morsure est un poison dangereux & même mortel; les Portugais assurent qu'il n'y a point de remede à son venin. Ce serpent vit sous terre & se nourrit de fourmis & de cloportes.

IBIJAU. Oiseau de nuit du Brésil: c'est le *noitibo* des Portugais, & le tette-chévre des Américains. *Voyez* TETTE-CHEVRE.

IBIRACOA. C'est un serpent du Brésil très-redoutable; son venin est si violent, que celui qui en est mordu, jette abondamment le sang par les yeux, les oreilles, les narines, le gosier, & aussi par toutes les parties basses de son corps, & il meurt bientôt après. On distingue trois especes d'ibiracoa, qui ne different que par la bigarrure de leur peau, qui est admirablement bien nuancée.

IBIRAPITANGA. C'est l'arbre qui donne le *bois de Brésil*. Voyez ce mot.

IBIS. C'est un oiseau de l'Égypte, du genre du courly, & que la plupart des Auteurs ont confondu avec la cicogne; mais l'ibis est plus petit, il a le cou & les pieds plus longs à proportion; son plumage est d'un blanc sale & un peu roussâtre presque par-tout le corps: les grandes plumes du bout des ailes sont noires: tout le tour de la tête est dégarni de plumes, mais revêtu d'une peau rouge & ridée: son bec est gros à son origine, coupé par le bout, recourbé en dessous dans toute sa longueur & dans ses deux parties, & de couleur aurore: les côtés du bec sont tranchans, durs, capables de couper les lézards, les grenouilles, & particulierement les serpens, dont il se nourrit: c'est pour cela qu'anciennement les Égyptiens lui avoient dressé des autels; ils avoient mis l'ibis au nombre des animaux qu'ils adoroient comme des Dieux tutélaires: ils l'embaumoient après sa mort. (Nous avons vu plusieurs de ces momies d'ibis dans le *Musæum* de Londres). Quiconque en tuoit un volontairement, étoit puni de mort. On représente quelquefois la déesse Isis avec une tête d'ibis. Le bas des jambes de l'ibis est rouge, écailleux: cet oiseau bâtit son nid sur les palmiers les plus hauts. L'ibis a cela de particulier, qu'il ne boit jamais d'eau qui soit trouble: c'est pour cela que les Prêtres Égyptiens se purifioient ordinairement avec l'eau où ces oiseaux avoient bû. On a prétendu que les hommes devoient à cet oiseau l'invention des lavemens, parce qu'il se seringue d'eau falée avec fon bec, lorfqu'il a befoin de ce remede; mais ce fait paroît douteux.

On prétend que la chair de l'ibis ne fent pas mauvais, quoiqu'on la garde long temps après la mort de l'oifeau: elle eft rouge comme la chair du faumon.

L'ibis noir, vu de près, paroît d'un bleu verdâtre mêlé d'un peu de pourpre; des Auteurs veulent que ce foit une efpece de *courlis*. Voyez ce mot.

Quoiqu'on dife que l'ibis ne vit pas dans notre pays, on en a cependant nourri un pendant plufieurs mois à Verfailles. M. *Perrault* en a donné la defcription anatomique dans les *Mémoires de l'Académie des Sciences de Paris*.

ICAQUE, eft, dit-on, un prunier des îles Antilles, dont le fruit eft affez femblable à notre prune de damas. Les Sauvages en font tant de cas, que vers le temps de fa maturité, on fait la garde avec des armes, pour empêcher que les vagabonds voifins n'en viennent cueillir: on appelle auffi ce fruit *prune des anfes*. M. *Deleuze* dit que c'eft le *chryfobalanus* de M. *Linnæus*: genre qui differe du prunier, en ce que les étamines font attachées au réceptacle & que le noyau eft creufé de cinq fillons.

ICHNEUMON ou MANGOUSTE, vulgairement appellé Rat de Pharaon ou Rat d'Égypte, *mus Egypti*. C'eft un petit quadrupede digité, du genre des belettes, qui fe trouve abondamment en différentes contrées, notamment en Égypte, & dans les montagnes qui féparent l'Arabie d'avec l'Égypte: fon nom Arabe eft *tezer-dea*. (Il ne faut pas confondre cet animal avec le *gerbuah* qui eft le rat fauteur de montagne ou d'Égypte, & qui paroît être la *gerboife*: voyez ce mot.) La longueur de l'ichneumon parvenu à toute fa grandeur & mefurée depuis le bout du mufeau jufqu'à l'origine de la queue, eft d'un pied neuf pouces, celle de fa queue de plus d'un pied & demi; fes jambes de devant ont environ cinq pouces de long; les pieds qu'on appelle les *mains*, font très-courts &

touchent peu à terre. Ceux de derriere sont plus longs. Tout son corps, excepté le ventre qui est d'un roux jaunâtre, est couvert de poils variés depuis leur origine jusqu'à leur extrémité, de noirâtre & de blanchâtre. L'ichneumon a la tête oblongue, le museau effilé : l'ouverture de la gueule placée au-dessous du museau est très-petite; il a la langue, les dents & les parties naturelles comme le chat; ses moustaches sont très-copieuses, il en a trois rangs; son poil est aussi rude que celui du loup; ses oreilles sont courtes & tendres: elles sont, ainsi que les pieds, de couleur de chair ; il a les jambes noires avec cinq griffes aux pieds de derriere ; sa queue est carrée & épaisse à son origne : la femelle fait autant de petits qu'une chienne. On dit qu'au dehors du fondement le mâle & la femelle ont une ouverture remarquable & indépendante des conduits naturels, c'est une espece de poche dans laquelle se filtre une humeur odorante; on prétend que cet animal ouvre cette poche lorsqu'il fait trop chaud, pour se rafraîchir; cette ouverture avoit fait croire à quelques personnes que ces animaux étoient hermaphrodites.

L'ichneumon a reçu des honneurs divins de la part des Egyptiens, à cause de la grande utilité dont il est en détruisant un grand nombre d'œufs de crocodiles, quoique cachés dans le sable. Il mange même les jeunes crocodiles, espece d'animaux dont la multiplication est très-nombreuse, & qui donneroient tout à craindre s'ils n'étoient détruits dès leur naissance par les ichneumons. Mais comme la fable est toujours à côté de la vérité, on a dit que l'ichneumon entroit dans le ventre du crocodile lorsqu'il dormoit, & n'en sortoit qu'après avoir déchiré ses entrailles. L'ichneumon ne sauroit souffrir le vent; dès qu'il le sent souffler, il se retire dans sa caverne; il se garandit du froid en s'exerçant à sauter : il est hardi & se dresse lorsqu'il voit quelqu'autre animal ; il attaque de gros chiens, des chameaux mêmes ; il marque beaucoup de haine pour l'aspic & pour tous les serpens ; quand il les veut combattre, on dit qu'il a l'adresse de se veautrer dans la boue, ou de se plonger dans l'eau, & de se rouler ensuite sur la poussiere, qu'il laisse sécher au soleil, afin de s'en faire une espece de cuirasse. Cet animal a un appétit si véhément qu'il ne craint point d'attaquer même les serpens les plus venimeux. Avant de devenir le vainqueur de sa proie, il reçoit quelquefois dans le combat des morsures cruelles & dangereuses, & il ne lâche prise que lorsqu'il commence à ressentir les impressions de leur venin; alors il va, dit-on, chercher des antidotes & particuliérement une racine que les Indiens on nommée de son nom *mungo*, & qu'ils assurent être un des plus puissans remedes contre la morsure de la vipere. *Voyez* MUNGO.

Quoique l'ichneumon soit difficile à apprivoiser, on en éleve en Egypte, comme on fait ici des chats, & on les porte vendre à Alexandrie. L'ichneumon d'Egypte approche pour la forme extérieure de la belette; il a même l'air plus vif, plus familier; il est susceptible d'éducation; il joue & badine volontiers avec les hommes, & plus agréablement qu'un chien: cependant quand il mange il est traître & colere: il prend de l'humeur, il gronde presque toujours, & même se jette avec fureur sur ceux qui veulent le troubler: comme il aime aussi les œufs de poule, & qu'il n'a pas la gueule assez fendue pour les saisir, il tâche de les casser en les jetant en l'air ou en les roulant sur la terre de cent manieres différentes: s'il trouve une pierre autour de lui, il lui tourne aussi-tôt le dos, puis élargissant ses jambes de derriere, il prend l'œuf avec celles de devant, & le pousse par dessous le ventre pour le casser contre la pierre. Ceux qui vont voir la ménagerie de Chantilly, peuvent y observer cet animal, son génie, ses mœurs, &c.

Nous avons dit qu'on appelle ses pieds de devant *mains*, parce qu'il s'en sert comme les loirs pour prendre sa nourriture; ces mains lui servent aussi pour puiser de l'eau & pour boire, les doigts étant courbés.

Cet animal marche sans faire aucun bruit, & varie sa démarche selon le besoin; quelquefois il s'éleve sur ses jambes, raccourcit son corps & tient la tête haute; d'autres fois il a l'air de ramper & de s'alonger comme un serpent; souvent il s'assied sur les pieds de derriere, & plus souvent encore il s'élance comme un trait sur la proie qu'il veut saisir. Il n'épargne pas même les oiseaux, les rats & les souris.

On voit des especes d'ichneumons beaucoup plus petits que ceux de l'espece précédente.

Kolbe dit que celui du Cap de Bonne-Espérance a la grandeur d'un chat, la forme de la musaraigne ou souris de campagne, le corps couvert de poils longs, roides & tachetés de noir & de jaune. Il est très-commun dans les campagnes du Cap: c'est un grand destructeur de serpens & d'oiseaux: il accompagne volontiers le furet, casse adroitement les œufs avec ses dents, en suce & vide la substance: on l'appelle dans cette contrée *chien-rat*.

L'*ichneumon* ou *mangouste* des Indes Orientales est très-mal-propre, il n'aime qu'à chercher & flairer fortement; il creuse la terre avec son museau, qui est en petit assez semblable à celui du cochon; sa tête ressemble à celle de la belette; il approche beaucoup du renard par la couleur de son poil : le bout de sa queue est frisé, couvert de poils rudes & piquans. Il est d'un caractere fort sauvage; il mord cruellement, & déchire tout ce qu'il rencontre. Paresseux pendant le jour, il dort tranquillement dans sa caverne, d'où il sort le soir en flairant; il grimpe aux arbres, croque les araignées, les vers, les racines tendres des arbres ; il entre dans les poulaillers & y suce le sang des poules ; il regagne sa taniere vers le lever du soleil. *Edwards* dit que la principale différence entre l'ichneumon Indien & l'Égyptien consiste en ce que ce dernier a une petite houpe au bout de la queue, il est aussi plus grand que l'Indien.

M. *Vosmaër* a donné en 1772 la description d'un ichneumon mâle de Bengale, qui a vécu chez lui pendant un an; il étoit extrêmement familier, se laissoit manier comme un petit chien, & en jouant il prenoit le doigt dans sa gueule sans jamais mordre : le soir il dormoit couché dans la robe de chambre de notre Naturaliste, dans le jour il dormoit souvent, ayant la tête, la queue & les pattes cachées sous son corps en demi-boule, ou en la maniere d'un hérisson : son poil étoit semé dru, noir pâle près du corps; sous le museau, la poitrine & le ventre d'une légere teinte olivâtre avec des taches noires irrégulieres par-tout, excepté au ventre. Son aliment ordinaire étoit toute sorte de viande bouillie ou rôtie, mais le mouton par préférence; il refusoit de manger du pain; il étoit fort friand de cerises, de prunes, d'autres fruits ainsi que d'œufs : il buvoit beaucoup. Un jour lui ayant lâché un moineau dans sa cage qui étoit très-spacieuse, il le saisit promptement & parut le manger avec plaisir. Fort souvent il folâtroit dans l'eau de son baquet, & y tournoit de même qu'un chien pour attraper sa queue. Ennemi de la saleté, son corps étoit toujours propre, & pour satisfaire à ses besoins, il se mettoit toujours à un même endroit derriere sa cage : sa fiente étoit liquide, noire & fort puante ainsi que l'urine. Il poussoit un cri perçant comme un oiseau : au premier aspect d'un petit chien, il grommeloit & souffloit comme un chat. Sur la fin de l'hiver le poil lui tomba de la queue qu'il mordoit continuellement. Cet ichneumon de Bengale avoit vingt & un pouces & un quart de longueur, mesure du Rhinland; la queue seule avoit neuf pouces : il avoit les yeux bleus avec un beau cercle orangé, les oreilles minces & rondes, dépassant un peu le poil de la tête; le nez petit, sans poil, noir & ouvert en devant; la langue longue, arrondie par le bout & rude au toucher; la mâchoire supérieure armée de six dents incisives, une défense de chaque côté, ensuite trois dents canines & deux dents molaires; la mâchoire inférieure

a

a aussi six dents incisives, de chaque côté une grosse défense, ensuite quatre dents canines & trois ou quatre molaires ; la queue fort épaisse près du corps, va en amincissant avec le poil se terminer en pointe fine ; les pattes tant antérieures que postérieures sont armées de quatre ongles, & un peu plus haut du côté intérieur d'un ergot, les deux du milieu sont les plus longs, & comme joints ensemble jusqu'à la premiere articulation par une petite membrane ; la plante des pieds est nue & noirâtre ; les testicules sont fort gros à proportion de la verge, qui est très-petite. M. *de Vosmaër* n'a point trouvé l'ouverture ou la bourse au-dessus de l'anus dont parlent divers Auteurs.

L'*ichneumon* d'Amérique, ou *yzquiepatl* ou *quas-je* des Américains, ressemble un peu pour la figure & les mœurs à celui du Ceylan. M. de *Vosmaër* soupçonne que c'est un putois.

Ces animaux ne peuvent supporter le froid, ils dorment toujours le jour & veillent pendant la nuit.

Ceux qui desireroient de voir les figures de l'ichneumon & de l'hippopotame aux prises avec le crocodile réunies dans une même sculpture, peuvent aller aux Tuileries examiner la statue qui représente le Nil sous la figure d'un vieillard couronné de laurier, à demi couché & appuyé sur son coude, tenant une corne d'abondance : il a sur les épaules, sur les hanches, aux bras, aux jambes & de tous les côtés de petits garçons nuds au nombre de quatorze : cette troupe d'enfants, placés ainsi les uns plus bas, les autres plus haut sur le Dieu du Nil, sont les symboles des différentes crues du Nil, qui sont de quatorze coudées, & en même-temps si avantageuses à la grande fertilité de l'Egypte. Sur le lit de marbre de ce beau groupe copié sur l'antique se voit aussi le *lotus*, plante dont les Egyptiens font une sorte de pain ou de galette : enfin on y voit l'*ibis*, l'*ichneumon*, le *papyrus*, &c.

ICHNEUMONES (mouches). Ce nom d'*ichneumon*, qui fut donné originairement par les Egyptiens à l'animal quadrupede que nous venons de décrire, & que ces Peuples jugerent digne de leur adoration à cause du service qu'il leur rendoit en cassant les œufs de crocodile, a été transporté par les Naturalistes à un genre entier de mouches vives & hardies, qui ne vivent que de chasse, & dont plusieurs nous rendent aussi de très-grands services, ainsi que nous aurons lieu de le voir. Ces mouches sont armées de deux fortes dents; elles ont quatre ailes; leur ventre ne tient à la poitrine que par un filet très-fin; elles ont d'assez longues antennes qu'elles agitent continuellement; ce qui les a fait nommer aussi *mouches à antennes vibrantes:* ce caractere frappant les fait aisément distinguer des autres especes de mouches. La chasse favorite des ichneumones est celle qu'elles font aux araignées, sur lesquelles elles tombent comme des vautours.

Il seroit inutile & presque impossible de parcourir toutes les différentes especes de mouches ichneumones. Il suffit de savoir que leur nombre est prodigieux, qu'il y en a de toutes les grandeurs, depuis celle de la mouche demoiselle jusqu'à celle du plus petit moucheron. La plupart des mouches ichneumones ont la même forme; leur ventre est séparé de la poitrine par un filet, ainsi que nous l'avons dit. De ces mouches ichneumones, les unes n'ont point de queue apparente; d'autres en ont & souvent de très-longues.

Ce sont les femelles des ichneumones qui sont pourvues de ces queues, qui renferment une espece d'aiguillon, ou plutôt une véritable tariere capable de pénétrer les chairs les plus compactes, & quelquefois aussi le ciment, en un mot, des corps qui ont la dureté de la pierre. Les unes portent cet instrument renfermé dans le corps, les autres le portent tout entier au dehors; ce qui fait que même quelques ichneumones femelles n'ont point ces queues apparentes.

Lorsqu'une mouche ichneumone est pressée du besoin de pondre ses œufs, elle va se poser sur une chenille ou sur un ver dont le corps est quelquefois plus grand que le sien. L'insecte a beau s'agiter, se tourmenter, la mouche enfonce sa tariere, & coule un œuf au fond de la petite plaie qu'elle vient de faire : la chenille en reçoit de cette maniere vingt ou trente, suivant que la mouche est plus ou moins petite ; car les mouches plus grosses n'en mettent qu'un ou deux, suivant la force des vers qui doivent naître de ces œufs.

D'autres mouches ichneumones se contentent de coller un ou plusieurs œufs sur le corps de la chenille ; les vers ou larves sortent toujours par la pointe de l'œuf qui touche immédiatement le corps de la patiente, & s'y enfoncent. Ils y trouvent leur nourriture à l'instant de leur naissance, car ils se nourrissent du corps même de la chenille.

La structure de la tariere de ces mouches ichneumones est très-curieuse ; on l'observe aisément dans les *mouches à longue tariere*. Cette queue que l'on avoit prise autrefois pour un ornement, ou comme quelque chose de propre à diriger leur vol, est composée de trois filets dont les deux collatéraux sont creusés en gouttiere, & servent d'étui pour contenir une tige ferme, solide, dentelée par le bout, le long de laquelle regne une cannelure qui est le canal par lequel l'insecte fait descendre l'œuf. Ces mouches à longues tarieres s'attachent aux endroits où elles reconnoissent les nids de *guêpes* ou d'*abeilles maçonnes*, soit qu'ils soient placés dans le bois, ou qu'ils soient construits de mortier ou de sable ; elles se placent sur ces nids, & en faisant faire plusieurs demi-tours à droite & à gauche à leur tariere, qu'elles soutiennent avec leurs pattes de derriere de peur qu'elle ne rompe, elles pénétrent dans le fond du nid & y déposent un ou plusieurs œufs, d'où doivent naître des vers qui mangeront ceux pour qui l'abeille ou la guêpe avoit pris tant de précaution, afin de les mettre à l'abri de tous ennemis.

Il y a des mouches ichneumones si petites, & qui ont une tariere si forte qu'elles percent les œufs de papillon & y déposent leurs œufs ; on voit avec surprise sortir d'un tas d'œufs de papillons une multitude de petites mouches.

La chenille qui recele dans son corps un si grand nombre d'ennemis, n'en paroît pas d'abord fort incommodée. Lorsqu'on vient à ouvrir cette chenille, on trouve toutes les parties intérieures entieres, ce qui donne lieu de penser que ces vers n'attaquent point les organes de la vie, qu'ils ne pompent que les liqueurs ou sucs nourriciers qui servent à l'entretien & à l'accroissement de la chenille, mais qu'ils les corrompent & qu'ils les empoisonnent par leur séjour. On voit avec étonnement au bout de quelques jours auprès du cadavre de la chenille quelquefois une vingtaine ou trentaine de petites coques de soie d'un beau jaune, ou de quelqu'autre couleur. Ce sont les vers des ichneumones qui se sont filés ces coques pour subir leur métamorphose.

Les mouches ichneumones font quelquefois périr un très-grand nombre de chenilles ; on en a eu la preuve dans l'automne de l'année 1731 & le printems de 1732: ces années furent si favorables aux chenilles, que leur multiplication donna de justes inquiétudes. Le Public en fut alarmé, & les Magistrats y apporterent par de sages réglemens tout le remede que la prudence humaine pouvoit suggérer. Mais ce qui faisoit multiplier ainsi les chenilles, fit aussi multiplier dans la même proportion les mangeurs de chenilles. Les trois quarts & plus des chrysalides que l'on ouvroit, (car il est bon d'observer que les chenilles qui ont le corps rempli de ces œufs étrangers, subissent leur métamorphose ordinaire) avoient toutes des vers dans le corps qui les rongeoient. Ces vers étoient nés des ichneumones, & ils firent plus de besogne que le travail des hommes pour nous délivrer de cette peste.

Il n'est pas rare de voir dans les jardins une chenille attachée sur une feuille, & auprès d'elle de petites coques de la grosseur d'un grain de froment, rondes, blanches, que l'on prendroit pour des œufs que la chenille couve ; la chenille paroît pleine de vie lorſqu'on la touche, mais elle eſt cependant dans un état de langueur, & paroît fixée ſur le lieu par les ſoies de la coque qu'ont filée les vers qui ſont ſortis de ſes flancs.

Il y a une coque de vers d'ichneumons, qui eſt des plus curieuſes ; elle ſe trouve le plus ordinairement ſuſpendue comme un luſtre, par un fil long de trois ou quatre pouces, à quelques branches de chêne ; car c'eſt ſur cet arbre que vit la chenille dans le corps de laquelle la mouche ichneumone dépoſe ſon œuf. Cette coque eſt traverſée par une bande blanche dans ſon milieu ; dès qu'on la détache & qu'on la poſe ſur la main ou ſur une table, elle ſaute à terre, où elle continue encore de faire pluſieurs ſauts qui ſe ſuccedent les uns aux autres. C'eſt de cette eſpece de coque dont M. *Carré* avoit parlé dans les Mémoires de l'Académie ; il en avoit vu un jour ſautillant le long d'une allée, mais il n'en avoit point découvert la mécanique.

Cette coque contient un ver ſauteur, qui en s'élançant l'éleve en l'air, & l'éleve quelquefois juſqu'à trois ou quatre pouces en hauteur, & autant en longueur ; on peut s'en aſſurer aiſément, en préſentant une pareille coque aux rayons du ſoleil ; elle eſt aſſez tranſparente pour permettre à un œil pénétrant de voir ce qui ſe paſſe au dedans.

Les pucerons, les larves de charanſons, les œufs d'araignées, ſont auſſi quelquefois le berceau de la mouche ichneumone. On trouve très-ſouvent ſur les feuilles de roſier des cadavres de pucerons, ſans mouvement ; c'eſt l'habitation d'un petit ver, qui, après avoir mangé les entrailles, détruit les reſſorts & l'économie intérieure du puceron, ſe métamorphoſe à l'ombre de la pellicule qui l'enveloppe, s'y pratique une petite porte circulaire, & va s'élancer dans les airs. Il y a dans les bois des ichneumones qui oſent attaquer les araignées, les larder avec leurs aiguillons ; les déchirer à coups de dents, & venger ainſi toute la nation des mouches, d'un ennemi si redoutable. D'autres sans ailes (ce sont des femelles) déposent leurs œufs dans les nids d'araignées, peut-être l'ichneumone du Bédéguar, ou *éponge du rosier*, ne s'y établit-elle que parce qu'elle y trouve d'autres insectes qui lui servent de pâture. On pourroit appeler la famille des mouches ichneumones, un *petit peuple de caraïbes*.

Il y a de certains petits ichneumons qui se distinguent de tous les autres insectes, par les préludes amoureux qui précedent leur accouplement. Dans les tendres momens qui invitent à perpétuer l'espece, les mâles préviennent leurs femelles par des empressemens & des signes redoublés & très-expressifs de l'amour le plus vif; ils donneroient des leçons aux amans les plus galans & les plus passionnés. A l'égard de l'ichneumon de Laponie, *voyez* UROCERE.

ICHTYOCOLLE, *icthyocolla*. En examinant le véritable caractere qui sert à distinguer la colle de poisson proprement dite, on le trouve dans son tissu composé de fibres continues, pliantes, coriaces, tenaces & réunies en masses cordonnées, qui se laissent battre à coups de marteau & couper par le ciseau ou par le couteau; au contraire le caractere de la *colle-forte, tauro-colla*, est d'être fragile, de se séparer en petits éclats, & de ressembler à l'endroit de la fracture à des morceaux de verre cassés.

Nous étions dans l'erreur quand nous avons dit à l'article *Esturgeon*, *T. III. pag.* 405, d'après tous les Ecrivains, que la colle de poisson se tiroit des différentes parties de ce poisson, par dissolution, ébullition, &c. M. *Chevalier*, membre de la Société Royale de Londres, nous apprend qu'il n'est pas nécessaire d'une chaleur artificielle pour faire l'*issin-glass* ou colle de poisson; il faut même prendre garde à ne pas dissoudre cette matiere, car sa conformation fibreuse seroit détruite par cette opération, & la masse acquerroit les caracteres & les propriétés de la colle-forte. Au lieu de clarifier, épurer la drêche ou bierre, comme elle fait dans son état fibreux, elle formeroit une liqueur mucilagineuse, qui la rendroit épaisse & louche. La propriété dépurative de la véritable ichtyocolle dépend principalement d'une division fine & mécanique de ses parties & non d'une dissolution; l'*issin-glass* ou *ichtyocolle* n'est autre chose que certaines parties membraneuses du poisson, dépouillées de leur mucosité naturelle, roulées, tordues dans les formes qu'on lui connoît, & séchée à l'air. La tunique intérieure des vessies aériennes d'esturgeons, des poissons d'eau douce sont les plus recherchées, parce que suivant M. *Chevalier*, ce sont les substances les plus délicates, les plus flexibles, & les plus transparentes, celles en un mot qui produisent les plus fines especes d'*issin-glass*: celles qu'on appelle *colle de poisson ordinaire*, se retirent des entrailles & probablement du péritoine de ces poissons: le *beluga* si commun dans toutes les rivieres de Moscovie, en fournit une grande quantité, ainsi que des poissons de la mer Caspienne & dans plusieurs cantons au-delà d'Astracan, dans le *Wolga*, l'*Yak*, le *Don*, & même jusques dans la *Sibérie*, où on les connoît sous le nom de *kle* ou *kla*. On ne doit employer les vessies aériennes que retirées du poisson encore frais: on les ouvre pour les dépouiller par le lavage dans de l'eau de chaux très-légere, de toute la matiere gluante qui les enduit: on en retire aussi entiérement la fine membrane qui les recouvre, puis on les expose à l'air pour y sécher peu à peu. Alors on les moule de l'épaisseur du doigt & de la longueur requise. Dans le commerce la membrane fine dont nous venons de parler se met pour l'ordinaire au centre du rouleau; le reste s'applique autour de celle-ci alternativement; l'on plie en forme de cœur à angles obtus ce rouleau; on rapproche les deux bouts & on les assujettit l'un contre l'autre au moyen d'une petite cheville de bois qui empêche les feuilles de se désunir; enfin on suspend ces rouleaux cordiformes à l'air pour les faire sécher. C'est ainsi que l'on prépare ces petits rouleaux; ces formes particulieres ont été originairement adoptées à dessein de masquer la vraie matiere de la colle de poisson. Quand on veut faire de plus gros & plus grands rouleaux, on prend de grandes vésicules que l'ouvrier alonge encore à volonté, en ajoutant ensemble plusieurs morceaux de ces vésicules. On met ensemble un grand nombre de ces pieces desséchées en les enfilant avec une ficelle qu'on passe par les trous des chevilles, & on vend & transporte ces rouleaux ainsi disposés en chapelet. L'on voit quelquefois une espece de colle de poisson nommée *livre*, parce qu'elle ressemble à l'extérieur à la couverture d'un livre, elle est faite de membranes grossieres & difficiles à manier. L'espece de colle de poisson appellée *gâteau* est faite des débris de celle en gros cordons, & pour leur donner cette forme de gâteau, on est obligé d'y joindre un peu d'eau qu'on fait chauffer suffisamment dans un vase de métal fort plat, alors tous les débris se réunissent en se desséchant; mais ce gâteau ne peut servir de dépuratif, il a subi une espece de dissolution. On ne peut guere faire avec profit la belle colle de poisson qu'en été; la gelée lui fait prendre une couleur désagréable, diminue son poids, & altere ses principes gélatineux. Quand on fait usage de la colle de poisson pour clarifier des vins, les coller, on doit prendre garde qu'il n'y ait des dépouilles d'insectes qui pourroient gâter le vin.

ICHTYODONTES. *Voyez* GLOSSOPETRES.

ICHTYOLITHES. Nom qu'on donne à des poissons pétrifiés, qu'on trouve assez fréquemment dans les carrieres d'ardoises ou de pierres feuilletées grises & calcaires, & même dans le gypse. Quelquefois ces poissons sont en relief, adhérens à la pierre : d'autres fois la pierre se sépare, & on voit le relief d'un côté & l'empreinte de l'autre : souvent aussi on n'a que l'empreinte que le poisson a laissée avant que d'être détruit. On a outre cela des parties de poissons très-reconnoissables, des têtes, des ouïes, des nageoires, des queues, des arêtes, des squelettes, des vertebres, des dents & des mâchoires. Il n'y a point de Cabinet de fossiles où l'on ne montre de ces poissons, ou quelques-unes de leurs parties, & souvent même minéralisées. Le mont Bolca, près de Vérone, fournit un grand nombre de pierres chargées d'empreintes de poissons; on en trouve aussi en Allemagne dans le voisinage d'Eisleben, de Pappenheim, de Mansfeld, d'Osterode, ainsi que dans le Duché des Deux-Ponts & en Suisse.

On donne le nom d'*ichtyomorphes* ou *d'ichtyotypolites* aux pierres qui portent & offrent les empreintes de poissons : elles sont plus communes que les ichtyolites en relief, & souvent minéralisées par la pyrite. On donne le nom d'*ichtyospondiles* aux vertebres des poissons, & celui de *glossopetres* à leurs dents.

ICHTYOPHAGES. On donne ce nom aux animaux qui ne vivent que de poissons; de même qu'on nomme *sarcophages* ceux qui ne vivent que de chair.

ICHTYPÉRIE, *ichtyperia*. Hill a donné ce nom aux palais osseux des poissons, qu'on trouve fréquemment fossiles, à une grande profondeur en terre & presque toujours ensevelis dans des lits pierreux. Ce sont les *siliquastra* de *Lhuyd* qui les a nommés ainsi, à cause de leur resemblance dans cet état à des siliques ou gousses de végétaux. Les ichtypéries varient beaucoup de figures, de couleurs, & de dureté. L'Angleterre abonde plus qu'aucun pays en ce genre de fossiles.

ICICARIBA. *Voyez à l'article* RÉSINE ÉLÉMI.

IDOLE DES MAURES. Nom que les Hollandois ont donné à un poisson que les Maures ont en si grande vénération, que quand ils en prennent dans leurs filets ils le rejettent à la mer. Les Chrétiens qui vivent parmi les Maures n'ont pas pour ce poisson le même respect, puisqu'ils en mangent en bonne quantité. Ce poisson a une espece de dard sur le dos : il a le groin d'un cochon, & des dents dans la bouche.

JEAN-LE-BLANC, *ilianaria*. Quoique cet oiseau paroisse tenir quelque chose des aigles, du pygargue & du balbuzard, il n'en est pas moins, dit M. *de Buffon*, d'une espece particuliere, & très-différente des unes & des autres; il tient aussi de la buse par la disposition des couleurs du plumage, & par un caractere frappant; dans de certaines attitudes & vu de face, il resemble à l'aigle; vu de côté & dans d'autres attitudes, il resemble à la buse. Il est singulier que cette ambiguité de figure réponde à l'ambiguité de son naturel, qui tient en effet de celui de l'aigle & de celui de la buse; en sorte qu'on doit à certains égards regarder le jean-le-blanc comme formant la nuance intermédiaire entre ces deux genres d'oiseaux. La longueur depuis le bout du bec jusqu'à l'extrémité des ongles est d'un pied huit pouces. Son bec peut avoir dix-sept lignes de longueur, sa queue dix pouces, ses ailes cinq pieds un pouce d'envergure; sa tête, le dessus de son cou, son dos, son croupion, sont d'un brun cendré: toutes les plumes qui recouvrent ces parties sont blanches à leur origine, mais brunes dans tout le reste; la gorge, la poitrine, le ventre & les côtés sont blancs, variés de taches longues, & de couleur d'un brun roux; la membrane qui recouvre la base du bec est d'un bleu sale; l'iris des yeux d'un beau jaune-citron, les pieds couleur de chair livide dans la jeunesse, & jaunes lorsque l'oiseau est plus âgé. Cet oiseau voit très-clair pendant le jour, & ne paroît pas craindre la forte lumiere, on le voit même tourner ses yeux du côté du plus grand jour, & même vis-à-vis le soleil; lorsque cet oiseau, que M. *de Buffon* a élevé chez lui, vouloit boire, il commençoit par regarder fixement & long-temps, comme pour s'asurer s'il étoit seul; alors il s'approchoit du vase où on lui avoit mis de l'eau, il regardoit encore autour de lui; enfin après bien des hésitations, il plongeoit son bec jusqu'aux yeux & à plusieurs reprises dans l'eau: il y a apparence que les autres oiseaux de proie se cachent de même pour boire ; cela vient vraisemblablement de ce que ces oiseaux ne peuvent prendre de liquide qu'en enfonçant leur tête jusqu'au-delà de l'ouverture du bec & jusqu'aux yeux, ce qu'ils ne font jamais, tant qu'ils ont quelque raison de crainte : le jean-le-blanc, que M. *de Buffon* a élevé, ne montroit de défiance que sur cela seul, car pour tout le reste, il paroissoit indifférent & même assez stupide. Il n'étoit point méchant, & se laissoit toucher sans s'irriter, il avoit même une petite expression de contentement, *cô--cô*, lorsqu'on lui donnoit à manger, mais il n'a pas paru s'attacher à personne de préférence. Cet oiseau est très-commun en France, & est redouté des Paysans, par les dommages qu'il leur cause : il mange leur volaille encore plus hardiment que le milan : à le voir voler on le prendroit pour un héron, il bat des ailes & ne s'éleve pas aussi haut que la plupart des oiseaux de proie : soir & matin il vole contre terre dans les basses-cours, le long des bois & aux bords des forêts, en cherchant la volaille, les perdrix, les jeunes lapins & les petits oiseaux. *Voyez à l'article* AIGLE.

JEK ou JEREPOMONGA. C'est un serpent aquatique du Brésil, qui se tient souvent dans l'eau sans faire aucun mouvement : il suinte de son corps une substance si visqueuse, que tous les animaux qui touchent sa peau s'y collent de maniere qu'on a peine à les en arracher ; ainsi il en fait aisément sa proie. *Ruisch* dit que ce serpent sort quelquefois de l'eau pour se mettre sur le rivage, où il s'entortille ; & que si quelqu'un alors y porte la main pour le prendre, elle s'y attache ; & s'il en approche l'autre main, croyant s'en débarrasser, elle y demeure pareillement attachée : aussi-tôt ce serpent s'étend de sa longueur, & retournant dans la mer, emporte avec lui sa prise & en fait sa pâture. C'est ainsi que la frayeur ôte les forces.

JEKKO ou GEKKO. Espece de lézard de l'île de Ceylan. Le jekko a les pieds plus élevés & la queue plus courte que la salamandre ordinaire : il a cinq doigts à chaque pied; il est couvert de petites écailles; quelquefois sa queue est ronde & par anneaux. Il y a encore le *jekko étoilé*, qui est une espece de salamandre aquatique de l'Arabie, ou la salamandre cordyle d'Egypte.

JEREPOMONGA. *Voyez* JEK.

JET ou CANNE A MAIN. *Voyez à l'art.* ROTIN.

JET-D'EAU MARIN. C'est une production singuliere du cap de Bonne-Espérance, &c. qu'on prendroit d'abord pour une éponge ou pour une masse de mousse; elle tient asez fort aux rochers pour résister aux vents & aux vagues; sa couleur est verdâtre: ce jet-d'eau marin distille de lui-même une humeur aqueuse. Ce qui nous le fait regarder comme un zoophyte, c'est que dans l'intérieur il renferme une substance charnue informe, qu'on prendroit pour un gésier: on ne lui découvre aucun signe de vie animale; mais pour peu qu'on le touche, il pousse par deux ou trois petits trous d'asez beaux jets-d'eau, & recommence autant de fois qu'on y porte la main, jusqu'à ce que son réservoir soit entiérement épuisé: tout ceci indique que c'est une espece d'holoturie ou un zoophyte.

JETONS D'ABEILLES. *Voyez à l'artic.* ABEILLE.

JEVRASCHKA. Petite marmote de Jakusk en Sibérie. *Voyez* MARMOTE.

JEUX DE LA NATURE, *lusus Naturæ*. Les Lithologistes donnent ce nom à des pierres que l'on tire du sein de la terre, & qui ont différentes configurations asez relatives aux productions organisées des autres regnes de la Nature.

On peut distinguer deux genres de *pierres figurées*: il y en a qui ne doivent leur figure qu'à de purs effets du hazard: c'est ce qu'on appelle proprement *jeux de la Nature* ou *du hasard*. Des circonstances tout-à-fait naturelles, & qui ont pu varier à l'infini, paroissent avoir concouru pour faire prendre à la pierre molle dans son origine des figures singulieres, parfaitement étrangeres au regne minéral, & qui se sont conservées même après que la pierre a acquis un certain degré de dureté. Ces pierres figurées sont en très-grand nombre. La Nature en les formant a agi sans s'asujétir à aucunes regles : la figure qu'on y remarque n'est donc que la suite de purs accidens, & n'est point soumise aux lois d'un modele : mais il faut convenir ici que souvent l'œil préoccupé d'un Curieux qui forme un cabinet, ou d'un Naturaliste enthousiaste, croit y appercevoir & remarquer des choses qu'on n'y trouveroit peut-être pas en les examinant sans préjugés, sans complaisance & de sang froid. On peut regarder comme des *pierres figurées* de cette premiere espece les marbres de Florence, sur lesquels on croit voir des ruines de villes & de châteaux ; les cailloux d'Egypte qui présentent en apparence des paysages, des grottes ; les priapolites, &c. On pourroit placer ici le *gamites* ou *pierre de mariage* de *Pline*, où l'on voyoit deux mains qui se joignoient ; les *dendrites* ou *pierres herborisées* ; quelques pierres qui ressemblent à des fruits, à des os, ou qui portent l'image de quelques autres substances végétales ou animales. La plupart de ces jeux de la Nature n'ont qu'une ressemblance imparfaite & le plus souvent arbitraire avec les objets auxquels on les compare.

Il y a des pierres figurées qui tirent leur origine de corps étrangers au regne minéral, lesquels ont servi comme de moule à une matiere pierreuse encore molle. Celle-ci en a pris & conservé l'empreinte intérieure à mesure qu'elle s'est durcie : souvent le moule s'est détruit par le temps. Dans ce cas il n'a resté du corps qui a servi de moule que la figure. On doit ranger dans cette seconde espece un grand nombre de pierres qui ressemblent à des coquilles, des madrépores, du bois, des poissons, &c. ou qui portent l'empreinte de ces substances ; empreinte qu'il ne faut pas confondre avec les *fossiles* proprement dits.

Il y a aussi des *pierres figurées* qui représentent des choses artificielles comme si elles avoient été jetées en moule ou travaillées par un Sculpteur. Celles-ci ne doivent quelquefois cette configuration extraordinaire qu'à certaines especes de madrépores qui, comme l'on fait, ont des formes bizarres & variées à l'infini : communément elles n'ont point de type dans la nature, & elles ne font redevables qu'à l'art des hommes de la figure qu'on y remarque. Ainsi l'art vient souvent au secours pour abuser les Curieux : il est parlé d'une pierre où l'on voyoit, ou du moins on croyoit voir, une Religieuse ayant une mitre sur la tête, vêtue des ornemens pontificaux & portant un enfant dans ses bras..... On a observé que la plupart des pierres figurées se trouvent dans des lits de marne. *Voyez à l'art.* JEUX DE LA NATURE, *pag. 541, vol. II de notre Minéralogie. Voyez aussi les mots* LITHOMOPHITES, LITHOGLIPHITES, PIERRE DE CROIX, GÉODES, PRIAPOLITES, DENDRITES, EMPREINTES, PIERRES FIGURÉES, FOSSILES, PÉTRIFICATIONS *& l'article* STALACTITES *dans ce Dictionnaire*. On peut encore comprendre sous le nom de *jeux de la Nature* les monstruosités dans quelques individus du regne animal & du regne végétal. *Voyez* MONSTRE.

IF ou YF, *taxus*. Arbre fort connu qui ressemble au sapin & à la pesse, & qui croît aux lieux montagneux, pierreux & escarpés, aux pays chauds, comme en Languedoc, en Provence & en Italie : on le rencontre aussi en Suisse, en Angleterre & en d'autres pays, dans les montagnes & forêts ombrageuses. Sa racine est grosse, dure & profonde : elle pousse un tronc élevé qui forme un arbre toujours vert. Cette tige principale acquiert souvent une grosseur très-considérable : *Ray* cite deux ifs très-âgés, dont l'un avoit plus de trente pieds de tour, & l'autre cinquante-neuf pieds de circonférence au tronc, c'est-à-dire vingt pieds de diamétre. Le bois de l'if est fort dur, rougeâtre, veiné, incorruptible, propre à faire des cannes, des tables, des tasses, & plusieurs autres meubles. Ses feuilles sont semblables à celles du sapin, mais plus foibles, plus pointues & disposées comme les dents d'un peigne, luisantes en desfus, d'un vert noirâtre, d'un goût un peu amer. Les fleurs mâles qui paroissent au printemps, sont des chatons d'un vert pâle, composés d'un pivot garni à sa base de trois ou quatre petites feuilles en écaille, & terminé par un bouton d'où partent quelques étamines, dont les sommets sont remplis d'une poussiere très-fine, taillés en champignon & recoupés en quatre ou cinq crénelures; ces chatons ne laissent aucune graine après eux. Les fruits naissent sur le même pied, mais dans des endroits séparés; (sur des pieds différens, selon MM. *Haller* & *Linnæus*): ces fruits qui mûrissent en automne, sont des baies molles, rougeâtres, pleines de suc, creusées sur le devant en grelot, d'une belle couleur d'écarlate, qui ne renferment qu'une semence ovale dont l'écorce est dure, brunâtre, & contient une moëlle d'un goût assez agréable, mais foible & tirant sur l'amertume.

On ne connoît qu'une espece d'if, mais qui donne une variété, à feuilles panachées. L'if vient de marcotte ou mieux encore de graine, mais elle reste plus d'une an en terre sans lever. *Gesner* dit qu'il reprend aisément si on le transplante tout petit, & il dure plus d'un siecle. L'if est peut-être de tous les arbres celui qui souffre la taille avec le moins d'inconvénient, & qui conserve le mieux la forme qu'on veut lui donner, on lui voit prendre sous les ciseaux du Jardinier des figures rondes, coniques, spirales, en vase: on le met dans les plates-bandes des grands jardins, pour en interrompre l'uniformité: on les place aussi dans les salles de verdures & autres pieces de décoration; mais le meilleur usage que l'on puisse faire de cet arbre, c'est d'en former des banquettes, des haies de clôture & sur-tout de hautes palissades qui deviennent bien-tôt d'une force impénétrable. Le mois de Juillet est le temps le plus propre pour la taille de cet arbre. Les grands ifs ne sont plus de mode qu'entre les arbres des grandes allées ou dans les parcs: on les réduit en pyramides de trois ou quatre pieds de haut pour les parterres. Ces pyramides faisoient autrefois un des principaux ornemens des vastes jardins: le Jardin Royal de Kensington en fournit un exemple.

Les arcs les plus estimés chez les Anciens étoient faits de bois d'if; & encore aujourd'hui nos Menuisiers & nos Tourneurs en font grand cas. *Evelyn* dit que ce bois ne le cede à aucun autre en bonté pour faire des dents de roues de moulin, des essieux de charettes & même des instrumens de musique. Les Allemands en décorent leurs étuves.

Dioscoride, Galien & Pline, suivis de toute l'antiquité, ont regardé l'if comme un poison, *Jules-César,* dans le *VI Liv. de ses Comment.* dit que Cativulcus, roi des Eburoniens, s'empoisonna avec le suc d'if. *Mathiole & J. Bauhin* rapportent nombre d'expériences qui confirment ses mauvaises qualités. Le P. *Schoot,* Jésuite, assure que si l'on jette de l'if dans de l'eau dormante, les poissons en deviennent tout étourdis; de sorte qu'on peut les prendre avec la main. *J. Bauhin* a également observé cette vertu narcotique sur les bestiaux. *Ray* semble confirmer cette expérience, en parlant d'un if fort touffu qu'on cultivoit dans le jardin de Pise: il dit que les Jardiniers qui avoient soin de tondre cet arbre, ne pouvoient rester plus de demi-heure à faire ce travail, sans ressentir une violente douleur de tête qui les empêchoit de continuer leur ouvrage. On lit dans les affiches de 1754, que vers la fin de l'année 1753 plusieurs chevaux étoient entrés dans un verger voisin de la ville de Bois-le-Duc en Hollande, qu'ils y mangerent des branches d'if, & quatre heures après, sans aucun autre symptôme que des convulsions qui durerent une ou deux minutes, ils tomberent l'un après l'autre. Jusqu'ici tout paroît concourir à ranger l'if dans la classe des poisons.

Cependant, si l'on écoute *Lobel & Camerarius* & encore plus l'expérience, on reconnoîtra bientôt que cet arbre n'est pas dangereux dans tous les pays. *Lobel* rapporte qu'en Angleterre les enfans mangent impunément

nément tous les jours des fruits de l'if, & que ces mêmes fruits servent de nourriture aux pourceaux. Le Botaniste Anglois *Gerard* dit en avoir mangé avec plusieurs personnes sans qu'il en ait ressenti aucun trouble, & qu'il a dormi souvent à l'ombre de cet arbre sans mal de tête & sans aucun accident : on voit tous les jours des enfans manger des baies d'if au Jardin Royal des Plantes de Paris & dans celui des Tuileries, sans qu'il en résulte aucune incommodité.

Tant de faits si contraires nous portent à croire que le fruit de cet arbre n'a aucune qualité vénimeuse par lui-même ; & que s'il est dangereux dans d'autres pays, on doit l'attribuer au climat qui lui donne cette mauvaise qualité. Les qualités des plantes varient suivant les climats : on en a des exemples sensibles dans le napel & la ciguë ; l'if peut être dans le même cas. Il paroît constant que les rameaux qui contiennent en même-temps le bois, la feuille & la fleur sont d'un usage très-dangereux ; il y a sur cela un exemple assez récent : il y a quelques années qu'un particulier ayant attaché son âne dans une arriere-cour du château du Jardin du Roi où il y avoit une palissade d'ifs, l'animal pressé de la faim, brouta des rameaux d'if qui étoient à sa portée, & lorsque le maître vint pour prendre son âne & le conduire à l'écurie, il le vit tomber par terre & mourir subitement tout enflé, malgré le secours d'un Maréchal qui fut appellé sur le champ, & qui reconnut par quantité d'indices que l'animal avoit mangé quelque chose de venimeux.

IGNAME ou INHAME ou INIANS. Espece de plante de Nigritie, dont les Négres & quelques Sauvages de l'Amérique, où il s'en trouve aussi, se nourrissent de la racine.

L'igname est regardé à la Guiane comme une liane. Sa racine est longue d'un pied & demi dans les bonnes terres : elle se plante en Décembre ; on peut six mois après l'arracher : on connoît sa maturité lorsque les feuilles se flétrissent ; on la coupe en morceaux ; on la mange rôtie sous la braise, ou bien quand elle est d'une grosseur moyenne, on la fait bouillir entiere avec le bœuf salé : elle sert quelquefois de pain ; on en fait aussi des bouillies agréables. Les Négres en font du *langou* & du pain. *Maif. Ruft. de Caïenne.* L'igname est une plante rampante garnie de filamens, qui prennent racines & qui sont très-propres à la multiplier : sa tige est carrée & à-peu-près de la grosseur du petit doigt : ses feuilles sont en cœur, d'un vert pâle & grandes comme celles de la bardane : ses fleurs sont en forme de cloche & disposées en épis ; il leur succede des siliques garnies de petites graines noires. L'igname vient plus communément de bouture ; on emploie à cet effet la tête du fruit & une partie de la tige qui le porte.

IGNARUCU, est un animal amphibie qui se trouve quelquefois au Brésil, & communément dans les rivieres de Saint François & de Paraqua. Cet animal qui est ennemi de l'homme, a la forme d'un crocodile : il vit dans l'eau, & peut aussi se retirer sur terre dans les buissons, il grimpe même sur les arbres. Il est d'une couleur noirâtre : son corps est uni & tacheté comme la peau d'un serpent. L'ouverture de sa gueule est grande ; ses dents sont d'une médiocre grandeur & menues ; ses ongles sont étroits & arqués, mais trop foibles pour faire du mal : ses œufs qu'il fait en grande quantité, sont d'un fort bon goût ; sa chair est très-douce, & passe pour un mets délicieux en Amérique. Les Espagnols qui en avoient horreur, & qui n'en mangeoient point autrefois, ont appris des Américains le cas qu'il en faut faire ; aussi en font-ils usage aujourd'hui. L'ignarucu peut vivre dix jours, & même quelquefois vingt sans boire ni manger.

IGUANE. *Voyez* LEGUANA.

ILE ou ISLE, *insula*. Nom donné à une portion de terre environnée d'une mer, d'une riviere, d'un fleuve, d'un lac, d'un étang, mais qui s'éleve au-dessus des flots. Le plus grand nombre des îles de la mer se trouvent entre les Tropiques. Les îles ne font en général que les sommets les plus élevés des chaînes montueuses qui sillonnent par diverses ramifications la partie du globe que la mer recouvre. Les parties de la continuation de ces chaînes marines forment des bas-fonds, des écueils & des rochers à fleur d'eau : en sorte que ces terres plus ou moins proéminentes nous tracent sensiblement la route que suivent ces chaînes de montagnes sous-marines. On pourroit inférer de ceci que les détroits ne sont que l'abaissement naturel ou bien la rupture forcée des montagnes qui forment les promontoires. Ce qui tend à le confirmer, c'est que les détroits sont les endroits où la mer a le moins de profondeur, on y trouve une éminence continuée d'un bord à l'autre ; & les deux bassins que ce détroit réunit, augmentent en profondeur par une progression constante ; ce qu'on peut voir dans le pas de Calais & dans le détroit de Gibraltar. *Voyez* DÉTROIT, MONTAGNE *& l'article* TERRE. Il est digne de remarque que les nouvelles îles ne paroissent jamais qu'auprès des anciennes, & l'on n'a point d'exemple qu'il s'en soit élevé dans les hautes mers. Les grands amas d'îles qui présentent une multitude de pointes peu éloignées les unes des autres, sont voisins des continens, & sur-tout dans de grandes anses formées par la mer. Les îles solitaires sont au milieu de l'Océan & en petit nombre. Les îles flottantes que l'on voit dans la partie supérieure de la mer Adriatique, se forment des racines de roseaux attachées, chariées & qui se sont entrelacées. La plupart des îlots qui se forment tous les jours près la terre ferme, proviennent des dépôts de limon, de sable & de terre que les eaux des fleuves & de la mer entraînent & transportent à différens endroits, notamment à l'embouchure des rivieres où il se forme des bancs de sables assez considérables pour former des îles d'une grandeur médiocre. La mer en se retirant & s'éloignant des côtes laisse à découvert les parties les plus élevées du fond, de même en s'étendant sur certaines plages elle ne couvre pas les parties les plus élevées dans l'un & l'autre cas, ceci forme encore autant d'îles nouvelles & petites. Voici la citation des îles les plus fameuses & les plus considérables ; savoir, en Europe, la Grande-Bretagne, l'Irlande, la Zélande, l'Islande, la nouvelle Zemble, la Sardaigne, la Sicile, Candie, Majorque, Malthe : en Afrique, les Canaries, le Cap Vert, Madagascar, Sainte Hélene, l'Ascension, l'île Bourbon, Zoccotora, &c : en Asie, Manille ou Luçon, Niphon, Bornéo, Sumatra, Java, Ceylan, Mindanao, Celebes, Gilolo, Timor, Amboine, Céram & Jedso : en Amérique, Terre Neuve, la Terre de Feu, Cuba, Saint Domingue, la Jamaïque, les Açores, la Guadeloupe, la Barbade, Curaçao, Porto-Rico, Chiloë. Dans les pays où les pluies sont très-fréquentes & très-abondantes, à la Martinique par exemple, où l'on compte plus de quarante rivieres presque toutes navigables, on y voit une multitude d'ilots, dont les uns ont été formés lentement par de pareils dépôts, les autres sont la suite & l'effet subit des tremblemens de terre. Toutes les îles de la Martinique éprouverent ce désastre en 1727.

IMBRICATA, est un coquillage bivalve du genre des *cœurs*. Voyez FAITIERE.

IMBRIM, est un oiseau des parages de l'île de Feroë, & qui ne sort jamais de l'eau, disent les Actes de Copenhague, (ann. 1671 & 1672, Obs. 49.) parce que ses ailes sont trop petites pour voler, & ses pieds trop foibles & trop en arriere pour soutenir le poids de son corps. Les gens du pays croient que c'est une espece d'alcyon, nommé vulgairement *Jis fugl* ; mais l'imbrim est plus gros, il excede même la grosseur d'une oie : son plumage est gris, à l'exception d'un cercle blanc au cou. On a encore remarqué qu'il a sous chaque aile un creux capable de contenir un œuf ; l'on prétend qu'il y tient ses œufs cachés, & qu'il les couve ainsi. Cet oiseau ne fait jamais plus de deux petits. On ne voit guere ces oiseaux sur les côtes qu'à l'approche d'un tempête ; leurs cris font connoître aux habitans l'endroit où ils sont. On amorce les jeunes imbrims en leur présentant des morceaux de linge blanc pour les attirer à la portée du fusil; mais les vieux ne sont pas la dupe de cette ruse.

IMMA, espece d'ochre rouge, ferrugineuse, dont les Teinturiers & les Peintres se servent en Perse. Dans tous les pays les femmes se contentent rarement des attraits que leur a donné la Nature pour plaire : en Perse elles rehaussent la couleur de leur teint avec ce rouge minéral. Cette terre se tire particuliérement de la montagne de Chiampa près de Bander-Abassi.

IMMORTELLE, *elichrysum*. C'est une plante qui s'éleve à la hauteur d'un pied, dont les tiges sont très-dures, lanugineuses, garnies de feuilles étroites, velues & blanchâtres. Les fleurs naissent aux sommités des tiges, ramassées en maniere de tête, composées de plusieurs fleurons réguliers, soutenus par des calices écailleux fort secs : il y en a de jaunes, de blanches & de rouges : c'est de la différence de ces couleurs, qu'on l'a nommée quelquefois *amaranthe jaune* ou *bouton d'or*, *éternelle* ou *bouton blanc*, &c. Cette fleur est nommée avec raison *immortelle*; car cueillie à temps sur sa tige, elle se conserve plusieurs années sans se flétrir ni s'altérer ; effet qu'il faut attribuer à ce que les pétales des fleurs sont dans un état de siccité, semblable à celui que l'on procure à d'autres fleurs en les faisant dessécher dans un bain de sable chaud, afin de les conserver. *Voyez* FLEURS.

L'immortelle croît naturellement aux lieux secs, sablonneux & arides des pays chauds, en Espagne, en Portugal, en Italie, en Languedoc, à Montpellier, en Provence : elle fleurit en Septembre. On ne la cultive dans nos jardins que pour la fleur qui est d'une grande beauté, d'une odeur forte & agréable : les Dames la mettent pour se parer dans leurs cheveux. La graine qui succede à chaque fleuron, est pareillement odorante, oblongue, fauve & garnie d'une aigrette : sa racine est simple, bien nourrie, ligneuse, ayant une odeur approchante de celle de la gomme élémi. Cette plante est apéritive, vulnéraire & hystérique. On replante l'immortelle en Septembre, comme beaucoup d'autres fleurs. Selon M. *Adanson*, les *xeranthema* ou *immortelles à fleurs rougeâtres & blanchâtres*, ne different des chardons qu'en ce que l'enveloppe commune de leurs fleurs & de leurs feuilles est sans épines.

IMPANGUEZZE. *Voyez* EMPAKASSE.

IMPÉRATOIRE ou BENJOIN FRANÇOIS, *imperatoria major*, est une plante qui se plaît dans les Alpes, les Pyrenées & sur le Mont d'Or. Sa racine, qui est fameuse en Médecine, serpente obliquement ; elle est de la grosseur du pouce, & très-garnie de fibres, genouillée, brune en dehors, blanche en dedans, d'un goût très-âcre, aromatique, un peu amer, qui pique fortement la langue, & qui échauffe toute la bouche. Les feuilles sont composées de trois côtes, arrondies, vertes, grandes, partagées en trois & découpées à leurs bords. La tige s'éleve à la hauteur de deux pieds : elle est cannelée, creuse, & porte des fleurs en rose, disposées en parasol : les subdivisions de l'ombelle ou les ombelles partielles sont garnies, dit M. *Deleuze*, d'une fraise de feuilles très-étroites de même longueur que les rayons : aux fleurs succedent des fruits formés de deux graines aplaties, presque ovales, un peu rayées & bordées d'une aile très-mince.

L'*impératoire* qu'on cultive dans les jardins a moins de force que celle des montagnes. Lorsqu'on fait une incision dans la racine, dans les feuilles & la tige de l'impératoire, il en découle une liqueur huileuse d'un goût aussi âcre que le lait du tithymale.

La racine & la graine donnent dans la distillation beaucoup d'huile essentielle, qui surpasse, par son odeur & par ses vertus, celle de l'angélique. La racine eſt ſudorifique, diſſipe les vents de l'eſtomac, des inteſtins & de la matrice. *Hoffmann* la vante comme un remede divin pour rétablir les regles des femmes & pour guérir la ſtérilité ou la froideur des hommes : elle aide la digeſtion & facilite la reſpiration ; mais ſon principal uſage eſt dans les maladies qui viennent de poiſon coagulant & dans les coups d'inſtrumens empoiſonnés, même dans les vertiges qui menacent d'apoplexie : cette racine entre dans l'orviétan & la thériaque.

IMPITOYABLE ou MANGE-ROSE. C'eſt une larve tellement pernicieuſe aux jeunes & tendres boutons de roſe, qu'elle conſume en peu de temps le cœur des roſes & toute la ſubſtance, de façon que ces fleurs n'arrivent jamais à leur perfection quand elles ont été une fois attaquées par ces ſortes d'inſectes.

IMPOSTEUR. Ce nom a été donné par les Indiens à un poiſſon qui reſſemble à la carpe par la forme de ſa tête, & dont la langue faite en forme de dard, s'alonge à la volonté de l'animal, il la fait ſortir lorſque la faim le preſſe & il s'en ſert pour attraper les petits poiſſons : il en avale juſqu'à douze à la fois ; enſuite il retire ce long aiguillon, & nage tranquillement la bouche fermée, juſqu'à ce qu'un nouveau beſoin & l'occaſion demandent qu'il en faſſe uſage. Les voyageurs diſent que les Indiens font grand cas de ce poiſſon, & que ſa chair eſt un mets délicieux. *Conſultez* Ruisch, *de Piſc.* T. 11.

INCRUSTATIONS, *incruſtata*. Nom qu'on donne à une croûte ou enveloppe comme criſtalliſée, plus ou moins compacte & dure, qui ſe forme peu à peu en maniere de dépôt autour des corps qui ont ſéjourné pendant quelque temps dans de certaines eaux, leſquelles tiennent en diſſolution des molécules terreuſes, ou pierreuſes, ou ſalines, ou minérales, ou métalliques. *Voyez la théorie de cette mécanique naturelle à l'article* STALACTITES. Les incruſtations les plus ordinaires ſont ou calcaires ou ocracées.

INCUBATION, *incubatio*. Se dit de l'action de la femelle de certains animaux lorsqu'elle se met & demeure sur ses œufs pour les couver, dans le dessein de multiplier son espece; la durée de l'incubation n'est pas la même dans tous les animaux : selon quelques-uns l'incubation est propre à tous les animaux ovipares; mais elle est presque particuliere aux oiseaux. *Voyez* OISEAU.

INDE, *Indicum*. Nom que l'on donne à une fécule ou à un suc épaissi, bleu, ou de couleur d'azur foncé, & qu'on nous apporte en masse ou en pâte séche des Indes Occidentales.

Cette pâte féculente est tirée des feuilles de la plante nommée *anillo* par les Espagnols, laquelle croît au Brésil. Elle est haute d'environ deux pieds; ses feuilles sont rondes, assez épaisses, petites & verdâtres; ses fleurs sont semblables à celles des pois rougeâtres; il leur succede des gousses longues & recourbées, contenant quatre ou six semences oblongues & olivâtres. Toute cette plante a un goût amer & piquant : des Voyageurs disent que c'est une espece de sain-foin, qui d'abord ne s'éleve qu'à la hauteur de deux pieds & demi; mais qui, lorsqu'on ne le coupe pas, prend forme d'arbrisseau, & pousse un grand nombre de rameaux. Les Indiens disent que l'anil est vulnéraire & céphalique. C'est l'*emerus Americanus siliqua incurvata* de Tournefort; l'*indigo vera, colutea foliis, utriusque Indiæ* des Savans de Londres; le *nil sive anil glastum Indicum* de Parkinson; le *coronilla aut colutea Indica ex qua indigo*; le *caachira prima* de Pison; l'*hervas de anil, Lusitanis* de Marcgrave; le *xiuhquilith pitzahac, sive anil tenuifolia* d'Hernandez; le *colutea affinis fruticosa, floribus spicatis, purpurascentibus siliquis incurvis* de Catesby; le *sban aniliferum Indicum coronilla foliis* de Breynius; le *phaseolus Brasilianus sextus* de C. Bauhin; l'*isatis Indica, rorismarini glasto affinis*, ibid. le *ltin awaru* de Hermann.

Il y a plusieurs especes d'inde, le meilleur est celui

qu'on appelle *inde de Serquiſſe* ou *de Cirkeſt*, du nom du village Indien où il ſe fait : on choiſit l'inde en morceau carrés, aplatis, peu durs, nets, nageants ſur l'eau, inflammables, d'une belle couleur bleue ou violette foncée, ſurchargée de purpurin, ſemblable en cela à l'indigo. L'*inde en marons*, qu'on appelle *indigo d'Agra*, eſt encore d'une aſſez bonne qualité.

On fait uſage de l'inde dans la teinture, dans la peinture : on l'emploie broyé & mêlé avec du blanc pour faire une couleur bleue ; car ſi l'on s'en ſervoit ſans mélange, il teindroit en noirâtre. L'on ne doit pas s'en ſervir dans la peinture à l'huile, parce qu'il ſe décharge & perd une partie de ſa force en ſéchant, mais à la détrempe il produit des effets admirables ; il eſt abſolument néceſſaire pour peindre le ciel, la mer, & pour toutes les parties fuyantes d'un tableau. On le broie quelquefois avec du jaune tiré de la graine d'Avignon, &c. pour faire une couleur verte. Les étoffes de ſoie, de fil, de laine & de coton, reçoivent une variété de couleurs admirables de l'emploi de l'inde comme de l'indigo & du mélange qu'on en fait avec le vouede & d'autres couleurs. Les Blanchiſſeuſes emploient l'inde pour paſſer leur linge au bleu. Les Médecins en ordonnoient autrefois dans les bains pour fortifier les nerfs.

On donne auſſi le nom d'*inde* à la fécule du paſtel ou guede, & encore au bois d'Inde. *Voyez* PASTEL & BOIS D'INDE.

INDIGO. C'eſt une fécule tirée auſſi de l'anil, & qui ne differe de l'inde, dont il eſt parlé à l'article précédent, qu'en ce qu'il a été extrait de l'écorce des branches, de la tige & des feuilles de la plante, au lieu qu'on n'a employé que les feuilles pour tirer l'inde. Les Marchands diſtinguent pluſieurs eſpece d'indigo ; le meilleur & le plus eſtimé eſt celui qu'on appelle *indigo-gatimalo*, du nom d'une ville des Indes Occidentales, où l'on le prépare : il doit être léger, net, peu dur, nageant ſur l'eau, inflammable & ſe confumant presqu'entiérement ; sa couleur est d'un beau bleu ; quand on le frotte sur l'ongle, il y reste une trace qui imite le coloris de l'ancien bronze.

Ce que l'on nomme *bleu de Java* est un *inde* que les Hollandois préparent avec l'indigo. Il paroît que l'on travaille de l'indigo en Malabar, mais les échantillons que nous en avons reçus, sont bien inférieurs à toutes les especes d'indes connues. On commence aussi à préparer de l'indigo dans l'Afrique Françoise : les Maures & les Négres ne se servent que de celui qui croît naturellement chez eux, le long des rivieres.

M. *de Préfontaine, Maif. Rustiq. de Cay.* dit qu'on cultive beaucoup la plante de l'indigo dans nos Colonies Françoises ; c'est même une des meilleures cultures de l'Amérique, & en même temps une des plus délicates. Elle exige une bonne qualité de terre, & beaucoup d'attention de la part du Cultivateur. Le terrain doit être plat, uni, humide & très-gras. L'indigo se seme en temps humide dans des trous alignés à un pied de distance, auxquels on donne trois pouces de profondeur. Les Négres semeurs mettent dix graines dans chaque trou, qu'ils recouvrent soigneusement avec leurs pieds : on voit ordinairement sortir la plante six jours après. Il faut avoir soin de sarcler les mauvaises herbes. Au bout de deux mois l'indigo est bon à être coupé, ce qui se connoît par la facilité que les feuilles ont à se casser, & par leur couleur vive foncée : on coupe l'indigo par un temps humide. La plante peut durer deux ans ; (elle est annuelle en Europe) on la coupe avec des faucilles, & on met ce qui a été coupé dans de grands morceaux de toiles pour le porter à la manufacture. L'indigo coupé avant sa maturité donne une plus belle couleur, mais il rend beaucoup moins : s'il est coupé trop tard on perd encore plus, & on a un indigo de mauvaise qualité. Cette plante, dit M. *de Préfontaine,* est sujette à une espece d'insecte qui vient par vol comme une nuée, & la mange totalement dans peu de temps. Cet insecte est commun, sur-tout à Saint-Domingue. La seule ressource de l'habitant est de couper son indigo dans l'état où il est : on le jette dans l'eau avec les petits animaux qu'on en sépare par ce moyen. On emploie encore, pour la destruction de ces insectes, une autre méthode qui paroît singuliere : sitôt que l'indigo en est attaqué, on laisse entrer des cochons dans la piece d'indigo, ces animaux avec leur nez font remuer la tige & en font tomber les insectes, sur lesquels ils se jettent avidement.

Il faut pour fabriquer l'indigo avoir trois cuves posées les unes sur les autres à des hauteurs différentes & près d'un réservoir d'eau : la premiere s'appelle *trempoire*, la seconde *batterie*, & la troisieme, *diablotin*; c'est celle où le produit des deux autres se rassied & dans laquelle l'indigo s'acheve. Cette opération se réduit à macérer la plante dans la premiere cuve où elle fermente, à décanter l'eau devenue bleue dans la seconde cuve: & à agiter l'eau à force de manivelle jusqu'à ce que la partie colorante & errante s'aglomere en petits grains. L'adresse de l'indigotier consiste à saisir l'instant convenable. Pour cet effet, pendant que les Négres battent, il tire de l'eau de la batterie dans une tasse de cristal, & il examine si la fécule se précipite, ou si elle est encore errante. Dans le premier cas il faut cesser de battre, dans l'autre il faut continuer. L'opération étant faite, l'eau s'éclaircit, la fécule se précipite, on lâche l'eau, & la fécule ou matiere boueuse tombe dans la troisieme cuve, où elle se rassied. Dans cet état on la prend avec une cuiller, & on en emplit des chausses de figure conique de la longueur de quinze à vingt pouces, afin que l'humidité s'évaporant, l'indigo acquiere une consistance de pâte. On vide alors ces chausses dans des caissons carrés ou oblongs d'environ deux à trois pouces de profondeur : on fait sécher l'indigo à l'air, mais à l'ombre. Une trop grande humidité ne lui est pas moins contraire, car il se corromproit ; au soleil il perdroit sa couleur ; enfin on le coupe en petits pains carrés ; &c. pour l'envoyer en France.

INDIGO BATARD. C'est une espece de *barbe de Jupiter.* Voyez ce mot.

INDIGO DE LA GUADELOUPE. La plupart des Botanistes donnent ce nom à une espece d'*anonis*.

INDIGO SAUVAGE. Cette plante vient naturellement dans la Guianne. Les Créoles disent que sa racine écrasée & appliquée sur les dents en amortit la douleur.

INIANS. *Voyez* IGNAME.

INONDATION. *Voyez* ORAGE & PLUIE.

INSECTE, *insectum*. Que de *Réaumurs* ne faudroit-il pas pour épuiser cet article ? En général on donne ce nom à de petits animaux composés d'anneaux ou de segmens. Les parties des insectes sont assez distinctement organisées, pour qu'on y puisse distinguer une tête, des cornes mobiles ou antennes (*tentacula*), une poitrine ou corselet (*thorax*), un ventre, des pieds, & souvent des ailes, sur-tout dans ceux qui se métamorphosent : toutes ces parties comme coupées tiennent les unes aux autres par de menus filamens, qui sont autant de canaux, ou d'étranglemens, ou d'intersections minces, & dont la mécanique éloigne ou approche les anneaux les uns des autres dans une membrane commune qui les assemble, de sorte que toutes ces parties ou lames écailleuses semblent jouer & glisser les unes sur les autres. Cette définition ne détermine pas encore l'idée qu'on doit se former des insectes, & il est peut-être difficile d'employer un terme qui embrasse tout à la fois le genre entier des insectes ; car on a besoin de plus d'un caractere pour se former une notion exacte de ces animaux, & de leur constitution.

Le premier, selon M. *Rœsel*, est que l'animal dont il est question, n'ait ni ossemens, ni arêtes (sa peau, souvent écailleuse, en fait l'office) : 2°. qu'il soit pourvu d'une trompe, ou d'un aiguillon, ou d'une bouche, dont les mâchoires s'ouvrent ou se ferment, non d'en haut ou d'en bas, mais de la gauche à la droite, & de la droite à la gauche : 3°. qu'il soit privé de paupieres, ou d'équivalent : 4°. qu'il ne respire pas l'air par la bouche, mais qu'il le pompe & l'exhale par la partie supérieure de son corps, & par de petites ouvertures sur les flancs, qu'on appelle *stigmates* ou *points à miroirs* : observation qu'on peut répéter sur tous les insectes, dans un verre clair rempli d'eau : cette derniere définition des insectes est encore insuffisante pour bien des Lecteurs. M. Linnæus veut que sous le nom d'insecte on n'y comprenne que les animaux qui dans leur état parfait ont des antennes au devant de la tête & la peau crustacée ou écailleuse : maintenant considérons ces animaux sous un autre point de vue.

Divisions des Insectes.

Il y a diverses sortes d'insectes : ceux qui s'occupent de l'étude de ces animaux, les distinguent en *insectes aquatiques* & en *terrestres* ; il n'y en a qu'un petit nombre dans l'une & l'autre espece qui ne se métamorphosent pas, ou qui gardent leur forme premiere. Il est donc important, dit M. *Deleuze*, de remarquer que la plupart des insectes subissent des métamorphoses ou changemens de peau, qui sont si considérables dans quelques especes, qu'un même insecte paroît dans un des périodes de sa vie, entiérement différent de ce qu'il étoit dans l'autre. On se tromperoit donc beaucoup de faire des divers états sous lesquels paroît un même insecte, autant d'especes différentes : mais pour éviter la confusion, il convient de considérer chaque insecte principalement tel qu'il est après sa derniere métamorphose, & dans l'état qu'on peut appeler *l'état parfait* ; parce que ce n'est que dans cet état que le développement est complet, particuliérement celui des organes de la génération, comme on le verra dans la suite de cet article. Ainsi la distinction en insectes pourvus de pieds & insectes sans pieds (*apodes*), faite par quelques auteurs, ne peut avoir lieu, à les considérer dans cet état. Tout animal sans pieds, ou n'appartient pas à la classe des insectes, déterminée comme on l'a vu ci-dessus, ou est un insecte dans l'état imparfait de *larve* ou de *nymphe*. Ceux des insectes qui sont pourvus de pieds, n'en ont pas moins de six & on les nomme *hexapodes*. Ceux qu'on appelle *polypodes*, en ont au moins dix. Enfin il y en a qu'on appelle *centipedes* & *millepedes*, à cause du grand nombre de leurs pieds. C'est effectivement le cas des scolopendres, & des jules, qui ont jusqu'à 70 & 120 pattes de chaque côté. Les pattes des insectes sont articulées & terminées par deux, quatre & quelquefois six petites griffes crochues & fort aiguës, qui servent à cramponner l'animal. Indépendamment de ces griffes ou ongles, le dessous du pied est encore garni de petites brosses ou pelotes spongieuses, qui servent à tenir l'insecte sur les corps les plus lisses.

Parmi les insectes, les uns sont ailés, les autres ne le sont pas ; & de ceux-ci il y en a qui le deviennent dès qu'ils ont changé de forme, comme les chenilles transformées en papillons ; ceux à qui il ne vient point d'ailes, sont ces especes de chenilles appellées *scolopendres* ; & quelques autres de même nature.

Parmi les insectes qui ont des ailes, il y en a qui les portent toujours tendues, comme les papillons, les mouches, les abeilles & autres ; d'autres, lorsqu'ils ne volent pas, les tiennent cachées & renfermées dans un étui : telles sont les cantharides & les especes de scarabées : de ceux-ci, il y en a qui ont deux ailes, & les autres quatre.

Les Naturalistes trouvent encore dans les insectes des caracteres qui ont des détails suffisans pour servir à distribuer les genres en especes : ce sont ceux des ailes dont nous avons déja dit quelque chose.

On distingue dans cette classe d'animaux, 1°. ceux dont les ailes membraneuses sont renfermées sous des étuis solides & écailleux, opaques & colorés, tels que les escarbots, le cerf-volant, le dermestes, le hanneton, le capricorne, l'altise, le chrysomele, les cantharides, le buprefte, la calandre & le grillon, sous le nom de *coléopteres*. Leur bouche est armée d'une mâchoire dure & aiguë, composée ordinairement de deux pieces qui se meuvent horizontalement, & leur premier état est celui de vers hexapodes. Ils ont également six pieds étant parfaits ou métamorphosés, mais ces pieds dans l'état imparfait ne sont plus les mêmes que ceux de l'état parfait.

2°. Ceux qui n'ont que des moitiés d'ailes, (c'est-à-dire, dont les élytres ou ailes supérieures sont des demi-étuis durs & écailleux, ou des étuis à moitié mous, & qui ne recouvrent que la moitié du corps, ou des ailes inférieures) tels que les procigales & les cigales, la punaise de bois, le *kermès*, le scorpion de marais, les cochenilles, sous le nom d'*hémipteres*. Dans cette section, la trompe de la bouche est longue & aiguë; elle est encore repliée en dessous, & s'étend entre les pattes, ils ne subissent qu'une transformation incomplette. *Voyez* HÉMIPTERE.

3°. Ceux qui ont les quatre ailes farineuses, c'est-à-dire chargées d'une poussiere organisée & écailleuse, tels que les papillons diurnes & nocturnes, sous le nom de *lépidopteres*. Leur trompe est plus ou moins longue, & souvent recourbée en spirale. Ils ont tous été chenilles & ensuite chrysalides.

4°. Ceux qui ont les quatre ailes membraneuses, nerveuses, lisses, nues & sans poussiere, tels que les guêpes & les mouches ichneumones, les demoiselles, les abeilles, les fourmis volantes, sous le nom d'*hyménopteres*. Cette section est nombreuse, & est désignée par quelques-uns sous le nom de *névropteres* : la plupart des insectes qu'elle contient ont la bouche armée de mâchoires, plus ou moins grande, & souvent accompagnée d'appendices semblables à des antennules.

5°. Ceux qui ont deux ailes, tels que les mouches communes, les taons, les tipules, les cousins, sous le nom de *dipteres*. Ces insectes ont les trompes de la bouche diversement figurées, suivant les différents genres; mais tous ont sous l'origine de leurs ailes des especes de petits balanciers.

6°. Ceux qui sont sans ailes, tels que les poux, les cloportes, les puces, les cirons, les araignées, sous le nom d'*apteres*.

Cette méthode, qui est en partie celle de M. *Linnæus*, laisse encore à desirer bien des choses, puisqu'il y a des insectes dont les ailes sont plus ou moins entieres, dures, tendres, poudreuses ou lisses; quelques-uns des insectes ont des poils, des piquans, des boutons, des antennes plus ou moins longues, enflées ou velues, d'autres ont des pinces pour saisir leur proie, ou des dents, ou un aiguillon qui leur sert à se défendre, ou à manger, ou à pondre; enfin il y a des insectes qui ne ressemblent presque point à des animaux, tels que les *gallinsectes*, les *progallinsectes*, &c. Voyez ces mots. La tête des insectes varie autant que la figure & la proportion de leur corps.

Ne pourroit-on pas distinguer les insectes, en insectes à *quatre ailes*, à *deux ailes*, à *ailes à étuis*, *sans ailes* ?

A l'égard de quelques autres termes moins familiers, & dont on se sert dans la description d'un insecte, en voici la liste. *Antennes*: voyez ce mot, & à l'article PAPILLON. Les *barbillons* sont les antennes qui sont sur les côtés de la bouche de quantité d'insectes. La *chrysalide* est détaillée à l'article NYMPHE. Les *balanciers* sont ces petits filets mobiles, terminés par un bouton, qui se trouvent à l'origine des ailes de tous les insectes à deux ailes ou *dipteres*. Le *corselet* est cette partie qui, chez l'insecte, répond à la poitrine des grands animaux. L'*écusson* (*scutellum*) est cette piece triangulaire qui se trouve à la naissance du corselet ou des ailes des coléopteres. Les *élytres* sont les étuis écailleux des ailes des
coléopteres.

coléoptères. A l'égard de la *larve* & des *métamorphoses*, voyez ces mots, ou celui de Nymphe.

Autres considérations sur la structure du corps des Insectes.

Il y a tant de diversités dans la seule figure extérieure du corps des insectes, qu'il est peut-être impossible d'épuiser cette variété. Nous nous contenterons de faire observer que le corps des uns, comme celui des araignées, est de figure à-peu-près sphérique ; & celui des autres, comme des scarabées de Sainte Marie, ressemble à un globe coupé par le milieu : il y en a qui sont plats & ronds, comme le pou des chauve-souris ; d'autres ont la figure ovale. La larve qui se trouve dans les excrémens des chevaux, a celle d'un œuf comprimé ; le mille-pied rond ressemble au tuyau d'une plume. Beaucoup ont le corps quarré, plat ; plusieurs sont courbés comme une faucille, & pourvus d'une longue queue, comme celle de la fausse-guêpe. Quelques-uns de ceux qui n'ont point de pieds ou tarses articulés, comme les chenilles, ont en divers endroits de petites pointes qui leur en tiennent lieu, ils s'en servent pour s'accrocher & se tenir ferme aux corps solides. Le corps des insectes qui vivent dans l'eau, est naturellement couvert d'une espèce d'huile qui empêche l'eau de s'y arrêter, & de retarder leur mouvement ; d'autres, comme l'araignée blanche des jardins, ont le corps entouré d'un rebord rouge qui en fait le cercle ; quelquefois ils sont ornés de petits tubercules qui les empêchent d'être blessés lorsqu'ils entrent & sortent de leur trou, comme dans la chenille blanche à taches jaunes, qui vit sur le saule. Enfin l'on en voit qui, comme les chameaux, ont une bosse sur le dos ; tels sont les araignées, qui ont encore à la partie postérieure du corps des mamelons dont elles tirent leurs fils : d'autres insectes ont cette même partie ou unie, ou revêtue de poils : quelques-uns ont le derriere ou couvert d'une espece d'écusson, ou garni d'une membrane roide qui leur sert de gouvernail pour se tourner en volant du côté qu'il leur plaît ; elle est à ces insectes ce que la queue est aux oiseaux. La partie postérieure est encore le lieu, ou de l'aiguillon, ou de la pincette faite en faucille, ou de la fourche à deux dents, ou de ces sortes de barbillons pointus, droits ou courbes, & qui leur servent tantôt pour tâter ce qui les approche par derriere, tantôt pour s'accrocher, tantôt pour pousser leur corps en avant.

Description de différens organes des Insectes, tels que les yeux à réseau, les stigmates, la voix, & l'oreille.

L'histoire que nous nous proposons de donner ici de ces organes, mérite quelque attention de la part du Lecteur, nous avons réuni ces différens articles sous un même point de vue, parce qu'ils sont propres à la plûpart des insectes : à l'égard des organes qui sont particuliers à chaque espece d'insecte, nous en traitons sous le nom de l'insecte même.

Les yeux à réseau sont peut-être de toutes les parties des insectes la plus propre à nous faire voir avec quel prodigieux appareil la Nature les a formés, & à nous montrer en général combien elle produit de merveilles qui nous échappent. Les plus grands Observateurs microscopiques n'ont pas manqué d'étudier la structure singuliere de ces yeux. Ceux des mouches, des scarabées, des papillons & de divers autres insectes, ne différent en rien d'essentiel. Ces yeux sont tous à-peu-près des portions de sphere, leur enveloppe extérieure peut être regardée comme la cornée. On appelle *cornée* l'enveloppe extérieure de tout œil, celle à laquelle le doigt toucheroit, si on vouloit toucher un œil, les paupieres restant ouvertes. Celle des insectes dont nous parlons, a une sorte de luisant qui fait voir souvent les couleurs aussi variées que celles de l'arc-en-ciel. Elle paroît à la vue simple, unie comme une glace ;

mais lorfqu'on la regarde à la loupe, elle paroît taillée à facettes comme des diamans; ces facettes font difpofées avec une régularité admirable & dans un nombre prodigieux. *Leuwenhoeck* a calculé qu'il y en avoit 3181 fur une feule cornée d'un fcarabée, & qu'il y en avoit 8000 fur chacune de celles d'une mouche ordinaire. *Hoock* en a trouvé 14 mille dans les deux yeux d'un bourdon, & *Leuwenhoeck* en a compté 6226 dans les deux yeux d'un ver à foie ailé. Ce qu'il y a de plus merveilleux, c'eft que toutes ces facettes font vraifemblablement autant d'yeux; de forte qu'au lieu de deux yeux ou criftallins, que quelques-uns ont peine à accorder aux papillons, nous devons leur en reconnoître fur les deux cornées, 34650; aux mouches 16000, & aux autres plus ou moins, mais toujours dans un nombre auffi furprenant.

Voici deux expériences de ces favans Obfervateurs, qui prouvent inconteftablement que chaque facette eft un criftallin, & que chaque criftallin eft accompagné de ce qui forme un œil complet. Ils ont détaché les cornées de divers infectes, ils en ont tiré avec adreffe toute la matiere qui y étoit renfermée, & après avoir bien nettoyé toute la furface intérieure, ils les ont mifes à la place d'une lentille de microfcope. Cette cornée ainfi ajuftée & pointée vis-à-vis d'une bougie, faifoit voir une des plus riches illuminations. M. *Puget* ayant mis & tenu au foyer d'un microfcope l'œil d'un papillon ainfi préparé, un foldat vu à ce microfcope paroiffoit une armée de 17325 foldats; un pont étoit autant multiplié, & formoit un nombre infini d'arches. *Leuwenhoeck* a pouffé la diffection jufqu'à faire voir que chaque criftallin a fon nerf optique. Comment, dira-t-on, un infecte avec des milliers d'yeux peut-il voir l'objet fimple? Lorfque nous faurons au jufte comment nous-mêmes avec deux yeux nous voyons les objets fimples, il nous fera aifé de concevoir que les objets peuvent paroître fimples à des infectes avec des milliers d'yeux. La Nature qui a voulu que leurs yeux ne fussent point mobiles, y a suppléé par le nombre & par la position. Malgré des milliers d'yeux dont sont composées les deux orbites, la plupart des mouches ont encore trois autres yeux placés en triangle sur la tête, entre le crâne & le cou. Ces trois yeux qui sont aussi des cristallins, ne sont point à facettes, ils sont lisses & paroissent comme des points ; ces différentes grosseurs des yeux dans le même insecte, les différentes places accordées aux uns & aux autres, conduisent à présumer avec quelque vraisemblance que la Nature a favorisé les insectes d'yeux propres à voir les objets qui sont près d'eux, & d'autres pour voir les objets éloignés ; qu'elle les a, pour ainsi dire, pourvus de microscopes & de télescopes. Il faut observer que la plupart de ces yeux à facettes sont couverts de poils, que l'on peut soupçonner de produire l'effet des cils de nos yeux, c'est-à-dire, de détourner une trop grande quantité de rayons de lumière, qui ne serviroient qu'à embarrasser la vue.

Si quelqu'un doutoit que ces globes à facettes fussent l'organe de la vue, voici des expériences démonstratives. M. *de Réaumur* mit une couche de vernis opaque sur les yeux à réseau de plusieurs abeilles d'une même ruche ; ces abeilles furent mises dans un poudrier avec quelques-unes de leurs semblables, dont les yeux n'étoient point couverts, & à quelque distance de la ruche. Les premieres voloient çà & là ou ne voloient point du tout, tandis que les autres alloient droit à la ruche. Si on jetoit une de ces mouches aveugles en l'air, elle s'élevoit verticalement à perte de vue, sans qu'on sût ce qu'elle devenoit ; semblables à ces corneilles, qui voulant saisir la viande mise au fond d'un cornet englué, s'en font une coiffe, & ainsi aveuglées, s'élevent à perte de vue, & retombent, dit-on, sans forces & presque mortes. Les mouches dont on avoit verni simplement les yeux lisses, voloient de tous côtés sur les plantes sans aller loin, mais ne s'élevoient point verticalement. *Hodierna* a fait un traité très-curieux sur les yeux des insectes imprimé en Italien en 1644. L'Abbé *Catalan* a donné aussi dans le Journal des Savans 1680 & 1681 de belles observations sur cette même matiere.

Les *stigmates* dont on doit la découverte à MM. *Bazin* & *de Géer*, sont des ouvertures en forme de bouches, que l'on voit à l'extérieur des insectes. Ce sont leurs poumons, leurs organes de la respiration. La différence n'est que dans le nombre & les places qu'elles occupent; les mouches les ont sur le corselet & les anneaux; le ver à soie & les autres insectes de son espece en ont dix-huit le long des côtés du corps, la courtilliere en a vingt. Il y a des vers qui portent leurs poumons au bout d'une corne. De ces ouvertures, nommées *stigmates*, partent en dedans du corps une infinité de petits canaux formés d'une fibre argentine, roulée sur elle-même en forme de tire-bourre. Ces canaux se ramifient prodigieusement, & portent l'air dans toutes les parties du corps de l'animal; cet air ressort ensuite par les pores de la peau. Il y a quelques nymphes aquatiques qui ont au lieu de stigmates des especes d'ouïes semblables à celles des poissons, des panaches auxquels aboutissent les poumons aériens & qu'elles font jouer presque continuellement avec une légéreté surprenante. Lorsqu'on bouche entierement les stigmates d'un insecte avec de l'huile, il périt à l'instant, parce qu'on le prive des organes de la respiration. (Consultez un mémoire contenant des *recherches sur la respiration des chenilles & des papillons*, par M. *Bonnet*, dans le cinquieme volume des Savans étrangers, pag. 276).

M. *Lyonnet* pense que les insectes auxquels la nature a donné une espece de voix, ou pour parler plus juste, la faculté de former certains sons, comme elle l'a donnée aux cigales, aux cousins, aux bourdons, aux grillons, aux sauterelles, & à plusieurs scarabées, ont aussi reçu le sens de l'ouïe pour entendre ces sons; nous ne leur connoissons, il est vrai, aucune oreille extérieure, mais encore n'en sauroit-on inférer qu'ils n'en ont point; elles peuvent être déguisées & rendues méconnoissables par leur forme & par la place qu'elles occupent. Des animaux dont la voix ne se forme point par le gosier, qui respirent par leur corselet, par les côtés, par la partie postérieure ; des animaux parmi lesquels on en voit qui ont les yeux sur le dos & les parties génitales sur la tête, des animaux de cet ordre peuvent fort bien avoir les oreilles partout ailleurs que dans les endroits où l'on s'attendroit à les trouver.

Comme l'usage de tous les membres des insectes ne nous est pas connu, peut-être y en a-t-il, parmi ceux dont nous ignorons la destination, qui leur sont donnés pour recevoir l'impression des sons, encore moins pouvons-nous assurer que les insectes n'ont point d'oreilles intérieures : cet organe, s'ils en ont un, doit être en eux délicat & comme imperceptible. Il y a sans doute dans le chant des insectes des modulations, des différences que les organes épais de notre ouïe ne peuvent pas toujours saisir, car il n'est pas dans l'ordre que tous les différens insectes chantent sur le même ton, le combat, la retraite & la victoire, la douleur & le plaisir : on peut même croire que les insectes ont aussi des moyens qui nous sont inconnus & qui servent à exprimer leurs diverses passions.

Copulation & génération des Insectes.

Du temps d'Aristote on regardoit les insectes comme des animaux imparfaits, qui naissent d'une matiere corrompue ; à mesure qu'on a étudié, on a reconnu la fausseté de cette opinion. Tous les insectes sont très-féconds & paroissent penser dès leur naissance à s'accoupler & à perpétuer leur espece : ils semblent même n'avoir point d'autre but. La maniere dont les insectes mâles commercent avec leurs femelles, quoique très-variée, rend la femelle féconde & la met en état de pondre des œufs lorsqu'il en eſt temps. Les parties de la génération de ces petits animaux ſont ordinairement placées à l'extrémité du ventre au derriere dans les mâles; l'on en voit cependant qui les portent par devant ſous le ventre, même d'autres à la tête. Ces parties ſont ordinairement couvertes d'un poil extrêmement fin, à cauſe de leur délicateſſe infinie. Tout annonce que les moyens que les inſectes emploient pour parvenir à leur multiplication, ſont aſſez différens. La génération des *pucerons*, le bizarre accouplement des mouches appellées *demoiſelles*, des araignées & quantité d'autres auſſi ſinguliers, font comprendre combien la nature eſt féconde & inépuiſable en inventions mécaniques. Pour cette opération importante, les uns, comme la fourmi, ſe raſſemblent & forment des eſpeces de colonies & de républiques; d'autres vont à l'écart, & avant comme après le moment de la jouiſſance, ils font retentir les champs d'un ſifflement aigu, qu'on prendroit en quelque ſorte pour le ſon d'une flûte : il y en a dont l'entrevue ſe paſſe en ſilence. Les animaux qu'on appelle *vers luiſants* paroiſſent dans les nuits de l'été, comme un phoſphore dans les buiſſons, cette lueur leur annonce réciproquement & le deſir de multiplier, & le lieu où ils peuvent ſe trouver; il en eſt de même à l'égard des autres animaux qui ſont luiſans pendant la nuit. Les mâles ſont communément plus petits que les femelles, mais les antennes de celles-ci ſont moins grandes & moins belles. Quelquefois auſſi elles ſont dépourvues d'ailes : dans la plupart des inſectes mâles, ſi l'on preſſe le ventre, on fait ſortir par l'ouverture qui eſt à ſon extrémité, deux eſpeces de crochets aſſez durs, leſquels s'entr'ouvrant, font paroître la véritable partie ſexuelle : les crochets ſervent à l'inſecte à s'accrocher & à ſe cramponner après ſa femelle, même à la ſtimuler pendant l'acte amoureux : le ventre de la femelle comprimé ne laiſſe voir qu'une eſpece de canal qui lui ſert de vagin; par cet expoſé on voit qu'il n'eſt peut-être point de classe d'animaux qui offre autant de variétés dans la génération : nous avons cité l'accouplement des mouches demoiselles, des araignées, &c. celui de la mouche commune présente aussi une singularité remarquable : parmi les autres animaux c'est le mâle qui introduit : dans cette espece de mouche c'est la femelle : la plupart des insectes sont ovipares ; mais il y en a de vivipares & d'autres qui sont vivipares dans un temps & ovipares dans un autre. *Voyez* VIVIPARE & OVIPARE.

Si les insectes vivent peu de temps, ils ont en récompense la vie plus dure, & naissent en très-grande quantité ; les *cirons* multiplient au nombre de mille en quelques jours. L'*éphémere*, cette mouche dont la vie est si courte, n'emploie pas toute cette durée à voler sur les eaux ; la nature a voulu que ce temps lui suffît pour ses plaisirs, son accouplement & la ponte de ses œufs. Il y a certaines mouches vivipares qui sont si fécondes, qu'elles donnent naissance à deux mille autres à chaque portée : l'on voit aussi des mouches ovipares, telles que l'abeille, qui produisent jusqu'à quarante mille œufs fécondés. Quoique les insectes soient des animaux très-petits & qu'ils occupent un très-petit espace dans le monde, ils ne laissent pas de former en très-peu de temps des nuées d'insectes qui pourroient infester des pays, s'ils ne devenoient la proie des oiseaux, des reptiles, des poissons & des araignées : & s'ils ne périssoient la plupart immédiatement après la fécondation & la ponte : effectivement dès que l'accouplement est accompli, les mâles paroissent épuisés, languissans, & comme ils sont alors inutiles, ils achevent de payer le tribut à la nature, ils meurent : les femelles ne survivent à leurs mâles que l'instant nécessaire pour la ponte ou pour l'accouchement, suivant que l'animal est ovipare ou vivipare. La variété qu'il y a entre les œufs des insectes est incroyable, soit en grosseur, soit en figure, soit en couleur ; ils sont ronds, ou ovales, ou coniques. Les uns, comme ceux de quelques araignées ont l'éclat de petites perles; les autres comme ceux des vers à soie, sont d'un jaune plus ou moins foncé; enfin il y en a de verts, de bruns, de rougeâtres.

Lieux où les Insectes déposent leurs œufs, &c.

La plupart des insectes ne portent point de petits dans leur ventre, & ils ne couvent pas leurs œufs; il y a beaucoup plus de ces animaux *ovipares* que *vivipares*: voyez ces mots & celui d'ŒUF. La queue creuse & pointue des femelles leur sert de conduit pour pondre leurs œufs dans les corps où elles veulent les introduire. Comme les œufs ne descendent point par la pression de l'air, la nature y a formé plusieurs demi-anneaux opposés, qui facilitent cette descente. Les insectes les resserrent successivement en commençant par celui qui est le plus près du ventre, & font tomber les œufs d'un anneau à l'autre par une espece de mouvement péristaltique. La fente de ce canal est beaucoup moins visible pendant que l'animal est en vie, que lorsqu'il est mort. Toutes les femelles d'insectes n'ont pas un pareil canal: celles qui déposent leurs œufs sur la surface des corps, les font passer immédiatement par les parties génitales; il n'y a que celles qui les déposent dans la chair, dans d'autres insectes, &c. qui aient besoin d'un semblable tuyau; encore ne sert-il pas toujours de canal aux œufs. L'on trouve certains insectes aquatiques, dont les mâles ont ce canal aussi-bien que les femelles; ils s'en servent comme d'un soupirail par lequel ils respirent un air frais. On les voit souvent avancer sur la superficie de l'eau l'ouverture de ce canal, & l'on remarque même que quand ils sont rentrés sous l'eau, il s'éleve de petites bulles d'air qu'ils en laissent échapper.

Dès qu'un instinct particulier a fait rassembler par troupes les mâles avec les femelles, celles-ci ne mettent bas leurs œufs qu'après avoir choisi un lieu qui puisse fournir de lui-même la pâture nécessaire à leurs petits nouvellement éclos, & satisfaire à tous leurs autres besoins pendant qu'ils sont jeunes; si ces œufs ne sont pas déposés dans des logettes, ils sont au moins collés fortement sur un point d'appui. La prévoyance de la nature est en cela d'autant plus admirable, que la mere meurt souvent après qu'elle a pondu. Les papillons diurnes & nocturnes, les chrysomeles, les charençons, les punaises, les pucerons, les insectes du kermès déposent leurs œufs sur les feuilles des plantes, & chaque famille choisit l'espece de végétal qui lui convient; de sorte qu'il n'y a presque point de feuillage qui ne nourrisse son insecte particulier, & il y a plusieurs de ces animaux qui occupent toutes les parties de l'arbre ou de l'arbrisseau; les uns choisissent les fleurs, les autres le tronc; ceux-ci les feuilles, & ceux-là les racines.

Les feuilles de certains arbres ou de certaines plantes, quand les œufs des insectes y ont été déposés, s'élevent en forme de noix, pour loger commodément les petits qui viennent d'éclore. Certains charençons déposent leurs œufs dans l'intérieur des feuilles d'une plante appellée *la patte d'oie*; il en sort des larves qui rampent entre les faces supérieure & inférieure de ces feuilles, & qui s'y creusent des routes secrettes, comme la taupe fait sous terre pour se mettre à couvert des injures de l'air & des oiseaux de proie: ces larves ainsi renfermées dans le parenchyme des feuilles, marchent & butinent en sureté.

Dès que la psylle a déposé ses œufs sur les branches du sapin, on voit qu'il s'y éleve des tubérosités monstrueuses écailleuses qui servent de berceaux aux petites larves. Il y en a une autre espece qui met bas les siens sur la véronique, dont les feuilles aussi-tôt après se resserrent & s'arrondissent en forme de petite tête. La psylle du buis en piquant les feuilles de cet arbre, les fait courber & creuser en calotte: c'est-là que la larve & la nymphe de cet insecte déposent par l'anus une matiere blanche sucrée comme la manne. La tipule place ses œufs sur le bout des branches du genévrier, où il s'éleve une espece de petit logement à trois faces ; ou bien sur les feuilles du peuplier ; ce qui fait croître aussi-tôt un bouton rouge. Le puceron dépose les siens sur les feuilles du peuplier noir, lesquelles se boursoufflent & se changent en une espece de poche. Certaines mouches placent leurs œufs dans les fruits encore verts du poirier, du prunier, du bigarreautier ; de sorte que ces fruits étant mûrs, ou presque mûrs, on y trouve souvent les larves de ces insectes.

Ce ne sont pas seulement les plantes que les insectes choisissent pour se loger & faire leurs pontes : les fourmis déposent en terre leurs œufs, & les exposent au soleil pour les faire éclore : les araignées enveloppent leurs œufs d'un tissu soyeux, très-fin & délicat : les moucherons les déposent sur l'eau qui croupit : le monocle ou le perroquet d'eau multiplie souvent sur de pareilles eaux, & en si grande quantité, qu'à voir les pelotons rouges de ces insectes, on les prendroit pour des caillots de sang : l'escarbot dépose ses œufs dans le fumier & l'ordure ; le dermeste ou scarabée disséqueur, & les teignes, dans les fourrures à poil & à plume ; certaines mouches, dans des trous de fromage ; la mouche abeilleiforme met bas les siens dans les excrémens ; la mouche à miel, dans des cellules hexagones très-régulieres & bien abritées, &c. D'autres insectes mettent bas leurs œufs en certains endroits du corps des animaux vivans ; la mite les place entre les écailles des poissons ; les mouches ichneumones déposent leurs œufs ou dans l'œuf d'un papillon, ou sous la peau des chenilles. Il y a quatre especes de taons, dont les uns les déposent sur le dos du bœuf qui en est cruellement tourmenté ; d'autres sur le dos du renne, ce qui le fait courir sur les montagnes de neige & de glaçons en faisant des ruades, pour tâcher de se débarrasser de ce fardeau si léger, mais si incommode ; la troisieme espece fait sa ponte dans les narines des brebis, & la quatrieme se tient cachée dans les boyaux ou dans le gosier des chevaux, d'où elle ne sort qu'au commencement de l'été suivant, en molestant beaucoup ces animaux. Les économes attentifs connoissent un moucheron carnassier qui se nourrit de charençons.

Les quadrupedes sauvages ont une vermine qui leur est particuliere, aussi bien que les oiseaux, les poissons & les insectes ; l'eau même a la sienne.

Tous les insectes ne demeurent pas le même espace de temps dans leurs œufs. Quelques heures suffisent aux uns, tandis qu'il faut plusieurs jours, & souvent même plusieurs mois aux autres pour éclore. Un degré de chaleur factice ou naturelle & plus ou moins fort en accélere le terme. Les œufs des insectes ne se durcissent que quelques minutes après qu'ils sont pondus. D'abord on n'y apperçoit qu'une matiere aqueuse, mais bientôt après on découvre dans le milieu un point obscur qui est le commencement de l'organisation de l'embryon.

Métamorphoses ou développemens des Insectes.

Les oiseaux, les quadrupedes, &c. naissent avec la même forme qu'ils auront toute leur vie. Quelques insectes sont dans le même cas ; mais c'est le plus petit nombre. En général tous les insectes qui n'ont point d'ailes (excepté la puce seule) sortent du sein de leur mere sous la même forme qu'ils conserveront jusqu'à la mort. Les cloportes, les araignées, les tiques, les poux, les scolopendres, &c. ne different de leur mere que par la grandeur: dans la jeunesse, comme dans leur âge parfait, la figure est la même.

On sait qu'entre les insectes il y a des larves qui naissent d'œufs. On sait aussi que la nature, par une loi admirable, fait passer presque tous les œufs des insectes par différentes métamorphoses, après qu'ils ont été placés dans l'endroit qui leur est propre. Mais examinons ces changemens. Par exemple, quand l'œuf du papillon a été déposé sur la feuille d'un chou, cet œuf se change d'abord en chenille rampante à seize pieds, qui armée de dents dévorantes, broute les feuilles, & qui ensuite se change elle-même en une nymphe ou chrysalide, sans pieds, unie, de couleur d'or ; enfin en un animal parfait ; c'est un papillon blanc ou bigarré de plusieurs sortes de couleurs, qui vole, qui a six pieds, qui n'a plus de dents, mais une espece de *proboscis* ou trompe pour sucer le miel des fleurs. Est-il rien de si admirable dans la nature, que de voir un animal qui se présente sur la scene du monde sous trois formes parfaitement distinctes ? L'on diroit que ces petits animaux sont composés de deux ou trois corps organisés tout différemment, dont le second se développe après le premier, & dont le troisieme naît du second. Cependant il paroît plus naturel de croire que c'est toujours le même animal, & que la différence d'organisation n'est qu'extérieure. Ces sortes d'insectes étant susceptibles d'un accroissement subit, ils ont été pourvus de trois enveloppes les unes sur les autres. La premiere peau extérieure venant à crever lorsque l'insecte est un peu grossi, l'animal paroît enveloppé de celle qui étoit pliée & reserrée dessous : celle-ci devenant à son tour trop étroite, se fend comme la premiere, & l'insecte paroît avec la troisieme. *Voyez au mot* NYMPHE les moyens qu'emploie la nature dans ces transformations ; ces détails sont des plus curieux. *Voyez aussi le mot* LARVE.

Les insectes sont les seuls d'entre les animaux, ou du moins ils nous paroissent être les seuls, excepté les grenouilles, qui changent de forme, & qui après avoir rampé pendant un certain temps, cessent de manger & se construisent une maison, une prison ou même une espece de cercueil dans lequel ils demeurent ensevelis plusieurs semaines, quelques uns pendant plusieurs mois, d'autres pendant des années entieres, sans mouvement, sans action, & en apparence sans vie; mais qui après cela éprouvent une sorte de résurrection, se dégagent de leurs enveloppes, s'élevent dans les airs, & prennent une vie nouvelle & plus noble; car avant leur métamorphose ils ne sont évidemment ni mâles ni femelles, ils n'engendrent qu'étant transformés. Quelques insectes, tels que le ver à soie & l'araignée, ont le secret de tirer des filets de leur corps qui leur servent ou d'ailes, ou de vêtemens, ou de tombeau dans l'état de nymphe ou de chrysalide. On prétend avoir remarqué que l'endroit où l'on a vu les pieds d'une chenille, devient après la transformation celui où sont placés le dos & les ailes du papillon, & que là où la chenille avoit le dos, le papillon qui en provient a les pieds. Cependant en examinant une chrysalide récente, on peut, dit M. *Deleuze*, reconnoître sous le ventre de la plupart, les vestiges des pattes de la chenille.

La plupart des insectes, au sortir de l'œuf, ne sont autre chose que des vermisseaux sans pieds; les autres qui ont des pieds sont des chenilles ou de fausses chenilles. Les premiers sont à la charge des peres & des meres qui prennent soin de leur apporter à vivre, lorsqu'ils n'ont pas été déposés sur des matieres propres à les nourrir. Entre les insectes, plusieurs quittent leur habit & se rajeunissent cinq à six fois sous une peau nouvelle: on appelle ces différens âges l'*état moyen des insectes*.

Mouvement progressif ou *marche des Insectes*.

De tous les mouvemens des insectes, le changement de lieu est le plus visible. Pour se former une idée de la marche ou mouvement progressif des insectes, il faut savoir que les uns ou rampent ou courent, que les autres sautent, & que d'autres volent. La mécanique de cette progression est variée suivant l'élément que l'insecte habite, & chaque espece a un mouvement qui lui est propre, soit dans l'eau, soit sur terre, soit dans l'air. La progreffion des infectes aquatiques eſt de plufieurs genres; il fe trouve de ces animaux qui marchent, nagent & volent; d'autres marchent & nagent, d'autres n'ont qu'un de ces deux moyens de s'avancer; ils nagent plus communément fur le ventre que fur le dos ou d'autres manieres: pour nager plus vîte, il y en a qui ont la faculté de fe remplir d'eau & de la jeter avec force par la partie poſtérieure, ce qui les pouffe en avant par un effet femblable à celui qui repouffe l'éolypile, ou fait élever une fufée: la configuration des jambes eſt toujours relative au befoin de l'animal. La marche des infectes qui vivent fur terre n'eſt pas moins admirable: on en peut dire autant de la progreffion des infectes volans, & pour avoir des exemples frappans de ces divers moyens, il fuffit de confidérer la marche faillante & en forme de croix de la fauterelle; le faut parabolique de la puce; le mouvement de la tipule qui danfe fur l'eau fans fe mouiller les pattes; celui du fcarabée d'eau, qui trace des cercles avec une extrême légéreté; le faut que fait le fcarabée des Maréchaux mis fur le dos pour fe retrouver fur fes pattes; le trépignement de l'émerobe, & la courfe de l'araignée qui s'élance horizontalement d'une muraille à l'autre fans autre point d'appui que fon fil. Le papillon diurne ne marche qu'en voltigeant verticalement dans les airs; le phalene porte fes ailes abaiffées, & la tipule horizontalement dans les airs. Les fourmis fe promenent en grandes troupes pour chercher des vivres & des matériaux qu'elles apportent dans leurs magafins fouterrains. Lorfque les chenilles veulent aller d'un endroit à l'autre, elles allongent la peau mufculeufe qui fépare les premieres boucles d'avec les fuivantes; elles portent le premier anneau à une certaine diftance, puis en fe contractant & fe ridant elles font venir le fecond anneau; par le même jeu elles amenent le troifieme & fucceffivement tout le reſte du corps: c'eſt ainfi que ces petits animaux, même les vers qui font fans pieds, marchent & fe transportent où il leur plaît, sortent de terre & y rentrent au moindre danger, avancent & reculent selon le besoin. Plusieurs insectes ont les pieds de derriere plus longs & plus forts que ceux du milieu ; ce qui leur facilite le moyen de sauter, ou leur donne le premier essor du vol. Un grand nombre d'insectes a l'extrémité des pieds garnie de crochets ou de pointes crochues, à l'aide desquels ils s'attachent aux corps les plus unis ; entre ces pointes d'autres, comme les mouches & les araignées, ont des coussinets ou pelottes visqueuses qui leur servent à se tenir contre la surface polie d'une glace : d'autres ont une espece de palette aux genoux avec laquelle ils peuvent se fixer à volonté sur différens corps. Les mâles de plusieurs scarabées aquatiques en sont munis, elles leur servent à pouvoir mieux se tenir aux femelles lorsqu'ils s'accouplent. Ces insectes s'élancent dans l'eau de haut en bas indifféremment avec une rapidité prodigieuse. Le puceron aquatique a pour sa seule part trois différentes manieres de nager. Quelques scarabées & autres insectes *tardigrades* emploient pour marcher les deux pieds les plus éloignés du même côté & celui du milieu de l'autre côté. Par ce qui précéde, on remarque que l'allure des insectes s'exécute de plusieurs manieres différentes, qui peuvent se réduire à cinq, *ramper, courir, sauter, nager & voler*. M. *Weiss*, de la Société de Basle, a fait des observations sur ces mouvemens ingénieux : la façon de ramper la plus simple en apparence est très-diversifiée, suivant le nombre & l'apparence des pieds, des anneaux & des muscles : celle de courir ou marcher, que l'on pourroit attribuer aux *hexapodes*, (six pieds) s'exécute aussi de plusieurs manieres, selon le nombre, la position, la grandeur & la figure des pieds : celle de sauter se fait par des muscles & des ressorts, dont la force, le jeu & la diverse structure méritent encore des recherches particulieres : celle de nager, la plus variée de toutes, se fait dans un milieu favorable à

toutes

toutes les sortes de positions des corps qui s'y trouvent plongés, & qui ont à-peu-près la même pesanteur spécifique : enfin la façon de voler se diversifie selon la figure, la position, la consistance & le nombre des ailes & de leurs étuis. Le Naturaliste découvre dans ces chef-d'œuvres des modeles pour la perfection du mécanisme. On peut encore consulter *Borelli, De motu animalium* ; ce Savant savoit bien que le mouvement est peut-être le plus grand phénomene de la Nature & l'ame du systême du monde ; il ne perd jamais rien de sa dignité & de sa nécessité, & il est aussi admirable dans les plus petits animaux que dans l'ensemble de l'Univers. On peut aussi consulter les articles *Ver de terre, Scolopendre, Escargot, Chenille*, &c. pour avoir une plus grande idée du mouvement progressif.

Ruses, ravages, armes & combats des Insectes, soit pour leur défense, soit pour leur nourriture.

Parmi les insectes, comme chez tous les autres animaux, regnent les antipathies, les inimitiés, les ruses & les combats : les plus gros font la guerre aux petits ; ceux-ci plus foibles deviennent la proie & la victime des plus forts. Tous ces animaux sont zoophages & se mangent réciproquement, ou se détruisent d'une autre maniere ; malheur à celui d'entr'eux qui perd ses ailes & son aiguillon dans une bataille, car ces membres ne reviennent plus, & l'insecte s'affoiblissant sans cesse, meurt bientôt. Les insectes sont armés de pied en cap ; ils sont en état de faire la guerre, d'attaquer, & de se défendre : des dents en scie, un dard ou aiguillon, pinces, cuirasse, ailes, cornes, ressort dans les pattes ; chacun sait où trouver son salut. Mais qui pourroit se lasser d'admirer les maneges merveilleux & singuliers de ces petits animaux ?

Les cornes des insectes sont dures & à pointe fine, & different de leurs antennes en ce qu'elles n'ont point d'articulation dans leur longueur. Plusieurs de ces animaux n'ont qu'une corne placée sur la tête, & qui s'éleve directement en haut ou se recourbe en arriere & en faucille, comme on le voit dans le *scarabée-rhinocéros*; d'autres en ont deux placées au devant de la tête, s'étendant vers les côtés, ou s'élevant en ligne droite. Ces cornes sont ou courtes, unies & un peu recourbées en dedans, ou elles sont branchues comme celles du *cerf volant*. Quelquefois elles sont égales en longueur, & d'autres fois elles sont plus grandes l'une que l'autre. L'on trouve aussi des insectes qui ont trois de ces cornes qui s'élevent perpendiculairement; tel est l'*énena du Brésil*, dont *Marcgrave*, *Histor. Brasil. L. VII. c. ij.* donne la description.

Tous les insectes ne portent pas leurs cornes à la tête; car on en voit qui les ont des deux côtés des épaules près de la tête. Enfin dans quelques-uns de ces animaux elles sont immobiles, & mobiles dans d'autres. Ceux-ci peuvent par ce moyen serrer leur proie comme avec des tenailles, & ceux-là écarter ce qui se trouve en leur chemin. Il regne à tous ces égards des variétés infinies pour le nombre, la forme, la longueur, la position, la structure, les usages des cornes dans les diverses especes d'insectes. Nous devons au microscope une infinité de curieuses observations en ce genre; mais comme il n'est pas possible d'entrer dans ce vaste détail, nous renvoyons le Lecteur aux ouvrages des savans Naturalistes qui en ont traité.

Tous les insectes, si l'on en excepte un très-petit nombre, sont cruels & voraces, & nuisent à tous les animaux, même à l'homme. Les Histoires sacrées & prophanes sont remplies d'exemples de peuples qui ont été contraints d'abandonner leur pays natal pour avoir été trop incommodés par les sauterelles, par les scorpions, par les scolopendres, ou par les punaises, les puces, les araignées, les abeilles. Le scarabée des maréchaux dégorge de toutes ses articulations une liqueur grasse & visqueuse, dont l'odeur fait enfuir tous les insectes qui approchent de lui. Chaque espece fait détruire à sa maniere les différentes productions de la terre. Des légions de chenilles & de larves ravagent en peu de temps les prairies ; une espece dévore les racines du houblon, une autre les fleurs, une autre perce les habits ; les tipules rongent les plantes qui commencent à naître dans les campagnes ; d'autres insectes se forment dans l'intérieur des feuilles des sentiers & des galeries : les insectes appellés *gribouri* par les Vignerons, & la *bêche*, détruisent les ceps en hiver & les raisins en été ; les *charançons* consument les blés dans les épis ; le perce-oreille & la larve du hanneton détruisent les herbes potageres ; la chenille ravage les choux ; le ver à soie les feuilles de mûrier ; la chrysomele les asperges ; le scarabée disséqueur les peaux & les viandes. Quelques-uns qui sont ordinairement remplis de différentes larves de mouches & d'insectes à étuis, n'attaquent & ne dévorent que les animaux morts, & dont les chairs commencent déjà à fermenter. Une autre espece de scarabée, & particuliérement la *vrillette*, réduit en poussiere les tables des maisons & les différens meubles de bois. Sa larve logée dans l'intérieur des vieux arbres, les ronge & les réduit en une espece de tan, dans lequel elle se transforme & y bat comme une montre de poche. La mite gruge le fromage & la farine, &c. Il suffit de nommer les punaises de Paris, les tarentules de la Pouille, les scorpions d'Afrique, les cousins de la Nort-Hollande, les chiques d'Amérique, les taons de la Laponie, les grillons des cabanes des villages, les mites de la Finlande, la vermine des enfans, les cirons qui tracent des sillons dans la chair humaine, les chenilles qui désolent les arbres fruitiers, & les teignes qui rongent les étoffes. L'araignée entortille par la contexture admirable de ses fils, l'insecte qu'elle attend souvent pendant une journée pour en faire sa proie ; mais elle tombe à son tour entre les griffes de la guêpe ichneumone son ennemi capital. L'émérobe ou phryganée dans son premier âge se trouve avec les poissons ses plus cruels ennemis ; mais il se couvre tout le corps d'atômes sablonneux & de feuilles pour tromper l'avidité de ses ravisseurs : en le voyant étendu sur les eaux, on le prendroit pour un très-petit morceau de bois pourri, & non pour un animal vivant qui devient mouche sur le soir : d'autres insectes savent se raccourcir ou paroître au besoin plus grands qu'ils ne sont effectivement, parce que leur corps est composé de pattes qui s'alongent en se dépliant, ou se raccourcissent en rentrant les unes sur les autres, comme faisoient les brassarts & les cuissarts dans nos anciennes armures.

La tortue (*cassida*), & la chrysomele qui a le cou comprimé, marche sous le masque, tout couvertes de leurs excrémens, pour n'être point reconnues des oiseaux : les larves des cigales bédaudes se cachent sous leur propre écume : la punaise à museau pointu a le corps tout couvert de brins de toute espece, & pour mieux se déguiser, marche tantôt d'une façon, tantôt d'une autre, de sorte qu'à force de se masquer ainsi, de fort bel insecte qu'elle étoit, elle devient plus hideuse qu'une araignée.

La teigne d'où naît un phalene ou papillon nocturne, se loge dans le tissu le plus fin des tapisseries, des étoffes, même dans les peaux emplumées, afin de les ronger à son aise ; & comme elle est très-susceptible d'accroissement, elle sait élargir sa demeure aux dépens de l'étoffe.

Le *formica-leo* demeure dans le sable, vit sans boire, se contente d'une très-légere nourriture, se cache dans la terre par la crainte qu'il a des oiseaux, & se tient au centre d'une petite fosse qu'il creuse dans un sable sec & mobile, & qu'il façonne en forme de cône renversé. Les fourmis qui passent par-là, tombent dans le trou & deviennent la proie de l'animal qui s'y tient caché. La mouche, malgré son vol étourdi, sa structure délicate & ses membres déliés, est destinée évidemment par la Nature à être aussi la proie du fourmilion. Ce prédateur a en partage la ruse, la force & la vigilance.

Le pou de bois, improprement appellé *pou pulsateur*, se tient dans le vieux bois & dans les livres ; il y entre par les trous que des vers ont faits, & y fait encore de plus grands dégâts.

L'on ne peut considérer sans étonnement la queue formidable du scorpion, & l'adresse avec laquelle il met en mouvement ses rames lorsqu'il s'agit de se battre, de se défendre ou de s'enfuir.

Le puceron qui se nourrit de plantes, est dévoré par certaines mouches : le taon détruit ces mouches : les demoiselles font la guerre aux taons, & celles-ci sont la proie des araignées ; le perroquet d'eau qui se plaît dans l'eau corrompue sert de nourriture aux moucherons, ceux-ci aux grenouilles, &c. le papillon nocturne est mangé par la chauve-souris.

La blatte, nommée *kacherlacki* à Surinam, court la nuit pour butiner, dévore les souliers, les habits, les viandes, & sur-tout le pain, dont elle ne mange que la mie. Cet animal qui croît aussi à la Martinique, y est appellé *ravet* ; il ronge les papiers, les livres, les tableaux & les hardes ; il gâte par ses ordures & sa mauvaise odeur tous les endroits où il se niche : comme il vole par-tout, & plus la nuit que le jour, il se prend dans les toiles de la grosse araignée appellée *phalange*. Celle-ci fond sur ces blattes d'une maniere surprenante, les lie avec ses filets, & les suce de telle maniere, que quand elle les quitte il ne reste plus rien que leur peau & leurs ailes bien entieres, mais séches comme du parchemin.

La vermine multiplie prodigieusement sur la tête des enfans galeux : quelques-uns prétendent qu'elle leur est avantageuse en ce qu'elle détruit le superflu des humeurs ; mais M. *Bourgeois* dit que loin de leur être utile, elle ne sert qu'à perpétuer la gale, & à y produire des ulceres, qui rendent la gale inguérissable, tant que la vermine subsiste; & on remarque tous les jours que les enfans attaqués de gale & de vermine invétérée, deviennent maigres, pâles & cacochymes; d'ailleurs la petite quantité d'humeurs que les poux consument ne sauroit leur procurer un avantage réel & sensible. Au reste tout ceci démontre que les insectes ont presque tous des goûts exclusifs.

Habitations des Insectes.

Entre les insectes, plusieurs meurent à l'entrée de l'hiver; d'autres qui sont d'un naturel plus chaud, telles que les abeilles & les cantharides, passent l'hiver dans des crevasses: les uns vivent en troupes sous terre, & mangent l'herbe; d'autres vivent dans les bois, & mangent les feuilles des plantes, ou sont solitaires & sucent le sang des animaux qu'ils habitent, ce qui produit sans doute les différentes odeurs qu'ils répandent. En quel endroit ne trouve-t-on pas des insectes? on en rencontre dans la laine, les habits, la vieille cire, le papier, les livres, même dans les fruits: la plupart des *gallinsectes* & *progallinsectes*, dont la durée de la vie est fixée à un an, habitent ordinairement dans la bifurcation des plantes qui passent l'hiver.

Utilité des Insectes.

Quoique ce genre d'animaux passe pour être généralement nuisible, il y en a cependant qui méritent quelque exception, comme servant à nos besoins réels ou factices, tels sont les cantharides, le cloporte, le coccus de Pologne, la cochenille du Mexique, le kermès du Languedoc, l'abeille, la chenille ver à soie, l'insecte qui nous procure la résine-lacque, & plusieurs autres, dont l'espece de gouvernement, l'économie, les mœurs & l'industrie pourroient servir d'exemple aux hommes dans quantité d'occasions.

En consultant chacun des noms des insectes, leur histoire fera voir que les uns savent filer & ont deux quenouilles; d'autres font des filets, & ont pour cela une navette & des pelotons: il y en a qui bâtissent en bois, & ont deux serpes pour faire leur abattis: ceux qui travaillent en cire, font voir que leur attelier est garni de ratissoires, de cuillers & de truelles: plusieurs d'entr'eux, outre la langue pour goûter & lécher, ou la trompe pour faire l'office de chalumeau, ou la scie pour abattre, ou les tenailles dont ils ont la tête munie, ont à l'extrémité de la queue une tariere mobile, propre à percer & à creuser. Leurs antennes & leurs cornes sont des membres très-délicats, qui en mettant leurs yeux à couvert, les avertissent du danger & leur font connoître leur route dans l'obscurité. Les mouvemens de ces petits animaux ne sont ni de caprice ni fortuits, ils sont pleins d'ordre & de dessein, & tendent tous au but pour lequel la Nature a formé chacun de ces animaux.

Quand les moucherons déposent leurs œufs dans l'eau croupie, les vers larves qui éclosent y consomment tout ce qui s'y trouve de pourriture. Les scarabées pendant l'été emportent tout ce qu'il y a d'humide & de visqueux dans les excrémens des troupeaux: de sorte qu'il n'en reste plus qu'une poussiere que les vents dispersent sur la terre, ce qui n'est pas un médiocre avantage; car sans cela, bien loin que ce fumier engraissât les plantes, il ne croîtroit rien par-tout où il y en auroit.

Tel est le coup d'œil général qu'on peut jeter sur l'histoire des insectes, dont l'étude si méprisée du commun des hommes, a rendu les noms de *Géer* & de *Linnæus* aussi fameux chez les Suédois, que celui de *Réaumur* l'est chez les François. *Lister* en les étudiant, s'est rendu immortel chez les Anglois, ainsi que *Swammerdam* chez les Hollandois, *Frisch* chez les Allemands & *Red* ichez les Italiens.

Les écrits de *Leuwenhoëck*, de *Bradley*, d'*Harvey*, de *Néedham*, de *Derham*, de *Malpighi*, de *Leſſers*, de *Rœſel*, de *Lyonnet*, de *Bonnet*, &c. font voir que les inſectes ſont un des principaux chef-d'œuvres de la Nature, & que la grandeur & la ſageſſe du Créateur éclatent juſques dans ſes plus petits ouvrages.

Eminet in minimis maximus ipſe Deus.

Maniere de ſe procurer les différentes eſpéces d'Inſectes, de les préparer & de les envoyer des pays plus ou moins éloignés.

On ſe rappelle que nous avons diſtingué les inſectes en pluſieurs ordres, en *apteres*, en *dipteres*, en *tripteres*, en *lépidopteres*, en *névropteres*, en *coléopteres* & en *hémipteres*. Nous ne les conſidérons ici relativement à l'objet que nous propoſons, que ſous trois points de vue, ſavoir, en inſectes qui ont les *ailes nues & à réſeau*; en inſectes qui ont les *ailes nues & couvertes d'écailles* ou *de pouſſiere*; & enfin en inſectes qui portent leurs *ailes pliées ſous des étuis écailleux* qu'on nomme *élytres*. Cette diviſion eſt celle qu'a donné ſur ce même objet M. *Mauduit*, dans un excellent Mémoire inſéré dans les *Obſervations ſur la Phyſique, ſur l'Hiſtoire Naturelle & ſur les Arts*. Les moyens que nous allons décrire ſont extraits de ce même écrit.

Avant de parler de la maniere d'envoyer les inſectes, il convient d'expoſer celle de les ramaſſer. Il y a peu de difficulté à cet égard relativement aux ſcarabées ou inſectes à étuis : ils ne volent qu'à de certaines heures ; leur vol eſt court & ſouvent tardif & peſant ; on peut les prendre aiſément. Il n'en eſt pas de même des inſectes à ailes nues, & ſur-tout des papillons qu'on gâte toujours en les touchant, & qui les uns & les autres volent avec légéreté, fuient de loin, & ſe retirent à de ſi grandes diſtances qu'il eſt ſouvent impoſſible de les atteindre. La meilleure méthode eſt de les prendre avec des filets ; on en a proposé de différentes formes. Ceux dont M. *Mauduit* préfére l'usage, ont celle d'une chausse d'Hippocras ou à passer des liqueurs ; la pointe en est fermée : l'ouverture en est attachée autour d'un cercle de gros fil de fer ; les deux extrémités de ce fil de fer se joignent, sont contournés ensemble ; on les fait entrer dans un bâton creux, où on les assujettit en y enfonçant de force de petits coins de bois ; le manche du filet doit avoir au moins quatre pieds ; il peut servir de canne. Il faut avec le filet être muni de petites pinces, semblables à celles dont se servent les Anatomistes ou les Lapidaires ; ce sont des pinces d'acier ou de cuivre plates, douces & qui ont peu de ressort : les Lapidaires de Paris nomment ces pinces des *bruxelles*. On doit encore porter avec soi une pelote garnie d'épingles, & une boîte garnie dans le fond de liége ou de bois tendre. Pourvu de ces instrumens, on peut saisir les insectes au vol, si on a le coup d'œil juste & la main prompte, ou attendre qu'ils soient posés sur les plantes & les fleurs, & les couvrir alors avec le filet. Dès qu'ils sont pris dessous, on les saisit à travers les mailles avec l'extrémité des pinces. On les prend par les côtés, au milieu du corps autant qu'on le peut ; on les serre sans les écraser, mais assez pour les affoiblir. On leve ensuite le filet ; en lâchant l'insecte qui est hors d'état de s'envoler ; on le reprend avec les pinces, on le pique avec une épingle qu'on enfonce par le milieu du dos, & on attache sa proie avec précaution dans la petite boîte, d'où on la retire quand on est arrivé chez soi, pour la fixer dans une plus grande dont il sera fait mention ci-après.

Les insectes qui ont les ailes nues & à réseau, tels que sont les *mouches*, les *demoiselles*, les *cousins*, les *éphémeres*, les *abeilles*, les *guêpes*, &c. ne doivent pas être envoyés dans la liqueur, ils en seroient gâtés. Leurs ailes frêles, membraneuses ou papyracées, sont sujettes à y être déchirées par le frottement des individus les uns contre les autres ; elles y contractent de faux plis, elles s'y amollissent & restent pendantes sans consistance, sans forme & sans soutien, quand on retire les insectes de la liqueur. Ceux des insectes dont les ailes sont couvertes de poussiere ou d'écailles, & ce sont les papillons dont les especes sont si intéressantes par leur variété, par leur nombre, par la beauté, par l'éclat de leurs couleurs, par l'élégance de leur forme, ne peuvent aucunement être conservés & envoyés dans la liqueur ; ils y perdroient ce duvet attaché à leurs ailes, & qui en fait toute la beauté.

Des personnes envoient les papillons entre les feuillets d'un livre qu'ils sacrifient à cet usage, & qu'ils enveloppent d'une large feuille de papier pour le fermer. Cette méthode peut à la rigueur être admise, elle offre plus d'espace pour contenir beaucoup d'individus ; mais en la suivant on applatit, on écrase le corps des papillons, on mutile leurs pattes, & les ailes sont souvent endommagées par le frottement des feuillets du livre.

Le meilleur moyen est de tenir prêtes des boîtes longues & plates, dont le fond soit d'un bois tendre ou couvert d'une semelle de liége bien assujettie. On perce les papillons & les insectes à ailes nues & à réseau qu'on a pris, d'une épingle qu'on leur enfonce dans le corselet, cette partie qui est entre la tête & le ventre ; on pique, en enfonçant le plus avant qu'on peut, la pointe de l'épingle dans le liége ou dans le bois tendre qui forme le fond de la boîte ; on laisse l'insecte mourir dans cette position. Ces sortes d'insectes ainsi arrangés & assez distans les uns des autres pour qu'ils ne se touchent pas, n'exigent plus aucune attention : ces malheureuses victimes de notre curiosité, percées d'un glaive meurtrier, pressées cependant par la faim, si elles étoient fixées assez près pour se toucher, se déchireroient & se dévoreroient les unes les autres dans leur état cruel, que leur propre barbarie prolonge encore. N'omettons pas de dire que pour les papillons il ne suffit pas de les avoir percés d'une épingle qui traverse leur corselet, car en s'agitant, se débattant ils brisent leurs antennes & leurs longues ailes contre le couvercle & le fond de la boîte. Il faut donc pour nous les procurer dans tout leur éclat & leur conserver leur funeste beauté, leur ôter jusqu'aux moyens de témoigner leur souffrance par leurs mouvemens, & les condamner à mourir immobiles, sans pouvoir même se donner le soulagement de changer de position : après qu'on les a percés par le milieu du corps avec l'épingle qui les assujettit au fond de la boîte, on attache & enfonce quatre autres épingles aux bords antérieurs de leurs ailes, une épingle à chacune : on choisit sur-tout le point où l'on voit une des plus fortes nervures qui traversent l'aile pour la percer : chaque épingle fixée au fond de la boîte doit être inclinée à l'opposé du corps du papillon, & former avec ce fond de boîte un angle aigu. Un malheureux papillon, fixé par cinq épingles, est contraint de demeurer sans mouvement & d'expirer sans pouvoir changer de position. Quand il est mort & que ses ailes étendues ont pris le pli qu'on leur a fait prendre, on retire les quatre épingles qui les ont assujetties, on ne laisse que celle qui tient le corps du papillon attaché au fond de la boîte.

Les insectes coléopteres, c'est-à-dire ceux qui portent leurs ailes, dans l'état de repos, pliées sous des étuis écailleux, peuvent être conservés & envoyés percés avec des épingles qui les assujettissent sur le fond des boîtes. Cette méthode est sans contredit la meilleure. Ceux qui veulent s'épargner la cruauté de cette pratique & son embarras, peuvent jeter les insectes à étuis, à mesure qu'on les prend, dans des liqueurs conservatrices : ils arrivent de cette maniere sans être mutilés ; mais leur couleur en souffre quelquefois.

Ceux qui prennent le parti de percer tous les insectes avec des épingles, de les laisser mourir ainsi &

de les envoyer attachés au fond des boîtes, doivent obferver de n'envoyer dans une même boîte que des papillons; on y peut joindre des infectes à ailes à réfeau, mais l'on doit mettre dans d'autres boîtes les infectes à étuis ou fcarabées; car malgré le foin qu'on prend pour enfoncer les épingles dans le liége ou dans le bois, fi l'objet qu'elles traverfent & qu'elles attachent a quelque poids, il arrive fouvent qu'elles fe détachent; alors les infectes détachés roulent dans la boîte, s'y brifent & mutilent en même-temps les autres infectes qu'ils rencontrent. Un feul fcarabée dans une boîte de papillons, peut la perdre. Les infectes à ailes nues au contraire & les papillons font fi légers, que leur poids ne peut guere ébranler les épingles, auffi rarement fe détachent-elles. Si le cas arrive, il en réfulte peu de mal, parce que l'infecte détaché eft prefque fans effet, étant prefque fans poids. Veut-on empêcher que les fcarabées contenus feuls dans les boîtes ne fe détachent, il faut remplir les boîtes de coton, qui étant foulé par le couvercle contient, affujetit & fixe les épingles. On préfume bien qu'il eft impoffible d'ufer de la même précaution pour les papillons, parce que le coton enleveroit la pouffiere écailleufe qui embellit leurs ailes. Il faut donc, comme il eft dit ci-deffus, les envoyer dans des boîtes à part ou avec des infectes à ailes nues. Il fera même mieux, fi on le peut, de mettre chacune des trois efpeces d'infectes (*mouches, papillons, fcarabées*), dans des boîtes féparées.

L'ufage des épingles, excellent en lui-même, employé par les Hollandois & les Chinois, qui, aux deux extrémités du globe, s'accordent par le cas & la recherche qu'ils font des infectes, a un inconvénient; c'eft que les épingles fe rouillent dans le corps des infectes qu'on brife, quand pour les difpofer dans des cadres, on en veut retirer les épingles. On peut prévenir cet inconvénient en trempant les épingles avant de s'en fervir, dans de la pommade qui empêche la rouille.

Si l'on ne l'a pas prévenu, on évite de briser les insectes, & on ôte assez aisément les épingles par la pratique suivante. On allume une bougie, & l'on enfonce l'épingle où tient l'insecte, le plus qu'on peut, à travers un carton mince, & de la largeur de l'insecte; on prend la tête de l'épingle avec des pinces, on en présente la pointe à la flamme tranquille de la bougie; le carton garantit l'insecte de l'action de la flamme; l'épingle ne tardera pas à rougir, sa forte chaleur communiquée dans toute sa longueur, desséchera, brûlera les molécules qui y adherent, le trou se trouvera agrandi, l'épingle sortira sans difficulté, & rien ne sera endommagé: il faut cependant tâtonner ici, car si on employoit trop de temps dans l'opération, l'épingle endommageroit une partie considérable du corps de l'insecte. On prétend qu'en mettant pendant quelques jours dans un endroit un peu humide, tel qu'une cave, une boîte d'insectes, on retire l'épingle sans peine, & sans endommager même les plus petits insectes. En suivant ce dernier procédé, il faudroit, après en avoir retiré l'épingle, laisser les insectes dans un lieu sec, car si on les enfermoit aussitôt dans leur case, ils s'y gâteroient.

On ne doit pas omettre ici la maniere de recueillir & de conserver les *larves*, les *coques*, les *nymphes* & *chrysalides* des insectes. On sait, & nous l'avons dit, que les larves sont les vers ou les animaux sous la forme desquels les insectes paroissent en sortant de l'œuf, qu'ils quittent pour en prendre une autre, après avoir vécu & grandi pendant quelque temps sous cette premiere forme. Ainsi *les chenilles sont les larves des papillons*. Nous avons dit aussi que les coques sont ou des tissus, ou des fragmens de différentes substances rassemblés & unis ensemble, des loges enfin à l'intérieur desquelles les larves se retirent pour se changer, soit en nymphe, soit en chrysalide, & prendre ensuite leur derniere forme; enfin nous avons exposé que les chrysalides & les nymphes sont des enveloppes cartilagineuses ou bourreuses, de forme souvent bizarre, quelquefois très-brillantes, sous lesquelles paroissent les insectes en cessant d'être dans l'état de larves, & sous lesquelles ils demeurent cachés jusqu'à ce qu'ils les rompent pour paroître dans leur dernier état.

On distingue les larves des vers proprement dits, dont elles prennent souvent la forme, en ce qu'elles ont toujours des pieds plus ou moins apparens, & la tête écailleuse, au lieu que les vers sont absolument sans pieds, & n'ont aucune partie qui soit écailleuse.

Les larves ne peuvent se conserver que dans la liqueur, encore y perdent-elles leur couleur, & n'y gardent-elles que leur forme. Quelques personnes émerveillées de la beauté des chenilles, ont cherché les moyens de les conserver. M. *Mauduit* dit qu'il en connoît deux qui réussissent passablement pour quelques especes; il faut, dit cet Observateur, faire une légere & courte incision à la peau de la chenille vers l'anus qu'on ne fait que dilater, puis pressant le corps avec les doigts d'une main, en tirer les visceres avec une pince qu'on tient de l'autre main; quand la peau est vidée, on la distend en soufflant dedans avec un chalumeau. Alors on la remplit de sable en la suspendant la tête en bas, & on la laisse sécher pleine de sable, qu'on fait ressortir après qu'elle est bien séche, par l'ouverture par où il est entré: l'autre moyen consiste à faire fondre parties égales de cire & de graisse; on remplit une seringue proportionnée de ce mélange assez chaud pour conserver quelque temps sa fluidité, & on en injecte la peau de la chenille. Si c'est la peau d'une chenille couverte de poils serrés & fournis, elle se conservera & paroîtra assez bien préparée; mais si la peau est lisse, la chenille perdra beaucoup de sa beauté, ses couleurs ou paroîtront fort altérées, ou se perdront tout-à-fait.

Les coques des chenilles méritent d'être ramassées,

parce qu'elles portent témoignage de l'industrie des insectes, & que leur description entre dans leur histoire. Il suffit de les enlever & de les serrer dans des boîtes à part, où on les garantit par le moyen du coton. Les chrysalides ont communément assez de solidité pour n'exiger aucune préparation pour se dessécher sans se corrompre, sans changer de forme, & quelquefois sans perdre leur éclat; il faut seulement ôter la vie à l'insecte, pour qu'il ne les perce pas: ce qu'on fait en les exposant sous un verre à l'ardeur du soleil, ou en les plongeant pendant une ou deux heures dans une liqueur spiritueuse.

A l'égard des araignées, molles, comme pulpeuses, pleines d'humeurs, elles ne peuvent guere être envoyées que dans la liqueur; elles y perdent fort peu; leurs humeurs s'y épaississent, & quand après y avoir séjourné quelque temps on les en retire, alors elles se dessechent à propos. On peut encore les conserver en les perçant avec une épingle, en fixant leurs pieds par ce même moyen, & les posant dans un four dont la chaleur, qui doit être graduée, épaissit les humeurs avant qu'elles se soient évaporées, & empêche par ce moyen qu'elles ne paroissent déformées, arides & desséchées. On pourroit encore, quand elles sont très-grosses, telles que la *phalange*, la *tarentule*, &c. & si l'on n'y sentoit pas de la répugnance, ouvrir le ventre en dessous, le vider & le remplir de coton; mais ces animaux ne doivent, sur-tout dans les pays chauds, être maniés qu'avec précaution. M. *Mauduit* assure que leur morsure n'y est pas sans danger. Ce même Observateur a raison de recommander aux Voyageurs de chercher à s'instruire dans les pays qu'ils parcourent, quels accidens ou quelle incommodité occasionnent les insectes: en homme sage & éclairé, il les invite à tenir un juste milieu entre la crédulité qui admet tous les faits, & la critique trop sévere qui les rejette. Les insectes, dit-il, sont des êtres qu'on foule aux pieds en même-temps qu'on change leurs opérations les plus simples en merveilles & en prodiges. Enfin il laisse à la prudence des Voyageurs à recueillir des faits sur les insectes étrangers, sur leur maniere de se nourrir, sur leur sagacité, sur les dégâts qu'ils occasionnent, sur les avantages qu'on en retire ou qu'on auroit droit d'en attendre.

INSECTES PÉTRIFIÉS, *entomolithi*. Sous ce nom vague, on comprend les zoophytes, les insectes volatiles, les différentes productions à polypier, les coquilles & les crustacées que l'on trouve dans la terre, conservés dans différens états ; & moins celles qui sont en empreinte ou en relief, que celles qui sont en nature. Les zoophytes fossiles nous donnent des trochites & entroques, &c. Les productions à polypier fossiles donnent des lithophytes, des coraux, différens madépores, &c. Les coquilles fossiles ou testacites donnent différentes especes dans les univalves, les bivalves & les mutivalves. Les crustacées fossiles donnent des crabes, des cancres, des homars. Les insectes volans donnent des empreintes de mouches à ailes nerveuses ou à étuis. On trouve aussi des vers marins fossiles, c'est-à-dire des vermiculites, &c. *Voyez* chacun de ces mots.

INTERPRETE. *Voyez* COULON-CHAUD.

INTESTINS. Ce sont ces grands canaux membraneux qui s'étendent depuis l'estomac jusqu'à l'anus. *Voyez l'article* ÉCONOMIE ANIMALE, *au mot* HOMME.

JOCASSE. *Voyez au mot* GRIVE.

JOCKO. Petite espece d'*orang-outang*. Voyez ce mot.

JODELLE. C'est la foulque. *Voyez ce mot.*

JOLITE. *Voyez* PIERRE DE VIOLETTE.

JONC, *juncus*. Plante dont on distingue plusieurs especes. Les joncs proprement dits, sont de la famille des liliacées, & paroissent tenir le milieu entre les gramens & les lis. Ils ont tous une maîtresse racine, rampante & fibreuse. Leur calice est composé de six feuilles distinctes, rangées autour du pistil, auquel
succede,

succede, dit M. *Deleuze*, une capsule à trois panneaux, qui renferme plusieurs semences menues. Leurs fleurs sont à six étamines.

JONC AIGU ou PIQUANT, *juncus acutus*. C'est une plante qui croît dans les marais proche de la mer, & en plusieurs autres lieux aquatiques; sa racine est composée de grosses fibres; elle pousse beaucoup de tiges à tuyaux, à la hauteur de deux pieds, grosses, roides, pointues, composées d'une écorce épaisse, & d'une moëlle un peu dure, blanchâtre, enveloppée depuis la racine par des especes de graines feuilletées, qui ont jusqu'à près d'un pied de longueur. Ses fleurs sont en étoile & placées vers le sommet des tiges: il leur succede une capsule relevée de trois coins; & qui renferme des semences: cette plante est astringente & narcotique.

JONC CORALLOIDE. Nom donné aux tubiporites branchus, bifourchus & comme noueux. *Voyez* TUBIPORE *& l'article* JONCS DE PIERRE.

JONC D'EAU, *scirpus*. Suivant M. *Deleuze* ce n'est pas un jonc proprement dit: ses tiges sont grandes & lisses; il convient à un grand nombre d'ouvrages: on s'en sert pour lier différentes sortes de choses. C'est une plante aquatique, dont les racines sont longues, grosses, nouées, rampant dans la terre, rouges-brunâtres en dehors, blanches en dedans; elles poussent plusieurs tiges hautes de six à sept pieds, pointues, grosses comme le petit doigt, droites, rondes, verdâtres, unies, pyramidales, remplies de moëlle blanche; portant en leurs sommités des fleurs disposées en maniere d'épis: il leur succede des semences grosses comme celles du millet, triangulaires, ramassées l'une contre l'autre, environnées de poils à leur base, & formant ensemble une tête: cette plante est astringente. *Séba*, dans le premier volume de son ouvrage, donne la figure de deux feuilles d'une plante qu'il nomme *jonc aquatique de Surinam*, composé *de fils innombrables*; il dit qu'on devroit s'attacher à faire l'examen de cette plante, par l'utilité qui pourroit en résulter pour les arts. On pourroit sans doute en faire du papier & peut-être du fil.

JONG ou CANNE A ÉCRIRE. *Voyez ce mot.*

JONC ÉPINEUX. *Voyez* Genêt épineux.

JONC FLEURI, *butomus*. M. *Deleuze* observe que cette plante n'est pas du genre des joncs. Sa racine est grosse, nouée, blanche & fibreuse; elle pousse des tiges hautes de quatre pieds & nues : ses feuilles sont longues, étroites, & sortent de la racine : ses fleurs naissent aux sommets des tiges en maniere d'ombelles, de couleur pupurine, & disposées en rose; elles ont six pétales disposés en deux rangs alternativement, neuf étamines & six pistils. Il leur succede un fruit membraneux, composé le plus souvent de six graines, remplies de semences oblongues & menues. Cette plante convient pour la morsure des bêtes venimeuses : le bœuf en est fort friand.

JONC DES INDES ou JONC ROSEAU. *Voyez* Rotin.

JONC MARIN, *juncus marinus*. On donne ce nom à une espece de jonc aigu qui croît en quantité dans la Vallée de Sainte-Marie aux Mines, & plus abondamment encore dans la Normandie, dans la Bretagne & dans le Poitou, où on l'emploie très-utilement pour les clôtures, pour faire du fumier, & pour brûler au four, & même pour servir dans les années de disette, de paille aux chevaux. La partie de ce jonc qui a poussé la derniere, est la plus tendre; c'est une bonne nourriture pour toute sorte de bestiaux, après avoir été pilée dans une auge ou autre machine semblable.

JONC ODORANT. *Voyez* Schœnante.

JONC ORDINAIRE ou DES JARDINS, *juncus lævis*. Les tiges & les feuilles de ce jonc sont plus menues, plus cassantes, & la plante en est moins aiguë & moins piquante que celles du *jonc aigu* : ses fleurs naissent en bouquets épars. Cette plante est assez commune dans les marais; elle sert, ainsi que le jonc aigu, à faire des cables, des cordages, & à lier des paquets d'herbes.

Observations sur les Joncs.

En général les tiges des joncs sont vertes & rondes; elles ne sont que peu ou point feuillues ni branchues, & naissent dans les eaux ou proche de celles qui croupissent.

Les joncs marins, qu'on appelle aussi *sain-foin d'Espagne* ou *landes*, croissent dans les landes & terres les plus stériles, même sans qu'on les ait semés, mais celui qui vient de semence est meilleur: on donne l'un & l'autre aux bestiaux haché & pilé. On doit couper les joncs ainsi que les roseaux par un beau temps, & on les laisse sur pied pendant trois ou quatre jours, afin qu'ils séchent. Il y a des joncs dont on se sert à la campagne pour couvrir des toits de peu d'importance, & pour faire des paillassons, des corbeilles, des balais, des nattes & plusieurs autres petits ouvrages d'industrie; la moëlle du jonc d'eau sert à faire des mêches de lampes. La plupart des joncs deviennent gros comme le pouce, lorsqu'on les laisse trois ans sans les couper. On doit en semer la graine au mois de Mars, parmi quelques menus grains, & on les récolte au mois d'Août suivant. *Voyez* LANDES & SAINFOIN.

JONCS DE PIERRE, *junci lapidei*. Nom donné à une pierre formée par l'assemblage de tubiporites pétrifiés ou fossiles, cylindriques ou anguleux, paralleles les uns aux autres & placés perpendiculairement eu égard à la masse de la pierre. On trouve de ces pierres dans le Comté de Shropshire en Angleterre, qui sont susceptibles de poli. C'est le *marmor juncum* de Woodward.

JONQUILLE, *narcissus junci folius*. Plante qui donne une fleur qui vient sur tige & qui fleurit en Mars. Il y en a de diverses sortes: la première est la *jonquille à grandes fleurs*; sa racine est bulbeuse, blanche, couverte d'une membrane noire; elle pousse des feuilles longues, étroites, quelquefois arrondies, fort douces au toucher, flexibles, ressemblant à celles du jonc. Il s'éleve d'entr'elles une tige, qui au printems porte en son sommet des fleurs semblables à celles du narcisse ordinaire, mais plus petites, jaunes par-tout, très-odorantes.

La *jonquille à petites fleurs* ne differe de la premiere, qu'en ce qu'elle est moins grande en toutes ses parties, & qu'elle rapporte moins de fleurs; elle est beaucoup plus estimée par les Fleuristes que la jonquille à grandes fleurs dont ils font peu de cas.

La *jonquille à fleurs doubles* differe des autres en ce qu'elle jette beaucoup de fleurs doubles, qui ont de la ressemblance avec celles de l'*anémone*.

Les jonquilles en général se perpétuent de semence; mais plus promptement par les oignons ou caïeux qu'on couvre d'une terre légere à la hauteur d'un pied: on les arrose modérément: on les leve au mois de Septembre, & on en coupe les filets & les cheveux. (M. *Bourgeois* observe qu'il ne faut point lever les oignons de jonquilles chaque année, car ils donnent peu de fleurs les premieres années qu'ils sont plantés: on peut les laisser, dit-il, cinq ou six ans en terre avant de les lever; mais il faut chaque année les couvrir de terreau en automne, serfouir au printems & nétoyer la terre des mauvaises herbes.) Les jonquilles blanches & les jaunes doubles viennent mieux dans des pots qu'en planches.

Dioscoride prétend que la racine des jonquilles est vomitive. Cette plante est appellée *jonquille*, à cause de la ressemblance de ses feuilles avec celles du jonc.

JONTHLASPI. C'est une plante sarmenteuse qui tient du violier ou giroflier & du thlaspi: c'est une espece de thlaspi cotonneux vivace, qu'on distingue en grand & en petit. *Voyez* THLASPI.

JOOSIE. Les Japonois donnent ce nom à une espece de *gramen medicatum*, qu'ils estiment anti-néphrétique.

JOTAVILLA. Nom que les Italiens ont donné à une espece d'alouette très-rare, & dont le chant est des plus agréables; la niaise est meilleure que la bocagere pour le chant: cet oiseau se fait entendre la nuit. Le mâle porte une huppe; il a l'ongle de derriere si long, qu'il passe les genoux. Cet oiseau fait d'ordinaire son nid dans les vallées où les arbres sont très-feuillus: sa ponte est de cinq œufs: sa vie est de dix ans. *Voyez* ALOUETTE.

JOUA, est un oiseau de l'Afrique, de couleur brune, de la grosseur d'une alouette, & qui fait ordinairement ses œufs sur les grands chemins & dans les sentiers les plus fréquentés. La superstition se rencontre dans toutes les parties de l'Univers: en Afrique les Négres de Sierra-Léona qui mangent de toutes sortes d'oiseaux, estiment celui-ci si sacré, qu'ils le respectent en silence; ils ne le tuent point, ils n'osent pas même y toucher, non plus qu'à ses œufs, ni à ses petits, persuadés qu'ils perdroient à leur tour leurs enfans. (*Histoire Générale des Voyages.*)

JOUBARBE, *sedum*. De toutes les especes de joubarbes connues, nous n'en citerons que quatre qui sont en usage: savoir, 1°. la *grande joubarbe*, 2°. la *trique-madame*, 3°. la *vermiculaire brûlante*, 4°. la *pyramidale*.

La GRANDE JOUBARBE, *sedum majus vulgare*, est une plante basse qui croît sur les vieux murs & sur les toits des chaumieres. Sa racine est petite & fibreuse, elle pousse plusieurs feuilles oblongues, grosses, grasses, pointues, charnues, pleines de suc, attachées contre terre à leur racine, toujours vertes, comme disposées en rose, un peu velues. Il s'éleve de leur milieu une tige à la hauteur d'environ un pied, droite, assez grosse, rougeâtre, moëlleuse, revêtue de feuilles semblables à celles d'en bas, mais plus pointues. Cette tige se divise vers sa sommité en quelques rameaux réfléchis, qui portent après le solstice d'été des fleurs à cinq pétales, disposées en rose & de couleur purpurine. Elles sont suivies par des fruits composés de plusieurs gaînes, ramassées en maniere de tête & remplies de semences fort menues, qui se séchent en automne.

Le suc de cette plante mis à évaporer, exhale une odeur urineuse; ce suc est rafraîchissant & astringent; on en mêle dans les bouillons d'écrevisses ou de tortues qu'on fait prendre aux fiévreux hectiques. Dans quelques contrées d'Afrique on guérit la dyssenterie en faisant avaler au malade dix onces du suc de cette plante. La grande joubarbe écrasée & appliquée sur les hémorroïdes, en appaise l'inflammation; elle calme aussi les douleurs de tête & les délires. M. *Tournefort* assure que rien n'est meilleur pour les chevaux fourbus, que de leur faire boire une chopine de suc de joubarbe.

La petite Joubarbe ou Trique-Madame, *sedum minus teretifolium album*, croît aussi sur les toits & les murailles exposées au soleil; sa racine est menue & fibrée: elle pousse plusieurs petites tiges dures, ligneuses, rougeâtres; ses feuilles sont longuettes, succulentes, vermiculaires. Ses fleurs paroissent en été: elles sont petites, à plusieurs feuilles, disposées en rose au sommet des branches; elles sont de couleur jaune blanchâtre. Il leur succede de petits fruits à gaînes ramassées en tête & remplis de petites semences.

On cultive cette plante dans les jardins, parce qu'on en met dans les salades; son suc rougit le papier bleu, & a presque les mêmes vertus en Médecine que celui de la grande joubarbe.

La Vermiculaire brulante ou Pain d'oiseau, *sedum parvum acre, flore luteo*, croît presque par-tout suspendue par ses racines, ou couchée sur les vieilles murailles, sur les toits des maisons basses ou des chaumieres, ou aux lieux pierreux, arides ou mousseux,

Sa racine est également petite & fibreuse; ses feuilles sont peu épaisses, mais succulentes, pointues & triangulaires: ses tiges sont basses & menues; elles portent en leurs sommets dans l'été de petites fleurs jaunes en étoile, à cinq feuilles, rangées comme en épis à l'extrémité des tiges qui se fourchent en trois branches, auxquelles succedent de petites graines comme dans les précédentes: la plante se séche & périt l'hiver.

Cette plante qui est l'*illecebra* de *Lémery*, a un goût piquant, chaud & brûlant, ce qui lui a fait donner aussi le nom de *poivre des murailles*. Elle est excellente pour déterger les gencives ulcérées des scorbutiques: elle fait un peu vomir: appliquée extérieurement, elle résout les tumeurs scrophuleuses & les loupes naissantes. On l'estime très-spécifique pour faire des injections dans les ulceres de la matrice, & pour fomenter les cancers ulcérés, les dartres chancreuses, le charbon & la gangrene. Cette plante pilée est un caustique tempéré qui ronge insensiblement le virus d'un cancer, & qui avec le temps extirpe jusqu'à sa racine; on y joint ordinairement un peu d'huile de lin: pilée & incorporée avec le beurre frais & appliquée sur la tête elle guérit la teigne.

Depuis quelques années, les Curieux cultivent avec soin la belle espece de joubarbe connue sous le nom de *pyramidale*. En effet sa tige qui est fort élevée, forme une pyramide très-agréable à la vue lorsqu'elle est bien garnie de ses fleurs blanches tant dans son pourtour que du sommet à la base. Si le terrain où l'on cultive cette plante est trop gras, trop fort, cette joubarbe y fleurit difficilement; tandis qu'une terre légere & maigre, composée d'un peu de terreau & de terre sableuse est plus analogue à celle où cette plante croît naturellement: alors la joubarbe ne manque pas d'y fleurir la troisieme année. On connoît que les pieds de cette espece de joubarbe donneront des fleurs, lorsque leur centre est garni d'un grand nombre de petites feuilles qui forment une rose.

JOUBARBE DES VIGNES. *Voyez* Orpin.

JOUEUR DE LYRE. C'est un serpent de l'Amérique à bandes circulaires dont la peau est d'un brun obscur, couverte d'écailles en losanges, & cerclée d'espace en espace. Cet animal, par ses doux & mélodieux sifflemens très-variés, attire à lui, dit-on, les petits oiseaux, curieux & rivaux de son chant; il en saisit quelques-uns & les dévore. Quelques-uns ont la simplicité de croire que ce serpent est un habile Musicien. *Seba, Thes. II. Tab. 42. n° 3.*

JOUFLU, *bucculentus*. C'est un poisson des Indes, peu long, & qui a environ cinq pouces de largeur. Selon *Ruisch*, on le nomme en Hollandois *dix-mail*, parce qu'il a la mâchoire fort épaisse. Sa couleur est jaune, mêlée de taches blanches argentées : sa chair est asez agréable à manger.

JOUI. C'est une liqueur alimenteuse & restaurante, fluide comme du bouillon, noire, d'une saveur agréable, salée & juteuse. *Lémery* dit que c'est une composition dont la base est du jus de bœuf exprimé quand il a été rôti : on n'en sait pas davantage; le reste de la préparation n'est connu que des seuls Japonois, qui le tiennent secret & vendent cette liqueur fort cher à tous les Indiens & autres Peuples qui veulent en avoir. Les Orientaux riches en assaisonnent presque tout ce qu'ils mangent, pour rendre leurs mets plus agréables & pour s'exciter à la luxure. Cette liqueur est très-rare en Europe; cependant on pourroit en apporter aisément, puisqu'elle se conserve pendant douze ans.

JOUR, *dies*. C'est l'espace de temps que le soleil est sur l'hémisphere : le séjour du soleil sous l'horizon est la *nuit* : voyez ce mot. Voyez aussi ce qui est dit du *soleil* à la suite du mot Planete. Le *jour* est aussi pris quelquefois pour la lumiere, *lux* : voyez Lumiere.

IPATKA. *Voyez à l'article* Plongeon.

IPÉCACUANHA. Cette plante est une espece de violier qu'on a trouvé dans le nouveau Monde vers le milieu du dernier siécle : elle a été long-temps connue dans le commerce François sous le nom de *béconguille*, ou de *mine d'or végétale*. Les Portugais l'appellent *cypo de cameras*. Guillaume *Pison* & *Marcgrave* l'avoient apportée du Bréfil en Europe ; on en fit peu d'usage jusqu'en 1686, qu'un Marchand étranger nommé *Garnier*, en apporta de nouveau : comme il en vantoit extraordinairement les vertus, M. *Adrien Helvetius*, Médecin de Reims, l'essaya, & en obtint les plus heureux succès. C'est de lui que Louis XIV. l'acheta pour en rendre l'usage public.

On distingue deux sortes d'*ipécacuanha*, par rapport au pays d'où on le tire ; l'une vient du Pérou, l'autre du Brésil ; mais eu égard à sa couleur, on en distingue trois especes, la grise ou blonde, la brune, la blanche.

L'Ipécacuanha brun, *ipecacuanha fusca Brasiliensis*, est une racine tortueuse, plus chargée de rugosités que l'ipécacuanha gris, plus menue cependant, brune ou noirâtre en dehors, blanche en dedans, légérement amere : on apporte l'ipécacuanha brun du Brésil à Lisbonne. Cette plante qui se plaît dans les lieux obscurs, dans les forêts épaisses, près des lieux où sont les mines d'or, a une tige d'une demi-coudée, qui n'est presque jamais branchue : elle est couchée sur terre, & garnie vers son extrémité de trois ou cinq feuilles, ovales & opposées. La fleur est à cinq découpures : ses fruits sont des baies noires arrondies.

L'Ipécacuanha gris, *ipecacuanha cinerea Peruviana*, est une racine épaisse de deux ou trois lignes, tortueuse, & comme entourée de rugosités, d'un brun clair ou cendré, dure, cassante, résineuse, ayant dans son milieu un petit filet qui tient lieu de moëlle, d'un goût âcre, amer, & d'une odeur foible. Les Espagnols en apportent tous les ans du Pérou, où cette racine naît aussi aux environs des mines d'or. On croit que cette racine est le *bexuquillo* ou *béconguille* des Espagnols. *Pison* dit que la plante de cette racine est basse, semblable au pouliot ; ses feuilles sont velues ; ses fleurs sont petites, blanches & disposées par anneaux.

L'Ipécacuanha blanc, ou faux Ipécacuanha, est une racine que l'on trouve sous ce premier nom dans les boutiques : elle est menue, ligneuse, lisse, sans amertume, & d'un blanc jaunâtre : on nous l'envoie des Indes. *Lémery* dit qu'on a bien de la peine à recueillir ces sortes de racines, & que dans le pays on n'emploie à ce travail que des hommes condamnés à mort.

On donne encore le nom d'*ipécacuanha* à d'autres especes de plantes, entr'autres au grand *ulmaria* de la Virginie ; mais on ne se sert aujourd'hui que de l'ipécacuanha du Pérou & de celui du Brésil, on l'appelle même *racine du Brésil*. Ce remede est usité non-seulement contre les flux de ventre invétérés, qu'il guérit quelquefois dans l'espace d'un jour, mais encore contre un grand nombre de maladies qui viennent de vieilles obstructions. On en fait usage dans presque tous les cas où l'émétique est indiqué.

On préfere l'ipécacuanha gris ou du Pérou à tous les autres, parce qu'il purge plus doucement, & que celui du Brésil excite un vomissement bien plus violent. On en donne ordinairement la dose de trente à quarante grains. D'habiles Praticiens ont observé, dit M. *Bourgeois*, qu'il produit souvent un meilleur effet dans les commencemens des fiévres malignes & putrides, & même dans les pleurésies bilieuses, que le tartre émétique, parce qu'il cause moins de fonte dans le sang. Il produit souvent un bon effet dans les dyssenteries & les diarrhées bilieuses ; mais il faut le réitérer trois ou quatre jours de suite. Quand on pile cette racine pure, la poudre subtile qui en exhale fait souvent éternuer, pleurer, moucher & cracher.

Cette racine contient un mucilage ou un extrait gommeux très-visqueux, & un extrait résineux. M. *Geoffroy* pense que la principale vertu de l'ipécacuanha dépend de sa substance gommeuse, mais toutes les deux cooperent à chasser la matiere morbifique. Les habitans du Brésil n'en font usage qu'en infusion ; les

Européens en prennent la poudre dans du vin ou dans du bouillon : on la prend aussi en bol à la dose de dix grains. M. *de Tournefort* a observé que ce remede agit mieux sur des gens de ville que sur des soldats & des paysans. Au surplus l'ipécacuanha ne doit être administré que par un Médecin prudent qui sache préparer son malade selon les différentes circonstances. En Espagne & en Portugal les Dames enceintes ne font usage que de l'ipécacuanha blanc, comme le plus doux de tous ; dans les Indes les feuilles de ces plantes sont regardées comme une panacée végétale.

IPECA-GUACA, est le beau canard du Brésil.

IPERUQUIQUE ou PIRAQUIBA. C'est le *remore*. Voyez ce mot.

IPPO. Nom que donnent les Mahométans civilisés de Macassar à une substance gommo-résineuse, noire comme la poix navale, & qui provient d'un arbre qui croît dans l'île de Célebes, située dans la mer du Sud. Ce sont les *Téragias*, peuple sauvage de Célebes, qui apportent ce poison aux Naturels de Macassar, qui ont coutume d'en porter avec eux lorsqu'ils voyagent. Voici la maniere dont ils s'en servent : ils ont une sarbacane faite d'un bois rouge & dur, qu'ils nomment *sampitan*; ils font entrer dans cet instrument à vent un hameçon entaillé, fait en fer de lance, & enduit du poison *ippo*, que l'on a liquéfié dans une racine de gros galanga creusée exprès. Les Téragias, lorsqu'ils recueillent ce poison, ont toujours soin de ne pas s'exposer au vent qui vient de l'arbre ; ils le reçoivent dans des cannes creuses, afin d'empêcher que l'air n'y touche : pour peu que ce suc soit éventé, il perd beaucoup de son activité : aussi les traits qu'on apporte en Angleterre, ayant été exposés plus d'un ou de deux mois à l'air, ne produisent aucun effet. Les Grands du pays de Macassar ont fait quantité de recherches pour trouver le contre-poison de l'*ippo* récent, mais toujours inutilement.

IPSIDA. C'est un oiseau barboteux, qui est plus petit qu'un merle. Il a le bec long, gros, droit, noir & aigu; la téte noire-verdâtre, le dos d'un beau bleu-clair, le milieu du ventre roux & blanc. La structure des pieds de cet oiseau est singuliere; car les doigts de dehors ont trois jointures, & ceux qui sont placés en dedans n'en ont qu'une. L'*ipsida* se nourrit de poissons; il fait son nid dans des trous sur le bord des rivieres; cet oiseau est fort rare. On voit un grand ipsida des Indes dans le cabinet d'Histoire Naturelle de Leyde. *Ray* en parle.

IRIS, *iridis*. Plante liliacée dont on distingue plusieurs especes. La racine des unes est traçante, celle des autres est ou bulbeuse ou tuberculaire. Il y en a dont les fleurs sont ordinairement en épi, en corymbe, ou solitaires; d'autres en ombelle, au sommet des tiges, & accompagnées chacune de deux écailles. *Voyez* HERMODACTE, SAFRAN, GLAYEUL, IRIS, &c.

Selon M. *Deleuze* les iris proprement dits ont une fleur monopétale, divisée en six pieces, dont trois sont relevées, & les trois autres plus larges que les précédentes, sont rabattues, marquées dans leur milieu d'une raie longitudinale, nue ou velue. Le pistil est terminé par un ornement ou stigmate de trois pieces colorées en forme de pétales, qui s'appliquant sur les pieces rabattues de la corolle, forment avec elles des especes de tubes dans chacun desquels est enfermée une étamine.

IRIS BULBEUX, *xiphion* aut *chamoletta*. Cette plante qui croît en Espagne, ressemble beaucoup au glayeul puant, à l'exception de sa racine qui est bulbeuse, en forme d'oignon noirâtre en dehors, blanc en dedans, composé de plusieurs tuniques, & d'un goût doux: cet oignon est fort émollient.

IRIS DE FLORENCE, *iris Florentina*. C'est une racine blanche, d'une odeur de violette, d'un goût amer & âcre, en morceaux oblongs, genouillés, un peu applatis, de la grosseur du pouce. On nous l'apporte de Florence, où sa plante croît en culture. On dépouille sur le lieu cette racine de son écorce, qui est d'un jaune rouge, & de ses fibres; c'est pourquoi l'iris mondé paroît toujours pointillé. On prétend que les Florentins lessivent cette racine avant de nous l'envoyer, & que c'est le seul moyen de lui donner sa bonne odeur.

La plante d'où on la tire ne diffère pas de l'iris ordinaire par la figure de ses racines, de ses feuilles & de ses fleurs, mais seulement par la couleur; car les feuilles de l'iris de Florence tirent plus sur le vert de mer: les fleurs ont peu d'odeur, elles sont d'un blanc de lait: on appelle aussi cette plante *flambe blanche*.

IRIS GIGOT. C'est le *glayeul puant*. Voyez ce mot.

IRIS JAUNE DE MARAIS ou FLAMBE D'EAU ou FAUX ACORUS, *iris vulgaris, lutea, palustris*. Ses fleurs sont jaunes: sa racine bouillie dans de l'eau avec un peu de limaille de fer, produit une assez bonne encre. C'est le petit peuple d'Écosse qui a fait cette découverte.

IRIS ORDINAIRE ou FLAMBE, *iris nostras*. Cette plante qui croît sur les murailles & en plusieurs autres lieux, a une racine qui se répand obliquement sur la superficie de la terre: elle est épaisse, genouillée, charnue, de couleur fauve, garnie de fibres, d'une odeur âcre & forte étant récente, mais qui devient assez agréable lorsqu'elle a perdu son humidité. Les feuilles qui sortent de cette racine sont larges d'un pouce, longues de plus d'un pied, & finissent en pointe comme une épée. Entre ces feuilles s'élève une tige haute d'environ deux pieds, droite, ronde, lisse, ferme, branchue, partagée par quatre ou cinq nœuds garnis de feuilles qui embrasent la tige. Les fleurs commencent à paroître vers le printemps, & sortent de la coiffe membraneuse qui les enveloppoit; elles sont grandes, à une seule feuille, d'une couleur cendrée-verdâtre en dehors, violette ou purpurine en dedans, avec des veines blanches: les pieces rabattues ont une raie longitudinale de poils jaunâtres: à ces fleurs succedent des fruits oblongs, relevés de trois côtes, & remplis de semences arrondies, placées les unes sur les autres.

IRIS PUANT. *Voyez* GLAYEUL PUANT.

IRIS DE SUSE, *iris Susiana*. Nom donné à une très-belle espece d'iris, fort estimée des curieux. Sa tige haute d'environ trois pieds, ronde, accompagnée de quelques feuilles, porte, dit M. *Deleuze*, une seule fleur beaucoup plus grande qu'aucune autre de ce genre, & remarquable par sa couleur, dont le fond est gris de perle tiqueté de points noirâtres ou d'un violet foncé: les pieces rabattues, qui sont fort amples & arrondies, ont une raie longitudinale de poils bruns.

Observation sur les Iris.

Les Fleuristes distinguent les especes d'iris en communes, en simples & en doubles: les belles especes viennent de Perse, d'Angleterre, de Suisse, d'Italie, &c. Les unes fleurissent en Avril, les autres en Mai: leurs fleurs changent de figure & de couleur, & contribuent à l'ornement d'un jardin: on les multiplie par le moyen des caïeux détachés de leurs racines, lorsque les tiges sont desséchées. Cette fleur demande une terre légere.

Il n'y a guere que les racines de ces plantes qui soient en usage; tant qu'elles sont fraîches elles sont diurétiques; mais étant séches, elles n'ont plus cette vertu. On se sert du suc de l'iris de notre pays, comme d'un hydragogue; il purge par le vomissement & par les selles; il est utile dans l'hydropisie: mais ce remede est fort âcre, & ne convient pas aux vieillards, ni aux enfans, ni aux femmes enceintes.

La poudre de l'iris de Florence facilite l'expectoration : on la fait entrer dans les sternutatoires & les poudres narcotiques.

Les Parfumeurs font beaucoup d'usage de cette espece d'iris, pour donner une odeur de violette à la poudre : des personnes en portent dans leurs habits pour se parfumer, elles en mettent aussi dans leur bouche, pour remédier à la puanteur de l'haleine. Dans le Languedoc & la Provence, on tire la pulpe de la racine d'iris ordinaire après l'avoir fait cuire, & on l'étend sur des toiles pour les parfumer. On tire de la fleur bleue de l'iris, une espece de pâte ou de fécule verte, qu'on appelle *vert d'iris* ; on s'en sert pour peindre en miniature.

ISATIS. Espece d'animal intermédiaire entre le *renard* & le *chien*, qui habite les pays du Nord, se construit un terrier comme le renard, & a aussi avec le chien plusieurs rapports de conformité.

L'*isatis* ressemble tout-à-fait au *renard* pour la forme générale du corps : il a, ainsi que lui, la queue très-longue & très-belle ; mais sa tête ressemble davantage pour la forme à celle du chien : cependant ses narines & sa mâchoire inférieure ne sont pas revêtues de poils, ses oreilles sont presque rondes, il a cinq doigts & cinq ongles aux pieds de devant, & quatre seulement aux pieds de derriere. La verge du mâle n'est pas plus grosse qu'une plume à écrire : elle a un os ainsi que celle du chien, ce qui est cause, qu'ainsi qu'eux, il ne peut point se séparer aussi-tôt après l'accouplement. Ses testicules sont de la grosseur d'une amande.

Ces animaux s'accouplent au mois de Mars : la femelle porte neuf semaines, ainsi que les chiennes, & elle produit ordinairement sept ou huit petits, qui sont quelquefois de couleur différentes en naissant, & qui doivent aussi différer de couleur, lorsqu'ils seront arrivés à leur état de perfection : ceux qui doivent devenir blancs, sont de couleur jaunâtre en naissant ;

& ceux qui doivent être bleus-cendrés, naissent noirâtres. Lorsque la fourrure de ces animaux, dont on fait usage en pelleterie, est arrivée à son état de perfection, le poil a deux pouces de longueur; mais ce n'est que dans l'hiver que leur fourrure est belle, parce qu'alors le temps de la mue est passé; aussi est-ce en cette saison qu'on leur fait la guerre. Les jeunes *isatis* qui doivent devenir tout blancs, ont dès le mois de Septembre, c'est-à-dire, quatre mois après leur naissance, une bande brune longitudinale, & une autre transversale sur le dos: ce sont ces especes d'isatis qu'on a nommé *renards croisés*.

Les *isatis* habitent les pays les plus froids, les plus montueux de la Laponie, de la Sibérie, de la Norwege & même de l'Islande: on les voit aussi sur les bords des mers glaciales. Pendant le temps de leurs amours, qui durent quinze jours ou trois semaines, ils n'habitent point leur terrier; mais après ce temps-là ils s'y retirent, & ménagent plusieurs issues à ces terriers, qui sont étroits & profonds.

Ces animaux se nourrissent, ainsi que les renards, d'oiseaux, de liévres qu'ils chassent avec autant de finesse. Ils se jettent à l'eau & traversent les lacs pour trouver des nids d'oies, de canards & d'autres oiseaux plongeurs, dont ils mangent les œufs & les petits.

ISBREDE ou COTE DE GLACE. *Voyez à l'art.* GLACIER.

ISIN-GLASS ou ISSIN-GLASS. Nom que les Anglois donnent à la *colle de poisson*. *Voyez* ICHTYOCOLLE.

ISIS. Quelques-uns donnent ce nom aux coralloïdes articulées.

ISLES. *Voyez* ILE.

ISTHME. C'est une langue de terre reserrée entre deux mers ou deux golfes. Les principaux isthmes sont celui de Suez & celui de Panama. Le premier est produit en partie par la mer Rouge, qui semble être l'appendice & le prolongement d'une grande anse avancée

de

de l'Est à l'Ouest, & en partie par la Méditerranée : c'est par cet endroit que l'Afrique communique à l'Asie. L'autre est de même produit par le golfe du Mexique, qui présente une large ouverture de l'Est à l'Ouest : c'est par cet endroit que l'Amérique méridionale communique à l'Amérique septentrionale, ou, ce qui revient au même, il joint le Mexique au Pérou. On connoît encore d'autres isthmes assez considérables pour être cités, tels que celui de Corinthe, qui joint la Morée au reste de la Grece ; l'isthme d'Erizzo, qui joint le mont Anthos au reste de la Macédoine ; l'isthme de Malacca, qui joint la presqu'ile de ce nom au royaume de Siam. Ces exemples suffisent pour exposer que les isthmes réunissent de grandes portions de continens à d'autres, & des presqu'îles aux continens. Peut-être que les isthmes ne sont proprement que le prolongement des chaînes de montagnes soutenues à une certaine hauteur : l'isthme de Panama ne paroît formé que par l'abaissement & le rétrécissement de la chaîne des Cordilieres, qui va se continuer du Pérou dans le Mexique. *Voyez* MONTAGNE *& l'article* TERRE.

JUBARTE. Espece de baleine qui n'a point de dents & qui est plus longue que celle du Groënland, sans en avoir la même grosseur. Elle se trouve près des Bermudes.

JUBIS. Nom que l'on donne dans le commerce de Provence aux raisins en grappes & séchés au soleil, que les Épiciers vendent à Paris pendant le Carême.

IVE ou IVETTE, *chamæpitis*. C'est une petite plante fort basse, dont il y a deux especes.

L'IVETTE ORDINAIRE, *chamæpitis lutea vulgaris*. Cette plante, qui croît aux lieux incultes & sablonneux, a l'odeur de la résine qui découle du pin ou du mélèze : sa racine est menue, fibrée & blanche ; elle pousse plusieurs tiges couchées sur terre velues, & longues de neuf pouces. Ses feuilles naissent des nœuds des tiges, deux à deux ; elles sont découpées en trois lanieres longuettes & étroites, velues & d'un jaune-vert. Ses fleurs, qui naissent des aisselles des feuilles, sont jaunes, de même forme que celles de la bugle; elles sont suivies par des semences oblongues, enfermées quatre dans une capsule.

L'Ivette musquée, *chamæpitis moschata*, vient communément dans les environs d'Aix & de Montpellier, parmi les olivettes: ses tiges, qui sont ligneuses & velues, se répandent sur la terre: ses feuilles sont obtuses & ont ordinairement trois dentelures: sa fleur est de couleur pourpre; ses graines sont noires, ridées & un peu recourbées: toute cette plante est fort amere, d'une odeur de musc, sur-tout dans le temps des grandes chaleurs, & dans les pays méridionaux.

Ces deux ivettes sont d'usage dans les boutiques, & ont les mêmes vertus apéritives, vulnéraires, hystériques & propres pour les nerfs: elles excitent si puissamment les regles & la sortie du fœtus mort, qu'on en interdit l'usage aux femmes grosses, de peur qu'elles ne fassent de fausses couches.

JUGOLINE ou SÉSAME, *sesamum*. C'est une espece de digitale, qui naît en Syrie, en Candie, en Égypte & aux Indes: son fruit est une coque anguleuse, qui contient beaucoup de semences oblongues, blanches, moëlleuses, huileuses, douces & un peu nourrissantes: on en tire par expression une huile bonne à brûler, à manger, & propre à fortifier les nerfs. Les Égyptiens se servent de la plante en fomentation pour la pleurésie, & pour exciter les regles: ils emploient sa semence comme le millet dans les alimens propres à augmenter la semence. En Guiane où l'on nomme cette plante *ouangue*, les Négres réduisent en farine sa graine, & en font une sorte de bouillie assez nourrissante & de bon goût. Ils en retirent l'huile par le moyen de l'eau chaude, & on l'estime aussi bonne que celle d'olive.

JUIF. Poisson de l'île de May en Afrique, dont la chair est excellente: il a la bouche comme double; celle d'enhaut ne lui sert pas à avaler, mais elle est remplie de petits canaux qui pompent l'air; ses nageoires ressemblent à celles de la morue. *Hist. Gén. des Voyages*, L. *V*, *p. 151*. Ce poisson ne seroit-il pas le *marteau*? Voyez ce mot.

JUGUETE. *Voyez* ASCOLOTL.

JUJUBIER, *ziziphus*. C'est un arbre que les Arabes & les nouveaux Grecs ont cultivé, & qui est actuellement fort commun en Languedoc, & particuliérement en Provence, aux îles d'Hyeres vers Toulon, où il s'est très-bien naturalisé. Il est de la grandeur d'un olivier, & tortueux; son écorce est raboteuse, rude, crevassée; ses branches sont amples, inégales, munies d'épines très-roides; ses feuilles sont alternes, oblongues, un peu dures, luisantes, garnies de trois nervures & dentelées sur leurs bords: ses fleurs sortent des aisselles des feuilles trois à trois ou quatre à quatre; elles sont en roses: leur calice est d'une seule piece partagée en cinq quartiers, duquel s'éleve un pistil qui se change en un fruit oblong, de la figure & de la grandeur d'une olive, d'abord verdâtre, ensuite jaunâtre, enfin rouge; il n'y a que la pellicule de cette couleur. Ce fruit renferme une pulpe blanchâtre, molle, fongueuse, d'un goût doux & vineux; au milieu de cette moëlle est un noyau oblong, graveleux, très-dur, qui contient deux amandes lenticulaires, dont l'une avorte le plus souvent.

On fait la cueillette de ces fruits, appellés *jujubes*, dans leur maturité; & étant récens ils servent de nourriture familiere & agréable aux peuples des pays où ils croissent. On en expose au soleil sur des claies & sur des nattes de paille, jusqu'à ce qu'ils soient ridés & secs; & en cet état on les envoie aux Droguistes & aux Apothicaires pour l'usage de la Médecine. On en fait des décoctions salutaires.

Les jujubes par leur mucilage doux appaisent les irritations de la poitrine & des poumons, calment les toux fâcheuses, adoucissent la pituite âcre ; elles sont utiles aussi pour les reins & pour l'ardeur des urines & de la vessie.

Augustin Lippi a observé trois autres especes de jujubiers différens de celui que nous avons décrit : 1°. le jujubier d'Alexandrie à feuilles larges, dont le fruit est fort gros ; 2°. celui dont le fruit est petit ; 3°. le jujubier de Memphis, qui est extrêmement grand & dont le fruit est plus gros que celui des autres especes.

IULE, *julus*. Cet insecte désigné dans les premiers Ouvrages de M. *Linnæus* sous le nom de *scolopendre*, en approche effectivement par sa figure alongée & par le grand nombre de ses pattes ; mais il en differe par la forme de son corps qui est rond, cylindrique, & par ses antennes qui ne sont jamais composées que de cinq anneaux. Ses pattes sont courtes, menues & nombreuses. Avec cet appareil de pattes qui ressemblent à une frange de poils, l'insecte marche cependant moins vîte que la scolopendre. L'on diroit qu'il rampe plutôt qu'il ne marche. Sa peau est dure, crustacée & renitente. Il s'en dépouille comme la scolopendre, avec laquelle on le trouve souvent sous les pierres & dans la terre. On connoît deux especes plus petites d'*iules* autour de Paris ; l'une noirâtre, lisse, a deux cents pattes, & l'autre jaunâtre en a deux cents quarante. Chaque anneau, quelquefois strié, donne naissance à deux paires de pattes. L'*iule* étant en repos se replie sur lui-même comme un serpent. Cet insecte est naturellement sensible : si on le touche, il se roule en spirale, de façon que ses pattes sont en dedans. *Voyez* SCOLOPENDRE.

JULIANE ou JULIENNE, *hesperis hortensis*. Plante qui croît dans les jardins & dans les haies. Elle se multiplie de graine, de bouture & de plant enraciné : en coupant la tige il poussera au pied de nouveaux rejetons que l'on sépare ; c'est autant d'enfans semblables à leur mere ; on les pique dans une terre humide, ils reprennent des racines. Les fleurs sont de couleur tantôt blanche, tantôt purpurine & tantôt de couleurs diversifiées : leur odeur qui est suave & très-agréable, se fait sentir davantage après le soleil couché que pendant le jour. Leurs siliques ne sont point applaties comme celles du giroflier jaune. On jouit rarement de la beauté des fleurs de cette plante à Paris, parce que les Jardiniers la brûlent avec le fumier de cheval. On donne aussi à la juliane le nom de *violette giroflée des dames*, ou *giroflée musquée*. Voyez GIROFLIER JAUNE.

JULIS. *Voyez* DONZELLE.

JUMART ou GEMART. C'est une bête de charge très-forte, engendrée d'un taureau & d'une jument, ou d'un taureau & d'une ânesse, ou d'un âne & d'une vache. Dans les vallées de Piémont on donne le nom de *bif* à l'espece qui provient de l'ânesse & du taureau. On appelle *baf*, l'espece qui résulte de l'accouplement du taureau avec la jument. *Schaw* fait mention d'un animal qu'il nomme *kumrah* & qu'il dit être le fruit de l'accouplement de l'âne & de la vache ; il n'a point de corne, il a l'ongle fendu (quelques-uns l'assurent solipede) ; ainsi il tient plus par les extrémités, de la femelle que du mâle.

On a observé que les petits qui appartiennent à l'espece de la femelle portent néanmoins des marques du mâle, ainsi que nous le dirons ci-après ; on trouve de ces sortes d'animaux dans le Piémont, dans la Suisse, dans le Dauphiné & dans la Navarre.

On a tenté il y a cinq ou six ans, dans la Paroisse de S. Igny-de-Vers en Beaujolois, de faire servir une vache par un étalon Navarrin, on y parvint avec beaucoup de peine ; la vache conçut, il est certain qu'il en naquit un animal mi-parti qui n'a vécu qu'un mois, & sur lequel on ne nous a donné aucune sorte de détail. Un Domestique natif de Gap, assure avoir vu chez un

Habitant voisin du domicile de son pere, une jument qui pendant quatre années consécutives a donné régu-liérement un jumart mâle ou femelle.

On voit actuellement (1767) à l'École Royale Vétérinaire de Paris deux de ces productions tirées du Dauphiné; l'une est mâle & l'autre femelle; la *jumare* est le produit du taureau & de la jument, elle n'a rien de différent d'une petite mule ordinaire, si ce n'est que sa mâchoire supérieure est beaucoup plus courte que l'inférieure. Quant au *jumart* qui doit le jour au taureau & à l'ânesse, il est de la taille d'environ trois pieds deux pouces; sa robe est d'un alezan qui imite ce poil dans le bœuf, son front est bossué à l'endroit des cornes du pere; sa mâchoire inférieure est plus longue de deux pouces au moins que la supérieure; il a le mufle du taureau, il en a le corps par la longueur & par la conformation, il en tient aussi par la queue & par les genoux qui sont serrés l'un contre l'autre comme ceux du veau. Cet animal qui est entier a servi sa femelle plusieurs fois le printemps de cette année; il la dédaigne néanmoins quelquefois, tandis qu'il témoigne constamment une ardeur incroyable pour les jumens, aussi ne lui présentoit-on la *jumare* qu'après l'avoir vivement échauffé par l'aspect & par l'approche d'une cavale.

On a vu aussi à l'École Royale Vétérinaire de Lyon une *jumare* qui étoit le produit de l'accouplement du taureau & de la jument; elle étoit de la taille d'environ trois pieds quatre pouces; la robe en étoit d'un noir mal teint; elle étoit âgée de trente-sept ans, d'une force singuliere, & très-peu délicate sur la nourriture: elle passoit quelquefois des mois entiers sans boire: elle se défendoit soit des pieds, soit de la dent, des approches de tout le monde, excepté de celle de son maître; & pour peu qu'elle fût courroucée, elle levoit & étendoit sa queue dans toute sa longueur, elle urinoit sur le champ & à diverses reprises, & lançoit son urine, qui étoit extrêmement jaune; à sept ou huit pieds loin d'elle: elle n'avoit ni le mugissement du taureau, ni le hennissement du cheval, ni le braiement de l'âne, mais un cri grêle, aigu & particulier qui auroit plutôt tenu du cri ou du bêlement de la chévre que de celui de tout autre animal: on n'a point vu paître cette bête, mais elle embrassoit & ramassoit avec sa langue le fourrage qu'on lui donnoit, comme le bœuf embrasse & ramasse l'herbe qu'il veut manger; après quoi une portion de ce fourrage étant parvenue sous les dents molaires, elle donnoit un coup de tête pour la séparer de celle que sa langue n'avoit pu atteindre, de même que les bœufs donnent un coup de tête à droite & à gauche, lorsqu'après avoir saisi & serré l'herbe entre leurs dents incisives & le bourrelet qui supplée au défaut de ces mêmes dents à la mâchoire supérieure, ils cherchent à l'arracher: on n'appercevoit en elle aucun signe de rumination, quoique son maître assurât qu'on la voyoit chaque jour remâcher les alimens quand elle n'en avoit point devant elle. Cette jumare considérée extérieurement avoit le front large & bossué du taureau; la mâchoire supérieure plus courte que l'inférieure, un mufle égal à celui du pere; le corps étoit à-peu-près conformé de même que le sien, en ce qui concerne l'épine, les os des hanches & le flanc; ses hanches étoient comme ce que nous appellons dans le cheval *jambes de veau*, c'est-à-dire que ses genoux étoient très-rapprochés l'un de l'autre; du reste elle étoit solipede.

Par ces descriptions, il ne reste plus d'incertitude sur la possibilité de l'existence de ces sortes de *mulets*, & c'est sans doute la meilleure réponse aux doutes de quelques Naturalistes sur cet objet. Nous croyons qu'on lira avec le même intérêt quelques détails sur l'anatomie de cet animal, comparée avec celle du taureau & de la jument auxquels il devoit sa naissance.

Son crâne (nous parlons de la jumare de Lyon) étoit beaucoup plus arrondi que dans le cheval, le frontal plus évasé, les os du nez plus enfoncés à leur partie supérieure, les orifices des fosses nazales beaucoup plus étroits, ces mêmes fosses beaucoup plus resserrées; l'entrée de la fosse orbitaire ronde, tandis que dans le cheval elle est ovalaire ; le palais beaucoup plus large & concave ; la mâchoire antérieure plus courte d'un pouce & demi que la postérieure ; la premiere de ces mâchoires ayant comme dans le taureau au moins deux pouces de largeur de plus que la seconde ; douze dents molaires à chaque mâchoire, six de chaque côté. Cette jumare n'avoit point de dents canines ou de crochets, ce que l'on observe dans toutes les jumens, à moins qu'elles ne soient bréhaignes ; les incisives qui sont au nombre de huit dans la mâchoire postérieure des bœufs, étoient ici au nombre de six dans chaque mâchoire.

L'endroit qui répond à celui que l'on appelle les *barres* dans le cheval, étoit applati, & son étendue étoit d'un pouce & demi ; tout l'intervalle qui sépare en général les incisives & les molaires étoit convexe, tandis que dans le cheval il est concave.

Sa langue ne différoit point de celle du bœuf, on y voyoit aussi sensiblement les mamelons qui sont à ses parties latérales & à sa pointe.

Les yeux de cette jumare ne différoient en rien à l'extérieur de ceux du bœuf, mais on y a remarqué ces prolongemens de l'uvée que l'on voit à la partie supérieure & inférieure de la pupille du cheval, & que l'on avoit appellés jusqu'ici les *grains de suie*.

La glotte étoit beaucoup plus large que celle du cheval, & cette conformation comparée avec le cri qu'avoit cette jumare, paroît contredire le sentiment de quelques Physiciens qui prétendent que cette ouverture est plus ou moins grande dans les animaux selon la gravité des sons qu'ils poussent.

L'estomac étoit précisément conformé comme celui du cheval, mais beaucoup plus grand ; la rate de même figure & de même confiftance que celle du bœuf; la veffie urinaire dans fa plus grande dilatation ne s'étendoit pas au-delà de trois pouces.

La matrice étoit femblable à celle de la jument, de l'âneffe & de la mule ; les trompes étoient fort dilatées & remplies d'une humeur blanchâtre ; l'ouverture du côté du pavillon étoit très-large ; les ovaires de la groffeur d'une fève. Du refte nulle véficule du fiel & nulle différence dans la ftructure des autres parties, qui reffembloient en tout aux autres vifceres de la jument ; il en eft de même de toute la partie mufculaire.

De cette anatomie comparée & de la defcription qu'on a vue précédemment, par M. *Bourgelat*, il paroît réfulter que cette *jumare* tenoit plus de la jument que du taureau, tant pour la forme extérieure que pour la conftitution intérieure, & fur-tout celle de l'eftomac, qui dans le taureau a une organifation bien caractériftique à caufe de la rumination : ce qui confirme que les mulets de ce genre tiennent toujours plus de la nature de la femelle qui leur a donné naiffance, que de celle du mâle, comme l'obfervent les Naturaliftes.

On prétend que le jumart n'a point produit dans nos climats ; mais on n'en doit pas inférer, dit M. *Adanfon*, que tous les *jumarts* font des individus ftériles ; & qu'il n'y en aura jamais de féconds, tandis que nous avons devant les yeux l'exemple d'autres animaux dont les bâtards multiplient, tels que ceux provenus du ferin avec le chardonneret, du mulet, &c. On pourroit peut-être étendre encore ces exemples fur nombre d'autres animaux qui ferviroient de preuves à la poffibilité de ces mutations ou de ces créations de nouvelles efpeces dans les animaux, & il paroît probable qu'avec du temps & des combinaifons on feroit reparoître des efpeces d'animaux formées du temps des Anciens, & qui ont cessé d'exister, faute de circonstances favorables pour les entretenir.

JUMENT ou CAVALE. C'est la femelle du cheval. *Voyez ce mot.*

JUNCO. C'est le moineau de jonc. *Voyez ce mot.*

IVOIRE. *Voyez au mot* Éléphant *& à l'article* Yvoire.

IVRAIE ou IVROIE. *Voyez* Yvraie.

JUPITER. *Voyez au mot* Planete.

JUPUJUBA. *Voyez* Japu.

JURUCUA. C'est la tortue franche du Brésil. Celle que les Portugais nomment *cayado de agoa*, est une autre espece de tortue du Brésil, *jurura*, qui est très-petite. *Voyez l'article* Tortue.

JUSQUIAME, *hyoscyamus*. Plante qui a une odeur forte désagréable, qui appesantit la tête. Entre les huit especes de jusquiame que comptent *Tournefort* & *Boerhaave*, nous ne citerons ici que les deux especes principales dont on fait usage dans les boutiques.

1°. La Jusquiame noire, ou Hannebane ou Potelée, *hyoscyamus niger vulgaris*, croît par tout dans les champs, le long des chemins aux environs des villages, &c. elle a une racine épaisse, ridée, longue, branchue, brune en dehors, blanche en dedans : elle pousse des tiges hautes d'un pied ou environ, rameuses & velues : ses feuilles sont nombreuses, amples, molles au toucher, cotonneuses, d'un vert gai, découpées profondément en leurs bords, d'une odeur forte & puante, principalement étant frottées dans les mains : leur suc rougit le papier bleu : ses fleurs sont rangées sur les tiges en longs épis, de couleurs mêlées jaune & purpurine, chacune d'elles est, selon M. *Tournefort*, une campane découpée irrégulièrement en cinq parties, soutenue par un calice velu, formé en gobelet. A cette fleur succede un fruit, caché dans le calice, de la figure d'une marmite, à deux loges, sur lequel est placé un couvercle qui se ferme exactement. Ce fruit est rempli en dedans de plusieurs petites graines, cendrées, arrondies, ridées, applaties, d'une saveur gluante & d'une odeur narcotique.

2°. La Jusquiame blanche du Levant, *hyoscyamus albus*, differe de la précédente en ce qu'elle est plus petite, moins rameuse; ses feuilles sont plus molles, mais plus cotonnées: ses fleurs & ses graines sont blanches & plus petites: elle croît principalement aux pays chauds & vers Orange, le long du Rhône.

La plupart des Auteurs instruits que l'usage interne de la jusquiame, sur-tout de la noire, cause un dérangement cruel dans l'économie animale, des anxiétés, & même quelle procure la mort aux animaux qui en mangent, conseillent de ne se servir de cette plante qu'extérieurement, à l'exception de la graine. La jusquiame cuite avec le sain-doux, forme un onguent dont on se sert avec succès dans les tranchées des petits enfans causées, dit M. *Bourgeois*, par le lait aigri, & dans les coliques de toute espece: il suffit d'en frotter un papier gris qu'on applique sur le ventre. La jusquiame en cataplasme est émolliente & résolutive, adoucit les humeurs & exhale une vapeur soporeuse & stupéfiante, qui fait dormir comme le fait le pavot. Nous apprenons que M. *Edouard l'Isle*, Anglois, estime cette plante comme salutaire aux porcs qui en mangent, tandis qu'elle tue la volaille.

M. *Storck*, Médecin de la Cour de Vienne, si connu par les belles expériences qu'il a faites sur l'usage interne de la ciguë, de la pomme épineuse & de l'aconit, qu'il fait prendre avec succès depuis quelques années dans beaucoup de maladies qui ne cedent point à d'autres remedes, a aussi travaillé sur l'usage interne de l'extrait de jusquiame. Son premier essai fut fait sur un chien. Tant qu'il ne lui administra l'extrait qu'en petites doses, l'animal n'en parut rien ressentir; mais à plus forte dose il commença à boire & manger avec avidité, puis il devint craintif & languissant; il avoit les yeux menaçans, sa marche étoit chancelante, il heurtoit tout ce qu'il rencontroit comme s'il ne voyoit point: à ce phénomene succeda le sommeil, & ensuite un vomissement; une turbulence, un tremblement, une défaillance, une déjection d'excrémens liquides; enfin il parut immobile. Tous ces symptômes étoient à-peu-près semblables à ceux qu'avoient éprouvés le 25 Mars 1649 les Bénédictins du Couvent de Rhinow, qui avoient mangé d'une salade dans laquelle leur Jardinier avoit mis par mégarde quelques feuilles de jusquiame, qu'il avoit prise pour de la chicorée blanche. Mais au bout d'un second sommeil le chien parut plus tranquille, & il fut bientôt dans son état naturel, éveillé, gai, plein d'appétit & toujours alerte. Cet animal ayant continué à se bien porter, M. *Storck* jugea que l'extrait de jusquiame pris à petite dose, ne peut faire de mal; mais qu'une forte dose cause des accidens très-funestes. D'après cette connoissance M. *Storck* prit pendant huit jours, tous les matins à jeun, un grain d'extrait, sans que sa santé ni sa vue éprouvassent le moindre changement: il avoit seulement pendant cette huitaine le ventre plus libre & un beaucoup plus grand appétit. Un tel essai sur lui-même étoit bien capable de le porter à faire prendre de cet extrait à ses malades, dans les cas où les autres médicamens n'auroient point de succès.

M. *Storck* a opéré, par le moyen de cet extrait, plusieurs guérisons dont on trouve le détail dans un petit corps d'Observations, qui se vend chez Didot le jeune, à Paris. On y remarque que ce remede peut convenir particuliérement aux personnes qui ont des tremblemens convulsifs, des soubresauts involontaires, des frissons & des syncopes, des terreurs subites, &c.

Quoiqu'il ne soit pas de notre ressort d'apprécier les vertus de la jusquiame, & malgré l'authenticité des cures que M. *Storck* a opérées par son moyen, nous conseillons encore de se méfier de ce remede ; à moins qu'on ne soit dans les mains d'un sage Médecin, tel que M. *Storck* lui-même.

Qu'une personne tienne sur le feu, dans un lieu clos & peu spacieux, des racines ou des tiges, ou des feuilles de jusquiame, même les graines, la vapeur qui en résulte suffit quelquefois pour altérer les fonctions de l'ame d'une façon fort singuliere, & pour jeter tout le corps dans une perplexité affreuse. Quelle cruelle alternative : le salut au milieu des poisons ! Nous terminerons cet article, en avertissant qu'il y a des Charlatans qui guérissent les maux de dents, soit en y portant de la poudre de la graine de jusquiame, soit en leur faisant recevoir la vapeur de cette graine, qu'on jette sur les charbons ardens. Combien de personnes en ont été soulagées à la vérité ; mais combien d'entr'elles ont été depuis sujettes aux vertiges & à la stupidité ! c'est procurer un mal réel & fixe en échange d'une douleur passagere. Si par imprudence ou par hazard, ou par le conseil d'un Empirique téméraire l'on avoit pris de la jusquiame, & qu'elle commençât à exercer ses qualités nuisibles, il faudroit aussi-tôt avoir recours aux vomitifs & aux adoucissans les plus gras ou huileux, & sur-tout aux antidotes des narcotiques.

JYNX. Oiseau de passage qui est une espece de coucou. Il est connu des Ornithologistes sous le nom de *tercot* ou *torcot*, ou *turcot*.

IZARI ou AZALA. C'est la garance du Levant. *Voyez à l'article* GARANCE.

IZQUEPOLT. Espece de renard des Indes qui fait son séjour dans les antres des rochers & qui ne dévore que la tête des scarabées & des vermisseaux. Cet animal est aussi singulier que la bête puante qui se trouve à la Louisiane. Quand il marche il exhale une odeur fétide, & dès qu'il se voit poursuivi il éjacule son urine & les excrémens à plus de huit pas de distance, & fait fuir ainsi ceux qui le poursuivent. Les taches que son urine & ses excrémens font sur les habits, sont ineffaçables & conservent toujours leurs mauvaises odeur. *Ruisch* dit que la chair & les excrémens de cet animal sont excellens pour guérir d'une maladie contagieuse, qu'il nomme *lues Hispanica*.

Fin du Tome quatriéme.

DE L'IMPRIMERIE DE PH. D. PIERRES,
Imprimeur du Grand Conseil du Roi. 1775.